Evaluation und Qualitätsentwicklung

Sozialwissenschaftliche Evaluationsforschung

Herausgegeben von
Reinhard Stockmann

Band 5

Waxmann Münster / New York
München / Berlin

Reinhard Stockmann

Evaluation und Qualitätsentwicklung

Eine Grundlage für wirkungsorientiertes
Qualitätsmanagement

Waxmann Münster / New York
München / Berlin

Bibliografische Informationen Der Deutschen Bibliothek
Die Deutsche Bibliothek verzeichnet diese Publikation in
der Deutschen Nationalbibliografie; detaillierte bibliografische
Daten sind im Internet über http://dnb.ddb.de abrufbar.

Sozialwissenschaftliche Evaluationsforschung, Band 5

ISSN 1861-244X
ISBN 3-8309-1621-3

© Waxmann Verlag GmbH, Münster 2006

www.waxmann.com
info@waxmann.com

Umschlaggestaltung: Pleßmann Kommunikationsdesign, Ascheberg
Titelgrafik von Ulrich Thul, Ludwigshafen
Satz: Stoddart Satz- und Layoutservice, Münster
Druck: Buschmann GmbH, Münster
Gedruckt auf alterungsbeständigem Papier, DIN 6738

Inhalt

Vorwort

In meiner 1996 veröffentlichten Habilitationsschrift „Die Wirksamkeit der Entwicklungshilfe" wurden die ersten theoretischen und methodischen Konzepte des hier dargestellten Evaluationsansatzes für einen ausgewählten Bereich, nämlich die berufliche Bildung, erarbeitet. In den letzten zehn Jahren wurde diese Konzeption in zahlreichen Evaluationsstudien für die unterschiedlichsten Aufgaben und in den verschiedensten Anwendungsfeldern erprobt und weiterentwickelt. Dabei stand stets die Erfassung und Bewertung von Wirkungen, zuerst im Rahmen von Ex-post-Evaluationen und später auch prospektiv, beim Aufbau wirkungsorientierter Monitoring- und Evaluationssysteme im Vordergrund.

In den letzten Jahren hat der Wirkungsbegriff zunehmend an Bedeutung gewonnen. In dem Bestreben, die Qualität in Nonprofit-Organisationen, insb. der staatlichen Verwaltung zu erhöhen, wird ein wirkungsorientiertes Management angestrebt, nach dem die politische Steuerung anhand von Leistungs- und Wirkungsvorgaben vorgenommen wird und die Qualität der Verwaltung anhand der tatsächlich erbrachten Leistungen und der erzielten Wirkungen bewertet werden soll.

Die Diskussion um Qualitätsentwicklung in Nonprofit-Organisationen und die dabei geäußerte Kritik an der Adaptionsfähigkeit von Konzepten wie Total Quality Management oder ISO-Zertifizierung, die für gewinnorientierte, zumeist produzierende Unternehmen entwickelt wurden, sowie das im öffentlichen Sektor um sich greifende Interesse an den Wirkungen von Interventionen, haben die Idee entstehen lassen, die Themen Evaluation und Qualitätsentwicklung stärker miteinander zu verbinden.

Ausgehend von der Überlegung, dass sich die Qualität der von Nonprofit-Organisationen erbrachten Leistungen insb. darin zeigt, dass die ursprünglich geplanten Wirkungen auch entstehen, wurde eine Evaluationskonzeption entwickelt, mit der die Daten systematisch erfasst und bewertet werden können, die für die Optimierung von Wirkungen notwendig sind. Auf der Basis der mit Evaluationen gewonnenen Erkenntnisse lässt sich eine wirkungsorientierte Qualitätsentwicklung durchführen.

Die Entstehung eines solchen Werkes ist auf vielerlei Unterstützung angewiesen. Dank gebührt vor allem den Sponsoren und Finanziers der zahlreichen

Forschungsstudien und Evaluationsaufträge, die die Entwicklung dieser Konzeption erst ermöglichten. Hier sind speziell das Bundesministerium für wirtschaftliche Zusammenarbeit und Entwicklung, die Deutsche Gesellschaft für Technische Zusammenarbeit und ganz besonders die Deutsche Bundesstiftung Umwelt zu nennen.

Für fachliche Kommentare danke ich vor allem meinen Mitarbeiterinnen und Mitarbeitern am Centrum für Evaluation und meinem Freund Wilfried Gotsch. Nicht zu unterschätzen sind bei einem solchen Buch auch die vielen technischen Arbeitsschritte von der umfassenden Literaturrecherche bis hin zur akribischen Fehlersuche im Manuskript. Hierfür gebührt herzlicher Dank: Miriam Grapp, Nicolà Reade, Angelika Nentwig und Nina Dickel.

Nicht zuletzt möchte ich auch dem Waxmann Verlag für seine Unterstützung danken, bei dem die Reihe „Sozialwissenschaftliche Evaluationsforschung" eine neue verlegerische Heimat gefunden hat.

Bürstadt und Saarbrücken, im Oktober 2005

Reinhard Stockmann

1 Einleitung und Zielsetzung

Qualität zählt neben Wirtschaftlichkeit zu den Grundpfeilern ökonomisch prosperierender Unternehmen. Dem durch Globalisierung, Internationalisierung und Liberalisierung verschärften Konkurrenzdruck begegnen die Unternehmen mit Kostensenkungs- und Qualitätsentwicklungsstrategien. Eine in den letzten Jahren überquellende Literatur zu den Themen Qualitätsplanung, Qualitätsmanagement, Total Quality Management etc. erklärt *Qualität* zum wichtigsten Erfolgsfaktor auf den Märkten der Zukunft (vgl. Seghezzi u. Hansen 1993: Vorwort). Die Diskussion um *Qualitätsentwicklung* hat, ausgehend vom privatwirtschaftlichen Sektor, längst auch die öffentliche Verwaltung und die Vielfalt gemeinnütziger Organisationen erfasst. Dieser als *Nonprofit-Sektor*[1] bezeichnete Bereich weist nicht nur ein enormes wirtschaftliches Potenzial auf, sondern hat auch ein besonderes gesellschaftliches Gewicht. *Nonprofit-Organisationen (NPO)* erbringen Dienstleistungen in so unterschiedlichen Bereichen wie Kultur, Sport und Freizeit, in einem vielfältig ausgeprägten Beratungswesen, in den Bereichen der Wohlfahrtsproduktion, der Interessenvertretung, Religion und internationalen Zusammenarbeit, um nur einige zu nennen.

Die genaue Zahl der im Nonprofit-Sektor *tätigen Personen* sowie die von ihnen erbrachte *Wirtschaftsleistung* ist nicht leicht zu bestimmen. Unabhängig davon welche Definition verwendet wird, gibt es keine einheitlichen statistischen Kategorien, mit denen Nonprofit-Organisationen erfasst werden könnten. In der deutschen amtlichen Statistik wurde ein großer Teil dieser Organisationen lange Zeit unter der Sammelkategorie „Organisationen ohne Erwerbszweck" zusammengefasst. Nach Anpassung an die EU-Statistik ist diese Kategorie jedoch nicht mehr vorhanden, so dass seitdem eine klare statistische Erfassung nicht möglich ist (vgl. Zimmer u. Priller 2004: 32; Anheier u.a. 2002: 20). Die Statistik der sozialversicherungspflichtig Beschäftigten (vgl. Tabelle 1.1) macht deutlich, dass allein in der öffentlichen Ver-

---

1   Eine einheitliche Definition liegt nicht vor: Generell können zu den Nonprofit-Organisationen alle öffentlich-rechtlichen und privatwirtschaftlich-gemeinnützigen Organisationen gezählt werden. Häufig wird der Begriff jedoch nur für die Organisationen verwendet, die weder gewinnorientiert sind noch öffentliche Einrichtungen darstellen (vgl. Anheier u.a. 2002: 19f.). Vgl. hierzu Kapitel 2.2. in diesem Band.

waltung mit einen Gesamthaushalt von über einer Billion Euro pro Jahr (vgl. Statistisches Bundesamt 2004: 234)[2] rund zwei Millionen Beschäftigte tätig sind. Neben der öffentlichen Verwaltung, die von einigen Autoren wegen ihrer Abhängigkeit von staatlichen Direktiven nicht zum Nonprofit-Sektor gezählt wird (vgl. Zimmer u. Priller 2004: 33), sind in den Bereichen Erziehung und Unterricht, Gesundheitswesen, Sozialwesen und in den Organisationen zur Erbringung von sonstigen öffentlichen und persönlichen Dienstleistungen noch einmal rund fünf Millionen Menschen beschäftigt.[3] Allerdings werden in diesen statistischen Kategorien viele Erwerbstätige erfasst, die nicht in Nonprofit-Organisationen tätig sind, sondern in gewinnorientierten Unternehmen. Des Weiteren ist zu berücksichtigen, dass Nonprofit-Organisationen neben den festangestellten Mitarbeitern eine Vielzahl von Mitgliedern aufweisen, die sich oft ehrenamtlich betätigen. So verfügt z.B. der Deutsche Sportbund über rund 24 Millionen Mitglieder, der katholischen und der evangelischen Kirche gehören jeweils rund 26 Millionen Gläubige an und in den DGB-Gewerkschaften sind rund 7,7 Millionen Mitglieder organisiert.

Die Bestimmung der wirtschaftlichen Bedeutung des Nonprofit-Sektors ist deshalb auf komplizierte Berechnungen angewiesen. Das Johns Hopkins Comparative Nonprofit Sector Project hat ermittelt, dass in Deutschland 1995 im öffentlichen Sektor 4,2 Millionen und im Nonprofit-Sektor (im engeren Sinne) 1,4 Millionen Menschen gearbeitet haben. Hinzu kommen rund 17 Millionen ehrenamtlich Tätige.[4] Während die Zahl der in der Erwerbswirtschaft Tätigen zwischen 1960 und 1995 leicht zurückgegangen ist (22,7 Millionen) hat sich die Zahl der Beschäftigten im öffentlichen Sektor im gleichen Zeitraum verdoppelt und im Nonprofit-Sektor (ohne Ehrenamtliche) sogar vervierfacht (vgl. Zimmer u. Priller 2004: 55; Anheier u.a. 2002: 29ff.; Badelt 2002: 659ff.; Anheier 2000: 15ff.).

---

2 Bund, Länder, Städte und Gemeinden, Zweckverbände, Sondervermögen des Bundes, Sozialversicherung und Verteidigung.

3 Die Zahl der Stiftungen hat sich in den letzten Jahren beträchtlich ausgeweitet (vgl. Anheier u.a. 2002: 35). Das Vermögen der rund 10.000 deutschen Stiftungen wird auf mehr als 30 Milliarden Euro geschätzt. Rund drei Milliarden Euro dürften jedes Jahr an Fördermitteln ausgegeben werden

4 In der Untersuchung des Johns-Hopkins-Projektes wurden folgende Institutionen, Einrichtungen und Organisationen berücksichtigt (vgl. Zimmer u. Priller 2004: 33): Vereine, Stiftungen, Einrichtungen der freien Wohlfahrtspflege, Krankenhäuser und Gesundheitseinrichtungen in freier Trägerschaft, gemeinnützige GmbHs und ähnliche Gesellschaftsformen, Wirtschafts- und Berufsverbände, Gewerkschaften, Verbraucherorganisationen, Selbsthilfegruppen, Bürgerinitiativen, Umweltschutzgruppen, staatsbürgerliche Vereinigungen.

Tabelle 1.1:   Sozialversicherungspflichtig Beschäftigte in Deutschland

Wirtschaftszweig		in Tausend
Beschäftigte insgesamt		26.955
Öffentliche Verwaltung, Verteidigung, Sozialversicherung		1.741
Erziehung und Unterricht		1.034
Gesundheits- und Veterinärwesen		1.973
Sozialwesen		1.110
Erbringung von sonstigen öffentlichen und persönlichen Dienstleistungen		1.231
darunter	*Abwasser-, Abfallbeseitigung, sonstige Entsorgung*	148
	Interessenvertretungen, kirchliche und religiöse Vereinigungen	475
	Kultur, Sport, Unterhaltung	329
	Erbringung von sonstigen Dienstleistungen	279
SUMME		7.089

Quelle: Statistisches Jahrbuch 2004

Als Gründe für das besonders starke *Wachstum* des nicht-staatlichen Non-profit-Sektors werden vor allem eine Nachfragesteigerung nach bestimmten Dienstleistungen (wie z.B. Ganztagskindergärten außerschulische Betreuung, Altersheime, Reha- und Konvaleszenz-Einrichtungen), sowie Privatisierungs-anstrengungen und der zumindest teilweise Rückzug des Staates aus der wohl-fahrtsstaatlichen Politik genannt (vgl. Anheier 2000: 18f.) Die Marktöffnung insb. im Gesundheits- und Sozialwesen ermöglicht die Gründung einer Viel-zahl von privaten Diensten, in einem Bereich, der vorher fast ausschließlich staatlich dominiert war. Der Nonprofit-Sektor ist deshalb ökonomisch nicht nur weitaus bedeutsamer als gemeinhin angenommen, sondern er zeichnet sich auch durch eine besondere wirtschaftliche Dynamik aus.

Darüber hinaus kommt den Nonprofit-Organisationen eine wichtige *gesell-schaftliche Funktion* zu (vgl. Simsa 2002: 129ff.). In ihrer engen Definition (ohne die Einbeziehung der öffentlichen Träger) werden sie als „intermediäre Vermittlungsorganisationen" (vgl. Badelt 2002: 663) oder als „Dritte-Sektor-Organisationen" bezeichnet, die sich aufgrund ihrer spezifischen Handlungs-logik von Staat und Markt unterscheiden. Während nach dieser Heuristik die Steuerung im staatlichen Sektor nach der Handlungslogik ‚Hierarchie' oder ‚Macht' erfolgt, funktioniert der wirtschaftliche Sektor über ‚Wettbewerb' oder ‚Tausch'. Im Dritten Sektor basiert die Steuerungslogik hingegen zum einen auf ‚Solidarität' als altruistische, wechselseitige Hilfeorientierung sowie zum anderen auf ‚Sinn' (z.B. ‚Gemeinsinn'). In Form von Religionsgemein-schaften, Vereinen, Verbänden, Stiftungen, Selbsthilfegruppen oder Bürger-initiativen sind Nonprofit-Organisationen in der Lage, Gegenöffentlichkeiten und Potenziale des gesellschaftlichen Wandels zu mobilisieren, so dass sie als

„infrastrukturelle Basis der Zivilgesellschaft" bezeichnet werden (vgl. Zimmer u. Priller 2004: 15f.).

Demnach kann festgehalten werden, dass Nonprofit-Organisationen ein breites Tätigkeitsspektrum umfassen und über erhebliche finanzielle und personelle Ressourcen verfügen. Sie stellen nicht nur *beschäftigungs- und wirtschaftspolitisch* einen *wichtigen Faktor* dar, sondern verfügen auch über ein *hohes soziales und politisches Potenzial.* Deshalb wird Nonprofit-Organisationen neben einer innovativen Funktion bei der Modernisierung der Gesellschaft und einem Beitrag zur Wohlfahrtsproduktion durch die Erbringung von Dienstleistungen auch eine wichtige Funktion bei der Integration und Artikulation von Interessen sowie der Partizipation in der Gesellschaft zugeschrieben.

Aus einer Reihe von unterschiedlichen Gründen wird der *Nutzen* und die *Qualität* der von staatlichen und privaten Nonprofit-Organisationen erbrachten Dienstleistungen zunehmend hinterfragt.

Die *Leistungssteigerung der öffentlichen Verwaltung* wird vor allem unter drei Aspekten diskutiert: (1.) Analog zur Qualitätsdiskussion im privatwirtschaftlichen Sektor, die durch den internationalen Konkurrenzdruck verstärkt wird, hat sich mit erheblicher Zeitverzögerung eine Debatte um die Qualität öffentlicher Dienstleistungen entzündet, denn eine leistungsfähige öffentliche Verwaltung wird im internationalen Wettbewerb um Investitionen als wichtiger Standortfaktor geschätzt. (2.) Die Demokratisierung der Gesellschaft und der Ausbau des Wohlfahrtsstaates haben die Anforderungen der Bürger an die öffentliche Verwaltung massiv verändert. Diese hat sich zum einen von einer hoheitlichen Ordnungsverwaltung zunehmend zu einer differenzierten Leistungsverwaltung umstrukturiert. Zum anderen fand auch ein organisatorischer Wandel statt. Die bürokratische Organisation des Staates, die seit Max Weber als Modell rationaler Aufgabenerfüllung galt, wurde allmählich als Hemmnis effizienter Aufgabenerledigung betrachtet. Um den neuen Anforderungen nach effektivem und effizientem Mitteleinsatz gerecht zu werden, orientiert sich die öffentliche Verwaltung an privatwirtschaftlichen Prinzipien. Der Idealtypus aus der Bürokratietheorie Max Webers wird um ‚neue' Leitbilder aus der betriebswirtschaftlichen Management- und Organisationslehre erweitert. Beschleunigt wird dieser Prozess (3.) durch die finanzielle Krise, in welche die meisten europäischen Länder gegen Ende der 80er bzw. zu Anfang der 90er-Jahre stürzten. Die Verknappung der Ressourcen erhöht einerseits die Selektionsschwierigkeiten bei der Vergabe von Mitteln (für Förderungen, Kostenübernahmen, Subventionen etc.) und verursacht andererseits einen wachsenden Legitimationsdruck, den Erfolg und die Wirksamkeit der eigenen Arbeit nachzuweisen. Durch die Liberalisierung einzelner, vorher staatlich dominierter Bereiche, insb. im Gesundheits- und Sozialwesen, hat sich zudem ein gewisser Konkurrenzdruck aufgebaut, der zu einer Professionalisierung von Nonprofit-Organisationen in einzelnen Tätigkeitsfeldern sowie zu einer Intensivierung der *Qualitätsdebatte* führte.

Diese nicht ganz ideologiefreie Diskussion reicht von einer *Verklärung* der Nonprofit-Organisationen, insb. im Bereich der Entwicklungszusammenarbeit, in dem Nonprofit-Organisationen gegenüber den staatlichen Gebern eine höhere Wirksamkeit zugesprochen wird (ohne dass dies empirisch jemals nachgewiesen wurde)[5], bis hin zu einer *vernichtenden Kritik*. Anhand von Fallstudien konnte z.B. Seibel (1992) zeigen, dass Nonprofit-Organisationen ein hohes Maß an ideologischer Orientierung und Irrationalität aufweisen, was Steuerungsversagen und eine begrenzte Lernfähigkeit zur Folge hat. Dennoch führten diese Defizite weder zu einer Änderung noch zu einem Zusammenbruch der untersuchten Organisationen. Seibel interpretiert dies als „funktionalen Dilettantismus", der Nonprofit-Organisationen das ‚Überleben' in einer von Zweckrationalität befreiten Gegenwelt erlaubt. Zech (1996: 256) sieht in Nonprofit-Organisationen „gewissermaßen eine Kompensation der Härten des kapitalistischen Marktes oder der Unerbittlichkeit staatlicher Regulationsprinzipien". Seibels Fallstudien berücksichtigen allerdings nur Organisationen, deren Bestand durch öffentliche Subventionen gesichert ist, so dass die empirische Basis keineswegs ausreicht, um einen Eindruck von der Leistungsstärke oder Qualität der Arbeit von Nonprofit-Organisation zu erhalten. Neben hochprofessioneller Leistungserstellung und überzeugenden qualitativ hochwertigen Dienstleistungsangeboten finden sich genügend Beispiele für Defizite, Mängel, Ineffektivität und Ineffizienz. Deshalb wird die Notwendigkeit der Leistungsbeurteilung und Qualitätsentwicklung zur Beseitigung dieser Mängel kaum mehr in Frage gestellt.

Festzustellen ist, dass sich immer mehr Nonprofit-Organisaionten intensiv mit der Frage auseinandersetzen, *was Qualität* für ihren Leistungsbereich *bedeutet*, wie sie erfasst, gemessen und entwickelt werden kann (vgl. Arnold 2003: 237 u. 239). Während Mitte der 90er-Jahre noch konstatiert wurde, dass der Kreis von Organisationen im Gesundheits- und Sozialwesen, der bereits erste Erfahrungen mit dem Thema Qualitätsmanagement gemacht hatte, relativ überschaubar sei, hat sich die Zahl der Organisationen, die sich damit auseinander setzen, von Anfang 2000 an, seit die Einrichtung eines so genannten ‚internen' Qualitätsmanagements für Krankenhäuser verpflichtend vorgeschrieben ist (Weiß 2000), deutlich erhöht (vgl. Schubert u. Zink 2001: V). Boeßenecker und Mitarbeiter (2003: 7ff.) weisen darauf hin, dass ‚Qualität' seit Mitte der 90er-Jahre der am meisten diskutierte Begriff im Feld der sozialen Arbeit ist. Im Rahmen eines Forschungsprojekts, dessen Ziel es war, verlässliche Einschätzungen über die tatsächliche Verbreitung und Relevanz von Konzepten der Qualitätsentwicklung in der sozialen Arbeit zu gewinnen und deren Umsetzbarkeit und Auswirkungen zu ermitteln, zeigte sich allerdings ein träger- und einrichtungsspezifisches „Muddling-through": Aus verschiedenen „Steinbrüchen" wird von den Verantwortlichen das verwendet, was ihnen

---

5   Ansatzweise lassen sich in einer einzelnen Fallstudie und damit auf einer bei weitem nicht ausreichenden Basis Belege hierzu finden, vgl. Stockmann u.a. 2000. Praktische Erfahrungen mit Nonprofit-Organisationen weisen aber häufig auch in die andere Richtung.

angesichts des eigenen Beurteilungsstandes als sinnvoll und angemessen erscheint. Zumindest in den Bereichen Gesundheits- und Sozialwesen, die im Nonprofit-Sektor zur Speerspitze der Qualitätsentwicklung zählen dürften, wird dem Thema zwar große Aufmerksamkeit geschenkt, doch die Umsetzung erscheint größtenteils noch ungenügend.

Die Ursachen hierfür sind zu einem großen Teil in dem *Mangel an geeigneten Konzepten und Instrumenten* zu suchen. Deshalb wird kurzerhand auf Verfahren zurückgegriffen, die für den privatwirtschaftlichen Kontext entwickelt wurden, ohne jedoch ausreichend zu prüfen, ob diese sich auf die organisatorischen und situativen Bedingungen des Nonprofit-Sektors übertragen lassen. Dies darf jedoch bezweifelt werden, denn – wie später noch ausführlich zu zeigen ist – unterscheiden sich Nonprofit-Organisationen und ihr situatives Umfeld massiv von Unternehmen (Profit-Organisationen) und deren Kontext.

Aufgrund der bisherigen Erfahrungen mit der *Übernahme von Konzepten und Instrumenten* der Privatwirtschaft zur Qualitätsentwicklung wird diese Praxis zunehmend hinterfragt. Es *wird kritisiert*, dass die Qualitätsdiskussion im Nonprofit-Sektor „zu sehr durch Reagieren auf Impulse aus dem gewinnorientierten Bereich bestimmt" wird. Die Übertragung der traditionellen Kontroll- und Finanzinstrumente, aber auch die ‚modernen' Total-Quality-Management-Konzepte reichten nicht aus, um den spezifischen Anforderungen und Steuerungsansprüchen von Nonprofit-Organisationen gerecht zu werden. „Fragen rund um die Erfolgsmessung in Nonprofit-Organisationen" – so z.B. Horak (1998: 445) – können „derzeit nur sehr eingeschränkt mit dem herkömmlichen Instrumentarium bearbeitet werden". Matul und Scharitzer (2002: 606) stellen ebenfalls fest: „Es fehlen eigenständige, in der jeweiligen Logik der Nonprofit-Organisationen begründete Ansätze der eigenverantwortlichen Qualitätsgestaltung". Deshalb wird vielfach die Entwicklung ganz neuer Konzepte und Instrumente vorgeschlagen, die über Adaptionen aus dem Unternehmensbereich hinausgehen und die Besonderheiten von Nonprofit-Organisationen ausreichend berücksichtigen (Horak 1998: 445; Badelt 2002: 662; Arnold 2003: 239; Beckmann u.a. 2004: 9f.).

Während private Nonprofit-Organisationen vor allem damit experimentieren, Modelle des Qualitätsmanagements wie Total Quality Management oder ISO-Zertifizierung zu übernehmen, versucht die staatliche Verwaltung sich eher im Rahmen von *New-Public-Management-Ansätzen*[6] auf die neuen leistungs- und effizienzbezogenen Anforderungen einzustellen. Mit Reformprojekten wie z.B. ‚Moderner Staat – Moderne Verwaltung'[7] sollen die funktionalen und strukturellen Defizite von Staat und Verwaltung überwunden werden.

---

6   New Public Management (NPM) befasst sich mit der Modernisierung öffentlicher Einrichtungen und neuen Formen öffentlicher Verwaltungsführung. Einen guten Überblick geben Schedler u. Proeller 2003 sowie Naschold u. Bogumil 2000.

7   Siehe URL: http://www.staat-modern.de.

Dabei wird einerseits versucht, die situativen Bedingungen der öffentlichen Verwaltung denen des erwerbswirtschaftlichen Sektors anzugleichen, umso dessen Instrumente anwenden zu können. Andererseits findet mit einer Ausrichtung des Verwaltungshandelns an Leistungen und Wirkungen eine radikale Abkehr von der traditionellen inputorientierten Steuerungsphilosophie statt. Viele staatliche Nonprofit-Organisationen agieren nicht auf freien Märkten und ihre ‚Kunden‘ haben oft keine oder nur geringe Möglichkeiten zu einem anderen Anbieter zu wechseln. Um diesen Mangel auszugleichen, wird versucht, den *Wettbewerbsgedanken* systematisch in die Verwaltungstätigkeit mit einzubeziehen. Dies geschieht zum einen durch die Zulassung privater Anbieter (z.B. privater Arbeitsvermittler, Sozialstationen, Beratungsstellen) und zum anderen durch die Simulierung wettbewerbsähnlicher Strukturen (z.B. über Benchmarking und Ausschreibungen). Dadurch sollen sowohl bei den staatlichen oder halbstaatlichen Einrichtungen, die bisher monopolartig eine Dienstleistung erbracht haben, als auch bei den ‚neuen‘ Anbietern Professionalisierungsprozesse ausgelöst werden, die zu einer effektiveren und effizienteren Leistungserstellung und einer verbesserten Qualität der angebotenen Leistungen führen (vgl. Anheier 2000: 20). Dahinter steht die Vorstellung, dass dann, wenn äußere Anreize (marktwirtschaftliche Elemente wie Wettbewerb, Kundenorientierung etc.) gesetzt werden, Verwaltungen oder generell Nonprofit-Organisationen wie Unternehmen agieren, also ein nach betriebswirtschaftlicher Rationalität funktionierendes Management aufbauen, betriebswirtschaftliche Instrumente einführen und ihre Qualitätsentwicklung an den Erfordernissen und Bedürfnissen der Kunden orientieren. Dies bedeutet ein Abrücken von dem traditionellen Qualitätsbegriff der öffentlichen Verwaltung, der vor allem mit Recht- und Ordnungsmäßigkeit gleichgesetzt wurde sowie eine Orientierung an den Kunden, die nicht länger mehr als Klienten oder gar Bittsteller behandelt werden sollen (vgl. Schedler u. Proeller 2000: 44).

Ein weiterer Pfeiler der Verwaltungsmodernisierung wird in der *Ausrichtung an Leistungs-* (output) *und Wirkungsgrößen* (outcome und impact) gesehen. Die traditionelle öffentliche Verwaltung wurde hingegen über Input-Größen gesteuert. Die Bereitstellung finanzieller Mittel galt lange Zeit – und teilweise auch heute noch – als ausreichender Beleg für die Leistungserbringung der Verwaltung oder auch der politischen Führung. So genügte z.B. die Einrichtung eines umfangreichen Etats zur Beseitigung des Arbeitslosenproblems oder zur Reduzierung der Armut in der Welt schon als Leistungsnachweis. Durch Budgetregeln wurde dieses Prinzip sogar dahingehend pervertiert, dass ein Amt, dem es gelang, durch effiziente und effektive Arbeitsweise seinen Ressourcenverbrauch in einem Jahr zu reduzieren, durch eine entsprechend geringere Mittelzuweisung im nächsten Haushaltsjahr ‚bestraft‘ wurde.[8]

---

8   Dies ist auch der Grund für das in traditionellen Haushaltswesen jährlich auftretende ‚Dezemberfieber‘, womit ein Verhalten bezeichnet wird, zustehende Budgetmittel am Ende

An die Stelle der Inputorientierung tritt dagegen in den Konzepten des New Public Management die *Output- bzw. Outcomeorientierung.* Die Qualität der Verwaltung soll anhand der tatsächlich erbrachten Leistungen und den dadurch ausgelösten Wirkungen gemessen werden. Die politische Steuerung hat dementsprechend anhand von Leistungs- und Wirkungsvorgaben zu erfolgen. Die dahinter stehende Überlegung ist, dass das Ziel von Verwaltungshandeln nicht allein im Tätigwerden besteht, sondern in der Erzielung von Wirkungen, die politischen Vorgaben entsprechen sollen, also z.B. in der Reduzierung der Arbeitslosigkeit oder der weltweiten Armut (vgl. Brinckmann 1994: 173). Die „wirkungsorientierte Verwaltungsführung" (Buschor 1993) steht allerdings vor einigen Schwierigkeiten, denn es ist nicht immer einfach, Wirkungen zu identifizieren, zu messen und zudem auch noch die verursachenden Faktoren auszumachen. Allzu leicht werden positive Wirkungen dem eigenen Handeln und negative Effekte externen Ursachenfaktoren zugeschrieben. Zudem treten manche Wirkungen erst langfristig auf, oder aber sie sind im Gegenteil nur von kurzfristiger Dauer und haben keinen Bestand.

Aus den bisherigen Ausführungen kann festgehalten werden, dass *Qualität* zu einem *zentralen Kriterium* sowohl in der privaten Wirtschaft als auch bei öffentlichen Verwaltungen und darüber hinaus im gesamten Nonprofit-Bereich avanciert ist. Während die Orientierung an Qualität im privatwirtschaftlichen Sektor vor allem dazu beitragen soll, die Wettbewerbssituation zu sichern oder zu verbessern, soll sie im öffentlichen Sektor zu einer Verbesserung der Leistungserbringung beitragen. In der privaten Wirtschaft wurden hierfür verschiedene Qualitätsmanagementkonzepte entwickelt, die zunehmend auch in Nonprofit-Organisationen eingesetzt werden. Im Rahmen von New-Public-Management-Konzepten werden betriebs- und marktwirtschaftliche Elemente in den öffentlichen Sektor übertragen. Die Erfahrungen mit der Anwendung von Konzepten und Instrumenten des Qualitätsmanagements in den Nonprofit-Organisationen stößt jedoch auf zahlreiche Schwierigkeiten, da diese für den privaten Sektor entwickelt wurden, der Nonprofit-Sektor aber einige fundamental andere Bedingungen aufweist. Deshalb wird zunehmend die Entwicklung eigenständiger, die strukturellen Bedingungen des Nonprofit-Sektors berücksichtigende Konzepte eingefordert.

Hier setzt das vorliegende Buch an: Unabhängig davon, ob Konzepte des Qualitätsmanagements, des New Public Management oder anderer Steuerungsmodelle verwendet werden, es sind Daten notwendig, damit das Management auf einer rationalen Grundlage Entscheidungen treffen kann. Hierfür bieten sich die *Konzepte und Instrumente der Evaluation* an, deren Hauptaufgabe darin besteht, den Nutzen oder Wert eines Objektes festzustellen (vgl. Mertens 1998: 219). Diese Objekte können einzelne Maßnahmen, Projekte, Programme oder auch zeitlich nicht limitierte, institutionalisierte Leistungsangebote sein. Im Rahmen einer Evaluation werden hierfür *empirische*

---

eines Haushaltsjahres noch rasch auszugeben, damit sie nicht verfallen oder gar für das kommende Jahr Budgetkürzungen vorgenommen werden.

Methoden zur Informationsgewinnung und *systematische Verfahren zur Informationsbewertung* anhand *transparenter Kriterien* verwendet, um eine intersubjektive Nachprüfbarkeit zu ermöglichen. Die Bewertungen richten sich nicht nach vorgegebenen Normen (wie bei ISO) oder festgelegten Parametern (wie bei Total-Quality-Management-Konzepten) sondern nach Kriterien, die den situativen Bedingungen des Evaluationsgegenstands angepasst werden. Wie eingangs gezeigt, stellt der Nonprofit-Sektor nicht nur einen wirtschaftlich sowie beschäftigungs- und gesellschaftspolitisch wichtigen Bereich dar, sondern umfasst auch ein sehr breites Spektrum unterschiedlichster Organisationen mit sehr verschiedenen Zielsetzungen. Da es sich bei Evaluation um ein flexibles, auf die Aufgabenstellung und den situativen Kontext jeweils adaptierbares Konzept handelt und weil *Evaluationen* vor allem die Leistungserfüllung und die Wirksamkeit von Maßnahmen, Programmen oder Angeboten untersuchen, dürften sie *besonders dazu geeignet* sein, *die Qualitätsentwicklung in Nonprofit-Organisationen zu unterstützen.*

Ziel dieses Buches ist es, eine *theoretisch fundierte Evaluationskonzeption* und eine Methodik zu entwickeln, die (1.) für die *Gewinnung von leistungs- und wirkungsbezogenen Daten* genutzt werden kann, aus der (2.) *Bewertungskriterien* abgeleitet werden können, die sich *für die Evaluation* insb. im Nonprofit-Sektor eignen und aus denen sich (3.) ein *multidimensionales Kriterienset zur Beurteilung der Qualität von Nonprofit-Organisationen* entwickeln lässt. Anhand dieser Qualitätskriterien soll eine den Erfordernissen des Nonprofit-Sektors angemessene Bewertung der Leistungen von Nonprofit-Organisationen und ihrer Wirkungen möglich sein. Deshalb ist damit auch der Anspruch verbunden, dass diese Kriterien, besser als die in betriebswirtschaftlichen Konzepten verwendeten Kriterien, für die Aufgabenstellung und Kontextbedingungen von Nonprofit-Organisationen geeignet sind. Des Weiteren wird davon ausgegangen, dass sich die hier entwickelte Evaluationskonzeption prinzipiell *für alle Tätigkeitsfelder und alle Phasen der Leistungserstellung* von der Planung, über die Durchführung und über ein eventuelles Förderende hinaus (z.B. bei Maßnahmen und Programmen) einsetzen lässt. Sie kann zudem für periodisch stattfindende *Evaluationen* genauso genutzt werden wie für den Aufbau von *Monitoring-Systemen* zur Dauerbeobachtung.

Um die Qualität der Leistungen von Nonprofit-Organisationen beurteilen zu können, stehen die Wirkungen von Maßnahmen, Programmen oder Leistungsangeboten im Mittelpunkt der Evaluation, denn *Qualität zeichnet sich durch hohe Effektivität und Wirksamkeit aus.* Die entwickelte Konzeption ist zwar auf die Erfordernisse und den situativen Kontext von Nonprofit-Organisationen ausgerichtet, aber aufgrund ihrer Flexibilität *auch für Organisationen des Profit-Sektors (Unternehmen) anwendbar.*

Da Evaluation kein Qualitätsmanagementsystem ist, macht sie ein solches nicht überflüssig. Wenn Defizite beseitigt und die Leistungen und die Wirksamkeit von Organisationen gesteigert werden sollen, um dadurch insgesamt die Qualität von Maßnahmen, Programmen oder Angeboten zu verbessern, dann müssen Evaluationen nützlich Folgen haben. Deshalb bedarf es eines Systems, das auf der Basis von Evaluationserkenntnissen und ggf. -empfehlungen zu Managemententscheidungen führt, die zielgerichtete Handlungen und Aktivitäten zu ihrer Umsetzung nach sich ziehen. Dementsprechend ist eine *Verknüpfung zwischen Qualitätsmanagement und Evaluation notwendig*, zwei Themen, die allerdings in der Literatur bisher kaum miteinander verbunden sind. Deshalb wird hier auf die Herausarbeitung der Komplementarität dieser beiden Ansätze besonderen Wert gelegt.

Im Einzelnen ist das *Buch folgendermaßen aufgebaut*: Zunächst wird der *Begriff der Qualität* eingehend erläutert, bevor dargestellt wird, welche Qualitätsmanagementkonzepte Unternehmen einsetzen, um Qualität zu entwickeln und zu sichern. Aus der Vielzahl bestehender Ansätze[9] werden hier das weit verbreitete System der Zertifizierung anhand von Normenreihen (DIN, EN, ISO) sowie Total-Quality-Management-Modelle (speziell EFQM) herausgegriffen (*Kapitel 2.1*).

Ausgehend von den eingangs schon geschilderten Überlegungen, ist zu untersuchen, in wie weit *Konzepte des Qualitätsmanagements*, die für privatwirtschaftlich organisierte, im freien Wettbewerb zueinander stehende Unternehmen mit Gewinnerzielungsabsicht entwickelt wurden, überhaupt auf Nonprofit-Organisationen übertragbar sind. Eine Alternative für die Qualitätsentwicklung stellen die *Ansätze des New Public Management* dar, die allerdings dort ihre Grenzen finden, wo markt- und wettbewerbsähnliche Strukturen nicht herbeigeführt und auch nicht simuliert werden können (*Kapitel 2.2*).

Anschließend werden *Konzepte der Evaluation* vorgestellt, mit denen sich, unabhängig vom verwendeten Steuerungs- und Qualitätsentwicklungsmodell, Daten sammeln und bewerten lassen, um sie für Managemententscheidungen zu nutzen. Dabei können Evaluationen besonders hilfreich in diejenigen Managementsysteme integriert werden, die die Qualität einer Organisation daran messen, ob und inwieweit die anvisierten Ziele tatsächlich erreicht und die intendierten Wirkungen ausgelöst wurden (*Kapitel 2.3*).

Zum Schluss werden die Konzepte des Qualitätsmanagements mit denen der Evaluation verglichen, um Gemeinsamkeiten und Unterschiede herauszuarbeiten und ihren *komplementären Charakter* zu verdeutlichen (*Kapitel 2.4*).

Kapitel 3 ist so aufgebaut, dass zuerst der zentrale *Begriff der Wirkungen* definiert und von anderen Begriffen abgegrenzt wird (*Kapitel 3.2*). Um die aus (Programm-)Interventionen resultierenden Wirkungen festzustellen, müssen mindestens zwei Zustände (vor und nach der Intervention) miteinander verglichen werden. Veränderungen lassen sich nur über die Zeit hinweg beobachten. Da die Entwicklung von Programmen oder Leistungsangeboten

---

9   Zu der Vielzahl von Ansätzen, die in Nonprofit-Organisationen verwendet werden vgl. im Überblick z.B. Boeßenecker u.a. 2003; Schubert u. Zink 2001; Peterander u. Speck 1999; Klausegger u. Scharitzer 1998.

einem bestimmten Prozessmuster folgt, wird hier das Konzept der *Lebens-verlaufsforschung* für die Analyse von Programmverläufen nutzbar gemacht (*Kapitel 3.3*). Leistungsangebote und Programme werden von Organisationen erbracht bzw. durchgeführt, die in vielfältiger Form mit ihrer Umwelt in Beziehung stehen. Mit Hilfe *organisationstheoretischer Konzepte* können organisationsinterne Zusammenhänge und Organisations-Umwelt-Beziehungen analysiert werden (*Kapitel 3.4*). Programminterventionen haben häufig das Ziel, Neuerungen (Innovationen) einzuführen. Was darunter zu verstehen ist, unter welchen Bedingungen das am ehesten gelingt und wie sich Innovationen verbreiten, ist Thema der *Innovations- und Diffusionsforschung* (*Kapitel 3.5*). Da viele Angebote und Programminterventionen von Nonprofit-Organisationen nicht nur auf kurzfristige Erfolge abzielen, sondern dauerhafte Veränderungen auslösen sollen, ist der Aspekt der *Nachhaltigkeit* zu berücksichtigen (*Kapitel 3.6*).

Zwischen Maßnahmen, Programmen oder institutionalisierten, zeitlich unbefristeten Angeboten wird hier *kein struktureller Unterschied* gemacht. Es wird davon ausgegangen, dass unabhängig von der Form, in der Leistungen erbracht werden, diese einem bestimmten Prozess folgen (Planung, Durchführung etc.), von einer Organisation ausgeführt werden und häufig Neuerungen beinhalten, um Veränderungen zu bewirken, die zudem dauerhaft oder nachhaltig sein sollen. Ein Beispiel für ein institutionelles Angebot wäre die Eheberatung: Diese muss vom Therapeuten auf ein Ziel hin geplant und in verschiedenen ‚Sitzungen‘, die aufeinander aufbauen, durchgeführt werden. Das Angebot wird von einem Träger (einer Organisation) offeriert, die in einem spezifischen Kontext (Umfeld) tätig ist. In der Therapie werden z.B. ‚neue‘ Konfliktregelungsmuster gelernt (Innovationen), die sich nicht nur im Bereich der Ehe, sondern darüber hinaus auch in anderen Kontexten (z.B. Beruf, Vereinsleben) anwenden lassen (Diffusion). Zudem will die Eheberatung nicht nur einen einzelnen Konflikt schlichten, sondern Lösungen für ein dauerhaftes Zusammenleben finden.

Der Ablauf eines Programms unterscheidet sich davon nicht wesentlich: Ein Programm z.B. zur Armutsreduzierung wird geplant, bevor es in einzelnen Durchführungsschritten implementiert werden kann. Es wird von einer Organisation in Zusammenarbeit mit anderen Organisationen oder Zielgruppen (z.B. Bauern, Beschäftigten im informellen Sektor) umgesetzt. Das Ziel könnte darin bestehen, ‚neue‘ Produktionsmethoden (Innovation) einzuführen, die von möglichst vielen übernommen werden sollen (Diffusion), um einen hohen Wirkungsgrad zu erzielen. Zudem dürfte ein solches Programm kaum auf kurzfristigen Erfolg ausgelegt sein, sondern auf ‚Nachhaltigkeit‘.

Aus den drei theoretischen Konzepten (Lebensverlaufsmodell, Organisations- und Innovations-/Diffusionsforschung) sowie einem multidimensionalen Nachhaltigkeitskonzept werden die *Bewertungsfelder und -kriterien* abgeleitet, die zur Konstituierung eines Evaluationsleitfadens genutzt werden sollen. Zuvor werden die auf diese Weise gewonnenen Kriterien mit betriebswirtschaftlichen Qualitätskriterien verglichen, um zu zeigen, dass sie sich zur *Bildung eines multidimensionalen Kriterienkatalogs* verdichten lassen, um die Qualität der von Organisationen erbrachten Leistungen und erzielten Wirkungen zu bewerten (*Kapitel 3.7*).

Die Themen von *Kapitel 4* sind die *Methodik der Evaluation* und *ihre Anwendung*. Methodisches Kernstück ist ein *Muster-Evaluationsleitfaden*, der auf den in Kapitel 3 dargelegten theoretischen Überlegungen aufbaut. Dieser bestimmt die Themenfelder und Bewertungsdimensionen. Aus dem Musterleitfaden für die Evaluation von Maßnahmen, Programmen und zeitlich nicht befristeten Leistungsangeboten lassen sich im Prinzip für sämtliche Praxisbereiche oder Politikfelder, für Evaluationen in allen Phasen des Programmverlaufs, für formative wie summative, intern oder extern durchgeführte Evaluationen maßgeschneiderte Evaluationsleitfäden entwickeln. Dabei bleibt das Grundmuster erhalten. Lediglich die in den Themenfeldern aufgeführten Analysefragen müssen ergänzt, erweitert und angepasst werden (*Kapitel 4.2*). Natürlich sind entsprechend der Aufgabenstellung der Evaluation, der zu evaluierenden Programmphase und den situativen Bedingungen des Politikfeldes unterschiedliche Herangehensweisen notwendig. Das *Bearbeitungs- und Bewertungsverfahren* ist in *Kapitel 4.3* dargestellt. Während für die technische Anwendung des Leitfadens genauere Bearbeitungshinweise und Bewertungsbeispiele gegeben werden, beschränkt sich das Methodenkapitel (*Kapitel 4.4*) auf einen skizzenhaften Überblick über die für wirkungsorientierte Evaluationen wichtigsten *Untersuchungsdesigns und Erhebungsmethoden*. Die Kenntnis des vorhandenen Methodenrepertoires ist notwendig, um adäquate Untersuchungsdesigns und Methoden auswählen zu können. Hier wird die Verwendung eines *Multimethodenansatzes* nahe gelegt, um dadurch die Schwächen einzelner Instrumente durch die Stärken anderer auszugleichen. Die Entwicklung und konkrete Anwendung der einzelnen Verfahren lässt sich in zahlreichen Lehrbüchern zu den Methoden der Evaluation bzw. der empirischen Sozialforschung nachschlagen, so dass hier auf eine eingehende Darstellung verzichtet werden kann.

Welche Standards bei der *Durchführung von Evaluationen* zu beachten sind, welche Schwierigkeiten auftreten können und welche praktischen Anforderungen sich aus der Anwendung der Evaluationskonzeption ergeben, ist in *Kapitel 4.5* dargestellt. Um die Interessen und Perspektiven der verschiedenen, an der Evaluation beteiligten Akteure (Stakeholder) zu berücksichtigen, hat sich ein *partizipativer Ansatz* am besten bewährt. Vielfältige Erfahrungen haben gezeigt, dass eine partizipative Vorgehensweise nicht nur dazu beiträgt, die Mitwirkungsbereitschaft der Stakeholder zu stimulieren und die Validität der Ergebnisse zu erhöhen, sondern vor allem den Nutzen einer Evaluation zu steigern. Mit zunehmender Akzeptanz einer Evaluation steigt die Chance, dass aus der Evaluation abgeleitete Handlungsempfehlungen später auch umgesetzt werden.

Der Evaluationsablauf ist in *Kapitel 4.6* dargestellt. Zudem werden *praktische Hinweise für die Planung und Durchführung* einer Evaluation gegeben, wobei Besonderheiten, die aus der hier entwickelten Evaluationskonzeption und dem partizipativen Evaluationsansatz resultieren, im Mittelpunkt stehen.

Das *abschließende Kapitel 5* bietet eine zusammenfassende Bewertung des hier entwickelten Evaluationsansatzes im Hinblick auf die Zielsetzung des Buches, Nonprofit-Organisationen ein wirkungsvolleres Handeln zu ermöglichen und so zur Qualitätsentwicklung beizutragen. In einem Rückblick wird auf die rund zehnjährige Entwicklungsgeschichte des Ansatzes eingegangen. Vorformen der Konzeption wurden bereits in zahlreichen Evaluationen verwendet.

Ein weiteres Ziel dieses Buches besteht deshalb darin, die konzeptionellen Ausarbeitungen, die parzelliert in verschiedenen Publikationen und (teilweise internen) Evaluationsberichten dokumentiert sind, zu vereinheitlichen, zusammenzuführen und so weiterzuentwickeln, dass sie generell von Organisationen für die *wirkungsorientierte Qualitätsentwicklung* genutzt werden können. Deshalb wird nicht nur die theoretische Evaluationskonzeption und ihre Methodik ausführlich dargestellt, sondern es werden auch praktische Bearbeitungshinweise für ihre Anwendung gegeben.

2   Qualitätsmanagement und Evaluation

2.1   Qualitätsmanagement

Qualitätsentwicklung und -sicherung stellen zentrale Herausforderungen moderner Unternehmen dar, um am Markt bestehen zu können. Deshalb richten sie ihr Management an dieser Maxime aus. Welche Konzepte hierfür maßgeblich eingesetzt werden, soll im Folgenden kurz skizziert werden. Zuvor wird auf den Bedeutungswandel des Qualitätsbegriffs eingegangen.

2.1.1 Qualität

Obwohl der *Qualitätsbegriff* heute überaus häufig verwendet wird, fällt bei Durchsicht der Literatur auf, dass bisher eine griffige, allgemeinverbindliche Spezifikation fehlt. Selbst in der Betriebswirtschaftslehre, die den Begriff im Rahmen ihrer Qualitätsmanagementkonzepte unablässig verwendet, wird man nicht fündig (vgl. Widmer 2001: 11; Mayländer 2000: 9). Der Begriff bleibt schillernd und wird in den unterschiedlichsten Bedeutungen verwendet und operationalisiert. Dies liegt nicht zuletzt daran, dass zwischen objektiven und subjektiven Merkmalen unterschieden werden kann. Vor allem in der Industrie wurde in der Vergangenheit der Begriff Qualität mit *technischen Merkmalen* definiert: „Hohe Qualität wurde gleichgesetzt mit einer hohen technischen Leistung, einer hohen Festigkeit, einer langen Lebensdauer, verbunden mit einer einwandfreien Funktion und Freiheit von Fehlern" (Seghezzi 1994: 5; 2003: 23f.).

Dieser technischen Definition entsprechend gelten als Maß der Qualität die Einhaltung der technischen Normen und Spezifikationen. Auf diese Weise konnte Qualität *scheinbar* nach *objektiven Kriterien* beurteilt werden, die unabhängig vom Beurteilenden ist. Wenn die vorgegebenen technischen Normen, wie z.B. sehr lange Lebensdauer oder absolute Fehlerfreiheit, nicht zu erreichen sind, müssen jedoch auch die scheinbar objektiven Kriterien einer *subjektiven Bewertung* unterzogen werden, die je nach Produkt oder Leistung[10]

---

[10] Qualität lässt sich nicht nur für Produkte oder Dienstleistungen bestimmen, sondern auch für Prozesse, vgl. Kreutzberg 2000: 15f.; Eversheim 1997: 11.

sehr unterschiedlich ausfallen wird. So dürften die meisten Menschen akzeptieren, dass ihr Küchenmixer oder Fernsehgerät nach einigen Jahren des Gebrauchs einmal defekt ist und repariert werden muss. Bei einem Herzschrittmacher, der das Überleben sichert, ist diese Toleranz sicherlich nicht gegeben. Die Festlegung einer Fehlerquote, die nicht automatisch zu einer Abwertung der Qualitätsbeurteilung führt, dürfte deshalb nicht nur von der Art des Produkts sondern auch von subjektiven Überlegungen geprägt sein.

In den 60er-Jahren fanden mit der Berücksichtigung der *Kundenperspektive* zunehmend subjektive Elemente Eingang in die Qualitätsdiskussion. Der Anwender und Nutzer wurde nach der Zufriedenheit mit dem angebotenen Produkt befragt. Seine Einschätzung des ‚fitness for use‘, der Nützlichkeit und Verwendbarkeit eines Produkts rückte in den Mittelpunkt des Qualitätsverständnisses. Damit wird die Beurteilung von Eigenschaften eines Produkts zu einem höchst subjektiven Akt, die durch die persönlichen Bedürfnisse des Kunden bestimmt wird. Dementsprechend können neben der Fehlerfreiheit eines Produktes, seiner Nützlichkeit und Verwendbarkeit auch Dimensionen wie Zweckmäßigkeit, Handhabbarkeit, Ästhetik oder Prestige, das ein Produkt verleiht, zur Beurteilung der Produktqualität herangezogen werden.[11]

In einer international anerkannten Begriffsdefinition wurde diese Entwicklung berücksichtigt:

> „Qualität ist die Gesamtheit von Merkmalen (und Merkmalsausprägungen) bezüglich ihrer Eignung, festgelegte und vorausgesetzte Erfordernisse zu erfüllen“ (Norm DIN EN ISO 8402).[12]

In dieser Begriffsfassung ist zwar noch der ursprüngliche Inhalt der einwandfreien Funktion und Freiheit von Fehlern enthalten, doch nicht abstrakte Normen stellen den Qualitätsmaßstab dar, sondern die *Erfüllung von Bedürfnissen und Erfordernissen, die durch die Kunden festgelegt werden*.

Somit unterliegt die Beurteilung der Qualität nicht nur subjektiven Nutzenerwägungen, sondern ist auch vom jeweiligen *situativen Kontext*, den *kulturellen Besonderheiten* und letztlich auch der *Art des Produkts* (z.B. Lebensmittel, Maschine, Reparatur-, Beratungs- oder Lehrleistung) abhängig. So wird jemand die Qualität ‚trüb eingefärbten Trinkwassers‘ (Produkt) in der trockenen Wüste Somalias (situativer Kontext) als Deutscher (kultureller

---

11 Zum Qualitätsbegriff allgemein vgl. u.a. Rothlauf 2004: 67ff.; Zollondz 2002: 5ff., 141ff.; Kreutzberg 2000: 13ff.; Seghezzi 1994: 5ff.; 2003: 9ff.; Juran 1991: 12f. Zum Qualitätsbegriff im Dienstleistungsbereich vgl. u.a. Beckmann 2004; Möller 2003; Raidl 2001: 20ff.; Schubert, Zink 2001: 1f., 1997: 2ff.; Eversheim 1997: 4ff.; CEDEFOP 1997: 6ff. In Nonprofit-Organisationen vgl. u.a. Poister 2003; Scherer 2002; Meyer 2002; Badelt 2002; Daumenlang u. Palm 1997: 2ff.; Eversheim, Jaschinski u. Reddemann 1997: 34ff., im New Public Management vgl. u.a. Bremen 2004; Rossmann 2003; Schedler u. Proeller 2000: 64f.. Zu Qualitätsmanagement im Dienstleistungsbereich vgl. u.a. Hansen 2003; Igl 2002; Mayländer 2000; Peterander, Speck 1999, im Bildungsbereich vgl. u.a. Holtappels 2003; Eder 2002; Boysen 2002; Weinert 2001.

12 Das Deutsche Institut für Normierung (DIN) (Internetadresse: http://www2.din.de) und die Internationale Standardisierungsorganisation (ISO) verwalten und pflegen Normen.

Hintergrund) anders bewerten als ein Somali. Auch dürfte es eine Rolle spielen, ob der Kunde dieses Produkt in einem Hotel in Bad Gastein kredenzt bekommt oder in einem Nomadenzelt in Somalia. Dies gilt natürlich auch für die Beurteilung der Qualität des Personalservice, des Hotelangebots etc. Die Formulierung bereichs-, kultur- und situationsübergreifender Qualitätskriterien kann deshalb nicht geleistet werden, so dass in dieser allgemeinen DIN-/ISO-Definition auch nicht mehr Gehalt steckt als die Weisheit, dass Qualität das ist, was der Kunde dafür hält!

Diese *Begriffsverschwommenheit* wird noch größer, wenn weitere Aspekte der Qualitätsdiskussion berücksichtigt werden. In der Literatur wird zu bedenken gegeben, dass es nicht nur um das Produkt allein geht, sondern dass für eine Beurteilung der Qualität das Gesamtangebot beurteilt werden müsse, das nicht nur das Produkt, sondern auch seine Präsentation, die Einführung des Kunden in seine Handhabung und das Serviceangebot umfasst. Manche wollen auch die termingerechte Leistungserbringung oder den Preis selbst als weitere Beurteilungsdimensionen in den Qualitätsbegriff mit aufnehmen. Ebenso könnten Aspekte wie die ökologische Verträglichkeit eines Produkts, seine gesundheitliche Unbedenklichkeit oder politische Korrektheit[13] als Qualitätskriterien in den Begriff integriert werden.

Es bleibt festzuhalten, dass die *Qualität eines Produkts oder einer Dienstleistung nicht allgemeingültig bestimmt* werden kann, sondern sich nach der *Bewertung des Nutzens durch die Kunden* bemisst. Diese Bewertung kann nach verschiedenen *Kriterien* vorgenommen werden, die wiederum je nach *situativem Kontext*, *kulturellen Besonderheiten* und der *Art des Produkts* von sehr unterschiedlicher Bedeutung sein können.

2.1.2 Qualitätsmanagementmodelle

Wenn sich Qualität vor allem durch den erzeugten Produktnutzen, durch die Zufriedenheit der Kunden mit dem Produkt oder einer Dienstleistung auszeichnet und davon ausgegangen wird, dass diese Zufriedenheit nur möglich ist, wenn ein Produkt funktionsfähig – frei von Fehlern – ist, dann besteht die Aufgabe des Qualitätsmanagements (QM) darin, den Nutzen eines Produkts/einer Dienstleistung festzulegen, zu gestalten und ständig zu verbessern sowie seine weitgehende Fehlerfreiheit zu gewährleisten (vgl. Juran 1991: 13ff.; Seghezzi 1994: 7). Das Qualitätsmanagement umfasst die Führungsaufgaben, die die Festlegung und Umsetzung der Qualitätspolitik zum Ziel haben. Die hierfür notwendigen Tätigkeiten werden in der Regel in die Bereiche Qualitätsplanung, -lenkung, -sicherung und -verbesserung unterteilt (vgl. Seghezzi 1994: 18; 2003: 63ff.; Eversheim 2000: 14f.; Kreutzberg 2000: 24; Zollondz 2002: 189ff.).

---

13 So werden heutzutage keine „Mohrenköpfe" mehr angeboten, sondern allenfalls „Schokoküsse".

Die *Qualitätsplanung* beinhaltet die Festlegung von Qualitätszielen und - kriterien sowie von Vorgaben für die Umsetzung der Qualitätsziele. Um aus der festgelegten Qualitätspolitik die Anforderungen an die Qualität der zu erstellenden Produkte oder zu erbringenden Dienstleistungen ableiten zu können, müssen die Bedürfnisse und Erwartungen der potenziellen Kunden erfasst werden. Anschließend ist deren Umsetzung in neue und verbesserte Leistungen sowie die Gestaltung der hierfür notwendigen Produktionsprozesse zu planen. Dabei wird die Aufgabe der Qualitätsplanung von verschiedenen Stellen eines Unternehmens wahrgenommen, z.B. von der Marktforschung, der Produktentwicklung, der Produktionsplanung, der Verfahrensentwicklung etc. Schon hier wird deutlich, dass die Verwirklichung von Qualität eine Aufgabe aller Mitarbeiter eines Unternehmens ist.

Die *Qualitätslenkung* sorgt dafür, dass Prozesse und Abläufe so gesteuert werden, dass möglichst fehlerfreie Produkte und Leistungen erbracht werden, die den Qualitätsanforderungen der potenziellen Kunden entsprechen. Hierfür wird im Rahmen der Prozessüberwachung die Ausführungsqualität (Ist) mit der angestrebten Qualität (Soll) verglichen, um auftretende Differenzen ausgleichen zu können.

Die *Qualitätssicherung*[14] verfolgt eine doppelte Zielsetzung. Sie soll sowohl innerhalb als auch außerhalb eines Unternehmens (insb. bei Kunden, Auftraggebern) Vertrauen in die eigene Qualitätsarbeit schaffen.

Die vierte Aufgabe des Qualitätsmanagements besteht in der kontinuierlichen *Qualitätsverbesserung* der Produkte und Prozesse sowie in der Stärkung des Qualitätsbewusstseins der Mitarbeiter, damit eine qualitätsorientierte Unternehmenskultur entsteht.

Ein *Qualitätsmanagementsystem (Qualitätssicherungssystem)* soll die Erfüllung der Qualitätsanforderungen sicherstellen, die vom Management festgelegt wurden. Es umfasst die Organisationsstruktur, Verantwortlichkeiten, Prozesse und Mittel zur Verwirklichung des Qualitätsmanagements.

Schon ein einfaches Inspektions- und Kontrollsystem ist ein Qualitätsmanagementsystem. Wenn es aber darum geht, dass alle Mitarbeiter ein Qualitätsbewusstsein entwickeln und sich gemeinsam für die Qualität eines Produkts oder einer Dienstleistung verantwortlich fühlen, sind umfassendere Qualitätsmanagementsysteme notwendig. Der Leitgedanke solcher Systeme ist die Etablierung einer Qualitätskultur, die in einem Regelwerk von Prinzipien und Normen festgeschrieben wird. Zu ihrer Überwachung, Einhaltung und Steuerung wird ein Kontrollsystem etabliert.[15] Die Zusammenhänge der einzelnen Aufgaben des Qualitätsmanagements sind in Abbildung 2.1 illustriert.

---

14 Im deutschen Sprachgebrauch wird der Begriff Qualitätssicherung auch noch in einem viel weitergehenden Sinn benutzt, und zwar als Oberbegriff des Qualitätsmanagements. Im angelsächsischen Bereich wird der Begriff ‚Quality Assurance' hingegen in der hier verwendeten engeren Begriffsdefinition gebraucht, bei der der Qualitätssicherung eine instrumentelle Funktion zukommt (vgl. Seghezzi 1994: 31; Kegelmann 1995: 159).

15 Das Qualitätsmanagementsystem wird gelegentlich auch mit dem Nervensystem eines Organismus verglichen (vgl. Rühl 1998: 24), was recht anschaulich ist: Es stellt die vor-

Abbildung 2.1:   Aufgaben des Qualitätsmanagements

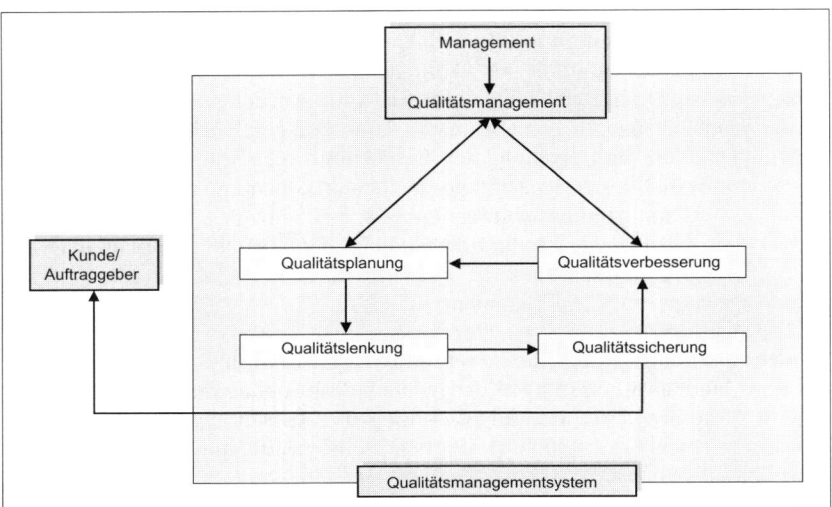

Für die Gestaltung des Qualitätsmanagements stehen verschiedene Modelle zur Verfügung. Sie können auf der Basis einer Normenreihe (DIN EN ISO 9000-9004) oder auf den Leitgedanken eines umfassenden Qualitätsmanagements (Total Quality Management = TQM) aufbauen, die auch bekannten Qualitätsauszeichnungen wie dem Malcolm Baldridge Award oder dem European Quality Award zugrunde liegen.

Allen Modellen ist die systematische Aufarbeitung der Organisationsstruktur, die Erfassung der Prozesse und die Sicherung der Qualität des zu produzierenden Produkts bzw. der zu erbringenden Dienstleistung gemein. Mit Hilfe von Standards und Normen soll eine einheitliche Informationsbasis geschaffen werden, anhand derer Unternehmen bewertet und miteinander verglichen werden können. Das entscheidende Bewertungskriterium ist dabei die Qualität des Produkts bzw. der Dienstleistung (vgl. Raidl 2001: 53).[16]

---

liegenden Zustände fest und leitet sie an die zuständigen Organe (Qualitätsplanung) weiter. Umgekehrt transportiert es auch Zustandsberichte der Organe (Qualitätssicherung) an das Gehirn (Qualitätsmanagement) weiter, das dann entsprechende Befehle (Qualitätslenkung) erteilt, um eine kontinuierliche Qualitätsverbesserung zu erzielen. Das Nervensystem arbeitet dann rationell, lückenlos und koordiniert, wenn es alle Organe verbindet und ein einheitliches Ordnungsprinzip vorliegt.

16 Die Literatur zum Thema Qualitätsmanagement ist nahezu unübersichtlich. Einige wichtige Titel zur Auswahl: Rothlauf 2004; DIN ISO 2004; Nauendorf 2004; Gucanin 2003; Oakland 2003; Brauer 2002; Seghezzi 2002; Hummel u. Malorny 2002; Zollondz 2002; Töpfer u. Mehdorn 2002; Pfeifer 2001; Raidl 2001; Schiersmann u.a. 2001; Uehlinger2001; Kreutzberg 2000; Cappis 1998; EFQM 1998; Malorny 1998; Masing 1998; Wilmes u. Radtke 1998; Wunderer 1998; Radtke 1997; Schubert u. Zink 1997; Wunderer u.a. 1997; Heinrich 1996; Malorny 1996; Feuchthofen u. Severing 1995; Zink 1995 u. 1994; Frehr

Die *Normenreihe DIN EN ISO 9000-9004* stellt ein umfassendes Rahmen-konzept für das Qualitätsmanagement[17] dar. Die Normen bestimmen die Ablaufschritte, die für ein Unternehmen zur Erstellung eines individuellen Qualitätssicherungssystems notwendig sind. Branchenbezogene Spezifizierun-gen gibt es nicht. Im Gegenteil, es wird davon ausgegangen, „that the same standards can be applied:

- to any organization, large or small, whatever its product
- including whether its „product" is actually a service,
- in any sector of activity and
- whether it is a business enterprise, a public administration, or a government department" (ISO 2005).

ISO ist kein Instrument zur Festlegung des Qualitätsniveaus, sondern definiert Mindestanforderungen an ein Qualitätsmanagementsystem und hat die voll-ständige Dokumentation der Arbeitsabläufe zum Ziel. Ausgangspunkt ist die Überlegung, dass dann bestmögliche Qualität erbracht wird, wenn die Pro-dukterstellung logisch geplant, vereinheitlicht und für alle Beteiligten trans-parent ist. Die ISO-Normen regeln alle Bereiche, die im Rahmen eines Qualitätsmanagementsystems definiert und organisiert werden müssen.

Die gesamte ‚Normenfamilie' ISO 9000ff. wurde in den letzten Jahren überarbeitet und im Dezember 2000 in ihrer Neufassung als DIN EN ISO 9000: 2000 in Kraft gesetzt. Die modifizierten Normen bauen auf acht Prinzipien des Qualitätsmanagements auf (vgl. ISO 2005):

1. *Customer focus*
   Organizations depend on their customers and therefore should understand current and future customer needs, should meet customer requirements and strive to exceed customer expectations.

2. *Leadership*
   Leaders establish unity of purpose and direction of the organization. They should create and maintain the internal environment in which people can become fully involved in achieving the organization's objectives.

3. *Involvement of people*
   People at all levels are the essence of an organization and their full involvement enables their abilities to be used for the organization's benefit.

1994; Runge 1994; Oess 1994; Saatweber 1994; Seghezzi 1994 u. 1993; Witte 1993; Schildknecht 1992.

17 In der DIN EN ISO 9000 werden die Grundlagen und die zentralen Begriffe des Qualitäts-managements erläutert. Die eigentlichen Forderungen an das Qualitätsmanagementsystem sind Inhalt der DIN EN ISO 9001. Die DIN EN ISO 9004 stellt einen Leitfaden für die Leistungsverbesserung der Organisation bereit. Dessen Aufbau richtet sich nach den In-halten der DIN EN ISO 9001, zielt jedoch auf ein über die Normforderungen hinaus-reichendes umfassendes Qualitätsmanagement im Sinne von Total Quality Management ab (vgl. Brauer 2002: 8). Weitere Informationen URL: http://www.iso.org, letzte Einsicht 27.7.2005.

4. *Process approach*
   A desired result is achieved more efficiently when activities and related resources are managed as a process.
5. *System approach to management*
   Identifying, understanding and managing interrelated processes as a system contributes to the organization's effectiveness and efficiency in achieving its objectives.
6. *Continual improvement*
   Continual improvement of the organization's overall performance should be a permanent objective of the organization.
7. *Factual approach to decision making*
   Effective decisions are based on the analysis of data and information.
8. *Mutually beneficial supplier relationships*
   An organization and its suppliers are interdependent and a mutually beneficial relationship enhances the ability of both to create value.

Als ‚neu‘ gegenüber dem bisherigen ISO-Modell wird die starke Orientierung der Norm (ISO 9001: 2000) an den Prozessabläufen in einem Unternehmen bezeichnet (vgl. Brauer 2002: 24). Unter Prozessen wird folgendes verstanden: „Processes are recognized as consisting of one or more linked activities that require resources and must be managed to achieve predetermined output. The output of one process may directly form the input to the next process and the final product is often the result of a network or system of processes" (ISO 2005). Die Kernaufgaben eines Unternehmens werden als Regelkreis zwischen eingehenden Kundenforderungen und der angestrebten Kundenzufriedenheit dargestellt (vgl. Abbildung 2.2). Die erfolgreiche Umsetzung des Regelkreises soll dazu führen, das angestrebte Ziel der „ständigen Verbesserung" zu erreichen.

Nach ISO 9001: 2000 werden fünf übergeordnete Prozesse eines Qualitätsmanagementsystems unterschieden, die definieren „what you should do consistently to provide products that meets customer and applicable statutory or regulatory requirements" (ISO 2005):

1. *Qualitätsmanagementsystem (Quality Management System)*
Beim Aufbau eines Qualitätsmanagementsystems nach ISO geht es vor allem darum, die Prozesse, die in einem Unternehmen sowie zwischen ihm und den kooperierenden Unternehmen (z.B. Zulieferern) ablaufen, zu beschreiben und darauf aufbauend Maßnahmen festzulegen, die gewährleisten, dass das Qualitätsmanagementsystem tatsächlich erstellt, dokumentiert, angewendet und überwacht wird. Ein Unternehmen muss die Prozesse, die für den Aufbau und Ablauf eines Qualitätsmanagementsystems gebraucht werden (z.B. Leitungstätigkeiten, Ressourcenbereitstellung, Produktrealisierung, Messung und

Abbildung 2.2: Prozessmodell des Qualitätsmanagements aus der ISO 9001

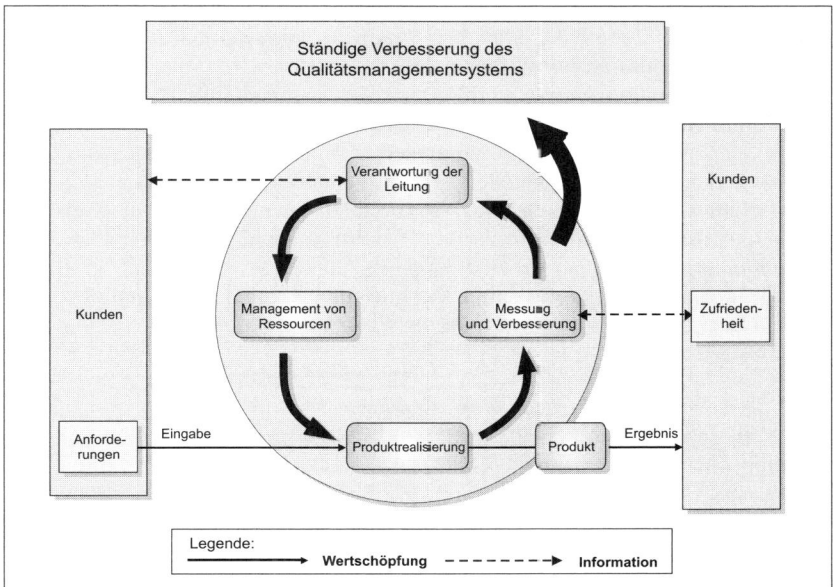

Quelle: in Anlehnung an Brauer 2002: 25

Analyse), zuerst identifizieren und analysieren, um sie dann zu steuern. Besonders wichtig ist dabei die Schaffung einer umfassenden Qualitäts-dokumentation. Hierzu gehören (vgl. Matul und Scharitzer 2002: 62):

- das Qualitätshandbuch: enthält alle Schriften zu Zielen, Organisation, Aufgaben, Verfahren und Strukturen des Qualitätssicherungssystems eines Unternehmens,
- der Qualitätssicherungsplan: regelt die Verfahren, die Messmethoden und die Ablauforganisation der Maßnahmen,
- die Qualitätssicherungsverfahren: regeln detailliert die Maßnahmen zur Qualitätssicherung,
- die Qualitätsaufzeichnungen: dienen der Dokumentation der gesammelten internen und externen Informationen (z.B. zur Kundenzufriedenheit), Messergebnisse, Analyseresultate und Maßnahmen im Zusammenhang mit dem Qualitätssicherungssystem.

2. Verantwortung der Leitung (Management Responsibility)
Bei ISO handelt es sich um einen Top-down-Ansatz. Die Leitung gibt die Ziele und die Qualitätspolitik, die umgesetzt werden soll, vor. Sie ist dafür verantwortlich, dass alle Mitarbeiter das Qualitätsmanagementsystem unterstützen

und dass dieses ständig weiterentwickelt wird, damit es möglichst optimal an die Qualitätspolitik des Unternehmens und an die Kundenanforderungen angepasst ist.

3. Management der Ressourcen (Ressource Management)

Die Unternehmensleitung ist nicht nur dafür verantwortlich, eine Vision zu entwickeln und ihre Umsetzung zu steuern, sondern sie muss auch die dafür erforderlichen Mittel bereitstellen. Hierzu gehören neben personellen und finanziellen Ressourcen auch die Bereitstellung einer Infrastruktur (Gebäude, Prozessausrüstungen, unterstützende Dienstleistungen wie Transport und Kommunikation) und eine Arbeitsumgebung, die die Erreichung der Qualitätsziele unterstützt. Durch Aus- und Weiterbildung soll das gesamte Personal optimal dazu befähigt werden, seine ihm von der Leitung zugedachten Aufgaben zu erfüllen.

4. Produktrealisierung (Product Realization)

Unter Produktrealisierung werden alle Prozesse subsummiert, die zur Leistungserbringung notwendig sind. Dabei steht der Kunde im Vordergrund, dessen Erwartungen und Anforderungen gemäß dem Prozessmodell Ausgangspunkt für die Tätigkeiten eines Unternehmens sein sollen und der gleichzeitig Adressat der erbrachten Leistungen ist. Um den Kunden zufrieden stellen zu können, sind deshalb zuerst die Kundenanforderungen zu erfassen und auf ihre Machbarkeit hin zu überprüfen. Darauf aufbauend wird ein Entwicklungsplan mit festgelegten Ablaufphasen und eingebauten Kontrollmechanismen erarbeitet. Bei der Beschaffung von Produkten ist darauf zu achten, dass die Lieferanten geeignet sind, die festgelegten Forderungen einwandfrei zu erfüllen. Die Leistungserbringung im Unternehmen unterliegt einer detaillierten Prozesslenkung, deren Ergebnisse ständig überprüft werden. Zudem wird die Konformität des Produkts mit den festgelegten Anforderungen anhand von Überwachungs- und Messmitteln kontinuierlich abgeglichen.

5. Messung, Analyse und Verbesserung (Measurement, Analysis and Improvement)

Ziel der Datenerfassung und -analyse ist es, die Leistung des Unternehmens und die Zufriedenheit der Kunden zu gewährleisten sowie Verbesserungen vorzunehmen. Hierfür wird einerseits die Kundenzufriedenheit ermittelt und andererseits wird geprüft, ob anhand der Prozesse die geplanten Ergebnisse zu erreichen sind und welche Fehlerquellen und Schwachstellen überwunden werden müssen. Interne Audits sollen u.a. darüber Auskunft geben, ob das Qualitätsmanagementsystem seine ihm zugedachten Aufgaben erfüllt. Fehlentwicklungen sollen möglichst früh erkannt werden, am besten noch vor ihrem Auftreten. Die ständige Verbesserung von Prozessen, zu denen auch das Qualitätsmanagementsystem zählt, stellt ein prioritäres Unternehmensziel dar.

Hat ein Unternehmen ein Qualitätsmanagementsystem erfolgreich eingeführt, kann es sich die Erfüllung der ISO-Normen durch eine offiziell anerkannte Organisation (z.B. TÜV, DEKRA) zertifizieren lassen. Dadurch soll deutlich gemacht werden, dass in dem Unternehmen qualitätsgerecht gearbeitet wird. Allerdings bietet die ISO-9000er-Zertifizierung keine Garantie, dass alle Mitarbeiter die Regeln tatsächlich aus Überzeugung praktizieren, dass das Unternehmen ein modernes Qualitätsmanagementsystem praktiziert und dass die definierten Abläufe auch optimiert werden (vgl. Vilain 2003: 23ff.; Seghezzi 2003: 219ff.; Zollondz 2002: 250ff.; Raidl 2001: 67; Zink 2001: 94ff.; Schubert 2001: 113ff.; Mayländer 2000: 18ff.; Scheiber 1999; Rühl 1998: 25ff.; Fuhr 1998: 47ff.; Wunder 1995: 12ff.; Kegelmann 1995: 160ff.).

Ein nicht weniger bekanntes Qualitätskonzept, das hier etwas ausführlicher erläutert werden soll, stellt das *Total Quality Management (TQM)* dar, das außerordentlich breit angelegt ist, in der Absicht, Qualität zur wichtigsten Erfolgsdeterminante eines Unternehmens zu machen. TQM wird deshalb häufig zum alles dominierenden Unternehmenskonzept erhoben. Die wesentlichen Grundsätze lauten ganz ähnlich wie die von ISO verwendeten Prinzipien (vgl. Rothlauf 2004: 53ff.; 83ff.; Seghezzi 2003: 253; 1994: 57; Hummel u. Malorny 2002, 1997: 44ff.; Mayländer 2000: 17; CEDEFOP 1997: 6; Witte 1993: 90ff.; Schildknecht 1992: 125ff.):

1. Kundenorientierung
Der Kunde ist der Schlüssel zum Erfolg eines jeden Unternehmens. Alle Prozesse und Abläufe im Unternehmen werden somit auf die Erfüllung der Kundenbedürfnisse ausgerichtet. Um eine gute Kundenorientierung zu erlangen, sind genaue Kenntnisse über die Kundenanforderungen, -erwartungen und Kundenzufriedenheit systematisch zu ermitteln und im Unternehmen anzuwenden. Ziel ist die Schaffung einer langfristigen Kundenbindung.

2. Prozessorientierung
Die Ausrichtung an den betrieblichen Prozessen und ihre ständige Verbesserung gehört zu den Grundpfeilern des TQM. Dabei sollen nicht die Ergebnisse, sondern die Prozesse im Vordergrund unternehmerischen Handelns stehen. Da jede Aktivität als ein Prozess aufgefasst wird, ergibt sich ein ständiges Verbesserungspotential, das einen entscheidenden Beitrag zur Steigerung von Qualität und Produktivität leistet. Ziel ist es, die kostenintensive Qualitätskontrolle bzw. das Nacharbeiten an Produkten zu verringern. Fehler sollen möglichst vermieden werden (Nullfehlerprinzip). Treten sie auf, sollen sie als Lernquelle betrachtet werden. Die Umsetzung erfolgt durch das Management, das planerische, organisatorische und kontrollierende Maßnahmen einsetzt, um die Prozessqualität zu verbessern.

3. Kontinuierliche Qualitätsverbesserung und Qualitätssicherung

Alle Mitarbeiter in einem Unternehmen sollen sich an den Qualitätsanstrengungen beteiligen. Unter dem Motto ‚ständig besser werden' führen Organisationen kontinuierliche Förderaktionen zur Verbesserung der Qualität durch. Damit sich die Mitarbeiter daran beteiligen, werden sie z.B. durch am Erfolg orientierte Löhne motiviert. Dabei ist jeder für die Qualität seiner Arbeit verantwortlich. Intern wird das Kunden-Lieferanten-Prinzip eingeführt, nachdem gilt „jeder, der unsere Arbeitsergebnisse als Grundlage für seine Arbeit benötig, ist unser Kunde" (vgl. Heß 1997: 87).

4. Management

Die treibende Kraft, die gewährleistet, dass Kunden-, Mitarbeiter- und Prozessorientierung in das Unternehmen eingeführt werden, ist das Management. Dabei werden hohe Ansprüche an die jeweiligen Führungskräfte gestellt. Folgende Punkte sind wesentlich für das Führungsverhalten (vgl. Rothlauf 2004: 60):

- Engagement und Vorbildfunktion in Bezug auf umfassende Qualität,
- Würdigung der Anstrengungen und Erfolge von Einzelpersonen und Projektteams,
- Etablierung einer kontinuierlichen TQM-Kultur,
- Förderung von TQM durch Bereitstellung passender Ressourcen und Hilfen,
- Engagement bei Kundenkreis und Lieferanten und
- aktive Förderung von umfassender Qualität auch außerhalb des Unternehmens.

Vom Management wird ein kooperativer Führungsstil verlangt, bei dem alle Führungskräfte und Mitarbeiter einbezogen werden. Zudem nimmt die unterstützende Führungsrolle mehr und mehr an Gewicht zu. Hier steht die Aktivierung der Mitarbeiter und ihrer Potentiale im Mittelpunkt.

Viele, der ursprünglich in Japan, später in den USA und auch in Europa entwickelten TQM-Konzepte sind mit Qualitätsauszeichnungen (Quality Awards) verbunden. International größte Beachtung hat bislang der US-amerikanische Malcolm Baldrige National Quality Award gefunden, der in sieben Hauptkategorien mit insgesamt 28 Einzelkriterien unterteilt ist. Die Kriterien dienen einerseits vielen Unternehmen als interner Leitfaden zum Aufbau eines eigenen Qualitätsmanagementsystems, andererseits werden sie zur Begutachtung von Unternehmen für die Verleihung des Qualitätspreises verwendet (vgl. Eversheim, Jaschinski u. Reddemann 1997: 59f.; Zollondz 2002: 261ff.). Ausgezeichnet werden Unternehmen, die durch die Anwendung des TQM-Modells herausragende Qualitäts- und Produktivitätssteigerungen erreichen konnten.

In Europa hat vor allem das Modell der *European Foundation For Quality Management (EFQM)* und der von ihr verliehene Preis, der „European Quality

Award" (EQA) Beachtung gefunden.[18] Er unterscheidet sich in seinen Grundzügen nicht wesentlich vom amerikanischen Vorbild. Die starke Beachtung von Sicherheits- und Umweltschutzaspekten führte lediglich zur Aufnahme eines zusätzlichen Bereichs ‚öffentliche Interessen' (vgl. Seghezzi 1993: 30). Das Modell ist – wie ISO – so gestaltet, dass es auf alle Organisationen anwendbar ist, unabhängig von Branche, Organisationsform, Größe oder soziokulturellem Kontext, zumindest in Europa. Das Grundschema des EFQM-Modells basiert auf den drei Säulen des TQM – Menschen, Prozesse, Ergebnisse – und folgt den *Grundprinzipien* (vgl. Rothlauf 2004: 50ff. u. 442ff.; Seghezzi 2003: 255ff.; EFQM 2003a: 5ff.; 2003b: 6ff.; 1998: 4f.; Hummel u. Malorny 2002: 11ff.; Mayländer 2000: 23ff.):

- *Ergebnisorientierung*
  Nach EFQM (2003a: 5) verhalten sich exzellente Organisationen agil, flexibel und reaktionsfähig, um sich auf veränderte Bedürfnisse und Erwartungen der Interessengruppen einzustellen. Dabei agieren sie vorausschauend, beobachten den Wettbewerb und planen sorgfältig unter Verwendung aller eingeholten Informationen. Ziel ist es, Ergebnisse zu erzielen, „die alle Interessengruppen der Organisation begeistern" (ebenda).

- *Ausrichtung auf den Kunden*
  Da die Kunden als die letztendlichen Entscheider über Produkt- und Service-Qualität betrachtet werden, kennen exzellente Organisationen ihre Kunden und verstehen sie sehr genau. Sie stellen sich auf deren Bedürfnisse und Erwartungen ein, um nachhaltigen Kundennutzen zu schaffen: „Sie wissen, dass die klare Ausrichtung auf die Bedürfnisse und Erwartungen derzeitiger und potenzieller Kunden deren Loyalität und Bindung sowie den Marktanteil maximiert" (ebenda).

- *Führung und Zielkonsequenz*
  Exzellente Organisationen verfügen über eine visionäre und begeisternde Führung, die die Zielsetzung einer Organisation beständig verfolgt. Die Führungskräfte legen die Ausrichtung der Organisation fest, kommunizieren diese, wirken überzeugend und motivierend. Führungskräfte zeigen vorbildliches Verhalten und Leistung und „führen durch glaubhaft vorgelebtes Vorbild" (ebenda).

- *Management mittels Prozessen und Fakten*
  Exzellente Organisationen werden durch ein Netzwerk untereinander abhängiger und miteinander verbundener Systeme, Prozesse und Fakten gesteuert. Hierfür besitzen sie ein Managementsystem, das auf den Bedürfnissen und Erwartungen aller Interessengruppen basiert und auf deren Erfüllung ausgerichtet ist.

- *Mitarbeiterentwicklung und -beteiligung*
  Exzellente Organisationen verfügen über kompetente, flexible und motivierte Mitarbeiter, deren Beitrag durch ihre kontinuierliche Weiter-

---

18 Weitere Informationen URL: http://www.deutsche-efqm.de, letzte Einsicht 27.7.2005.

entwicklung und Beteiligung maximiert wird. Exzellente Organisationen fördern die persönliche Entwicklung ihrer Mitarbeiter, um deren Wissen zum Vorteil nutzen zu können. Durch adäquate Absicherung, Belohnung und Anerkennung wird die Loyalität zur Organisation weiter ausgebaut.

- *Kontinuierliches Lernen, Innovation und Verbesserung*
  Lernen wird zur Schaffung von Innovation und Verbesserungsmöglichkeiten genutzt, „um den status quo in Frage zu stellen und Änderungen zu bewirken" (ebenda). Dabei kann die Organisation sowohl von ihren eigenen Aktivitäten und Leistungen lernen als auch von denen anderer. Hierzu wird das Wissen aller Mitarbeiter aufgegriffen.
- *Entwicklung von Partnerschaften*
  Exzellente Organisationen zeichnen sich dadurch aus, dass sie „wertschöpfende Partnerschaften" entwickeln und erhalten. Sie erkennen, dass ihr Erfolg von solchen Partnerschaften abhängen kann. Partnerschaften versetzen sie in die Lage, durch Optimierung der Kernkompetenzen eine verstärkte Wertschöpfung für ihre Interessengruppen zu erzielen. Zum Erreichen gemeinsamer Ziele arbeiten Partner zusammen und unterstützen sich gegenseitig mit Erfahrungen, Ressourcen und Wissen.
- *Soziale Verantwortung*
  Exzellente Organisationen übertreffen die Mindestanforderungen gültiger Gesetze und Regeln und bemühen sich, die Erwartungen des gesellschaftlichen Umfelds zu verstehen und darauf einzugehen. Dabei zeichnen sie sich durch einen hohen ethischen Anspruch aus, der in den Werten der Organisation zum Ausdruck kommt.

Diese Prinzipien spiegeln sich auch in der Agenda des European Quality Award wider, die in zwei große Blöcke – Befähigerkriterien und Ergebnisse – mit insgesamt neun Kriterien und 32 Unterkriterien unterteilt werden können (vgl. Abbildung 2.3).

(1.) An erster Stelle des EFQM-Modells steht das *Verhalten der Führungskräfte*, die den langfristigen Erfolg eines Unternehmens sicherstellen sollen. Dies kann – nach dem EFQM-Modell – nur erreicht werden, „wenn die oberste Leitung und alle anderen Führungskräfte kontinuierlich Verbesserungen initiieren und durch persönliche Mitwirkung die Umsetzung sicherstellen" (Radtke und Wilmes 2002: 29). Entscheidend für die Bewertung des Führungs-Kriteriums ist der Nachweis eines systematischen und präventiven Handelns und die Durchgängigkeit des Engagements durch alle Bereiche und Ebenen. Dies wird als besonders wichtig erachtet, „da Mitarbeiter i.d.R. so handeln, wie die Führungskräfte es ihnen vorleben" (ebenda).[19] Das Kriterium *Führung* wird im EFQM-Modell durch vier Unterkriterien differenziert:

---

19 Zur genaueren Erläuterung der Unterkriterien vgl. auch im Weiteren Radtke und Wilmes 2002, sowie EFQM 2003a, 2003b, 2003c.

Abbildung 2.3:   Das europäische Qualitätsmodell der EFQM

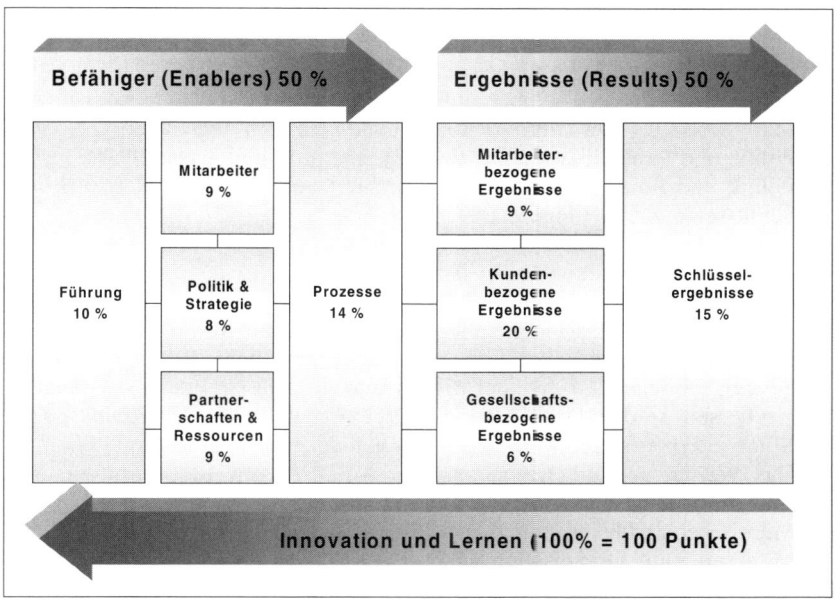

Quelle: http://www.efqm.org

- Die Führungskräfte erarbeiten die Mission, die Vision und die Werte und agieren als Vorbilder für eine Kultur der Excellence.
- Die Führungskräfte stellen durch persönliche Mitwirkung sicher, dass das Managementsystem der Organisation entwickelt, eingeführt und verbessert wird.
- Die Führungskräfte bemühen sich um Kunden, Partner und Vertreter der Gesellschaft.
- Führungskräfte motivieren und unterstützen die Mitarbeiter der Organisation und erkennen ihre Leistungen an.
- Führungskräfte erkennen und meistern den Wandel der Organisation.

(2.) Nach EFQM basieren die *Politik und Strategie* eines Unternehmens auf einer Vision oder Mission. In der formulierten Politik und ihrer Umsetzung in der Unternehmensstrategie soll das „Wertesystem des Unternehmens" zum Ausdruck kommen. Im Rahmen des Bewertungsprozesses ist darzulegen, wie bei der Formulierung, Umsetzung, Überprüfung und Verbesserung von Politik und Strategie eine Einbeziehung der verschiedenen Interessengruppen stattfindet. Die Beurteilung aller Befähigerkriterien ist darauf ausgerichtet, zu prüfen, inwieweit Führung und Mitarbeiter die Ressourcen und Prozesse entsprechend der Politik und Strategie einsetzen bzw. gestalten. Das Kriterium *Politik und Strategie* gliedert sich in fünf Unterpunkte:

- Politik und Strategie beruhen auf den gegenwärtigen und zukünftigen Bedürfnissen und Erwartungen der Interessengruppen.
- Politik und Strategie beruhen auf Informationen und Leistungsmessungen, Marktforschung sowie lernorientierten und kreativen Aktivitäten.
- Politik und Strategie werden entwickelt, überprüft und nachgeführt.
- Politik und Strategie werden kommuniziert und durch ein Netzwerk von Schlüsselprozessen umgesetzt.

(3.) Unter dem Kriterium *Mitarbeiter* werden alle Aktivitäten subsumiert, die ein Unternehmen einsetzt, um das Potenzial der Mitarbeiter freizusetzen und die Geschäftstätigkeit ständig zu verbessern. Um die Mitarbeiter unternehmensweit in kontinuierliche Verbesserungsprozesse einbeziehen zu können, sollen ganzheitliche Konzepte der Mitarbeiterführung erarbeitet, systematisiert und verbessert werden. Das Kriterium *Mitarbeiter* weist fünf Unterpunkte auf:

- Mitarbeiterressourcen werden geplant, gemanagt und verbessert.
- Das Wissen und die Kompetenz der Mitarbeiter werden ermittelt, ausgebaut und aufrechterhalten.
- Mitarbeiter sind beteiligt und zu selbstständigem Handeln ermächtigt.
- Mitarbeiter und Organisation führen einen Dialog.
- Mitarbeiter werden belohnt, anerkannt und man kümmert sich um sie.

(4.) Die Aufgabe des Managements ist es, *Ressourcen und Partnerschaften* so einzusetzen, dass die Unternehmenspolitik und -strategie umgesetzt werden. Das Kriterium *Ressourcen (und Partnerschaften)* umfasst folgende Aspekte:

- Externe Partnerschaften werden gemanagt.
- Finanzen werden gemanagt.
- Gebäude, Einrichtungen und Material werden gemanagt.
- Technologie wird gemanangt.
- Information und Wissen werden gemanangt.

(5.) *Prozesse* stehen in einem TQM-geführten Unternehmen im Mittelpunkt und sollen als Katalysator zwischen Input und Output wirken. Bei der Bewertung des Kriteriums werden der grundsätzliche Umgang mit Prozessen sowie das Management aller wertschöpfenden Geschäftsprozesse in einem Unternehmen betrachtet. Im Vordergrund stehen Maßnahmen zur kontinuierlichen Identifikation, Führung und Regelung der kundenorientierten Geschäftsprozesse sowie zur Umsetzung von Kreativität und Innovationen. Das Kriterium *Prozesse* wird anhand von fünf Unterpunkten betrachtet:

- Prozesse werden systematisch gestaltet und gemanagt.
- Prozesse werden, wenn nötig, verbessert, wobei Innovation eingesetzt wird, um Kunden und andere Interessengruppen vollumfänglich zufrieden zu stellen und die Wertschöpfung für diese zu steigern.

- Produkte und Dienstleistungen werden anhand der Bedürfnisse und Erwartungen der Kunden entworfen und entwickelt.
- Produkte und Dienstleistungen werden hergestellt, geliefert und gewartet.
- Kundenbeziehungen werden gemanagt und vertieft.

(6.) Die weiteren Kriterien beschäftigen sich mit den Ergebnissen eines Unternehmens. Das Kriterium *Kundenbezogene Ergebnisse* hat mit 20 Prozent aller zu vergebenden Bewertungspunkte das weitaus größte Gewicht, da es in einem exzellenten Unternehmen nach EFQM die höchste Priorität besitzt. Es befasst sich mit der Leistung eines Unternehmens im Hinblick auf die Erfüllung der externen Kundenanforderungen. Deshalb wird beobachtet, wie die Kunden die Qualität der Produkte und Dienstleistungen eines Unternehmens einschätzen. Die Kenntnisse über Forderungen, Erwartungen und Wünsche der Kunden sollen gewährleisten, dass nicht am Markt vorbei entwickelt und gefertigt wird. Nur eine detaillierte Erfassung und Analyse der Kundenzufriedenheit biete die Basis zur ständigen Verbesserung: „Notwendig ist eine Rückmeldung durch den Kunden, ob die Erzeugnisse oder Dienstleistungen Zufriedenheit oder gar Begeisterung hervorgerufen haben" (Radtke und Wilmes 2002: 83). Neben den „Messergebnissen aus der Sicht des Kunden" werden wiederum auch „Leistungsindikatoren" wie z.B. Anteil der Stammkunden; Kundenzu- und -abgänge; Ausfall-, Fehler- und Rückweisraten; termingerechte Auslieferung; Dankesschreiben und Auszeichnungen herangezogen. Das Kriterium *Kundenbezogene Ergebnisse* umfasst:
- Messergebnisse aus Sicht der Kunden,
- Leistungsindikatoren.

(7.) Das Kriterium *Mitarbeiterbezogene Ergebnisse* betrachtet direkte und indirekte Messgrößen, um die Leistungen eines Unternehmens im Hinblick auf die Zufriedenheit der Mitarbeiter zu beurteilen. In einem exzellenten Unternehmen gehört nach EFQM die Mitarbeiterzufriedenheit zu den wichtigsten Führungsgrößen. Sie ergibt sich aus dem Abgleich zwischen dem subjektiv wahrgenommenen Einsatz für das Unternehmen und dem vom Mitarbeiter wahrgenommenen Betriebsklima. Da die Mitarbeiterzufriedenheit eine Voraussetzung für alle Planungsprozesse und strategischen Entscheidungen in einem Unternehmen sein soll, ist sie systematisch zu ermitteln und zu analysieren. Neben diesen „Messergebnissen" werden auch Kennzahlen (Leistungsindikatoren) erfasst (z.B. über das Schulungs- und Weiterbildungsniveau, die Arbeitsunfallhäufigkeit, die Personalfluktuation etc.), um Rückschlüsse auf die Mitarbeiterzufriedenheit ziehen zu können. Unter dem Kriterium der *Mitarbeiterbezogenen Ergebnisse* werden zwei Aspekte unterschieden:
- Messergebnisse aus der Sicht der Mitarbeiter,
- Leistungsindikatoren.

(8.) Im Unterschied zu japanischen oder US-amerikanischen Qualitätspreisen beinhaltet das EFQM-Modell explizit die Kategorie *Gesellschaftsbezogene Ergebnisse*. Mit diesem Kriterium wird beurteilt, inwieweit sich ein Unternehmen an den Bedürfnissen und Erwartungen der Öffentlichkeit im Hinblick auf die Sozial- und Umweltverantwortung orientiert. Wenn ein Unternehmen diese Anforderungen erfüllt – so die EFQM-Annahme – dann kann es „der Akzeptanz und Unterstützung der Gesellschaft gewiss sein" (Radtke und Wilmes 2002: 92). Als Auswirkungen eines derart positiven Images erwartet EFQM ein besseres Arbeitskräfteangebot, gute Beziehungen zur Gewerkschaft und Berufsgenossenschaft, gute politische Kontakte, eine bessere Zusammenarbeit mit Behörden und eine bevorzugte Auswahl des Unternehmens als Lieferant oder Kunde. Neben „Messergebnissen aus der Sicht der Gesellschaft", die z.B. mit Hilfe von Erhebungen gewonnen werden können, werden Unterkriterien wie z.B. Engagement für die Gesellschaft, Auswirkungen auf das örtliche Beschäftigungsniveau oder Maßnahmen zum Umweltschutz verwendet, die anhand von „Leistungindikatoren" gemessen werden. Die EFQM unterscheidet im Hinblick auf *Gesellschaftbezogene Ergebnisse*:

▪ Messergebnisse aus der Sicht der Gesellschaft,
▪ Leistungsindikatoren.

(9.) Mit dem Kriterium *Schlüsselergebnisse* sind die Geschäftsergebnisse eines Unternehmens gemeint, „die letztendlich Aufschluss über die Güte der im Unternehmen abgelaufenen Prozesse geben" (Radtke und Wilmes 2002: 96). Dieses neben der Kundenzufriedenheit wichtigste Kriterium hebt hervor, dass nur durch langfristig positive Geschäftsergebnisse der Erhalt und die Weiterentwicklung eines Unternehmens am Markt gesichert werden kann: „Für marktwirtschaftlich geführte Unternehmen ist die Entwicklung eines Gewinns existenziell bedeutend" (ebenda, S. 97). Geschäftsberichte, ergänzt um weitere Daten, z.B. zur Gewinn- und Verlustrechnung, aus der Bilanz, zur Kreditwürdigkeit, zu den Aktienkursen, aber auch über Fehlerquoten, Flexibilität und Prozessfähigkeit, Marktanteile und Lieferantenbewertungen können zur Beurteilung herangezogen werden. EFQM unterscheidet bei den *Schlüsselergebnissen*:

▪ Ergebnisse der Schlüsselleistungen,
▪ Schlüsselleistungsindikatoren.

Zusammenfassend ist festzuhalten, dass anhand der Kriterien für die Befähiger (Führung, Politik & Strategie, Mitarbeiter, Ressourcen und Prozesse) die Handlungsweisen, Tätigkeiten und Prozesse in einem Unternehmen sowie deren Anwendungsgrad untersucht und bewertet werden können. *Die Befähigerkriterien behandeln, was eine Organisation tut.* Da das Ziel aller Qualitätsbemühungen letztlich der Verbesserung der Geschäftsergebnisse dient, sind die Schwerpunkte auf der Ergebnisseite die systematische Messung der (Geschäfts-)Ergebnisse, die Bewertung der Mitarbeiter- und Kundenzufriedenheit sowie die Bewertung des Erscheinungsbildes außerhalb des Unternehmens (gesellschaftliche Verantwortung/Image). *Die Ergebniskriterien beschäftigen sich damit, welche Ergebnisse eine Organisation mit ihren Leistungen erreicht.*[20]

Auf welchem Niveau eine Organisation zu Beginn eines EFQM-Prozesses steht und welche Fortschritte erreicht wurden, wird mit Hilfe eines Selbstbewertungsprozesses überprüft. Unter *Selbstbewertung*[21] versteht EFQM eine umfassende, regelmäßige und systematische Überprüfung der Leistungsfähigkeit von Prozessen und Strukturen im eigenen Unternehmen. Hierfür werden die im Modell dargestellten neun Haupt- und 32 Unterkategorien verwendet. Im Rahmen dieser Selbstbewertung werden vorhandene organisatorische Lösungen anhand einer so genannten RADAR-Logik[22] analysiert und bewertet. Als *Ergebnis* dieses Prozesses erhält die Organisation einerseits einen Zählwert, welcher zwischen null und 1000 Punkten liegt und somit das *Niveau* beschreibt, auf dem sich das Unternehmen befindet, und andererseits eine *strukturierte Stärken- und Schwächenliste,* die das *Verbesserungspotential* eines Unternehmens umreißt. Wenn sich ein Unternehmen um den European Quality Award (EQA) bewirbt, ist ein schriftlicher Report anzufertigen, in dem die Stärken und Schwächen eines Unternehmens, entsprechend den EFQM-Kriterien, dargestellt sind. Diese Dokumentation wird von geschulten, zugelassenen EFQM-Assessoren gemeinsam mit der Organisation geprüft. Bei der Vergabe von Qualitätspreisen wird ein branchenspezifisches Ranking der Bewerber erstellt. In der Praxis setzen die meisten Organisationen EFQM jedoch viel mehr als unternehmensinternes Instrument ein, ohne sich um einen Qualitätspreis zu bewerben (vgl. Langnickel 2003: 33ff.; Seghezzi 2003: 287ff.; Vomberg u. Wallrafen-Dreisow 2002: 257ff.; Schüberl u. Egger 2001: 133ff.; Klausegger u. Scharitzer 1998a: 384f.).

2.1.3 Vorteile und Nachteile des ISO- und des EFQM-Modells

Das ISO-Modell und die TQM-Modelle, wie EFQM, müssen *nicht* als *Gegensätze* oder sich ausschließende Alternativen betrachtet werden, denn die Anforderungen für eine ISO-Zertifizierung sind im Wesentlichen deckungsgleich mit den Befähigerkriterien des EFQM-Modells (vgl. Pinter 1999: 26). Deshalb kann das EFQM-Modell auch als eine Weiterführung des ISO-Modells verstanden werden. Beide Modelle setzen lediglich unterschiedliche

---

20 Siehe im Einzelnen: http://www.efqm.org.
21 Wiebei der Bewertung und Punktvergabe im Einzelnen vorzugehen ist, wird ausführlich in den Broschüren der EFQM erläutert und an Beispielen illustriert.
22 **RADAR** umfasst die Aspekte **R**esults (Ergebnisse), **App**roach (Ansatz, Vorgehen), **D**eployment (Umsetzung), **A**ssessment (Überprüfung) und **R**eview (Bewertung). Nach EFQM beschreiben diese Aspekte „den im EFQM-Modell zu messenden Standard, gegen den im EFQM-Modell gemessen wird. Anhand dieser Aspekte kann die Leistungsfähigkeit der Organisation in allen 32 Unterkriterien bewertet und verbessert werden". Wie hierfür im Einzelnen vorgegangen wird, vgl. Radtke und Wilmes 2002: 24.

Schwerpunkte, sind aber *ineinander überführbar* (vgl. Raidl 2001: 81; Mayländer 2000: 34ff.; Matul u. Scharitzer 2002: 61ff.).

Abbildung 2.4:   Unterschiede zwischen ISO- und EFQM-Modell

ISO	EFQM
✓ Erfüllung von Normen	✓ Stellt den Kunden in den Mittelpunkt
✓ Traditionelles, expertenorientiertes System	✓ Selbstgesteuert, auch ohne externe Bewertung möglich
✓ Fremdsteuerung durch die vorgegebenen Module	✓ Flexibles Modell, das branchenspezifisch interpretiert werden kann
✓ Stellt die Prozessorientierung in den Mittelpunkt, großer Wert auf technische, zeitliche und personelle Optimierung	✓ Kontinuierliche Verbesserung steht im Mittelpunkt ✓ Ergebnisorientiert
✓ Regelmäßige Fremdbewertung sichert objektive Ergebnisse von erfahrenen Auditoren, aber kostspielig	✓ Kostengünstige Bewertung, da keine externen Auditoren bestellt werden müssen ✓ Bei ausschließlicher Selbstbewertung Verzerrungen möglich
✓ Internationale Anerkennung	✓ Europäische Anerkennung, mit Quality Awards verknüpft

Quelle: in Anlehnung an Raidl 2001: 81.

Werden die Ansätze miteinander verglichen (vgl. Abbildung 2.4), dann ist festzustellen, dass beide relativ geschlossene Qualitätsmanagementsysteme darstellen, wobei das ISO-Konzept vor allem die Erfüllung von Normen, das EFQM-Konzept hingegen den Kunden in den Mittelpunkt rückt. Während EFQM vor allem auf Selbststeuerung ausgelegt ist, handelt es sich bei ISO um ein traditionelles, expertenorientiertes System, das aufgrund der vorgegebenen Normen weitgehend als fremdgesteuert zu betrachten ist. Deshalb besteht bei ISO die Gefahr, dass eine Fixierung auf die Vorschriften zwar zu einer Verbesserung des Qualitätsmanagementsystems führt, aber dafür Bürokratisierungsprozesse in Kauf genommen werden müssen, die Kreativität und Innovationen eher behindern (vgl. Stahl u. Severing 2002: 50). Zudem wird kritisiert, dass die Normenfamilie ISO 9000 zu statisch auf die Ist-Situation bezogen ist und betriebliche Erfolgskriterien nicht ausreichend einbezogen werden. Außerdem wird bemängelt, dass das ISO-Modell zu ‚industrie-lastig‘ ausgerichtet ist, so dass eine Anwendung auf Dienstleistungsbetriebe oder gar Nonprofit-Organisationen nur schwer möglich ist (vgl. Kapitel 2.2). Diese Kritik trifft auch auf das reformulierte ISO-Modell weiterhin zu.

Das vorgegebene Korsett der ISO-Standards wirkt zudem wenig motivierend für die Mitarbeiter und kann deshalb auch zu erheblichen Akzeptanzproblemen führen. EFQM ist hingegen weitaus flexibler angelegt und lässt vielfältige Entwicklungsprozesse mit nicht immer voraussehbarem Ausgang zu. Auch wenn die Einführung von EFQM in der Regel durch das Management gesteuert wird, werden die Mitarbeiter zwar nicht in die Entscheidungen, so doch zumindest in den Implementationsprozess aktiv eingebunden. Hier liegt ein Vorteil des EFQM-Modells. Denn Normen wie im ISO-Modell oder Kriterien wie im EFQM-Modell können nur dann ihre Wirkungen entfalten, wenn alle Führungskräfte und Mitarbeiter bereit sind, diese nicht nur passiv mitzutragen, sondern deren Umsetzung und Einhaltung auch aktiv fördern. Positiv zu werten ist darüber hinaus, dass allein die Beschäftigung mit ISO oder EFQM und seinen Normen bzw. Parametern zur Bewusstmachung von Unternehmensprozessen führt und schon deshalb positive Effekte für die Qualitätsverbesserung entstehen (vgl. Radtke und Wilmes 2002: 28f.).

Während im ISO-Modell durch die regelmäßige Fremdbewertung von erfahrenen Auditoren objektive Ergebnisse sichergestellt werden sollen, baut das EFQM-Modell vor allem auf den Vorgang der Selbstbewertung. Verbleibt die Einschätzung jedoch beim ausgebildeten, betriebsinternen EFQM-Assessor bzw. Kriterienverantwortlichen, dann besteht die Gefahr einseitiger (betriebsblinder) Beurteilungen. Werden externe Berater hinzugezogen, steigen jedoch schnell die Kosten, was nicht den Grundsätzen des EFQM entspricht.

Positiv bei EFQM wird hervorgehoben, dass durch die Möglichkeit zur Beteiligung an einem europäischen oder nationalen Wettbewerb um einen Qualitätspreis, der Benchmarking-Gedanke[23] berücksichtigt wird. Dadurch kann ein Unternehmen seine relative Position im Vergleich zu anderen bestimmen und gezielt Verbesserungsmaßnahmen einleiten.

ISO nimmt vor allem die internen Strukturen und Abläufe eines Unternehmens in den Blick, um technische, zeitliche und personelle Prozesse und Ablaufstrukturen zu optimieren. EFQM hingegen bezieht verstärkt das ökonomische und gesellschaftliche Umfeld eines Unternehmens mit ein. Mit einer hohen Bewertung der Kundenzufriedenheit rückt EFQM zudem die ‚Zielgruppe‘ (die Kunden) in den Mittelpunkt der Qualitätsbestrebungen. Während dieses Kriterium im Rahmen des EFQM-Modells einen zentralen Faktor darstellt, wird in der aktuellen DIN EN ISO 9001: 2000 lediglich der Bereich „Überwachung und Messung" zertifiziert. Damit wird jedoch nur geprüft, ob ein Unternehmen die Kundenzufriedenheit „überwacht", nicht aber, ob diese auch erreicht wird (vgl. Voss u. Stoschek 2005: 2). Weiterhin wird kritisiert, dass ISO-konforme Audits sich immer noch zu stark auf Prozesse und deren

---

23 *Benchmarking* ist eine Methode, mit der durch einen direkten Vergleich mit anderen erfolgreichen Unternehmen Unterschiede identifiziert werden und eigene Verbesserungspotenziale ermittelt werden sollen. Hierzu werden Produkte, Dienstleistungen, Prozesse und Methoden mit dem leistungsbesten Unternehmen verglichen. Ziel ist es, diesen als ‚besten‘ definierten Standard zu erreichen. (Vgl. Bayer 2004: 58f.; Mertins 2004; Grieble 2004; Jahns 2003; Leidig u. Sommerfeld 2003; Deutsche Gesellschaft für Qualität 2002; Siebert 2002; Siebert u. Kempf 2002; Elsweiler 2002; Bornemeier 2002; Fahrni u.a. 2002; Puschmann 2000; Jackson 2000; Horváth 1996: 396ff.; Camp 1994 u. 1995; Mertins u.a. 1994; Clutterbuck 1993; Weber 1991: 295ff.).

Optimierung konzentrieren. Meinungen und Feedback der Mitarbeiter würden weitgehend außer Acht gelassen. Zudem würden die bei EFQM als wichtig erachteten Kriterien wie Mitarbeiterzufriedenheit, gesellschaftsbezogene Ergebnisse und Schlüsselergebnisse auch in der revidierten ISO-Normreihe kaum berücksichtigt (vgl. ebenda).

Dem EFQM-Modell wird zwar zugute gehalten, dass seine differenzierten Kriterien – so Heller (1993: 17) – bis in die letzte Ecke der Organisation vordringen und sich auf die Dimensionen der Wertschöpfungskette konzentrieren, die durch eine Organisation direkt beeinflusst werden können (vgl. Wunderer 1998: 75f.), doch die damit verbundenen Implementationsprozesse der Selbstbewertung sind enorm zeitaufwendig.

An EFQM wird weiterhin kritisiert, dass es mit den vorgegebenen neun Komponenten und 32 Unterkriterien ein recht komplexes Modell darstellt, das den Beteiligten hohe Anforderungen bei der Anwendung abverlangt. Da es sich zudem um abstrakte Prinzipien handelt, muss jedes Unternehmen diesen Rahmen individuell ausfüllen. Branchen oder sektorspezifische Kriterien gibt es nicht. Umgekehrt wird dies von EFQM (2003a,b,c) jedoch auch als Vorteil begriffen, da es den Anwendern eine hohe Flexibilität ermöglicht. Diese Einschätzung gilt nicht minder für das ISO-Modell.

Als besonders problematisch ist zu bewerten, dass die von EFQM vorgegebenen Parameter sowie die von ISO definierten Standards in keiner Weise theoretisch hergeleitet oder auch nur begründet sind. Sie können sich deshalb kaum des Vorwurfs einer gewissen Beliebigkeit entziehen. Das trifft erst recht für die Gewichtungsfaktoren (Punkte) bei EFQM zu, die willkürlich erscheinen. Dies gilt sowohl für die gleichgewichtige Aufteilung in Befähigerkriterien und Ergebnisse als auch für die neun Untergruppen.[24]

Insgesamt ist zu beobachten, dass *die Verwendung und Verbreitung von ISO- und TQM-Modellen* in privaten Unternehmen in den letzten Jahren *zugenommen* hat. Nach ISO-Angaben haben rund 634.000 Organisationen in 152 Ländern ISO-9000-Standards, die sich mit Qualitätsmanagement befassen und/oder ISO-14000-Standards, die sich auf Umweltmanagement beziehen, eingeführt. Daten, die sich nur auf ISO 9000 und auf Deutschland beziehen, werden nicht ausgewiesen (vgl. ISO 2005)[25]. Die European Foundation for Quality Management (EFQM), die 1988 von 14 europäischen Unternehmen gegründet wurde, zählte 2005 weltweit rund 2.500, in Deutschland 500 Mitglieder.[26] Angesichts von rund 40.000 Unternehmen im Produzierenden und 638.300 Unternehmen im Dienstleistenden Gewerbe allein in Deutschland (vgl. Statistisches Bundesamt, Fachserie 9), nimmt sich diese Zahl noch immer recht bescheiden aus. Allerdings ist zu berücksichtigen, dass viele Organisa-

---

24 Weitere Kritikpunkte bei Wunderer u.a. 1997. Zu den Erfahrungen bei der Implementierung von TQM vgl. Michels 2004; Nüllen 2004; Egger 2002; die Zusammenfassung von Guhl 1998: 133ff.

25 http://www.iso.org

26 http://www.deutsche-efqm.de

tionen das EFQM-Modell anwenden ohne Mitglieder zu sein. Zahlen liegen hierzu jedoch nicht vor. Weiterhin ist zu beobachten, dass sich, ausgelöst durch die verstärkte Diskussion um Qualität und Kundenorientierung, immer mehr Organisationen aus dem *Nonprofit-Bereich* für Qualitätssicherungsmodelle interessieren.

Wie eingangs dargelegt, hat das Interesse seit Mitte/Ende der 90er-Jahre sprunghaft zugenommen, insbesondere im Bereich Gesundheits- und Sozial- wesens[27], in dem auch gesetzliche Regelungen eine verstärkte Auseinander- setzung mit dem Themenbereich einfordern, aber auch im Bildungs-[28] und Weiterbildungsbereich[29]. Selbst in der Entwicklungszusammenarbeit[30] oder in Einrichtungen der Kulturförderung[31] ist Qualitätsmanagement zu einem zentralen Thema avanciert, so dass behauptet werden kann, dass sich Non- profit-Organisationen in allen Bereichen, in denen sie tätig sind, mit den Themen Qualität, Qualitätsentwicklung, -sicherung und -management aus- einandersetzen. In Ermangelung eigener Konzepte wird häufig probiert, die für den Profitsektor entwickelten Modelle (wie ISO oder EFQM) zu übertragen. Die Frey-Akademie[32] versucht mit erheblichem Aufwand, diesen Transfer zu erleichtern, indem sie das EFQM-Modell auf die speziellen Kontextbedingun- gen einzelner Branchen und Betriebsgrößen anpasst. Hierfür werden die neun Haupt- und 32 Subkriterien des EFQM-Modells modifiziert. Nach eigenen Angaben wenden rund 600 Betriebe im deutschsprachigen Raum diese ‚Sonderversionen' von EFQM an.

EFQM selbst bietet hingegen keine ‚Branchenversionen' an, da sie davon ausgeht, dass das Modell generell in allen Branchen, für jede Organisations- form und -größe anwendbar ist (EFQM 2003a: 3ff., 2003b: 10, 2003c: 7). Die „Version für öffentlichen Dienst und soziale Einrichtungen" (EFQM 2003c:

---

27 Beckmann u.a. 2004 (Soziale Arbeit); Arnold 2003 (Sozialwirtschaft); Boeßenecker u.a. 2003 (Soziale Arbeit); Hansen u. Kamiske 2003 (Dienstleistung); Woehrle 2003 (Sozial- wirtschaft); Boysen u. Strecker 2002 (Soziale Arbeit); Cissel-Palkovich 2002 (Jugendhilfe); Igl u.a. 2002 (Pflege); Matul u. Scharitzer 2002 (Nonprofit-Organisationen); Schuhen 2002 (Wohlfahrtspflege); Schwan, Kohlhass u.a. 2002 (Beratung); Gebert u. Kneubühler 2001 (Pflege); Schubert u. Zink 2001 (Gesundheits- und Sozialwesen); Garms 2000 (Soziale Projekte); Hoeth u. Schwarz 2002 (Dienstleistung); Mayländer 2000 (Altenhilfe); Müller- Kohlenberg 2000 (Humandienstleistungen); Straumann 2000 (Beratung); Weiß 2000 (Krankenhaus); Peterander u. Speck 1999 (soziale Einrichtungen); Oppen 1996 (Gesund- heit).
28 Heinrich u. Meyer 2005 (Aufsatz für ZfEV); Kempfert u. Rolff 2005 (Schule); Stockmann 2005 (E-Learning); HRK 2005, 2004a,b, 2002 (Hochschule); Stockmann 2004b (Hoch- schule); Meister u.a. 2004 (E-Learning); Ehlers u. Schenkel 2004 (E-Learning); Holtappels 2003 (Schule); Haindl 2003 (Schule); Deutsche Gesellschaft für Qualität 2001; Kückmann- Metschies 2001 (Hochschule); Olbertz u. Otto 2001 (Bildung); Arnold 1997 (Erwachsenen- bildung); Feuchthofen u. Severing 1995.
29 Heinrich u. Meyer 2005; Bethke 2003; Liebald 2003; Holla 2002; Deutsche Gesellschaft für Qualität 2001; Stark 2000; Arnold 1997 (Erwachsenenbildung); Bardeleben 1995; Feuchthofen u. Severing 1995.
30 Stockmann 2002; Arnold u.a. 2002; GTZ 2004, GTZ 2002.
31 Ermert 2004.
32 http://www.freyakademie.de

43

34f.) entpuppt sich dementsprechend auch als das im Kern in keiner Weise modifizierte Grundmodell[33]. Stattdessen wird erneut gebetsmühlenartig wiederholt, dass gerade die offene Grundstruktur des Modells so große Interpretationsspielräume sicherstelle, „um den Strategien des öffentlichen Dienstes gerecht zu werden".

Nach wie vor ist jedoch weitgehend ungeklärt, inwieweit sich diese Modelle auf Nonprofit-Organisationen anwenden lassen (vgl. u.a. Klausegger u. Scharitzer 1998b: 371 u. 387; Langnickel 2003: 45; Beckmann u.a. 2004: 9f.). In einer Bestandsaufnahme zur Sozialen Arbeit kommen die Autoren, die auch einen internationalen Vergleich anstellen, zu dem ernüchternden Ergebnis:

> „Die mit der Thematisierung und Implementation von Qualitätskonzeptionen und -verfahren verbundenen Erwartungen und Hoffnungen, sozialpädagogische Dienstleistungen könnten durch Qualitätsmaßnahmen transparenter, effektiver, leichter steuerbar, fachlich hochwertiger, zuverlässiger und stärker an den Wünschen, Interessen und Bedürfnissen der Adressaten ausgerichtet werden, wurden kaum erfüllt" (Beckmann u.a. 2004: 9).

Im Folgenden soll deshalb der Frage nachgegangen werden, inwieweit sich Nonprofit- und Profit-Sektor strukturell und aufgrund der gegebenen Rahmenbedingungen voneinander unterscheiden und welche Bedeutung dies für das Qualitätsverständnis hat.

2.2 Qualität in Profit- und Nonprofit-Organisationen

2.2.1 Organisationale und situative Unterschiede und ihre Auswirkungen auf das Qualitätsverständnis

Profit- und *Nonprofit-Organisationen* weisen eine Reihe gemeinsamer organisatorischer Merkmale auf. Sie stellen wirtschaftlich-finanzielle Einheiten dar und können unterschiedliche Rechtsformen[34] wählen. Sie werden als örtliche, technische und organisatorische Einheiten betrachtet, die zum Zweck der Erstellung von Gütern und/oder Dienstleistungen gebildet wurden. In der amtlichen Statistik wird jeder örtlich abgegrenzte Betrieb – auch die sogenannten Organisationen ohne Erwerbscharakter – als Arbeitsstätte erfasst (vgl. Stock-

---

33 In der EFQM-Broschüre sind lediglich die unter den 32 Subkriterien aufgeführten Beispiele für Leistungsindikatoren, die Erfassung von Kriterien etc. teilweise auf den öffentlichen Sektor bezogen. Ansonsten wird in Kapitel 7 auf zwei Seiten auf die allgemeinen Besonderheiten des öffentlichen Dienstes und sozialer Einrichtungen eingegangen (EFQM 2003c: 34-35).

34 Das Spektrum bei Nonprofit-Organisationen reicht vom eingetragenen Verein über die private Stiftung bis hin zur gemeinnützigen GmbH und gemeinnützigen Genossenschaft (vgl. Zimmer u. Priller 2004: 32).

mann u. Willms 1985). Soziologisch betrachtet sind Betriebe wie Nonprofit-Organisationen tendenziell auf Dauer angelegte soziale Gebilde mit institutionellen Regelungen, die das Verhalten der Beteiligten steuern, und mit spezifischen Zielen und Aufgaben, die durch die Mitglieder (Mitarbeiter) realisiert werden sollen (vgl. Reinhold 1992: 429).

Allerdings weisen Profit- und Nonprofit-Organisationen auch eine Reihe gravierender Unterschiede auf, die letztlich einen Einfluss auf das jeweilige Qualitätsverständnis und die eingesetzten Qualitätsentwicklungs- und -managementstrategien haben. Am augenfälligsten ist, dass Nonprofit-Organisationen per definitionem nicht auf Gewinn ausgerichtet sind. Erwirtschaften sie Überschüsse, so dürfen diese nicht als Gewinne verbucht und distribuiert werden, sondern sie müssen in der Organisation reinvestiert werden. Nonprofit-Organisationen sind durch einen starken Solidaritäts- und Gemeinnützigkeitscharakter geprägt. Viele verfügen neben hauptamtlichen Mitarbeitern auch über eine z.T. große Zahl ehrenamtlicher Helfer. Dementsprechend sind die Management- und Entscheidungsstrukturen in der Regel in solchen Organisationen partizipativer und basisdemokratischer angelegt (Mitglieder-/Delegiertenversammlungen) als in privatwirtschaftlichen Unternehmen. Unter einem Unternehmen oder einer Unternehmung wird hingegen eine wirtschaftlich-rechtliche Einheit verstanden, die nach Gewinnerzielung strebt, d.h. auf eine Verzinsung des betriebsnotwendigen Kapitals (vgl. Gabler 1994).

Vor allem *vier zentrale Unterschiede* zwischen Profit- und Nonprofit-Organisationen, die im Zusammenhang mit dem Qualitätsmanagement von Organisationen von Bedeutung sind, sollen hier thematisiert werden: Dies sind (1.) die fehlende *Gewinnorientierung* von Nonprofit-Organisationen, (2.) ihre mangelnde *Wettbewerbsorientierung*, (3.) der Umstand, dass Nonprofit-Organisationen vor allem *Dienstleistungen* erbringen sowie (4.) das besondere Verhältnis zu ihren ‚*Kunden*‘, das die Verwendung dieses Begriffs im Kontext von Nonprofit-Organisationen problematisch erscheinen lässt.

Bevor auf diese Unterschiede eingegangen wird, soll der Nonprofit-Sektor noch etwas genauer differenziert werden (vgl. Abbildung 2.5). Grundsätzlich wird zwischen *staatlichen* oder auch *gemeinwirtschaftlichen Nonprofit-Organisationen* unterschieden, die öffentliche Aufgaben für die Bürger erfüllen (öffentliche Verwaltungen oder Verkehrsbetriebe, Behörden, Ämter etc.) und den *privaten Nonprofit-Organisationen* (Anheier u.a. 2002: 19). Bei letzteren wird differenziert nach (vgl. Eversheim u.a. 1997: 8f.):

- wirtschaftlichen Nonprofit-Organisationen zur Förderung und Vertretung der wirtschaftlichen Interessen ihrer Mitglieder (Kammern, Wirtschaftsverbände),
- soziokulturellen Nonprofit-Organisationen, zur Formierung religiöser, kultureller und gesellschaftlicher Interessen (Kirchen, Kultur- und Sportvereine),
- politischen Nonprofit-Organisationen, zur Vertretung politischer und ideeller Interessen (politische Parteien) und

- karitativen Nonprofit-Organisationen, zur Erbringung von Unterstützungs-
leistungen an bedürftige Personenkreise (Hilfsorganisationen, Dritte-Welt-
Organisationen).

Abbildung 2.5: Systematik der Nonprofit-Organisationen (NPO)

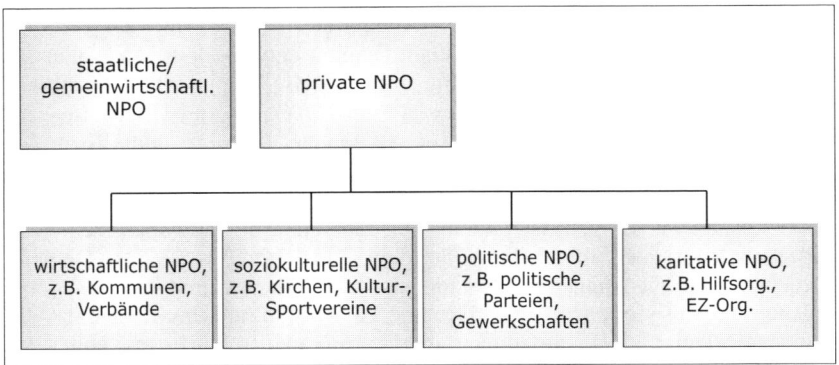

Wie schon eingangs erwähnt, wird das Vorgehen, alle nicht-gewinnorientierten
Unternehmen dem Nonprofit-Sektor zuzurechnen, in der Literatur keineswegs
von allen geteilt. Stattdessen wird der Nonprofit-Sektor – auch ‚Dritter Sektor‘
genannt – von staatlichen Einrichtungen abgegrenzt. Diese Unterscheidung
geht auf Amitai Etzioni zurück, der zu Beginn der 70er-Jahre auf eine „third
alternative, indeed sector (…) between state and market" (Etzioni 1973: 314ff.)
aufmerksam machte. In den USA etablierte sich insbesondere in den Wirtschaftswissenschaften eine umfangreiche *Dritte-Sektor*-Forschung. Die Entstehung eines Dritten Sektors wurde als eine Reaktion auf Markt- und Staatsversagen interpretiert (vgl. Bauer 2001: 168). In Deutschland[35] interessierten
am Dritten Sektor im Zuge der Neo-Korporatismusforschung ab Mitte der 80er
Jahre vor allem steuerungstheoretische Fragen. In den Sozialwissenschaften
wurde insbesondere die in der Entwicklungszusammenarbeit bis heute beliebte
These von der höheren Effizienz und Effektivität von Nicht-Regierungs-Organisationen gegenüber staatlichen Organisationen untersucht (vgl. u.a. Glagow
1990). Heute werden sie immer öfter als Hoffnungsträger einer effektiven
Problembearbeitung auf allen Ebenen der Politik bezeichnet (vgl. Take 2002:
37). Eine internationale Studie, das Johns Hopkins Comparative Nonprofit
Sector Project, an dem sich 21 Länder beteiligen (u.a. auch Deutschland) versucht nun Geschichte, Strukturen, Beziehungen und Entwicklungsprozesse des
Dritten Sektors vergleichend zu analysieren (vgl. Zimmer u. Priller 2004:
29ff.). Hierfür verwendet die Studie eine einheitliche Definition, nach der nur

---

35 Zu den historischen Wurzeln und der Entwicklung des deutschen Nonprofit-Bereichs vgl.
     Anheier u.a. 2002: 20ff.

diejenigen Organisationen dem Nonprofit-Sektor zuzurechnen sind, „die formell strukturiert, organisatorisch unabhängig vom Staat und nicht gewinnorientiert sind, eigenständig verwaltet werden sowie keine Zwangsverbände darstellen" (Zimmer u. Priller 2004: 32).

Nach dieser restriktiven Definition verfügen Nonprofit-Organisationen über eigenständige Verwaltungsstrukturen und vom Staat unabhängige Leitungsgremien. Dies bedeutet, dass sogenannte ‚QUANGOS' (Quasi-Non-Governmental-Organizations), die vom Staat alimentiert werden und deren Geschäftsabläufe nicht frei von staatlichen Einflüssen sind, nicht zu den Nonprofit-Organisationen gezählt werden dürften. Auch Kammern und Innungen würden dann nicht dazu gehören, da es sich um Zwangsverbände handelt. Gebietskörperschaften, Sozialversicherungen oder kulturelle Einrichtungen in öffentlicher Trägerschaft wären sowieso ausgeschlossen, da sie öffentliche Träger darstellen.

Eine solche Abgrenzung ist dann zweckmäßig, wenn die Rolle des Nonprofit-Sektors im Hinblick auf seine gesellschaftspolitische Bedeutung hin untersucht wird (vgl. Simsa 2002: 129ff. u. 2000; Anheier u.a. 2000; Bauer 1997). Dritte-Sektor-Organisationen werden zum einen als gemeinschaftliches Moment und als Element gesellschaftlicher Integration und Sozialisation verstanden und zum anderen als mobilisierbare Ressource gegen Staat und Politik, bzw. als ‚Gegengewicht' gegenüber staatlicher Macht (vgl. Zimmer u. Priller 2004: 21f.). Nonprofit-Organisationen sind multifunktionale Gebilde, die je nach Pointierung als Sozialintegratoren, Interessenvertreter wie auch als Dienstleister auftreten. Die großen Dienstleistungsverbände, die vielseitige lokale Vereinslandschaft, aber auch das Stiftungswesen spiegeln diese Multifunktionalität des Nonprofit-Sektors wider.

Dabei hat sich zwischen Staat und Nonprofit-Sektor eine vielgestaltige Symbiose entwickelt. Einerseits entlasten Nonprofit-Organisationen den Staat und die Kommunen in zahlreichen Aufgabenfeldern (z.B. in so unterschiedlichen Bereichen wie soziale Dienste, Gesundheitswesen, Religion, internationaler Austausch und Zusammenarbeit, Wirtschaft, Umwelt- und Naturschutz, bei der Vertretung von Bürger- und Verbraucherinteressen, im Rahmen des Stiftungs- und Spendenwesens sowie in den Bereichen Kultur, Sport und Freizeit), andererseits unterstützt der Staat die Nonprofit-Organisationen aber auch finanziell in beträchtlichem Umfang. Im internationalen Vergleich ist der deutsche Nonprofit-Sektor in monetärer Hinsicht „einer der am meisten staatszentrierten und staatsabhängigen seiner Art" (Anheier u.a. 2002:26).

Während eine Trennung zwischen den staatlichen und den privaten Nonprofit-Organisationen aus demokratie- und gesellschaftspolitischer Sicht zweckmäßig sein kann, ist eine solche im Kontext der Erfolgs- und Effizienzmessung bzw. der Leistungsbeurteilung von Nonprofit-Organisationen nicht notwendig, da beide Gruppierungen – wie noch gezeigt wird – diesbezüglich sehr ähnliche Probleme zu bewältigen haben.

So bleibt festzuhalten, dass, im Hinblick auf die Qualitätsentwicklung in Organisationen, der entscheidende Unterschied zwischen privatwirtschaftlichen Unternehmen und Nonprofit- Organisationen eben in der vorhandenen, bzw. fehlenden Gewinnorientierung besteht. Hier werden mit dem Begriff der *Nonprofit-Organisationen* deshalb *alle Organisationen* bezeichnet, *die keine Gewinnorientierung aufweisen*, also staatliche, gemeinwirtschaftliche und private Nonprofit-Organisationen.

Für den vom Johns Hopkins Comparative Nonprofit Sector Project verwendeten eingeschränkten Begriff von Nonprofit-Organisationen passt der Begriff der Nicht-Regierungs-Organisationen (NRO) (= Non-Governmental-Organizations, NGO), den Glagow (1992: 311) folgendermaßen definiert: „Nichtregierungsorganisationen sind formalisierte Gebilde außerhalb von Markt und Staat, die ihre Ressourcen aus Solidaritätsbeiträgen der Gesellschaft auf der Basis von Freiwilligkeit erhalten und sie zur Bearbeitung von gesellschaftlichen Problemlagen in Kollektivgüter umformen". Demnach können hier Nicht-Regierungs-Organisationen als Teilmengen von Nonprofit-Organisationen verstanden werden.

(1.) Die *vorhandene oder fehlende Gewinnorientierung* ist nicht nur das definitorische Kriterium für die Kategorisierung von Organisationen, sondern auch ein wichtiger Einflussfaktor auf das jeweilige Qualitätsverständnis. Da im staatlichen wie im nicht-staatlichen Nonprofit-Sektor ein einheitliches, dem Gewinnziel entsprechendes Kriterium für die Erfolgsmessung oder Qualitätsbeurteilung fehlt, müssen andere Dimensionen herangezogen werden (vgl. Simsa 2002: 138). Der Erfolg so unterschiedlicher Organisationen wie einer Einrichtung der Telefonseelsorge, eines Sportverbandes, eines Museums, einer Sozialhilfeeinrichtung, einer Behörde, einer Stiftung für den Weltfrieden oder einer Organisation der Entwicklungszusammenarbeit lässt sich nicht an einer Einzelgröße wie Gewinn, Umsatz oder Rentabilität festmachen. Schon an diesen Beispielen wird deutlich, dass sich die Ziele von Nonprofit-Organisationen auf eine Vielzahl von Themen oder Aufgabenstellungen erstrecken können und dass es vielfältige Anspruchsgruppen gibt, die wiederum zumeist unterschiedliche Beurteilungskriterien verwenden, um die Leistungsfähigkeit von Nonprofit-Organisationen oder die Qualität der von ihnen erbrachten Leistungen zu beurteilen. So werden Kostenträger, Spender, Mitarbeiter, Leistungsempfänger, Medien, Politiker oder einzelne Bürger höchst differierende Erwartungen an das Leistungsangebot haben und dementsprechend die Qualität der erbrachten Leistungen sehr unterschiedlich beurteilen (vgl. Simsa 2002: 138; Matul und Scharitzer 2002: 607).

Es bleibt demnach festzuhalten, dass sich die Organisationsziele von staatlichen wie nicht-staatlichen Nonprofit-Organisationen nicht auf ein Oberziel reduzieren lassen, da sie nicht gewinnorientiert agieren. Sie sind im Gegenteil durch *komplexe Zielsysteme* geprägt, die zudem den Einsatz herkömmlicher Managementmethoden erschweren, da diese meist auf monetäre Ziele ausgerichtet sind. Die unterschiedlichen Ziele sind nicht nur aufeinander und untereinander abzustimmen, sondern es müssen auch entsprechende Erfolgsindikatoren definiert werden. Monetäre Messgrößen der Zielerreichung (Gewinn, Dividende, Shareholder Value), die in gewinnorientierten Unternehmen als Erfolgsmaßstäbe herangezogen werden, eignen sich kaum für öffentliche Einrichtungen und andere Nonprofit-Organisationen (vgl. Horak 1997: 124f., Horak u.a. 1997: 136ff., Tweraser 1998: 437ff.; Simsa 2002: 138; Eschenbach u. Horak 2003).

(2.) Ein weiteres zentrales Unterscheidungsmerkmal zwischen Profit- und Nonprofit-Organisationen ist, dass Unternehmen in *wettbewerbsoffenen Märkten* agieren und zueinander in *Konkurrenz* stehen, während für die von Nonprofit-Organisationen erbrachten Leistungen nur in wenigen Fällen ein funktionierender Markt existiert, der die klassischen Rahmenbedingungen von Angebot und Nachfrage vorgibt und Qualitätsverschlechterungen sanktioniert (vgl. Tweraser 1998: 438; Matul u. Scharitzer 2002: 613). Im gewinnorientierten Bereich können Unternehmen, deren Produkte und Dienstleistungen nicht nachgefragt werden, langfristig nicht bestehen. Für Nonprofit-Organisationen ist diese Konsequenz aufgrund ihrer Finanzierungsmechanismen nicht zwingend. Im Unterschied zu Profit-Organisationen, die zum eigenen Nutzen handeln und sich über die für ihre Produkte und Dienstleistungen erzielten *Preise* finanzieren, die am Markt erst einmal durchgesetzt werden müssen, damit überhaupt Gewinne möglich sind, finanzieren sich Nonprofit-Organisationen häufig über *kollektive Entgelte* (Steuern, Beiträge Spenden). Damit besteht für viele Nonprofit-Organisationen kein zwingender Anreiz, Ressourcen effizient einzusetzen, was sich negativ auf die Effektivität und Qualität der Leistungserstellung auswirken kann. Durch das Fehlen eines Marktpreismechanismus wird das Erreichen einer quantitativ und qualitativ optimalen Allokation der Ressourcen zumindest erschwert (vgl. Matul u. Scharitzer 2002: 614).

Darüber hinaus sind Nonprofit-Organisationen durch besondere Nachfragebedingungen gekennzeichnet, die als ‚asymmetrische Information‘ bezeichnet werden. Leistungsadressaten von Nonprofit-Organisationen verfügen in der Regel nicht über den gleichen Informationsstand wie die Anbieter einer Dienstleistung. Häufig ist es für sie nicht möglich, diese Informationsdefizite aufzuholen. In einer solchen Situation haben die Leistungsbezieher oft keine Möglichkeit auf Qualitätsverschlechterungen zu reagieren (vgl. Badelt 2002: 107ff.).

In den Fällen, in denen Nonprofit-Organisationen eine monopolartige Stellung innehaben,[36] kommt hinzu, dass diese sich nicht (immer) ihre Leistungsbezieher und diese wiederum nicht ihre Leistungsanbieter frei aussuchen können. Auf *freien Märkten* trifft der Kunde die Entscheidung über Kauf oder Nicht-Kauf. Dabei kann er Angebote verschiedener Anbieter prüfen und sich für das Produkt entscheiden, das seinen Bedürfnissen am besten entspricht. Auf *nicht freien Märkten*, wie sie bei staatlichen Leistungsanbietern und Quasi-Monopolisten vorherrschen, sieht die Situation ganz anders aus. Der Leistungsempfänger kann in der Regel nicht frei wählen, ob und wenn ja bei wem er sein Produkt oder die Dienstleistung bezieht. Er kann nicht den Anbieter wechseln wenn er mit dessen Qualität unzufrieden ist: Ein Sozialhilfeempfänger wird deshalb auch dann wieder das Sozialamt seiner Stadt aufsuchen, wenn er dort schlecht behandelt wird. Ein Arbeitsloser wird erneut eine Fördermaßnahme des Arbeitsamtes besuchen, auch wenn er von ihrer Nutzlosigkeit überzeugt ist, weil er vielleicht sonst seine Unterstützungsansprüche verliert. Ein Arbeitnehmer kann sich nicht aus der Sozialversicherung abmelden, auch wenn die Leistungen immer schlechter werden. Und ein Steuerzahler kann dem für ihn zuständigen Finanzbeamten nur entfliehen, wenn er den Namen oder den Wohnsitz wechselt.

Bei Leistungsanbietern dieser Art, die nicht auf freien Märkten zueinander in Konkurrenz stehen, die nicht gewinnorientiert sind und deren organisatorische Existenz ungefährdet ist, entfällt ein wesentliches Motiv, für Qualitätsverbesserung zu sorgen, die offerierten Leistungen und Produkte an den Bedürfnissen der Kunden zu orientieren und möglichst hohe Kundenzufriedenheit zu generieren.

Aus diesem Grund wird heute immer mehr versucht, auch in solchen Bereichen *Wettbewerb* zu erzeugen: Bürger können neuerdings leichter ihre Krankenkasse wechseln. Studenten werden nicht mehr über die zentrale Vergabestelle von Studienplätzen (ZVS) Hochschulen zugeteilt und die sozialen Dienste des Staates werden durch private Anbieter ergänzt. Aber die Konkurrenz unter öffentlichen Einrichtungen ist noch sehr gering, wenn es dazu kein privatwirtschaftliches Pendant gibt, so dass Wettbewerb entsteht, der Kunde wählen und sich somit für Produkte und Dienstleistungen entscheiden kann, die seinen Bedürfnissen und Erfordernissen entsprechen.

Deshalb verwenden viele Ministerien, Verwaltungen und Behörden ein Qualitätsmanagement-System (wenn sie denn überhaupt über eines verfügen), bei denen der Kunde nur indirekt betroffen ist: Sie vergleichen sich mit anderen öffentlichen Einrichtungen (bench-marking),[37] etablieren Qualitätszirkel[38], geben sich bürgerfreundliche Leitbilder etc.[39] Wie eingangs dargelegt,

---

36 Z.B. die Kreditanstalt für Wiederaufbau für die Vergabe von Finanzkrediten in der Entwicklungszusammenarbeit, Rentenversicherungsträger, Sozialämter, Bundesanstalt für Arbeit etc.

37 Zu *Benchmarking* vgl. Fußnote 14 in Kapitel 2.

38 Als *Qualitätszirkel* (Quality Circle) werden Arbeitsgruppen bezeichnet, die den Arbeitsprozess mit einem expliziten Reformauftrag begleiten und während dieser Zeit keiner

existieren in nicht-staatlichen Nonprofit-Organisationen meist keine ausgefeilten Qualitätsmanagementsysteme. Stattdessen werden häufig aus verschiedenen Konzepten einzelne Elemente oder Instrumente erratisch ausgewählt und eingesetzt.

(3.) Im Unterschied zu Profit-Organisationen erbringen Nonprofit-Organisationen fast ausschließlich Dienstleistungen. Im Nonprofit-Sektor werden in der Regel keine Produkte hergestellt, sondern es dominiert der immaterielle Charakter der Verrichtung einer Leistung (vgl. Matul u. Scharitzer 2002: 614; Hoeth u. Schwarz 2000: 12f.). Dienstleistungen fehlt die Gegenständlichkeit von Produkten. Ein Kunde, der z.B. einen Steuerberater, ein Krankenhaus oder eine Arbeitsagentur aufsucht, will kein Produkt erwerben, sondern erwartet eine adäquate Lösung seines Problems durch einen Experten, der sich um sein individuelles Anliegen kümmert. Oft muss der Kunde an der Leistungserstellung mitwirken. So muss der Kunde dem Steuerberater alle Unterlagen und Informationen zur Verfügung stellen, der Patient im Krankenhaus muss die verordneten Medikamente schlucken und Therapien absolvieren und der Arbeitslose muss seine Qualifikationen offen legen und arbeitswillig sein. Trotz zahlreicher Versuche ist es bisher nicht gelungen, für den Begriff *Dienstleistung* eine allgemein akzeptierte Definition zu entwickeln, die zugleich noch für eine ausreichende Abgrenzung zu einem materiellen Produkt oder einer Ware sorgt (vgl. Meffert u. Bruhn 1995: 25, 2003: 27). Werden die in der Literatur aufgezählten Unterschiede zwischen einer Dienstleistung und einem materiellen Produkt systematisiert, lassen sich vier Merkmale identifizieren (vgl. Eversheim u.a. 1997: 27f., 2000: 6; Hoeth u. Schwarz 2000: 12f.):

- Das Ergebnis einer Dienstleistung ist immateriell.
- Externe, außerhalb der dienstleistenden Organisationen stehende Personen sind an der Erstellung einer Dienstleistung beteiligt. Eine Dienstleistung entsteht deshalb immer in einem Interaktionsprozess. Da die externen Personen nicht zu dem Verfügungsbereich der dienstleistenden Organisationen gehören, können Probleme bei der Planung und Durchführung einer Dienstleistung entstehen.
- Da der externe Kunde als ‚Koproduzent' an der Leistungserstellung mitwirkt, ist es schwierig, den Produktionsprozess zu standardisieren.

---

hierarchischen Gliederung oder Einbindung unterliegen. Aufgaben können z.B. die Verbesserung von Arbeitsabläufen oder Kommunikationsstrukturen sowie generell die Einführung von Neuerungen sein (vgl. Klausegger u. Scharitzer 1998: 403, Bosetzky u. Heinrich 1994: 170). Zu den Zielen von Qualitätszirkeln vgl. auch Bungard 1991: 80. Allgemeinere Einführungen zu Qualitätszirkel vgl. Bungard u. Wiendieck 1986; Bungard 1992; Doppe 1992; Zink 1992: 219ff.; Rischer u. Titze 1998; Sommer 2001; Drescher 2003.

39 Unter einem strategischen *Leitbild* (bzw. *Mission Statement*) werden schriftlich formulierte Grundaussagen verstanden, die normativ die Basis für alle weiteren strategischen und operativen Management-Entscheidungen einer Organisation vorgeben. Anders als bei Unternehmen, die oft eindimensional an der Renditemaximierung ausgerichtet sind, verfolgen Nonprofit-Organisationen zahlreiche Ziele, die einer formalen Priorisierung bedürfen (vgl. Eschenbach 1998: 15 u. 437 und 2003).

▪ Dienstleistungen haben Prozesscharakter. Sie können nicht auf Vorrat produziert und gelagert werden.

Aus diesen Besonderheiten von Dienstleistungen gegenüber materiellen Produkten ergeben sich einige Schwierigkeiten für die Bestimmung der Qualität, weil die Qualitätsbeurteilung sich aus der Sicht der Kunden nicht ausschließlich auf die Erstellung der Leistungserbringung konzentrieren kann (vgl. Eversheim u.a.1997: 36), worauf noch eingegangen wird.

Generell lässt sich die *Art der Dienstleistung* danach unterscheiden, ob sie von staatlichen oder privaten Nonprofit-Organisationen erbracht wird. Die öffentliche Verwaltung als größter Nonprofit-Sektor ist vor allem damit befasst, politische Entscheidungen zu vollziehen. Ihre konkreten Verwaltungsaufgaben resultieren aus Gesetzen, die der Verwaltung unterschiedliche Handlungs- und Gestaltungsspielräume lassen. Neben Schutz- und Hoheitsaufgaben (z.B. innere und äußere Sicherheit, Recht und Ordnung, Umweltschutz) hat die staatliche und kommunale Verwaltung durch den Ausbau des Sozialstaats immer mehr Wohlfahrtsaufgaben übernommen (Sozialversicherung, Sozialhilfe, Kindergärten etc.). Neben dem Vollzug nimmt die öffentliche Verwaltung auch eine bedeutende Stellung im Rahmen der Politikvorbereitung ein. Die Politik ist in zunehmendem Umfang auf die fachliche Unterstützung der Verwaltung zur Erarbeitung von Entscheidungsgrundlagen (z.B. bei der Ausarbeitung von Gesetzesentwürfen) angewiesen (vgl. z.B. Sebaldt u. Straßner 2004; Sontheimer u. Bleek 2000; Schmid 1998; von Beyme 1996; Ellwein 1987; Sontheimer 1977; Eschenburg 1963).

Das *Aufgabenspektrum* der Nonprofit-Organisationen reicht – wie die oben dargestellte Klassifikation zeigt – von halbstaatlichen Aufgaben bis zur Vertretung sehr spezieller Vereins- oder Verbandsinteressen. Der Leistungskatalog ist je nach Organisationstyp ebenfalls sehr verschieden. Er kann darin bestehen, dass eine Nonprofit-Organisation Information und Beratung bereitstellt, Kurse und Angebote unterschiedlichster Art offeriert, Programme, Veranstaltungen, Konferenzen und Treffen organisiert und durchführt etc. Dabei werden Leistungen manchmal nur für Mitglieder, in anderen Fällen für eine spezielle oder breite, manchmal sogar internationale Öffentlichkeit angeboten. Viele dieser Leistungen haben den Charakter von Maßnahmen und Programmen. So führt z.B. die Bundesanstalt für Arbeit ein Programm zur Wiedereingliederung von Langzeitarbeitslosen durch, das Umweltministerium startet eine Aufklärungskampagne zum Klimaschutz, die Krankenkassen führen ein Informationsprogramm zur Aids-Aufklärung durch und die Deutsche Gesellschaft für Technische Zusammenarbeit[40] berät und unterstützt Projekte der Entwicklungszusammenarbeit.

---

40 Die Deutsche Gesellschaft für Technische Zusammenarbeit ist „weltweit eines der größten Dienstleistungsunternehmen in der Entwicklungszusammenarbeit" (GTZ: Die GTZ stellt sich vor. o.J.). Die GTZ arbeitet im Auftrag der Bundesregierung und nimmt die Aufgaben der Technischen Zusammenarbeit gemeinnützig wahr. Diese dient dazu, „die Leistungs-

(4.) Im privatwirtschaftlichen Sektor ist der Kunde neben dem Unternehmen (als Produzent oder Dienstleister) der zentrale Akteur, denn er entscheidet über Kauf oder Nichtkauf von Produkten und Dienstleistungen und damit über die Entwicklung eines Unternehmens. Während der Kunde am Markt mittels Zahlungen teilnimmt, im Prinzip[41] die volle Souveränität über seine Kaufentscheidungen innehat und zwischen Alternativen wählen kann, gilt dies für den Nonprofit-Sektor nicht immer (vgl. Boeßenecker u.a. 2003: 11). Häufig kann der Leistungsempfänger oder Klient im Nonprofit-Sektor nicht wirklich zwischen alternativen Angeboten auswählen und seine Entscheidungssouveränität ist eingeschränkt. In vielen Fällen werden Leistungen zudem nicht an jene abgegeben, die dafür ‚zahlen‘, sondern an ‚Anspruchsberechtigte‘ z.B. bei Stiftungen, spendenfinanzierten Organisationen, Sozialämtern, Sozialversicherungen etc.. Es ist deshalb zweifelhaft, ob der *Kundenbegriff* überhaupt auf den Nonprofit-Sektor übertragen werden kann. Auf die Unterschiede zwischen Profit- und Nonprofit-Sektor im Hinblick auf die *‚Kundenbeziehung‘* soll deshalb hier näher eingegangen werden:

Im privatwirtschaftlichen Sektor herrscht eine *eindimensionale Produzenten-Kunden-Beziehung* vor (vgl. Abbildung 2.6a). Unternehmen bieten Produkte und Dienstleistungen auf Märkten an und die Kunden wählen unter den Angeboten aus, treffen die Kaufentscheidungen und entrichten Preise. Bei Nonprofit-Organisationen hingegen stellen die ‚Kunden‘ nicht immer eine einzelne wohldefinierte Zielgruppe dar (vgl. Daumenlang u. Palm 1997: 9), sondern der *Kundenbegriff* ist weitaus *komplexer* (vgl. Bumbacher 2000: 109). Martin (1993) unterscheidet zwischen „client customers" und „funding source customers". In einigen Fällen kann sogar zwischen dem ‚unmittelbaren Kunden‘, dem ‚Auftraggeber‘ (z.B. Gesetzgeber) und dem ‚Geldgeber‘ (z.B. Administration) unterschieden werden. Bei öffentlichen Leistungen (z.B. Sozialhilfe, Arbeitslosengeld, Entwicklungshilfe) legt der Gesetzgeber die Ansprüche fest, die Sozial- und Arbeitsämter oder das Bundesministerium für wirtschaftliche Zusammenarbeit und Entwicklung (BMZ) verteilen die finanziellen Mittel. Der Bedürftige, der Leistungsempfänger, ist der unmittelbare Klient. Bei privaten Nonprofit-Organisationen können der Spender (Geldgeber), die spendensammelnde Organisation (die gleichzeitig, aber nicht unbedingt, auch die Leistungen erbringt) und die Empfänger als ‚Kunden‘ identifiziert werden (vgl. Abbildung 2.6b).

---

fähigkeit von Menschen und Organisationen zu erhöhen, indem sie Kenntnisse und Fähigkeiten vermittelt, mobilisiert über die Voraussetzungen für deren Anwendungen verbessert" (ebenda). 2004 führte die GTZ gemeinsam mit ihren Partnern in 131 Ländern 2.628 Vorhaben durch. Im Ausland waren 1.030 entsandte Mitarbeiterinnen und Mitarbeiter tätig, die mit knapp 7.000 ‚nationalen Mitarbeitern‘ aus den Partnerländern zusammenarbeiteten. In der GTZ-Zentrale in Eschborn waren knapp 1.000 Personen beschäftigt. Der Umsatz im gemeinnützigen Bereich und im Geschäftsbereich „International Services" betrug zusammen 879 Millionen Euro.

41 Wenn einmal von Werbung, manipulativen Beeinflussungsversuchen oder eingeschränkter Marktkonkurrenz abgesehen wird.

Allerdings macht schon dieses Beispiel deutlich, dass der Kundenbegriff hierbei an seine Grenzen gerät. Weder hat der Leistungsempfänger die gleichen Möglichkeiten wie ein Kunde, der auf offenen Märkten agiert (Wahlfreiheit), noch zahlt er (zumindest direkt) für die erworbene Leistung. Auch den Auftraggeber oder Geldgeber (z.B. Stiftung, Verein, Sozialversicherung, Behörde) als ‚Kunde‘ (funding source customer) zu bezeichnen ist problematisch, da er zwar die zu erbringenden Leistungen finanziert, aber nicht Leistungsempfänger ist. Es erscheint deshalb im Nonprofit-Bereich zweckmäßiger anstelle von ‚Kunden‘ einerseits *von Klienten, Leistungsempfängern oder allgemein Adressaten oder Zielgruppen* zu sprechen und andererseits vom Auftrag- oder Geldgeber, der die Dienstleistungen finanziert.

Abbildung 2.6:   Produzenten-Kunden/Klienten-Verhältnis

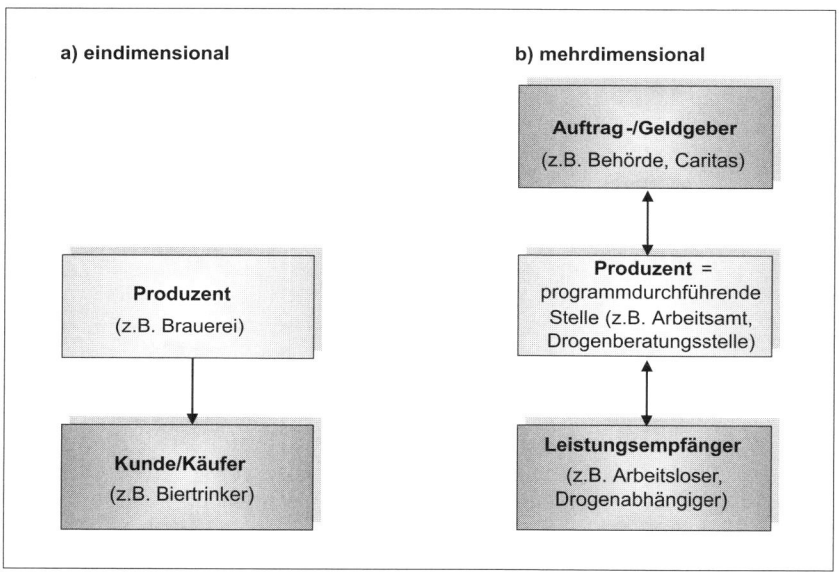

Diese verschiedenen Gruppen können sehr *unterschiedliche Bedürfnisse und Interessen* haben und deshalb auch die Qualität einer Leistung ganz unterschiedlich bewerten. Der Gesetzgeber und die durchführende Stelle könnten vor allem ein Interesse daran haben, dass der im Gesetz vorgesehene Leistungskatalog besonders eng ausgelegt wird, damit möglichst viel Geld eingespart wird. Der Klient wird eher an einer extensiven Auslegung interessiert sein, um in den Genuss möglichst vieler Leistungen zu kommen. Der Sachbearbeiter, der an seinem Arbeitsplatz für die Sicherstellung der Qualität verantwortlich ist, muss sich nun entscheiden, wessen Interessen und Bedürfnissen, im Rahmen des vom Gesetz zulässigen Handlungsspielraums, Priorität eingeräumt werden soll. Während bei einer unter Marktbedingungen erbrachten Dienstleistung der Kunde entscheidend für die Qualitätsbeurteilung ist, kann dies bei Nonprofit-Organisationen nicht so eindeutig entschieden werden. Sollen die Ansprüche des Gesetzgebers, oder die der Stadtverwaltung, oder die Bedürfnisse des Klienten für die Qualitätsbeurteilung maßgebend sein? Dieser Konflikt tritt auch in anderen Fällen auf: Sollen die gespendeten Finanzmittel eher nach den Interessen der Spender oder der bedürftigen Gruppen ausgegeben werden? Sollen eher die Absichten der Auftraggeber eines Programms oder die Bedürfnisse der Nachfrager stärker berücksichtigt werden?

In der *Entwicklungszusammenarbeit* potenziert sich dieser Konflikt sogar noch. So sieht sich eine deutsche Durchführungsorganisation, ob staatlich oder nicht-staatlich, mit dem Problem konfrontiert, dass mindestens vier ‚Kunden' existieren (vgl. Abbildung 2.7). Da ist (1.) der Auftraggeber, also z.B. das BMZ oder eine Spenden sammelnde Nicht-Regierungs-Organisation, (2.) die Regierung des Partnerlandes (z.B. das Gesundheits- oder Bildungsministerium), mit der die deutsche programmdurchführende Organisation zusammenarbeitet und (3.) die lokale Durchführungsorganisation vor Ort, die beraten und unterstützt wird. Hinzu kommen (4.) die eigentlichen Zielgruppen (z.B. Arbeitslose, Kinder, Frauen, arme Bevölkerungsschichten), die Bedürftigen, denen das Entwicklungsprogramm letztlich dienen soll.

Wer ist nun für den zentralen Faktor ‚Kundenzufriedenheit' ausschlaggebend? Wer ist maßgebend für die Beurteilung der Qualität? Wessen Bedürfnisse sollen primär befriedigt werden? Auch ein multifunktionaler Kundenbegriff – alle genannten Akteure sind gleichzeitig ‚Kunden' – führt dann nicht weiter, wenn diese ‚Kunden' – was zu erwarten ist – ganz unterschiedliche Vorstellungen, Ansprüche und Beurteilungskriterien an die Qualität einer Leistung anlegen.

Diese Überlegungen machen deutlich, dass, anders als im privatwirtschaftlichen Sektor, in dem es ein eindimensionales Produzenten-Kunden-Verhältnis gibt, bei vielen öffentlichen Einrichtungen und privaten Nonprofit-Organisationen der Kundenbegriff nur eingeschränkt verwendet werden kann.[42]

Hinzu kommt die Frage, ob denn das Urteil des ‚Kunden' über Produkte und Dienstleistungen von Nonprofit-Organisationen überhaupt genauso wie bei gewinnorientierten Unternehmen als zentraler Qualitätsmaßstab herangezogen werden kann. In Bereichen, in denen der Leistungsempfänger nicht für die in Anspruch genommene Dienstleistung oder das erworbene (zugeteilte) Produkt direkt zahlt, besteht die Gefahr, dass seine Bedürfnisse das Leistungspotenzial des Anbieters übersteigen und nur deshalb die Qualität negativ

---

42 Der Kundenbegriff kann nicht nur in seinem Außenverhältnis differenziert werden, sondern auch in seinem Innenverhältnis. In dieser Sichtweise können auch organisationsinterne Empfänger von Teilleistungen als (interne) Kunden aufgefasst werden, also z.B. Mitarbeiter anderer Abteilungen (vgl. Eversheim 1997: 9; 2000: 9; Daumenlang u. Palm 1997: 11f.; Juran 1988, 1999).

Abbildung 2.7:   Mehrebenen-Verhältnis in der Entwicklungszusammenarbeit

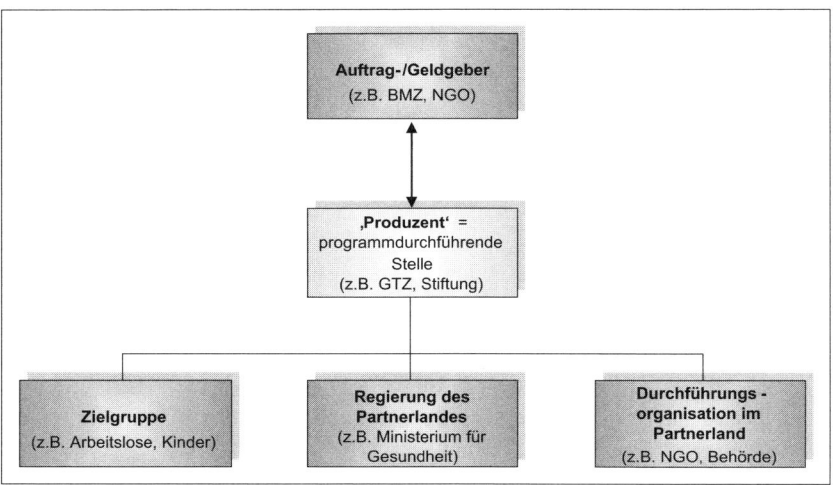

bewertet wird. Während auf freien Märkten Angebot und Nachfrage den Preis regulieren und der Kunde empirisch nachvollziehen kann, in welcher Bandbreite er für welche Leistung welchen Preis zu zahlen hat, fehlt dieses Regularium außerhalb des privatwirtschaftlichen Sektors. So könnte der Sozialhilfeempfänger versucht sein, entsprechend seinen Bedürfnissen an das Sozialamt auf Dauer finanziell nicht leistbare Forderungen zu stellen. Da er die Leistungen nicht bekommt, die er sich wünscht und die auch seinen Bedürfnissen und Erfordernissen entsprechen mögen, könnte er mit der Qualität der Dienstleistung des Sozialamtes sehr unzufrieden sein. Kann deshalb die Beurteilung durch den Klienten der richtungsweisende Maßstab für die Beurteilung der Qualität von Sozialamtsdienstleistungen sein? Wohl kaum.

Nicht anders verhält es sich z.B. mit einem Programm für die Wiedereingliederung von Arbeitslosen. Dieses kann möglicherweise für den Arbeitslosen derart harte Bedingungen stellen, dass es nicht den Bedürfnissen und Erfordernissen des Arbeitslosen entspricht, sondern vielmehr dazu dienen soll, die Sozialkassen zu entlasten. Die Qualitätsbeurteilung durch den Leistungsempfänger, den Arbeitslosen, stellt allenfalls eine Perspektive dar. Aus gesellschaftlicher Sicht kann das Programm sehr erfolgreich sein (alle Arbeitslosen in Jobs vermittelt und Sozialkassen entlastet), so dass dem Programm von den Nicht-Klienten möglicherweise eine hohe Qualität bescheinigt wird, da es ihren Bedürfnissen und Erfordernissen entspricht (Arbeitslosenbeitrag sinkt).

Noch kritischer wird es in der Entwicklungszusammenarbeit, in der neuerdings die ‚Kundenbedürfnisse' nicht nur in den Mittelpunkt entwicklungspolitischen Handelns gerückt werden, sondern auch zum Maßstab der Qualitätsbeurteilung der Zusammenarbeit avancieren sollen. Doch was geschieht, um ein zugegebenermaßen extremes Beispiel zu wählen, wenn die bedürftigen Zielgruppen entsprechend der aus ihrer Sicht formulierten Erfordernisse Waffen statt Beratung fordern, weil sie überzeugt sind, dass sie die ungerechten Machtstrukturen nur gewaltsam beseitigen können. Da sie diese natürlich nicht im Rahmen der Entwicklungszusammenarbeit erhalten, wird die Zielgruppe kaum mit der Qualität der entwicklungspolitischen Leistung zufrieden sein, denn sie gehen aus ihrer Sicht an ihren Bedürfnissen vorbei.

Diese Beispiele machen deutlich, dass es bei der Verwendung öffentlicher Gelder[43] noch andere Qualitätskriterien geben muss als die Zufriedenheit der unmittelbaren ‚Kunden'. Deren Zufriedenheit mit den angebotenen Leistungen kann schon deshalb nicht der wichtigste Maßstab sein, da *alle Nichtkunden ausgeschlossen* werden. Wenn die Hochschulfinanzierung finanziell massiv aufgestockt wird und deshalb die Hochschul-‚Kunden' aufgrund stark verbesserter Lehr- und Forschungsbedingungen äußerst zufrieden sind und die Qualität des neuen Förderprogramms hoch bewerten, da es ihre Bedürfnisse erfüllt, lässt die gleichzeitige Reduzierung des Etats für Arbeitsbeschaffungsprogramme Unzufriedenheit bei den Arbeitslosen aufkommen. Dieses ‚Kundensegment' staatlicher Leistungen wird sich dann eher über zurückgehende Qualität, sprich geringere Ausrichtung an ihren Bedürfnissen und -erfordernissen, beklagen.

Auch kann bezweifelt werden, ob die Leistungsempfänger überhaupt immer in der Lage sind, ihre zumindest langfristigen Bedürfnisse und damit die Qualität von Dienstleistungen und Produkten adäquat einzuschätzen. Ein Beispiel aus dem Hochschulbereich mag dies illustrieren: Mittlerweile ist an allen Hochschulen die Beurteilung der Lehre ein wichtiges Qualitätskriterium. Dabei wird beobachtet, dass insbesondere Lehrveranstaltungen, in denen es dem Lehrenden gelingt, witzig und unterhaltend zu sein, gute Noten von den Studierenden erhalten. Trockene und spröde Veranstaltungen erhalten schlechte Bewertungen. Wer könnte es den Studierenden verdenken? Doch unter Umständen könnten (müssen aber natürlich nicht) gerade die langweiligen Kurse mit vielleicht hohen und deshalb unbeliebten Leistungsanforderungen am besten auf das zukünftige Berufsleben vorbereiten. Dies wird sich jedoch erst später herausstellen. Deshalb ist es sinnvoll, die Qualität der Lehre nicht nur von den Studenten, sondern von Absolventen, die bereits im Berufsleben stehen oder von Unternehmern (die ebenfalls Adressaten von Universitäten sind) beurteilen zu lassen.

Festzuhalten ist demnach, dass *der im Zusammenhang mit wettbewerbs- und gewinnorientierten Unternehmen zweckmäßige Kundenbegriff nicht einfach auf die ‚Kunden' von Nonprofit-Organisationen übertragen werden kann.* Dem ‚Kunden' im Nonprofit-Sektor fehlt das, was ihn im Profit-Sektor ausmacht: Die Souveränität des Käufers, zwischen alternativen Produkten und Dienstleistungen zu wählen und einen im Wettbewerb ermittelten Preis dafür

---

43 Zu denen hier auch Spendengelder für Nonprofit-Organisationen wie Kirchen, Vereine und Stiftungen gezählt werden.

zu zahlen. Zudem wird die im privatwirtschaftlichen Sektor auf eine eindimensionale Produzenten-Kunden-Beziehung reduzierte Begriffsverengung dem im Nonprofit-Sektor vorherrschenden multidimensionalen Geflecht aus oft mehreren Adressaten einerseits und Produzenten, Auftraggebern und ggf. Geldgebern (Spendern) andererseits nicht gerecht. Dies hat Konsequenzen für die Entwicklung und Sicherstellung von Qualität. Denn anders als bei Profit-Organisationen ist erst einmal zu klären, wessen Sichtweisen für die Beurteilung der Qualität von Leistungen von Nonprofit-Organisationen herangezogen werden sollen, um als Ausgangspunkt für das Qualitätsmanagement zu dienen.

Vor dem Hintergrund der hier skizzierten *Unterschiede* ist zu bezweifeln, ob die Anwendung eines komplexen Total-Quality-Management-Konzepts wie EFQM oder gar eine Normierung auf ISO-Basis die Qualitätserfordernisse von Nonprofit-Organisationen erfüllen kann. Auf einige *gravierende Differenzen* soll hier abschließend eingegangen werden: Im ISO- und im EFQM-Modell wird die besondere Rolle der Führungskräfte hervorgehoben, die die Mission, die Vision und die Werte eines Unternehmens erarbeiten (vgl. Kapitel 2.1.2). Nichtstaatliche Nonprofit-Organisationen, die partizipativere und demokratiebezogenere Organisationskulturen haben, dürften damit Schwierigkeiten haben. Dies gilt auch für die Bestimmung von Politik und Strategie, die sich in Nonprofit-Organisationen eben nicht auf die Erzielung von Gewinnen richtet. Unberücksichtigt bleibt auch, dass zumindest bei vielen nichtstaatlichen Nonprofit-Organisationen nicht nur Mitarbeiter tätig sind, sondern auch viele Ehrenamtliche in eine Organisation zu integrieren sind.

Im Hinblick auf das Kriterium der Ressourcen ist festzustellen, dass bei Nonprofit-Organisationen eine in der Regel komplett andere Finanzbeschaffung als bei Wirtschaftsunternehmen stattfindet. Entweder erfolgt sie als staatliche Zuweisung, als Zwangsabgabe oder aufgrund freiwilliger Beiträge, Spenden oder Zuwendungen.

Die größten Unterschiede sind auf der Ergebnisseite bei der Kundenzufriedenheit und den Geschäftsergebnissen auszumachen, die zusammen über ein Drittel aller zu vergebenden Bewertungspunkte bei EFQM ausmachen.

Wie ausführlich erläutert, ist der Kundenbegriff bei Nonprofit-Organisationen, wenn überhaupt, nur sehr eingeschränkt zutreffend. Nicht nur wegen der fehlenden Entscheidungssouveränität und dem Mangel an Wettbewerb, sondern auch, weil die klassische Markttransaktion ‚Leistung gegen Geld' oft fehlt, da die Finanziers dieser Leistungen nicht (immer) mit den Leistungsempfängern identisch sind. Während Gewinn und Eigenkapitalrentabilität bei EFQM als zentrale Erfolgskriterien (Schlüsselergebnisse) für Unternehmen definiert werden, entfallen diese bei Nonprofit-Organisationen.

Natürlich könnte nun eingewendet werden, dass sich diese Defizite in einem modifizierten ISO- oder EFQM-Dienstleistungs-Modell bereinigen ließen. In der EFQM-„Version für Öffentlichen Dienst und soziale Einrichtungen", in der wie eingangs dargelegt nur marginale Veränderungen gegenüber der Standardversion vorgenommen werden, wird dieser Anspruch nicht eingelöst. Dies gilt auch für das im Jahr 2000 modifizierte ISO-9000-Modell. Im Rahmen der ISO- bzw. EFQM-Philosophie ist dies auch nur konsequent, da die Auffassung vertreten wird, dass ISO und EFQM auf alle Organisationen, unabhängig von der Branche, Organisationsform und -größe anwendbar sind (vgl. ISO 2005; EFQM 2003c: 7). Solche Anpassungen würden letztlich auch nur Kosmetik darstellen, die den besonderen organisationalen und situativen Bedingungen von Nonprofit-Organisationen, wie hier ausführlich dargestellt, nicht gerecht werden würden.

Zusammenfassend ist zu konstatieren, dass *Profit- und Nonprofit-Organisationen* sich durch eine Reihe von Merkmalen *unterscheiden* (vgl. Abbildung 2.8), die für das Qualitätsverständnis und die darauf aufbauenden Qualitätsentwicklungs- und -sicherungsstrategien von Bedeutung sind. Die Organisationsziele von Nonprofit-Organisationen kumulieren nicht in einer Gewinnerzielungsabsicht und die Zielerreichung lässt sich häufig nicht in monetären Messgrößen bilanzieren. Oft herrscht zwischen Nonprofit-Organisationen nur ein geringer Wettbewerb. Allenfalls gibt es eine Konkurrenz um Spendengelder, insb. bei karitativen Nonprofit-Organisationen (wie Hilfs- und Dritte-Welt-Organisationen im Gesundheits- und Sozialwesen, in der Entwicklungszusammenarbeit etc.). Damit entfällt ein wesentliches Motiv für Qualitätsverbesserung. Jemand wird in der Regel nicht deshalb aus einem Kultur- oder Sportverein, aus einer politischen Partei oder einer Religionsgemeinschaft austreten, weil diese schlecht gemanagt wird. Bei vielen Nonprofit-Organisationen besteht erst gar nicht oder nur sehr eingeschränkt die Möglichkeit einer Wahl (z.B. Behörden, Sozialversicherung etc.). Hinzu kommt, dass der Kundenbegriff dem Auftraggeber-Produzenten-Adressaten-Geflecht nicht gerecht wird, und nicht nur die 'Kunden' (Leistungsempfänger) die Qualitätsbeurteilung der von Nonprofit-Organisationen erbrachten Leistungen vornehmen können. Für viele Nonprofit-Organisationen ist das Urteil der Nicht-'Kunden' über die Qualität ihrer Leistungen mindestens genauso wichtig, wie das ihrer Klienten.

Vor diesem Hintergrund erscheint es ausgesprochen *problematisch, Managementtechniken, Organisationsprinzipien, Organisationskulturen und Qualitätskonzepte*, die in und für Profit-Organisationen entwickelt wurden, einfach auf den Nonprofit-Sektor *zu übertragen*. Die weitgehend „unreflektierte Adaption betriebwirtschaftlicher Terminologien und Verfahrensweisen" wird deshalb zunehmend kritisiert (Beckmann u.a. 2004: 9f.). Die Übernahme der Terminologie aus dem Profit-Sektor schafft noch keine äquivalenten situativen Bedingungen für Nonprofit-Organisationen. Häufig wird nur so getan als gäbe es einen Wettbewerb im Nonprofit-Sektor – obwohl die Wahlalternativen nur sehr eingeschränkt sind und deshalb Wettbewerbsprinzipien nicht greifen. Häufig wird übersehen, dass gesellschaftliche Normen und Werte sowie politische Überzeugungen und nicht Märkte dafür ausschlaggebend sind, welcher Preis für eine Leistung festgelegt wird.

Abbildung 2.8: Unterschiede zwischen profit- und nichtprofitorientierten
Organisationen

Profit-Organisationen (Unternehmen)	Nonprofit-Organisationen
✓ Gewinnerzielungsabsicht, Handeln zum eigenen Nutzen	✓ Keine Gewinnerzielungsabsicht, Nutzen für andere
✓ Finanzierung über für Produkte u./o. Dienstleistungen erzielte Preise	✓ Finanzierung über kollektive Entgelte (z.B. Steuern, Beiträge, Spenden)
✓ Klares Oberziel (z.B. Gewinn-maximierung)	✓ Komplexe Zielsysteme
✓ Eindeutige Messgrößen (z.B. Gewinn, Dividende, Shareholdervalue)	✓ Messgrößen müssen bestimmt werden (variabel, multidimensional)
✓ Offener Wettbewerb	✓ Teilweise gar kein, oft eingeschränkter Wettbewerb
✓ Freie Wahl des Anbieters	✓ Teilweise gar keine, oft eingeschränkte Wahl des Anbieters
✓ Produkte und Dienstleistungen	✓ Dienstleistungen
✓ Eindimensionale Produzenten-Kunden-Beziehung	✓ Mehrdimensionale Ebenen-Beziehungen (u.a. Geldgeber, Auftraggeber, Produzenten, Adressaten)

Zudem wird von Nonprofit-Organisationen oft unternehmerisches Handeln gefordert, ohne ihnen die Spielräume etwa in der Personalpolitik oder bei strategischen Entscheidungen einzuräumen, die im privaten Unternehmenssektor, an dem sie sich orientieren sollen, gegeben sind. Doch selbst wenn es gelingen würde, für den Nonprofit-Sektor alle situativen Bedingungen herzustellen, die im Profit-Sektor gelten (vor allem Wettbewerb; Entscheidungssouveränität des Kunden; Austauschbeziehungen, die sich durch die klassische Markttransaktion Güter/Dienstleistungen gegen Zahlungsmittel charakterisieren lassen), dann würde immer noch ein *entscheidendes Unterscheidungskriterium* bleiben, nämlich die *Gewinnorientierung*. Sollte ihnen auch dieses Merkmal zugebilligt werden, – was ja nur logisch und konsequent wäre – dann gäbe es keinen Nonprofit-Sektor mehr. Wenn dies aus einer Reihe gesellschaftspolitischer Gründe, aber auch wegen des Marktversagens in bestimmten gesellschaftlichen Bereichen nicht gewünscht oder gar nicht möglich ist, dann sollte die organisatorische und situative Unterschiedlichkeit zwischen beiden Sektoren auch realisiert werden.

Die Versuche, die situativen Bedingungen für Nonprofit-Organisationen in Richtung Profit-Sektoren zu verändern und die Organisationen dementsprechend umzugestalten, haben mitunter geradezu zwanghafte Züge erreicht und vermitteln manchmal sogar den Eindruck eines verkrampften Aktionismus. Fehlende Marktregulation ist nicht automatisch ein Defizit, das es mit allen Mitteln zu beseitigen gilt. Wie zahlreiche Beispiele zeigen, stellen auch

Märkte keine perfekten Regulierungsmechanismen dar. Zudem gibt es eine Reihe gesellschaftspolitischer Zielsetzungen, die nicht über Märkte geregelt werden können. Deshalb sind staatliche und nicht-staatliche Nonprofit-Organisationen notwendig. Diese weisen jedoch andere organisationale Strukturen und situativen Bedingungen auf als Profit-Organisationen. Diese *Unterschiede* gilt es bei der Entwicklung von Qualitätsmanagementkonzepten und Instrumenten zur Qualitätsentwicklung zu *beachten*.

2.2.2 Qualitätsentwicklung durch New Public Management

Wie eingangs dargelegt, wachsen die Zweifel, ob die für privatwirtschaftlich agierende Unternehmen entwickelten Qualitätsentwicklungs- und -managementkonzepte aufgrund anderer organisationaler und situativer Bedingungen für Nonprofit-Organisationen anwendbar sind. Deshalb soll hier ein weiterer Managementansatz vorgestellt werden, der sich vor allem in der staatlichen und kommunalen Verwaltung zunehmender Beliebtheit erfreut: der Ansatz des *New Public Managements (NPM)*[44]. Dieser verfolgt das Ziel, die Leistung und den Prozess der Leistungserbringung in der öffentlichen Verwaltung zu verbessern. Dabei bedient er sich verschiedener strategischer Prinzipien, die eine zunehmende Kunden- und Wettbewerbsorientierung erzeugen sollen. Darüber hinaus bieten die Konzepte des New Public Management aber mit ihrer Leistungs- und Wirkungsorientierung ein neues Element, das über die betriebswirtschaftlichen TQM- und Zertifizierungsmodelle hinaus reicht.

Im einzelnen werden folgende *strategischen Ziele* angestrebt:

1. Kundenorientierung
Wie bereits dargestellt ist der in der Privatwirtschaft gängige und für die Qualitätsbeurteilung zentrale Kundenbegriff nicht einfach auf die öffentliche Verwaltung übertragbar. Dennoch stellt die Kundenorientierung ein bedeutsames Ziel dar. Als Kunde gilt im NPM, wer von einer Verwaltungseinheit individuelle Leistungen abnimmt (vgl. Schedler und Proeller 2000: 58, 2003: 59). Klages (1998: 125f.) unterscheidet zwischen verwaltungsinternen und -externen Kunden. Im Weiteren trennt er zwischen „Bürgern" im Allgemeinen und besonderen „Zielgruppen" der Verwaltungstätigkeit. Drittens nimmt Klages eine Unterscheidung der Kunden hinsichtlich ihrer Beziehungen zur Verwaltung vor, um Einflussbereiche und -möglichkeiten verschiedener Kundengruppen bestimmen zu können. Die OECD (Shand und Arnberg 1996)

---

44 Vgl. hierzu: Pede 2000; Naschold u. Bogumil 2000; Buschor 2002; Saner 2002; Reichard 2002; Mülbert 2002; Rehbinder 2002; Christensen 2002; McLaughlin 2002; Wollmann 2002 u. 2003; Ritz 2003; Schedler u. Proeller 2000 (2003); Nöthen 2004; Dent 2004; Koch 2004a u. b; Pitschas 2004; Reichard 2004; Mastronardi 2004; Lienhard 2005; Nolte 2005.

unterscheidet sieben verschiedene Typen von Kunden, je nach Leistungsanspruch. Wie immer der Kundenbegriff für Nonprofit-Organisationen definiert wird, klar ist, dass es sich dabei um ein mehrdimensionales Konzept
handeln muss.

2. Wettbewerbsorientierung

Ein weiteres Prinzip des NPM ist gekennzeichnet durch den systematischen
Einbezug des Wettbewerbsgedankens in alle Bereiche staatlicher Tätigkeit.
Dahinter steht die Grundhaltung, dass der Markt besser in der Lage ist, eine
effiziente und effektive Leistungserstellung zu bewirken als Regulierungen.
Wie bereits zuvor ausgeführt werden hierfür entweder Marktbedingungen
(durch Marktöffnung für andere Anbieter) oder ein quasi-marktlicher Wettbewerb geschaffen (durch Leistungsvereinbarungen oder Wettbewerb innerhalb der öffentlichen Verwaltung) oder marktliche Instrumente angewendet
(wie z.B. Kostenleistungsrechnung, Leistungsvergleich, Preiswettbewerb,
Benchmarking) (vgl. im Einzelnen Schedler u. Proeller 2000: 158ff., 2003:
166ff.).

3. Leistungs- und Wirkungsorientierung

Die traditionelle Verwaltung wird bekanntermaßen über Inputgrößen gesteuert.
Durch die Zuteilung verschiedener Inputs (wie z.B. finanzielle Mittel,
Personal, Ausstattung) kann erreicht werden, dass die Verwaltung in bestimmten, zugewiesenen Aufgabenfeldern tätig wird. Da die Nützlichkeit der
Mittelvergabe nicht unbedingt anhand erbrachter Leistungen, erzielter Ergebnisse oder gar verursachter Wirkungen überprüft wird, wird dadurch effi-
zientes, ziel- oder gar nachhaltigkeitsorientiertes Handeln nicht gerade gefördert. Im Gegenteil besonders sparsames Wirtschaften kann im traditionellen
Haushaltswesen sogar zu Mittelkürzungen im Budget des folgenden Haushaltsjahres führen.

Ein weiteres zentrales Element des NPM ist deshalb eine Orientierung am
Output und Outcome:

> „Nicht mehr die zur Verfügung stehenden Produktionsmittel, sondern die
> erbrachten Leistungen (Produkte) oder auch die durch die Leistungen
> erzielten Wirkungen sollen Diskussionspunkt und Ausrichtungsmaßstab
> des Verwaltungshandelns werden." (Schedler und Proeller 2000: 60,
> 2003: 62f.).

Dies bedeutet, dass die politische Steuerung sich an Leistungs- und Wirkungsvorgaben orientieren soll. Die dahinter stehende Logik geht davon aus, dass
die Wirkung das Ziel ist, welches der Staat erreichen will und nicht das Tätigwerden der Verwaltung.

4. Qualitätsorientierung

Der Aufbau eines umfassenden Qualitätsbewusstseins und -managements wird als ein weiteres Ziel des NPM angesehen. Verbunden mit der Kundenorientierung bedeutet dies, dass es nicht nur darauf ankommt wie eine Leistung innerhalb der Verwaltung erbracht wird, sondern auch welchen Nutzen die Kunden davon haben. In Anlehnung an Garvin (1984: 25ff.) können für öffentliche Institutionen folgende Qualitätsdimensionen unterschieden werden, auf die später noch eingegangen wird (vgl. Kapitel 3.7.3):

- produktbezogene,
- kundenbezogene,
- prozessbezogene,
- wertbezogene und
- politische Qualität.

Während private Nonprofit-Organisationen bisher kaum flächendeckend Qualitätsentwicklungs- und -sicherungskonzepte einsetzen, sondern allenfalls dafür einzelne Instrumente nutzen, greifen staatliche Nonprofit-Organisationen (öffentliche Verwaltung) zunehmend auf die *Konzepte des NPM* zurück. Die Strategie dabei ist zum einen, marktähnliche Bedingungen zu schaffen (Wettbewerb), zum anderen Elemente des Qualitätsmanagements zu übernehmen (Kundenorientierung, Qualitätsdimensionen). Allerdings können auch mit den Konzepten des NPM die vorher aufgeführten Schwierigkeiten, die aus den besonderen organisationalen und situativen Bedingungen von Nonprofit-Organisationen resultieren, letzlich nicht überwunden werden. Da Angebot und Nachfrage bei Nonprofit-Organisationen in der Regel nicht über Märkte (Preise) geregelt werden können und die Kunden von Nonprofit-Organisationen ein komplexes, mehrdimensionales Gebilde mit unterschiedlichen Interessen und Beurteilungskriterien darstellen, bedarf es für die Qualitätssteuerung noch eines wichtigen ergänzenden Mechanismus', nämlich der *Leistungs- und Wirkungsorientierung*. Wenn NPM-Konzepte diesen Aspekt in den Mittelpunkt ihrer Qualitätsstrategien stellen, eröffnen sich gegenüber den vorher dargestellten TQM- und Zertifizierungsmodellen neue Handlungsmöglichkeiten.

Während in der deutschen Reformdiskussion lange Zeit die Leistungsorientierung, die Erfassung von Ergebnissen (Produkten) des Verwaltungshandelns im Vordergrund stand, konzentriert sich die neuere Diskussion an den eigentlichen Wirkungen des Verwaltungshandelns. Es wird deshalb von einer *„wirkungsorientierten Verwaltungsführung"* (Buschor 1993) gesprochen. Mittlerweile hat sich die Auffassung durchgesetzt, dass die Qualität des Verwaltungshandelns sich an erzielten Wirkungen messen lassen muss, „da die staatliche Aufgabe erst dann erfüllt ist, wenn die erwünschte Wirkung eingetreten ist" (Brinckmann 1994: 173; Ösze 2000: 54ff.).

Damit deutet sich eine für Nonprofit-Organisationen wegweisende Lösung an: Die Herstellung wettbewerbsähnlicher Strukturen, die Ausrichtung an den Erfordernissen und Bedürfnissen der Zielgruppen (Klienten, Adressaten), für die bestimmte Leistungen erbracht werden sollen, und die Schaffung eines Qualitätsbewusstseins dienen dem *Ziel, dass erbrachte Leistungen intendierte Wirkungen auslösen.* Die *Qualitätsentwicklung* bei Nonprofit-Organisation hat sich demnach an einer *zunehmenden Wirkungsoptimierung* zu orientieren. *Je umfassender die intendierten Wirkungen bei den Zielgruppen und in den Politikfeldern erreicht werden, in denen die Interventionen stattfinden, und je weniger diese Wirkungen durch nicht-intendierte negative Effekte konterkariert werden, umso höher kann die Qualität der Leistungen einer Nonprofit-Organisation bewertet werden.*

Die Ausrichtung des Handels von Nonprofit-Organisationen an den erzielten Wirkungen bringt allerdings eine Reihe *methodischer Schwierigkeiten* mit sich, denn die Entdeckung und Messung von Wirkungen sowie ihre Ursachenzuschreibung stellt die empirische Sozialforschung vor mitunter große Probleme. Hinzu kommt, dass unmittelbare und langfristige, intendierte und nicht-intendierte Effekte voneinander unterschieden, identifiziert und in komplexen Wirkungsgefügen auf Zusammenhänge und Ursachenfaktoren hin überprüft werden müssen.

Eine Steuerung der Verwaltung oder generell von Nonprofit-Organisationen über Leistungen und Wirkungen ist jedoch erst möglich, wenn diese Aufgabe gelöst werden kann. Mit den traditionellen Kontroll- und Finanzinstrumenten ist dies nach einhelliger Meinung nicht zu leisten. D.h. für die wirkungsorientierte Steuerung sind neue Bewertungskonzepte und Analyseinstrumente notwendig.

Hierfür eignen sich die Konzepte und Instrumente der *Evaluationsforschung*, mit denen nicht nur die Prozesse der Planung und Leistungserbringung analysiert, sondern auch die erbrachten Leistungen, die erreichten Ziele und ausgelösten Wirkungen empirisch überprüft und bewertet werden können. Unabhängig davon, ob für die Steuerung von Nonprofit-Organisationen Managementkonzepte des TQM, der ISO-Zertifizierung, des NPM oder andere verwendet werden, in jedem Fall werden Daten benötigt, die eine rationale Entscheidungsgrundlage liefern. Mit Hilfe der theoretischen und methodischen Konzepte und Instrumentarien der Evaluationsforschung kann diese Aufgabe bewältigt werden. Die Verwendung von Evaluation bietet sich vor allem in Kombination mit solchen Managementkonzepten an, die (wie z.B. NPM) auf eine leistungs- und wirkungsorientierte Steuerung aufbauen.

2.3 Evaluation[45]

2.3.1 Begriffsbestimmung, Ziele und Aufgaben

Ähnlich wie der Begriff ‚Qualität' erfreut sich auch der Begriff ‚*Evaluation*' einer stark steigenden Beliebtheit und wird für unterschiedlichste Verfahren verwendet. Schon Carol Weiss (1974: 19) hat in ihrem grundlegenden Werk darauf hingewiesen, dass Evaluation ein „vieldeutiges Wort" ist, „mit dem die verschiedensten Arten von Beurteilungen gemeint sein können". Dies ist 30 Jahre später kaum anders. Evaluation steht nicht nur für ein spezifisches Handeln, das sowohl die Gewinnung von Informationen als auch deren Bewertung zum Ziel hat, sondern auch für das Ergebnis dieses Prozesses. *Im wissenschaftlichen Kontext* – und darin unterscheidet sich Evaluation im Alltagshandeln – werden empirische Methoden zur Informationsgewinnung und systematische Verfahren zur Informationsbewertung anhand offen gelegter Kriterien verwendet, die eine intersubjektive Nachprüfbarkeit möglich machen. Evaluationen stellen im Unterschied zur fachbezogenen wissenschaftlichen Forschung keinen Selbstzweck dar. Sie sind nicht dem puren Erkenntnisinteresse verpflichtet, sondern sollen einen Nutzen stiften und dazu beitragen, Prozesse transparent zu machen, Wirkungen zu dokumentieren und Zusammenhänge aufzuzeigen, letztlich um Entscheidungen treffen zu können. Z.B. mit dem Ziel, Ablaufprozesse effektiver zu gestalten, den Input effizienter einzusetzen, den Output zu erhöhen, den Wirkungsgrad zu verbessern, die Nachhaltigkeit zu sichern etc. Evaluationen können – wie Qualitätsmanagementsysteme – dazu beitragen, die Qualität einer Maßnahme, eines Programms oder einer Dienstleistung zu verbessern.

Die Bewertung der evaluierten Sachverhalte richtet sich allerdings nicht nach vorgegebenen Normen (wie bei ISO) oder Parametern (wie bei EFQM), sondern nach Kriterien, die sehr verschieden sein können. Diese orientieren sich sehr oft am Nutzen eines Gegenstandes, Sachverhalts oder Entwicklungsprozesses für bestimmte Personen oder Gruppen. Die *Bewertungskriterien* können durch den Auftraggeber einer Evaluation, durch die Zielgruppe, beteiligte Interessengruppen (‚Stakeholder')[46], durch den Evaluator selbst oder durch alle gemeinsam festgelegt werden. Es liegt auf der Hand, dass je nach

---

45 Als Einführungsbücher eignen sich z.B. Weiss 1974 Wittmann 1985; Scriven 1991; Chelimsky u. Shadish 1997; Patton 1997; Wottawa u. Thierau 1998; Owen u. Rogers 1999; Vedung 1999; Rossi, Freeman u. Lipsey 2004; Stockmann 2004a; Fitzpatrick, Sanders u. Worthen 2004.

46 Für den Begriff ‚*Stakeholder*' gibt es kaum eine angemessene deutsche Übersetzung. Nach Weiss (1998: 337) sind ‚Stakeholder': „Those people with a direct or indirect interest (stake) in a program or its evaluation." Neben den Sponsoren und Auftraggebern zählen zu den Stakeholdern auch die Programmmanager und Mitarbeiter, die Rezipienten der Programmleistungen und ihre Familien, andere Organisationen, die mit dem Programm verbunden sind, Interessengruppen und die Öffentlichkeit an sich, also alle „who may otherwise affect or be affected by decisions about the program or the evaluation" (ebenda). Vgl. auch Fitzpatrick u.a. 2004: 174f.; Scriven 2002.

Kriterienauswahl die Nutzenbewertung in einer Evaluation sehr unterschiedlich ausfallen kann.

Dabei kommt es nicht nur darauf an, wer die Bewertungskriterien erstellt, sondern auch,

- *zu welchem Zweck* die Evaluation verwendet werden soll (welche Funktion sie haben soll),
- welche *Aufgaben* die Evaluation erfüllen soll (auf welche Programmphase sie sich richtet, welche Analyseperspektive sie einnimmt, was für ein Erkenntnisinteresse sie verfolgt),
- wie die Evaluation durchgeführt wird (welches *Untersuchungsparadigma* ihr zu Grunde liegt und welche Methoden angewendet werden) und
- wer die Evaluation durchführt (die programmdurchführende Organisation *selbst* oder eine *externe* Stelle).

Damit sind einige zentrale Fragen umrissen, mit denen sich jede Evaluation auseinandersetzen muss.

Leitfunktionen von Evaluationen
Evaluationen werden vor allem zu dem Zweck durchgeführt, um Informationen für Entscheidungen im Rahmen von Steuerungs- und Managementprozessen zu beschaffen. Eine allgemein anerkannte Definition liefert Mertens (1998: 219): „Evaluation is the systematic investigation of the merit or worth of an object (program) for the purpose of reducing uncertainty in decision making". Die auf Evaluationen basierenden Entscheidungen können im Einzelnen u.a. dazu beitragen, Implementationsprobleme zu erkennen, die Effektivität eines Programms zu steigern, Kosten zu senken, um die Effizienz zu erhöhen, den Wirkungsgrad zu verbessern etc. Somit unterstützen Evaluationen das Management bei der Sicherstellung oder Entwicklung der Qualität von Programmen und Maßnahmen oder, allgemein ausgedrückt, von Dienstleistungen. *Evaluationen* stellen demnach einen *Teil des Qualitätsmanagements* dar. Für diesen Zweck können Evaluationen vier miteinander verbundene *Leitfunktionen* erfüllen (vgl. Abbildung 2.9):[47]

- Gewinnung von Erkenntnissen,
- Ausübung von Kontrolle,
- Schaffung von Transparenz und Dialogmöglichkeiten, um Entwicklungen voranzutreiben,
- Legitimation der durchgeführten Maßnahmen.

---

47 Es gibt zahlreiche Versuche Evaluationen zu typisieren. Vgl. z.B. Alkin 2004; Fitzpatrick u.a. 2004; Rossi. Lipsey u. Freeman 2004; Stufflebeam 2001; Stufflebeam u.a. 2000. Einen viel beachteten Vorschlag hat Eleanor Chelimsky (1997: 100ff.) gemacht, die drei „conceptual frameworks" unterscheidet: Evaluation (1) zur Verbreiterung der Wissensbasis, (2) zu Kontrollzwecken und (3) zu Entwicklungszwecken. Der Vorteil dieser Einteilung ist darin zu sehen, dass jedes Konzept eine jeweils spezifische Affinität zu Herangehensweisen und Designtypen aufweist. Hier wird dieser Einteilung nur eingeschränkt gefolgt.

Abbildung 2.9: Leitfunktionen von Evaluation

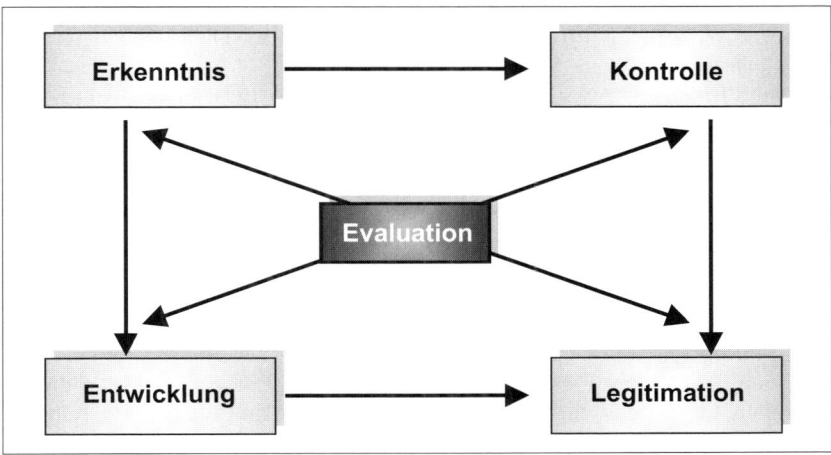

Im Einzelnen:
- Evaluationen sollen *Erkenntnisse* liefern, um Managemententscheidungen auf eine rationale Grundlage zu stellen. U.a. kann ein Interesse daran bestehen, zu wissen, ob der Programmablauf reibungslos funktioniert, welche Bedarfe die Zielgruppe hat, ob die Maßnahmen die Zielgruppe erreichen, wie es mit der Akzeptanz des Programms bestellt ist, ob die Durchführungsorganisationen in der Lage sind, das Programm effektiv und effizient umzusetzen, wie sich die Rahmenbedingungen verändert haben, wie sich das auf den Programmablauf oder die Zielerreichung und die Programmwirkungen ausgewirkt hat, welche Beiträge das Programm zur Lösung des identifizierten Problems geliefert hat, ob die beobachteten Veränderungen tatsächlich auf das Programm oder andere Faktoren zurückgeführt werden können etc. Ziel der Informationssammlung ist die Gewinnung von Erkenntnissen, um diese anhand der vereinbarten oder der im Programm bereits vorgegebenen Bewertungskriterien zu beurteilen und um daraus Steuerungsentscheidungen abzuleiten. Dabei müssen die von den Evaluatoren vorgelegten Erkenntnisse und deren Bewertungen nicht in Einklang mit den Bewertungen der Programm durchführenden Stellen oder der Zielgruppen stehen und diese wiederum können auch untereinander abweichen. Evaluationen werden zwar häufig, aber nicht immer von geldgebenden oder durchführenden Stellen in Auftrag gegeben. Wissenschaftliche Evaluationen zeichnen sich vor allem durch ein Erkenntnisinteresse aus. Dabei geht es dann nicht in erster Linie um die Informationsgewinnung für Entscheidungsrationalisierung, sondern um die Analyse der internen Strukturen und Prozesse des politisch-administrativen Systems. Solche, im unmittelbaren sozialen Feld gewonnenen, Erkenntnisse zeichnen sich durch

einen ansonsten kaum erreichbaren Grad an externer Validität aus (vgl. Kromrey 2001: 114) und können langfristig natürlich auch zur Qualitätsverbesserung von Programmen, Maßnahmen oder Dienstleistungen beitragen.

▪ Ohne Erkenntnisgewinn, also das Wissen um die Entwicklung von Strukturen und Prozessen, würde keine Evaluation Nutzen stiften können. Doch nicht immer steht bei der Verwertung der Erkenntnisse die Entscheidungsfindung im Vordergrund, sondern die *Kontrolle*. In diesem Fall geht es vor allem darum, festzustellen, ob die in der Planung festgelegten Ziele erreicht wurden. Hierfür können ‚Erfolgs'-Kriterien wie Effektivität, Effizienz, Akzeptanz oder Nachhaltigkeit verwendet werden. ‚Kontroll'-Evaluationen stellen neben Rechtmäßigkeitskontrollen (Gerichte), politischen Kontrollen (Politik) und Wirtschaftlichkeitskontrollen (Rechnungshöfe) eine weitere Kontrollform administrativen Handelns dar (vgl. Kromrey 2001: 115). Auch dann, wenn Evaluationen nicht in erster Linie der Kontrolle dienen sollen, legen sie in der Regel offen, ob alle an einem Programm Beteiligten ihre Aufgaben erfüllen, den eingegangenen Verpflichtungen nachkommen, ihre Qualifikation und Kompetenz ausreicht etc. D.h. mit jeder Evaluation ist direkt oder indirekt auch eine Form von Kontrolle verbunden.

▪ Sowohl erkenntnis- als auch kontrollorientierte Evaluationen liefern Befunde, die für die *Entwicklung* eines Programmes genutzt werden können. Wenn Erkenntnisse offen gelegt werden, ist ein *Dialog* zwischen verschiedenen Stakeholdern (Mittelgeber, Durchführungsorganisation, Zielgruppen, sonstige Beteiligte und Betroffene) möglich. Auf der Basis der ermittelten Ergebnisse kann gemeinsam und für alle transparent z.B. bilanziert werden, wie erfolgreich die Zusammenarbeit verläuft, wo die größten Erfolge zu verzeichnen sind und wo Defizite auftreten, um daraus Konsequenzen für das weitere Vorgehen zu ziehen. Bei dieser Evaluationsfunktion stehen *Lernprozesse* im Vordergrund, die für die Weiterentwicklung von Programmen genutzt werden sollen. Wie noch zu zeigen sein wird, spielt diese Funktion bei formativen (programmgestaltenden) Evaluationen eine zentrale Rolle.

▪ Eine weitere Evaluationsfunktion besteht darin, durchgeführte Programme oder Maßnahmen zu *legitimieren*. Die mit Hilfe einer Evaluation gewonnene Datenbasis bietet die Möglichkeit, nachprüfbar zu belegen, mit welchem Input, welcher Output und welche Wirkungen über die Zeit hinweg erzielt wurden. Dadurch können Mittelgeber und Durchführungsorganisationen nachweisen, wie effizient sie mit Finanzmitteln umgegangen sind und welchen Wirkungsgrad ihre Projekte und Programme erreicht haben. Mit Ex-post-Evaluationen lässt sich zusätzlich noch die Nachhaltigkeit der Programmwirkungen angeben. Gerade in Zeiten knapper Finanzmittel nimmt diese Evaluationsfunktion an Bedeutung zu, da Programme oft zueinander im Wettbewerb stehen und politisch Verantwortliche Prioritäten setzen und eine Selektion vornehmen müssen. Anhand von Evaluationskriterien (z.B. Effektivität, Effizienz, Relevanz, Nachhaltigkeit etc.) kann die Legitimation von Programmen oder Maßnahmen demonstriert und kommuniziert werden. Häufig kommt es jedoch vor. Dass Evaluationsergebnisse nur intern verwendet werden, d.h. dass sie der Öffentlichkeit gegenüber nicht transparent gemacht und nicht zur Legitimation der eigenen Arbeit genutzt werden.

Sehr oft werden Evaluationen auch *‚taktische‘ Funktionen* zugeschrieben. Davon wird dann gesprochen, wenn die Ergebnisse von Evaluationen nur dazu verwendet werden sollen, um lediglich bestimmte politische Entscheidungen (manchmal sogar nachträglich) zu legitimieren, z.B. weil ein Programm weitergeführt oder im Gegenteil eingestellt werden soll. Mittlerweile ist es für Politiker auch ‚schick‘ geworden „to use evaluations as baubles or as bolsters" (Pollitt 1998: 223), als dekorative Symbole für eine moderne Politik, ohne die Ergebnisse von Evaluationen ernsthaft nutzen zu wollen. Diese Art von ‚taktischer‘ Funktion lässt sich jedoch kaum mit dem eigentlichen Zweck von Evaluationen vereinbaren und stellt eher ihre pathologische Seite dar.

Evaluationen können demnach verschiedene Funktionen haben. Allerdings sind diese nicht unabhängig voneinander, sondern, im Gegenteil, eng miteinander verbunden. Ohne die Gewinnung von Erkenntnissen kann keine der anderen Funktionen erfüllt werden. Umgekehrt gilt aber ebenfalls, dass dann, wenn andere Funktionen im Vordergrund stehen, durch diese Evaluationen immer auch Erkenntnisse gewonnen werden. Die Festlegung auf eine prioritäre Funktion steuert die Herangehensweise und bestimmt das Design und die Durchführung einer Evaluation. Je nach dem, ob das Augenmerk mehr auf Erkenntnisgewinn, Kontrolle, das Ausloten von Entwicklungspotentialen oder die Legitimation geleisteter Arbeit gerichtet ist, bieten sich unterschiedliche Vorgehens- und Verfahrensweisen an.

Aufgaben einer Evaluation

Evaluationen können nicht nur eine unterschiedliche Ausrichtung, sondern auch verschiedene *Aufgabenstellungen* haben. Evaluationen können dazu genutzt werden

- die Planung eines Programms oder einer Maßnahme zu verbessern (Ex-ante-Evaluation) (vgl. Rossi, Lipsey u. Freeman 2004: 336ff.),
- die Durchführungsprozesse zu beobachten (on-going Evaluation) oder
- die Wirksamkeit und Nachhaltigkeit von Interventionen ex-post zu bestimmen (Ex-post-Evaluation) (vgl. Rossi. Lipsey u. Freeman. 2004: 360ff.).

Dementsprechend können Evaluationen mehr *formativ*, d.h. aktiv-gestaltend, prozessorientiert, konstruktiv und kommunikationsfördernd angelegt sein, oder mehr *summativ*, d.h. zusammenfassend, bilanzierend und ergebnisorientiert (vgl. Rossi, Lipsey u. Freeman 2004: 34ff.). Prinzipiell lassen sich beide

Evaluations-Perspektiven bei allen *Phasen eines Programms* einnehmen. Da es in der Planungs- und Designphase eines Programms jedoch kaum Ansatzpunkte für eine summative Evaluation gibt, kann sie nur formativen Charakter haben. Während der Durchführungsphase sind sowohl formative als auch summative Evaluationen möglich. Ex-post-Analysen sind in der Regel summative Evaluationen, da der Gestaltungsaspekt entfällt. Durch entsprechende informationelle Rückkopplungsschleifen für Folgeprojekte können sie jedoch auch formative Bedeutung gewinnen (vgl. Abbildung 2.10).

Abbildung 2.10: Dimensionen der Evaluationsforschung

Phasen des Programmprozesses	Analyse-perspektive	Erkenntnisinteresse	Evaluationskonzepte
Programm-formulie-rung/Planungsphase	ex-ante	„analysis for policy" „science for action"	preformativ/formativ: aktiv gestaltend, prozessorientiert, konstruktiv
Implementations-phase	on-going	beides möglich	formativ/summativ: beides möglich
Wirkungsphase	ex-post	„analysis of policy" „science for know-ledge"	summativ: zusam-menfassend, bilan-zierend, ergebnis-orientiert

Abgesehen von Ex-ante-Evaluationen, in denen noch die Voraussetzungen für ein Programm oder eine Interventionsmaßnahme geprüft werden, können Evaluationen folgende *Aufgaben* erfüllen (vgl. Abbildung 2.11):

- Sie können dazu dienen, *Ablaufprozesse* zu beobachten. Dabei geht es um die Identifikation von Problemen bei der Implementation eines Programms sowie um die Frage, ob geplante Zeitabläufe eingehalten werden. In diesem Zusammenhang ist u.a. zu eruieren, ob die Maßnahmen bei den verschiedenen Stakeholdern Akzeptanz finden, welche Interessenkonflikte auftreten, ob qualifiziertes Personal für die Durchführung von Maßnahmen in ausreichender Zahl zur Verfügung steht, wie die Kommunikation und Koordination der ausführenden Stellen untereinander und mit den Zielgruppen des Programms funktioniert, ob die technische und finanzielle Ausstattung für die Zielerreichung ausreichend ist, ob die mit dem Programm eingeführten Innovationen zielführend sind etc.

Abbildung 2.11: Aufgabenprofil von Evaluationen

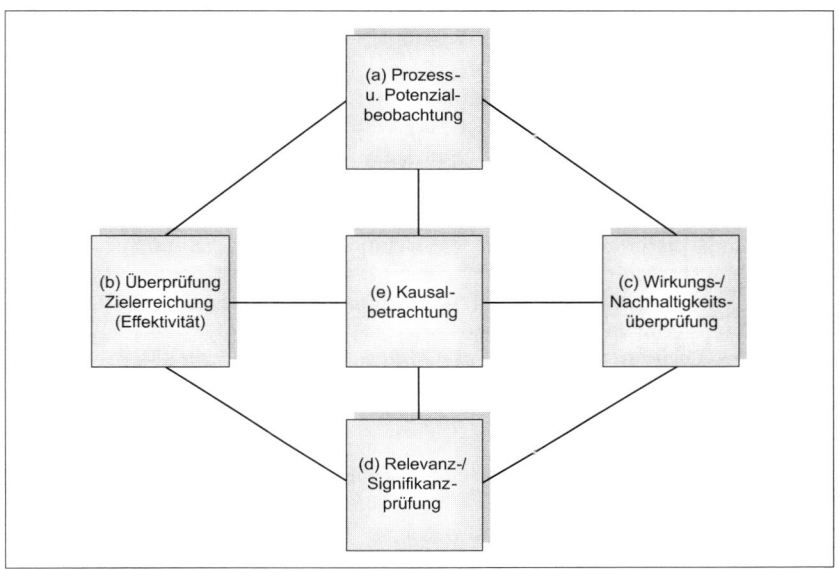

- Die *Überprüfung der Zielerreichung* erfolgt in der Regel anhand der in der Planung festgelegten Sollwerte, weshalb diese Aufgabe der Evaluation auch ,Soll-Ist-Vergleich' genannt wird. Sie orientiert sich strikt an den angestrebten Zielen. Dabei können allerdings eine Reihe von Problemen auftreten. Häufig ist zu beobachten,
  - dass Ziele nur sehr verschwommen formuliert werden und einen sehr allgemeinen Charakter aufweisen,
  - dass die in Dokumenten festgelegten Ziele mit den tatsächlich angestrebten Zielen auseinander fallen (Legitimationsrhetorik),
  - dass sich Ziele im Zeitverlauf verändern,
  - dass die verschiedenen, mit der Umsetzung der Ziele befassten Akteure unterschiedliche Ziele verfolgen (vgl. Stockmann 1996a: 102ff.).
- Evaluation erschöpft sich in der Regel nicht in einem simplen Soll-Ist-Vergleich, sondern ist darüber hinaus an der Erfassung möglichst vieler (idealerweise aller) Wirkungen, die durch ein Programm bzw. eine Interventionsmaßnahme ausgelöst wurden, interessiert. Neben den intendierten Wirkungen geht es vor allem darum, auch die nicht-intendierten Effekte zu erfassen, die die Zielerreichung unterstützen oder ihr zuwider laufen können. Nur wenn eine *Gesamtbilanz der Wirkungen* erstellt wird, kann erkannt werden, ob die positiven oder negativen Effekte eines Programms überwiegen.

- Evaluationen sollen nicht nur feststellen, ob „man auf dem richtigen Weg ist" (Prozessbetrachtung), also ob zu erwarten ist, dass die Ziele im geplanten Umfang, mit den vorgesehenen materiellen und personellen Ressourcen im vorgegebenen Zeitraum erreicht werden können, sondern auch, ob „man die richtigen Dinge tut". D.h. Evaluationen stellen die Programm- oder Maßnahmenziele selbst in Frage. Es ist zu prüfen, ob mit dem Programm überhaupt *relevante Entwicklungs- oder Innovationsleistungen* erbracht werden können oder ob besser ein ganz anderer Weg eingeschlagen werden müsste.

- Es reicht natürlich nicht aus, Wirkungen zu erfassen und ihren Entwicklungsbeitrag zu bewerten, sondern von zentraler Bedeutung ist die Frage, ob die beobachteten intendierten wie nicht-intendierten Wirkungen überhaupt dem Programm oder externen Faktoren zugeschrieben werden können. Dabei ist die Lösung des *Kausalitätsproblems* eine der schwierigsten Evaluationsaufgaben. Experimentelle Designs würden die beste Möglichkeit bieten, um Kausalhypothesen zu überprüfen, da sie am ehesten den formalen Anforderungen zum Testen einer kausalen Anordnung Rechnung tragen. Dies sind die zeitliche Abfolge und der Zusammenhang von Maßnahme und Wirkung sowie die Kontrolle von Drittvariablen durch Randomisierung und/oder Matching bei der Erfassung des Zusammenhangs zwischen Maßnahme und Wirkung oder durch Einbeziehung aller denkbaren Drittvariablen (vgl. Campbell 1969: 409ff.).

Da experimentelle Designs aus einer Reihe von Gründen bei Evaluationen kaum sinnvoll eingesetzt werden können, muss nach Alternativen gesucht werden, die jedoch nicht immer ausreichend geeignet sind, um Ursache-Wirkungszusammenhänge valide und reliabel nachweisen zu können (vgl. im Einzelnen z.B. Stockmann 1996a: 107ff.; Rossi u.a. 1999: 235ff.; Rossi, Lipsey u. Freeman 2004: 233ff.; Kromrey 2001: 116ff.). Hierauf wird in Kapitel 4.6 noch weiter eingegangen.

2.3.2 Evaluationsdurchführung

Paradigmen der Evaluation
Für die Konzipierung und Durchführung einer Evaluation ist wichtig, welches *Forschungsparadigma* zugrunde gelegt wird. Grob kann zwischen zwei Hauptrichtungen unterschieden werden.[48] Die einen betrachten Evaluation als ein empirisch-wissenschaftliches Verfahren, das der kritisch-rationalen Forschungslogik folgt und prinzipiell alle bekannten empirischen Forschungsmethoden für einsetzbar hält. Evaluation ist somit als angewandte Sozialforschung zu verstehen, die besondere Forschungsbedingungen zu berücksichtigen hat und ein spezifisches Erkenntnis- und Verwertungsinteresse hat,

---

48 Vgl. zu den Ursprüngen Campbell 1969; Cronbach u.a. 1981; Cronbach 1982; zusammenfassend Mertens 2004.

bei dem der Nutzen der Evaluationsergebnisse für die ‚Praxis' im Vordergrund steht (vgl. Vedung 2000: 103ff., Kromrey 2001: 113).

Die zweite Hauptrichtung verbindet mit Evaluation einen anderen Anspruch und geht von anderen Voraussetzungen aus. Das Vorhandensein einer ‚wahren' Realität, die ‚objektiv' mit empirisch-wissenschaftlichen Verfahren erfasst werden könnte, wird bestritten. Stattdessen wird angenommen, dass ‚Realität' aus verschiedenen Perspektiven sozial konstruiert ist, die in Konflikten zueinander stehen können. Da die einzelnen Stakeholder-Gruppen unterschiedliche Machtstellungen einnehmen, kann dies zu einer Überbetonung bestimmter Interessen führen. Anliegen einer Evaluation ist deshalb nicht eine möglichst ‚realitätsnahe' Darstellung und Bewertung der vorgefundenen Verhältnisse, sondern eine Veränderung dieser Verhältnisse zu Gunsten der Benachteiligten. Evaluation wird zu einem transformatorischen Akt. In seiner radikalsten Form verwandelt sich Evaluation zu einer konstruktivistischen Kombination aus Verhandlungen, Organisationsentwicklung und Gruppentherapie, die in keiner Weise nach übergeordneten wissenschaftlichen Erklärungen sucht, sondern der Emanzipation und dem Empowerment deprivierter Stakeholder dient (vgl. Pollitt 2000: 71).

Zwar ist der ‚kalte Krieg der Paradigmen' keineswegs endgültig beendet, doch werden in den letzten Jahren von vielen Evaluationsforschern die Gemeinsamkeiten mehr betont als die Unterschiede. Weitgehender Konsens herrscht dahingehend, dass Evaluationen die Perspektiven und Bedürfnisse der Stakeholder zu berücksichtigen haben, dass möglichst quantitative und qualitative Verfahren (Multimethodenansätze) verwendet werden sollen und dass Evaluationen Auftraggebern und Stakeholdern nutzen sollen. Nur dann werden sie politische und soziale Veränderungsprozesse bewirken können (vgl. Rossi u.a. 1988: 10, 2004: 16ff., Chelimsky 1995: 6).

Im Zuge der Professionalisierung der Evaluationsforschung haben Ende der 70er-Jahre verschiedene Organisationen in den USA eine Reihe von Kriterien entwickelt, mit denen die Qualität von Evaluationen erfasst werden soll (vgl. Rossi, Lipsey u. Freeman 2004: 404ff.). Am weitesten verbreitet haben sich die ursprünglich vom „Joint Committee on Standards for Educational Evaluation" vorgelegten „Standards for Evaluation", die auch bei den von der Deutschen Gesellschaft für Evaluation formulierten Standards als Vorbild dienten. Danach wird postuliert, dass Evaluationen

- nützlich sein sollen, d.h. an den Informationsbedürfnissen der Nutzer ausgerichtet sind (Nützlichkeit),
- realistisch, gut durchdacht, diplomatisch und kostenbewusst durchgeführt werden sollen (Durchführbarkeit),
- rechtlich und ethisch korrekt ablaufen und dem Wohlergehen der in die Evaluation einbezogenen und von den Ergebnissen betroffenen Personen Aufmerksamkeit schenken sollen (Korrektheit) und

- über die Güte und/oder die Verwendbarkeit eines evaluierten Programms fachlich angemessene Informationen hervorbringen und vermitteln sollen (*Genauigkeit*).

Das diesem Buch zu Grunde liegende Evaluationsverständnis orientiert sich an dem *empirisch-wissenschaftlichen Modell*, da hier der mittlerweile von vielen geteilten Auffassung zugestimmt wird, „dass eine Untersuchung gleichzeitig strengen wissenschaftlichen Anforderungen genügen und für den Auftraggeber und andere Interessengruppen von maximalem Nutzen sein kann" (Rossi u.a. 1988: 10).

Dies bedeutet nicht, dass ein partizipatives Vorgehen ausgeschlossen ist. Doch dieses konzentriert sich vor allem auf die Design- und Verwertungsphase. Die Ziele einer Evaluation, die Bewertungskriterien und bis zu einem gewissen Grad auch die Vorgehensweise können partizipativ ermittelt werden und stellen die Vorgaben für die Evaluation dar. Informationssammlung und -auswertung ist hingegen in einem empirisch-wissenschaftlichen Verfahren Aufgabe der Evaluatoren. Die Bewertung und Interpretation der ermittelten Befunde kann partizipativ vorgenommen werden. Die Verwertung der durch eine Evaluation vorgelegten Befunde und die Umsetzung der (partizipativ) erarbeiteten Empfehlungen in Maßnahmen und Aktivitäten liegt in der Verantwortung der Auftraggeber bzw. der übrigen Stakeholder. Der partizipative Ansatz wird später (in Kapitel 4.8.2) noch einmal aufgegriffen (vgl. Rossi, Lipsey u. Freeman 2004: 48ff.).

Interne und externe Evaluation
Evaluationen können prinzipiell als interne oder als externe Evaluationen durchgeführt werden. Als *intern* werden sie dann betrachtet, wenn sie von der gleichen Organisation vorgenommen werden, die auch das Programm durchführt. Wird diese interne Evaluation von der Abteilung (dem Referat) durchgeführt, die gleichzeitig mit der operativen Durchführung des Programms betraut ist, dann wird von ‚*Selbstevaluation*' gesprochen. Nimmt die Evaluation eine andere Abteilung des Hauses (z.B. eine Evaluations- oder Qualitätssicherungsabteilung) vor, dann handelt es sich zwar um eine interne Evaluation, aber nicht um eine Selbstevaluation.[49] Eine solche ‚In-house-evaluation' hat den Vorteil, dass sie rasch und mit geringem Aufwand durchgeführt werden kann, dass die Evaluatoren in der Regel über eine hohe Sachkenntnis verfügen und dass die Ergebnisse sich unmittelbar umsetzen lassen.

Schwächen der internen Evaluation werden vor allem darin gesehen, dass die Evaluierenden zumeist nicht über eine ausreichende Methodenkompetenz verfügen, dass es ihnen an Unabhängigkeit und Distanz mangelt und dass sie möglicherweise so sehr mit ihrem Programm verhaftet sind, dass sie aussichtsreichere Alternativen nicht erkennen.

---

49 Vgl. hierzu Vedung 1999: 104ff.; Scriven 1991: 159f. u. 197f.; Widmer 2000: 79f.; Caspari 2004: 32.

Externe Evaluationen werden von Personen durchgeführt, die nicht dem Mittelgeber oder der Durchführungsorganisation angehören. In der Regel weisen externe Evaluatoren deshalb eine größere Unabhängigkeit, eine profunde Methodenkompetenz und professionelles Evaluationswissen auf und kennen das Fachgebiet, in dem das Programm angesiedelt ist. Zudem können externe Evaluationen reformerischen Kräften innerhalb einer Organisation zusätzliche Legitimität und Einflussstärke verleihen, die sie benötigen, um Veränderungsprozesse in Gang zu setzen (vgl. Pollitt 2000: 72). Umgekehrt können externe Evaluationen bei den Evaluierten allerdings auch Angstgefühle auslösen und zu Abwehrreaktionen führen. Auch bei der späteren Umsetzung von Evaluationsergebnissen können Probleme auftreten. Externe Evaluationen verursachen natürlich zusätzliche Kosten. Jedoch muss dies nicht bedeuten, dass eine externe Evaluation immer teurer kommt als eine interne. Werden die Kosten kalkuliert, die die intern mit einer Evaluation befassten Personen im Rahmen ihrer Tätigkeit verursachen, dann muss nicht unbedingt ein großer finanzieller Unterschied zwischen externer und interner Evaluation bestehen. Oft werden interne und externe Evaluationen *kombiniert*, um interne und externe Sichtweisen miteinander zu verbinden und um die Vorteile der beiden Verfahren zu nutzen.

2.3.3 Exkurs: Monitoring und Controlling

Evaluationen lassen sich zu einem *kontinuierlichen Monitoring* ausbauen. Monitoring kann auf der Ebene des Gesamtsystems, eines Politikfeldes, eines Programms oder einzelner Interventionsmaßnahmen ansetzen. Es lassen sich Input-, Output- und Wirkungsdaten erfassen. Ein bekanntes Beispiel für ein Monitoring-System auf *Politikfeldebene* ist das Umweltmonitoring, das Messdaten über den Zustand der Umwelt liefert. Auf der gesamtgesellschaftlichen Ebene informiert z.B. ein Sozialindikatorensystem über die Entwicklung der Lebenslagen in Deutschland und ergänzt dadurch die amtliche Statistik.

Auf *Programmebene* hat ein Monitoring-System die Aufgabe, das Management kontinuierlich mit Daten über den Programmablauf und die Zielerreichung zu versorgen. Rossi, Freeman und Lipsey (1999: 231) definieren deshalb: „Program monitoring is a form of evaluation designed to describe how a program is operating and assess how well it performs its intended functions" (vgl. auch Rossi, Lipsey u. Freeman 2004: 171). Anders als bei Evaluationen, die singulär zu einem bestimmten Zeitpunkt durchgeführt werden, ist Monitoring eine Daueraufgabe, eine fortlaufende, routinemäßige Tätigkeit mit dem Ziel, zu überwachen, ob die Planungsvorgaben möglichst effizient und unter Einhaltung der verfügbaren Ressourcen und der vorgegebenen Zeit realisiert werden und ob die angestrebten Ziele erreicht werden. Monitoring kontrolliert demnach den planmäßigen Vollzug. Dabei werden der Programmplan und die ihm zu Grunde liegenden Entwicklungshypothesen nicht in Frage gestellt. Dies und die Analyse von Wirkungszusammenhängen ist die Aufgabe von Evaluationen. Beim Monitoring spielt die kausale Zuordnung beobachteter Veränderungen eine untergeordnete Rolle. Monitoring ist eine weitgehend deskriptive Tätigkeit, mit der möglichst zuverlässig Daten in periodischen Abständen gesammelt werden sollen, so dass kontinuierlich Zeitreihen entstehen, die Entwicklungsverläufe erkennen lassen (vgl. Kissling-Näf u. Knoepfel 1997: 147). Dies kann im Rahmen von Einzelevaluationen oft nur schwer oder gar nicht geleistet werden.

Die Aufgaben des Monitorings weisen viele *Ähnlichkeiten* mit denen des *Controllings*[50] auf, so dass deshalb auf das Konzept des Controllings eingegangen werden soll. Wie die Konzepte des Total Quality Management (TQM) ist Controlling ein betriebswirtschaftlicher Ansatz. Während TQM jedoch vor allem aus dem Bereich des Marketings heraus entwickelt wurde, stammt Controlling aus dem Bereich des Rechnungswesens.

Wichtig ist, ‚Controlling' nicht mit dem deutschen Begriff ‚Kontrolle' zu verwechseln. Controlling ist von dem englischen Verb ‚to control' abgeleitet, das so viel bedeutet wie ‚lenken, steuern, leiten oder regulieren'.[51] Controlling kann – funktional betrachtet – als das Teilsystem des Unternehmensmanagements verstanden werden, das „Planung und Kontrolle sowie Informationsversorgung systembildend und systemkoppelnd ergebniszielorientiert koordiniert und so die Adaption und Koordination des Gesamtsystems unterstützt" (Horváth 1996: 141). D.h. Controlling hilft dem Management dabei, das Gesamtsystem ergebniszielorientiert an Umweltveränderungen anzupassen und Koordinationsaufgaben wahrzunehmen.

Die meisten Controlling-Konzepte bauen auf systemtheoretischen Überlegungen auf (vgl. Horváth 1996: 138ff., 2002: 98ff.; Eschenbach 1996: 45ff.; Habersam 1997: 113f.; Eschenbach 1999: 8). Das Unternehmen wird als soziales System betrachtet, das in Führungs- und Ausführungs-Subsysteme differenziert ist. Als soziales System ist das Unternehmen mit seiner Umwelt interaktiv verbunden. Aufgabe des Managements ist es auf die Anforderungen der Umwelt angemessen zu reagieren und diese – so weit möglich – aktiv zu gestalten. Das Management muss die Komplexität und Dynamik richtig einschätzen und zukunftsweisende Strategien entwickeln, die den Bestand und die Prosperität des Unternehmens sichern. Je komplexer die Umwelt ist, umso

---

50 Zur Entstehungsgeschichte des Controllings vgl. den knappen, aber prägnanten Überblick von Gerlich 1999: 3ff. Zum Begriff und der Methode des Controlling vgl. außerdem Ehlers u. Schenkel 2004; Baum 2004; Spraul 2004; Bethke 2003; Friedl 2003; Piontec 2003; Jung 2003; Czenskowsky 2002; Bähr 2002; Baier 2002; Müller 2002. Speziell zum Bildungscontrolling vgl. u.a. Hummel 1999; Landsberg u. Weiß 1995.

51 Im angloamerikanischen Sprachraum dominiert eine kybernetisch orientierte Interpretation des Begriffs ‚control', der als Lenkung, Steuerung und Regelung von Prozessen verstanden wird. Diesem Begriffsverständnis wird auch hier gefolgt. Im deutschen Sprachraum finden sich keine einheitlichen Definitionen. Am ehesten wird der Begriff im Sinne von Soll-Ist-Vergleichen oder als Einheit von Planung und Kontrolle verwendet. Die dritte Verwendung – im Sinne einer umfassenden Steuerung – findet sich im Gegensatz zur angloamerikanischen Literatur eher selten (vgl. Eschenbach und Niedermayr 1996: 49ff.).

größer ist der umweltinduzierte Controllingbedarf. Da die Komplexität der Unternehmensorganisation in der Regel mit der Komplexität der Umwelt steigt, nimmt auch der unternehmensinduzierte Controllingbedarf zu.

Da davon ausgegangen wird, dass die Umweltkomplexität und -dynamik im Zeitverlauf stark zugenommen haben, muss das Management auf die sich schnell wandelnden Anforderungen rasch und flexibel reagieren und seine Innovationsfähigkeit verbessern. Um dies leisten zu können, benötigt das Management Informationen, deren Beschaffung eine zentrale Aufgabe des Controllings ist:

> „Im Rahmen der Informationsfunktion hat Controlling die Aufgabe, den Informationsbedarf zu ermitteln, Informationen zu beschaffen, bereit-zuhalten, aufzubereiten und an die richtigen Informationsempfänger rechtzeitig weiterzuleiten" (Eschenbach 1999: 9).

Controlling soll nicht nur Informationen bieten, sondern auch darauf hin-wirken, dass aufgrund der Informationen Entscheidungen gefällt und Maß-nahmen umgesetzt werden. Controlling schafft durch Transparenz Sach-zwänge, die den Entscheidungs- und Handlungsdruck erhöhen.[52] Das Manage-ment muss dann dafür sorgen, dass die von ihm getroffenen Entscheidungen unternehmensintern umgesetzt werden.

Koordination stellt die zweite Hauptfunktion des Controllings dar, um „die Komplexität der Unternehmensführung in den Griff zu bekommen" (Hoffmann u.a. 1996: 48). Controlling soll vor allem die Koordination der Informations-erzeugung und -bereitstellung mit dem Informationsbedarf sicherstellen sowie das Planungs- und Kontrollsystem mit dem Informationsversorgungssystem koordinieren (vgl. Horváth 1996: 143).[53]

Inwieweit in einem Unternehmen überhaupt ein Controllingsystem nicht nur funktional sondern auch personell institutionalisiert ist, hängt vor allem von seiner Größe ab: In einem Kleinunternehmen ist Controlling als betriebs-wirtschaftliche Dienstleistungsfunktion überhaupt nicht gesondert institutio-nalisiert, sondern die Führungskräfte nehmen die Controllingfunktionen selbst wahr oder greifen auf externe Dienstleister zurück. Das Aufgabenspektrum und der Umfang der Führungsverantwortung des Controllings hängen neben der Art und Größe des Unternehmens auch vom Führungsstil, von der histo-rischen Entwicklung des Controllings im Unternehmen und zahlreichen anderen Determinanten ab. In der Praxis reicht die Spanne von Controllern ohne jede Führungskompetenz (ausschließlich Serviceaufgaben) bis zu

---

52 Auf die Diskussion zur Grenzziehung zwischen Management und Controlling soll hier nicht eingegangen werden, vgl. statt dessen Eschenbach 1999: 10; Horváth 1996: 141; Eschen-bach und Niedermayr 1996: 71.

53 Eschenbach und Niedermayr (1996: 70) sehen die Koordinationsleistungen des Controllings vor allem im Aufbau und der Wartung betriebswirtschaftlicher Systeme und Instrumente (systembildende Koordination) sowie in der systemkoppelnden Koordination des Führungs-systems. Letztere Funktion wird von Horváth (1996: 143) aber auch von Schneider (1994: 330) als zu weitgehend abgelehnt.

Controllern, die informell entscheidende Führungsaufgaben in eigener Verantwortung übernehmen:

> „In practice, people with the title controller have functions that are, at one
> extreme little more than bookkeeping, at the other extreme, de facto
> general management" (Anthony 1988: 28).

Die Unterstützungsfunktion des Controllings kann sich dem Anspruch nach
auf die Informationsversorgung und Koordinationsfunktion beschränken oder
auch echte Mitentscheidungen – wie zumeist in amerikanischen Konzepten
vorgesehen – bedeuten. Eine Auswertung deutscher Controllingkonzepte
macht deutlich, dass die meisten das Informationsziel berücksichtigen, das
erforderlich macht, „dass Controlling die Versorgung der Unternehmensführung mit Planungs- und Steuerungsinformationen sowie mit Methoden und
Modellen sicherstellt" (Eschenbach und Niedermayr 1996: 55). Auch Con-
trollingziele wie die Sicherung der Reaktionsfähigkeit, Antizipations- und
Adaptionsfähigkeit werden genannt, wobei Controlling in diesem Zusammenhang Informationen über erwartete beziehungsweise bereits eingetretene Um-
weltinformationen und ihre Wirkung auf die Zielerreichung sowie interne
Planungs- und Kontrollinformationen bereit stellen soll.

Auch die Koordinationsfunktion wird von den meisten deutschen
Controllingkonzeptionen hervorgehoben, die Entscheidungsfunktion hingegen
kaum (vgl. ebenda). D.h. es herrscht weitgehender Konsens, dass Controlling
das Management bei den Planungs- und Steuerungsentscheidungen unterstützt.
Es hat gleichsam eine Servicefunktion. Deshalb wird Controlling oft mit einem
‚Lotsendienst‘ verglichen (Gerlich 1999: 8; Eschenbach und Niedermayr 1996:
51, Horváth 1996: 141, Deyhle 1995: 6).

Controlling leistet dem Management konkret Hilfestellung bei der
Strategieplanung und -entwicklung, der strategischen Kontrolle und Früh-
aufklärung, der operativen Unternehmensplanung und Budgetierung und der
operativen Erwartungsrechung (vgl. Eschenbach 1999: 28). Zu diesem Zweck
werden unterschiedliche Instrumente eingesetzt. Das operative Controlling ist
vor allem auf interne Unternehmensaspekte ausgerichtet und befasst sich mit
Entwicklungen, die sich bereits in der Gegenwart durch Aufwand und Ertrag
manifestieren. Deshalb liegt ein Schwergewicht auf der Verwendung ent-
scheidungsorientierter Kosten- und Erlösrechnung. Hierfür bedient sich das
operative Controlling klassischerweise vor allem der Instrumente des internen
Rechnungswesens, der Kennzahlen, Lenkungspreise und Budgets sowie der
Erwartungsrechnung (Soll-Ist-Vergleich).

Das *strategische Controlling* ist hingegen in die Zukunft gerichtet und
gewinnt mit der strategischen Ausrichtung von Unternehmen an Bedeutung.
Strategisches Controlling soll die Anpassungs- und Innovationsfähigkeit des
Unternehmens erhöhen, indem es exogene und endogene Umfeldverände-
rungen aufzeigt und die Führung rechtzeitig zum Handeln bewegt (vgl. Habersam 1997: 97). Hierfür werden u.a. die Instrumente Stärken-/Schwächen-

analyse, Branchen-/Wettbewerbsanalyse, Potential- und Portfolioanalyse, Kostenstrukturanalyse, Durchführungs- und Ergebniskontrollen eingesetzt.

Im Hinblick auf den Verbreitungsgrad der eingesetzten Instrumente in deutschen Unternehmen machen empirische Untersuchungen deutlich, dass vor allem klassische Controlling-Instrumente wie Budgetkontrolle, Abweichungs-analysen, Berichtswesen, Kostenrechnung etc. eingesetzt werden. Strategische Instrumente werden weitaus weniger verwendet (vgl. Niedermayr 1996: 144ff.) Zudem wird bemängelt, dass die strategischen Controlling-Instrumente größtenteils lediglich eine Weiterentwicklung der operativen Instrumente dar-stellen und dass es ihnen an theoretischer Durchdringung und praktischer Erprobung fehlt (Habersam 1997: 83; Weber 1995: 141; Langguth 1994: 1; Küpper, Weber und Zünd 1990: 288). Des Weiteren wird am Controlling-An-satz das einseitige Menschenbild, das ihm zu Grunde liegt, kritisiert, „das den Mitarbeiter als Ressourcenverschwender und demnach zu kontrollierenden Mitarbeiter versteht". Außerdem wird dem Controlling seine wissenschaftliche Unschärfe und seine Planungsgläubigkeit vorgeworfen: Controlling wird als technokratischer Ansatz kritisiert, der der raffinierten Steuerbarkeit der Orga-nisation und ihrer Mitglieder dient (vgl. Habersam 1997: 75f., 134).

Eine Betrachtung der Verbreitung des Controllings nach Wirtschafts-bereichen zeigt, dass Controlling in der produzierenden Wirtschaft (Industrie, Gewerbe) und in den Dienstleistungsbereichen (insb. Finanzdienstleistungen) häufig eingesetzt wird. In Nonprofit-Organisationen und in der öffentlichen Verwaltung wird hingegen erst ein geringes Controllingbewusstsein diagnosti-ziert (vgl. Eschenbach 1999: 4), obwohl angenommen wird, dass sich Controlling in allen Organisationen und sozialen Systemen anwenden lässt. Controlling ist ein Managementinstrument oder eine Führungskomponente, die im Prinzip nicht an spezielle Zielsetzungen (z.B. Gewinnerzielung) bestimmte Geschäftstätigkeiten (z.B. Produktion von Gütern oder Erbringung von Dienstleistungen) oder Organisationsgrößen gebunden ist (vgl. Küpper, Weber und Zünd 1990: 282; Habersam 1997: 96).

Aus der Kritik an rein finanzwirtschaftlichen Kennzahlen der Unter-nehmenssteuerung ist das Verfahren der ‚Balanced Scorecard‘ entstanden (vgl. Greiling 2001: 9; Koch 2003: 15ff.), das als eine Weiterentwicklung des strategischen Controllings bezeichnet werden kann.[54] Die Balanced Scorecard (Punkt-/Wertungsliste) ist ein Instrument zur Umsetzung und Durchsetzung einer Unternehmensstrategie. David Kaplan und Nolan Norton (1997), die dieses Konzept entwickelt haben, gehen davon aus, dass die Umsetzung einer formulierten und unternehmensinternen kommunikativen Strategie die Voraus-setzung für den Unternehmenserfolg ist. Als letztentscheidende Kriterien zur Messung des Unternehmenserfolgs dienen die ‚klassischen‘ finanziellen

---

54 Zur Balanced Scorecard vgl. u.a. Jossé 2005; Friedag u. Schmidt 2004; Horváth u. Partners 2004; Wunder 2004; Ahn 2003; Preißner 2003; Uebel u. Helmke 2003; Morganski 2003; Niven 2003; Schlemmer 2002; Steinacher 2002; Tonnesen 2002; Wüst 2001; Fratschner 1999; Friedag 1998.

Kennzahlen. Die Umsetzung der Unternehmensstrategie orientiert sich an Kennzahlen, die neben der finanzwirtschaftlichen Seite auch die kundenbezogene, geschäftsprozessbezogene sowie die lern- und entwicklungsbezogene Perspektive ausleuchten. Über den Umfang des Einsatzes der Balanced Scorecard in Deutschland und in Europa ist noch wenig bekannt (vgl. Weber u. Schäffer 2000: 1; Horváth u. Gaiser 2000: 18; PwC 2001: 4ff.)[55] doch scheint das Instrument in den letzten Jahren sich zunehmender Beliebtheit zu erfreuen.[56]

Zusammenfassend kann festgehalten werden, dass das Controlling ein Subsystem des Managements ist, das Informationen und relevante Daten über bereits eingetretene Veränderungen der Umwelt als auch über mögliche künftige Umweltveränderungen bereitstellt, um damit die Voraussetzungen für Anpassungshandlungen sowie umweltbeeinflussende Maßnahmen zu schaffen. Darüber hinaus liefert das Controlling organisationsinterne Daten, um die Entscheidungsträger kontinuierlich über das Verhältnis der geplanten und tatsächlichen Entwicklungen (Soll-Ist-Vergleich) zu informieren, um zielgerichtete Korrekturen (Steuerungsentscheidungen) zu ermöglichen. Zudem hat das Controlling Koordinationsaufgaben für das Führungssystem zu erfüllen, indem es die Voraussetzungen zur Abstimmung des Handelns der einzelnen Subsysteme der Führung des Unternehmens oder allgemein formuliert einer Organisation schafft. Hierfür werden u.a. Planungs-, Kontroll- und Informationssysteme aufgebaut.

Wird die Aufgabenstellung des *Controllings* mit der des *Monitorings verglichen*, dann finden sich einige Übereinstimmungen, aber auch gravierende Unterschiede:

Monitoring ist wie Controlling – und auch TQM, aber anders als Evaluation – eine Daueraufgabe, um das Management anhand organisationsinterner und -externer Daten kontinuierlich über das Verhältnis der geplanten und tatsächlichen Entwicklungen (Soll-Ist-Vergleich) zu informieren, damit dieses zielgerichtete Korrekturen vornehmen kann. Gemeinsam ist beiden Verfahren, dass sie Informationen für Entscheidungen liefern und somit zur Entscheidungsfindung beitragen, aber nicht Teil der Entscheidung selbst sind. Diese wird vom Management und nicht von den Controllern oder Evaluationsexperten getroffen.

Allerdings ist auch eine Reihe von *Unterschieden* zwischen beiden Verfahren zu konstatieren: Eine wichtige Differenz besteht darin, dass Monitoring nur eine Informationsversorgungsfunktion, Controlling aber auch eine Koordinationsfunktion zukommt. Ein weiterer Unterschied ist darin zu sehen, dass das Berichtsspektrum des Monitorings weitaus größer gefasst ist. Während Controlling-Systeme sich nach wie vor in der Praxis vor allem auf

55 Zur Kritik an der Balanced Scorecard vgl. zusammenfassend Diensberg 2001: 21ff.
56 Über den Einsatz der Balanced Scorecard in Nonprofit-Organisationen vgl. insb. Niven 2003; Stoll 2003; Langthaler 2002; Greulich 2002; Scherer 2002; Krönes 2001; Schön 2001.

Kostenaspekte konzentrieren, wird dieser Bereich in Monitoring-Systemen hingegen oft vernachlässigt. Dafür liefert ein Monitoring-System auch Daten zu den erzielten intendierten und nicht-intendierten Wirkungen. Während Controlling stark auf strukturelle Faktoren fokussiert ist, berücksichtigt Monitoring auch prozessuale und systemische Fragen. Dies verhindert, dass Monitoring auf eine technische Planungshilfe reduziert wird. Monitoring ist gerade deshalb notwendig, weil die Planung und Durchführung von Maßnahmen als permanenter, kontinuierlicher Prozess verstanden wird, der auf sich verändernde Umweltbedingungen reagieren muss. Da bei Monitoring-Verfahren zudem häufig Beteiligte und Betroffene mit einbezogen werden, was beim Controlling kaum der Fall ist, trifft auch auf Monitoring-Verfahren die am Controlling geäußerte Kritik, Mitarbeiter raffiniert zu manipulieren, nicht zu. Im Gegenteil, während bei Monitoring-Verfahren die ‚stakeholder' aktiv bei der Festlegung von Bewertungskriterien, Indikatoren und Messgrößen beteiligt werden können, wird das Controlling von festgelegten ‚controls' bestimmt. Controlling folgt einem ‚Top-down'-Ansatz, während Monitoring sich als ‚Bottom-up'-Ansatz organisieren lässt.

Da Monitoring eine spezifische Form kontinuierlicher Evaluation darstellt, gelten auch die wissenschaftstheoretischen Grundlagen der Evaluation und es können alle in der Evaluation bekannten Methoden eingesetzt werden. Diese sind weit umfangreicher, als die im Controlling verwendeten, stark auf Kostenrechnung reduzierten Verfahren. Dies hat u.a. zur Folge, dass im Rahmen eines Monitoring-Prozesses neben quantitativen auch qualitative Daten, beim Controlling aber fast ausschließlich monetäre oder quantitative Messgrößen verwendet werden. Während Controlling ein recht rigides Verfahren darstellt, ist Monitoring weitaus flexibler. Was und wie gemessen werden soll, kann in einem interaktiven Prozess festgelegt werden.

Da Controlling aus dem betriebswirtschaftlichen und Monitoring aus dem sozialwissenschaftlichen Wissenschaftsgebiet und damit unterschiedlichen Traditionen entstammt und beide Verfahren in der Regel in unterschiedlichen Anwendungsfeldern (Unternehmen vs. Nonprofit-Organisationen/Programme) angewendet werden, gibt es bisher kaum Versuche, die beiden Instrumente zu vereinen. Dies scheint jedoch durchaus möglich. Die Ansätze des Monitorings könnten dazu beitragen, das Controlling inhaltlich und methodisch zu bereichern, zu ‚demokratisieren' und der ‚subjektiven' Realität (den unterschiedlichen Perspektiven der Stakeholder) zu öffnen. Umgekehrt kann das Monitoring durch das Controlling insoweit befruchtet werden, als es die Aspekte und Verfahren der Kostenrechnung aufnimmt.[57]

---

[57] Habersam (1997: 186ff.) nimmt eine Gegenüberstellung der wesentlichen Bestimmungsmomente der Controlling- und Evaluationsdiskussion vor. In dem Vergleich konzentriert er sich jedoch allein auf den konstruktivistisch-emanzipatorischen Ansatz der ‚4th generation of evaluation'. Dabei unterschlägt er jedoch, dass dieser Ansatz keineswegs der einzige in der Evaluationsforschung vertretene und akzeptierte Ansatz ist. Insoweit ergibt der von ihm angestellte Vergleich ein etwas schiefes Bild. Eine andere Gegenüberstellung zwischen Evaluation und Controlling findet sich bei Gerlich (1999: 15).

Im Übrigen ist zu beobachten, dass auch *TQM und Controlling* kaum Berührungsflächen aufweisen, obwohl sie die gleichen wissenschaftlichen (betriebswirtschaftlichen) Wurzeln haben. Doch die beiden Konzepte unterscheiden sich fundamental. Im TQM herrscht die Einsicht, „dass Qualität nicht durch Controlling herbeigeprüft werden kann, sondern am Arbeitsplatz entsteht, dass Qualitätssicherung nicht die Aufgabe einer Abteilung ist, sondern jeden angeht" (Daumenlang und Palm 1997: 7). Deshalb setzt TQM auf die einzelnen Mitarbeiter. Dennoch steht außer Frage, dass jedes Unternehmen und jede Organisation die Probleme der externen und internen Informationsbeschaffung als auch der Koordination des Managementsystems lösen muss. Dies sollten eigentlich die Hauptaufgaben eines jeden Controllings sein. Es ist jedoch festzustellen, dass in der Praxis des Qualitätsmanagements Controlling-Konzepte bislang fast keine Rolle spielen (vgl. Müller und Zenz 1996: 42). Eine Untersuchung im Rahmen des vom Forschungsministerium geförderten Verbundprojekts „Prozessorientiertes Qualitätscontrolling" ergab, dass Controlling eher an technischen Parametern ansetzt und sich vornehmlich als reaktiv versteht (vgl. Müller und Zenz 1996: 42). Dies mag vor allem daran liegen, dass Controlling nach wie vor zu stark auf die Kosten und zu wenig auf Aspekte der Qualität ausgerichtet ist (vgl. Kreutzberg 2000: 23).

2.3.4 Zusammenfassung

Zusammenfassend kann festgehalten werden, dass das Instrument der Evaluation verschiedene *Funktionen* und unterschiedliche *Aufgaben* erfüllen kann. Die wichtigste Aktivität bei laufenden und abgeschlossenen Maßnahmen ist die Überprüfung der *Zielerreichung* und *Wirksamkeit* (bzw. Nachhaltigkeit). Allen Evaluationen gemeinsam ist die Aufgabe, Informationen (Daten) zu sammeln, auszuwerten und im Lichte ausgewählter Kriterien zu bewerten. Wie dabei vorgegangen wird, hängt von dem zu Grunde gelegten *Forschungsparadigma* ab. Evaluationen sollen dabei vorgeschriebene *Standards* erfüllen, unabhängig davon, ob sie extern oder intern durchgeführt werden.

Als eine Sonderform der Evaluation mit eingeschränktem Aufgabenfeld könnte das *Monitoring* bezeichnet werden. Es wird zumeist intern organisiert (also von der Organisation vorgenommen, die eine bestimmte Leistung anbietet oder Interventionsmaßnahmen durchführt) und stellt im Gegensatz zu den in der Regel sporadisch durchgeführten Evaluationen eine kontinuierliche Aktivität dar, mit dem Ziel, Daten über den planmäßigen Ablauf, den Prozess der Abwicklung zu sammeln. Dabei werden die Leistungs-, Maßnahmen- oder Programmziele selbst nicht in Frage gestellt. Dies ist Aufgabe einer Evaluation.

Es wurde gezeigt, dass das Monitoring viele Parallelen zum *Controlling* aufweist. Dabei kommt dem Monitoring ein größeres Erfassungsspektrum zu als dem Controlling, das noch immer stark durch die Erhebung von Kostenaspekten geprägt ist, die umgekehrt beim Monitoring allerdings oft vernachlässigt werden.

Als nächstes sollen die eingangs dargelegten Konzepte des Qualitätsmanagements (insbesondere TQM), mit den Konzepten der Evaluation verglichen werden. *Ziel dieses Vergleichs* ist es, zu prüfen, ob es sich bei diesen unterschiedlichen Konzepten um einander ausschließende, konkurrierende oder sich ergänzende Konzepte für die Qualitätsentwicklung in Nonprofit-Organisationen handelt. Ein Vergleich beider Konzepte zeigt eine Reihe von Gemeinsamkeiten, aber noch mehr Unterschiede (vgl. Abbildung 2.12):

2.4 Vergleich zwischen Konzepten des Qualitätsmanagements und der Evaluation[58]

2.4.1 Gemeinsamkeiten

Gemeinsames Ziel und gemeinsame Ursprünge
Eine zentrale Gemeinsamkeit zwischen TQM- und Evaluationskonzepten ist vor allem darin zu sehen, dass beide darauf ausgerichtet sind, zur *Qualitätsverbesserung* eines Produkts oder einer Dienstleistung beizutragen, zu denen auch die Implementierung von Programmen oder die Durchführung von Interventionsmaßnahmen gezählt werden können. Pollitt (2000: 62) weist darauf hin, dass sowohl die Bestrebungen zur Qualitätsverbesserung als auch die Verfahren der Evaluation amerikanischer Herkunft sind. Mertens (2000: 42) datiert die *Ursprünge* der Evaluation in den Vereinigten Staaten bis ins frühe 19. Jahrhundert zurück, als die Regierung unabhängige Inspektoren damit beauftragte, Gefängnisse, Schulen, Kranken- und Waisenhäuser zu evaluieren. Die ersten ‚professionellen' Evaluationen wurden in den 60er-Jahren des 20. Jahrhunderts im Rahmen der Great-Society-Gesetze durchgeführt.

Das moderne Qualitätsmanagement verweist gerne auf Deming und Juran[59] als ihre Gründungsväter in den 50er-Jahren des letzten Jahrhunderts. Danach wurden die Qualitätsmanagementverfahren vor allem in Japan weiterentwickelt (vgl. z.B. Ishikawa 1980) und erst später, in den 80er-Jahren gewannen sie auch wieder in den USA an Bedeutung. Die Vermutung Pollitts (2000: 62), dass Evaluation und Qualitätsmanagement charakteristische Züge ihrer US-

---

58 Monitoring wird hier als eine besondere Form der Evaluation verstanden und deshalb nicht gesondert erwähnt.
59 Siehe u.a. Deming 1952, 1982; Juran 1951, 1991, 1993.

Abbildung 2.12: Gemeinsamkeiten und Unterschiede zwischen EFQM und Evaluation

Gemeinsamkeiten
✓   Ziel der Qualitätsverbesserung
✓   Amerikanischer Ursprung
✓   Instrumente moderner, rationaler Unternehmensführung bzw. Politik
✓   Akzeptanzprobleme

Unterschiede	
EFQM	**Evaluation**
✓ Herkunft: privatwirtschaftlicher Sektor, insb. produzierender Sektor	✓ Herkunft: öffentlicher Sektor, Nonprofit-Organisationen, Programmsteuerung
✓ Betriebswirtschaft	✓ Sozialwissenschaft
✓ Anwendungsfeld: gewinnorientierte Privatwirtschaft, Wettbewerb	✓ Anwendungsfeld: keine Gewinn-orientierung, kaum Wettbewerb
✓ Kundenorientiert, klare Zielgruppen	✓ Zielgruppenorientiert, komplexes Stakeholdergeflecht
✓ zentrale Ausrichtung: top-down	✓ partizipatives Vorgehen (bottom-up), aber auch top-down
✓ Bewertungskriterien vorgegeben	✓ Bewertungskriterien variabel
✓ ,shareholder value' verpflichtet	✓ ,stakeholder value' verpflichtet
✓ bei Umsetzung alle Mitarbeiter einbezogen	✓ bei Umsetzung Mitarbeiter teilweise ausgeschlossen
✓ kontinuierliche Aktivität	✓ periodische Aktivität
✓ intern (Selbstbewertungsprozess)	✓ intern und/oder extern
✓ schmales, auf Kunden bezogenes Untersuchungsfeld	✓ breites Untersuchungsfeld, intendierte und nicht-intendierte Wirkungen, Ursachenanalyse

kulturellen Herkunft aufweisen, die auf der Überzeugung basieren, „dass Verbesserungen durch die Anwendung von rational-technischer Expertise entstehen" und quasi automatisch übernommen werden, wenn sie ihre Überlegenheit demonstriert haben, unterschätzt sicherlich den Entwicklungs-Beitrag Japans. Es sind weit weniger die „Züge des amerikanischen Optimismus" (ebenda), die Evaluation und Qualitätsmanagement prägen, als die auf Rationalitätskriterien basierenden Charakteristika der Moderne.

Beide Verfahren können deshalb als *wichtige Instrumente moderner Gesellschaften* betrachtet werden, die – zumindest in gewissem Umfang – an die Planbarkeit und Steuerungsfähigkeit politischer und sozialer Prozesse glauben. Qualitätsmanagement und Evaluation, das haben die Ausführungen hier gezeigt, wollen – wenn auch in unterschiedlicher Weise – rationale Entscheidungsgrundlagen für das Management schaffen. Zudem erwarten Mitarbeiter und Bürger, dass Entscheidungen nachvollziehbar legitimiert werden. Evaluation und Qualitätsmanagement sind zu *Symbolen der Modernisierung* avanciert, die mitunter mehr der Dekoration als dem Willen, Empfehlungen in Taten umsetzen zu wollen, dienen. Mittlerweile ist es ‚schick‘ geworden, „to use evaluations as boubles or as bolsters" (Pollitt 1998: 223). Beide Verfahren laufen in Gefahr, dass sie zu einem teuren Ritual verkommen, wenn sie eher taktisch als umsetzungsorientiert verwendet werden (vgl. Stockmann 2000a: 15).

Akzeptanz- und Umsetzungsprobleme
Weiterhin ist festzuhalten, dass die *Umsetzungsproblematik* beide Verfahren vor ähnliche Probleme stellt. So ist insbesondere bei externen Evaluationen nicht selten zu beobachten, dass teilweise mit viel Aufwand ermittelte Befunde und die daraus abgeleiteten Empfehlungen nicht umgesetzt werden. Nicht nur weil es an politischem Willen fehlt, sondern auch weil Organisationen und Bürokratien über enorme Beharrungskräfte verfügen, die allein durch die Präsentation von Evaluationsbefunden und daraus abgeleiteten Empfehlungen noch nicht überwunden werden. Hinzu kommt, dass es natürlich auch politisch unliebsame Evaluationsergebnisse gibt, die die Verantwortlichen lieber in der berühmten ‚Schublade‘ verschwinden lassen, als sie publik zu machen und für Reformen zu nutzen.

Beim Qualitätsmanagement drohen vor allem die Verfahren wenig *Akzeptanz* zu finden, die nicht interaktiv vorgehen und sich in Appellen zur Befolgung von Regeln erschöpfen, komplexe Handbücher produzieren, aufwendige Verfahren erforderlich machen und z.T. neue bürokratische Strukturen erzeugen (vgl. Zbaracki 1998: 602ff.). Mit der teilweise gering ausgeprägten Motivation der Betroffenen, Evaluationsergebnisse umzusetzen, hängt auch der Umstand zusammen, dass Qualitätsmanager und Evaluatoren nicht immer gern gesehene Experten sind. Da sie Defizite aufdecken, prüfen und (auch wenn dies nicht das vordringliche Motiv ist) ‚kontrollieren‘, geraten sie nicht selten mit den Evaluierten und Auftraggebern in Konflikt. Zudem können sich die Betroffenen in ihrer fachlich-professionellen Autonomie eingeschränkt fühlen. Auch hier dürften in beiden Verfahren externe Ansätze, die die Betroffenen nicht ausreichend in die Evaluation bzw. das Qualitätsmanagement mit einbeziehen, die größeren Akzeptanz- und später dann Umsetzungsprobleme erzeugen.

2.4.2 Unterschiede

Unterschiedliche Herkunfts- und Anwendungsfelder
Grundlegende Unterschiede zwischen Qualitätsmanagement-Konzepten und Evaluation basieren vor allem auf deren unterschiedlicher Herkunft. Qualitätsmanagement entwickelte sich im *privaten Sektor* und ist mittlerweile ein integraler Bestandteil jedes privatwirtschaftlichen Unternehmens. Evaluation hat ihre Ursprünge im *öffentlichen Sektor* und unterliegt deshalb anderen Bedingungen. Dementsprechend weisen Qualitätsmanagement und Evaluation auch *unterschiedliche wissenschaftstheoretische Wurzeln* auf: Während TQM-Konzepte vor allem betriebswirtschaftlich orientierten Ansätzen folgen, entlehnen Evaluationen ihr methodisches Instrumentarium vor allem der sozialwissenschaftlichen Grundlagenforschung. Dies führt zu anderen Schwerpunktsetzungen und Sichtweisen. Konzentriert sich der Vergleich auf die eingangs dargestellten TQM- und Evaluationskonzepte, dann können die Unterschiede präziser herausgearbeitet werden:

TQM-Konzepte wurden anfangs vor allem für produzierende Unternehmen entwickelt. Mittlerweile wird ihre Anwendung auch in Dienstleistungsunternehmen erprobt.[60] In wie weit TQM auch in Nonprofit-Organisationen anwendbar ist, ist noch umstritten.[61] Wie ausgeführt, weisen Nonprofit-Organisationen andere Charakteristika auf als Unternehmen und sind in der Regel in einem anders gestalteten situativen Umfeld tätig.

Gewinnorientierung und Wettbewerb sind die Gründe dafür, warum Wirtschaftsunternehmen einerseits große Anstrengungen unternehmen, die Qualität ihrer Produkte und Dienstleistungen zu verbessern, um ihre Absatzchancen zu erhöhen, und warum sie andererseits bestrebt sind, ihre Organisationsstrukturen effizienter zu gestalten sowie ihre Personalstrukturen zu verschlanken, um ihre Kosten zu senken etc. TQM trägt dazu bei, die Wettbewerbsfähigkeit zu stärken oder auszubauen und letztlich den Gewinn zu erhöhen und die Marktposition zu verbessern. Wenn Konkurrenz und Gewinnorientierung jedoch als wesentliche Motive für die Qualitätsentwicklung fehlen, hat sich die Anwendung von TQM, wie EFQM, als schwierig erwiesen (vgl. Selbmann 1999: 8).

Organisationen des öffentlichen Bereichs sind nämlich in der Regel mit einer Bestandsgarantie ausgestattet. Ihr ,Überleben' ist auch dann gesichert, wenn sie nicht optimal wirtschaften, die Kunden mit ihren Leistungen unzufrieden sind und die Organisationsziele, wenn diese denn überhaupt operationalisierbar und messbar formuliert sind, nicht erreicht werden. Erst in letzter

---

60 Vgl. den Überblick von Boeßenecker 2003; Busse 2003; Haindl 2003; Igl 2002; Gaschler 2002; Gissel-Palkovich 2002; Schubert 2001; Mayländer 2000; Peterander 1999; Guhl 1998 und Huber 1998.

61 An der Wirtschaftsuniversität Wien wurde ein interdisziplinärer Forschungsschwerpunkt „Nonprofit-Organisationen" gebildet, der das Management dieser Organisationen untersucht und Managementhilfen entwickeln will. Vgl. http://www.wu-wien.ac.at/Nonprofit-Organisation/forschung/uebersicht.htm.

Zeit ist auch im öffentlichen Bereich eine Qualitätsoffensive erkennbar. Der Antragssteller, Patient oder Arbeitslose wird als ‚Kunde' wahrgenommen, den es zufrieden zu stellen gilt. Interventionsprogramme legitimierten ihren Erfolg nicht mehr länger durch reine Inputgrößen, sondern müssen, insbesondere in Zeiten finanziell knapper Mittel, ihre Wirksamkeit oder gar Nachhaltigkeit unter Beweis stellen.

Ein weiterer Unterschied im Anwendungskontext von TQM und Evaluation besteht in der *Orientierung am Kunden*. TQM verlangt die zentrale Ausrichtung an den Kundenbedürfnissen. Hierzu ist eine klare Produzenten-Kunden-Beziehung notwendig. Diese ist bei Unternehmen gegeben. Unternehmen werden ihre Qualität dann bestätigt sehen, wenn die Kunden mit dem Produkt zufrieden sind. Doch bei zahlreichen öffentlichen Einrichtungen existiert eine solche eindimensionale Produzenten-Kunden-Beziehung, wie bereits ausführlich dargelegt, nicht. Statt dessen handelt es sich in der Regel um ein mehrdimensionales Kundengeflecht. Hinzu kommt, dass dem ‚Kunden' im Nonprofit-Sektor zentrale, dem Begriff inhärente Charakteristika (wie z.B. Entscheidungssouveränität, Markttransaktion ‚Leistung gegen Geld') fehlen. Deshalb ist es sehr fraglich, ob der Kundenbegriff im Nonprofit-Sektor überhaupt sinnvollerweise verwendet werden kann. Hier wurde vorgeschlagen, statt dessen von Klienten, Adressaten oder Zielgruppen zu sprechen.

Totale versus spezielle Ausrichtung
Neben dem Anwendungskontext besteht ein fundamentaler Unterschied zwischen TQM und Evaluation darin, dass ein TQM-Konzept (z.B. EFQM) ein umfassendes, komplexes und aufeinander abgestimmtes System zur Sicherstellung von Qualität ist. Es umfasst alle Mitglieder einer Organisation, interne Strukturen und Abläufe und das unmittelbare Organisationsumfeld.

Evaluation ist hingegen *kein* Qualitätsmanagementsystem! Es nimmt zwar auch interne und externe Struktur- und Rahmenbedingungen in den Blick – und zwar weit umfassender als TQM-Modelle – doch der *Evaluation fehlt die Entscheidungskomponente*. Evaluationen liefern Informationen, Bewertungen und Empfehlungen für von Entscheidern definierte Bedarfe. Doch die Entscheidung und Umsetzung der von Evaluationen empfohlenen Maßnahmen verbleiben beim Management.

Zentrale versus partizipative Ausrichtung
Ein weiterer gravierender Unterschied zwischen TQM und Evaluation besteht in der Auftraggebersituation und dem *Verhältnis zu den Beteiligten*. In einem Unternehmen bestimmen die Leitung und das Management über die Strategien eines Unternehmens. Den Beteiligten, insbesondere den Mitarbeitern und Kunden sind eng definierte Rollen zugewiesen. Die Mitarbeiter interessieren vor allem als Produzenten und die Kunden als Abnehmer (Nachfrager) von Produkten und Leistungen. Falls externe Experten in den TQM-Prozess mit einbezogen werden, herrscht eine klare Auftragsbeziehung vor. Sie haben nach

den Vorgaben des Managements vor allem dazu beizutragen, die Qualität der Produkte eines Unternehmens zu verbessern, indem sie die Mitarbeiter von der Philosophie des TQM überzeugen und zur Mitarbeit motivieren.

Hinzu kommt, dass die *Bewertungskriterien* in einem *TQM-Modell* (oder noch rigider bei ISO) von vorneherein *festgelegt* sind. EFQM z.B. unterscheidet zwischen neun Haupt- und 32 Unterkriterien, die zwar branchenspezifisch interpretiert werden müssen, aber selbst in ihrer Gewichtung genau fixiert sind. Änderungen sind nicht vorgesehen.[62]

In *Evaluationen* sind die *Evaluationsziele* und *Bewertungskriterien* hingegen *frei bestimmbar*. Dabei können diese durch die Entscheidungsträger/ Auftraggeber (direktiv), die Evaluatoren (wissenschafts-/erfahrungsbasiert), die Zielgruppen und Stakeholder (emanzipativ) oder durch alle zusammen (partizipativ) festgelegt werden. Häufig spielen die Beteiligten (Stakeholder) zumindest in der Zielformulierungs- und Verwertungsphase eine wichtige Rolle.

Sie sind nicht nur Mitarbeiter oder Kunden, deren Zufriedenheit oder Bedürfnisse erfasst werden, sondern sie können den Evaluationsprozess aktiv mit gestalten. Liegt einer Evaluation das emanzipatorische Paradigma zu Grunde, wirken die Mitarbeiter einer zu evaluierenden Organisation und die verschiedenen Stakeholder-Gruppen auch an der Durchführung der Evaluation mit. Doch selbst für das hier dem Vergleich zu Grunde gelegte empirisch-wissenschaftliche Paradigma von Evaluation gilt, dass die Stakeholder auf eine Evaluation einen weitaus größeren Einfluss ausüben können als bei TQM. Dadurch ergeben sich bei Evaluationen multiple ‚Auftraggeber'-Perspektiven mit multiplen Zielvorstellungen, unterschiedlichen Interessen und Wertmaßstäben. *Evaluationen* sollen vor allem dazu beitragen, die Situation der Stakeholder zu verbessern.

Bei TQM steht zwar der Kunde im Mittelpunkt, doch nur insoweit, als er zufrieden gestellt werden soll, damit er das Produkt oder die Dienstleistung nachfragt, um dadurch den Gewinn eines Unternehmens zu steigern, seine Marktposition zu verbessern etc. D.h. es geht nur vordergründig um den Kunden. Ziel ist es vor allem, den ‚shareholder'-value zu steigern. Da dies nach der TQM-Philosophie nur möglich ist, wenn der Kunde zufrieden ist, wird seinen Bedürfnissen und Qualitätsansprüchen Rechnung getragen. Dies bedeutet verkürzt ausgedrückt: Während TQM dem ‚*shareholder value*' verpflichtet ist, dient Evaluation dem ‚*stakeholder value*'.

Unterschiedliche Mitarbeiterbeteiligung

Ein weiterer Unterschied zwischen TQM und Evaluation ist in der *Einbeziehung der Mitarbeiter* des Unternehmens bzw. der zu evaluierenden Organi-

---

62 Selbstverständlich kann keinem Unternehmen verwehrt werden, das EFQM-Modell zu modifizieren und Kriterien wegzulassen, auszutauschen oder zu verändern. Nur dann entspricht es nicht mehr länger EFQM, sondern stellt eine Eigenkreation dar. Eine Bewerbung um den European Quality Award wäre damit natürlich dann auch ausgeschlossen.

sation zu sehen. Zwar bieten Evaluationen in der Design-, Bewertungs- und Verwertungsphase den Stakeholdern stärkere Partizipationsmöglichkeiten, doch in der Datenerhebungs- und Analysephase sind sie dann vor allem als Informationsträger von Bedeutung. Anders als im emanzipatorischen Paradigma, bei dem Mitarbeiter und Stakeholder die Evaluation insgesamt aktiv mit gestalten.

Bei TQM ist dies insoweit anders, als das Management die Strategie und den Implementationsprozess von *TQM* von oben vorgibt (*Top-down-Ansatz*), aber alle Mitarbeiter eines Unternehmens aktiv in den Umsetzungsprozess mit einbezieht. Nur wenn die Mitarbeiter motiviert und von TQM überzeugt werden können, so dass diese die Prinzipien von TQM verinnerlichen und in ihrer täglichen Arbeit konsequent umsetzen, kann TQM überhaupt erfolgreich sein. Während empirisch-wissenschaftliche Evaluationen die Mitarbeiter der evaluierten Organisationen und Stakeholder vor allem in der Designphase beteiligen und Gelegenheit zur Mitgestaltung (Zieldefinition, Auswahl der Bewertungskriterien) bieten, gibt es bei TQM kaum Verhandlungsspielräume. Ziele und Mittel sind anhand von Normen (ISO) oder Parametern (EFQM) weitgehend festgelegt. Deshalb lässt sich *Evaluation*, aber schwerlich TQM als *partizipativer Bottom-up-Prozess* entwickeln. Umgekehrt sind bei TQM die Mitarbeiter in die Implementation eingebunden, nicht aber bei der (empirisch-wissenschaftlichen) Evaluation.

Kontinuierliche versus periodische Aktivität

TQM ist ein prinzipiell *kontinuierlich* ablaufendes Programm, welches das gesamte Unternehmen erfasst. *Evaluation* ist eine *periodische Aktivität*, für die oft ein besonderer Anlass vorliegt und für die der Auftrag (Terms of Reference) immer wieder neu festzulegen ist. Allerdings kann auch Evaluation zu einer kontinuierlichen Aktivität ausgebaut werden, insbesondere in der Form eines systematischen *Monitorings*. Dieses kann, wie eingangs dargestellt, auf verschiedenen Ebenen angewendet werden und dient auf der Programmebene zur Überwachung der Planungsvorgaben und der Zielerreichung. Im Rahmen eines Monitoring-Systems werden fortlaufend Daten gesammelt und ausgewertet. Während Monitoring die Aufgabe hat, den planmäßigen Vollzug zu beobachten, kommt periodisch durchgeführten Evaluationen die Aufgabe zu, die Ziele selbst, den Programmplan und die ihm zu Grunde liegenden Entwicklungshypothesen auf den Prüfstand zu stellen.

Monitoring ist eine organisationsinterne Angelegenheit, um dem Management entscheidungsrelevante Informationen zur Verfügung zu stellen. Evaluationen werden hingegen oft auch extern durchgeführt. Dabei greifen Evaluationen insbesondere auf die durch das Monitoring gesammelten Daten zurück, da diese im Rahmen einer Evaluation von relativ kurzer zeitlicher Dauer nicht im vergleichbaren Umfang erhoben werden können. Allerdings ist dabei oft zu beobachten, dass die verwendeten Monitoring-Systeme nicht ausreichend output- und wirkungsbezogene Daten vorhalten, sondern sich in der Dokumentation input-bezogener Ereignisse erschöpfen.

Generell bietet sich eine Kombination aus Monitoring (als kontinuierliche, routinemäßige Daueraufgabe) und periodisch durchgeführter Evaluation an, um sowohl die Frage des planmäßigen Ablaufs („liegen wir noch auf Kurs?") als auch die der Richtungsbestimmung („ist der eingeschlagene Kurs überhaupt der Richtige?") zu beobachten. Solche auf Wirkungen ausgerichtete Monitoring- & Evaluations-Systeme werden bisher erst selten angewendet (vgl. Pollitt 2000: 72).

Interne versus externe Aktivität

TQM ist vor allem ein *Selbstbewertungsprozess*. Er kann entweder vorgegebenen Normen folgen (ISO) oder aber als interaktiver Prozess (EFQM) durchgeführt werden. Während ein EFQM-System auch ganz ohne externe Bewertung und Beteiligung möglich ist, handelt es sich bei ISO, wie eingangs ausgeführt, um einen weitgehend fremd gesteuerten Prozess. Im Falle einer Zertifizierung (ISO) oder im Rahmen einer Bewertung zur Erzielung eines „European Quality Awards" erfolgt diese natürlich extern, durch Organisationen wie z.B. TÜV oder DEKRA bzw. zertifizierte EFQM-Assessoren.

Auch *Evaluation* kann sowohl als *interne* als auch *externe Aktivität* durchgeführt werden. Insbesondere im Rahmen eines Monitoring-Systems ist Evaluation als organisationsinterner, kontinuierlicher Prozess zur Beobachtung des Programmablaufs organisiert. Als periodische Aktivität mit spezifischem Auftrag kann sie sowohl intern als auch extern durchgeführt werden. Auf die Vor- und Nachteile interner und externer Evaluation wurde bereits eingegangen.

Trotz prinzipieller Gemeinsamkeiten ist dennoch zu konstatieren, dass in der Regel TQM eher eine interne Aktivität darstellt, Evaluation zumeist jedoch eine externe, so dass es gerechtfertigt erscheint, die Unterschiede stärker zu gewichten als die Gemeinsamkeiten (so auch Pollitt 2000: 66).[63]

Reichweite und Tiefe des Untersuchungsfeldes

Was die Tiefe und Breite des Untersuchungsfeldes von Evaluation und TQM betrifft, unterscheiden sich beide Verfahren gravierend. Dies wird besonders deutlich, wenn noch einmal die bei EFQM verwendeten Parameter betrachtet werden. Die beiden wichtigsten Ergebnisparameter konzentrieren sich auf die Zufriedenstellung der Kunden und die Sicherstellung des langfristigen Geschäftserfolges („Schlüsselergebnisse"). Zwar werden auch die Mitarbeiterzufriedenheit und Gesellschaftliche Verantwortung gemessen, doch in der Gesamtpunktebilanz machen diese von 500 Ergebnispunkten nur 150 Punkte aus. Die restlichen 350 Bewertungspunkte sind für die Kundenzufriedenheit (200) und die Geschäftsergebnisse (150) vorgesehen. Hinzu kommt, dass zumindest die Mitarbeiterzufriedenheit genauso gut zu den Befähigerkriterien

---

63 Zur Selbstevaluation vgl. vor allem die von Maja Heiner (1996) zusammengestellten Beiträge.

gezählt werden könnte. Denn zufriedene Mitarbeiter sind geradezu eine Notwendigkeit für ein funktionierendes TQM. D.h. TQM zielt vor allem darauf ab, über Befähigerkriterien die Qualität zu verbessern, um die Kunden zufrieden zu stellen und dadurch langfristig den Erfolg eines Unternehmens zu sichern.

Evaluationen werden hingegen für die Beschaffung und Bewertung von Informationen eingesetzt, um für Entscheidungsträger Transparenz zu schaffen, in dem relevante Daten für die Planung, Durchführung und die Beurteilung der Wirkungen von Maßnahmen bereitgestellt werden. Dabei ist die *Reichweite und das Aufgabenspektrum von Evaluationen* deutlich *weiter gefasst* als das von TQM. In Evaluationen werden neben Kosten-Nutzen-Aspekten, der Effizienz und der Effektivität von Programmen auch Dimensionen erfasst, die in TQM-Konzepten weitgehend unberücksichtigt bleiben, nämlich die Relevanz, die Wirksamkeit oder gar Nachhaltigkeit eines Programms, einer Dienstleistung oder eben eines Produkts.

Ein nach Gewinn strebendes Unternehmen muss sich nicht dafür interessieren, ob das gefertigte Produkt oder die offerierte Dienstleistung gesellschaftlich benötigt wird. Es interessiert nur, ob es dafür einen Markt gibt, also ob sich Käufer für das Produkt bzw. Abnehmer für die Dienstleistung gewinnen lassen, die bereit sind, dafür einen angemessenen (d.h. einen langfristig Gewinn erzielenden) Preis zu zahlen. Ob ein Tamagotchi gesellschaftlich notwendig ist, oder ob dadurch wertvolle Ressourcen verschwendet werden, ist für Unternehmen eine irrelevante Frage. Entscheidend ist, ob es für dieses Produkt Kunden gibt, die bereit sind, es für den geforderten Preis zu erwerben.

Die Wirksamkeit ihrer Unternehmensstrategien interessiert *Unternehmen* deshalb in der Regel auch nur insoweit, wie geklärt wird, ob ein Bedarf vorhanden ist, ob er durch das hergestellte Produkt gedeckt wird und ob die Kunden damit zufrieden sind. Die Messung von intendierten Wirkungen konzentriert sich auf einen *schmalen Interessenkorridor*. Ganz anders bei einer Evaluation: Hier wird nicht nur ein simpler Soll-Ist-Vergleich angestellt, mit dem die erreichten Ziele mit den angestrebten verglichen werden, es werden nicht nur die intendierten Wirkungen bei den Zielgruppen eruiert, sondern das Spektrum der Wirkungsbeobachtung ist weitaus breiter gefasst. Es werden interne (bei der Trägerorganisation) und externe (im Umfeld der Trägerorganisation) Wirkungen in allen nur denkbaren Wirkungsfeldern untersucht. Hinzu kommt, dass auch nicht-intendierte Wirkungen gemessen werden. D.h. die Wirkungsanalyse im Rahmen einer *Evaluation* versucht, möglichst viele Wirkungen zu erfassen, um eine möglichst *komplexe Wirkungsbilanz* vorlegen zu können.

Daran hat TQM kein Interesse: Ob durch den Verkauf von Bier oder Zigaretten der Alkoholismus gefördert wird oder die Zahl der Krebserkrankungen steigt, ist eine nicht-intendierte Wirkung, die zwar die Gesellschaft, nicht aber das Unternehmen zu interessieren braucht, so lange die trinkenden und rauchenden Kunden zufrieden sind, der Absatz gesichert ist und damit die angepeilte Gewinnmarge stimmt. Die gesellschaftlichen Folgen dieses möglicherweise gerade wegen des Einsatzes von TQM besonders erfolgreich tätigen Unternehmens braucht dieses kaum zu interessieren. Die (hoffentlich) nicht-intendierten Folgen wie Sucht und Krankheit hat die Gesellschaft zu tragen.

Darüber hinaus sind Evaluationen in der Regel nicht nur an der Erfassung von Wirkungen interessiert, sondern auch an *kausalen Ursachenzuschreibungen*, an der Aufdeckung von Ursache-Wirkungsbeziehungen. Auch hier ist von einem umfassenderen Konzept bei Evaluationen gegenüber TQM-Modellen auszugehen. TQM interessiert sich nur für die unternehmensspezifischen Ursache-Wirkungszusammenhänge. Darüber hinausgehende, breiter angelegte Analysen können dann vernachlässigt werden, wenn das Unternehmen davon nicht betroffen scheint. Evaluationen haben sich hingegen um eine Kausalanalyse zu bemühen, die den gesamten gesellschaftlichen Kontext mit einbezieht.

2.4.3 Zusammenfassung

Auch wenn TQM und Evaluation letztlich beide das Ziel verfolgen, zur Qualitätsverbesserung von Produkten und Dienstleistungen (inklusive Programmangeboten) beizutragen und beide Verfahren Instrumente moderner, nach Rationalitätskriterien funktionierender Gesellschaften sind, sowie mit ähnlichen Akzeptanzproblemen zu kämpfen haben, *wiegen die Unterschiede stärker als die Gemeinsamkeiten*: TQM und Evaluation haben nicht nur verschiedene wissenschaftstheoretische Wurzeln, sondern auch unterschiedliche Entwicklungshintergründe und Anwendungskontexte.

Ein weiterer fundamentaler Unterschied zwischen TQM und Evaluation besteht darin, dass TQM ein allumfassendes (totales) aufeinander abgestimmtes System der Qualitätssicherung darstellt (von der Informationsbeschaffung, -bewertung und Entscheidung bis zur Umsetzung), Evaluation jedoch vor allem eine Informationsbeschaffungs- und Bewertungsfunktion hat. Mit Evaluationen werden zielgerichtet Daten erhoben, bewertet und Handlungsempfehlungen abgeleitet. Doch die Handlungsentscheidungen und ihre Umsetzung liegen außerhalb des Evaluationsverfahrens. TQM ist deshalb auch Teil des Performance-Managements, Evaluation jedoch nicht (vgl. Pollitt 2000: 67).

Darüber hinaus ist TQM ein Konzept, das zwar entweder mehr normenbezogen oder mehr interaktiv aufgebaut sein kann, aber insgesamt weniger partizipativ angelegt ist als Evaluation. TQM ist ein Top-down-Ansatz, der prinzipiell weniger Handlungsoffenheit mit sich bringt als Evaluation. Aber TQM ist unbedingt auf die Zustimmung der Mitarbeiter angewiesen, sonst kann das Modell nicht funktionieren. Evaluation kann hingegen auch ohne Zustimmung der evaluierten Mitarbeiter erfolgen. Allerdings ist dies nicht ratsam, denn ohne deren Akzeptanz ist nicht nur die Informationssammlung beeinträchtigt, sondern vor allem die Bereitschaft, Evaluationsempfehlungen umzusetzen.

Auch in der Kundenorientierung unterscheiden sich beide Verfahren. TQM stellt den Kunden und Evaluation die Beteiligten (Stakeholder) in den Vordergrund. Bei TQM interessiert vor allem die Bedürfnisbefriedigung des Kunden (also des Käufers der hergestellten Produkte oder offerierten Dienstleistungen). Evaluationen hingegen sind komplexer angelegt, umfassen Ziel- und Nicht-Zielgruppen, intendierte und nicht-intendierte Effekte sowie den gesellschaftlichen Kontext. Evaluationen sind an der Ausleuchtung kausaler Zusammenhänge interessiert und beschränken sich dabei nicht nur auf die Variablen, die für die Entwicklung absatzfördernder Strategien von Bedeutung sind. Es werden auch die gesellschaftlichen Folgen, die Relevanz, Wirksamkeit und Nachhaltigkeit der Leistungserbringung oder der Interventionsmaßnahmen beleuchtet.

TQM interessiert sich letztlich nur deshalb für den Kunden und macht ihn nur deshalb zum Maßstab seiner Aktivitäten, weil davon das Wohl des Unternehmens abhängt. Das eigentliche Ziel eines marktorientierten Unternehmens ist es, Gewinn, Marktwert und ,*shareholder value*' zu steigern. Evaluation ist hingegen dem ,*stakeholder value*' verpflichtet. Die Zielgruppen sollen aus einem Leistungsangebot oder Programm einen möglichst optimalen Nutzen ziehen, ohne dass dadurch andere benachteiligt oder gar geschädigt werden. Deshalb kann Kundenzufriedenheit dabei nicht das alles entscheidende Kriterium für die Qualitätsbeurteilung sein, sondern es muss der gesamte Kontext (nicht-intendierte Effekte, Auswirkungen auf andere Beteiligte und Betroffene, die nicht zur Zielgruppe gehören etc.) ausgeleuchtet und zur Beurteilung herangezogen werden.

Aufgrund der deutlichen Unterschiede ist es zwar nicht erstaunlich, dass TQM und Evaluation selten gemeinsam genutzt werden (vgl. Pollitt 2000: 70, Davies 1999: 153). Dennoch stellen sie *eher sich ergänzende, als sich gegenseitig ausschließende Konzepte mit unterschiedlichen Leistungspotenzialen* dar. Auch wenn die Bedingungen, unter denen Evaluation und TQM sich wechselseitig ergänzen könnten, bisher kaum erforscht sind (vgl. Pollitt 2000: 76) lassen sich kombinierte Einsatzmöglichkeiten vorstellen. Vor allem könnten die unterschiedlichen Anwender *voneinander lernen*:

Aus der Qualitätsmanagementdiskussion kann die Lehre gezogen werden, dass Evaluation nicht eine periodische Aktivität bleiben darf, sondern der *kontinuierlichen Informationsbeschaffung* dienen sollte. In Form eines systematischen Monitorings kann Evaluation zu einer solchen kontinuierlichen Aktivität ausgebaut und mit periodischen Einzelevaluationen kombiniert werden. Dabei können auch Erfahrungen aus dem Controlling genutzt werden. Durch das Zusammenspiel von Monitoring und Evaluation lassen sich die in diesem Kapitel beschriebenen Vorteile interner und externer Evaluation miteinander kombinieren. Wie dort ebenfalls erläutert, stellt die Umsetzung von Evaluationsergebnissen oft ein Problem dar, da die Durchführung zumeist nicht ausreichend mit dem Qualitätsmanagementsystem verbunden ist. Hier muss einerseits – wie bei Unternehmen, die TQM praktizieren – die Einsicht gefördert werden, dass die *Verbesserung der Qualität eine Aufgabe eines jeden Mitarbeiters* ist. Dies gilt auch für die Qualitätsverbesserung öffentlicher Leistungen oder Programme. Die Umsetzung von Evaluationsergebnissen ist nicht nur eine Aufgabe des Managements, sondern aller Mitarbeiter.

Was vor allem im öffentlichen Sektor und bei Nonprofit-Organisationen deshalb generell notwendig erscheint, ist *die Erhöhung der Akzeptanz von Qualitätssicherungsmaßnahmen*. Der Einsatz von Monitoring und Evaluation darf nicht nur als Kostenfaktor gesehen werden, sondern als ein Instrument, das dazu führt, Finanzmittel effizient und wirkungsvoll zu verwenden. Evaluationen erzeugen Transparenz und schaffen mit ihren Erkenntnissen Entscheidungsgrundlagen, die dazu beitragen können, Fehlentwicklungen zu vermeiden und Kosten zu senken.

In Unternehmen sind Qualitätsentwicklungsmaßnahmen zwar längst anerkannt, doch ist *TQM zu sehr eindimensional* ausgerichtet. Es vernachlässigt Fragen der Relevanz so wie der nicht nur auf die Kunden (Zielgruppen) beschränkten intendierten und vor allem nicht-intendierten Wirkungen. Gerade für Unternehmen mit einem hohen gesellschaftlichen Anspruchsprofil könnten Wirkungs- und Nachhaltigkeitsevaluationen dazu beitragen,

- zusätzliche Informationsquellen zu erschließen;
- breitere, gesellschaftliche Faktoren umfassende Analysen und Bewertungen vorzunehmen;
- der Ursache-Wirkungsproblematik zu größerem analytischem Gewicht zu verhelfen;[64]
- Zusatzfaktoren wie gesellschaftliche Relevanz und Nachhaltigkeit zu bewerten und
- Wertkonflikte aufgrund der Verwendung unterschiedlicher Wertmaßstäbe und Bewertungskriterien innerhalb einer Organisation sowie
- Zielkonflikte aufgrund unterschiedlicher Interessenlagen aufzudecken und bewusst zu machen.

In beiden Anwendungskontexten ließe Evaluation sich dazu nutzen, überhaupt erst einmal die *Mängel* der in Organisationen vorhandenen *Qualitäts-Informations-Systeme aufzudecken*, Qualitätsoffensiven zu unterstützen und ihnen zusätzliche Legitimität zu verleihen.

Aufgrund der hier ausführlich beschriebenen organisationalen und situativen Unterschiede zwischen Profit- und Nonprofit-Organisationen ist davon auszugehen, dass *die Übernahme komplexer TQM-Konzepte wie EFQM oder gar eine Normierung auf ISO-Basis für die Qualitätsentwicklung von Nonprofit-Organisationen nicht ausreicht*. Diese benötigen hierfür die *Konzepte*

---

64 Davies (1999: 156) geht davon aus, dass Evaluation Qualitätsmanagement vor allem dadurch bereichern könnte, indem sie das Know-how für den Entwurf von Kausalanalysen liefern könnte.

und Instrumente der Evaluation, um das Management mit umfassenden Informationen über den Kontext, in denen Nonprofit-Organisationen agieren, über zentrale Erfolgsvariablen, wie Zielerreichung, Wirksamkeit, Nachhaltigkeit, gesellschaftliche Relevanz etc. zu versorgen sowie um systematische Kausalanalysen durchzuführen. Diese Informationen sind für die Steuerung zumindest von Nonprofit-Organisationen unverzichtbar.

Zudem bieten Evaluationskonzepte *größere Partizipationschancen* als TQM- oder ISO-Modelle. Durch die partizipative Festlegung von Evaluationszielen und Bewertungskriterien kann dem multidimensionalen ‚Kundengeflecht‘, das für Nonprofit-Organisationen charakteristisch ist, Rechnung getragen werden. Indem die Bedürfnisse und Erfordernisse der einzelnen Stakeholder bei der Auswahl und Gewichtung der Bewertungskriterien berücksichtigt werden, entsteht ein *multidimensionales Bewertungssystem*, das die Basis für die Qualitätsbeurteilung und -verbesserung darstellt. Ein partizipatives Vorgehen empfiehlt sich auch deshalb, weil dadurch Ängste und Vorbehalte gegenüber einer Evaluation abgebaut und die Beteiligten zur aktiven Mitarbeit bewegt werden können. Transparenz der Ergebnisse und eine offene Diskussion der daraus abgeleiteten Empfehlungen erhöht zudem die Chance ihrer Umsetzung durch die Beteiligten.

Damit aber letztlich Entscheidungen getroffen und deren Umsetzung angeordnet und überwacht oder gemonitort wird, ist *ein funktionierendes Qualitätsmanagementsystem notwendig*. Da Evaluation keine Entscheidungs- oder Managementkomponente enthält, ist eine Verbindung zwischen Evaluation und einem Managementsystem zwingend erforderlich. Die mit Hilfe von Evaluationen gewonnenen Daten, die anhand der vorher vereinbarten Kriterien vorgenommenen Bewertungen und die daraus abgeleiteten Empfehlungen stellen nur notwendige, aber oft noch keine hinreichenden Bedingungen für die Qualitätsentwicklung dar.

Für die *Verknüpfung mit Evaluation* bieten sich verschiedene Qualitätsmanagementsysteme an. Am wenigsten dürften sich hierfür besonders rigide Systeme eignen, wie ISO, die ein starres Normengerüst vorgeben. Den größten Nutzen dürfte Evaluation in den Managementsystemen erbringen, die offener und flexibler gestaltet sind. Im Kontext von Nonprofit-Organisationen bieten hier die *Konzepte des NPM* Anknüpfungspunkte. Zwar lässt sich die dort propagierte Wettbewerbsorientierung, wie in diesem Kapitel dargelegt, nicht in allen Nonprofit-Organisationen umsetzen und der Kundenbegriff erscheint im Kontext von Nonprofit-Organisationen häufig als außerordentlich problematisch, doch der Aufbau eines umfassenden Qualitätsbewusstseins und -managements ist für die Qualitätsentwicklung von Nonprofit-Organisationen unabdingbar. Weiterführend gegenüber anderen Qualitätsmanagementkonzepten ist vor allem das strategische Ziel der Leistungs- und Wirkungsorientierung. Die Ausrichtung der Qualitätsentwicklung an einer *verbesserten Leistungserbringung* und einem *höheren Wirkungsgrad* ist für Nonprofit-Organisationen *wegweisend*. Für die leistungs- und wirkungsorientierte Steuerung ist Evaluation unverzichtbar, da durch sie die hierfür erforderlichen Daten über die erzielten Leistungen (output), die Zielerreichung (outcome) und verursachten intendierten und nicht-intendierten Wirkungen (impact) gewonnen werden.

Während die Anwendung von NPM-Ansätzen kaum ohne die Unterstützung von Evaluation auskommt, da sie eine leistungs- und wirkungsorientierte Steuerung erst ermöglicht, kann Evaluation auch mit anderen Qualitätsmanagementkonzepten verbunden werden. Wie eingangs dargelegt (vgl. Kapitel 2.1.2), stellt schon ein einfaches Entscheidungs- und Kontrollsystem ein Qualitätsmanagementsystem dar. Das *Ziel dieses Buches* besteht jedoch nicht darin, ein für Nonprofit-Organisationen möglichst geeignetes, d.h. den besonderen Qualitätserfordernissen entsprechendes Qualitätsmanagementsystem zu entwickeln. Statt dessen soll eine theoretische Konzeption und ein methodischer Ansatz für ein wirkungsorientiertes Monitoring- und Evaluationssystem erarbeitet werden, aus dem sich einerseits Evaluationskriterien und Qualitätsdimensionen ableiten lassen, die für die Bewertung der Leistungen und Wirkungen von Organisationen, insb. Nonprofit-Organisationen, geeignet sind, und das andererseits den empirischen Erhebungsrahmen bietet, mit dem der Bedarf an steuerungsrelevanten Daten gedeckt werden kann.

3 Theoretische Konzeption der Evaluation

3.1 Überblick

Wie eingangs dargelegt, erbringen Nonprofit-Organisationen Leistungen verschiedenster Art. Staatliche Nonprofit-Organisationen haben neben Schutz- und Hoheitsaufgaben vor allem sozialstaatliche Aufgaben zu erfüllen. Private Nonprofit-Organisationen dagegen sind durch eine große Bandbreite unterschiedlichster *Leistungsangebote* geprägt. Staatliche wie private Leistungen umfassen neben Daueraufgaben (z.b. Krankenpflege, Sozial- und Jugendhilfe, Bürgerservice, Schuldnerberatung etc.) auch einzelne Interventionsmaßnahmen (z.B. Rettung eines Kulturdenkmals, Aufbauhilfe nach einer Flutkatastrophe etc.) sowie die Durchführung von Projekten und Programmen (z.b. zur Verbesserung der Umweltkommunikation, zur Entwicklung benachteiligter Regionen, zur Integration von Arbeitslosen, zur Rehabilitation von Drogensüchtigen etc.).

Programme, Projekte und andere politische Interventionsmaßnahmen basieren in der Regel auf einer ‚policy'. Eine *‚policy'* kann definiert werden als eine in sich geschlossene Handlungsstrategie in Bezug auf ein spezifisches Themen- oder Problemfeld (vgl. Bank u. Lames 2000: 6).[65] *Programme* und *Projekte* bilden die zentralen Elemente solcher Strategien, um als wünschenswert erklärte Ziele zu erreichen (vgl. Bussmann u.a. 1997: 66f. u. 83). Bei

---

65 In Anlehnung an die angelsächsische Verwendung des Politik-Begriffs werden in der Regel drei Dimensionen unterschieden: (1.) Policy, (2.) Politics und (3.) Polity. (1.) Mit *Policy* wird die inhaltliche Dimension des Politik-Begriffs umschrieben. Dabei geht es in erster Linie um alle staatlich-gesellschaftlichen Interaktionen, z.B. wie Probleme durch das politisch-administrative System wahrgenommen und verarbeitet werden und mit welchen ziel- oder zweckgerichteten Aktivitäten der Staat versucht, Lösungen zu implementieren. Policy-Studien und Politikfeldanalysen untersuchen solche Fragestellungen. (2.) Der Begriff *Politics* bezieht sich auf den prozessualen Aspekt der Politik. Bei der Politics-Forschung geht es um die Frage, welche Regeln zur Konfliktlösung eingesetzt werden, welche Rolle Institutionen spielen, wie Interessen durchgesetzt werden etc. (3.) *Polity* umfasst den formalen Aspekt der Politik. Dabei geht es um die Form, in der Politik abläuft (vgl. Druwe 1987: 393ff.). Einen hervorragenden Einführungsartikel in die Politikfeldanalyse hat Jann (1994: 308ff.) verfasst. Vgl. u.a. auch Dye 1978; Windhoff-Héritier 1983 u. 1993; Hartwich 1985; Feick u. Jann 1988; Schmidt 1988; Derlien 1991; Schubert 1991 und 2003; Dunn 2004.

einem Programm handelt es sich um ein aufeinander bezogenes Bündel von Maßnahmen zur Zielerreichung. In einer ganz breit gefassten Definition bedeutet Programm: „The general effort that marshals staff and projects toward some (often poorly) defined and funded goals" (Scriven 2002: 285). Royse u.a. (2001: 5) definieren ein Programm als: „an organized collection of activities designed to reach certain objectives". Projekte werden bezeichnet als „the primary means through which governments (...) attempt to translate their plans and policies into programs of action" (Rondinelli 1983: 3). Unabhängig davon, wie umfassend oder detailliert Entwicklungspläne und Handlungsstrategien sind, „they are of little value unless they can be translated into projects or programs that can be carried out" (ebenda).

Instrumentell betrachtet handelt es sich bei Programmen und Projekten um Maßnahmenbündel zur Erreichung festgelegter Planziele, mit deren Hilfe Innovationen innerhalb sozialer Systeme eingeleitet werden sollen. *Organisatorisch* gesehen stellen sie Einheiten dar, die mit materiellen und personellen Ressourcen ausgestattet und in eine Organisation (Träger) eingebettet sind, die wiederum Bestandteil eines größeren Systemzusammenhangs ist. Über Programm-/Projektinterventionen können Wirkungen bei der Trägerorganisation oder ihrem Umfeld (z.B. den Zielgruppen, Leistungsempfängern, Anspruchsberechtigten) ausgelöst werden.

Nach Royse u.a. (2001: 5ff.) gehören zu den *Charakteristika guter Programme*:

- qualifiziertes Personal,
- ein eigenes Budget,
- stabile Finanzmittelzuweisungen,
- eine eigene Identität,
- eine auf empirischen Ergebnissen beruhende Bedarfseinschätzung,
- eine ‚Programmtheorie‘ über die kausale Wirkungsweise des Programms,
- eine Service-Philosophie und
- ein empiriebasiertes Evaluationssystem zur Überprüfung der Programmergebnisse.

Programme unterscheiden sich von institutioneller Förderung dadurch, dass sie zeitlich befristet sind und spezifizierte Ziele verfolgen (vgl. Kuhlmann u. Holland 1995: 14). Obwohl hier Programme im Mittelpunkt der theoretischen Überlegungen stehen und der sprachlichen Einfachheit halber größtenteils von Programmen gesprochen wird, ist das zu entwickelnde Konzept auch für die Evaluation institutionalisierter, zeitlich unbefristeter Daueraufgaben oder einzelner temporärer Interventionsmaßnahmen anwendbar.

Um intendierte Ziele – im Rahmen von Dienstleistungsangeboten oder Programmen – zu erreichen, werden personelle und materielle Inputs eingesetzt. Die Zielerreichung kann darin bestehen, dass bestimmte Leistungen (outputs) erzeugt und/oder spezifische Wirkungen (impacts) ausgelöst werden. Da der Begriff der *Wirkungen* als die abhängige Variable eines Entwicklungsprozesses eine zentrale Rolle bei dem hier zu konzipierenden Monitoring- und Evaluationssystem einnimmt, soll er im folgenden *(Kapitel 3.2)* etwas genauer beleuchtet werden, bevor die einzelnen theoretischen Ansätze vorgestellt werden, die als grundlegende theoretische Basis für das hier entwickelte wirkungsorientierte Konzept zur Evaluation von Leistungsangeboten, Maßnahmen und Programmen herangezogen werden. Dabei wird von folgenden Überlegungen ausgegangen:

Um Wirkungen feststellen zu können, müssen mindestens zwei Zustände im Zeitverlauf miteinander verglichen werden. Wirkungen manifestieren sich in Veränderungen im Zeitverlauf, deshalb muss jede Analyse von Wirkungen eine Prozessperspektive einnehmen. Es liegt deshalb nahe, den theoretischen Ansatz der *‚Lebensverlaufsforschung‘* heranzuziehen, der zwar für die Analyse personaler Lebensverläufe entwickelt wurde, aber mittlerweile auch in vielen anderen Bereichen angewendet wird. Hier soll er nun für die Analyse von Programmverläufen genutzt werden. Programme folgen nämlich, wie der Lebensverlauf von Individuen chronologisch einem typischen Entwicklungsmuster. So wie sich der Lebensverlauf einer Person aus der Folge von Entscheidungen innerhalb institutionell vorgegebener Alternativen konstituiert (vgl. Meulemann 1990: 89), entstehen ‚Lebensläufe‘ von Programmen (oder auch die Entwicklung von Leistungsangeboten) aus einer Abfolge von Entscheidungen über die Verwirklichung einer Programmidee und verschiedene Planungs- und Durchführungsschritte bis zur Beendigung eines Programms. Deshalb kann die *Lebensverlaufsperspektive* als heuristisches Modell auch für die Evaluation von Programmen verwendet werden. Mit Hilfe dieses Konzepts soll der Ablauf von Maßnahmen und Programmen untersucht und bewertet werden *(Kapitel 3.3)*.

Für die Planung und Durchführung von Programmen werden Organisationen benötigt, die oft als ‚Trägerorganisationen‘ bezeichnet werden. Da die Entwicklung und der Verlauf von Programmen einerseits von organisationsinternen Strukturen abhängt und umgekehrt auf diese Einfluss nimmt sowie darüber hinaus in Wechselbeziehung zu organisationsexternen Bedingungen steht, eignen sich *organisationstheoretische Konzepte*, um sowohl organisationsinterne Zusammenhänge als auch Organisations-Umwelt-Beziehungen zu analysieren *(Kapitel 3.4)*.

Organisationsinterne Strukturen und der Zusammenhang zwischen der Organisation und ihrer Umwelt spielt auch bei Dienstleistungsangeboten eine entscheidende Rolle. Wie im Kapitel 2.2.1 ausgeführt, sind externe, d.h. außerhalb der dienstleistenden Organisation stehende Personen oder Organisationen an der Erstellung einer Dienstleistung beteiligt. Da deshalb Dienstleistungen immer in einem Interaktionsprozess entstehen, ist das Organisations-Umwelt-Verhältnis auch in diesem Fall von besonderer Bedeutung.

Die aus den organisationstheoretischen Konzepten gewonnenen Parameter sollen zur Bestimmung der organisatorischen Leistungsfähigkeit der programmdurchführenden oder leistungserbringenden Organisationen genutzt werden. Da über Programminterventionen Wirkungen bei der Durchführungsorganisation entstehen (z.B. um deren Leistungsfähigkeit zu erhöhen), dienen die Parameter zudem der Erfassung von internen (trägerbezogenen) Veränderungen.

Programminterventionen haben in der Regel das Ziel, als defizitär erkannte Zustände zu verbessern. Um positive Wirkungen herbeizuführen, werden ‚Neuerungen‘, d.h. Innovationen eingeführt. Deshalb ist zu klären, was darunter zu verstehen ist. Wenn der Nutzen, den Innovationen stiften, möglichst vielen Menschen und nicht nur einer kleinen, isolierten Zielgruppe zugute kommen soll, sind die Bedingungen zu untersuchen, unter denen eine möglichst hohe Verbreitung von Innovationen stattfindet. Hierzu erweisen sich Konzepte der *Innovations- und Diffusionsforschung* als geeignete theoretische Anknüpfungspunkte *(Kapitel 3.5)*.

Demnach geht es nicht nur darum, zu prüfen, ob es mit Hilfe der Programmintervention oder von Dienstleistungsangeboten gelungen ist, die intendierten *Ziele und Zielgruppen* zu *erreichen* und festzustellen, ob die Zielgruppen (Kunden) dadurch einen Nutzen erfahren und deshalb mit den eingeführten Veränderungen (Innovationen) *zufrieden* sind, sondern auch darum, zu untersuchen, ob und inwieweit eine Verbreitung der Innovationen stattfindet. D.h. die Wirkungsbeobachtung geht über die Bestimmung der unmittelbaren Zielgruppeneffekte hinaus und erfasst zusätzlich die *Breitenwirkung* oder *Diffusion*.

Nachhaltigkeit, in der hier verwendeten Begrifflichkeit, bezeichnet eine besondere Form von Wirkungen, die erst gemessen werden können, wenn die Förderung abgeschlossen und ein Programm oder eine Maßnahme beendet ist. Deshalb kann Nachhaltigkeit nur mit einer Ex-post-Evaluation festgestellt werden. Da Nachhaltigkeit mittlerweile ein vielgebrauchter und teilweise auch missbrauchter Begriff ist, wird das hier verwendete Konzept von Nachhaltigkeit ausführlich dargestellt *(Kapitel 3.6)*.

Auf der Grundlage dieser drei theoretischen Konzepte (Lebensverlaufsforschung, Organisations-, Innovations- und Diffusionsforschung) sowie des multidimensionalen Nachhaltigkeitsmodells werden die Bewertungskriterien abgeleitet, die (in Kapitel 4) zur Konstituierung eines Evaluationsleitfadens dienen. Zuvor werden die *Bewertungskriterien der Evaluation* mit denen betriebswirtschaftlicher Konzepte zur Qualitätsentwicklung bzw. des Qualitätsmanagements verglichen. Dabei zeigt sich, dass die Evaluationskriterien gleichzeitig als Kriterien zur Messung der Qualität der Leistungen und Wirkungen von Organisationen sowie der Prozesse der Leistungserbringung genutzt werden können. Die hier entwickelte Evaluationskonzeption erlaubt demnach nicht nur die theoretisch fundierte Ableitung von Bewertungskriterien, die sich für die Konstituierung eines Evaluationsleitfadens verwenden lassen, sondern auch die Etablierung von *Qualitätskriterien*, die sich aufgrund ihrer Leistungs- und Wirkungsorientierung besonders für die Bewertung der Tätigkeit von Nonprofit-Organisationen eignen *(Kapitel 3.7)*.

3.2 Wirkungen

Damit Unternehmen oder Nonprofit-Organisationen ihre Produkte herstellen oder ihre Leistungen erbringen können, setzen sie *personelle und materielle Inputs*, z.B. in Form von qualifizierten Arbeitskräften mit spezifischen Kenntnissen, Fähigkeiten und Fertigkeiten sowie in Form von Maschinen, Geräten und Werkzeugen ein. Einige Beispiele mögen dies erläutern: So werden personelle und materielle Ressourcen (Inputs) aufgewendet, um Kindergartenplätze zu schaffen, Schüler zu unterrichten, Brunnen zu bohren, oder Straßen zu bauen. Der ,*Output*' kann dementsprechend in der Zahl betreuter Kinder, unterrichteter Schüler, gebohrter Brunnen, oder in Metern neugebauter Straße beziffert werden. Damit ist jedoch noch nichts über die entstandenen *Wirkungen* bekannt, also z.B. darüber, welche Kinder betreut und unterrichtet werden und ob sie etwas lernen. Die Zahl der gebohrten Brunnen sagt nichts darüber aus, ob daraus tatsächlich Wasser geschöpft wird, ob es trinkbar ist und ob es den intendierten Zielgruppen, z.B. Armen, zugute kommt. Der Bau einer Straße kann bekanntermaßen zu einer Vielfalt positiver wie negativer Wirkungen in ihrem Umfeld führen.

Häufig werden *Outputs und Wirkungen* verwechselt. Manchmal geht die Begriffsverwirrung sogar soweit, dass Wirkungen als „die Produkte einer ,Non-Profit-Organisation'" bezeichnet werden, „die sie im Sinne ihrer gemeinnützigen oder mildtätigen Ziele erzeugt" (Gohl 2000: 35). Doch die Produkte einer Organisation bestehen nicht aus Wirkungen. Diese sind vielmehr die Folgen von Outputs, also den erbrachten Dienstleistungen oder hergestellten Produkten. Kaum jemand käme auf die Idee, Betrunkene als die Produkte einer Brauerei zu bezeichnen, sondern Betrunkenheit ist allenfalls eine Wirkung dieser Produkte.

Owen und Rogers (1999: 264) definieren dementsprechend: „outputs are products of the program's activities, such as the numbers of meals provided, classes tought, participants served or materials distributed." Ganz ähnlich formulieren Rossi, Freeman und Lipsey (1999: 201): „Program outputs are the products or services delivered to program participants or other such activities viewed as part of the programs contribution to society."

Um nun etwas über die *Qualität von Programmen* oder von einzelnen Maßnahmen aussagen zu können, genügt es nicht, nur den Output zu messen, denn das entscheidende Qualitätsmerkmal besteht darin, ob ein Programm oder Leistungsangebot die intendierten Wirkungen erzielt (vgl. Rossi, Freeman und Lipsey 1999: 275). Wie im vorangegangenen Kapitel dargelegt, reicht es zudem nicht aus, sich nur für die Wirkungen, die beim ,Kunden' ausgelöst werden, zu interessieren (worauf sich vornehmlich die behandelten Qualitätsmanagementansätze konzentrieren), sondern ein breites Wirkungsspektrum zu untersuchen, das neben nicht-intendierten Folgen auch gesellschaftspolitische und andere externe Wirkungen umfasst.

Aus diesen Überlegungen lässt sich festhalten: *,Wirkungen' sollten keinesfalls mit den ,Outputs' eines Programms verwechselt werden.* Während ,Outputs' Dienstleistungen oder Produkte von Programmaktivitäten darstellen – wie z.B. die Zahl behandelter Kranker, die Zahl von Neueinstellungen Behinderter oder die Zahl durchgeführter Umweltberatungen – stellen ,Wirkungen' Veränderungen dar, die Folgen dieser Leistungen sind, also z.B. eine Verbesserung des Gesundheitszustandes von Menschen, eine veränderte Einstellung gegenüber Behinderten oder eine verbesserte ökologische Situation.

Werden die Wirkungen eines Programms bilanziert, dann dürfen die *unbeabsichtigten Folgen* nicht vernachlässigt werden, denn die Qualität eines Programms kann nicht isoliert betrachtet werden, sondern nur in seiner gesamten Komplexität. Hierzu gehören auch nicht erwartete oder unerwünschte Wirkungen. Wirkungen können danach unterschieden werden, ob sie *intendiert (geplant) sind* und mit den Zielen eines Programms oder Leistungsangebots in Einklang stehen, oder ob es sich um *nicht-intendierte (ungeplante)* Wirkungen handelt. Dabei werden intendierte Wirkungen in der Regel im Hinblick auf die Zielerreichung positiv zu bewerten sein, während nicht-intendierte Wirkungen sowohl positiv – also die Zielerreichung unterstützend – als auch negativ, d.h. der Zielerreichung zuwiderlaufend, ausfallen können. Natürlich sind auch negative intendierte Wirkungen möglich, z.B. wenn bestimmte Nachteile, die mit einem Programm verbunden sind, bewusst in Kauf genommen werden. Ob eine Wirkung als intendiert oder nicht-intendiert, positiv oder negativ bewertet wird, hängt selbstverständlich von den Zielen eines Programms oder Leistungsangebots ab, und nicht zuletzt von der Perspektive des Betrachters.

Positive intendierte Wirkungen wären z.B. dann gegeben, wenn eine Finanzmittelerhöhung im Schulwesen, nicht nur dazu geführt hat, dass mehr Lehrer eingestellt wurden, sondern dass deshalb auch die Klassen kleiner wurden und die Schüler jetzt mehr lernen. Als negativer nicht-intendierter Effekt könnte sich erweisen, dass durch die Maßnahme Lehrer in anderen Regionen abgezogen wurden und dort jetzt fehlen, so dass die Ausbildung schlechter wird. Ein anderer nicht erwünschter Effekt könnte darin bestehen, dass weniger-qualifizierte Lehrkräfte eingestellt wurden, weil nicht genügend qualifizierte verfügbar sind und dadurch die Ausbildungsqualität in den Schulen eher sinkt und nicht wie intendiert zunimmt.

Positive intendierte Effekte bei einem Straßenbauprojekt könnten sein, dass der Verkehr zwischen einer Stadt und ihrem Hinterland erleichtert wird, so dass die Bauern einen besseren Marktzugang haben, mehr Produkte verkaufen können und deshalb der Wohlstand in der Region zunimmt. Ein nicht-intendierter positiver Effekt wäre – je nach Zielsetzung der Maßnahme – dann entstanden, wenn viele kleine Transport- und Busunternehmen gegründet wurden, die dadurch weitere Arbeitsplätze und Einkommen schaffen. Gleichzeitig könnte das erhöhte Verkehrsaufkommen auch zu negativen Effekten wie z.B. Umweltverschmutzung und Verkehrsunfällen führen.

Wirkungen können *Strukturen, Prozesse* oder *individuelle Verhaltensweisen* verändern. Ein Strukturwandel wäre z.B. dann gegeben, wenn die Schulgesetze oder Curricula verändert werden, um den Praxisanteil im Unterricht zu erhöhen. Prozesswirkungen würden erzielt, wenn die Vermittlung des Lehrstoffs z.B. mehr interaktiv und weniger frontal erfolgt. Damit dies geschieht, müssen sich die individuellen Verhaltensweisen der Lehrer ändern. Sie müssten nach den neuen Curricula lehren und ihre Unterrichtsform anpassen.

Nach dieser Vorstellung lassen sich Wirkungen analytisch auf drei Dimensionen bestimmen (vgl. Abbildung 3.1):

1. *Dimension: Struktur-Prozess-Verhalten*
   Wirkungen können Strukturen (z.B. von Organisationen oder gesellschaftlichen Teilsystemen), Prozesse und/oder individuelle Verhaltensweisen betreffen.
2. *Dimension: Geplant – Ungeplant*
   Wirkungen können wie geplant (intendiert) oder ungeplant (nicht-intendiert) auftreten.
3. *Dimension: Positiv – Negativ*
   Die geplant oder ungeplant auftretenden Wirkungen können die Programm- oder Leistungsziele unterstützen (+) oder ihnen zuwiderlaufen (-).

Abbildung 3.1:   Wirkungsdimensionen

Wirkungsdimension	Geplant	Ungeplant
Struktur	+ -	+ -
Prozess	+ -	+ -
Verhalten	+ -	+ -

Darüber hinaus sind *weitere Unterscheidungsmerkmale* von Bedeutung. So können Wirkungen nach ihrer Art unterschieden werden, z.B. nach ökonomischen, sozialen, ökologischen, kulturellen und politischen Wirkungen. Weiterhin können Wirkungen nach ihrer zeitlichen Dauer spezifiziert werden, z.B. ob sie kurz-, mittel- oder langfristig auftreten. Und schließlich lassen sich Wirkungen nach der Ebene ihres Auftretens differenzieren, nämlich ob sie gesellschaftsweit (in gesellschaftlichen Teilsystemen), also auf der Makroebene, bei Organisationen oder Gruppen (Mesoebene) oder bei einzelnen Individuen (Einstellungen und Verhaltensweisen = individuelle Ebene) feststellbar sind.

Außerdem ist zu beachten, dass Wirkungen direkt oder indirekt eintreten können. Ein Beispiel für einen direkten Effekt wäre, wenn die Schüler deshalb mehr lernen, weil sie mehr Unterricht erhalten.

Direkter Effekt:

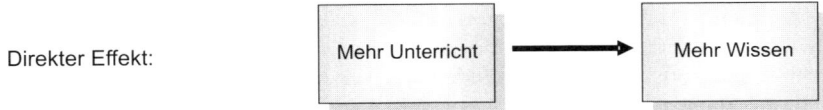

Ein indirekter Effekt würde dann vorliegen, wenn die Wissenssteigerung bei den Schülern dadurch bewirkt wird, dass den Lehrern neue didaktische Methoden vermittelt werden, die sie im Unterricht dann auch einsetzen.

Indirekter Effekt:

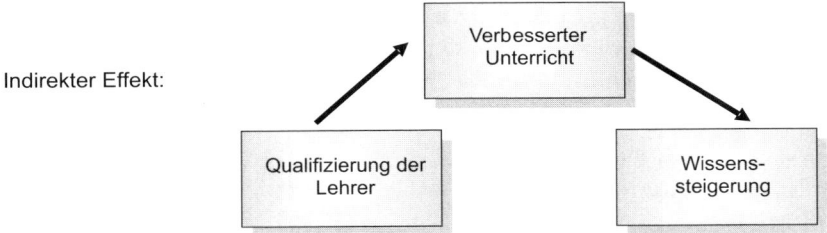

Eine *wirkungsorientierte Evaluation*[66] strebt danach, idealerweise alle auftretenden Wirkungen zu erfassen. Doch praktisch wird dies nie möglich sein. Zumeist fehlen die hierfür benötigten Daten oder vorhandene Informationen werden (aus unterschiedlichen Gründen) nicht weitergegeben. Aus Zeit- und Finanzgründen wird zudem kaum ein Auftraggeber bereit sein, eine solche Evaluation zu finanzieren. Doch das schwerwiegendste Argument ist, dass eine Evaluation, die sämtliche auftretenden Wirkungen erfasst, überhaupt nur in einem Laborexperiment gelingen könnte, in dem alle Einflussfaktoren (Unabhängige Variablen) genau kontrolliert und alle Wirkungen (Abhängige Variablen) genau erfasst werden könnten. Doch ein solches Forschungsdesign lässt sich im Rahmen der Evaluationsforschung praktisch kaum anwenden (vgl. Kapitel 4.6). Experimentelle Designs wären auch ideal, um das zweite Hauptproblem einer Evaluation zu lösen, nämlich die Identifikation von Kausalzusammenhängen zwischen den Programm- oder Leistungsinterventionen (als den Unabhängigen Variablen) und den erfassten Wirkungen (also den Abhängigen Variablen). D.h. es geht um die Frage, wie die Ursachenfaktoren der Wirkungen möglichst eindeutig bestimmt und rivalisierende Erklärungen ausgeschlossen werden können (vgl. u.a. Hellstern u. Wollmann 1984: 25; OECD 1986: 34; White 1986: 4; Staudt u.a. 1988: 32; Weiss 1998: 180ff.; Rossi, Freeman u. Lipsey 1999: 235ff.; Owen u. Rogers 1999: 263ff.; Ross, Lipsey u. Freeman. 2004: 233ff.).

Da das *Ziel von Wirkungsevaluationen* darin besteht, mit größtmöglicher Zuverlässigkeit festzustellen, ob eine Intervention die intendierten Wirkungen

---

66 Es ist wichtig zu erwähnen, dass wirkungsorientierte Evaluationen nicht zwingend einen summativen Ansatz verfolgen müssen, auch formative Evaluationen können wirkungsorientiert ausgerichtet werden.

auslöst, sind die Einflüsse anderer Faktoren, die ebenfalls für die gemessenen Veränderungen verantwortlich sein könnten, auszuschließen. D.h. in dem Geflecht von beobachteten Wirkungen sind differenzierte Ursachenzuschreibungen vorzunehmen. Diese Aufgabe stellt eine der größten Herausforderungen einer Evaluation dar. Dies liegt vor allem daran, dass die soziale Welt einen hohen Komplexitätsgrad aufweist, d.h. die meisten sozialen Phänomene auf vielen Ursachen basieren. Interventionen haben zudem in der Regel nur einen geringen Eingriffsspielraum und ein niedriges Veränderungspotenzial. Oft sind die Programm- oder Leistungswirkungen nur schwach ausgeprägt und es besteht die Gefahr, dass sie im allgemeinen 'Rauschen' gar nicht erkannt werden. Zwar verfügt die Sozialwissenschaft über zahlreiche Erklärungsmodelle für soziale Phänomene und auch über ausgefeilte Methoden, um sie zu messen, doch oft sind sie im Rahmen von Evaluationen nur unzureichend anwendbar, worauf später noch eingegangen wird.

Diese Probleme erschweren die Identifikation von Wirkungen und ihre kausale Ursachenzuschreibung. Von den *Bruttowirkungen* ('gross outcome'), die alle Wirkungen umfassen, sind die *Nettowirkungen* (net effects') zu unterscheiden, die allein auf die Intervention zurückzuführen sind:

> „Net effects are the changes on outcome measures that can be reasonably attributed to the intervention, free and clear of the influence of any other causal factors that may also influence outcomes" (Rossi, Freeman und Lipsey 1999: 240f.).

Daneben gibt es *Effekte*, die *von anderen Faktoren* verursacht werden (extraneous confounding factors'). Darunter werden alle Wirkungen zusammengefasst, die zusätzlich und unabhängig von der Intervention entstanden sind. Hinzu kommen noch *Design-Effekte*, also Messfehler und Artefakte, die auf den Untersuchungsprozess selbst zurückgeführt werden können. Dieser Sachverhalt lässt sich wie folgt darstellen (vgl. Abb. 3.2):

Abbildung 3.2:   Wirkungsgleichung

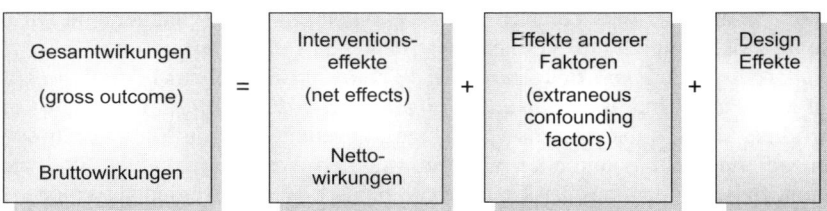

Das Ziel einer Evaluation besteht nun darin, die Bruttowirkungen um diese externen konfundierenden Effekte und Design-Effekte zu bereinigen, um dadurch die Nettowirkungen und ihre Verursachung zu isolieren. Auf diese Weise lassen sich rivalisierende Erklärungen für die beobachteten Wirkungen ausschließen.

Diese können auch das Ergebnis endogenen und/oder exogenen Wandels sowie des Auftretens von ‚historischen Ereignissen' sein. Ein *endogener* Erklärungsgrund liegt dann vor, wenn ein krisenhafter Zustand, der durch bestimmte Interventionsmaßnahmen beseitigt werden sollte, von alleine wieder verschwindet. So erholen sich viele Menschen von akuten Krankheiten, ohne dass sie von einem Arzt behandelt wurden. Dieser endogene Wandel wird in der Medizin ‚spontane Remission' genannt. Werden in pharmakologischen Experimenten neue Medikamente getestet, werden deshalb die Selbstheilungskräfte des Körpers – als Teil der ‚Bruttowirkungen' berücksichtigt.

Anhand des hier verwendeten Straßenbaubeispiels könnte das intendierte Ziel darin bestehen, den Wohlstand der Bauern dadurch zu erhöhen, dass ihnen mit dem Straßenneubau ein leichterer Zugang zur Stadt ermöglicht wird, sich damit der Absatzmarkt vergrößert und der Wohlstand zunimmt. Für die beobachtete Wohlstandssteigerung könnte aber auch ein endogener Wandlungsprozess verantwortlich sein, indem die Bauern ertragreichere oder besser absetzbare Früchte anbauen, selbst neue Absatzmärkte erschlossen oder neue Vertriebswege gefunden haben.

Die Wohlstandssteigerung bei den bäuerlichen Familien könnte weiterhin eine Folge *exogenen* Wandels sein. Allgemeine strukturelle Trends wie beispielsweise ein gesamtwirtschaftlicher konjunktureller Aufschwung kann zu einer erhöhten Nachfrage nach Agrarprodukten geführt haben und damit für den Wohlstandsschub der Bauern verantwortlich sein. Oder eine längere Periode günstiger klimatischer Bedingungen hat die Ernteerträge steigen lassen.

Letztlich kann auch ein *plötzlich auftretendes Ereignis* die Interventionswirkungen verstärken oder abschwächen. So könnte der Bau einer weiteren Straße zusätzlich einer anderen Region den Marktzugang zur Stadt erleichtern und dadurch ein Überangebot auslösen, das die Preise fallen lässt. Oder ein Unwetter hat die Straße zerstört, so dass sie nicht mehr benutzt werden kann. Ein positives Szenario ist ebenfalls denkbar: Z.B. wenn nach einem Regierungswechsel den Bauern der betroffenen Region aufgrund politischer, verwandtschaftlicher oder ethnischer Zugehörigkeit ein Privileg eingeräumt wird, so dass sich dadurch ihre Verdienstmöglichkeiten verbessern.

Die *Erfassung und Bewertung von Wirkungen* und ihre *kausale Ursachenzuschreibung* sind die *zentralen Aufgaben von Evaluation*. Um diese zu erfüllen, ist eine theoretische Grundlage notwendig, die die Suche nach den intendierten und potentiellen nicht-intendierten Wirkungen steuert und die Identifizierung der kausalen Ursachen erleichtert. Hierfür werden verschiedene theoretische Ansätze herangezogen, die im folgenden dargestellt werden:

3.3   Theorien des Lebensverlaufs

Mit dem Begriff *‚Lebensverlaufsforschung‘* wird ein interdisziplinäres Theorie- und Forschungsprogramm bezeichnet, das sich in den letzten zwanzig Jahren herausgebildet hat und dessen Ziel „die Abbildung und Erklärung individueller Lebenslagen und Lebensereignisse sowie gesamtgesellschaftlicher Prozesse in einem einheitlichen formalen, kategorialen und empirischen Bezugsrahmen" ist (vgl. Mayer 1990b: 9). Die Lebensverlaufsforschung[67] bezieht sich auf die Untersuchung sozialer Prozesse, die sich über den gesamten Lebensverlauf oder wesentliche Teile davon erstrecken und die im Kontext des institutionellen Wandels und historischer Sonderbedingungen betrachtet werden. *Lebensverläufe* sind das Ergebnis einer Vielzahl von Einflüssen. Mayer (2001: 446ff.) nennt als Einflussfaktoren ökonomische und politisch bestimmte Gelegenheitsstrukturen, kulturell geprägte Vorstellungen, gesetzliche Altersnormen, institutionalisierte Positionssequenzen und Übergänge, individuelle Entscheidungen, Sozialisationsprozesse und Selektionsmechanismen. In dieser Perspektive wird der individuelle Lebensverlauf als eine Abfolge von Aktivitäten und Ereignissen in verschiedenen Lebensbereichen und verschiedenen institutionalisierten Handlungsfeldern zum Gegenstand der Analyse gemacht (vgl. Mayer 2001: 446).

Der Lebensverlauf stellt eine Reihe von mehr oder weniger lang innegehaltenen Zuständen oder Merkmalen einer Person dar, die sich im Zeitverlauf verändern (vgl. Blossfeld u. Huinink 2001: 6). Auf der Basis einer individuellen Handlungslogik wird angenommen, dass der Lebensverlauf einer Person das Ergebnis ihres Bestrebens ist, unter den jeweils gegebenen situativen Rahmenbedingungen, durch den Einsatz ihr zur Verfügung stehender Ressourcen und geleitet durch ihre individuellen Ziele und Präferenzen eine nach ihren subjektiven Maßstäben optimale Lebensgestaltung zu realisieren.

Nach Huinink (1995) lassen sich die strukturellen Merkmale und Bedingungen von Lebensplanung und Lebensorganisation in drei Punkten genauer beschreiben:

- Der Lebensverlauf eines Individuums wird als *selbstreferenzieller Prozess* verstanden. Der Lebensverlauf wird definiert als eine „kontinuierliche Folge von durch Ereignisse abgegrenzten Phasen" (vgl. Friedrichs u. Kamp 1978: 16), zwischen denen ein *endogener Kausalzusammenhang* besteht:

---

67   Zu den heuristischen Grundannahmen vgl. Mayer 1990b: 10ff. Gute Überblicke bieten u.a. Voges 1983a u. b, 1987a u. b; Sørensen u.a. 1986; Mayer 1987, 1990a u. b; Binstock u. George 1990; Blossfeld u. Huinink 2001: 5ff. Zur Anwendung vgl. u.a. Blossfeld 1989 u. 1990c; Mayer u. Müller 1989; Brüderl 1991; Diekmann u. Weick 1993; Lauterbach 1994; Allmendinger 1995; Heinz 1995; Huinink 1995; Diewald u.a. 1996; Mayer 1997; Wagner 1997; Brückner u. Meyer 1998; Hullen 1998; Konietzka 1999; Kohli u. Kühnemund 2000; Blossfeld u. Drobnic 2001; Hillmert 2001; Sackmann 2001.

„Spätere Bedingungen, aber auch Zielsetzungen und Erwartungen, sind primär zu verstehen und zu erklären aus Bedingungen, Entscheidungen, Ressourcen und Erfahrungen der vorausgegangenen Lebensgeschichte" (Mayer 1987: 60).

Phasen und Abschnitte des Lebensverlaufs werden in einem gemeinsamen Zusammenhang gesehen.

- Der Lebensverlauf einer Person ist zudem ein *multidimensionaler Prozess*, der sich aus mehreren, wechselseitig aufeinander bezogenen Lebensbereichen entwickelt. Dabei lässt sich jeder Lebensbereich als ein Teilprozess des Lebensverlaufs begreifen. So können z.B. die Bildungskarriere, der Familienverlauf, der Erwerbsprozess oder die Krankheitsgeschichte als solche Teilprozesse betrachtet werden. Die verschiedenen Lebensbereiche einer Person sind gewöhnlich nicht unabhängig voneinander und stehen in einem wechselseitigen Bedingungszusammenhang zueinander. Dabei können einzelne Lebensverlaufsdimensionen in unterschiedlichen Lebenssituationen und abhängig vom Alter unterschiedliche Prioritäten für die Lebensgestaltung haben.

- Der Lebensverlauf einer Person ist in hochgradig differenzierte gesellschaftliche *Mehrebenenprozesse* eingebettet. Er vollzieht sich z.B. unter den strukturierenden Einflüssen

  - anderer Menschen (Eltern, Partner, Kinder, Freunde usw.) mit denen eine Person mehr oder weniger stark in Interaktionsbeziehungen steht;

  - gesellschaftlicher Institutionen und sozialer Organisationen (intermediäre Instanzen, Verwaltungen, Unternehmen etc.);

  - den Lebensbedingungen in den sozialen und regionalen Kontexten, in denen eine Person lebt oder zwischen denen sie wechselt;

  - der gewachsenen und sich verändernden gesellschaftlichen Strukturen und historischer Ereignisse, die sozialstrukturelle, politische, rechtliche, kulturelle und ökonomische Rahmenbedingungen der Lebensorganisation darstellen (vgl. z.B. Preisendörfer u. Burgess 1988; Huinink u. Wagner 1989; Strohmeier 1989; Mayer u. Huinink 1990; Brüderl 1991; Huinink 1995: 154f.; Nauck 1997; Blossfeld u. Drobnic 2001; Mayer 2001: 447).

Umgekehrt beeinflusst die individuelle Lebensgestaltung einer Person die Lebensorganisation anderer Menschen, vorhandene Strukturen und Prozesse und trägt zum sozialen Wandel in einer Gesellschaft bei. Zudem haben Individuen grundsätzlich die Option, sich andere soziale und räumliche Lebenskontexte auszusuchen oder diese zu verändern.

Bei dem Lebensverlauf von Personen handelt es sich um einen hochgradig nichtlinearen, komplexen Prozess. Blossfeld und Huinink (2001: 8) geben hierfür als Quellen der Nichtlinearität an: „Selbstreferenz, zeitlich lokale Interdependenz der Lebensbereiche und vertikale Interdependenz zwischen verschiedenen sozialen Prozessebenen." Die Zeit ist das Medium, das die einzelnen Ebenen miteinander verknüpft. In der Lebensverlaufsforschung stehen daher zeitliche Veränderungen von Zustandsfolgen individueller Akteure im Vordergrund.

Die Lebensverlaufsforschung hat wesentliche Beiträge zur Untersuchung des gesellschaftlichen Wandels geleistet, insbesondere auf den Gebieten Bildung, Erwerbsbeteiligung und Arbeitsmarkt, Partnerschaft, Ehe und Familien, späte Lebensphasen und Alter[68]. Daneben wurde das Lebensverlaufsmodell auch in der Psychologie[69], der Betriebswirtschaft und Organisationstheorie nutzbringend angewendet. So wird in der Ökonomie z.B. die Abfolge von Marktentwicklungsstadien (vgl. Heuß 1965) sowie von Produktzyklen untersucht oder es werden ökologische Lebenszyklusbilanzen erstellt, um die lebenslangen Auswirkungen von verschiedenen Produktvarianten evaluieren und vergleichen zu können (vgl. Schmidheiny 1992: 27). In der Organisationsforschung wird das Lebensverlaufsmodell im Rahmen der Evolutions- und Population-Ecology-Ansätze verwendet.[70]

Die konzeptuellen Annahmen der Lebensverlaufsforschung können auch für die Programmentwicklung nutzbar gemacht werden. *Programme* folgen, wie der Lebensverlauf von Individuen, einem selbstreferenziellen Prozess. Programme entwickeln sich von der Programmidee über ihre konzeptionelle Ausarbeitung und einzelne Durchführungsschritte hinaus fort, bis zu dem Zeitpunkt, zu dem die Förderung eingestellt wird. Die Zeitachse verbindet die einzelnen Phasen miteinander, in denen jeweils die Umsetzung spezifischer Planungs- und Handlungsschritte für die sukzessive Akkumulation von Ressourcen sorgt.

Programmverläufe stellen zudem einen multidimensionalen Prozess dar, sie konstituieren sich aus verschiedenen Programmbereichen (z.B. Entwicklung der Programmstrategie, Organisationsentwicklung, Finanzierung etc.), die wechselseitig aufeinander bezogen sind und sich gegenseitig beeinflussen. Wie beim Lebensverlauf eines Individuums sind einzelne ‚Bereiche' in unterschiedlichen ‚Lebenssituationen' und abhängig vom Alter unterschiedlich bedeutsam.

---

68 Vgl. u.a. Kohli 1978a u. b, 1985; Müller 1978 u. 1930; Baltes u.a. 1986; Sørensen u.a. 1986; Voges 1987; Barnett 1988; Elder u. Caspi 1990; Hagestad 1990; Fuchs-Heinritz 1990; Meulemann 1990; Blossfeld 1989, 1990 a, b, c, 1993; Carroll u.a. 1990; Brüderl 1991; Diekmann u. Weick 1993; Blossfeld u. Shavit 1993; Lauterbach 1994; Heinz 1995; Mayer 1990 a u. b, 1997, 2001; Brückner u. Mayer 1998; Hullen 1998; Blossfeld u. Stockmann 1998/99; Konietzka 1999; Kohli u. Künemund 2000; Sackmann u. Wingens 2001; Hillmert 2001. Zu einer Auswahl von Forschungsarbeiten und weiterer Literatur vergleiche den zusammenfassenden Aufsatz von Blossfeld und Hunink 2001.

69 Vgl. Brandtstädter (1990) zu den Ansätzen und Problemen der „Lebensspannen-Entwicklungspsychologie" sowie Heckhausen 1990 und Baltes u. Baltes 1986; Diewald u.a. 1996.

70 Vgl. u.a. Freeman u. Hannan 1975; Hannan u. Freeman 1977, 1988a u. b, 1989; Aldrich 1979; Kimberley; Miles u.a. 1980; Freeman 1982; McKelvey u. Aldrich 1983; Kasarda u. Bidwell 1984; Carroll 1984 u. 1988; Astley 1985; Kieser 1985, 1988, 1989, 1992, 1993g: 243ff.; Barnett 1988. Vgl. zusammenfassend Bea u. Göbel 2002: 148ff.; Kieser 1999: 253ff.; Kieser 2002.

Der Verlauf eines Programms ist zudem in differenzierte gesellschaftliche Mehrebenenprozesse eingebettet. Ein Programm wird nicht unabhängig von anderen, existierenden oder geplanten Programmen entwickelt. Verschiedene Akteure verfolgen mit einem Programm oft unterschiedliche Ziele, Programme werden in Abhängigkeit vorhandener gesellschaftlicher, institutioneller und organisatorischer Rahmenbedingungen entwickelt, soziale und regionale Kontexte sind zu berücksichtigen und sie müssen sich ökonomischen, sozialen, politischen, rechtlichen und kulturellen Veränderungen anpassen.

Dabei können Programme natürlich auch gestaltend auf Strukturen und Prozesse einwirken. Da sie umgekehrt äußeren Einflüssen ausgesetzt sind, ist die Entwicklung von Programmen nicht immer prognostizierbar. Dennoch werden sie *geplant* und so wird versucht zu steuern, dass die Programmziele möglichst in den vorgegebenen Fristen erreicht werden. Insoweit unterscheiden sich Programmverläufe von Lebensverläufen, da sie häufig von Anfang an in allen einzelnen Umsetzungsschritten rational durchgeplant werden – manchmal am ‚grünen‘ Tisch einer Planungsinstitution, manchmal partizipativ mit den Betroffenen.

Ist die Programmkonzeption entwickelt und sind die Finanzmittel dafür bereitgestellt, kann mit der *Umsetzung* begonnen werden. Dabei achten die Programmverantwortlichen – wie ein Individuum in seinem persönlichen Lebensverlauf – darauf, eine möglichst optimale ‚Lebens‘- d.h. hier Programmgestaltung zu realisieren. Hierfür werden Monitoring- und Evaluationsinstrumente eingesetzt, um Daten für das ‚Re-planning‘ und die (Um-) Steuerung eines Programms zu erhalten. Nicht immer nimmt das Programm einen linearen Verlauf. Im Gegenteil, plötzlich auftretende Ereignisse und veränderte Rahmenbedingungen erfordern nicht nur Kurskorrekturen, sondern machen manchmal sogar ein In-Frage-stellen der intendierten Programmziele selbst notwendig.

Mit ansteigendem Alter, also wachsender Programmlaufzeit, sollten sich zunehmend die erwünschten Wirkungen zur Zielerreichung einstellen, so dass das Programm – falls es zeitlich befristet angelegt ist – zu einem *Abschluss* kommen kann. Auch nach dem Förderende sind weitere Wirkungen eines Programms zu erwarten. Sehr oft sind Förderprogramme gerade deshalb aufgelegt worden, um dauerhaft Strukturen zu verändern oder bei bestimmten Zielgruppen Verhaltensänderungen herbeizuführen. So soll z.B. ein Programm zur Energieeinsparung Menschen dazu bewegen, auch nach dem Förderende sparsam mit Energie umzugehen, oder ein Programm zur Integration von Behinderten in den Arbeitsprozess soll Unternehmern die Möglichkeit bieten, positive Erfahrungen mit Behinderten zu sammeln, so dass sie langfristig ihr Einstellungsverhalten ändern, oder ein Programm zur Steigerung der Effizienz der Steuerverwaltung soll die vorhandenen administrativen Strukturen und Abläufe so verändern, dass auch nach dem Programmende das Programmziel noch erreicht wird.

Zusammenfassend lässt sich der *Lebensverlauf* eines Programms grob in *drei Hauptphasen* zerlegen (vgl. Abbildung 3.3): In die (1.) *Planungs-* und (2.) *Implementationsphase* während der Programmlaufzeit und (3.) in die Zeit nach Abschluss der Programmförderung (*Ex-post-Wirkungsphase*). Der Beginn des Lebensverlaufs eines Programms kann mit der Formulierung einer Programmidee (t1) markiert werden. Die verschiedenen ‚Lebens‘-phasen eines Programms – wie die Programmprüfung, die Ausarbeitung von Konzepten, gegebenenfalls die Formulierung eines Angebots und die Auftragserteilung ein Programm durchzuführen, die einzelnen Phasen der Durchführung (t2-tn), die Vorbereitung des Förderendes (tF) sowie die Zeit nach der Programmförderung (tnF) – um nur einige zu nennen – sind durch jeweils typische Probleme charakterisiert. Sie lassen sich voneinander abgrenzen und sind anhand einer Vielzahl prozessproduzierter Daten, die z.B. in Anträgen, Angeboten, Programmbeschreibungen, Operationsplänen, Fortschrittsberichten, Monitoringdokumenten, Evaluations- und Abschlussberichten etc. vorliegen, gut analysierbar.

Der *heuristische Vorteil der Lebensverlaufsperspektive* besteht vor allem aus zwei Aspekten:

- Das Denkmodell des Lebensverlaufs bietet einerseits die Möglichkeit, die *Nachförderphase*, in der sich die Nachhaltigkeit eines Programms zeigt, als *integrierten Bestandteil des Lebensverlaufs* eines Programms zu erkennen. Wie die Sequenzen im Lebensverlauf eines Individuums, bauen die einzelnen Programmphasen aufeinander auf und sind im Zeitverlauf daraufhin geordnet, die Programmziele sukzessive umzusetzen.
- Andererseits hebt die Lebensverlaufsperspektive die *kausale Verkettung der einzelnen Phasen* hervor. Dabei wird deutlich, dass die *Nachhaltigkeit* eines Programms schon *durch die Programmauswahl* beeinflusst wird und dass die während der *Förderlaufzeit geschaffenen materiellen und immateriellen Strukturen* das Fundament für die langfristigen Programmwirkungen bilden.

Abbildung 3.3: Lebensverlaufsmodell

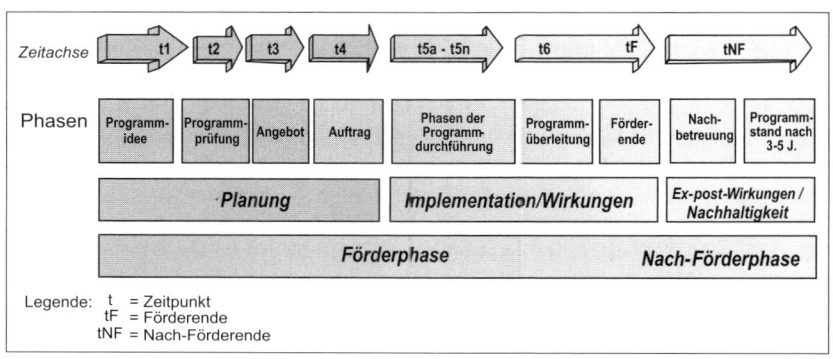

3.4 Organisationstheoretische Konzeption

3.4.1 Das zu Grunde liegende Wirkungsmodell

Institutionalisierte Leistungsangebote und Programme werden von Organisationen erbracht bzw. durchgeführt, die deshalb auch als Durchführungsorganisationen oder Trägerorganisationen bezeichnet werden. Mit der Durchführung werden vorhandene oder speziell dafür gebildete organisatorische Einheiten beauftragt, um spezifische Ziele zu erreichen. Häufig sollen dadurch Neuerungen (Innovationen) ein- oder herbeigeführt werden (vgl. Kapitel 3.5). Diese können einerseits darauf abzielen, *interne Veränderungen* bei einer Durchführungsorganisation (z.B. staatliche Einrichtungen, Verbände, Stiftungen oder andere Nicht-Regierungsorganisationen) oder andererseits in anderen *externen sozialen Systemen* hervorzurufen (z.B. Organisationen oder Subsystemen der Gesellschaft). D.h. Durchführungsorganisationen (Programmträger) können sowohl Objekte des Wandels sein, als auch als Transmitter für die Diffusion von Veränderungsprozessen dienen.

An einem konkreten Beispiel soll diese Sichtweise illustriert werden: Die Industrie-, Handels- und Handwerkskammern (Trägerorganisationen) beschließen ein Programm zur Umweltberatung durchzuführen. Ziel des Programms ist einerseits die nachhaltige Etablierung von Beratungsstrukturen in den Kammern und andererseits die wirkungsvolle Beratung von Unternehmen in Umweltfragen, so dass diese ihre Verfahrensweisen und Strukturen ändern.

Für die Durchführung des Programms werden spezielle organisatorische Einheiten (Umweltberatungsstellen der Kammern) gebildet, die Beratungen bei Unternehmen durchführen. Auf diese Weise sollen bei den beratenen Unternehmen Innovationen (z.B. energiesparende Fertigungsmethoden, Verwendung umweltgerechter Baustoffe etc.) eingeleitet werden. Je mehr Unternehmen diese Innovationen einführen, umso größer sind die Diffusionswirkungen. Zusätzliche Diffusionseffekte (Multiplikatorwirkungen) würden entstehen, wenn auch Unternehmen diese Innovationen übernehmen, die nicht beraten wurden (z.B. weil sie sich als profitabel oder kostengünstiger erweisen).

Da *Organisationen* Programme durchführen oder Dienstleistungen anbieten, die Wirkungen entfalten sollen, kommt ihnen und ihren Beziehungen zu anderen Organisationen oder gesellschaftlichen Subsystemen bei Wirkungsevaluationen eine besondere Bedeutung zu. Nach dieser Sichtweise entfalten Programme innerhalb von und durch Organisationen Wirkungen und sind umgekehrt über ihre Trägerorganisationen externen Einflüssen (z.B. Anforderungen) durch die sie umgebenden sozialen Systeme ausgesetzt. Solche Systeme können andere Organisationen (z.B. die beratenen Organisationen, wie kleine und mittlere Unternehmen, Handwerksbetriebe) oder politische, ökonomische, soziale, kulturelle, ökologische, regionale, internationale etc. Bezugssysteme sein. Programminterventionen, die Trägerorganisation und externe Einflussfaktoren, stellen somit die unabhängigen Variablen und

Rahmenbedingungen für die erzielten intendierten wie nicht-intendierten Resultate (Effekte, Wirkungen) dar.

Diese Interdependenz ist in Abbildung 3.4 dargestellt. Im Zentrum des ‚Modells' steht das Programm, das – möglicherweise als organisatorische Teileinheit – in eine Trägerorganisation eingebettet ist. Im Rahmen der Programm-Zielsetzungen sollen mit Hilfe aufeinander abgestimmter Maßnahmenbündel Innovationen innerhalb und außerhalb der Trägerorganisation eingeleitet werden. Dabei werden die Wirkungsmöglichkeiten des Programms einerseits durch die Trägerorganistion – interne Umwelt – beeinflusst und andererseits durch die Systeme, die die Trägerorganisation, und damit das Programm, umgeben – die externe Umwelt. Die externen Umweltbereiche können unterstützend auf die Zielsetzung wirken oder als ‚Gegenkräfte' die Zielerreichung be- oder verhindern.

Abbildung 3.4:   Wirkungsmodell[71]

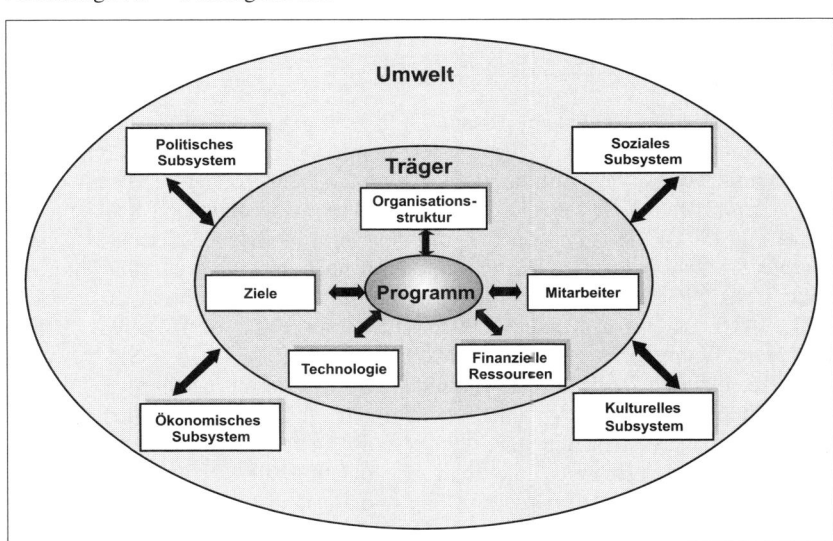

Um diese Konstellation analysieren und um Zusammenhänge erkennen und erklären zu können, eignen sich vor allem *organisationstheoretische Ansätze*. Eine genauere Betrachtung dieser Ansätze zeigt, dass Organisationen, je nach Erkenntnisinteresse, aus ganz unterschiedlichen Blickwinkeln analysiert werden können:

---

71 Bei den Subsystemen wurde eine Auswahl vorgenommen. Welche Subsysteme in einem Organisationsmodell von Bedeutung sind, hängt von der Art des durchgeführten Programms ab.

Der bürokratietheoretische Ansatz interessiert sich vor allem für Organisationen als Herrschaftssysteme, strukturtheoretische (tayloristische) Ansätze thematisieren den Aspekt der Aufgabenerfüllung von Organisationen, der Human-Relations-Ansatz fokussiert sich auf das Zusammenleben der Menschen in Organisationen, der situative Ansatz betrachtet Organisationen als offene Systeme, die unter bestimmten Kontextbedingungen agieren, und der evolutionstheoretische Ansatz führt diese Perspektive mit ökologischen Entwicklungsmodellen weiter, der entscheidungstheoretische Ansatz beschäftigt sich vor allem damit, wie Individuen mit unterschiedlichen Interessen rationale Entscheidungen treffen, der Property-Rights-Ansatz interessiert sich für die Verfügungsrechte in Organisationen, der Transaktionskosten-Ansatz versteht Organisationen als alternatives institutionelles Arrangement zum Markt, die Agenturtheorie behandelt vor allem die Institution des Vertrages und der interpretative Ansatz rückt die Alltagsdeutung der Organisationsmitglieder in den Mittelpunkt.[72]

3.4.2 Elemente einer Organisation

Wenn sozialer Wandel als ein wesentlich über Organisationen laufender Transferprozess verstanden wird (vgl. Stockmann 1987), der durch in Organisationen angesiedelte Programme und Projekte angestoßen oder verstärkt werden kann, dann bieten sich vor allem jene organisationstheoretischen Konzepte zur Erklärung der Wirkungen von Programmen an, die Organisationen als *offene soziale Systeme* begreifen, die der Intention nach *rational gestaltet* sind, um spezifische Ziele zu erreichen (vgl. Thompson 1967: 66ff.; Scott 2003: 33ff.; 82ff., 141ff.; Kieser u. Kubicek 1992: 4ff.; Kieser 2002: 169ff.; 1993f: 161ff.; Kieser u. Walgenbach 2003: 6ff.; Müller-Jentsch 2003: 20ff.). Sie verfügen über eine *formale Struktur* und verwenden eine bestimmte *Technologie*, um die Aktivitäten ihrer *Mitglieder* auf die verfolgten *Ziele* hin auszurichten.[73] Nicht thematisiert werden in den gängigen soziologischen Organisationskonzepten die *finanziellen Ressourcen*, die einer Organisation zur Verfügung stehen. Da diese Dimension zur Aufgabenerfüllung und Bestandssicherung einer Organisation jedoch von zentraler Bedeutung ist, wird sie hier mit in die Analyse aufgenommen.

---

72 Vgl. die sehr übersichtliche synoptische Darstellung in Bea u. Göbel (2002: 201ff.). Gute Überblicke leisten auch Kieser 2002 oder die Zusammenstellung von Hauptwerken der Organisationstheorie von Türk 2000. Vgl. auch Frese 1992; Walter-Busch 1996 und Schreyögg 1999.

73 Vgl. u.a. Barnard 1938: 4; March u. Simon 1958: 4; Blau u. Scott 1963: 5; Etzioni 1964: 3; Hage u. Aiken 1969: 366ff.; Mayntz u. Ziegler 1976: 11; Mayntz 1977: 36 u. 40; Scott 2003: 19ff.; Kieser u. Kubicek 1992: 4; Bea u. Göbel 2002: 2; Abraham u. Büschges 2004: 109ff.

Damit lassen sich die Elemente, die eine Organisation konstituieren, ableiten. Es handelt sich um

- die Ziele,
- die Mitglieder (Beteiligte),
- die formale Struktur (Organisationsstruktur),
- die Technologie und
- die finanziellen Ressourcen einer Organisation.[74]

Da in dieser Arbeit Organisationen als ‚offene Systeme' behandelt werden, stellt die ‚*Umwelt*' als externes Merkmal einen weiteren unverzichtbaren Bestandteil dieses Organisationskonzepts dar.[75] Im Folgenden sollen die *Elemente der Organisation* im Einzelnen kurz skizziert werden:

Ziele und Strategien
In fast allen Definitionen von Organisation ist die *Zielgerichtetheit* oder *Zweckbezogenheit* ein Definitionsmerkmal.[76] In der Verfolgung von Zielen wird der Hauptgrund für die Bildung von Organisationen gesehen (vgl. Barnard 1938: 37). Das Ziel stellt den gemeinsamen Bezugspunkt zwischen den Beteiligten her (vgl. Blau u. Scott 1963: 2f., Mayntz 1977: 43 u. 58ff., Scott 2003: 293) und gibt die oberste Verhaltensmaxime vor. Die Organisationsstruktur ist ein Mittel, um das Verhalten der Mitglieder im Hinblick auf die Ziele zu steuern (vgl. Kieser u. Walgenbach 2003: 7ff.; Bea u. Göbel 2002: 210).

Ziele erfüllen in Organisationen *zahlreiche Funktionen*. Ziele können
- Kriterien für die Entwicklung von und für die Entscheidung zwischen alternativen Handlungsstrategien an die Hand geben (kognitive Funktion),
- für die Beteiligten die Funktion einer Identifikations- und Motivationsquelle haben,
- aktuelle Rechtfertigungen für zurückliegende Handlungen bieten,
- Kriterien zur Bewertung von Arbeitsleistungen, Mitgliedern und Aktionsprogrammen liefern und
- ideologische Leitlinien darstellen, an denen die Beteiligten ihre Mitarbeit ausrichten.

---

74 Jedes dieser Elemente ist in der Organisationsforschung von einzelnen Autoren unter Vernachlässigung der anderen Elemente als das bedeutendste Merkmal herausgestellt worden (vgl. Scott 2003: 24).
75 Vgl. u.a. Udy 1959; Woodward 1965; Thompson 1967; Perrow 1967; Pugh u.a. 1969; Blau 1970; Hickson u.a. 1971; Gabraith 1973; March u. Olson 1976; Meyer u. Rowan 1977; Pfeffer u. Salancik 1978; Mayntz 1977; Scott 2003; Kieser u. Kubicek 1992; Kieser 1993f u. 1999; Bea u. Göbel 2002.
76 Zu den verschiedenen Konzepten und den Problemen, die mit dem Zielbegriff verbunden sind vgl. vor allem Mayntz u. Ziegler 1976: 36ff.; Mayntz 1977: 58ff.; Hauschildt u. Hamel 1978: 237ff.; Hauschildt 1980: 2419ff.; Kubicek 1981: 458ff.; Scott 2003: 292ff.; Berger u. Bernhard-Mehlich 1993: 141ff.; Aldrich 1999; Bea u. Göbel 2002: 14ff. u. 210; Endruweit 2004: 100ff.; Abraham u. Büschges 2004: 109ff.

Mitglieder

Den Mitgliedern von Organisationen ist gemeinsam, dass ihre Aktivitäten mit Hilfe der Organisationsstruktur zur Erreichung der Ziele gebündelt werden. Die *formale Form der sozialen Einbindung* in eine Organisation basiert auf Vertragsbeziehungen, z.B. einem Arbeits- oder Werkvertrag, die der Organisation bzw. ihren Vertretern das Recht zur weiteren Präzisierung von Anforderungen und Vorgaben einschließlich organisatorischer Regelungen für das Mitglied einräumen (vgl. Kieser u. Walgenbach 2003: 12ff.). Dabei bezieht sich die *Mitgliedschaft* jedoch nicht auf die gesamte Persönlichkeit, sondern nur auf bestimmte Handlungen und Leistungen des Mitglieds. In einer weitergefassten Definition lassen sich alle Personen als Mitglieder einer Organisation begreifen, die gemäß den Regeln der Organisation zur Erreichung der Ziele einen Beitrag leisten (vgl. Etzioni 1961, Steinmann u. Gerum 1978: 5ff., Simon 1981, Scott 2003: 21; Müller-Jentsch 2003: 26f.; Abraham u. Büschges 2004: 197ff.).

Formale Struktur (Organisationsstruktur)

Die Organisationsstruktur oder formale Struktur einer Organisation bezeichnet die „patterned or regularized aspects of the relationship existing among participants in an organization" (Scott 2003: 18). Die Organisationsstruktur bezieht sich einerseits auf das relativ stabile Netzwerk von sozialen Beziehungen, das den einzelnen Mitgliedern eine bestimmte Position und einen bestimmten Status zuweist, und andererseits auf das System gemeinsamer Werte und Orientierungen, das als Standard für das Verhalten der Organisationsmitglieder dient (vgl. Blau u. Scott 1963: 5).[77] *Formale Strukturen* bestehen aus relativ konstanten Mustern, die sich aus den gesetzten Regelungen konstituieren, um bestimmte Verhaltensweisen herbeizuführen. Um dies möglichst rational zu erreichen, werden die sozialen Beziehungen zwischen den Mitgliedern bewusst geordnet und institutionalisiert. Darüber hinaus existiert auch ein *Strukturmuster informeller Beziehungen*.

Da Organisationen ihre Leistungen arbeitsteilig erbringen, ist eine offizielle Verteilung der zur Zielerreichung notwendigen Aktivitäten auf die einzelnen Mitglieder (*Arbeitsteilung*) als auch eine *Koordination* dieser Aktivitäten erforderlich. Neben Verfahrensrichtlinien ist die Hierarchie ein zentrales Koordinationsinstrument. Die mit Entscheidungs- und Weisungskompetenzen ausgestatteten Instanzen bilden das *Leitungssystem*, auch Konfiguration genannt. Die umfangmäßige Verteilung der Entscheidungsbefugnisse, die Kompetenzverteilung in einer Organisation, wird unter der Dimension Entscheidungsdelegation betrachtet. Die *Entscheidungsdelegation* ist umso größer, je

---

77 Davis (1949: 52ff.) unterscheidet zwischen der normativen Struktur, die die Werte, Normen und Rollenerwartungen einschließt und der Verhaltensstruktur, die das tatsächliche Verhalten betrifft. Beide Komponenten zusammen nennt er die Sozialstruktur einer Organisation. Scott (2003: 18ff.) folgt dieser Terminologie. Hier wird stattdessen der gängige Begriff der Organisationsstruktur verwendet.

mehr Entscheidungsbefugnisse aufgrund genereller Regelungen offiziell auf die unteren Hierarchieebenen verteilt werden. Der Einsatz schriftlich fixierter organisatorischer Regeln in Form von Organisationsschaubildern, -handbüchern, Richtlinien und Stellenbeschreibungen etc. bestimmt den Grad der *Formalisierung* einer Organisation. Mit diesen fünf *Strukturparametern*,

* der Arbeitsteilung (Spezialisierung, interne Differenzierung),
* der Koordination,
* dem Leitungssystem (Konfiguration),
* der Kompetenzverteilung (Entscheidungsdelegation) und
* der Formalisierung

lässt sich die formale Organisationsstruktur analysieren (vgl. ausführlich Lawrence u. Lorsch 1967a u. 1969, Hill u.a. 1974, Grochla 1978: 30ff., Türk 1978: 101ff., Bea u. Göbel 2002: 210ff.; Kieser und Walgenbach 2003: 16ff. u. 71ff.; Müller-Jentsch 2003: 39ff.; Abraham u. Büschges 2004: 130ff.).[78]

Formale Organisationsstrukturen entstehen nicht nur per Dekret durch die mit solchen Rechten ausgestatteten Positionsinhaber, sondern auch dadurch, dass sich Organisationsmitglieder untereinander explizit auf bestimmte Vorgehensweisen einigen. Regeln können das Produkt weitgehend unbewusst ablaufender kollektiver Lernprozesse sein, wenn Organisationsmitglieder mit der Zeit für bestimmte wiederkehrende Aufgaben Routineprogramme entwickeln, indem sie Handlungsmuster wiederholen, die sich in der Vergangenheit als zweckmäßig erwiesen haben. Solche Handlungsmuster sind oft in der Tradition angelegt und werden durch Sozialisationsprozesse während der Ausbildung und der Arbeit weitergegeben (vgl. Kieser u. Walgenbach 2003: 21).

Technologie
Jede Organisation ist ein soziales Gebilde, in dem eine bestimmte Art von Arbeit geleistet wird. Scott (2003: 22) bezeichnet deshalb Organisationen als einen Ort, an dem zum Zweck der Veränderung von Materialien Energie verausgabt wird, und als einen Mechanismus, der Input in Output umwandelt. Dieser Prozess macht eine *technische Ausstattung* und ein *inhaltliches Programm* zur Steuerung der Produktions- und Dienstleistung erforderlich. Jede Organisation, die Arbeit leistet, verfügt deshalb über eine *Technologie*[79] zur Ausführung dieser Arbeit (vgl. Brinkerhoff u. Goldsmith 1992: 372). Während manche Organisationen einen materiellen Input verwenden, um daraus Werkzeuge, Maschinen oder sonstige Hardware herzustellen, erbringen andere Organisationen Sozialisationsarbeit: „ihre Produkte bestehen aus kenntnisreicheren Individuen" (ebenda). Zu diesen letzteren Organisationen zählen

---

78 Dieses Konzept der Organisationsstruktur knüpft am Bürokratiemodell Max Webers (1976) und an der Organisationslehre an.

79 Dieses erweiterte Begriffsverständnis von Technologie wurde von Perrow (1965) sowie von Thompson und Bates (1957/58: 325ff.) vorgeschlagen und von Scott (2003) übernommen. Perrow fasst unter dem Technologiebegriff alle Techniken zusammen, durch die (mit oder ohne irgendwelche technische Apparaturen) Objekte (Symbole, Personen oder physische Objekte) verändert werden.

zum Beispiel Schulen, Hochschulen und Ausbildungsstätten. Technologien behandeln die in einer Organisation angewendeten Verfahren und die benutzten technischen Ausrüstungen (vgl. Steffens 1980: 2236f.; Müller-Jentsch 2003: 23). Zum Beispiel umfasst die Technologie von Berufsbildungsorganisationen und Technischen Schulen sowohl das Wissen über die Verfahren zur Vermittlung von Kenntnissen und Fertigkeiten (wie es z.B. in Lehrprogrammen, Curricula, Ausbildungsordnungen etc. enthalten ist) als auch das Wissen über die dabei einzusetzende Technik und die hierfür benutzte technische Ausstattung (wie z.B. Maschinen, Werkzeuge, Geräte etc.).

Finanzielle Ressourcen

In soziologischen Organisationstheorien werden finanzielle Ressourcen, die eine Organisation zur Erhaltung ihrer Funktionsfähigkeit benötigt, unterbewertet. Doch ohne Alimentierung oder Selbstfinanzierung kann keine Organisation langfristig ihren Bestand sichern. Während Wirtschaftsunternehmen über den Verkauf ihrer Produkte die Mittel erwirtschaften, mit denen sie ihre laufenden Ausgaben für Personal und Material decken und Neuinvestitionen tätigen, sind Nonprofit-Organisationen auf staatliche Alimentierung, auf die Erhebung von Gebühren und Mitgliedsbeiträgen oder die Einnahme von Spenden angewiesen.

Umwelt

Keine Organisation ist *ein autarkes Gebilde*, sondern in einer spezifischen physikalischen, technischen, kulturellen und sozialen Umwelt angesiedelt, auf die sie sich einstellen muss (vgl. Scott 2003: 23 u. 228ff., Mayntz 1977: 45, Mayntz u. Ziegler 1977: 84ff.). Die *Umwelt*[80] wirkt in vielfacher Weise in eine Organisation hinein (vgl. Endruweit 2004: 216ff.; Abraham u. Büschges 2004: 241ff.). Die Mitglieder, die eine Organisation rekrutiert, wurden nicht in den Organisationen selbst sozialisiert: „Employees come to the organization with heavy cultural and social baggage obtained from interactions in other social contexts" (Scott 2003: 23). Die Beteiligten sind zudem oft in mehreren Organisationen gleichzeitig Mitglied. Deshalb sind Interessenskonflikte möglich, die das Engagement für eine bestimmte Organisation schwächen können.

Zudem schaffen sich nicht alle Organisationen ihre eigenen Technologien: „rather, they import them form the environment in the form of mechanical equipment, packaged programs and sets of instructions, and trained workers" (Scott 2003: 23). Auch die Ziele einer Organisation werden durch andere soziale Systeme beeinflusst. Letztlich spiegeln sich in der Organisationsstruktur Züge der Umwelt wider: „Structural forms, no less than technologies, are usually borrowed form the environment" (Scott 2003: 24). Teil dieser Umwelt sind auch andere Organisationen, die in Konkurrenz zueinander stehen

---

80 Als eine besonders einflussreiche ‚Schule' entwickelte sich die Kontingenztheorie, auch situativer Ansatz genannt. Gute Kurzdarstellungen geben Kieser 2002; Kieser u. Kubicek 1992: 33ff. Vgl. auch Stockmann 1987a: 30ff.

oder sich zu einem Netzwerk[81] zusammenschließen können, um gemeinsam Ziele zu erreichen.

3.4.3 Leistungsfähigkeit einer Organisation (Effektivität)

Damit Programme oder Leistungsangebote die gewünschten (zielkonformen) Wirkungen entfalten können, müssen sie von leistungsfähigen Organisationen (unter gegebenen Umweltbedingungen) möglichst effektiv umgesetzt werden.

Die Frage, wie gut eine Organisation, gemessen an einem bestimmten Standard funktioniert, wird im Rahmen von *Effektivitätsuntersuchungen* geprüft (vgl. Scott 2003: 350ff.).[82] Hierfür wurde schon eine Vielfalt von Kriterien eingesetzt.[83] Dass nach wie vor ein Mangel an Konsens darüber herrscht, wie ein sinnvolles und valides Instrumentarium zur Messung der Effektivität aussehen könnte, liegt nach Scott (2003: 355) vor allem daran, dass die verschiedenen Forscher ziemlich unterschiedliche Konzeptionen von Organisationen entwickeln, und jede dieser Konzeptionen einen etwas anderen Kriterienkatalog zur Evaluation organisationeller Effektivität impliziert. Bea und Göbel (2002: 17) halten die Anwendung von Effektivitätskriterien zur Bewertung von Organisationsmodellen deshalb für schwierig, weil sich die Anforderungen der Kriterien z.T. widersprechen und genaue Ursache-Wirkungs-Beziehungen unbekannt sind. D.h. welche Wirkungen einzelnen organisatorischen Merkmalen im Hinblick auf die Zielerreichung einer Organisation zugesprochen werden kann, ist wenig fundiert. Hinzu kommt, dass die Bedeutung einzelner Kriterien mit dem situativen Kontext einer Organisation variiert.

Im Rahmen der hier verwendeten organisationstheoretischen Vorstellungen nach, denen Organisationen als Instrumente zur Erreichung von Zielen begriffen werden, ist die *‚Menge und Beschaffenheit der Produkte'* ein zentrales

---

81 Auf die Bedeutung von Netzwerken wird hier nicht näher eingegangen. Netzwerke werden häufig als eine zusätzliche Ebene der Handlungskoordination ‚über', ‚neben' und auch ‚in' Organisationen verstanden (vgl. Rölle u. Blättel-Mink 1998: 84). Innerhalb von Organisationen sind Netzwerke in der Regel nichts anderes als informelle Gruppen (vgl. Endruweit 2004: 26). Zum Netzwerkansatz vgl. u.a. Jansen 2002: 88ff.; Meyer 2002; Schmidt 1998: 55ff.; Benz 1995: 194f.; Pappi, König u. Knoke 1990). Zur Netzwerkanalyse vgl. als Überblick u.a. Carrington u.a. 2005; Cross, Parker u. Cross 2004; Diany u. MacAdam 2004; Jansen 2002a, b, u. 2002. Zu Unternehmensnetzwerken vgl. einführend Müller-Jentsch 2003: 113ff.

82 Effizienztests gehen darüber hinaus und messen nicht nur, ob ein angestrebter Effekt tatsächlich erreicht wurde, sondern auch, ob er mit einem Minimum an Input erzielt wurde (vgl. Scott 2003). Effizienz bemisst sich aus dem Verhältnis zwischen Leistung und Aufwand (Kosten) (vgl. Pfeiffer 1976: 42; Staehle u. Grabatin 1979: 89ff.; Welge u. Fessmann 1980: 578ff; Endruweit 2004: 201).

83 Vgl. Yuchtman u. Seashore 1967: 891ff.; Price 1968; Child 1972: 1ff.; Steers 1975 u. 1977; Spray 1976; Budäus u. Dobler 1977: 61ff., Campbell 1977; Mayntz 1977; Scott 1977a; Cameron 1978: 604 u. 1986: 87ff.; Scott u.a. 1978; Connolly u.a. 1980: 211ff.; Cameron u. Whetten 1983; Zammuto 1984: 606 ff.; Lewin u. Minton 1986: 514ff.; Scott 2003; Scholz 1992: 539ff.; Bünting 1995; Bea u. Göbel 2002: 15ff.)

Kriterium. Hierfür sind *qualifizierte und motivierte Mitarbeiter* erforderlich, die die *Organisationsziele akzeptieren und aktiv unterstützen*. Da Organisationen in einer Interdependenz zu ihrer Umwelt stehen, stellt die *Beschaffung und Verarbeitung von Informationen* eine zentrale Aktivität einer jeden Organisation dar. Zudem ist eine *effiziente Ressourcenverwendung* notwendig. Da ihr langfristiger Erfolg von der Fähigkeit abhängt, Veränderungen in ihrem Aufgabenumfeld zu erkennen und darauf zu reagieren, gelten u.a. ,*Innovations- und Lernfähigkeit'*, ,*Anpassungsfähigkeit'* und ,*Flexibilität'* als besonders ergiebige Kriterien für Effektivität (vgl. Bea u. Göbel 2002: 16f.; Scott 2003: 352, Yuchtman u. Seashore 1967: 898, Weick 1977: 193f.). Diese Kriterien sollen hier zur Effektivitätsmessung verwendet werden.

Um die Fähigkeit einer Organisation beurteilen zu können, ob sie in Interdependenz mit der Umwelt auf Dauer leistungsfähige Strukturen entwickeln und erhalten kann, wird die *Effektivität der einzelnen Organisationselemente* als auch der *Organisation als Gesamtheit* evaluiert. Die Fähigkeit zur effektiven Arbeitsleistung wird dabei anhand *struktureller Indikatoren*[84] bewertet: „Included within this category are all measures based on organizational features or participant characteristics presumed to have an impact on organisational effectiveness." (Scott 2003: 367). So können Industriebetriebe z.B. nach dem Wert und Alter ihrer Maschinen, Krankenhäuser an der Zulänglichkeit ihrer Einrichtungen und Schulen nach der Qualifikation ihrer Lehrer beurteilt werden.

Diese Indikatoren messen jedoch nicht die tatsächliche Aufgabenbearbeitung, sondern nur die *potentielle Leistungsfähigkeit von Strukturen*. Da strukturelle Indikatoren deshalb nur eingeschränkt als Effektivitätsmaßstab zu gebrauchen sind, werden sie durch Indikatoren ergänzt mit denen Verfahrensmessungen vorgenommen werden können. Diese konzentrieren sich auf die Quantität und Qualität der Tätigkeiten, die in einer Organisation verrichtet werden. *Verfahrensmessungen* sind deshalb auf das Bemühen, einen Effekt zu erzielen, gerichtet und nicht auf den Effekt selbst. Verfahrensmessungen evaluieren vornehmlich die Anstrengung und nicht das ausgeführte Werk. Während *strukturelle Indikatoren* messen, *was potentiell machbar ist*, messen *Verfahrensindikatoren, was gemacht wurde*. Ein Beispiel: Mit Hilfe struktureller Indikatoren kann die Kompetenz eines Ausbilders ermittelt werden (potentielle Leistungsfähigkeit). Anhand von Verfahrensindikatoren wird dann gemessen, welche Tätigkeiten der Ausbilder tatsächlich verrichtet hat (erbrachte Leistung). Die Personalkomponente der Organisation würde nur dann als effektiv bezeichnet werden, wenn das Personal nicht nur qualifiziert, sondern auch entsprechend tätig ist. Die Durchführung von qualifizierter Ausbildung in einer Berufsbildungseinrichtung setzt demnach nicht nur das Vorhandensein qualifizierten Personals voraus, sondern auch, dass diese Ausbilder tatsächlich unterrichten und nicht etwa anderen Tätigkeiten nachgehen.

---

84 Zum Indikatorenbegriff vgl. Kapitel 4.3.3 in diesem Buch.

Für die *Bewertung der organisatorischen Leistungsfähigkeit* mit Hilfe struktureller und verfahrensmäßiger Indikatoren werden die hier als *konstituierende Elemente einer Organisation* definierten Merkmale benutzt. Das heißt, die organisatorische Leistungsfähigkeit wird umso höher eingeschätzt, je mehr

- es gelungen ist, ein Zielsystem zu etablieren, das von den Organisationsmitgliedern akzeptiert und unterstützt wird,
- die Organisationsmitglieder qualifiziert und motiviert sind und es gelingt, solche Mitglieder zu rekrutieren und zu halten,
- Organisationsstruktur und Funktionsweise eine effektive Transformation von Mitteln in Leistung erlauben,
- die technische Ausstattung und Programmkonzeption den Leistungs-/Produktionsanforderungen entsprechen,
- die Kosten der Organisation gedeckt werden können und
- alle Organisationselemente so anpassungsfähig und flexibel sind, dass aufgrund veränderter Umweltbedingungen erforderlich werdende Neuerungen ohne Leistungseinbußen verarbeitet werden können.[85]

Die Frage nach der *Leistungsfähigkeit* einer Organisation ist *mit* der hier verwendeten *Lebensverlaufsperspektive* verbunden, da sich die Effektivität im Zeitverlauf erheblich verändern kann (vgl. Mayntz 1977: 137). Dies gilt insbesondere für Programme, in denen die Steigerung der Leistungsfähigkeit von Durchführungsorganisationen ein explizites Ziel ist. Um festzustellen, ob eine Organisation leistungsfähig ist, d.h. ihre Aufgabenstellung effektiv erfüllt, und wie sich dies über den Zeitverlauf verändert hat, werden die einzelnen Organisationselemente auf ihre *Leistungsfähigkeit* hin *zu verschiedenen Zeitpunkten* untersucht. Leistungseinschätzungen können z.B. zum Förder-/Programmbeginn (Baseline), zum Förder-/Programmende und nach dem Förder-(Programm)ende vorgenommen und miteinander verglichen werden. Zudem ist zu klären, ob Änderungen in der Leistungsfähigkeit einzelner Kriterien auf Programminterventionen oder andere (Umwelt-)Faktoren zurückzuführen sind.

Das eingangs entwickelte Wirkungsmodell lässt *verschiedene kausale Betrachtungsweisen* zu. Nacheinander können zwei Analyseperspektiven eingenommen werden (vgl. Abbildung 3.5): Zuerst werden die Programminterventionen als Unabhängige Variablen (UV) und die Organisationselemente als Abhängige Variablen (AV) betrachtet, um zu prüfen, ob die Interventionen (Inputs) – unter gegebenen Rahmenbedingungen – auf den verschiedenen Dimensionen der Durchführungsorganisation Veränderungen bewirkt haben. So können die Schaffung von Akzeptanz für die Programmziele in der Organisation, die Aus- und Weiterbildung von Personal zur Erreichung der Programmziele, die Verbesserung von Kommunikationsstrukturen, die Optimie-

---

85 Ähnliche Kriterien zur Messung der „Leistungswirksamkeit einer Organisation" nennt Mayntz 1977: 137f. Vgl. auch Pfeiffer 1976: 42ff.; Türk 1978: 120ff.; Grochla 1978: 23f.; Scott 2003: 18ff.; Kieser u. Kubicek 1992: 57ff.; Kieser 1999: 176; Bea u. Göbel 2002: 15ff.

rung der Koordination oder Arbeitsteilung (Organisationsstruktur), die Versorgung mit technischen Instrumenten und die Sicherstellung der finanziellen Ressourcen notwendige Voraussetzungen für die Programm-Zielerreichung sein.

Wenn die einzelnen Organisationselemente durch die Programminterventionen effektiv gestaltet werden konnten, stellt dieses Ergebnis gleichzeitig einen internen, auf die Durchführungsorganisation bezogenen Programmoutput dar.

In der anschließenden Analyseperspektive werden die internen Programmoutputs (die durch die Programminputs veränderten Organisationsdimensionen) zu Unabhängigen Variablen, mit denen Veränderungen in Bereichen außerhalb des Trägers herbeigeführt werden sollen. Diese externen Bereiche (z.B. das Beschäftigungs- oder Bildungssystem, das ökologische System, das Rechtssystem) nehmen nun die Rolle der Abhängigen Variable ein. Die Diffusionswirkungen der Durchführungsorganisation in diesen, zu spezifizierenden (externen) Bereichen, die mit Hilfe von Indikatoren gemessen werden können, werden dann zum Maßstab für die Effektivität der Durchführungsorganisation. Dies wäre z.B. dann der Fall, wenn es einer Ausbildungseinrichtung gelingt, im Rahmen eines Qualifizierungsprogramms das Beschäftigungssystem mit qualifizierten Fachkräften zu versorgen.

Abbildung 3.5:   Kausalmodell

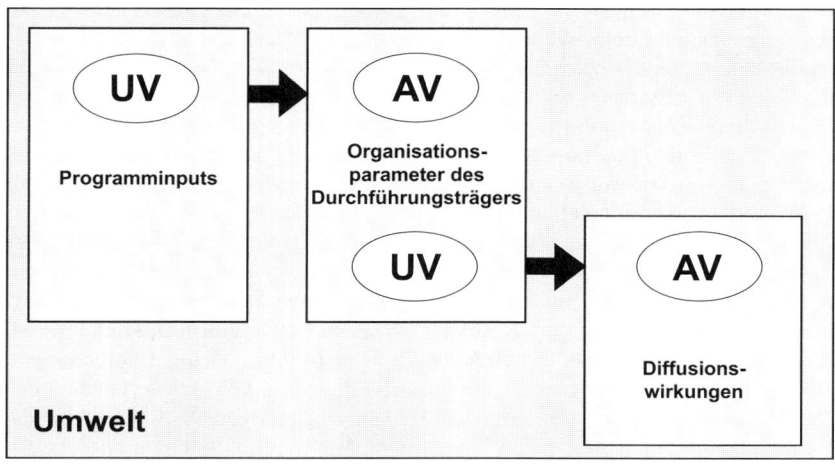

3.5 Innovations- und diffusionstheoretische Konzeption

3.5.1 Innovation

Nach der hier entwickelten organisationstheoretischen Vorstellung verbreiten Programme *Innovationen* in und durch Organisationen. Mit der Frage, unter welchen Bedingungen Verbreitungsprozesse stattfinden, beschäftigt sich die *Diffusionsforschung*. Zuerst wird geklärt, was unter Innovation verstanden wird, dann wird ein Diffusionsmodell vorgestellt.

Traditionell wird *Innovation* mit einem nachweisbaren technologischen Fortschritt gleichgesetzt. Doch der Innovationsbegriff ist vielschichtiger und schließt nicht nur naturwissenschaftlich-technische, sondern auch ökonomische und soziale Neuerungsprozesse mit ein. Dabei wird ‚Innovation' als Synonym für ‚Neuartigkeit' verwendet. Nach einer vielzitierten Kurzformel von Schumpeter (1947: 151) werden Innovationen bezeichnet als „the doing of new things or the doing of things that are already being done in a new way". Demzufolge sind Innovationen schlicht Veränderungen: Etwas ist oder wird „anders als bisher" gemacht (Bechmann u. Grunwald 1998: 5). So gesehen stellen Wiederentdeckungen und Nacherfindungen ebenfalls Innovationen dar: Altbewährte Techniken, Organisationsprinzipien oder Handlungsweisen können durch den Transfer in ‚neue' räumliche und/oder (andere) soziokulturelle Kontexte (z.B. Entwicklungsländer) zu Innovationen werden. ‚Neuheit' ist zwar eine notwendige Bedingung für eine Innovation, doch kann es sich dabei auch nur um eine ‚relative' Neuheit handeln. Was letztlich als Neuerung angesehen wird, „entscheidet schließlich der verwendete Referenzpunkt" (Ewers u. Brenck 1992: 311) und dieser unterliegt einer starken subjektiven Komponente, die selbst wiederum einem Wandel im Zeitverlauf ausgesetzt ist. Die Frage, wie lange etwas als ‚neu', als Innovation gilt, kann nicht allgemeingültig beantwortet werden, sondern hängt vom Kontext, den verwendeten Referenzpunkten und nicht zuletzt von subjektiven Einschätzungen ab (vgl. Deitmer 2004: 32; Koschatzky u. Zenker 1999; Ewers u. Brenck 1992: 311.).

Das politische und wissenschaftliche Interesse konzentriert sich seit Schumpeter (1911, 1939), der eine Innovationstheorie zur Erklärung wirtschaftlicher Konjunkturzyklen entwickelte, auf technische Innovationen. Dabei differenzierte schon Ogburn (1923, 1957), der sozialen Wandel als ständiges Anpassungsdefizit (cultural lag) beschrieb, zwischen *technischen und sozialen Innovationen*. Ein grundsätzlicher ‚genetischer' Unterschied zwischen beiden Innovationsarten wird darin gesehen, dass technische Innovationen aus Materie bestehen, also gegenständlich und soziale Innovationen materielos bzw. abstrakt sind (vgl. Zapf 1989: 170ff.). Henderson (1938) hat sinngemäß zwischen kultureller ‚hardware' und ‚software' unterschieden. Gemeinsam ist beiden Innovationsformen, dass sie Kernbestandteile kultureller Evolution sind und es sich bei beiden um Ergebnisse menschlichen Gestaltungswillens handelt. Während das Zustandekommen, die Funktionsweise und Diffusion von technischen

Innovationen breit erforscht ist, gibt es kaum Arbeiten, die direkt von sozialen Innovationen handeln (vgl. Gillwald 2000: 1).

Soziale Innovationen spielen vor allem im Kontext von Modernisierungs-theorien, die als anwendungsbezogene Fassungen von Theorien des sozialen Wandels gelten, eine zentrale Rolle. Sie sind die wichtigste allgemeine Ur-sache sozialen Wandels. Dementsprechend können soziale Innovationen als geeignete Mittel eingesetzt werden, um gesellschaftliche Herausforderungen zu meistern (vgl. Zapf 1997: 39):

> „Soziale Innovationen sind neue Wege, Ziele zu erreichen, insbesondere neue Organisationsformen, neue Regulierungen, neue Lebensstile, die die Richtung des sozialen Wandels verändern, Probleme besser lösen als frühere Praktiken und die deshalb wert sind, nachgeahmt und institutiona-lisiert zu werden" (Zapf 1989: 17).

Soziale Innovationen treiben die Prozesse des sozialen Wandels bzw. der ge-sellschaftlichen Modernisierung voran. Soziale Innovationen, die vom poli-tisch-administrativen System ausgehen, werden auch als ‚Reformen' bezeich-net. Reformen streben in der Regel Veränderungen innerhalb eines bestehen-den Systems an, ohne die Grundpfeiler des Systems zu verrücken. Stattdessen werden Korrekturen im Sinne einer erwünschten Effizienzverbesserung in Teilbereichen des Systems vorgenommen (vgl. Altmann u. Hösch 1994: 9).

Ein wichtiges Instrument, solche Reformen in Gang zu setzen, sind *Pro-gramme*, so dass diese als *zielgerichtete soziale Innovationen* bezeichnet wer-den können, um Veränderungen in Organisationen oder Systemen auszulösen. Da die Durchführung von Programmen einer organisatorischen Struktur bedarf, werden Innovationen über Organisationen transferiert. Organisationen sind demnach nicht nur Transmitter für sozialen Wandel der über soziale Inno-vationen herbeigeführt wird, sondern – gemäß dem hier entwickelten Organi-sationsmodell – ebenfalls Objekte des Wandels. Soziale Innovationen können sich auch auf Veränderungen in Organisationen beziehen (z.B. Änderung der Produktionsstrukturen, Einsatz neuer Verfahren, Neugestaltung der Organisa-tionsstrukturen, Weiterbildung des Personals). Deshalb bezeichnet Zapf (1989: 179) ‚Innovationsbereitschaft' nicht nur als ein Individualmerkmal sondern auch als ein Merkmal von Organisationen.

Eine Auflistung der verschiedenen *Innovationsarten* (vgl. Mohr 1977: 24f.) macht deutlich, dass dabei immer auch Strukturelemente von Organisationen betroffen sind (vgl. Abbildung 3.6).

Abbildung 3.6: Innovationsarten und Organisationselemente

Art der Innovation	Definition	Organisations-element	Beispiel aus dem Ausbildungs-bereich
Produkt- oder Dienstleistungs-innovation	Einführung neuer Produkte oder Dienstleistungen	Technologie	Ausbildungs-konzeption, Curricula, Berufe
Verfahrens-innovation	Einsatz neuer Verfahren, die eine technologisch fort-schrittlichere Gestaltung der Produktion ermöglichen	Technologie, finanzielle Ressourcen	Lern-, Lehr-, u. Ausbildungs-methoden, Pro-duktionsverfahren, Finanzierungs-methoden
Organisations-strukturelle Innovation	Neugestaltung der formalen Entscheidungs-, Informa-tions- u. Kommunikations-strukturen sowie Änderung der Interaktions- und Auto-ritätsbeziehungen	Organisations-struktur, formale Struktur	Arbeitsteilung, Koordination, Leitungssystem, Kompetenz-verteilung, Forma-lisierung
Personal-innovation	Einstellung und/oder Entlassung sowie Quali-fizierung von Arbeitskräften	Mitglieder, Beteiligte	Personal-rekrutierung, Fluktuation, Aus-bildung

Der organisatorische oder soziale Wandel vollzieht sich chronologisch betrachtet in *Phasen*. Zu Beginn steht eine *Invention* (Erfindung), die das Resultat von Forschung und Entwicklung, aber auch Folge einer zufälligen Entdeckung sein kann. Vom Zeitpunkt des Markteintritts bzw. der Einführung werden die Erzeugnisse als *Innovationen* bezeichnet. In dieser Phase wird das neue Produkt, die neue Verfahrens- oder Verhaltensweise in der Praxis ge-testet. Die begriffliche Unterscheidung zwischen Invention und Innovation wird Schumpeter (1947: 152) zugeschrieben, der zwischen dem „Inventor", der Ideen produziert, und dem „Entrepreneur", der sie umsetzt („get things done") unterschied. Rogers (1995: 11) schließt hingegen neue Ideen in seinen Innovationsbegriff mit ein: „An innovation is an idea, practice, or object that is perceived as new (...)". D.h. Invention und Innovation werden gleichgesetzt (vgl. auch Barnett 1953: 7).

Viel wichtiger als diese Unterscheidung ist die Abgrenzung der nächsten Phase, die durch die Verbreitung der Innovationen charakterisiert ist, die *Diffu-sion*. Erst wenn sich z.B. Verhaltensänderungen verbreiten und von einer Mehrheit praktiziert werden, können sich dauerhaft Wirkungen einstellen und kann die Richtung des sozialen Wandels beeinflusst werden (vgl. Mohr 1977: 28f.; Bollmann 1990: 8f.). Während der Verbreitung einer Innovation können Anpassungsprozesse stattfinden, innovationsimmanent (als Nachbesserung) und innovationsextern (zur Überbrückung von „cultural lags") (Ogburn 1950: 30). Letztere werden notwendig, weil unter sozialen und kulturellen Strukturen und Prozessen vielfältige Verflechtungen bestehen, so dass Veränderungen in ihrem Umfeld ‚Koordinierungslücken' (mal-adjustments) verursachen und entsprechende Anpassungen (adjustments) nach sich ziehen.

Im Unterschied zu technischen Innovationen wird bei sozialen Innovationen darauf verwiesen, dass es sich bei diesen häufig um „selbsterzeugte soziale Erfindungen" (Zapf 1989) handelt, die nicht in Forschungslabors entwickelt wurden und dass es für soziale Erfindungen keinen Markt im klassischen Sinne gibt. Gillwald (2000: 32) weist aber darauf hin, dass sie in alltäglichen Verhaltenszusammenhängen eingeführt werden müssen, was einem Markteintritt ungefähr entspricht. Andernfalls bleiben sie, ebenso wie technische Erfindungen, die in der Schublade verschwinden, bloße Ideen. Die Ausbreitung sozialer Innovationen folgt dem gleichen Muster wie technische Innovationen (vgl. Abbildung 3.7).[86]

Abbildung 3.7:   Phasenmodell der Innovations- und Diffusionsforschung

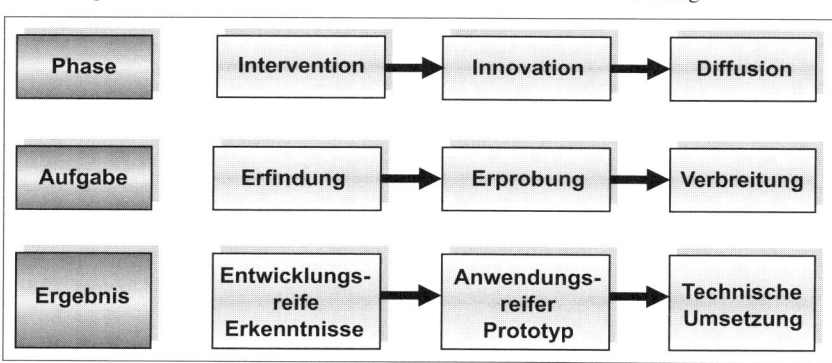

Quelle: In Anlehnung an Mohr 1977: 26

3.5.2 Diffusion

Die *Diffusionsforschung*[87] beschäftigt sich mit den Bedingungen, unter denen eine Verbreitung von Innovationen stattfindet. Nach Rogers (1995: 5) ist Diffusion „the process by which an innovation is communicated through certain channels over time among the members of a social system". Demnach

---

86 Zu den Perspektiven sozialwissenschaftlicher Innovationsforschung vgl. u.a. Tews 2004; Van den Bulte u. Lilien 1999; Sauer u. Lang 1999; Tushmann 1997; Nowotny 1996; Grupp u. Schmoch 1995.
87 Zu den verschiedenen Richtungen der Diffusionsforschung vgl. u.a. Tews 2004; Rogers 1995: 38ff.; Kortmann 1995: 33ff.; Mohr 1977: 33ff. Zur Diffusion von Innovationen in Nonprofit-Organisationen vgl. z.B. Rogers u. Kim 1985.

handelt es sich bei Diffusion um einen spezifischen Typ von Kommunikation „in that the messages are concerned with new ideas" (ebenda). Der *Diffusionsprozess* umfasst die Ausbreitung einer Innovation von der Quelle ihrer Erfindung bis hin zu ihrer Anwendung durch die Nutzer. Dadurch entstehen Veränderungen: „Diffusion is a kind of social change, defined as the process by which alteration occurs in the structure and function of a social system" (Rogers 1995: 6).[88]

Zu den Faktoren, die den Diffusionsprozess positiv wie negativ beeinflussen können, hat Mohr (1977) ein grundlegendes Modell entwickelt. Er unterscheidet vier Gruppen von Variablen: (1.) Die erste Gruppe bezieht sich auf die spezifischen Eigenschaften der jeweiligen Innovation selbst. (2.) Der zweite Komplex setzt sich aus Umweltvariablen zusammen. (3.) Der dritte Variablenkomplex befasst sich mit den Personen, die eine Innovationsidee aufgreifen, über ihre Einführung entscheiden und gegebenenfalls ihre Realisierung durchsetzen. (4.) Die Elemente der formalen Struktur der Organisation, die die Innovation einführt, bilden die vierte Variablengruppe (vgl. Mohr 1977: 19ff.).

Nach der in dieser Arbeit verwendeten Organisationskonzeption werden Personen, die eine Innovation aufgreifen, durchsetzen und an ihrer Realisierung arbeiten, als Mitglieder von Organisationen behandelt. Deshalb werden hier – in Anlehnung an Mohr (1977: 43) – nur *drei Variablengruppen* unterschieden (vgl. Abbildung 3.8).[89]

Abbildung 3.8:   Diffusionsmodell

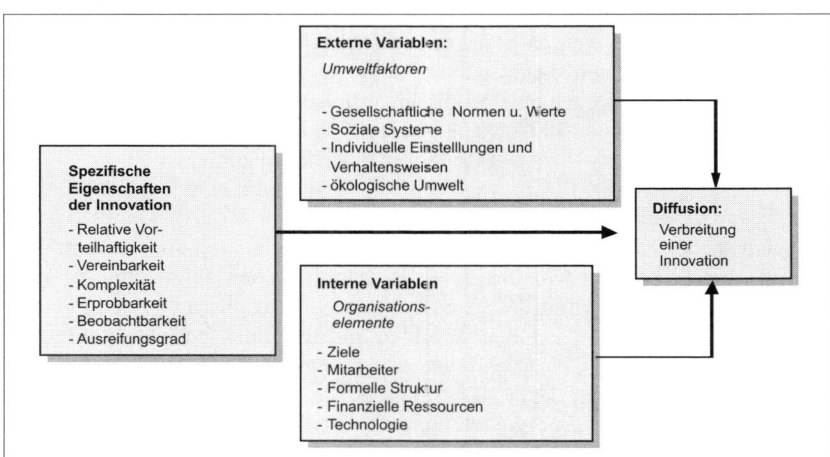

Quelle: In Anlehnung an Mohr 1977: 43

---

88 Ganz ähnlich Katz, Levin und Hamilton 1963: 240.
89 Zum Ablauf des Diffusionsprozesses über die Zeit hinweg und den verschiedenen Adoptionstypen vgl. Rogers 1995: 11 und 20ff.

(1.) Spezifische Eigenschaften der Innovation
In zahlreichen Untersuchungen konnte mittlerweile gezeigt werden, dass eine
Innovation umso eher übernommen wird, „je relativ vorteilhafter, je mehr ver-
einbar mit den vorhandenen Produktionsbedingungen, je weniger komplex, je
besser erprobbar und beobachtbar die Innovation dem Anwender erschien"
(Mohr 1977: 60).[90] Die Punkte im Einzelnen:

Die *relative Vorteilhaftigkeit* einer Innovation besteht darin, dass sie eine
‚bessere' Problemlösung darstellt als die vorhandene. Dieser Vorteil kann z.B.
ökonomischer Art sein, indem die ‚neue' Variante kostengünstiger ist, er kann
sich auf qualitative Aspekte beziehen (besseres Produkt) oder sich aus Zeit-
ersparnissen ergeben. Dabei kommt es nicht so sehr darauf an, ob es sich tatsächlich um objektiv messbare Vorteile handelt:

> „What does matter is whether an individual perceives the innovation as
> advantageous. The greater the perceived relative advantage of an innova-
> tion, the more rapid its rate of adoption will be" (Rogers 1995: 15).

Eine weitere wichtige Bedingung für die Verbreitung einer Neuerung liegt in
dem Ausmaß „to which an innovation is perceived as being consistent with the
existing values, past experiences, and needs of potential adopters" (ebenda).
Unter *Komplexität* einer Innovation wird das Ausmaß verstanden, in dem sich
die Anwendung einer neuen Technologie den potentiellen Anwendern als
relativ schwierig zu verstehen und als schwer zu handhaben darstellt.

Zwei weitere Faktoren, die auf die Verbreitung von Innovationen einen
erheblichen Einfluss haben, sind *Erprobbarkeit* und *Beobachtbarkeit*. Erst
wenn die Vorteilhaftigkeit und Vereinbarkeit einer Innovation erprobt und die
Resultate beobachtet werden können, ist – bei positivem Ergebnis – mit einer
Verbreitung zu rechnen. Dazu gehört, dass die potentiellen Anwender einer
Innovation über entsprechende Kommunikationskanäle von diesen Ergebnissen erfahren (vgl. Mohr 1977: 75; Neun 1985: 113, Rogers 1995: 16). Inwieweit dies gelingt, hängt u.a. vom Reifegrad einer Innovation ab.

(2.) Organisations-externe Variablen
Da auch in der Diffusionsforschung Organisationen als dynamisch-komplexe
Gebilde betrachtet werden, die in einer symbiotischen Beziehung zu ihrer
Umwelt stehen (vgl. Mohr 1977: 64), die wiederum aus anderen Organisationen, Netzwerken und sozialen Gebilden und Systemen besteht, kommt den
organisations-externen Variablen bei der Diffusion von Innovationen eine
besondere Bedeutung zu. Dabei scheint zu gelten, dass sich in der Empfänger-
gesellschaft, die „bereits Voraussetzungen entwickelt hat, die praktisch mit den

---

90 Rogers (1995: 15f.) nennt als Kriterien, die die unterschiedliche Adoptionsrate von Innova-
    tionen erklären: Relative advantage, Compatibility, Complexity, Trialability und Obser-
    vability.

Entwicklungsbedingungen der übertragenen Eigenschaften identisch sind", das übernommene Element am leichtesten verbreitet (Rüschemeyer 1971: 383).[91]

Anders als bei der Übernahme technischer Innovationen, bei denen vor allem der Einfluss der Marktgröße, der Markt-, Nachfrage- und Anbieterstruktur, der Kooperationschancen sowie der Einfluss externer Informationsmöglichkeiten, des Vorhandenseins ausreichender Kapitalmittel, der Quantität und Qualität der zur Verfügung stehenden Arbeitskräfte und der Gesetzgebung analysiert wurde, spielen bei sozialen Innovationen vor allem kulturelle Werte und Normen, die Struktur von sozialen Systemen sowie individuelle Einstellungen und Verhaltensweisen eine Rolle. Welche externen Variablen dies sind, hängt stark von der Innovation ab und kann deshalb nicht allgemeingültig beantwortet werden. Dies soll in einem Beispiel später verdeutlicht werden.

(3.) Organisations-interne Variablen
Der Einfluss organisations-interner Merkmale (inklusive ihrer Mitglieder) auf die Einführung einer Innovation und ihre Verbreitungschancen wurde schon im Zusammenhang mit der Entwicklung der organisationstheoretischen Konzeption thematisiert, so dass hier auf weitere Ausführungen verzichtet werden kann.

Auf eine wichtige Parallele zwischen diesem Ansatz und der Diffusionsforschung soll allerdings hingewiesen werden. Auch in der Diffusionsforschung wird der dauerhaften Leistungsfähigkeit einer Organisation, zu der die Fähigkeit zur flexiblen Anpassung an veränderte Umweltbedingungen gehört, eine besondere Bedeutung für die Verbreitungschancen einer Innovation zugemessen:

> „Der Verwender von Innovationen muss in der Lage sein, die Innovation nicht nur mechanistisch (technisch kompetent) zu gebrauchen, er muss vielmehr die Innovation flexibel und dem Problemlösungsfortgang entsprechend adaptieren und modifizieren können" (Simson u. Schönherr 1985: 79).

Verfügen die Empfänger (Individuen oder Organisationen) nicht über die Fähigkeit „zu schöpferischer Anwendung einer Innovation" (ebenda), steigt die Wahrscheinlichkeit der *Innovationsfixierung* oder *Scheininnovation*. Damit ist gemeint, dass eine Innovation auf dem in der Implementationsphase erreichten Stand fixiert bleibt, d.h. die möglichst originalgetreue Kopie eines Vorbilds wird konserviert und nicht weiterentwickelt.[92] Dieser Fixierungseffekt sollte keinesfalls mit der Nachhaltigkeit eines Projekts oder Programms verwechselt werden, worauf später noch ausführlicher eingegangen wird.

---

91 Mohr (1977: 37) kritisiert an den erziehungswissenschaftlichen Diffusionsuntersuchungen, „dass sie, obwohl die potentiell übernehmenden Einheiten zumeist bürokratisch strukturierte Organisationen sind, alle organisationsstrukturellen Fragestellungen außer Acht lassen".

92 Simson und Schönherr (1985) geben einige sehr eindrucksvolle Beispiele für Innovationsfixierungen.

Hervorzuheben ist, dass die Verbreitung einer Innovation in hohem Maße von ihrer internen und externen Akzeptanz abhängig ist. Intern bedeutet, dass die Mitglieder einer Organisation nur dann die Einführung und Verbreitung einer Innovation unterstützen werden, wenn sie selbst von dieser Innovation überzeugt sind. Mit externer Akzeptanz ist gemeint, dass Akteure außerhalb der programm-implementierenden Organisation ebenfalls nur dann die Innovation übernehmen werden, wenn sie sich einen Nutzen davon versprechen.

An einem *Beispiel* aus dem Berufsbildungsbereich soll der *Entwicklungsverlauf einer Innovation* von ihrer Erfindung bis zur breiten Adoption durch die Nutzer dargestellt werden. In dem gegebenen Beispiel geht es darum, mit Hilfe eines Förderprogramms das Ausbildungssystem eines Landes so zu reformieren, dass die Absolventen die Qualifikationen erhalten, die auf dem Arbeitsmarkt nachgefragt werden.

Die hierfür entwickelten Innovationen beziehen sich u.a. auf (vgl. oben Abbildung 3.6)

- die Entwicklung einer neuen Ausbildungskonzeption (z.B. duale vs. bisher vollschulische Ausbildung) (Produktinnovation),
- die Entwicklung neuer Berufsbilder und Curricula (Produktinnovation),
- die Einführung neuer Lern-, Lehr- und Ausbildungsmethoden (Verfahrensinnovation),
- die Reorganisation der Ausbildungsstätten nach Effizienzkriterien (Organisationsinnovation) und
- die Qualifizierung des Personals, um die neuen Anforderungen erfüllen zu können (Personalinnovation).

Um die Einflussfaktoren des Diffusionsprozesses zu beobachten, soll hier nur die Innovation ‚Einführung dualer Ausbildung‘ weiter betrachtet werden. Gemäß dem ersten Variablenkomplex ‚Spezifische Eigenschaften der Innovation‘ müsste für die Beteiligten zu erkennen sein, dass die neue Ausbildungsform tatsächlich vorteilhaft ist, z.B. weil

- diese für den Staat wesentlich kostengünstiger ist,
- diese den Unternehmen ein Mitspracherecht bei den Ausbildungsinhalten einräumt,
- diese die praktische Ausbildung stärkt,
- dadurch die Auszubildenden schon früh in die Produktion eingebunden werden können,
- dadurch wiederum finanzielle Vorteile für die Unternehmen entstehen (die die Ausbildungskosten ausgleichen oder sogar übersteigen),
- diese dazu beiträgt, dass die Qualität der Produkte sich verbessert,
- diese den Auszubildenden bessere Berufschancen verschafft etc.

Die durch die duale Ausbildung induzierten Neuerungen werden sich jedoch nur verbreiten, wenn sie mit den im Land vorherrschenden Produktionsverhältnissen, den kulturellen Normen und Werten, rechtlichen Regelungen etc. vereinbar sind. Darauf wird insbesondere im Kontext der externen Variablen eingegangen.

Zudem darf die Innovation nur so komplex sein, dass sie von den Anwendern noch durchschaut werden kann. Wenn die duale Ausbildung sich nicht nur darin erschöpft, dass Ausbildung an zwei Lernorten (Schule und Betrieb) durchgeführt wird, sondern ein umfangreiches System von Pflichten und Rechten der Beteiligten (Unternehmen, Staat, Auszubildende) umfasst, kann das System rasch an seinen bürokratischen Regeln scheitern. Die Komplexität des Systems könnte dazu führen, dass die Unternehmen sich weigern, wesentliche Regeln anzuerkennen (z.B. Ausbildungsvertrag, -vergütung, Freistellung für Schule, Einhaltung eines Ausbildungsplans, Beteiligung in der Selbstverwaltung des Systems), dass der Staat seine Ausbildungshoheit (z.B. die Lerninhalte allein zu bestimmen) nicht angetastet sehen möchte und dass die Auszubildenden lieber drei Jahre eine Hochschule besuchen wollen, als eine Lehre zu absolvieren, weil sie nicht wissen, was ihnen dies später nutzen soll.

Die Durchführung von Pilotvorhaben im Rahmen des Förderprogramms ermöglicht es, die neue Ausbildungskonzeption an ausgewählten Ausbildungsstätten und Unternehmen zu erproben. Zudem könnte der Nachweis geführt werden, dass die angekündigten Vorteile der Innovation auch tatsächlich eintreten und sich beobachten lassen.

Im Laufe der Zeit könnte die Innovation zudem weiter verbessert und dadurch ihr Ausreifungsgrad erhöht werden, was sich wiederum positiv auf den Verbreitungsgrad, gemessen an der Zahl der Ausbildungsstätten und Unternehmen, die landesweit diese neue Ausbildungsform anbieten, der Berufe, in denen dual ausgebildet wird, der dual ausgebildeten Absolventen etc. auswirken würde.

Damit sich das eingeführte Ausbildungsmodell verbreitet, müssten allerdings auch eine Reihe von externen Bedingungen gegeben sein. So ist es notwendig, dass Innovationen im Schul- und Ausbildungsbereich insbesondere den *kulturellen Traditionen, Normen und Werten* einer Gesellschaft entsprechen. Nicht jede denkbare Ausbildungsform, Lern- und Lehrmethode kann ohne weiteres in einen fremden gesellschaftlichen Kontext übertragen werden. So haben schon die Untersuchungen von Margaret Mead (1955: 357ff.) gezeigt, dass Innovationen umso eher übernommen werden, je besser sie mit den kulturellen Werten der betroffenen potentiellen Anwender übereinstimmen.

Der *Arbeitsmarkt* setzt für Ausbildungseinrichtungen natürlich ganz besonders bedeutsame Rahmenbedingungen. Über ihn werden Angebot und Nachfrage nach Arbeitskräften in den verschiedenen Berufen, Branchen und Gehaltsstufen geregelt und der Preis für Arbeit ausgehandelt. Dabei spielen nicht nur quantitative, sondern auch qualitative Aspekte eine Rolle. Die Anforderungen an die Art von Qualifikationen, die Arbeitskräfte für einen bestimmten Beruf mitbringen sollen, kann stark variieren. Während in einem Fall nur Basisqualifikationen verlangt werden, kann in einem anderen Fall der mehrjährig ausgebildete Facharbeiter oder Techniker gefragt sein. Dies hängt in starkem Umfang von der Arbeitsorganisation der Unternehmen, den internen Qualifikationsmechanismen und dem bisher vorherrschenden Ausbildungssystem ab.

In zahlreichen Untersuchungen konnte gezeigt werden, dass das Ausmaß, in dem die Anbieter neuer Technologien sich an den Erfordernissen und Bedarfsstrukturen ihrer Abnehmer orientieren, für den Erfolg von Innovationen und deren Verbreitung von ausschlaggebender Bedeutung sind (vgl. Mohr 1977: 71). Dies dürfte auch für das Angebot neuer Ausbildungsprogramme zutreffen. Außerdem hat sich der Nachfragesog nach neuen Technologien als wichtiger herausgestellt als der Angebotsdruck, der von neuen Technologien ausgeht (vgl. Geschka 1974: 70).

Für die Einführung und Verbreitung von Innovationen im *Bildungs- und Ausbildungssystem* stellt dieses System selbst besonders wichtige Handlungsbedingungen und -möglichkeiten dar. Über das allgemeine Bildungssystem werden auf den verschiedenen Bildungsstufen spezifische Wissensniveaus produziert, die als Voraussetzungen in eine weitere Ausbildung eingebracht werden, so dass bei der Konstruktion von Curricula weiterführender Schulen oder von Ausbildungsordnungen berufsbildender Einrichtungen darauf aufgebaut werden muss. Tradierte Formen der Ausbildung, die Rolle der Unternehmen bei der Ausbildung und der eingefahrene Ausbildungsmodus bilden neben anderen Faktoren wichtige Randbedingungen für ausbildungsbezogene Innovationen.

Auch rechtliche Fragen können eine entscheidende Rolle spielen. Sollte das duale Ausbildungskonzept bestehenden Gesetzen, Verordnungen und Satzungen widersprechen, wären zuerst diese anzupassen, bevor eine landesweite Verbreitung möglich wäre. Dies kann sehr langwierige und komplexe Überzeugungs- und Veränderungsprozesse notwendig machen. Von besonderer Bedeutung ist das politische System, welches bildungs- und ausbildungspolitische Ziele vorgibt, durch die Gesetzgebung das Umfeld bestimmt, Finanzmittel bereitstellt und selbst auf die Besetzung wichtiger Personalstellen Einfluss nimmt.

Um die duale Ausbildungsform zu verbreiten, werden leistungsfähige Anbieter benötigt, also Organisationen, die die Fähigkeit und Kompetenz besitzen, das Angebot effizient zu erbringen und zu vermarkten. Hierzu würde u.a. eine leistungsfähige staatliche Schulorganisation gehören, die in der Lage ist, die schulischen Ausbildungsanforderungen zu erfüllen. Hierfür müssten die schulischen Ausbildungsstätten über qualifiziertes Personal verfügen, das auch von der Idee der dualen Ausbildung überzeugt ist (und nicht etwa das bisher praktizierte und Pfründe sichernde vollschulische System beibehalten möchte). Sie müssten über eine funktionierende Organisationsstruktur, ausreichend technische Mittel und finanzielle Ressourcen verfügen, um gemäß der Ausbildungskonzeption unterrichten zu können. Bei der dualen Ausbildung wären zudem ausbildungswillige und -fähige Unternehmen notwendig.

An diesem Beispiel wird deutlich, dass die *Diffusion* einer Innovation *nur dann* stattfindet, *wenn*

- der Nutzen einer Innovation vorhanden und für die Beteiligten erkennbar ist,
- die Innovation nicht externen Bedingungen zuwiderläuft und
- die Innovation durch leistungsfähige Organisationen erstellt und verbreitet werden kann.

Festzuhalten ist, dass *Innovationen Neuerungen darstellen*, die sich dann durchsetzen, d.h. initiiert und institutionalisiert werden, wenn sie Probleme besser lösen als frühere Praktiken (vgl. Zapf 1989: 177) und dadurch einen erkennbaren *Nutzen* stiften. Durch Innovationen werden Strukturen, institutionelle Regelungen und individuelle Verhaltensweisen verändert (vgl. Deutsch 1985: 19f.). Dadurch können nicht nur positive soziale Wandlungsprozesse ausgelöst werden, sondern es kann auch zu *Konflikten* und negativen Effekten kommen:

> „An innovation does not become an innovation until there is a social impact and this may involve both positive and negative effects" (Salen 1984: vi).

Mit Innovationen werden nicht nur Probleme gelöst, sondern möglicherweise gleichzeitig auch neue geschaffen. Wenn herkömmliche Verhaltensgewohnheiten und Handlungsabläufe durch neue ersetzt, alte Strukturen reformiert und neue Regeln institutionalisiert werden, sind Konflikte und Spannungen zu erwarten. Die Einführung von Neuerungen macht ein Umlernen notwendig. Je mehr eine Innovation sich verbreitet, umso mehr Menschen sind davon betroffen. Dies bedeutet für alle einen gewissen zeitlichen, gedanklichen und mentalen Aufwand. Hinzu kommt, dass einst erworbene Wissensbestände und Fähigkeiten gleichzeitig entwertet werden. Dabei ist davon auszugehen, dass Innovationspioniere einen besonders hohen Umstellungsaufwand leisten müssen. Schumpeter (1911: 125) hat dies so versinnbildlicht, dass einen Weg zu bauen etwas anderes ist, als einen Weg zu gehen.[93]

Bei Innovationen ist mit speziellen *Gewinner- und Verlierergruppen* zu rechnen, auf die Deutsch (1985: 22) aufmerksam macht: „There are costs and benefits involved, but these costs and benefits are not equally distributed." Dies bedeutet, dass Programminterventionen die Innovationen einführen, um definierte Ziele zu erreichen, ein höchst komplexes Gemisch an intendierten und nicht-intendierten, positiven wie negativen Wirkungen auslösen.

Darüber hinaus ist zu berücksichtigen, dass nicht alle Organisationen gleichermaßen lernbereit sind. Im Gegenteil, häufig ist eine Trägheit, wenn nicht gar Abwehr, gegenüber Veränderungen festzustellen, so dass Inno-

---

93 Vgl. auch Rogers (1995: 11), der zwischen „Earlier Adopters" und „Later Adopters" unterscheidet.

vationen nur dann eine Chance auf Durchsetzung und Diffusion haben, wenn sie innerhalb einer Organisation ausreichend Akzeptanz finden.[94]

3.6   Multidimensionale Nachhaltigkeitskonzeption

Wirkungen weisen auch eine zeitliche Dimension auf (vgl. Kapitel 3.2). Nach dem hier verwendeten Lebensverlaufsmodell (Kapitel 3.3) durchlaufen Programme (oder Leistungsangebote) verschiedene Phasen, von der Planung über die Implementation bis zum Förderende und darüber hinaus. Mit dieser Phase nach dem Förder- oder Programmende beschäftigen sich die Konzepte der Nachhaltigkeit. Einerseits thematisieren sie die Zukunftsfähigkeit von Problemlösungen und andererseits die Frage, ob die durch die Interventionsmaßnahmen veränderten Strukturen, Prozesse und Verhaltensweisen von Dauer sind, sich verbreiten und weiterentwickelt werden. Bevor diese Überlegungen zur Entwicklung einer mehrere Dimensionen umfassenden Nachhaltigkeitskonzeption genutzt werden, wird auf die verwirrende Vielfalt der verschiedenen Begriffsverwendungen und Definitionen von Nachhaltigkeit eingegangen.

Seit Ende der 80er-Jahre ist ‚*Nachhaltigkeit*‘ zu einem zentralen Begriff in der gesellschaftspolitischen Diskussion avanciert. Mittlerweile hat der Begriff Eingang in fast alle Lebensbereiche gefunden und ist als Adjektiv in nahezu jedweder Wortkombination zu finden (z.B. nachhaltige Entwicklung, nachhaltiges Wirtschaften, nachhaltiger Konsum, nachhaltige Politiken jeglichen Bereichs etc.). Wegen seines inflationären Gebrauchs droht er zu einem inhaltslosen Schlagwort zu verkommen. Damit dies nicht geschieht, muss ihm eine klare und operationalisierbare Bedeutung gegeben werden.

Hierfür ist es nützlich, seinen *Ursprung* freizulegen (vgl. Caspari 2004: 45; Meyer 2005). In die breite öffentliche Diskussion eingeführt wurde der Begriff 1987 erstmals durch die von den Vereinten Nationen eingesetzte ‚Weltkommission für Umwelt und Entwicklung‘, die nach ihrer Vorsitzenden auch ‚Brundtland-Kommission‘ genannt wird. Doch erst mit der UN-Konferenz für ‚Umwelt und Entwicklung‘ 1992 in Rio de Janeiro erlangte er weltweite Bedeutung und löste im Zuge der dort von 178 Staaten beschlossenen ‚Agenda 21‘ eine Welle von Aktivitäten aus. Nach einer Reihe weiterer Folgekonferenzen und -beschlüssen trat allerdings auf der ‚Rio +10‘-Konferenz schon eine deutliche Ernüchterung bezüglich der erreichten Fortschritte ein (vgl. z.B. Hens und Nath 2003).

In Bezug auf die deutsche Übersetzung des auf diesem Weg über die internationale Staatengemeinschaft eingeführten Begriffs ‚*sustainable development*‘ gab es in den neunziger Jahren zunächst kontroverse und sehr aufschlussreiche Diskussionen. Die von Volker Hauff bei der Übersetzung des

---

94   Zum organisationalen Lernen vgl. u.a. Kieser u. Walgenbach 2003: 425ff.; Bea u. Göbel 2002: 387ff.; Argyris u. Schön 1999; Hennemann 1997.

‚Brundtland-Berichts‘ verwendete Bezeichnung ‚dauerhafte Entwicklung‘ (vgl. Hauff 1987) konnte sich dabei ebenso wenig durchsetzen wie der von Udo E. Simonis und dem Wuppertaler Institut für Klima und Energie eingeführte Begriff ‚zukunftsfähige Entwicklung‘, auch wenn dieser dank eines von BUND und Misereor gemeinsam herausgegebenen Berichts (vgl. Bund und Misereor 1996) insbesondere bei Nichtregierungsorganisationen eine gewisse Popularität erlangte. Gleiches gilt auch für die vom Rat der Sachverständigen für Umweltfragen bevorzugte Lösung ‚dauerhaft-umweltgerechte Entwicklung‘ (vgl. Rat von Sachverständigen für Umweltfragen 1994: 45ff.), die lediglich vom Bundesumweltministerium und vom Umweltbundesamt gebraucht wird.

Die Bezeichnung ‚nachhaltige Entwicklung‘ setzte sich schließlich im deutschen Sprachraum nicht zuletzt wegen ihres seit über 200 Jahren in der deutschen Forstwirtschaft üblichen Gebrauchs durch. Dort impliziert ‚Nachhaltigkeit‘ eine besondere Form der Bewirtschaftung, die sicherstellen soll, dass aus einem Wald nur so viel Holz geschlagen wird wie nachwächst und so der Bestand nicht gefährdet wird. Die Einhaltung dieser Grundregel soll dazu führen, ‚dass die Nachkommenschaft wenigstens ebenso viele Vorteile daraus ziehen kann, als sich die jetzt lebende Generation zueignet‘ (Georg Ludwig Hartig, 1795 zitiert nach Mai 1993: 98).

Festzuhalten bleibt allerdings, dass der Begriff ‚sustainable development‘ im Kontext der Diskussionen der internationalen Staatengemeinschaft entstanden ist. Ausgangspunkt ist die bereits auf der ersten internationalen Umweltkonferenz 1973 in Stockholm vorgenommene Verbindung des Umweltgedankens mit dem entwicklungspolitischen Ansatz der ‚nachholenden Entwicklung‘. Durch dauerhaftes Wirtschaftswachstum – ‚sustainable growth‘ – der „unterentwickelten“ Länder der südlichen Hemisphäre sollen die weltweiten Wohlstandsunterschiede ausgeglichen werden. Der Begriff ‚sustainable development‘ ist in diesem Zusammenhang und keineswegs als Ableitung aus der forstwirtschaftlichen Konzeption entstanden.[95]

Mit der Übernahme des Leitbildes ‚nachhaltiger Entwicklung‘ wurde in der Weltpolitik das in den 60er-Jahren dominierende Wachstumsmodell endgültig von der Vorstellung abgelöst, dass die Verbesserung der ökologischen und sozialen Lebensbedingungen der Menschen langfristig nur bei gleichzeitiger Sicherung der natürlichen Lebensgrundlagen zu erreichen ist (vgl. Stockmann 1993a: 207). Der unbekümmerte Verbrauch von Rohstoffen und die damit verbundene Verschmutzung von Luft, Wasser und Böden hatte bereits in den 70er-Jahren die „Grenzen des Wachstums“ (vgl. Meadows u.a. 1972) aufgezeigt und eine lebhafte Diskussion über die Möglichkeiten dauerhaften wirtschaftlichen Wachstums ausgelöst. Ökologie und Ökonomie schienen in einen unversöhnlichen Widerspruch geraten, wodurch zusätzlich die Lösung der

---

95 Nach Aussagen des deutschen Mitglieds der Brundtland-Kommission Volker Hauff war der Kommission zum damaligen Zeitpunkt die forstwirtschaftliche Verwendung (im englischen ‚sustainable yield forestry‘) vollkommen unbekannt (vgl. Tremmel 2003: 89ff.).

drängendsten sozialen Probleme (vor allem der Armut in der „Dritten Welt") langfristig zu Scheitern drohte. Der Erkenntnisfortschritt, der mit dem neuen Leitbild einer nachhaltigen Entwicklung verbunden ist, liegt vor allem in der Einsicht, dass *ökonomische, soziale* und *ökologische* Entwicklungsprozesse (die „drei Säulen der Nachhaltigkeit") untrennbar miteinander verbunden sind und deshalb austariert werden müssen. Doch in dieser noch recht abstrakten Zukunftsvorstellung erschöpft sich auch schon der globale Konsens.

Die Frage, *wie* diese *drei Zielgrößen* miteinander in Einklang zu bringen sind und mit welchen Strategien und Instrumenten eine nachhaltige Entwicklung umgesetzt werden soll, ist genauso umstritten wie die Definition des Leitbegriffs selbst. Kastenholz und Mitarbeiter (1996: 1) haben bei einer Durchsicht der Literatur über 60 unterschiedliche Definitionen von Nachhaltigkeit identifiziert. Je nachdem welcher wissenschaftlichen Disziplin die Autoren angehören, welcher Forschungstradition und welchen Interessen sie sich verpflichtet fühlen, von welchem Naturverständnis sie ausgehen und welche übergeordneten Werthaltungen sie präferieren, werden unterschiedliche Aspekte gewichtet. Diese Begriffsunklarheit hat dazu geführt, dass sich alle unter dem gemeinsam propagierten Dach einer ‚nachhaltigen Entwicklung' einfinden können, obwohl sie sich von den unterschiedlichsten Vorstellungen leiten lassen (vgl. Meyer 2000, 2002a u. b; Meyer u.a. 2003). Es scheint, dass gerade die *Unschärfe dieses Begriffs* seinen Reiz ausmacht. Alle können dafür sein und sich als Teil einer weltumspannenden, wärmenden Konsensgemeinschaft fühlen. Doch dadurch droht die Gefahr, dass das Konzept einer nachhaltigen Entwicklung zu einer ‚Leerformel', einer ‚Worthülse', einem ‚politischen Schlagwort' verkommt. Schlimmer noch, dass das nebulöse Leitbild zur Verschleierung abweichender Interessen und drohender Konflikte missbraucht wird.

Bei genauer Betrachtung des Konzepts der nachhaltigen Entwicklung wird eine weitere Ebene deutlich. Damit ein wie auch immer geartetes Zukunftsbild einer Gesellschaft verwirklicht werden kann, bedarf es politischer Strategien und Programme. Dies drückt unter anderem der Leitspruch der Weltkonferenz in Rio 1992 ‚global denken – lokal handeln' aus, welcher eine *vertikale*, sich über die verschiedenen Ebenen des politischen Systems (lokale, regionale, nationale und globale Politik) erstreckende Handlungskoordination zur Steuerung ‚nachhaltiger Entwicklung' implizit nahe legt. Darüber hinaus ist bereits in der Rio Konferenz – und noch stärker in der zehn Jahre späteren Folgekonferenz in Johannesburg – eine *horizontale,* Handlungskoordination zwischen Staat, Wirtschaft und Zivilgesellschaft proklamiert und als notwendiger Lösungsbeitrag für die Umsetzung des Leitbildes gefordert worden. Aus diesen Forderungen des Leitbildes ‚nachhaltiger Entwicklung' lässt sich einerseits eine umfassende institutionelle Reform globaler gesellschaftlicher Steuerung ableiten, welche seither im Kontext der *‚global governance'-* Debatten diskutiert wird (vgl. z.B. Commission on Global Governance 1995, Rittberger 2002). Andererseits werden Maßnahmen zur Stärkung der Steuerungskompetenz auf lokaler Ebene für notwendig erachtet, welche in die neueren entwicklungspolitischen Strategien über die Schlagworte ,*capacity building*' und ,*empowerment*' Einzug hielten.

Letztlich rücken Forderungen nach einem grundlegenden Wandel der bisherigen Gestaltungsprinzipien die Fragen nach den *Wirkungen politischer Strategien und Programme* in den Mittelpunkt. Inwieweit ist es überhaupt möglich, durch menschliche Eingriffe zur Umsetzung einer nachhaltigen Entwicklung beizutragen und wie nachhaltig sind die durch Programminterventionen ausgelösten Wirkungen? D.h. neben dem auf die gesellschaftliche Makroebene bezogenen Nachhaltigkeitsmodell, welches die optimale Ausbalancierung ökologischer, ökonomischer und sozialer Entwicklungen zum Ziel hat, gibt es ein auf der *Mikroebene angesiedeltes Konzept*, welches die Wirksamkeit menschlicher Steuerungseingriffe auf diese Prozesse thematisiert (vgl. Stockmann 1993a: 208).

Auch auf dieser programmbezogenen Ebene kursieren eine Vielzahl von Definitionen (vgl. die Beiträge in Stockmann 1993a, Stockmann 1996a: 15ff., Stockmann und Caspari 2001, Caspari 2004: 45ff.). Diese Begriffsunklarheit führt zu ähnlichen Prozessen wie auf der Makroebene: Alle Beteiligten können für Nachhaltigkeit sein, obwohl sie recht Unterschiedliches, z.T. sogar Widersprüchliches darunter verstehen.

Hier soll deshalb eine *Nachhaltigkeitskonzeption für die Mikroebene* entwickelt werden, die operationale Parameter enthält, die eine eindeutige Bewertung der Nachhaltigkeit von Projekt- und Programmwirkungen sowie eine vergleichende und zusammenfassende Bewertung ermöglicht. Dafür ist es notwendig, weg von einem normativen hin zu einem *analytischen Verständnis* von Nachhaltigkeit zu gelangen.

Werden die Nachhaltigkeitsdefinitionen auf der Programmebene zusammengetragen, dann fällt auf, dass sich vor allem die *Entwicklungszusammenarbeit (EZ)* mit diesem Konzept auseinandergesetzt hat. Dies ist bei der Analyse zu berücksichtigen, denn Maßnahmen und Programme der Entwicklungszusammenarbeit weisen einen spezifischen Charakter auf. In der Regel sind sie auf Nachhaltigkeit ausgelegt. Durch die Projekt- und Programminterventionen sollen solche Problemlösungen für als defizitär erkannte Zustände gefunden werden, die die Partner (Zielgruppen und so genannte Trägerorganisationen) in die Lage versetzen, diese Probleme langfristig zu lösen. Entsprechend der im Lebensverlaufsmodell angezeigten Perspektive durchlaufen solche Maßnahmen und Programme einzelne Phasen. Jedes Programm erreicht nach verschiedenen Planungs- und Implementationsphasen das *Förderende,* das durch die Beendigung von Transferzahlungen durch einen externen Geber markiert ist. Dies bedeutet nicht automatisch das Ende eines Programms, denn es kann nun in alleiniger Regie des Partners fortgeführt werden. Stellt auch der Partner seine finanzielle Förderung ein, ist das *Programmende* erreicht. Doch selbst wenn ein Programm beendet ist, sind weiterhin Wirkungen zu erwarten, insb. wenn es sich um ein nachhaltiges Programm handelt.

Ein *Beispiel aus der EZ* mag diesen Zusammenhang verdeutlichen: Ziel eines Gesundheitsprogramms ist es, in einer Region Basisgesundheitsstationen einzurichten und die Bevölkerung dazu zu bewegen, diese Stationen aufzusuchen, um sich über Hygienestandards und Maßnahmen zur Prophylaxe aufklären zu lassen, die gebotene medizinische Versorgung wahrzunehmen etc., damit der Gesundheitszustand in der Region sich verbessert, die Säuglings- und Kindersterblichkeit sinkt etc.

Nachhaltige Wirkungen über das Förderende durch den externen Geber hinaus würden dann zu konstatieren sein, wenn das Programm – Aufbau von Gesundheitsstationen – von der Regierung des Partnerlandes weiter gefördert und von der Bevölkerung nachgefragt wird. Selbst wenn das Programm komplett eingestellt wird – z.B. weil nun die gesamte Region mit Gesundheitsstationen versorgt ist – würden im Falle der Nachhaltigkeit, Wirkungen feststellbar sein, nämlich dann, wenn die Bevölkerung die Gesundheitsstationen weiter nutzt – und nicht etwa wieder lieber die Dienste von Schamanen in Anspruch nimmt.

Bei Programmen außerhalb der EZ sieht es prinzipiell nicht anders aus. Jedes Projekt oder Programm hat einen temporären Charakter, d.h. irgendwann läuft die Förderung aus. Nachhaltige Programme zeichnen sich dadurch aus, dass ihre Wirkungen nicht mit dem Programmende aufhören. Ein Programm zur Wiedereingliederung Behinderter würde dann als nachhaltig bezeichnet, wenn die Arbeitgeber auch dann noch Behinderte einstellen, wenn sie aus dem Förderprogramm dafür keine finanziellen Anreize mehr erhalten, z.B. weil sie bemerkt haben, dass diese Menschen genauso leistungsfähig sein können wie andere.

Ein Programm zur Förderung der Umweltberatung von Unternehmen wäre dann nachhaltig, wenn die mit Hilfe der Fördermittel eingerichteten Beratungsstellen über das Programmende hinaus erhalten bleiben und von den Unternehmen genutzt werden. Hierfür sind möglicherweise Programmadaptionen notwendig, z.B. um die fehlenden Fördermittel, die es für Beratungen gab, durch Eigenbeiträge der Unternehmen zu ersetzen. Oder das Beratungsangebot muss neu an die Bedürfnisse und die Nachfrage der Unternehmen angepasst werden, damit diese das Angebot weiterhin nachfragen und bereit sind dafür ein Entgelt zu zahlen.

Aus diesen Beispielen wird deutlich, dass Nachhaltigkeit sich nicht nur in ‚langfristiger Wirksamkeit‘ erschöpft, sondern noch andere Dimensionen umfasst. Dies wird besonders deutlich, wenn die verschiedenen *Definitionen von Nachhaltigkeit auf Projekt- und Programmebene* einer Betrachtung unterzogen werden. Sehr häufig werden der Begriff ‚Nachhaltigkeit‘ und die Bezeichnung ‚langfristige Wirkungen‘ im internationalen Sprachgebrauch synonym verwendet. So stuft z.B. die DAC Expert Group on Aid Evaluation ein Entwicklungsprogramm dann als nachhaltig ein, „when it is able to deliver an appropriate level of benefits for an extended period of time after major financial, managerial, and technical assistance from an external donor is terminated" (OECD 1989). In der gleichen Weise definiert die amerikanische Entwicklungsorganisation USAID Nachhaltigkeit als „the extent to which a program continues to deliver benefits after development assistance ends" (USAID, 1999: 13). Die Evaluation Guidelines der dänischen Organisation Danida bezeichnen Nachhaltigkeit als „an indication whether the positive impacts are likely to continue after external assistance has come to an end" (DANIDA, 1999: 60).

Das UNDP Handbook for Programme Managers definiert Nachhaltigkeit zwar ebenfalls als „the durability of positive programme or project results after the termination of the technical cooperation channelled through that programme or project" (UNDP, 2000a: 12). Aber im Glossar werden einige weiterführende Unterscheidungen getroffen, nämlich zwischen ‚static sustainability and dynamic sustainability‘. ‚Static sustainability‘ wird definiert als „the continuous flow of the same benefits, set in motion by the completed programme or project" während ‚dynamic sustainability‘ definiert wird als „the use or adaption of programme or project results to a different context or changing environment by the original target groups and/or other groups" (UNDP, 2000a: 34).

Ein weiteres Definitionsmerkmal des Nachhaltigkeitsbegriffs, der bei internationalen Geberorganisationen verwendet wird, findet sich erneut bei der UNDP, die darauf hinweist, dass Projekte als gezielte Interventionen zur Veränderung sozialer Systeme beitragen sollen: „The purpose of the technical cooperation was supposed to change the nature and performance of one or more or all components of the system. As such it is the evolution of the system, into which the technical co-operation has been introduced, that should be the focus of the concern with sustainability" (UNDP 1988a: 15).

In Deutschland gibt es ebenfalls seit über einem Jahrzehnt eine intensive Diskussion um die Definition des Begriffes *sustainability*. Auch hier wird der Begriff häufig in seiner verkürzten Wortbedeutung synonym zum Begriff der langfristigen Wirksamkeit verwendet. So stuft die GTZ z.B. ein Projekt dann als nachhaltig ein, „wenn die erreichten Verbesserungen nach dem Ende der externen Förderung Bestand haben, d.h. wenn die Partnerorganisationen und Zielgruppen Techniken, Aktivitäten und Verhaltensweisen selbstverantwortlich und eigenständig beibehalten, die im Rahmen des Projekts neu eingeführt oder verbessert wurden"[96] (GTZ 1999: 51). Kritisch bei diesem rein projektorientierten Verständnis von Nachhaltigkeit ist das Fehlen einer entwicklungsorientierten Perspektive. Hierdurch steigt die Gefahr, dass Insellösungen entstehen. Andere deutsche Institutionen haben daher ihr Verständnis von Nachhaltigkeit erweitert. So hat sich z.B. der *Ausschuss für wirtschaftliche Zusammenarbeit* (AwZ) des deutschen Parlamentes auf eine Neufassung seiner Nachhaltigkeitsdefinition von 1989 (vgl. Deutscher Bundestag 11/5105) ver-

---

96 In dem 350 Seiten umfassenden Kompendium ‚Die Begriffswelt der GTZ‘, das eine „Zusammenstellung von Erklärungen und Definitionen zu Begriffen, die für die Arbeit der GTZ von besonderer Bedeutung sind" bietet, kommt der Begriff Nachhaltigkeit nicht vor.

ständigt und die Kriterien eines *eigenständigen Entwicklungsprozesses* sowie das *Fortwirken der EZ-Maßnahme im Projektumfeld* zusätzlich mit aufgenommen (vgl. Deutscher Bundestag 13/10857).

Aus diesen unterschiedlichen Definitionen der Nachhaltigkeit von Projekt- und Programmwirkungen lassen sich *vier Dimensionen von Nachhaltigkeit* gewinnen.

Abbildung 3.9:   Dimensionen der Nachhaltigkeit auf Programmebene

Dimension	Typ	Merkmal
I	projekt-/programm-orientiert	Die Zielgruppe und/oder Trägerorganisation führt die Innovationen im eigenen Interesse und zum eigenen Nutzen fort.
II	output-/leistungs-orientiert	Andere Gruppen/Organisationen haben die Innovationen in ihrem eigenen Interesse und zum eigenen Nutzen dauerhaft übernommen.
III	systemorientiert	Die Innovationen führen über Diffusionsprozesse zu einer Leistungssteigerung des gesamten Systems (z.B. des Gesundheits- oder Bildungssystems).
IV	innovationsorientiert	Die Zielgruppe/die Trägerorganisation verfügt über ein Innovationspotential, um auf veränderte Umweltbedingungen flexibel und angemessen zu reagieren.

Quelle: Stockmann 1996a: 75; Caspari 2004: 67.

Die *erste Dimension* beinhaltet jenes Element, das allen Nachhaltigkeitsdefinitionen gemeinsam ist – das der *Langfristigkeit*. Sie ist dann gegeben, wenn die Zielgruppe und/oder die Trägerorganisation die mit dem Projekt/Programm erreichten Innovationen ohne fremde Hilfe *dauerhaft weiterführt*. Solche Fälle wären – die obigen Beispiele aufgreifend – dann zu konstatieren, wenn

- der Träger der Gesundheitsstationen (z.B. eine Gesundheitsbehörde) diese nach Ablauf des Förderprogramms weiter betreibt und die Zielgruppen (z.B. Frauen) das Angebot der Gesundheitsstationen nutzen,
- die Arbeitgeber nach dem Ende des Integrationsprogramms weiterhin Behinderte einstellen,
- die Träger (z.B. Industrie- und Handelskammern, Handwerkskammern) nach Ende des Umweltprogramms, die dadurch geschaffenen Beratungsstellen erhalten und die Zielgruppen (z.B. Unternehmen der Baubranche) deren Dienste nachfragen.

Diese Dimension der Nachhaltigkeit ist eng an das Projekt/Programm angelehnt und bezeichnet die über das Förder- oder Programmende hinausgehenden ,langfristigen Wirkungen und kann deshalb als *projekt-/programmorientierte Nachhaltigkeit* bezeichnet werden.

Die *zweite Dimension* berücksichtigt die *Reichweite* der Wirkungen bzw. des Nutzens eines Projekts oder Programms. Als Indikator wird hierfür der *Output* betrachtet, d.h. die Anzahl der Nutzer (Leistungsempfänger) oder auch die Art der Nutzergruppe. Die entscheidende Frage ist, ob andere als die ursprüngliche Zielgruppe die durch das Programm eingeführten Innovationen in ihrem eigenen Interesse und zu ihrem eigenen Nutzen dauerhaft übernommen haben. Dies kann dadurch geschehen, dass die Trägerorganisation in der Lage ist, den Nutzen auch für andere (als die Zielgruppe) sicherzustellen oder dass andere Organisationen die Innovationen übernommen haben und dadurch zusätzlich soziale Gruppen erreicht werden. Hier findet sich sowohl das Element der AwZ-Definition des ,Projektumfelds' wieder, als auch das Element: „the use of program results by other groups" der UNDP-Definition von „dynamic sustainability".

Gemessen an den hier verwendeten Beispielen könnte Dimension II der Nachhaltigkeit bedeuten, dass

- der Träger der Gesundheitsstationen in der Lage ist, sein Angebot über die ursprüngliche Zielgruppe hinaus (z.B. Frauen) jetzt auch auf andere Klienten auszudehnen (z.B. Kinder und Männer) und dass diese neuen ,Gruppen' das Angebot wahrnehmen,
- die Arbeitgeber nicht nur Behinderte einstellen, sondern auch bereit sind, anderen Randgruppen eine Chance zu geben,
- die Träger der Umweltberatungsstellen das Angebot ausweiten und neben Unternehmen jetzt auch Städte, Gemeinden und private Haushalte beraten.

Zu einer deutlichen Verbreiterung des Outputs käme es, wenn andere (als die geförderte Trägerorganisation) die Innovationen übernommen hätten und jetzt zum Nutzen ihrer Klienten einsetzten.

Diese Dimension von Nachhaltigkeit reicht über die eigentliche vom Programm geförderte Zielgruppe hinaus. Der oder die geförderten Trägerorganisationen erweisen sich als leistungsfähig, um Nutzen auch für andere als die unmittelbare Zielgruppe dauerhaft sicherzustellen bzw. andere (als die geförderte) Trägerorganisation übernehmen die Innovationen ebenfalls zum Nutzen ihrer Klientel. Die Zahl der Leistungsträger/Nutzer nimmt zu und wird als Output gemessen. Diese Dimension lässt sich als *output- oder leistungsorientierte Nachhaltigkeit* bezeichnen.

Die *dritte Dimension* umfasst die Veränderung des Systems, in dem die Innovation beispielhaft eingeführt wurde (z.B. in Organisationen des Gesundheits-, Bildungs- oder Wirtschaftssystems). Zentrales Moment dieser Dimension ist also nicht (nur) die Ausdehnung der Nutzergruppe, sondern die *Evolution* des *gesamten Systems*. Damit ist gemeint, dass es nicht nur zu einer regionalen Verbreitung kommt und nicht nur die einst geförderte Trägerorganisation und weitere Organisationen die Innovationen nutzen, sondern

dass das gesamte System, in dem Zielgruppen und Trägerorganisationen angesiedelt sind, davon betroffen ist, es also z.B. zu einer Reform des Gesundheits-,
Bildungs- oder Wirtschaftssystems kommt.

Bezogen auf die drei Beispiele würde dies bedeuten, dass
- das Modell der implementierten Gesundheitsstationen so erfolgreich ist,
  dass es im Gesundheitssystem des ganzen Landes eingeführt wird,
- die Integration von Behinderten und Randgruppen zum Regelfall im
  gesamten Wirtschaftssystem wird,
- das Modell der Umweltberatung, das bei einigen ausgewählten und einst
  geförderten Trägern etabliert wurde, so erfolgreich ist, dass Umweltberatung zu einem tragenden Element zur Erhaltung des ökologischen
  Systems avanciert.

Über die Diffusion der eingeführten Programminnovationen kommt es zu einer
Leistungssteigerung des jeweiligen Gesamtsystems:
- Durch die Übernahme des Modells Gesundheitsstationen in das Gesundheitssystem nehmen Krankheitsfälle ab, sinkt die Kindersterblichkeit,
  verbessert sich die Volksgesundheit etc.
- Durch die Integration von Behinderten und anderen Randgruppen nimmt
  die Arbeitslosenzahl ab, reduzieren sich die Ausgaben für Sozialhilfe,
  können wertvolle neue Arbeitskräfte gewonnen werden etc.
- Durch die Einführung flächendeckender Beratungssysteme verbessert sich
  die ökologische Gesamtbilanz etc.

Demnach kann dann von *systemorientierter Nachhaltigkeit* gesprochen
werden, wenn über ein Programm eingeführte Innovationen über Diffusionsprozesse zu einer Leistungssteigerung eines gesamten Systems führen.

Die *vierte Dimension* der Nachhaltigkeit berücksichtigt, dass Leistungen
nicht einfach nur auf die gleiche Weise reproduziert werden, sondern dass eine
Zielgruppe, ein Träger oder gar ein System sich auf verändernde Umweltbedingungen *flexibel und angemessen einstellen* kann. Nachhaltigkeit besteht
eben nicht in der Perpetuierung des einmal Geschaffenen oder Eingeführten,
sondern in der Fähigkeit, Innovationen weiterzuentwickeln. D.h. der Träger
oder die Zielgruppe müssen über ein Innovationspotential verfügen, um
Anpassungen und Veränderungen bewusst herbeiführen zu können. Werden
Leistungen immer wieder auf die gleiche Weise reproduziert, obwohl sich
Umweltbedingungen verändert haben, werden sie bald nicht mehr den Bedürfnissen der Zielgruppen entsprechen. Werden die Leistungen oder Produkte jedoch nicht mehr nachgefragt ist die Nachhaltigkeit gefährdet. Dieser Aspekt:
„the adaption to changing environment", der mit innovativen Verhaltensänderungen einhergeht, ist in zahlreichen Nachhaltigkeitsdefinitionen, insbesondere bei der UNDP enthalten.

Im Hinblick auf die drei gewählten Beispiele könnte dies bedeuten, dass

- die Nachfrage nach den Dienstleistungen der Gesundheitsstationen deshalb zurückgeht, weil sie für aktuelle Gesundheitsprobleme (z.B. AIDS) keine Hilfe anbieten, das technische Gerät, über das sie verfügen, veraltet ist oder das Personal sich nicht weiterbildet,
- die Integration von Behinderten ins Stocken gerät, weil sie bisher vor allem für wenig qualifizierte Tätigkeiten eingesetzt wurden, diese jedoch in Unternehmen zurückgehen und deshalb die Behinderten jetzt besser aus- und fortgebildet werden müssten,
- die Umweltberatungsstellen neue Trends nicht erkennen und verpassen, ihr Beratungsangebot umzustellen. So ist möglicherweise der Bedarf an Beratung für ökologisches Bauen gesättigt, aber Fragen alternativer Energieerzeugung werden noch nicht ausreichend abgedeckt (z.B. weil das Know-how oder entsprechende Berater fehlen).

Nachhaltigkeitsprofile

Die Beurteilung der Nachhaltigkeit eines Programms kann anhand der hier herausgearbeiteten vier Dimensionen vorgenommen werden. So kann ein Programm z.B. als programm- und innovationsorientiert beurteilt werden, aber keinen Verbreitungsgrad aufweisen. Das Nachhaltigkeits*profil* würde demnach folgendermaßen aussehen:

Dim. I	Dim. II	Dim. III	Dim. IV
+	-	-	+

Ist ein Programm hingegen z.B. programm-, output- und systemorientiert, verfügt aber nicht über ein eigenes Innovationspotential, so hat es folgendes Nachhaltigkeits*profil*:

Dim. I	Dim. II	Dim. III	Dim. IV
+	+	+	-

Insgesamt sind rein theoretisch 16 verschiedene Nachhaltigkeitsprofile möglich (vgl. Abbildung 3.10), von denen jedoch sechs (nämlich 4, 5, 9, 10, 11, 15) in der Praxis nicht zu erwarten sind (zu den Gründen vgl. Caspari 2004: 72).

Abbildung 3.10:   Mögliche Nachhaltigkeitsprofile

Nr.	Nachhaltigkeitsprofil	Dimension
1.	- - - -	keine
2.	+ - - -	I
3.	- + - -	II
4.	= = + =	III
5.	= = = +	IV
6.	+ + - -	I II
7.	+ - + -	I III
8.	+ - - +	I IV
9.	= + + =	II III
10.	= + = +	II IV
11.	= = + +	III IV
12.	+ + + -	I II III
13.	+ + - +	I II IV
14.	+ - + +	I III IV
15.	= + + +	II III IV
16.	+ + + +	I II III IV

Quelle: Caspari 2004: 72

Die hier entwickelte *multidimensionale Nachhaltigkeitskonzeption* weist mehrere *Vorteile* auf:

- *Alle Aspekte* existierender Nachhaltigkeitsdefinitionen werden erfasst, so dass keine Informationen verloren gehen.
- Es ist *keine normativ festgesetzte ‚Nachhaltigkeitsschwelle' notwendig*, die je nach gewählter Definition überschritten werden muss, bevor Nachhaltigkeit konstatiert werden kann.
- Die Dimensionen weisen *klare, operationalisierbare Kriterien* auf und sind deshalb empirisch zu erfassen.
- Anhand von *Nachhaltigkeitsprofilen* können die Ergebnisse einer Evaluation komplett und übersichtlich dargestellt werden, so dass *Vergleiche* über die Zeit oder über Programme hinweg leicht *möglich* sind.

Darüber hinaus zeigt Caspari (2004: 74f.), dass die in den Profilen enthaltenen Informationen ohne entscheidenden Informationsverlust für die Konstruktion eines *additiven Nachhaltigkeitsindex* verwendet werden können. Hierfür wird die Anzahl der empirisch positiv gewerteten Nachhaltigkeitsdimensionen aufsummiert. Der auf diese Weise gebildete Index lässt eine zusammenfassende Aussage über die Nachhaltigkeit von Maßnahmen, Projekten oder Programmen anhand von fünf Ausprägungen zu. Je mehr positive Bewertungen vorhanden sind, umso nachhaltiger wird ein Programm eingestuft (vgl. Abbildung 3.11). Die Vorteile des Index kommen vor allem zum Tragen, wenn verschiedene Programme in einer Querschnittsstudie miteinander verglichen werden sollen. Aufgrund seines metrischen Skalenniveaus lassen sich zudem auch einfacher statistische Analyseverfahren anwenden, die insbesondere bei der Durchführung von Ursache-Wirkungsanalysen wichtig sind.

Abbildung 3.11: Additiver Nachhaltigkeitsindex

Ausprägung	Bezeichnung
0	Keine Nachhaltigkeit
+	Sehr geringe Nachhaltigkeit
++	Eher geringe Nachhaltigkeit
+++	Eher hohe Nachhaltigkeit
++++	Sehr hohe Nachhaltigkeit

Quelle: nach Caspari 2004: 75

Die mit Hilfe der multidimensionalen Nachhaltigkeitskonzeption konstruierten *Nachhaltigkeitsprofile* erlauben nicht nur eine *Informationskomprimierung* durch einen *additiven Index*, sondern auch einen *Vergleich* der tatsächlich erreichten Nachhaltigkeit mit der intendierten Nachhaltigkeit (vgl. Caspari 2004: 77ff.). Da es sich bei der Evaluation der Nachhaltigkeit um Programme und Maßnahmen handelt, die längst abgeschlossen sind und die möglicherweise vor vielen Jahren geplant und implementiert wurden, besteht die Gefahr die Nachhaltigkeit dieser Programme mit heutigen Maßstäben zu messen. Daher scheint es sinnvoll, für die Beurteilung der Nachhaltigkeit die *zu Programmbeginn intendierte Nachhaltigkeit* zu berücksichtigen, d.h. sie in ihrem historischen Bezug an den Erwartungsansprüchen zum Zeitpunkt ihrer Konzeption zu bewerten. Dies ist nicht nur deshalb bedeutsam, weil sich über die Zeit hinweg die Beurteilungsmaßstäbe verändern, sondern weil auch inhaltliche Gründe eine Berücksichtigung der ursprünglichen Programmintentionen notwendig machen. So muss ein Vorhaben, das den Bau einer oder mehrerer

Gesundheitsstationen vorsieht, nicht unbedingt beabsichtigt haben, auf dem gesamten Gesundheitssektor Wirkungen zu entfalten. Das heißt, die intendierte Nachhaltigkeit lag auf den Dimensionen I oder II aber nicht III. Oder: Das Integrationsprogramm für Behinderte könnte sich ausdrücklich nur auf diese Zielgruppe konzentriert haben und damit Nachhaltigkeit nur auf Dimension I angestrebt haben. Oder: Auch das Beispiel mit den Umweltberatungsstellen lässt erkennen, dass die intendierte Nachhaltigkeit im Hinblick auf den Diffusionsgrad (Zielgruppe, zielgruppenübergreifend, systembezogen) unterschiedlich festgelegt worden sein könnte.

Anders verhält es sich allerdings mit Dimension IV. Jeder Träger, der mit einem Programm *Nachhaltigkeit* auf einer der drei anderen Dimensionen erreichen will, *muss* langfristig seine *Innovationsfähigkeit* unter Beweis stellen. Ohne die Fähigkeit, einmal eingeführte Innovationen weiterzuentwickeln, um sie an veränderte Umweltbedingungen oder Zielgruppenbedürfnisse flexibel anpassen zu können, wird auf Dauer weder eine hohe Verbreitung möglich sein (Dimensionen II und III) noch kann der Nutzen für die eigentliche Zielgruppe dauerhaft sichergestellt werden (Dimension I).

Wenn die ‚intendierte‘ mit der tatsächlich erreichten Nachhaltigkeit verglichen werden soll, ergibt sich daraus, dass bei einer Evaluation nicht nur die aktuelle, bis zum Zeitpunkt der Untersuchung erreichte Nachhaltigkeit erhoben werden muss, sondern auch rückwirkend die während der Planung intendierte Nachhaltigkeit. Damit können Programme an dem gemessen werden, was sie eigentlich erreichen sollten, also an ihrer ursprünglichen Zielsetzung. Dadurch wird eine *Soll-Ist-Bilanz der Nachhaltigkeit* möglich, die eine der historischen Situation der Programme und deren Intentionen angemessene Interpretation erlaubt.

3.7   Multidimensionales Bewertungs- und Qualitätsmodell

Die drei theoretischen Ansätze und das multidimensionale Nachhaltigkeitskonzept sollen im folgenden zur Ableitung von *Wirkungshypothesen* und der *Identifizierung von Bewertungsfeldern/-kriterien* genutzt werden, um daraus einen Evaluationsleitfaden zu entwickeln. Zuvor werden die auf der Basis der theoretischen Überlegungen gewonnenen Evaluationskriterien sowohl mit den in Programmevaluationen als auch mit den im Rahmen von Qualitätsmanagementkonzepten verwendeten Bewertungskriterien verglichen. *Ziel ist es* einerseits, möglichst *theoriebasierte Kriterien für die Evaluation* zu erhalten. Andererseits sollen diese Kriterien nicht nur den *Evaluationsleitfaden strukturieren*, sondern auch zur *Qualitätsbestimmung* speziell von Programmen und generell von Dienstleistungsangeboten genutzt werden.

3.7.1 Wirkungszusammenhänge

Werden die bisherigen Ausführungen zur theoretischen Evaluationskonzeption zusammengefasst, dann wird deutlich, dass diese nacheinander verschiedene *Analyseperspektiven* einnimmt und hierfür *drei theoretische Ansätze* integriert, die sich jeweils mit unterschiedlichen Aspekten eines Programms beschäftigen. Ausgangspunkt ist (1.) ein *Lebensverlaufsmodell*, das die zeitliche Perspektive und den Prozesscharakter eines Programms in den Mittelpunkt stellt. Nach diesem Modell konstituieren sich Programme und Projekte aus einer Reihe aufeinander folgender und voneinander abgrenzbarer Phasen, in denen jeweils die Umsetzung spezifischer Planungs- und Durchführungsschritte die sukzessive Zielerreichung sicherstellen soll. Durch die Zeitachse werden die einzelnen Phasen miteinander verbunden und in einen kausalen Zusammenhang gebracht.

Die Lebensverlaufsforschung weist weiter darauf hin, dass Lebensverläufe das Ergebnis einer Vielzahl von Einflüssen sind. Insbesondere wenn der Verlauf und die Wirkungen von Programmen untersucht werden sollen, ist neben individuellen Entscheidungen und makrostrukturellen Bedingungen, die Rolle von Organisationen zu beachten. Programme, die instrumentell als Maßnahmenbündel zur Erreichung festgelegter Planziele konzipiert sind und mit deren Hilfe Innovationen innerhalb sozialer Systeme ausgelöst werden sollen, bedürfen in der Regel eines organisatorischen Trägers, einer Organisation, die das Programm durchführt. Hierzu werden sehr oft auch eigene organisatorische Einheiten gebildet oder vorhandene mit der Durchführung beauftragt.

Um die Interdependenz zwischen Programmen, Durchführungsorganisationen und sozialen Subsystemen zu untersuchen, wurde hier (2.) ein *organisationstheoretisches Konzept* herangezogen, nach dem Organisationen offene soziale Systeme darstellen, die der Intention nach rational gestaltet sind, um spezifische Ziele zu erreichen. Als konstituierende Merkmale einer Organisation gelten die *Ziele* einer Organisation, die *Mitglieder* (Beteiligte), die *formale Struktur* (Organisationsstruktur), die *Technologie* und die *finanziellen Ressourcen* einer Organisation sowie ihre *Umwelt*. Anhand dieser Elemente lässt sich die *Leistungsfähigkeit einer Organisation* (Effektivität) über die Zeit hinweg feststellen.

Die Programm-Organisations-Beziehung und die Organisations-Umwelt-Beziehung werden durch ein *Wirkungsmodell* verdeutlicht. Programme bedürfen bei der Umsetzung organisatorischer Teilsysteme, die in ein bestehendes oder neu gegründetes Organisationsgefüge des Programmträgers (Durchführungsorganisation) eingebettet sind, das wiederum Bestandteil eines größeren Systemzusammenhangs ist. Programme können deshalb Wirkungen innerhalb und durch diese Organisationen entfalten und sind umgekehrt über den Projektträger der Beeinflussung durch die sie umgebenden Systeme ausgesetzt.

Programminputs werden als soziale, wirtschaftliche oder technische Interventionen begriffen, die in anderen Systemen Wirkungen auslösen, welche als kontinuierliche Prozesse betrachtet werden. Diese Wirkungen werden sowohl innerhalb der Trägerorganisation, als auch in externen Umweltbereichen gemessen. Nach der hier verwendeten Kausalvorstellung lösen die *Programminputs (UV)* bei den *Dimensionen des Programmträgers (AV)* Veränderungen aus, die als interne Wirkungen bezeichnet werden. In der anschließenden Betrachtungsweise werden aus den zuvor abhängigen Dimensionen der Trägerorganisation unabhängige Variablen. Jetzt interessiert, ob und inwieweit der durch die Programminterventionen veränderte *Träger (UV)* dauerhaft in der Lage ist, in *externen Umweltbereichen (AV)* Wirkungen zu erzeugen.

Da eine wesentliche Aufgabe von Programmen die Einführung von Innovationen ist, wurde (3.) die *Innovations- und Diffusionsforschung* herangezogen, um die Rolle und Bedeutung von Innovationen zu klären und die Bedingungen ihrer Verbreitung darzustellen. Hierfür werden *drei Variablengruppen* unterschieden: Spezifische Eigenschaften der Innovation selbst, externe (Umwelt-) Variablen und interne Variablen, die in dieser Arbeit als Organisationselemente spezifiziert wurden.

Die *drei theoretischen Ansätze* weisen eine Vielzahl von Gemeinsamkeiten auf und ergänzen einander in hervorragender Weise: Das *Lebensverlaufsmodell* stellt die Prozessdimension von Entwicklungen in den Mittelpunkt und verknüpft einzelne Entwicklungsschritte kausal miteinander. Der *Diffusionsforschung* liegt ebenfalls ein kausales Phasenmodell zu Grunde. Beide Ansätze werden durch einen *organisationstheoretischen Ansatz* miteinander verknüpft. Die Kombination der drei theoretischen Ansätze ermöglicht demnach ein Prozessverständnis, verdeutlicht die Programm-Organisations-Umwelt-Beziehung und spezifiziert die Bedingungen, unter denen die Diffusion eingeführter Innovationen stattfindet.

Nach diesen ist zu erwarten, dass *Programme* die mit ihnen *angestrebten Ziele* (intendierte Wirkungen) *umso eher erreichen, je mehr die mit Hilfe der Programminterventionen eingeführten Innovationen den Beteiligten (Stakeholder) nutzen.* Hierzu ist es notwendig, dass die Beteiligten den Nutzen erkennen und erfahren. D.h. eine neue Problemlösung (Innovation) darf nicht zu komplex und undurchschaubar sein. Die Innovation muss sich erproben lassen und zu positiven (vorteilhaften) Resultaten (Wirkungen) führen, die von den Stakeholdern als solche anerkannt und akzeptiert werden! Dann steigt die Chance, dass sie adoptiert und von anderen übernommen wird und damit Verbreitung findet.[97]

Programminterventionen werden *umso eher* die *intendierten Wirkungen* erreichen, *je mehr* die eingeführten *Innovationen* mit bestehenden Lösungen *kompatibel* sind und nicht bestehenden Werten, Traditionen, Sitten oder auch

---

97 In der Sprache des Qualitätsmanagements ausgedrückt würde dies heißen, dass die Programminterventionen den Bedürfnissen der Kunden (Zielgruppen, Stakeholder) entsprechen müssen. Ob dies der Fall ist, ließe sich anhand der Kundenzufriedenheit erkennen.

nur vergangenen Erfahrungen widersprechen. Darin liegt jedoch ein *Problem*: Denn einerseits sollen Produkte und Dienstleistungen verbessert, ineffiziente Problemlösungen überwunden und defizitäre Strukturen mit Hilfe von entsprechenden Innovationen verändert werden, andererseits darf der Wandel aber auch nicht so radikal sein, dass die Anwender ihn nicht akzeptieren. Deshalb ist diesen externen Bedingungen bei einer Evaluation höchste Aufmerksamkeit zu schenken, da es sich bei dem Erhalt vorhandener Strukturen und der Einführung von Neuerungen (Innovationen) um eine *Gratwanderung* handelt: Zu viele Neuerungen bergen die Gefahr auf Ablehnung zu stoßen und dadurch den Status Quo zu stabilisieren. Fallen die Neuerungen jedoch zu gering aus, werden die alten Strukturen möglicherweise ebenfalls zementiert.

Damit Programme ihre Wirkungen entfalten können, bedarf es leistungsfähiger Organisationen, mit denen Programme geplant und durchgeführt werden. *Je höher die Leistungsfähigkeit einer Organisation, umso größer die Chance, dass die intendierten Ziele eines Programms erreicht werden.* Die organisatorische Leistungsfähigkeit ist wiederum umso größer, je mehr

- die Organisationsmitglieder die Programmziele akzeptieren und aktiv unterstützen,
- das Personal qualifiziert ist, die Organisation zu leiten, zu verwalten und die zentralen Aufgaben (inklusive die des Programms) zu erfüllen,
- eine funktionsfähige Organisationsstruktur vorhanden ist,
- die finanziell benötigten Ressourcen verfügbar sind,
- die technische Ausstattung (,Hardware') und
- die Programmkonzeption einer Organisation (,Software') (zusammen die Technologie) der Aufgabenerfüllung entspricht,

so dass dadurch insgesamt die Bedürfnisse der Adressaten (Klienten, Leistungsempfänger etc.) zufrieden gestellt werden können.

Die hier entwickelte *multidimensionale Nachhaltigkeitskonzeption* führt die drei theoretischen Perspektiven zusammen: Sie knüpft (1.) an das Lebensverlaufsmodell an und verweist auf die zeitliche Dimension von Programmen und Angeboten, indem sie deutlich macht, dass das Förder- oder Programmende nicht das Ende der durch ein Programm ausgelösten Wirkungen darstellt. Insbesondere wenn Programme auf Nachhaltigkeit hin ausgerichtet sind, werden langfristig dauerhafte strukturelle, prozessuale und verhaltensbezogene Veränderungen erwartet (vgl. in Kapitel 3.3 Abbildung 3.3).

Damit Nachhaltigkeit eintreten kann, wird (2.) von organisationstheoretischen Überlegungen ausgehend angenommen, dass hierfür eine leistungs- und innovationsfähige Organisation notwendig ist, deren Mitglieder die Programmkonzeption aktiv unterstützen und in der Lage sind, die eingeführten Innovationen immer wieder sich verändernden Umweltbedingungen und Bedarfen anzupassen. Innovationen werden nämlich nur dann Bestand haben und weitere Verbreitung finden, wenn sie von ihren (potenziellen) Nutzern weiterhin als vorteilhaft wahrgenommen werden und einen Nutzen stiften.

Die Nachhaltigkeit von Maßnahmen oder Programmen wird umso größer sein, je mehr es gelingt, die eingeführten Innovationen zu verbreiten, also je größer ihr Diffusionsgrad ist. Ausgehend von (3.) diffusionstheoretischen Überlegungen wird angenommen, dass es umso schwieriger ist, einmal eingeführte Innovationen wieder rückgängig zu machen, je mehr sie sich bewährt und als vorteilhaft bewiesen haben. D.h. je größer ihr Diffusionsgrad ist, umso höher auch ihre Chance auf Nachhaltigkeit.

Das hier entwickelte Konzept der Nachhaltigkeit auf Programmebene umfasst somit sowohl den Aspekt der zeitlichen Dauer der Innovationsverbreitung, als auch den Grad ihrer räumlichen Ausdehnung sowie das Potenzial, Innovationen an veränderte Umweltbedingungen und Bedürfnisse der Zielgruppen anzupassen.

Insgesamt kann aufgrund der bisherigen Ausführungen erwartet werden, dass *Nachhaltigkeit* – sofern sie ein Programmziel ist – umso eher eintritt,
- je besser in Planung, Durchführung und Nachbetreuung eines Programms die Bedürfnisse der Zielgruppen sowie die organisationalen und situativen Bedingungen berücksichtigt werden,
- je mehr die Ziele des Programms und die eingeführten Innovationen auf die Akzeptanz der Zielgruppen stoßen (weil sie deren Bedürfnissen entsprechen und Nutzen hervorrufen),
- je höher die organisatorische Leistungsfähigkeit der Trägerorganisationen ist, die die Interventionsmaßnahmen durchführen und an veränderte Umweltbedingungen anpassen und
- je umfassender die Verbreitung der Innovationen (Diffusion) gelingt.

3.7.2 Bewertungskriterien der Evaluation

Aus diesen theoretischen Überlegungen und den daraus abgeleiteten Wirkungszusammenhängen lassen sich die *Bewertungsbereiche und -kriterien* gewinnen, die für die Konstituierung des *Evaluationsleitfadens* genutzt werden. Damit wird deutlich, dass diese *Kriterien* nicht willkürlich zusammengestellt wurden oder bestenfalls Plausibilitätsüberlegungen entspringen, sondern dass sie *theoretisch fundiert* sind. Darüber hinaus haben sich diese Kriterien mittlerweile in einer Vielzahl von Evaluationsstudien *empirisch bewährt.*[98]

Grob können *fünf Bewertungsbereiche* identifiziert werden:
- Programm und Umwelt
- Planung und Durchführung
- Interne Wirkungsfelder

---

98 Vgl. u.a. Heinrich u. Meyer 2005; Stockmann 2005b, 2004a u. c, 2002b, 2001a u. b, 2000a, b, c u. 1996; Caspari 2004; Stockmann, Krapp u. Baltes 2004; Baltes, Krapp u. Stockmann 2004; Meyer u.a. 2003; Ludwig u. Koglin 2003; Stockmann u.a. 2001 u. 2000; Stockmann, Meyer, Kohlmann, Gaus u. Urbahn 2001; Stockmann, Caspari, Kevenhörster 2000; Stockmann, Meyer, Krapp u. Köhne 2000; Caspari u.a. 2000.

- Externe Wirkungsfelder
- Nachhaltigkeit

(1.) Programm und Umwelt

Wie in der organisationstheoretischen Konzeption dargestellt werden Programme oder Leistungen von Organisationen (Trägern) durchgeführt bzw. erbracht. Für eine Evaluation ist deshalb eine genaue Kenntnis des Programms oder Leistungsangebots notwendig. Auch wenn, wie in Kapitel 4.3 noch näher erläutert wird, hier keine ziel- sondern eine wirkungsorientierte Evaluationsperspektive eingenommen wird, lassen sich Evaluationen ohne Kenntnis der Programm- oder Leistungsziele nicht sinnvoll durchführen. Deshalb ist die Herausarbeitung der *Programmkonzeption* mit ihren *Zielen,* der *impliziten Programmtheorie* sowie der *Zusammenhänge*, die auf der Basis der hier entwickelten theoretischen Überlegungen angenommen werden können, von zentraler Bedeutung. Dies gilt auch für die *Innovationskonzeption*, also die Art der Neuerungen, die durch ein Programm eingeführt oder durch die ein Leistungsangebot verbessert werden sollen. Da die Durchführung von Maßnahmen Ressourcen (personeller, finanzieller, technischer Art etc.) erforderlich macht, ist zu dokumentieren, welche *Ressourcen* notwendig und welche vorhanden sind.

Programminterventionen und Leistungen zielen darauf ab, Nutzen zu stiften. Hierfür werden in der Regel *Zielgruppen (Adressaten)* definiert. Eine Beschreibung der Zielgruppen, sowie der sozialen Gruppen oder Personen, die von einem Programm (Leistungsangebot) ausgeschlossen werden, ist für das Programmverständnis und seine Wirkungen notwendig. Nicht weniger bedeutsam ist die Beschreibung des Bereichs, in dem ein Programm Wirkungen auslösen soll. Dieser Bereich kann so unterschiedliche Felder umfassen, wie z.B. das Gesundheits- oder Bildungssystem eines Landes, das Beratungswesen in der Jugendhilfe oder im Umweltbereich, die Unterstützung von Wohnsitzlosen oder Studierenden, die Vermittlung von Arbeitslosen oder Behinderten, die Förderung von Kunst, Kultur und Sport oder von ausländischen Studierenden, die Zusammenarbeit mit Entwicklungs- oder Transformationsländern etc.

Diese Bereiche, die manchmal *gesellschaftliche Subsysteme* darstellen, können allgemein als *Politik- oder Praxisfelder* bezeichnet werden, in denen die Programminterventionen Wirkungen entfalten sollen. Die Kontextbedingungen, unter denen ein Programm implementiert oder eine Leistungspalette (z.B. Beratung, Förderung etc.) angeboten wird, sind zu analysieren. Dabei ist vor allem auf Veränderungen im Zeitverlauf zu achten, die die Wirksamkeit eines Programms beeinflussen können.

Die Zusammenhänge zwischen einem Programm (Leistungsangebot) und der durchführenden (leistungserbringenden) Organisation werden in einem gesonderten Kapitel behandelt.

(2.) Planung und Durchführung von Programmen

Aus dem *Lebensverlaufsmodell* ist zu folgern, dass neben der Art der zu erbringenden Leistung oder des durchzuführenden Programms der Planungs- und Implementationsprozess in seinen diversen Phasen zu analysieren ist, da die einzelnen Phasen aufeinander aufbauen. Dabei wird von der *Hypothese* ausgegangen, dass sorgfältig und den Erfordernissen und Bedürfnissen der Zielgruppen entsprechend *geplante und implementierte Programme* (oder offerierte Leistungsangebote) eher die gesetzten Ziele und intendierten Wirkungen erreichen, also solche, die die Planung vernachlässigen oder nur über ein geringes Steuerungspotential verfügen, so dass auf Probleme, die bei der Durchführung auftreten, nicht angemessen reagiert werden kann.

Bei Förderprogrammen, die zeitlich terminiert sind, ist besonders wichtig, dass das *Förderende* gezielt vorbereitet wird, damit der Wegfall der Finanzmittel kompensiert werden kann. Deshalb laufen viele Programme nicht abrupt aus, sondern deren Ende wird angekündigt und die zur Verfügung gestellten Finanzmittel werden sukzessive reduziert, so dass sich die Fördermittelempfänger darauf vorbereiten können. Wie zahlreiche Studien gezeigt haben (vgl. Stockmann 1992a, 1996a, 2000c, 2001a), ist diese ,Übergangsphase' für die Nachhaltigkeit von Programmen besonders bedeutsam. Bei manchen Programmen ist zudem die Möglichkeit einer ,*Nachbetreuung*' vorgesehen. In diesem Fall können auch nach Abschluss eines Förderprogramms personelle und materielle Leistungen in kleinerem Umfang transferiert werden.

,Gute' Planung und Durchführung bedeutet nach Wholey (1979) das Aushandeln von Zielen, die detaillierte Kenntnis der technischen, personellen und finanziellen Mittel, die für eine gute Programmdurchführung erforderlich sind, aber auch das Wissen um die Kräfte, die einer optimalen Durchführung im Wege stehen (vgl. Cook und Matt 1990: 25). Diese Kurzcharakterisierung trifft heute noch zu und wird durch die dargelegten Wirkungszusammenhänge bestätigt.

Die *Qualität des Programmverlaufs* kann demnach bestimmt werden durch die Bewertung der

- Vorbereitung/Planung eines Programms:
  Diese ist dann positiv zu bewerten, wenn die wichtigsten Stakeholder in die Planungsphase eingebunden waren und die Planung auf der Basis von Studien (z.B. Bedarfs- und Durchführbarkeitsstudien) und Konzepten beruht, die die Problemlage, die Bedürfnisse der Zielgruppen des Programms, die notwendigen Mittel (Interventionen), die Leistungsfähigkeit der mit der Durchführung beauftragten Organisation und die Kontextbedingungen angemessen eingeschätzt wurden.
- Programmsteuerung während der Durchführung:
  Diese ist dann positiv zu bewerten, wenn Planungsfehler und Durchführungsprobleme rechtzeitig erkannt wurden und entsprechende Steuerungseingriffe erfolgten, so dass die Programmkonzeption an veränderte Kontextbedingungen angepasst werden konnte.

- Vorbereitung des Förderendes:
  Diese Ablaufphase ist dann positiv zu bewerten, wenn das Förderende, also die Beendigung der finanziellen Unterstützung für ein Programm, durch geeignete Maßnahmen (z.B. sukzessive Mittelreduzierung, Entwicklung von Übergangsplänen) rechtzeitig eingeleitet wurde.
- Nachbetreuung:
  Eine solche Phase ist nicht immer gegeben. Sie ist dann positiv zu bewerten, wenn die intendierten Programmeffekte durch gezielte Interventionsmaßnahmen nachhaltig unterstützt werden.

(3.) Interne Wirkungsfelder

Wie ausgeführt, ist für die Erbringung einer Leistung oder die Durchführung eines Programms in der Regel eine Organisation notwendig. Dabei wurde davon ausgegangen, dass die Leistungsfähigkeit einer Organisation entscheidenden Einfluss auf die Leistungserbringung bzw. Programmdurchführung hat und damit auf die erzielten Wirkungen. Als *zentrale Parameter einer Organisation* wurden anhand der *organisationstheoretischen Überlegungen* identifiziert:

- Ziele und ihre Akzeptanz:
  Während die Ziele eines Programms schon im Rahmen der Analyse der Programmkonzeption behandelt wurden, wird hier der Schwerpunkt der Betrachtung vor allem auf die Akzeptanz dieser Ziele und der damit verbundenen Interventionsmaßnahmen bei der Durchführungsorganisation gelegt.
- Personal:
  Entscheidend ist die Frage, ob das Personal ausreichend qualifiziert ist, um die geplanten Interventionsmaßnahmen durchführen zu können.
- Organisationsstruktur:
  Dieses Kriterium bezieht sich auf die Frage, inwieweit die organisatorischen Teilsysteme (z.B. Verwaltung, Beschaffung, Produktion) der Trägerorganisation funktionieren und ob Arbeitsteilung, Koordination, Entscheidungsstrukturen, Kommunikation etc. funktional geregelt sind.
- Finanzielle Ressourcen:
  Von entscheidender Bedeutung ist, ob die finanziellen Ressourcen einer Trägerorganisation ausreichen, um ihre Funktionsfähigkeit sowie die Durchführung des Programms planmäßig sicherzustellen.
- Technologie: Technische Infrastruktur:
  Hierbei ist entscheidend, ob die technische Infrastruktur einer Trägerorganisation dazu geeignet ist, um ihren (Dienstleistungs-)Auftrag zu erfüllen und die Durchführung des Programms plangemäß zu ermöglichen.
- Technologie: Organisationsprogramm/-konzeption:
  Damit Produkte oder Dienstleistungen hergestellt werden können, bedarf es des Wissens um die Anwendung technischer Instrumente, aber auch um eine Konzeption oder Strategie für die Leistungserbringung.

Die Programminterventionen können auf die Veränderung dieser Parameter abzielen und dadurch *(interne) Wirkungen* hervorrufen. So können die Interventionen z. B. darauf ausgerichtet sein:

▪ neue Ziele zu etablieren oder alte zu reformulieren (indem z.B. eine Ausbildung, die vorher nur Deutschen zugänglich war, auch für Ausländer geöffnet wird),

▪ das Personal in neuen Techniken zu qualifizieren (indem z.B. Kurse in neuen Computerprogrammen durchgeführt werden),

▪ die organisatorischen Abläufe zu verbessern (indem z.B. die Zahl der Hierarchieebenen verkürzt wird),

▪ die Einnahmen zu erhöhen (indem z.B. die Gebühren für bestimmte Leistungen angehoben werden),

▪ die Ausstattung zu verbessern (indem z.B. neue Maschinen angeschafft werden),

▪ die Organisationskonzeption zu verändern (indem z.B. neue Curricula für die Ausbildung entwickelt werden).

Wie eingangs ausführlich dargelegt, lassen sich Wirkungen analytisch auf drei Dimensionen bestimmen: Wirkungen können Strukturen, Prozesse und/oder individuelle Verhaltensweisen betreffen, sie können geplant oder ungeplant auftreten und im Hinblick auf die Programm- oder Leistungsziele unterstützend oder gegenläufig wirken (vgl. in Kapitel 3.2 Abbildung 3.1). Um die gesamte Bandbreite entstandener Wirkungen erfassen, beurteilen und bewerten zu können, sind nicht nur die intendierten sondern auch die nicht-intendierten Wirkungen und ihre ‚Wirkungsrichtung‘ zu berücksichtigen.

Für die Erstellung einer *‚Wirkungsbilanz‘* sind deshalb alle Veränderungen (in Kapitel 3.2 auch Gesamt- oder Bruttowirkungen genannt) zu erheben, um sie anschließend danach zu unterscheiden,

▪ ob es sich um Netto-(Programm-)Wirkungen handelt, die auf die Programminterventionen zurückzuführen sind,

▪ ob es die Wirkungen anderer, konfundierender Faktoren sind oder

▪ ob es sich gar um Design-Effekte handelt, also um Wirkungen, die allein durch den Messvorgang ‚künstlich‘ erzeugt wurden. Erst dann kann bewertet werden, in welchem Umfang die über ein Programm angestrebten Ziele erreicht wurden (Effektivität).

Maßnahmen, die eine Leistungssteigerung einer Organisation zum Ziel haben, erfüllen jedoch keinen Selbstzweck, sondern sind in der Regel auf darüber hinausgehende Ziele gerichtet, wie z.B. die Verbesserung der Leistungserbringung, die Erhöhung des Wirkungsgrades sowie die Verbreitung der Leistungen und der damit verbundenen Wirkungen. Um zu klären, unter welchen Bedingungen dies geschieht, wurden *diffusionstheoretische Ansätze* herangezogen.

(4.) Externe Wirkungsfelder

Um die Art der Veränderungen (Wirkungen) und ihr Ausmaß (Umfang, Diffusionsgrad) in den hier als extern (von der Durchführungsorganisation aus betrachtet) bezeichneten Wirkungsfeldern zu erfassen, werden die *Wirkungen bei den Adressaten* erhoben, an die sich eine Leistung richtet bzw. die von den Programmmaßnahmen profitieren sollen (in der Regel die Zielgruppen), als auch bei den sozialen Gruppen, die *nicht* unmittelbar zu den *Zielgruppen* zählen, bei denen aber dennoch Wirkungen zu erwarten sind. Darüber hinaus werden die Wirkungen in den *gesellschaftlichen Subsystemen* oder *Politikfeldern* gemessen, in denen die Interventionen stattfinden, als auch in den Feldern, die zwar nicht Ziel der Interventionen sind, aber mit diesen in Zusammenhang stehen.

Diesem Ansatz entsprechend genügt es nicht, nur festzustellen, ob die intendierten *Zielgruppen erreicht* werden, sondern es ist außerdem zu prüfen, ob auch andere soziale Gruppen – in nicht-intendierter Weise – von den Leistungsangeboten bzw. Interventionsmaßnahmen in positiver wie negativer Hinsicht (z.B. durch Ausschluss, Schlechterstellung etc.) betroffen sind.

Die Frage der Zielgruppenerreichung und die Frage, ob und inwieweit die *Zielgruppen* von den offerierten Leistungen oder den durchgeführten Programmmaßnahmen einen *Nutzen* haben, ist bei vielen Nonprofit-Organisationen von entscheidender Bedeutung. Weiterhin ist zu beachten, ob die Zielgruppen (potenzielle Leistungsempfänger) von dem Programmangebot wissen, ihren Leistungsanspruch kennen und ihn auch wahrnehmen. So könnte es z.B. sein, dass sich jemand nicht als Sozialhilfeempfänger outen möchte oder dass jemand die Prozedur auf dem Arbeitsamt als erniedrigend empfindet und deshalb auf seine Ansprüche verzichtet. Oder in einem Entwicklungsprojekt wird die eigentlich intendierte Zielgruppe (z.B. Volksschulabgänger) durch eine andere Gruppe (z.B. Abiturienten) substituiert, weil das angebotene Bildungsprogramm für die eigentliche Zielgruppe zu anspruchsvoll ist. Einem Unternehmen kann es möglicherweise gleich sein, wer seine Produkte kauft. Wenn sich z.B. herausstellt, dass eher Abiturienten als Volksschüler auf das Angebot ansprechen, aber sonst alle Unternehmensziele (Umsatz, Gewinn, Marktposition etc.) erreicht werden, besteht im Grunde kein zwingender Handlungsbedarf. Anders bei Nonprofit-Organisationen: Für deren Leistungsangebot ist entscheidend, dass die ‚richtige‘, d.h. die tatsächlich anvisierte Zielgruppe, die als bedürftig erkannt wurde, auch Nutznießer ist.

Hinzu kommt, dass anders als bei Unternehmen, bei denen der Markt Angebot und Nachfrage regelt, bei vielen Leistungsangeboten von Nonprofit-Angeboten alle als Zielgruppe definierten Personen ‚anspruchsberechtigt‘ sind. Ob diese erreicht werden oder von dem Angebot gar nichts wissen oder aufgrund bestimmter Rahmenbedingungen (z.B. soziale Scham, Druck, Aufwand etc.) das Angebot nicht wahrnehmen oder eher andere von den offerierten Leistungen profitieren, sind deshalb wichtige Evaluationsfragen.

Inwieweit angebotene Leistungen oder die durchgeführten Programm-maßnahmen *breitenwirksam* sind, ist ein weiteres zentrales Bewertungs-kriterium, da dadurch festgestellt werden kann, in welchem Umfang die ange-botenen Leistungen genutzt bzw. die eingeführten Neuerungen (Innovationen) Verbreitung gefunden haben. Hier stellt sich die Frage, wie viele Personen (oder auch Organisationen) davon profitieren und/oder ob dadurch system-verändernde Wirkungen festzustellen sind.

Ein Beispiel: Ein Existenzgründungsprogramm vermittelt in Kursen inno-vative Techniken und Strategien zur Gründung neuer Unternehmen. Das Pro-gramm ist erfolgreich, wenn die geschulten Personen mit diesem Wissen tat-sächlich neue Unternehmen gründen, die sich nicht nur kurzfristig am Markt als überlebensfähig zeigen (Nachhaltigkeit). Sollten darüber hinaus auch Nicht-Kursteilnehmer sich dieses Wissen aneignen (z.B. durch Studium der Kursunterlagen, durch Nachahmung der Strategien der geschulten Personen), erfährt das Programm eine zusätzliche Breitenwirkung. Manchmal werden deshalb gezielt so genannte Multiplikatoren aus- und fortgebildet, damit sie ihr Wissen weitergeben und auch andere davon profitieren. Je mehr dann neue Techniken, Verfahren und Kenntnisse weitergetragen werden, umso mehr verbreiten sich diese ‚Innovationen‘ und führen zur *Diffusion*. In vielen Pro-jekten und Programmen, z.B. der Entwicklungszusammenarbeit, wird gerade dieser Effekt angestrebt. Bauern wenden neue, effizientere Anbaumethoden an, Handwerker nutzen neue Fertigungsmethoden und Kleinunternehmen fördern ihren Absatz mit neuartigen Marketingmaßnahmen etc. Je mehr sich die inten-dierten ‚Innovationen‘ verbreiten, je mehr Menschen sie anwenden und daraus Nutzen ziehen, umso breitenwirksamer ist ein solches Programm.

Im Hinblick auf die Erfassung und Bewertung der *externen Wirkungen* sind demnach folgende Aspekte zu berücksichtigen:
- *Zielakzeptanz bei den Zielgruppen*
  ist dann gegeben, wenn die intendierten Zielgruppen die Programm-konzeption mit ihren Zielen aktiv unterstützen.
- *Zielgruppenerreichung*
  ist dann gegeben, wenn die intendierten Zielgruppen durch die erbrachten Leistungen bzw. Maßnahmen erreicht werden.
- *Zielgruppennutzen*
  ist dann gegeben, wenn die Bedürfnisse und Erfordernisse der Zielgruppen erfüllt werden und diese mit dem Angebot zufrieden sind.
- *Diffusion*
  ist einerseits dann gegeben, wenn die Leistungen und die von ihnen ausge-henden Wirkungen nicht nur den unmittelbaren Zielgruppen zugute kommen, sondern noch zusätzliche Bevölkerungsgruppen umfassen, also zielgruppenübergreifende Wirkungen entstehen. Andererseits ist Diffusion zu konstatieren, wenn die Leistungen bzw. Wirkungen sich in dem inten-

dierten Politikfeld (gesellschaftlichen Subsystem) oder gar darüber hinaus verbreiten.

Wie schon für die internen, bei der Trägerorganisation entstandenen Wirkungen, lässt sich auch für die externen Wirkungen eine Gesamtbilanz erstellen, indem alle beobachteten Veränderungen (Bruttowirkungen) danach unterschieden werden, ob sie auf Programminterventionen zurückzuführen sind (dann handelt es sich um Netto- oder Programmwirkungen) oder auf andere Faktoren. Die Programmwirkungen, die intendiert waren, entsprechen den Programmzielen. Die Effektivität eines Programms bemisst sich danach, in welchem Umfang die über ein Programm angestrebten Ziele erreicht wurden.

(5.) Nachhaltigkeit:
Der Begriff der *Nachhaltigkeit* lässt sich, wie in Kapitel 3.6 dargestellt, auf mindestens zwei verschiedenen Ebenen anwenden: Auf der *Makroebene* werden damit Konzepte bezeichnet, die *ökonomische*, *soziale* und *ökologische Zielgrößen* miteinander in Einklang zu bringen versuchen. Mittlerweile existieren unterschiedlichste Konzepte, bei denen diese Zielgrößen auf sehr verschiedene Weisen operationalisiert werden. Hier soll der Vielfalt theoretischer Konzepte keine neue Facette hinzugefügt werden. Stattdessen wird pragmatisch entschieden, was diese drei Zielgrößen für die Durchführung von Programmen oder das Dienstleistungsangebot von Nonprofit-Organisationen bedeuten.

Eine für die Qualitätsbeurteilung von Unternehmen wichtige *wirtschaftsbezogene Größe* ist die *Effizienz*, die den Input ins Verhältnis zum Output setzt. Bei Nonprofit-Organisationen ist diese Größe aus zwei Gründen nur schwer zu ermitteln: Zum einen, weil sich der Input, aber vor allem der Output, häufig nicht quantifizieren lassen, und zum anderen, weil die Preise für eine Leistung nicht über Märkte reguliert werden. Während sich der Input auch bei Nonprofit-Organisationen in Form investierter Ressourcen häufig noch in quantitativen Ziffern und selbst in monetären Einheiten bemessen lässt, ist dies bei der Bestimmung des Outputs und der Wirkungen häufig nicht mehr möglich, so dass nur auf qualitative Aussagen zurückgegriffen werden kann. Ein bereits in Kapitel 3 verwendetes Beispiel mag dies illustrieren:

Input: Die Finanzmittelerhöhungen im Unfang von X Millionen haben im Schulwesen zur Einstellung von Y mehr Lehrern geführt.

Output: Die Zahl der eingerichteten Klassen und die Zahl der unterrichteten Kinder hat sich deshalb von X auf Y erhöht.

Outcome/Impact: Die dadurch verursachten (möglichen) Wirkungen lassen sich zwar gut qualitativ beschreiben (z.B. Steigerung des Bildungsniveaus auf individueller und gesellschaftlicher Ebene), doch die daraus erwachsenden volkswirtschaftlichen Effekte sind kaum monetär bestimmbar.

Die Bewertung des Verhältnisses von Input zu Output bzw. von Aufwand zu Ertrag gestaltet sich dann besonders schwierig, wenn die Preise nicht über Märkte reguliert werden, z.B. weil dafür keine freien Märkte existieren, so dass die Preise ‚politisch' festgelegt werden. Diese Festlegungen haben natürlich einen direkten Einfluss auf die Erträge und damit auf das Kosten-/Ertragsverhältnis.

Während profitorientierte Unternehmen den Preis eines Produkts oder einer Dienstleistung vor der Markteinführung kalkulieren und abschätzen, um festzustellen, ob etwas kostendeckend oder gewinnbringend angeboten werden kann, verhält es sich bei vielen Leistungen, die von Nonprofit-Organisationen offeriert werden, anders. Welcher ‚Preis' für die Versorgung von Sozialhilfeempfängern angemessen ist, oder die Frage, wie viel die Ausbildung eines Hochschulabsolventen kosten darf, oder wie teuer die Vermittlung eines Arbeitslosen sein soll, wird nicht über Märkte reguliert. Der Preis hängt nicht von der Entscheidung der Kunden ab, wie viel sie bereit sind, für eine bestimmte Leistung zu zahlen, sondern er wird auf anderem Wege festgelegt. In demokratischen Gesellschaften bestimmen letztlich legitimierte Entscheidungsgremien, in welchem Umfang Finanzmittel für bestimmte staatliche Leistungen aufgewendet werden.

Obwohl die Effizienz im Nonprofit-Bereich häufig nur schwer erfasst und nicht allein anhand quantitativer ökonomischer Daten ermittelt werden kann, sollten Kosten-Nutzen-, Kosten-Leistungs- und Kosten-Wirksamkeitsbetrachtungen dennoch zumindest ansatzweise durchgeführt werden, um wenigstens einen Eindruck davon zu bekommen, in welchem Verhältnis die Kosten zu den Leistungen stehen. Nur so lässt sich einschätzen, wie viel Aufwand für die Erzielung bestimmter Ergebnisse oder spezifischer Wirkungen notwendig ist. Kenntnisse über das Kosten-Leistungs- oder Kosten-Wirksamkeitsverhältnis sind für die Bewertung von Programmen oder Leistungsangeboten sowie für die Entscheidung über ihre Durchführung oder Fortsetzung von großer Bedeutung, auch wenn dafür dann letztlich politische, normative, ethische oder andere Bewertungsmaßstäbe zusätzlich herangezogen werden. Darüber hinaus dient die Ermittlung der Programmeffizienz auch dazu, zu prüfen, ob sich die ermittelten Leistungen und Wirkungen auf andere Art kostengünstiger erzielen lassen.

Als *soziale Zielgröße* für die Nachhaltigkeit von Programmen oder Leistungsangeboten von Nonprofit-Organisationen kann die *gesellschaftspolitische Relevanz* dienen, denn diese stellt für öffentliche Einrichtungen, die sich über Steuergelder finanzieren, und für Nonprofit-Organisationen, die sich über Spendengelder oder Beiträge finanzieren, ein zentrales Bewertungskriterium dar.

Anders als bei Unternehmen, bei denen gesellschaftspolitische Kriterien in den Qualitätsüberlegungen nur eine geringe Rolle spielen (z.B. in EFQM: 6% der zu vergebenden Kriterienpunkte) und sich Preis und Kundenwünsche über Märkte regeln, müssen Nonprofit-Organisationen selbst entscheiden, welche

Finanzmittel für welche Maßnahmen und Programme aufgewendet und welche ‚Preise' dafür verlangt werden sollen.

Während sich der Bedarf eines privatwirtschaftlich angebotenen Produkts über die Kaufentscheidung des Kunden regelt, wird der Bedarf einer öffentlich finanzierten Maßnahme demokratisch oder direktiv entschieden. Dabei spielt allenfalls der Markt der Meinungen und Interessen eine Rolle, auf dem unterschiedlichen Interessengruppen, Verbänden, Parteien und Lobbyisten ein unterschiedliches Gewicht zukommt. Die über die Verteilung der Mittel und zu erfüllenden Aufgaben getroffenen Entscheidungen werden nicht von den Kunden, den Käufern einer Dienstleistung bzw. den Anspruchsberechtigten oder Leistungsempfängern getroffen, sondern von politischen Akteuren, die (und nicht die Käufer!) diese zu legitimieren haben.

Insbesondere wenn es keinen Markt- bzw. Preismechanismus gibt, ist es umso wichtiger, die gesellschaftspolitische Relevanz von Leistungen oder Programmmaßnahmen in Relation zu einem alternativen Einsatz der aufgewendeten Mittel und der potenziell erzielbaren Wirkungen zu setzen.

Letztlich handelt es sich immer um eine *normative* Entscheidung, welche Mittel für welchen Zweck eingesetzt werden und wie die gemessenen Wirkungen zu beurteilen sind. Soweit die Messung der Wirkungen über einen reinen Soll-Ist-Vergleich – und damit die Bewertung der Zielerreichung – nicht hinausgeht, trägt sie auch kaum zur Objektivierung dieser normativen Diskussionen bei. Erst ein offener, nicht-intendierte Wirkungen und Side-effects mitberücksichtigender Ansatz kann den zu Projekt- oder Programmbeginn normativ festgelegten Denkansatz aufbrechen und den Blick für neue Problemlagen und Einwände gegen die Vorgehensweise öffnen. Auch wenn letztlich die Bewertung der erzielten Effekte subjektiven Einschätzungen unterworfen und ein allgemeiner Konsens über die gesellschaftliche Relevanz von Maßnahmen und Wirkungen kaum zu erreichen ist, so kann eine nüchterne, von Unbeteiligten mit wissenschaftlich anerkannten Verfahren vorgenommene Wirkungsmessung doch wesentlich zur Versachlichung der Diskussionen und damit zur Kompromissfindung beitragen. Letztlich ist auch die Akzeptanz des Gewinnstrebens und der kontinuierlichen Effizienzsteigerung als vorrangige ökonomische Zielsetzung eine normative Übereinkunft der kapitalistischen Gesellschaft, die bis in die jüngste Zeit von großen Teilen der Menschheit abgelehnt und sogar vehement bekämpft wurde.

Eng verbunden mit der Diskussion über die *sozialen Grenzen* einer ungehemmten, durch menschliche Eingriffe nicht gesteuerten ökonomischen Entwicklung ist spätestens seit Anfang der siebziger Jahre auch die Frage nach den *ökologischen Grenzen*. Unstrittig ist, dass die Menschheit bei all ihren technischen Möglichkeiten bisher nicht ohne die natürlichen Grundlagen des Planeten Erde überleben kann und sich dies auf absehbare Zeit sicher nicht ändern wird. Die Frage jedoch, wie viel Belastungen dem Ökosystem durch menschliche Aktivitäten zugemutet werden können, welche Wirkungen sich hieraus für dieses ergeben und ob diese toleriert werden sollten oder nicht, ist bisher keineswegs eindeutig und endgültig beantwortet worden. Neuere Mess-verfahren wie z.B. der „ökologische Fußabdruck"[99] sind keineswegs unum-stritten und die komplexen Wirkungszusammenhänge des Ökosystems sind bei Weitem noch nicht umfassend erforscht.

Dementsprechend muss für die Nachhaltigkeit von Programmen oder Dienstleistungen von Nonprofit-Organisationen deren ‚ökologische Verträg-lichkeit' als ökologische Zielgröße unbedingt berücksichtigt werden. Dabei können rein technisch orientierte Verfahren wie die Umweltverträglichkeits-prüfung („environmental impact assessment"), die immerhin als Standard-vorgehensweise in Planungsprozesse Eingang gefunden haben, nur bedingt weiterhelfen. In jüngster Zeit gehen die Bestrebungen in Richtung integrie-render Methoden, die beispielsweise als „strategic impact assessment", „social impact assessment" oder „sustainable impact assessment" verschiedene Ziel-größen in Ex-ante-Bewertungen zusammenfassen (vgl. Kirkpatrick and George 2003; George and Kirkpatrick 2003). Die Erfahrungen aus der Entwicklungs-zusammenarbeit lehren jedoch, dass letztlich eine noch so weitgehende Ver-feinerung von Planungsverfahren nicht die Einrichtung geeigneter kontinuier-licher Monitoring- und Steuerungsinstrumente ersetzen kann, die eine früh-zeitige Rückmeldung von (Fehl-)Entwicklungen an die Entscheidungsgremien gewährleisten.

Selbst wenn die naturwissenschaftlichen Methoden im Vergleich zu den sozial- und wirtschaftswissenschaftlichen relativ fortgeschritten sind, kann eine solche Wirkungsbeobachtung auch in diesem Bereich die normative Dis-kussion lediglich versachlichen, nicht jedoch grundsätzlich entscheiden. So ist z.B. die Frage, ob die Gesellschaft einer durch Konsumverzicht und Selbst-begrenzung geprägten „Suffizienz"-Strategie[100] folgen soll, gleichzusetzen mit

---

99 Mit dem Konzept des ‚ökologischen Fußabdrucks' wird versucht, den Flächenbedarf zur dauerhaften Aufrechterhaltung des gegenwärtigen Lebensstandards und Lebensstils zu er-mitteln. In diese Berechnungen fließt beispielsweise der Flächenbedarf zur Produktion von Nahrungsmitteln und Kleidung, zur Entsorgung von Abfällen und zur Bindung des frei-gesetzten Kohlendioxids ein. Das aufsummierte Ergebnis der Flächennutzung aller Menschen wird ins Verhältnis gesetzt zur tatsächlichen Gesamtfläche der Erde. Durch Desaggregierung (unter Gleichverteilungsannahme) kann der ‚Fußabdruck' sowohl für Einzelpersonen, Regionen, Nationen oder Erdteile berechnet und miteinander verglichen werden. Entwickelt wurde das Konzept von Mathis Wackernagel und William E. Rees (Wackernagel & Rees 1997) und hat mittlerweile die Unterstützung vieler NGOs gefunden (z.B. dem WWF, der auch das von Wackernagel gegründete „Global Footprint Network" – www.footprintnetwork.org – fördert). Die großen Vorteile dieses Indikators sind seine leicht verständliche Interpretation, die vergleichsweise einfache Berechnung sowie die Viel-falt der Vergleichsberechnungen. Schwächen liegen in der statischen Berechnung der Flächengrundlagen, der Nichtberücksichtigung von Mehrfachnutzungen von Flächen und in seiner zu starken Orientierung an der westlichen Kultur (zur wissenschaftlichen Diskussion siehe u.a. Chambers u.a. 2000; van Kooten & Bulte 2000; van den Bergh & Verbruggen 1999, Lewan & Simmons 2001; Wackernagel et al. 2002).

100 Suffizienz bezeichnet Strategien, die auf eine Verringerung des Ressourcen-Verbrauchs und der Güternachfrage ausgerichtet sind. Der Begriff wird in der Umweltforschung häufig in Abgrenzung zur Effizienz (also der Ressourcenproduktivität) und zur Konsistenz (also der Erhaltung des ökologischen Gleichgewichts) eingesetzt. Die Unterschiede lassen sich wie

der Frage, in welchem Umfang die Natur als schützenswert und als ein über individuellen Eigeninteressen stehendes Gut betrachtet werden soll. Ähnlich ist auch die Debatte „weak" versus „strong sustainability" (vgl. hierzu Pfister und Renn 1997) zu bewerten, bei der eine strenge ökologische Orientierung allen Wirtschaftens dem Vertrauen in die zukünftige Substituierbarkeit von verbrauchten Ressourcen entgegen steht. Würde die Menschheit dem Konzept der „strong sustainability" folgen, so dürfte sie beispielsweise kein Rohöl mehr verbrauchen. Umgekehrt lässt sich der gegenwärtig ungehemmt weiter wachsende Verbrauch dieser Ressource problemlos als „weak sustainability" rechtfertigen und wirft damit die Frage auf, worin das eigentlich Neue eines solchen Ansatzes bestehen soll. Letztendlich sind somit ökologische ebenso wie wirtschaftliche und soziale Maßnahmen keineswegs zwangsweise und logisch ableitbare Notwendigkeiten, sondern bewusste, normative Entscheidungen von Menschen, die bestenfalls auf der Grundlage des gegenwärtigen, immer weiter wachsenden Wissens über die Maßnahmenwirkungen sachlich getroffen werden können.

Zusammenfassend kann festgehalten werden, dass die *Nachhaltigkeit auf der Makroebene* durch *drei Zielgrößen* bestimmt wird, für die folgende Operationalisierungen gewählt werden:

- Effizienz
  ist dann gegeben, wenn mit einem möglichst geringen Mitteleinsatz ein Optimum an intendierten Wirkungen erzielt wird.

---

folgt an einem Beispiel erläutern: Die Effizienzstrategie fordert von der Automobilindustrie eine relative Verringerung des Benzinverbrauchs im Verhältnis zur erzielten Leistung, nicht jedoch eine absolute Verringerung des Benzinverbrauchs aller produzierten Fahrzeuge. Die Suffizienzstrategie dagegen erwartet einen Trend zur Verbrauchsminderung, die bei gleichbleibender Ressourcenproduktivität auch durch niedrigere Fahrzeugleistungen zu erreichen wäre. Im Sinne einer Konsistenzstrategie sind beide Wege falsch, da Verbrennungsmotoren weiterhin nicht-erneuerbare Ressourcen verbrauchen. Sie fordert die Einführung neuer Motoren wie z.B. der Antrieb durch Wasserstoff, bei denen ein geschlossener ökologischer Kreislauf aufgebaut werden kann.
Die Suffizienzstrategie ist insbesondere durch radikale Forderungen einiger ihrer Vertreter nach einer „neuen Askese" in die Kritik geraten (vgl. z.B. Cramer 1997) und wird häufig als „rückwärtsgerichtet" und „fortschrittsfeindlich" angesehen. Gemäßigtere Vertreter wie z.B. in Deutschland das Wuppertal Institut für Klima, Umwelt, Energie (vgl. Linz 2004, Bund & Misereor 1996) verbinden allerdings die Effizienzstrategie einerseits mit Managementkonzepten zur Input-Reduzierung bei gleichbleibender Produktqualität (d.h. Ressourcen sparendes Verhalten zur Gewinnsteigerung bei der Produktion) und anderseits mit dem Konzept der ‚Lebensqualität' (d.h. der prinzipiellen Möglichkeit einer Bedarfssättigung und einer gleichzeitig damit verbundenen Zufriedenheit – im Unterschied zu den Vorstellungen des ‚Homo Oeconomicus', der von unendlich wachsenden Bedürfnissen bei stetiger Unzufriedenheit ausgeht (vgl. zum Konzept der Lebensqualität Glatzer & Zapf 1984)). In diesem Sinne strebt Suffizienz nach einer ausreichenden Bedürfnisbefriedigung und einer Optimierung durch Verringerung des Aufwands zur Erreichung dieses Zustands der Zufriedenheit, also nach höherer ‚Lebensqualität' und nicht nach ‚Enthaltsamkeit' oder ‚Verzicht' auf Bedürfnisse.

- Gesellschaftliche Relevanz
  ist dann gegeben, wenn die durch die erbrachten Leistungen entstandenen Wirkungen als gesellschaftspolitisch relevant und nützlich eingestuft werden.
- Ökologische Verträglichkeit
  ist dann gegeben, wenn mit den Ressourcen zur Leistungserstellung umweltschonend umgegangen wird und wenn die erbrachten Leistungen und die daraus entstandenen Wirkungen umweltverträglich sind.

Damit das Zukunftsbild einer Gesellschaft verwirklicht werden kann, bei der ökonomische, soziale und ökologische Zielsetzungen miteinander in Einklang stehen, bedarf es, wie hier betont, politischer Strategien und Programme, die zur Umsetzung einer nachhaltigen Entwicklung beitragen. Dabei stellt sich die Frage, ob Maßnahmen nur so lange wirksam sind, wie sie mit Finanzmitteln gefördert werden, oder ob Strukturen geschaffen und Verhaltensänderungen herbeigeführt werden können, die eine Problemsituation dauerhaft verändern.

An einem Beispiel illustriert bedeutet dies: Ein Anreizprogramm soll für die Integration von behinderten Lehrlingen sorgen. So lange Fördermittel dafür fließen, funktioniert das Programm einwandfrei. Gelingt es jedoch nicht, bei den Unternehmen (Zielgruppen) einen Einstellungswandel herbei zu führen – indem diese z.B. erkennen, dass auch behinderte Menschen die Arbeitsanforderungen erfüllen können – dann werden die Unternehmer nach Beendigung der Förderung keine Behinderten mehr einstellen. Das Programm war nicht nachhaltig.

Ein anderes Beispiel aus dem Umweltbereich unterstreicht dieses Problem: So wurde im Rahmen eines Anschubprogramms von der Deutschen Bundesstiftung Umwelt der Aufbau von Umweltberatungsstrukturen in Kommunen und Verbänden finanziert. Wie eine Evaluation zeigen konnte, haben diese Strukturen das Förderende überdauert und werden nach wie vor für die Umweltberatung genutzt (vgl. Stockmann u.a. 2000).

Nachhaltigkeit entsteht nur dann, wenn organisatorische Strukturen und Verhaltensänderungen herbeigeführt werden, die das Förderende von Maßnahmen überdauern. Um die *Nachhaltigkeit von Programmen* zu bestimmen, wurde hier ein differenziertes multidimensionales Konzept entwickelt, das zur Bewertung der Nachhaltigkeit auf Programmebene eingesetzt wird. Danach ist Programmnachhaltigkeit dann gegeben, wenn die verschiedenen Nachhaltigkeitsdimensionen (programm-, output-, system- und innovationsorientierte Nachhaltigkeit) erreicht werden (vgl. Kapitel 3.6, Abb. 3.10).

Zusammenfassend kann festgehalten werden, dass der *Evaluationsleitfaden* folgende *Erfassungs- und Bewertungsbereiche* enthält:
(1.) Informationen zum Programm (insb. Konzeption, Ziele, Ressourcen) und seiner Umwelt (insb. Praxis-/Politikfeld, Zielgruppen),
(2.) Planungs- und Implementationsprozess eines Programms im Lebensverlauf (Vorbereitung/Planung, Durchführung, Förderende, Nachbetreuung),

(3.) Leistungsfähigkeit der programmdurchführenden oder leistungserbringenden Organisation anhand der Parameter: Zielakzeptanz, Personal, Organisationsstruktur, Ressourcen, Technologie sowie Veränderungen dieser Parameter über die Zeit (interne Wirkungen),

(4.) Art und Ausmaß der Veränderungen in externen (außerhalb der Trägerorganisation liegenden) Wirkungsfeldern: insb. Zielakzeptanz bei den Zielgruppen, Zielgruppenerreichung, Zielgruppennutzen, Diffusion (externe Wirkungen),

(5.) Nachhaltigkeit:

- auf der Makroebene: Die Art und das Ausmaß, in dem ein Programm (oder das Leistungsangebot einer Organisation) die wirtschaftlichen, sozialen und ökologischen Zielgrößen der Nachhaltigkeit erreicht, gemessen an den Kriterien: Effizienz, gesellschaftspolitische Relevanz und ökologische Verträglichkeit,

- auf der Programmebene: Dimensionen der Nachhaltigkeit, die erreicht werden, bezeichnet als programm-, output-, system- oder innovationsorientierte Nachhaltigkeit.

Während die Nachhaltigkeit auf der Makroebene anhand der drei genannten Kriterien jederzeit beurteilt werden kann, ist die Programmnachhaltigkeit explizit erst nach dem Förderende messbar. Sie bezieht sich per definitionem auf die Programmphase nach der Förderung und kann deshalb auch nur über Ex-post-Evaluationen bestimmt werden. Aussagen über die Programmnachhaltigkeit, die auf der Basis von Lebensverlaufsdaten vor dem Förderende gewonnen werden, stellen allenfalls Prognosen über die zukünftige, die zu erwartende Nachhaltigkeit dar.

Vergleich von Evaluationskriterien zur Bewertung von Programmen

Bevor der Evaluationsleitfaden auf dieser Grundlage ausformuliert wird, soll überprüft werden, welche Kriterien in der Literatur und von wichtigen programmdurchführenden Organisationen für die Evaluation von Programmen genannt bzw. verwendet werden.

Ein wichtiger Akteur ist das Development Assistant Committee (DAC) der Organization for Economic Cooperation and Development (OECD), an der sich viele nationale Organisationen ausrichten und die für die Evaluation von Programmen folgende Kriterien einsetzt:[101]

Relevance: The extend to which the aid activity is suited to the priorities and policies of the target group, recipient and donor.

Effectiveness: A measure of the extent to which an aid activity attains its objectives.

---

101 http://www.oecd.org/document/22/0,2340,en_2649_34435_2086550_1_1_1_1,00.html (November 2000)

Efficiency: Efficiency measures the outputs – qualitative and quantitative – in relation to the inputs. It is an economic term which signifies that the aid uses the least costly resources possible in order to achieve the desired results. This generally requires comparing alternative approaches to achieving the same outputs, to see whether the most efficient process has been adopted.

Impact: The positive and negative changes produced by a development intervention, directly or indirectly, intended or unintended. This involves the main impacts and effects resulting from the activity on the local social, economic, environmental and other development indicators. The examination should be concerned with both intended and unintended results and must also include the positive and negative impact of external factors, such as changes in terms of trade and financial conditions.

Sustainability: Sustainability is concerned with measuring whether the benefits of an activity are likely to continue after donor funding has been withdrawn. Projects need to be environmentally as well as financially sustainable.

Ganz ähnliche Kriterien schlagen Bussmann, Klöti und Knoepfel (1997: 100ff.) für die Bewertung in der Politikevaluation vor:
- Output,
- Impact,
- Effektivität,
- Outcome,
- Wirksamkeit und
- Wirtschaftlichkeit (Effizienz)[102].

Posavac und Carey (1997: 42ff.) formulieren ihre Kriterien in Frageform:
- Does the Program or Plan Match the Values of the Stakeholders?
- Does the Program or Plan Match the Needs of the People to Be Served?
- Does the Program as Implemented Fulfill the Plans?
- Do the Outcomes Achieved Match the Goals?
- Is There Support for the Program Theory?
- Is the Program Accepted?
- Are the Resources Devoted to the Program Being Expended Appropriately?

---

102 Vgl. auch Shadish u.a. 1991; Knoepfel u.a. 1997: 98ff.; Rossi, Freeman u. Lipsey 1999: 22ff.

Vedung (1999: 223) verwendet vier Bewertungskriterien für die Evaluation öffentlicher Interventionen:

- Effektivität = Grad der Zielerfüllung der Ergebnisse ungeachtet der Kosten
- Produktivität = Leistung geteilt durch Kosten
- Effizienz (Kostennutzen) = monetarisierter Wert der Programmeffekte geteilt durch monetarisierte Programmkosten
- Effizienz (Kosteneffektivität) = gegenständlich ausgedrückte Programmeffekte geteilt durch monetarisierte Programmkosten

Vergleicht man die hier auf der Basis theoretischer Überlegungen gewonnenen Kriterien mit den in Programmevaluationen verwendeten Kriterien, dann fällt auf, dass einige häufig und manche selten oder gar nicht genannt werden (vgl. Abbildung 3.12). Das am häufigsten aufgeführte Bewertungskriterium ist die *Zielerreichung (Effektivität)*, die oft auch die *Zielgruppenerreichung* und *Breitenwirksamkeit* definitorisch mit einschließt. Dies deutet darauf hin, dass die Evaluationen, die dieses Kriterium in den Mittelpunkt stellen, sehr stark zielorientiert vorgehen. Wie im nächsten Kapitel noch zu zeigen sein wird, unterscheidet sich diese Vorgehensweise von der hier präferierten Konzeption, zuerst einmal die beobachteten Wirkungen anhand des Evaluationsleitfadens zu erfassen und erst danach zu beurteilen, ob es sich bei den beobachteten Veränderungen um Programmwirkungen oder Wirkungen anderer Faktoren handelt, um dann zuletzt das Ausmaß der Zielerreichung (Effektivität) zu bestimmen.

Häufig werden auch die Bewertungskriterien *Output*, *Outcome*, *Impact* und *Effizienz* (Wirtschaftlichkeit, Kostennutzen, Kosteneffektivität) genannt. Allerdings liegen den verwendeten Begriffen nicht immer gleichlautende Definitionen zugrunde.

Selten werden *Zielgruppenaspekte* (wie z.B. Programmakzeptanz, Zielgruppenbedürfnisse, Übereinstimmung des Programms mit den Werten der Stakeholder) oder die *Ressourcenfrage* thematisiert (vgl. Posavac u. Carey 1997). Die in der Qualitätsmanagementdiskussion zentrale Frage der ‚Kundenzufriedenheit‘ wird weitgehend ausgespart, obwohl auch im Bereich der Evaluation die Forderung erhoben wird, die Zufriedenheit der Zielgruppen (Klienten) als Bewertungskriterium zu verwenden: „Although client satisfaction alone is not sufficient as a measure of quality, it is universally accepted as one of several necessary outcome measures" (Royse u.a. 2001: 192).

Während der Aspekt der *Effizienz*, der hier Bestandteil der *makrobezogenen Nachhaltigkeit* ist, häufig (wenn auch mit unterschiedlichen Definitionen) Verwendung findet, werden die *gesellschaftspolitische Relevanz* selten und die *ökologische Verträglichkeit* überhaupt nicht erwähnt. Der DAC nutzt zwar den Begriff der *Relevanz*, engt ihn aber stark ein, indem damit lediglich das Ausmaß bezeichnet wird,: „to which the aid activity is suited to the priorities and policies of the target group, recipient and donor".[103]

Der Aspekt der *Nachhaltigkeit auf Programmebene* wird (in der hier getroffenen Auswahl) ebenfalls nur vom DAC als Bewertungskriterium herangezogen und bezieht sich, gemessen an der in dieser Arbeit entwickelten Nachhaltigkeitstypologie (vgl. in Kapitel 3.6 Abb. 3.10), lediglich auf die erste Dimension.

Abbildung 3.12: Bewertungskriterien für die Evaluation

DAC, 2005	Bussmann u.a., 1997	Posavac u. Carey, 1997	Vedung, 1999	Stockmann, 2005
Impact	Impact			Wirkungen
	Outcome	Outcome		Programm- wirkungen
	Output			
Effectiveness	Effektivität Wirksamkeit	Effektivität	Effektivität	Effektivität
		Ziel- und Programm- akzeptanz bei den Zielgruppen		Zielakzeptanz
		Übereinstimmung mit Werten und Bedürfnissen der Zielgruppen		Zielgruppen- relevanz Zielgrupppen- nutzen Zielgruppen- erreichung
				Diffusion
Efficiency	Effizienz	Effizienz	Effizienz: Kostennutzen und -effektivität, Produktivität	Effizienz
Relevance				Gesellschafts- politische Relevanz
				Ökologische Verträglichkeit
Sustainability				Nachhaltigkeit auf Programmebene

Als *Zwischenfazit* aus diesem Vergleich kann festgehalten werden, dass die üblicherweise bei Programmevaluationen herangezogenen Bewertungskriterien

---

103 Vgl. auch Rogers (1995: 11), der zwischen „Earlier Adopters" und „Later Adopters" unterscheidet.

allesamt in der hier abgeleiteten Kriterienliste enthalten sind. Zudem werden einzelne Kriterien differenzierter spezifiziert und um neue erweitert. D.h. die hier verwendeten Kriterien sind mit den bei Programmevaluationen häufig anzutreffenden Kriterien kompatibel, ergänzen diese und gehen teilweise noch darüber hinaus.

Ein weiterer zentraler Befund dieses Vergleiches besteht darin, dass die bei Programmevaluationen üblicherweise verwendeten Kriterien sich nur auf die hier als ,extern' bezeichneten Wirkungsfelder beziehen. Kriterien zur Bewertung des Planungs- und Implementierungsprozesses (Steuerungsprozesses) sowie zur Leistungsfähigkeit der programmdurchführenden Organisationen finden sich hingegen nicht. Insoweit unterscheidet sich die hier entwickelte Evaluationskonzeption durch ihren *ganzheitlichen Ansatz*. Sie *umfasst sowohl Kriterien zur Bewertung der organisationalen und situativen Kontextbedingungen eines Programms, als auch der durch die Interventionsmaßnahmen hervorgerufenen internen und externen Wirkungen*. Daraus ergeben sich folgende *Vorteile*:

- Der ganzheitliche Ansatz bietet die Möglichkeit einer *möglichst vollständigen Erfassung* aller relevanten Wirkungsbereiche.
- Durch die Beschreibung der Programminterventionen und die Bewertung der organisationalen und situativen Kontextbedingungen *verbessert sich* zudem die Chance, zutreffende *kausale Ursachenzuschreibungen vornehmen zu können*.
- Aufgrund der *hohen Flexibilität* der Evaluationskonzeption im Hinblick auf die verschiedenen Anwendungsbereiche und Evaluationsaufgaben, eignet sie sich besonders für die in sehr unterschiedlichen Politik- und Praxisfeldern tätigen Nonprofit-Organisationen mit ihrer breiten Palette an unterschiedlichsten Zielen und Aufgaben.

3.7.3 Qualitätskriterien

Obwohl die verschiedenen *Kriterien* zur Bewertung von Programmen zumeist keinen direkten Bezug zur Qualität eines Programms herstellen, lassen sie sich dennoch dazu *nutzen*, die *Qualität zu bewerten*. Letztlich ist die Bestimmung des Wertes oder Nutzens einer Intervention das Ziel jeder Programmevaluation (vgl. Rossi, Lipsey u. Freemann 2004: 208; Vedurg 1999: 213; Mertens 1998: 219). Deshalb kann eine solche *Wert- oder Nutzenbestimmung* auch als *Maß für die Qualität* eines Programms, einer Maßnahme oder eines Dienstleistungsangebots verwendet werden. In diesem Fall stellen die bewerteten *Evaluationskriterien gleichzeitig* auch *,Qualitätskriterien'* dar (so z.B. bei Vedung 1999: 223). Folgt man dieser Auffassung, dann können die für die Programmevaluation auf theoretischer Basis gewonnenen Bewertungskriterien mit denen in betriebswirtschaftlichen Qualitätskonzepten verwendeten Kriterien verglichen werden.[104]

In einer mittlerweile klassischen Unterscheidung, die auf Donabedian (1980: 80) zurückgeht, werden *drei Dimensionen für Dienstleistungsqualität* unterschieden (vgl. Eversheim u.a. 1997: 36, Eversheim 1997: 10f., 2000: 10f.; Raidl 2001: 33ff.):

- Strukturqualität
  bezeichnet sämtliche zeitlich stabilen Voraussetzungen, die ein Unternehmen in die Lage versetzen, eine Dienstleistung zu erbringen (z.B. Gebäude, technische Einrichtungen, Personal).
- Prozessqualität
  beschreibt den Ablauf der Leistungserbringung, d.h. alle Aktivitäten, die während der Leistungserstellung statt finden, auch im Umgang mit dem Kunden.
- Ergebnisqualität
  bezeichnet die Erreichung der Leistungsziele und die Zufriedenheit des Kunden mit der Leistungserstellung.

In einer weiteren, auf Garvin (1984: 25ff.) zurückgehenden Kategorisierung, werden *fünf Qualitätsdimensionen* unterschieden, die über die Differenzierung von Donabedian (1980: 80) hinaus gehen (vgl. hierzu auch Oppen 1995: 43ff.; Schubert u. Zink 1997: 3ff.; Schedler u. Proeller 2003: 69f.):

- produktbezogene Qualität
  bestimmt sich aus einzelnen Eigenschaften des Produkts selbst,
- kundenbezogene Qualität
  bemisst sich daran, ob das Produkt den Kundenanforderungen entspricht (Kundenzufriedenheit),
- wertbezogene Qualität
  gibt an, ob eine Leistung ihren Preis wert ist, indem Input und Output zueinander in Beziehung gesetzt werden (Effizienz),
- politische Qualität
  bemisst sich an dem Nutzen, den eine Leistung für die Politik stiftet. (Es wird zwischen sachlichem Nutzen für die Gesellschaft (z.B. Verbesserung der Lebensstandards, Sicherheit) und dem sozialen Nutzen (z.B. sozialer Friede, Zusammenhalt in einem Gemeinwesen) unterschieden),
- prozessbezogene Qualität
  bestimmt sich am Ausmaß der Sicherheit der Prozesse (wenig Fehler) sowie deren Optimierung (Schnelligkeit, Effizienz) und schließt die rechts- und ordnungsgemäße Erstellung einer Leistung ein.

---

[104] Die in TQM-Modellen wie EFQM verwendeten Kriterien (Potential- oder Befähigerkriterien und Ergebniskriterien) stellen keine Qualitätskriterien dar, da es bei diesen Modellen nicht darum geht, Qualität anhand ausgewählter Kriterien zu messen, sondern sie prozesshaft herzustellen.

Im Folgenden soll kurz untersucht werden, inwieweit sich die von Donabedian und Garvin entwickelten Qualitätsdimensionen von den hier verwendeten Evaluationskriterien unterscheiden. Als Orientierung kann Abb. 3.13 dienen, die die Merkmale zusammenfassend darstellt.

Abbildung 3.13: Bewertungsdimensionen in Qualitäts- und Evaluationskonzepten

Qualitätskriterien		Evaluationskriterien nach Stockmann
nach Donabedian	nach Garvin	
Prozessqualität	Prozessbezogene Qualität	Planung (Programmdesign) Steuerung (Implementation)
Strukturqualität	-----	Leistungsfähigkeit der Programm durchführenden Organisation interne Wirkungsbilanz
Ergebnisqualität	Produkt- und kunden- bezogene Qualität	Zielakzeptanz bei den Ziel- gruppen Zielgruppenerreichung Nutzen Diffusion externe Wirkungsbilanz
-----	-----	Programm-Nachhaltigkeit
-----	Wertbezogene und politi- sche Qualität	Effizienz Gesellschaftliche Relevanz Ökologische Verträglichkeit

In der betriebswirtschaftlichen Qualitätsdiskussion beschreibt *Prozessqualität* den Ablauf der Leistungserbringung (Donabedian 1980: 80) bzw. die Prozesse und deren Optimierung, die die rechts- und ordnungsgemäße Erstellung einer Leistung sicherstellen (Garvin 1984: 25ff.). Mit *Strukturqualität* werden sämtliche zeitlich stabilen Voraussetzungen bezeichnet, die ein Unternehmen in die Lage versetzen, eine Dienstleistung zu erbringen (Donabedian 1980: 80).

In der hier entwickelten Evaluationskonzeption werden diese beiden Aspekte zwar auch behandelt, aber anders analytisch getrennt. Zum einen wird der Planungs- und Durchführungs-(Steuerungs-)prozess von Interventionsmaßnahmen oder Programmen bewertet – und könnte deshalb als ,*Planungs- und Durchführungsqualität*' bezeichnet werden. Zum anderen wird die Leistungsfähigkeit der programmdurchführenden Organisationen bewertet, da davon ausgegangen wird, dass für eine wirkungsvolle (d.h. auf ein Maximum zielgerichteter Wirkungen orientierte) Durchführung eine leistungsfähige Organisation erforderlich ist. Um dies festzustellen, ist eine Bewertung der Strukturen und Prozesse notwendig.

Da Programminterventionen sich sowohl auf die Träger-(Durchführungs-) Organisation als auch darüber hinaus auf externe Wirkungsfelder richten können, ist einerseits mit Wirkungen bei der Trägerorganisation (hier interne Wirkungen genannt) und andererseits in externen Wirkungsfeldern (z.B. bei den Zielgruppen, in Politikfeldern etc.) zu rechnen. Es ist deshalb zweckmäßig, zwischen ,*interner wirkungsbezogener Qualität*' im Hinblick auf die Leistungsfähigkeit der Trägerorganisation und den bei ihr verursachten Wirkungen und ,*externer wirkungsbezogener Qualität*' zu unterscheiden, wenn es sich um die Bewertung der externen Wirkungen handelt. Dabei wird u.a. erfasst und bewertet, inwieweit die Zielgruppen das Programm akzeptieren und unterstützen, ob und inwieweit sie von den Programmmaßnahmen erreicht werden, welcher Nutzen entsteht, ob die Erfordernisse der Adressaten (Klienten) erfüllt werden und wie zufrieden diese mit den offerierten Leistungen bzw. dem Programm sind und welche Diffusionswirkungen bei den Zielgruppen und in den Politikfeldern aufgetreten sind. Außerdem werden die erfassten Wirkungen dahingehend untersucht, ob es sich um intendierte oder nicht-intendierte Wirkungen handelt und welche Ziele erreicht wurden. Die für die Arbeit von Nonprofit-Organisationen wichtige Dimension der *Nachhaltigkeit* von Programmen und Maßnahmen kommt in den Qualitätskonzepten von Donabedian, Garvin u.a. nicht vor. In der hier entwickelten Evaluationskonzeption werden die bei der Trägerorganisation und in den Praxis-/Politikfeldern und darüber hinaus verursachten Wirkungen anhand eines multidimensionalen Nachhaltigkeitsmodells bewertet.

In der betriebswirtschaftlichen Qualitätsdebatte konzentrieren sich die Bewertungsdimensionen auf die *Ergebnisqualität* (Donabedian 1980: 80) und die *produkt- und kundenbezogene Qualität* (Garvin 1984: 25ff.), also in viel stärkerem Umfang auf die unmittelbare Zielerreichung und Kundenzufriedenheit. Im Vergleich dazu erfassen Evaluationen nicht nur ein viel breiteres, ausdifferenzierteres Wirkungsspektrum, sondern beziehen auch die nicht-intendierten Wirkungen in allen Bewertungsfeldern mit ein.

Die Qualitätsdimensionen Effizienz (Verhältnis von Input zu Output) und Relevanz (Nützlichkeit für die Gesellschaft) werden sowohl in dem Modell von Garvin (1984) als auch in der hier entwickelten Evaluationskonzeption verwendet. Zusätzlich wird die Dimension der ökologischen Verträglichkeit aufgenommen. Zusammen operationalisieren diese drei Dimensionen die drei Säulen der Nachhaltigkeit: die wirtschaftliche, soziale und ökologische Zielgröße.

Während die wertbezogene Qualität (Effizienz) bei den betrieblichen Qualitätsdimensionen dominiert, um zu ermitteln, ob eine Leistung ihren Preis wert ist und deshalb das Kosten-Leistungs- oder Kosten-Wirkungs-Verhältnis eingehend untersucht wird, spielt die politische Qualität (oder gesellschaftliche Relevanz) eine eher untergeordnete Rolle. Bei der Evaluation von Nonprofit-Organisationen ist es oft genau umgekehrt.

Demnach kann festgehalten werden: Da das allgemeinste und oberste Ziel von Evaluation in der Bestimmung des Wertes oder Nutzens einer Maßnahme oder eines Programms besteht, können die für die Evaluation herangezogenen Kriterien gleichzeitig für die Bewertung der Dienstleistungs- oder Programmqualität herangezogen werden. Analog zu den von Donabedian, Garvin u.a.

entwickelten Qualitätsdimensionen lassen sich die hier abgeleiteten Evaluationskriterien zu *vier Qualitätsdimensionen* verdichten (vgl. Abbildung 3.14).

Abbildung 3.14: Qualitätsdimensionen für die Bewertung der Leistungen und Wirkungen von (Nonprofit-)Organisationen

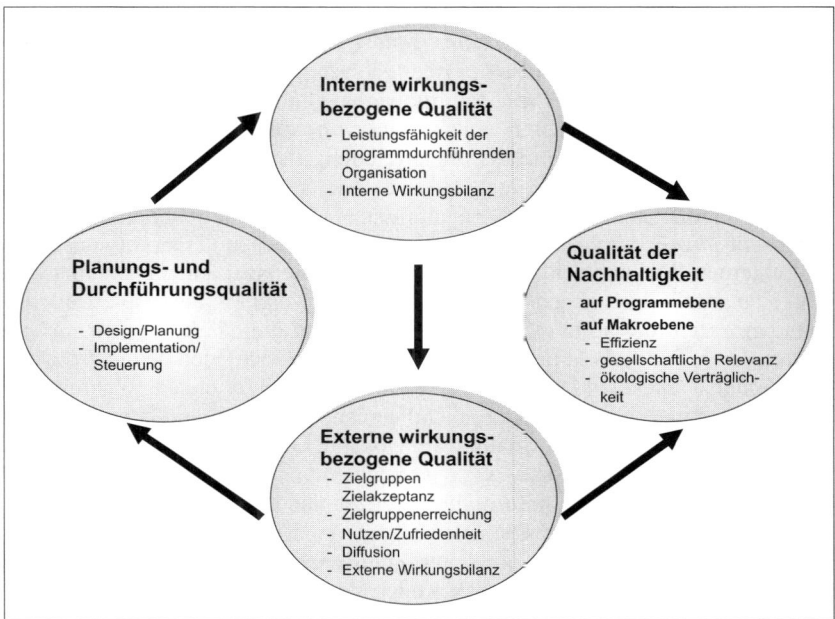

(1.) Die *Planungs- und Durchführungsqualität* wird – wie weiter oben dargestellt – daran deutlich, inwieweit in der Planungsphase die Problemlage und die Bedürfnisse der Zielgruppen ‚richtig‘ erkannt und ein problemadäquates, die Interessen der Stakeholder und die gegebenen Kontextbedingungen berücksichtigendes Programm entwickelt wurde, und ob in der Durchführungsphase Planungsfehler und Durchführungsprobleme rechtzeitig erkannt und zeitnahe Steuerungseingriffe erfolgten.

(2.) Die Planungs- und Durchführungsqualität nimmt direkten Einfluss auf die internen und externen Wirkungsfelder. Für die Durchführung des Programms ist eine leistungsfähige ‚Trägerorganisation‘ notwendig. Gegebenenfalls ist ihre organisatorische Stärkung ein Ziel der Programmdurchführung. Aber unabhängig davon entstehen auf jeden Fall schon allein durch die Programmimplementation Wirkungen bei der Durchführungsorganisation. Inwieweit der Träger der Aufgabenstellung gewachsen ist und welche Veränderungen über die Zeit hinweg eintraten (interne Wirkungsbilanz), kann anhand der benannten organisatorischen Evaluationskriterien (Zielakzeptanz,

Personalqualifikation, Organisationsstruktur, Ressourcen, Technologie) bewertet und zu dem Faktor *‚interne wirkungsbezogene Qualität'* zusammengefasst werden.

(3.) Die ‚Planungs- und Durchführungsqualität' als auch die ‚interne wirkungsbezogene Qualität' nehmen Einfluss auf die externen Wirkungsfelder, also die Politik-/Praxisfelder, in denen ein Programm Wirkungen verursacht. Inwieweit eine *‚externe wirkungsbezogene Qualität'* erreicht werden konnte, wird anhand der Evaluationskriterien Zielgruppenakzeptanz, Zielgruppenerreichung, Nutzen, der bei den Zielgruppen und darüber hinaus entstanden ist, den Diffusionswirkungen und anhand einer abschließenden Wirkungsbilanz bewertet, die auch den Grad der Zielerreichung (in den externen Wirkungsfeldern) umfasst.

(4.) Die vierte Qualitätsdimension umfasst einerseits die *Nachhaltigkeit auf Programmebene*, die von den Wirkungen in den internen (Trägerorganisation) und externen Wirkungsfeldern beeinflusst wird. Sie wird anhand der hier entwickelten multidimensionalen Nachhaltigkeitskonzeption bewertet. Andererseits beinhaltet die vierte Qualitätsdimension auch die *Nachhaltigkeit auf der Makroebene*, die drei Zielgrößen umfasst. Sie lässt sich auch als *wirtschafts-, gesellschafts- und ökologiebezogene Nachhaltigkeit* bezeichnen. Während die zuvor genannten Kriterien weitgehend anhand empirischer Daten bewertet werden können, enthält die Qualitätsdimension ‚Nachhaltigkeit auf der Makroebene' ein starkes normatives Bewertungsmoment. Die Beurteilung der *Effizienz,* der *gesellschaftspolitischen Relevanz* und der *ökologischen Verträglichkeit* von Produkten und Dienstleistungen des Nonprofit-Sektors können – wie eingehend dargestellt – nur unter Zuhilfenahme von allgemeinen Wertvorstellungen, politischen Richtlinien oder Verordnungen und Gesetzen einer Gesellschaft vorgenommen werden.

Die Qualität innerhalb einer Dimension wird umso höher bewertet, je höher die einzelnen Bewertungskriterien eingestuft werden:

▪ Je zielgruppenbezogener, problemadäquater, flexibler etc. Planung und Durchführung erfolgten (vgl. Kapitel 3.7.2), umso höher wird die *Planungs- und Durchführungsqualität* bewertet.

▪ Je leistungsfähiger die Trägerorganisation (gemessen an den ausgewählten Organisationsparametern) und je positiver die Wirkungsbilanz, umso höher wird die *interne wirkungsbezogene Qualität* bewertet.

▪ Je höher die Ziel-/Programmakzeptanz bei den Zielgruppen, je höher der Nutzen und die Zufriedenheit mit dem Leistungs- und Programmangebot, je größer die Diffusion bei den Adressaten und den programmbezogenen Politik-/Praxisfeldern und je positiver die externe Wirkungsbilanz, umso höher wird die *externe wirkungsbezogene Qualität* bewertet.

▪ Je höher die Effizienz, die gesellschaftspolitische Relevanz und ökologische Verträglichkeit, umso höher wird die *Qualität der Nachhaltigkeit auf der Makroebene* bewertet. Die *Qualität der Nachhaltigkeit auf Pro-*

grammebene wird anhand der multidimensionalen Nachhaltigkeitskonzeption bestimmt.

Grob zusammengefasst bestehen zwischen den *vier Qualitätsdimensionen* folgende *Zusammenhänge*:

- Je höher die Planungs- und Durchführungsqualität, umso höher die *interne wirkungsbezogene Qualität*, da während der Planung und Implementation eventuell bestehende Leistungsmängel bei der Trägerorganisation ausgeglichen werden.
- Je höher die interne wirkungsbezogene Qualität, umso höher die *externe wirkungsbezogene Qualität*, da davon ausgegangen wird, dass für die effektive Umsetzung eines Programms eine leistungsfähige Trägerorganisation notwendig ist.
- Je höher die interne und externe wirkungsbezogene Qualität, umso höher die *Programm-Nachhaltigkeit,* da angenommen wird, dass die Chancen für die Erzielung von Nachhaltigkeit steigen, wenn ein leistungsfähiger Träger vorhanden ist, wenn die Zielgruppen das Programm-/Leistungsangebot hoch bewerten, es nutzen und damit zufrieden sind und wenn die Zielgruppen erreicht und hohe Diffusionswirkungen für eine möglichst weite und tiefgehende Verbreitung sorgen.
- Je höher die interne und externe wirkungsbezogene Qualität, umso höher die *Nachhaltigkeit auf der Makroebene*, da eine leistungsfähige Trägerorganisation die Voraussetzung für eine effiziente Leistungserstellung oder Programmimplementation ist, und da gesellschaftliche Relevanz und ökologische Verträglichkeit von der Akzeptanz der Zielgruppen, dem Nutzungsgrad, der Zufriedenheit mit dem Angebot und der Verbreitung in den relevanten Politikfeldern abhängen.

Werden die von Donabedian, Garvin u.a. entworfenen Qualitätsdimensionen, aber auch die im Rahmen des TQM (EFQM) und der ISO-Zertifizierung verwendeten Kriterien bzw. Normen mit denen aus der Programmevaluation verglichen, dann fällt auf, *dass bei den betriebswirtschaftlichen Ansätzen vor allem auf innere, sich auf die Organisation und ihre Strukturen und Prozesse bezogene Kriterien verwendet werden, bei der Programmevaluation hingegen vor allem solche, die sich auf die ,externen' Wirkungsfelder beziehen.* Qualitätsdimensionen wie die ,Ergebnisqualität' oder die ,kundenbezogene Qualität', die im weitesten Sinne ,externe Wirkungen' darstellen, umfassen nur einen engen Interessenkorridor. Während ISO sich fast ausschließlich auf interne Unternehmensprozesse bezieht, werden bei EFQM, wenn auch nur marginal gewichtet, ,gesellschaftsbezogene Ergebnisse' immerhin bewertet. In dem Qualitätsmodell von Garvin wird mit der Bewertung der ,politischen Qualität' zumindest eine gesellschaftlich und sozial relevante Größe mit einbezogen.

Abbildung 3.15: Zusammenhang der Qualitätsdimensionen

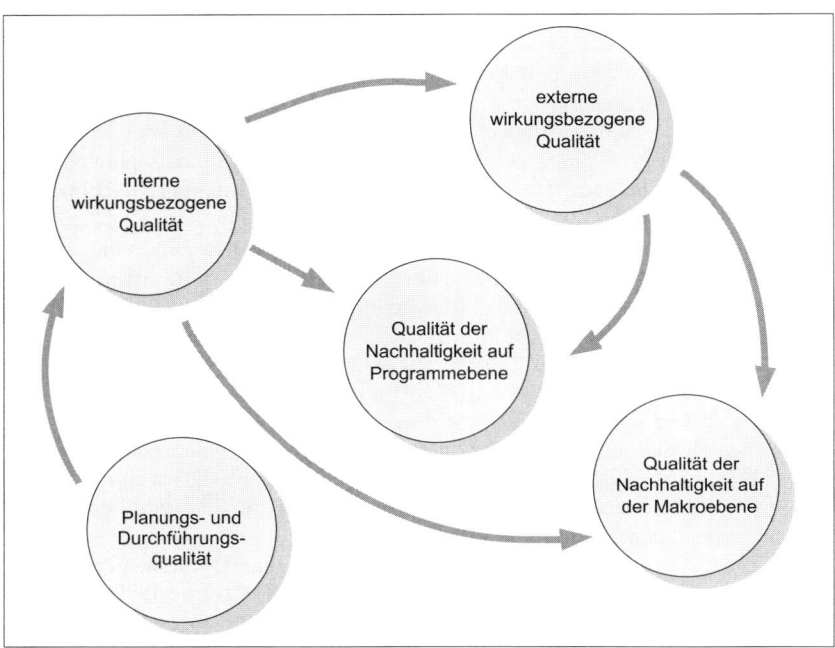

Im Hinblick auf die Kriterien der Programmevaluation wurde bereits darauf hingewiesen, dass diese kaum interne, auf die Organisation oder das Programm (Leistungsangebot) bezogene Dimensionen umfassen, sondern sich nahezu ausschließlich auf die Evaluation ‚externer' Wirkungsbereiche konzentrieren.

Der hier entwickelte Evaluationsansatz fügt beide Perspektiven zusammen, indem fünf Bewertungsbereiche aus theoretischen Überlegungen abgeleitet werden, die sich zudem in einer Vielzahl von Evaluationsstudien empirisch bewährt haben. Neben dem Programm und seinen situativen Kontextfaktoren, werden die Planung und Durchführung (Steuerung) eines Programms (oder Leistungsangebots), interne, d.h. auf den Durchführungsträger bezogene Qualitätsdimensionen (interne Wirkungsfelder), externe, d.h. auf die Praxis- bzw. Politikfelder und die Zielgruppen bezogenen Parameter (externe Wirkungsfelder) sowie die auf die Makro- als auch Programmebene bezogene Nachhaltigkeit bewertet. D.h. die hier entwickelte Konzeption *integriert interne und externe Bewertungsbereiche* und stellt somit einen *ganzheitlichen Ansatz* dar.

Werden die in dieser Arbeit formulierten vier Qualitätsdimensionen mit den von Donabedian, Garvin u.a. entwickelten verglichen, wird zudem deutlich, dass deren Schwergewicht auf der produkt-, kunden- und (wert-)wirtschaftsbezogenen Qualität liegt. Dies entspricht den Kontextbedingungen und der Aufgabenstellung marktwirtschaftlich agierender Unternehmen. Die im Rahmen des hier erarbeiteten Evaluationsansatzes definierten Qualitätsdimensionen orientieren sich hingegen viel stärker an den verursachten intendierten und nicht-intendierten Wirkungen, die in einer differenzierten Form und in einer großen Bandbreite erfasst und zueinander in Beziehung gesetzt werden. Neben einer umfassenden Betrachtung der Veränderungen bei der Trägerorganisation, die sich an organisationstheoretischen Kriterien orientiert, die auch bei betriebswirtschaftlichen Analysen von Bedeutung sind, geht die Analyse der externen wirkungsbezogenen Qualität weit über eine produkt- oder kundenbezogene Betrachtung hinaus.

Während die programmbezogene Nachhaltigkeit bei den betriebswirtschaftlichen Qualitätsdimensionen keine Entsprechung findet, werden zwar die Dimensionen Effizienz und Relevanz, nicht aber die ökologische Verträglichkeit berücksichtigt. Zudem kommt dem Effizienzmerkmal eine hohe, der Relevanz eine eher geringere Bedeutung zu.

Demnach kann festgehalten werden, dass die aus dem hier entwickelten Evaluationsansatz abgeleiteten *Evaluationskriterien* und die daraus formierten *Qualitätsdimensionen*

- die in Programmevaluationen häufig verwendeten Bewertungskriterien umfassen, die sich vor allem auf externe Evaluationsfelder beziehen,
- interne, auf die Durchführungsorganisation bezogene Kriterien enthalten, wie sie analog in betriebswirtschaftlichen Ansätzen zu finden sind, allerdings ohne deren enge Einschränkung auf unternehmensinterne Prozesse,
- den Kontextbedingungen, Steuerungsanforderungen und Qualitätserfordernissen von Nonprofit-Organisationen entsprechen.

Daraus wird der Schluss gezogen, dass der hier entwickelte Evaluationsansatz in besonderem Maße für die *Erfassung und Bewertung der Leistungen und Wirkungen* von Nonprofit-Organisationen geeignet ist,

- weil die hier entwickelten Kriterien anders als in der Programmevaluation nicht nur hauptsächlich ‚externe' Bewertungsfaktoren umfassen, die sich auf das Politikfeld, die Zielerreichung, die Zielgruppen etc. beziehen,
- weil anders als in den betriebswirtschaftlichen Ansätzen nicht nur hauptsächlich ‚interne' Bewertungsfaktoren (Qualitätsdimensionen) verwendet werden und
- weil sie nicht nur betriebswirtschaftlich ausgerichtete Dimensionen umfassen, wie sie für die Qualitätsbestimmung von Produkten und Dienstleistungen von gewinnorientierten Unternehmen eingesetzt werden, sondern, weil die abgeleiteten Kriterien auf allgemeinen organisationstheoretischen Überlegungen basieren, die im Prinzip für Organisationen aller Art gelten.

4 Methodik und Anwendung der Evaluation

4.1 Überblick

Im Mittelpunkt dieses Kapitels steht zum einen die Entwicklung des Evaluationsleitfadens. Dieser orientiert sich an den im vorangegangen Kapitel identifizierten Themenfeldern und Kriterien und dient der Erfassung und Bewertung vorgefundener Strukturen und Bedingungen sowie deren Veränderungen über die Zeit hinweg. Zum anderen sollen die zur Anwendung des Leitfadens notwendigen Grundlagen vermittelt werden.

Der *Evaluationsleitfaden (Kapitel 4.2)* stellt den Kern der hier entwickelten Evaluationskonzeption dar, die einem wirkungsorientierten Vorgehen folgt. Dies bedeutet, dass nicht wie bei klassischen Soll-Ist-Evaluationen die Zielerreichung im Mittelpunkt steht, sondern die Suche nach empirisch beobachtbaren Veränderungen im Umfeld eines Programms. Der Evaluationsleitfaden dient dazu, die Informationssuche zu strukturieren und zu lenken. Aufbauend auf den drei Theorieansätzen – dem Lebensverlaufsmodell, der organisations- und der innovations-/diffusionstheoretischen Konzeption – sowie dem multidimensionalen Nachhaltigkeitsmodell, wird ein ‚*Muster-Evaluationsleitfaden*‘ erstellt. Generell können solche Leitfäden für alle Maßnahmen, Projekte, Programme oder institutionalisierten Leistungsangebote von Organisationen entwickelt und für alle Phasen ihres Lebensverlaufs in formativen und summativen Evaluationen eingesetzt werden. Ausgehend von diesem ‚Leitmuster‘ sind die dort nach Themenblöcken geordneten Analysefragen jeweils zu ergänzen, zu erweitern und anzupassen.

In *Kapitel 4.3.1* ist dargestellt, wie bei der *Informationssuche* vorgegangen wird. Dem Wirkungsansatz folgend werden die Ausgangsbedingungen und die beobachteten Veränderungen über die Zeit hinweg erfasst, mit den intendierten Zielen verglichen und abschließend auf ihre Verursachung (Kausalität) hin überprüft. Diese Vorgehensweise hat vor allem den Vorteil, dass eine vorzeitige Verengung des Blickwinkels auf Ziele und ihre Erreichung vermieden und dadurch das Risiko verringert wird, nicht-intendierte Wirkungen zu vernachlässigen.

Jeder *Themenblock* des Evaluationsleitfadens weist eine Reihe von *Leitfragen* auf, die zur Erfassung der Ausgangsbedingungen und der im Zeitverlauf eingetretenen Veränderungen dient. Um die gewonnenen Informationen zu verdichten, endet jeder Themenblock mit einer ,Bewertungszeile', in die alle gesammelten quantitativen und qualitativen Daten einfließen. Diese Verfahrensweise erleichtert Vergleiche über die Zeit oder bei Metaanalysen auch über Programme hinweg und bietet die Möglichkeit, Programmprofile zu erstellen, anhand derer in komprimierter Form die Programmentwicklung dargestellt werden kann (*Kapitel 4.3.2*).

Die Themenblöcke des Analyserasters enthalten eine Vielzahl nicht direkt messbarer Phänomene (z.B. die Zielakzeptanz, Mitarbeiterqualifikation, Mitarbeiterzufriedenheit). Um dennoch Daten zu diesen nicht direkt abbildbaren Phänomenen zu erhalten, verwendet die empirische Sozialforschung ,*Indikatoren*'. Was Indikatoren sind, welche Anforderungen sie erfüllen sollen, wie sie konstruiert werden und was dabei zu beachten ist, ist in *Kapitel 4.3.3* dargelegt. Insbesondere wenn ein Monitoring- und Evaluationssystem entwickelt werden soll, um das Programmmanagement kontinuierlich mit steuerungsrelevanten Daten zu versorgen, ist der Aufbau einer Indikatorendatenbank notwendig. Hierfür werden in regelmäßigen Zeitabständen kontinuierlich Daten erhoben und gespeichert. Die Struktur der Datenbank orientiert sich an den Themenfeldern des Evaluationsleitfadens. Für die dort aufgelisteten Leitfragen sind jeweils geeignete Indikatoren für die Datenerfassung zu entwickeln.

Die Frage ,wie' gemessen werden soll, führt zu *Kapitel 4.4*. Zwar können in der Evaluationsforschung prinzipiell alle in der empirischen Sozialforschung bekannten *Untersuchungsdesigns und Erhebungsmethoden* genutzt werden, doch für die Evaluation von Wirkungen sind nicht alle gleichermaßen geeignet. *Kapitel 4.4.1* stellt die für Wirkungsevaluationen wichtigsten Designs vor und diskutiert ihre Vor- und Nachteile. Die Wahl eines der Evaluationsfragestellung angemessenen Untersuchungsdesigns ist vor allem für die eindeutige Bestimmung der Nettowirkungen wichtig. Denn werden Umfang und Ausmaß der Wirkungen, die von einem Programm ausgehen, unterschätzt, dann läuft es Gefahr, gekürzt oder gar ganz eingestellt zu werden. Werden Programmeffekte hingegen überschätzt, besteht umgekehrt das Risiko, dass Gelder für ein gar nicht oder kaum wirksames Programm ausgegeben werden. Die *Wahl des Untersuchungsdesigns* ist demnach vor allem für die *Kausalanalyse* von entscheidender Bedeutung.

Mit welchen *Erhebungsmethoden* die Daten für die Erfassung von Wirkungen und die Aufdeckung kausaler Zusammenhänge gesammelt werden können, beschäftigt sich *Kapitel 4.4.2*. Zuerst werden die in der Evaluation wichtigsten Methoden vorgestellt, um dann zu begründen, warum ein ,Multimethodenansatz' grundsätzlich zu bevorzugen ist. Durch die Verwendung verschiedener quantitativer und qualitativer Methoden wird versucht, die Schwächen eines Erhebungsinstruments durch die Stärken eines anderen auszugleichen. Wichtig ist in jedem Fall – wie schon bei den Untersuchungsdesigns –, dass die Evaluatoren die potentiell einsetzbaren Methoden mit ihren

Stärken und Schwächen kennen, damit sie eine für die Evaluationsfragestellung angemessene Kombination auswählen und anwenden können.

Da Evaluationen in einem *sozialen Kontext* stattfinden, benötigen Evaluatoren nicht nur eine hohe Methodenkompetenz, sondern auch die Fähigkeit, sich in dem schwierigen Evaluationsumfeld, das meist durch divergierende Interessen der verschiedenen Stakeholder geprägt ist, zurechtzufinden. Wie schon eingangs betont, unterscheidet sich die Evaluationsforschung in verschiedener Hinsicht von der Grundlagenforschung. Nicht nur weil Evaluation immer einen Nutzen generieren soll und es sich häufig um Auftragsforschung handelt, sondern auch, weil sie in einem politischen Umfeld stattfindet und damit selbst rasch zu einem Politikum wird. Was dabei zu beachten ist und welche Standards eingehalten werden sollen, wird in *Kapitel 4.5.1* thematisiert.

Am besten können die verschiedenen Interessen und Perspektiven der Stakeholder im Rahmen eines *partizipativen Evaluationsansatzes* berücksichtigt und eingebunden werden. Dadurch lässt sich nicht nur die Akzeptanz der Stakeholder im Hinblick auf die Durchführung der Evaluation und langfristig für die Umsetzung der Evaluationsergebnisse steigern, sondern auch das Evaluationsdesign optimieren. Durch das Zusammenwirken der Evaluatoren (Methodenexperten) mit den Personen, die für die Programmdurchführung (Inhaltsexperten) verantwortlich sind oder sonst an dem Programm mitwirken oder von ihm betroffen sind (insb. die Zielgruppen), lassen sich Methodenwissen und Insiderwissen miteinander verknüpfen und dazu nutzen, ein Evaluationsdesign zu entwickeln, das sowohl den Informationsbedürfnissen der Auftraggeber und Programmverantwortlichen gerecht wird, als auch die Perspektiven und Ansichten der übrigen Stakeholder (insb. der Zielgruppen) mit einbindet. Ein solch partizipatives Evaluationsmodell ist in *Kapitel 4.5.2* dargestellt.

Bevor eine Evaluation durchgeführt werden kann, sind die einzelnen *Arbeitsschritte* genauestens zu planen. Dies ist Gegenstand von *Kapitel 4.6* in dem der Evaluationsablauf grob skizziert wird. Dabei stehen praktische Hinweise für das Vorgehen im Mittelpunkt. Auch hier muss sich die Darstellung allerdings auf einige wesentliche Ausführungen beschränken.

Insgesamt betrachtet ist Kapitel 4 so aufgebaut, dass die Entwicklung des Evaluationsleitfadens sowie die Handhabung des Bearbeitungs- und Bewertungsverfahrens ausführlich beschrieben werden, da es sich um das Kernstück der hier entwickelten Evaluationskonzeption handelt (Kapitel 4.2 und 4.3). Im Hinblick auf die ‚Methoden der Evaluation' (Kapitel 4.4) reicht es hingegen aus, einen Überblick zu vermitteln, weil es hierzu eine umfassende und vielfältige Literatur gibt, auf die bei der Anwendung zurückgegriffen werden kann. Dies gilt zwar auch für den ‚sozialen Kontext der Evaluation' (Kapitel 4.5) und den ‚Evaluationsablauf' (Kapitel 4.6), doch hierfür machen die in dieser Arbeit entwickelte Evaluationskonzeption und der partizipative Ansatz für die Planung und Durchführung einer Evaluation einige zusätzliche

Kenntnisse erforderlich, auf die – mit praktischen Erfahrungen angereichert – eingegangen wird.

4.2   Evaluationsleitfaden

Wie schon mehrfach betont, handelt es sich in dieser Arbeit um eine wirkungsorientierte Evaluationskonzeption. Deshalb ist der entwickelte Evaluationsleitfaden vor allem auf die *Erfassung und Bewertung von Wirkungen* ausgerichtet, die durch das Leistungsangebot, das eine Organisation offeriert oder durch das Programm oder die Maßnahmen, die sie durchführt, ausgelöst werden. Zu diesem Zweck sind allerdings auch die Strukturen, Prozesse und Bedingungen zu erfassen, unter denen Wirkungen entstehen. Nur so kann überhaupt eine spätere Ursachenanalyse vorgenommen werden.

Häufig konzentrieren sich Evaluationen stark oder gar ausschließlich auf die *Zielerreichung*. Diese stellt jedoch – wie in Kapitel 3.2 dargestellt – nur eine Teilmenge, nämlich die intendierten Wirkungen aller Programmwirkungen dar. Welche Rolle die Ziele eines Programms bei der Wirkungsevaluation spielen sollen, ist jedoch umstritten.

Wie der in Kapitel 3.7.2 (Abbildung 3.12) angestellte Vergleich verwendeter Evaluationskriterien gezeigt hat, ist die Bewertung der Effektivität eines Programms von zentraler Bedeutung. Deshalb lautet eine der wichtigsten Wirkungsfragen: „In welchem Ausmaß ist das Programm bei der Erreichung seiner Ziele erfolgreich?" (Weiss 1974: 47). Damit werden die Ziele eines Programms, ähnlich wie im Vergleich von Norm und Wirklichkeit, zum Maßstab der empirischen Analyse (vgl. Mayntz 1980c: 4). Nach dem *klassischen Zielmodell der Evaluationsforschung* wird der Grad der tatsächlichen Zielerreichung nur auf den beabsichtigten Zieldimensionen mit Hilfe eines Soll-Ist-Vergleichs bestimmt (vgl. Hellstern u. Wollmann 1980a: 7; Lange 1983: 260; Wollmann 1994: 174).[105] Dabei wird so vorgegangen, dass die Programmziele ermittelt, die Ziele in messbare Indikatoren der Zielerreichung übersetzt, Daten über die Indikatoren für die Zielgruppen gesammelt und die Daten mit den Zielkriterien verglichen werden (vgl. Weiss 1974: 47; Meyers 1980: 110ff.; Rossi u.a. 1988: 21ff.).

Voraussetzung einer solchen *Ergebnis-Evaluation* sind daher festgelegte Programmziele und ihre Operationalisierbarkeit. Dabei können jedoch verschiedene *Probleme* auftreten:

- Oft sind Programmziele nur verschwommen formuliert und weisen einen sehr allgemeinen Charakter auf. So stellt Weiss (1974: 48) fest: „Gelegentlich sind die offiziellen Ziele bloß eine lange Liste frommer und teilweise unvereinbarer Plattheiten" (vgl. auch Derlien 1976: 21; Grabatin 1981: 23; Brandtstädter 1990b: 221; Vedung 1999: 54).

---

105 Wenn nur die beabsichtigten Veränderungen (= Ziele) empirisch erfasst werden, wird von *Erfolgskontrolle* gesprochen.

- Die offiziellen und tatsächlich verfolgten Ziele können auseinander fallen. Zielvorgaben sind oft nur Teil einer politischen Legitimationsrhetorik, die mit den faktischen Programmabläufen nur wenig zu tun haben (vgl. Etzioni 1971: 34; Weiss 1974: 48; Brandtstädter 1990b: 221; Vedung 1999: 55).
- Ziele unterliegen im Zeitablauf zumeist Veränderungen, so dass die Gefahr besteht, die Zielerreichung anhand gar nicht mehr relevanter Ziele zu beurteilen (vgl. Hall 1980: 537; Lange 1983: 263).
- An der Umsetzung eines Programms sind zahlreiche Akteure beteiligt, die jeweils unterschiedliche (manchmal sogar gegenläufige) Ziele verfolgen können, so dass sich die Frage stellt, an welchen Zielen die Ergebnisverwirklichung gemessen werden soll (vgl. Weiss 1974: 48; Bussmann u.a. 1997: 47).
- Wenn von Zieldimensionen ausgegangen wird, besteht die Gefahr, dass nicht-intendierte Effekte systematisch ausgeblendet werden (vgl. Lange 1983: 263; Weiss 1974: 56ff.).[106] Doch gerade diese können sich als ausgesprochen interessant und wichtig erweisen (vgl. Brandtstädter 1990b: 221; Sherrill 1984: 34; Lachenmann 1987: 319; Posavac u. Carey 1997: 25).[107]

Aufgrund dieser Probleme mit einer an Zielen ausgerichteten Evaluation halten einige Evaluationsforscher es für: „unwise for evaluation to focus on whether a project has ‚attained its goals'" (Cronbach u.a. 1981: 5). Es wird zu bedenken gegeben: „Evaluators who know the goals of the program might unintentionally focus on information that supports the goal and not observe how the program is actually administered or assess the total impact on the program's clients" (Posavac u. Carey 1997: 25). Deshalb empfiehlt Scriven (1991: 180): „In the pure form of this type of evaluation, the evaluator is not told the purpose of the program but does the evaluation with the purpose of finding out what the program is actually doing without being used as to what it is trying to do".

Scriven (1967, 1980, 1983, 1991) ist ebenfalls der Ansicht, dass die Vorgabe von Zielen notwendigerweise zu einer unvollständigen Erfassung der Programmkonsequenzen führen muss, die außerdem die Interessen einer kleinen Gruppe von Beteiligten und Betroffenen widerspiegelt und schlägt deshalb die Durchführung ‚zielfreier' Evaluationen vor (vgl. auch Lachenmann 1987: 319, Cook u. Matt 1990: 19): Der ‚Goal-Free-Approach' war auch eine Reaktion „to what was seen as a slavish acceptance of the objectives-based Approach to Impact evaluation" (Owen u. Rogers 1999: 269). Deshalb wurde

---

106 Zu den nicht-intendierten Handlungsfolgen vgl. auch Halfar 1987; Schwefel 1987a, b, c; Lachenmann 1987.

107 Außerdem wird am Zielansatz kritisiert, dass die Fragen, warum ein Programm erfolgreich oder erfolglos ist (vgl. Weiss 1974: 48) und ob ein Programm die Ziele vielleicht hätte effektiver erreichen können, nicht berücksichtigt werden (vgl. Brandtstädter 1990b: 221). Darüber hinaus wird gegen den Zielansatz eingewendet, dass nicht alle Evaluationskriterien aus dem Zielsystem ableitbar sind (vgl. Budäus u. Dobler 1977: 69; Weiss 1974: 48).

empfohlen, die festgelegten oder intendierten Ziele eines Programms unberücksichtigt zu lassen: „The purpose is to examine all program effects, rather than limiting the investigation to outcomes which reflect program objectives" (ebenda). Als Vorteile der zielfreien Evaluation werden angeführt (vgl. Scriven 1991: 180), dass

- die aufwändige, zeitraubende und schwierige Bestimmung und Gewichtung von Programmzielen wegfällt,
- eine zielfreie Evaluation die laufende Programmdurchführung weniger stört, weil die Akteure nicht über die Ziele Rechenschaft ablegen müssen,
- eine soziale, perzeptuelle und kognitive Beeinflussung der Evaluatoren weniger wahrscheinlich ist, da diese mit der Programmleitung und dem Personal weniger Kontakt haben,
- sie reversibel ist, d.h. in einer späteren Phase der Evaluation in eine zielorientierte Evaluation einmünden kann, Umgekehrtes jedoch nicht geht.

Da jedoch *alle Programme und Leistungsangebote* stets einen bestimmten, wenn auch nicht immer explizit formulierten *Wert- und Zielbezug aufweisen* (vgl. Brandtstädter 1990b: 221), wäre die Vorstellung von vollkommen „zielfreien Programmen oder zielfreien Evaluationen eine äußerst naive Angelegenheit" (Weiss 1974: 22). Darauf weisen u.a. auch Owen und Rogers (1999: 269) hin:

> „Practically, the notion of deliberately ignoring the intentions of a programmatic intervention borders on the bizarre. Commissioners and clients are almost always interested in whether program objectives have been met, and the evaluator would need to go to extremes to ignore information about how the program is meant to operate".

Fragen der *Zielerreichung und -bewertung* können deshalb kaum aus dem Aufgabenbereich einer wirkungsorientierten Evaluation ausgeklammert werden, doch sie darf sich keinesfalls darin erschöpfen, da dadurch möglicherweise wesentliche Effekte unberücksichtigt bleiben würden. Dies könnte jedoch die Schlussfolgerungen über den Erfolg, die Wirksamkeit und Nachhaltigkeit eines Programms drastisch beeinflussen (vgl. Shadish 1990: 166).[108]

Da in dieser Arbeit die Wirkungen, die durch ein Leistungsangebot oder ein Programm ausgelöst wurden, im Vordergrund stehen, reicht eine alleinige Ausrichtung an den vorgegebenen Zielen aus den genannten Gründen nicht

---

108 Wenn der *Nutzen eines Programms* bewertet werden soll, muss neben der Bewertung der *Wirksamkeit* und *Nachhaltigkeit* eines Programms auch eine *Effizienzabschätzung* erfolgen. Während die Wirkungsanalyse zu ergründen versucht, ob ein Programm seine Ziele erreicht, welche Wirkungen aufgrund des Programms entstanden sind, bewertet die Effizienzabschätzung das Kosten-Nutzen-Verhältnis zwischen eingesetzten Mitteln und den Resultaten. Dabei wird ermittelt, welche Kosten für wen entstanden sind und wem welche Vorteile zugeflossen sind. Effektiv ist ein Programm dann, wenn mit geringstem Mitteleinsatz ein möglichst hoher Nutzen entstanden ist (vgl. Hellstern u. Wollmann 1984: 25; White 1986: 18; Rossi 2004: 343ff.).

aus. Stattdessen wird ein *Wirkungsansatz* präferiert, der hypothesengeleitet möglichst viele (intendierte wie nicht-intendierte) Wirkungen empirisch zu erfassen sucht, um erst danach zu eruieren, ob diese Wirkungen Programmzielen entsprechen und darüber hinaus Folgen von Programminterventionen sind. Die *hypothesengeleitete Suche* wird *durch* den *Evaluationsleitfaden strukturiert*. Der Evaluationsleitfaden orientiert sich an den in Kapitel 3 dargelegten theoretischen Überlegungen und verwendet die dort entwickelten Bewertungskriterien. Er dient der Erfassung vorgefundener Strukturen und Bedingungen sowie der konstatierten Veränderungen im Förderverlauf und ggf. danach. Dabei wird auch der Frage nachgegangen, ob die beobachteten Veränderungen auf Maßnahmen des Programms oder auf andere Ursachen zurückzuführen sind.

Hierfür werden neben dem Programm und seiner Umwelt sowie dem Interventionsprozess selbst (insbesondere Planung und Durchführung), der Programm-(Leistungs-)Träger und die externen Wirkungsfelder untersucht. Dabei wird zwischen Wirkungen unterschieden, die durch die Programminterventionen, geplant oder ungeplant, bei der Trägerorganisation ausgelöst wurden (interne Wirkungen) und Wirkungen, die über die Trägerorganisation hinausgehen (externe Wirkungen). Der Evaluationsleitfaden schließt mit einer Bewertung der Programmqualität, die anhand der erarbeiteten *vier* Qualitätsdimensionen vorgenommen wird. Handelt es sich um eine Ex-post-Evaluation, kann zusätzlich noch die Nachhaltigkeit auf Programmebene bestimmt werden. Der Evaluationsleitfaden orientiert sich zwar an den theoretischen Vorgaben, ist aber auf einer *erhebungstechnischen Logik* aufgebaut. Die Grobstruktur des Leitfadens ist in Abbildung 4.1 dargestellt.

(1.) Programm und Umwelt

Das erste Kapitel des Leitfadens ist der *Maßnahmen- bzw. Programmbeschreibung* und seiner *Interventionsumwelt* gewidmet. Im Einzelnen sind die Ziele des Programms, die Programm- und Innovationskonzeption sowie die personellen, finanziellen und technischen Ressourcen zu beschreiben. Bei der *Zieldarstellung* sind die verschiedenen Zielebenen und Stakeholder zu berücksichtigen. So ist insbesondere zu analysieren, inwieweit die einzelnen Ziele miteinander vereinbar sind, welche Zielkonflikte ggf. vorliegen etc. Die Analyse der *Programmkonzeption* soll vor allem auf die implizite ‚Programmtheorie' eingehen. Hierfür ist zu untersuchen, auf welchen analytischen Ebenen (Individuen, Organisationen, Systeme) und welchen Dimensionen (Verhalten, Prozesse, Strukturen) Wirkungen herbeigeführt werden sollen (vgl. in Kapitel 3 Abbildung 3.1), welche Ursache-Wirkungs-Zusammenhänge angenommen und wie Umwelt- und Risikofaktoren eingeschätzt werden. Wichtiger Bestandteil ist auch die Beschreibung der *Innovationen* selbst, die durch die Programminterventionen eingeführt werden sollen, sowie deren Bewertung im Hinblick auf die bestehenden Strukturen und Systeme.

Abbildung 4.1:   Struktur des Evaluationsleitfadens

1.	Programm und Umwelt
	Programmbeschreibung
1.0	Programmdaten
1.1	Programmkonzeption
1.2	Innovationskonzeption
1.3	Ressourcen
	Umwelt-/Kontextbedingungen
1.4	Ländercharakterisierung
1.5	Praxis-/Politikfeld (gesellschaftliches Subsystem)
1.6	Zielgruppenbeschreibung (Adressaten, Klientel)
2.	**Programmverlauf**
2.1	Vorbereitung/Planung
2.2	Programmsteuerung
2.3	Vorbereitung Förderende
2.4	Nachbetreuung
3.	**Interne Wirkungsfelder (Trägerorganisation)**
	Organisatorische Leistungsfähigkeit des Trägers
3.1	Zielakzeptanz bei der Durchführungsorganisation und ggf. bei der übergeordneten Trägerorganisation (z.B. Geldgeber)
3.2	Personal
3.3	Organisationsstruktur
3.4	Finanzielle Ressourcen
3.5	Technologie: Technische Infrastruktur
3.6	Technologie: Organisationsprogramm/-konzeption
3.7	Interne Programmwirkungen
4.	**Externe Wirkungsfelder (Adressaten, Politik-/Praxisfelder)**
4.1	Zielakzeptanz bei den Zielgruppen
4.2	Zielgruppenerreichung
4.3	Nutzen für die Zielgruppen
4.4	Zielgruppenübergreifende Wirkungen
4.5	Wirkungen im Politikfeld des Programms
4.6	Politikfeldübergreifende Wirkungen
4.7	Externe Programmwirkungen
5.	**Programmqualität**
5.1	Planungs- und Durchführungsqualität
5.2	Interne wirkungsbezogene Qualität
5.3	Externe wirkungsbezogene Qualität
	Nachhaltigkeit:
5.4	Auf der Programmebene
	Auf der Makroebene
5.5	Effizienz
5.6	Gesellschaftspolitische Relevanz
5.7	Ökologische Verträglichkeit

© Reinhard Stockmann 2005

Wie eingangs dargestellt, soll der Leitfaden einen wirkungsorientierten Evaluationsansatz umsetzen. Deshalb kommt hier den Leitfadenkapiteln „Programm- und Wirkungskonzeption" besondere Bedeutung für die Wirkungserfassung, -bewertung und spätere Ursachenanalyse zu. Neben der Herausarbeitung der dem Programm explizit oder implizit zugrunde liegenden Wirkungs-, Innovations- und Diffusionshypothesen sollen zusätzlich auf der Basis der drei eingeführten theoretischen Ansätze (Lebensverlaufsmodell, Organisationstheorie, Innovations-/Diffusionsmodell) spezifische Wirkungshypothesen formuliert werden, unabhängig davon, ob diese in der Programm- und Innovationskonzeption bereits explizit oder implizit enthalten sind. Dadurch wird einerseits vermieden, dass wichtige Programmüberlegungen und intendierte Ziele nicht ausreichend berücksichtigt werden. Andererseits soll die von den eigentlichen Programmzielen unabhängige (an den theoretischen Zusammenhängen orientierte) Hypothesenformulierung sicherstellen, dass (vom Programm aus betrachtet) ungeplante Wirkungen nicht übersehen werden. Darüber hinaus wird dadurch die Überprüfung von Ursache-Wirkungs-Zusammenhängen erleichtert.

Um die Ziele eines Programms, deren Umsetzung im Rahmen der konzeptionellen Ausgestaltung konkretisiert wird, erreichen zu können, sind personelle, finanzielle und technische *Ressourcen* notwendig. Deshalb ist zu beurteilen, inwieweit die eingeplanten und zur Verfügung gestellten Ressourcen für die Zielerreichung ausreichend sind.

Für die Bewertung der im Leitfaden aufgeführten Maßnahmen- bzw. Programmparameter ist die Kenntnis der *Umweltbedingungen* notwendig. Auch wenn analytisch die beiden Evaluationsfelder nur nacheinander behandelt werden können, ist die Evaluation und Bewertung der einzelnen Bereiche lediglich durch eine gemeinsame Betrachtung möglich. Je nach Art des Programms, insb. wenn es sich um ein Entwicklungsländerprogramm handelt, ist die Kenntnis der Landes- und Regionenbedingungen unverzichtbar.

Bei jedem Programm ist das *Praxisfeld* oder der *Politikfeldbereich*, in dem die Programminterventionen stattfinden (z.B. im Gesundheits- oder Berufsbildungssystem eines Landes), zu analysieren. Dabei sind möglichst alle Felder zu berücksichtigen, in denen Programmwirkungen zu erwarten sind. So ist z.B. bei einem Berufsbildungsprogramm davon auszugehen, dass Wirkungen im allgemeinen Bildungssystem entstehen (um die Voraussetzungen für einen Wechsel der Schüler in das Berufsbildungssystem zu schaffen), im beruflichen Bildungssystem als primärem Politikfeld und im Beschäftigungssystem (in dem die Absolventen einer bestimmten beruflichen Ausbildung einen ausbildungsadäquaten Arbeitsplatz finden sollen).

Jedes Programm und Leistungsangebot richtet sich an bestimmte *Zielgruppen (Adressaten)*. Die genaue Beschreibung dieser Zielgruppen ist notwendig, da später festgestellt werden soll, ob sie von den Programmmaßnahmen überhaupt erreicht werden, ob das Leistungsangebot die Bedürfnisse der Zielgruppen erfüllt, welchen Nutzen die Zielgruppen davontragen, ob sie mit dem Leistungsangebot zufrieden sind etc.

Im Einzelnen sind in diesem Leitfaden-Kapitel folgende Sachverhalte zu erfassen und zu bewerten:

Programmbeschreibung

(1.0)   Programmdaten
- Programmtitel
- Programmart
- Politik-/Praxisfeld/gesellschaftliches Subsystem (z.B. Gesundheits-, Bildungs-, Wirtschaftssystem)
- Trägerstruktur (Charakterisierung der Durchführungsorganisation und ggf. des ihr übergeordneten ‚politischen' Trägers)

(1.1)   Programmkonzeption
- Darstellung der angestrebten Ziele und beabsichtigten Wirkungen.
- Interventionsmaßnahmen, mit denen die Programmziele umgesetzt werden sollen.
- Analytische Ebenen (Individuen, Organisationen, Systeme) und Dimensionen (Verhalten, Prozesse, Strukturen), auf denen Wirkungen herbeigeführt werden sollen.
- Beschreibung der impliziten Programmtheorie sowie der zwischen Maßnahmen (Interventionen) und Wirkungen angenommenen Zusammenhänge.
- Bewertung des Zielsystems und der Programmtheorie im Hinblick auf Widerspruchsfreiheit, Klarheit und Durchführungschancen unter Berücksichtigung der Umwelt-/Risikofaktoren (vgl. Leitfadenkapitel 1.2) sowie Problemadäquanz (Zielsetzung dem Problem angemessen).
- Wirkungshypothesen, die sich auf der Basis der hier konzipierten drei theoretischen Ansätze (Lebensverlaufsmodell, Organisations- und Innovations-/Diffusionstheorie) formulieren lassen. Beschreibung der Wirkungen, die demnach zu erwarten sind. Sind die wichtigsten Ursache-Wirkungs-Zusammenhänge in der impliziten Programmtheorie berücksichtigt worden?

(1.2)   Innovationskonzeption
- Beschreibung der einzuführenden Neuerungen (Innovationen) in Anlehnung an Abbildung 3.6 (Produkt-/Dienstleistungsinnovationen, Verfahrens-, Organisationsstrukturelle-, Personalinnovationen).
- Spezifische Eigenschaften der Innovation (vgl. in Kapitel 3 Abbildung 3.8) aus Sicht der potenziellen Anwender (relative Vorteilhaftigkeit, Vereinbarkeit, Komplexität, Erprobbarkeit, Beobachtbarkeit, Ausreifungsgrad).

- Beurteilung der Diffusionschancen unter Berücksichtigung der spezifischen Eigenschaften der Innovation (siehe oben), der Leistungsfähigkeit der Trägerorganisation (vgl. Leitfadenkapitel 3) und der externen Bedingungen (Umfeldfaktoren wie z.B. Werte, Normen, Traditionen, Gesetze, ökologische Umwelt etc.) (vgl. Leitfadenkapitel 1.4 u. 1.5).

(1.3)   Ressourcen
- Mittel zur Finanzierung des Programms, aufgeteilt nach den verschiedenen Trägern und Akteuren (z.B. Ministerium, Durchführungsorganisation, Zielgruppen etc.).
- Einsatz personeller Ressourcen (z.B. haupt- und ehrenamtliche Mitarbeiter).
- Technische Ressourcen (z.B: technische Ausstattung).
- Zeitaufwand (z.B. Dauer des Förderprogramms).

Umwelt-/Kontextbedingungen
(1.4)   Ländercharakterisierung
- Beschreibung der politisch-gesellschaftlichen, wirtschaftlichen, kulturellen, ökologischen und anderen situativen Bedingungen, die für das Programm (Leistungsangebot) von Bedeutung sind.

(1.5)   Praxis-/Politikfeld (gesellschaftliche Subsysteme)
- Beschreibung der Politikfelder (der gesellschaftlichen Subsysteme), in denen Programmwirkungen zu erwarten sind, anhand programmrelevanter Sachverhalte:
- insb. Akteure des Politikfeldes (Nonprofit-Organisationen, Unternehmen), Zusammenarbeit, Netzwerke etc.,
- normative, rechtliche, traditionelle etc. Rahmenbedingungen des Politikfeldes (auch im Hinblick auf die Einführung der Innovation).

(1.6)   Zielgruppen (Adressaten, Klienten)
- Definition und Beschreibung der Zielgruppen, die aus dem Programm einen Nutzen ziehen sollen, anhand relevanter Variablen,
- insb. sozio-ökonomische Struktur, Alter, Geschlecht und andere sozio-demographische Variablen,
- Werte, Normen, Traditionen der Zielgruppe,
- Erwartungen der Zielgruppe an das Programm.
- Herausarbeitung unterschiedlicher Interessen, Konfliktpotenziale bei den Zielgruppen.
- Relevanz des Programms für die Zielgruppen.
- Beschreibung der Gruppen, die nicht Zielgruppen sind und deshalb von dem Programm-/Leistungsangebot ausgeschlossen werden.

(2.) Programmverlauf

Das zweite Kapitel des Evaluationsleitfadens behandelt den Programmverlauf. Wie in Kapitel 3.3 und 3.7.2 dargestellt, wirkt sich die Art des Programmverlaufs, die Qualität von Planung und Durchführung auf die Leistungserbringung, die Wirksamkeit eines Programms etc. aus. Die Ausgangsthese hierbei ist, dass Programme, die die Erfordernisse und Bedürfnisse der Zielgruppen sowie die jeweils gegebenen organisationalen und situativen Bedingungen in der Planung und Durchführung berücksichtigen, eher die gesetzten Ziele und intendierten Wirkungen erreichen, als solche, die nicht ausreichend geplant und gesteuert werden.

Zur *Bewertung des Programmverlaufs* sind deshalb vor allem die *vorbereitende Planung* des Programms sowie die einzelnen Durchführungsschritte zu analysieren. Neben der Art und Qualität der Planung und Steuerung des Programms durch die verschiedenen daran beteiligten Akteure stellen die *Vorbereitung* der besonders sensiblen Phase des *Programm-/Förderendes* sowie ggf. eine *Nachbetreuung* durch den Fördermittelgeber wichtige Untersuchungsfelder dar. Je nachdem auf welche Phase des Programmprozesses sich die Evaluation bezieht und welche Analyseperspektive sie einnimmt (vgl. in Kapitel 2 Abbildung 2.9), können mehr die Planungsphase oder einzelne Phasen der Durchführung im Vordergrund stehen. Bei Ex-post-Evaluationen, also solchen, die erst nach dem Förderende durchgeführt werden, zumeist um die Nachhaltigkeit von Programmen zu analysieren, sind alle Phasen des Programmablaufs relevant.

Im Einzelnen sind folgende Themen zu behandeln:

(2.1)   Vorbereitung/Planung

– Planungsschritte, die durchgeführt wurden (Feasibility-Studie, Workshops etc.).
– Analysen, die in der Vorbereitungsphase durchgeführt wurden (u.a. Problem-/ Situationsanalyse, Zielanalyse, Zielgruppen-/Beteiligtenanalyse, Trägeranalyse, Bedarfsanalyse, einzel-/gesamtwirtschaftliche Analyse).
– Berücksichtigung von Aspekten, die die Nachhaltigkeit des Programms über das Förderende hinaus sicherstellen.
– Beteiligung der wichtigsten Stakeholder.

Durchführung

(2.2)   Programmsteuerung

– Anpassung der Programmplanung an die Träger-/Kontextbedingungen in den einzelnen Durchführungsphasen.
– Vorhandensein eines funktionsfähigen Qualitätsmanagement-/Monitoring-/Evaluationssystems, das steuerungsrelevante Daten liefert, die auch umgesetzt werden.
– Zusammenarbeit der Durchführungspartner.

– Beteiligung aller für die Programmdurchführung wichtigen Stakeholder.

(2.3) *Vorbereitung Förderende*
– Entwicklung eines realistischen Zielsystems für die Nachförderphase.
– Sukzessive Verringerung der Förderressourcen.
– Beteiligung der wichtigen Stakeholder.

(2.4) *Nachbetreuung*
– Maßnahmen, die zur Nachbetreuung des Programms durchgeführt wurden, mit welchem Ziel, von wem, mit welchem Erfolg.
– Durchführung einer Ex-post-Evaluation, andere Formen der Nachbeobachtung, Einspeisung der Ergebnisse in das Wissensmanagementsystem der Durchführungsorganisation.

(3.) Interne Wirkungsfelder (Trägerorganisation)

Im dritten Kapitel des Analyseleitfadens wird die *organisatorische Leistungsfähigkeit* der programmdurchführenden und/oder leistungserbringenden Organisation, hier *Trägerorganisation* oder *Durchführungsorganisation* genannt, evaluiert. Die Trägerorganisation stellt nicht nur die strukturellen Voraussetzungen für die Leistungserbringung bzw. Programmdurchführung dar, sondern kann mit ihren Strukturparametern möglicherweise selbst Ziel von Veränderungen sein. Die Gliederung dieses Bereichs orientiert sich an den in Kapitel 3.4 aufgeführten organisationstheoretischen Parametern (Ziele, Personal, Organisationsstruktur, Finanzielle Ressourcen, Technologie) (vgl. insbesondere in Kapitel 3.4.1 Abbildung 3.4 und Kapitel 3.7.2). Nachdem die *Ziele* des Programms bereits im Analyseleitfaden unter (1.1) behandelt wurden, geht es jetzt darum festzustellen, ob die Ziele und die Programmkonzeption bei der Durchführungsorganisation bzw. (wenn vorhanden) beim politischen Träger (oder Geldgeber), z.B. einem Ministerium oder einer Spendenorganisation, überhaupt auf Akzeptanz stoßen. Ein zentrales Ergebnis zahlreicher Evaluationsstudien ist, dass ohne *Akzeptanz* Maßnahmen oder Programme nicht nachhaltig erfolgreich oder wirksam sind. Deshalb wird der Erfassung und Bewertung der Akzeptanz der Programmziele und der Programmkonzeption große Aufmerksamkeit geschenkt.

Wie bereits ausführlich erläutert, können Maßnahmen und Programme nicht erfolgreich umgesetzt werden, wenn sie nicht über *qualifiziertes Personal*, eine *funktionierende* (formelle und informelle) *Organisationsstruktur*, ausreichend *finanzielle Ressourcen* und eine adäquate *Technologie* verfügen. Bei der Technologie ist zu unterscheiden zwischen der *technischen Ausstattung,* die für die Durchführung der Programmmaßnahmen oder die Erbringung des Dienstleistungsangebots geeignet sein muss, und der *inhaltlichen Konzeption* einer Organisation zur Steuerung der Produktions- und Dienstleistung. Hier ist einerseits zu prüfen, ob die Ziele des Programms und die Programmkonzeption mit dem Programm bzw. der Konzeption der Gesamtorganisation im Einklang stehen. Andererseits ist zu beurteilen, ob und inwieweit eine Trägerorganisation über das Innovationspotenzial verfügt, sein eigenes Programm als auch das Förderprogramm im Zeitverlauf sich verändernden Bedingungen anzupassen, damit es nicht zu Innovationsfixierungen kommt (vgl. Kapitel 3.5.1).

Das Leitfadenkapitel 3 schließt mit einer *zusammenfassenden Bewertung* aller festgestellten internen Programmwirkungen. Hierfür werden die intendierten *Wirkungen* und die nicht-intendierten Wirkungen einer Gesamtbetrachtung unterzogen (vgl. in Kapitel 3.7.3 Abbildung 3.14). Wie hierbei vorgegangen wird, ist in Kapitel 4.3 dargestellt.

Im Einzelnen sind folgende Analysefelder (Themenblöcke) zu bearbeiten:

(3.1) *Zielakzeptanz*
   bei der Durchführungsorganisation und bei der übergeordneten Trägerorganisation (politischer Träger, Geldgeber) (manchmal sind Geldgeber und Durchführungsorganisation identisch).
   – Ausmaß der Kenntnisse über das Programm (dessen Ziele, Aktivitäten, Stakeholder, Wirkungen etc.) beim Leitungspersonal.
   – Bewertung des Programms durch das Führungspersonal.
   – Stellenwert der Programmziele im Gesamtkontext der Organisationsziele.
   – Unterstützung für das Programm (Ressourcen, Einsatz etc.).

(3.2) *Personal*
   – Qualifikation
   – Rekrutierung, Fluktuation
   – Aus- und Weiterbildung des Personals

(3.3) *Organisationsstruktur*
   – Aufbau der Organisationsstruktur (u.a. anhand von Organigrammen, Stellenplänen, Arbeitsbeschreibungen).
   – Funktionsgrad der einzelnen organisierten Teilsysteme (z.B. Produktion, Verwaltung).
   – Arbeitsplanung, Koordination.
   – Entscheidungsstruktur, Zuständigkeiten.
   – Interner Informationsfluss und Zusammenarbeit (formell und informell).
   – Informationsfluss und Zusammenarbeit mit externen Partnern, Organisationen, Akteuren.
   – Einbindung in Netzwerk.
   – Funktionsfähigkeit des Qualitätsmanagements-/Evaluationssystems.

(3.4) *Finanzielle Ressourcen*
   – Budget der Durchführungsorganisation.
   – Vorhandensein von mittel- und langfristigen Finanzierungsplänen.
   – Finanzierung des Trägers (wer finanziert wie viel?).

(3.5)   Technologie: Technische Infrastruktur
– Beschreibung der technischen Ausstattung.
– Ausstattungsniveau im Vergleich zu den Anforderungen der Programmkonzeption.
– Zustand der technischen Ausstattung.
– Nutzungsgrad der technischen Ausstattung.

(3.6)   Technologie: Organisationsprogramm/-konzeption
– Beschreibung des inhaltlichen Programms zur Steuerung der Leistungserbringung, zur Umsetzung der Organisationsziele.
– Fähigkeit, das Organisationsprogramm auf sich verändernde externe Bedingungen anpassen zu können.
– Fähigkeit, Innovationen zu entwickeln und umzusetzen.

(3.7)   Interne Programmwirkungen
– Welche von den im Leitfaden unter (3.1) bis (3.6) aufgeführten Veränderungen (= Bruttowirkungen) ist auf die Programminterventionen zurückzuführen (= Programm- oder Nettowirkungen)? Was davon ist positiv, was negativ zu werten?
– Welche Programmwirkungen waren intendiert (= Programmziele), welche nicht?
– Welche der angestrebten (geplanten/intendierten) Ziele wurden erreicht (Effektivität) (= Zielerreichung entsprechend Soll-Ist-Vergleich)?

(4.) Externe Wirkungsfelder (Adressaten, Politik-/Praxisfelder)
Im vierten Kapitel des Rasters werden die über den Träger hinausgehenden Wirkungen bei den Adressaten des Programms (Zielgruppe, Klienten), den Nicht-Zielgruppen und in den Politikfeldern, in denen Programmwirkungen ausgelöst werden sollen, untersucht (externe Wirkungen).

Da die Verbreitung der Programminnovationen in hohem Maße auch von ihrer *Akzeptanz bei den Zielgruppen* abhängt, wird zuerst eruiert, ob und inwieweit die Zielgruppen die Programmkonzeption und die damit verbundenen Ziele, Maßnahmen und Innovationen aktiv unterstützen. Danach wird ermittelt, ob und inwieweit die *intendierten Adressaten* erreicht werden (Diffusionsgrad innerhalb der Zielgruppe), welchen *Nutzen* sie aus den Programmmaßnahmen ziehen und wie zufrieden sie mit dem Programm-/Leistungsangebot sind. Darüber hinaus wird festgestellt, ob noch *andere* als die ursprünglich vorgesehenen *Nutzer* von dem Leistungsangebot bzw. Programm profitieren können (Diffusionsgrad außerhalb der Zielgruppe).

Von besonderer Bedeutung ist die Frage nach den Wirkungen, die in dem Politikfeld entstehen, in dem die Programminterventionen stattfinden. Darüber hinaus ist zu eruieren, ob auch Veränderungen in benachbarten Sektoren aufgetreten sind.

Das Leitfadenkapitel (4) schließt mit einer *zusammenfassenden Bewertung* aller festgestellten externen Programmwirkungen. Hierfür werden – wie schon in Leitfadenkapitel (3) – alle intendierten und nicht-intendierten *Wirkungen* einer Gesamtbewertung unterzogen.

Um die externen Wirkungen festzustellen und einer Gesamtbilanz zu unterziehen, sind folgende Analysekapitel zu behandeln

(4.1)   Zielakzeptanz bei den Zielgruppen

- Bewertung des Programms, seiner Ziele und Maßnahmen sowie der intendierten Wirkungen durch die (ggf. verschiedenen) Zielgruppen.
- Beteiligung der Zielgruppen an der Gestaltung und Umsetzung des Programms, durch finanzielle und personelle Eigenbeiträge (z.B. in Meetings, Workshops, durch Entwicklung eigener Vorschläge und Ideen).
- Weiterentwicklung der Programminnovationen.

(4.2)   Zielgruppenerreichung

- Beschreibung der Zielerreichung bei den ausgewählten Zielgruppen.
- Zielerreichungsgrad (Anteil der Zielgruppe, die erreicht wird).
- Diffusionsgrad (Anteil der Zielgruppe, die eingeführte Innovationen übernommen hat).
- Erschließung der Zielgruppen (durch welche Maßnahmen?).

(4.3)   Nutzen für die Zielgruppen

- Nutzen, den das Programm für die Zielgruppen hat.
- Nachteile, die den Zielgruppen aus dem Programm entstehen.
- Erwartungen und Erfordernisse der Zielgruppe erfüllt?
- Zufriedenheit der Zielgruppe mit dem Programm-/Leistungsangebot.
- Auswirkungen auf die Lebensbedingungen und andere programmrelevante Lebensbereiche (z.B. Partizipations- und Solidaritätsverhalten, Organisationsfähigkeit, Selbsthilfefähigkeit etc.).

(4.4)   Zielgruppenübergreifende Wirkungen

- Beschreibung anderer Gruppen, denen das Programm-/Leistungsangebot zusätzlich zugute kommt.
- Nachteile, die den Nicht-Zielgruppen aus dem Programm entstehen.
- Gruppen, die die vom Programm ausgehenden Innovationen übernommen haben.
- Erschließung weiterer Nutzerkreise (durch welche Maßnahmen?).
- Weiterentwicklung der Programm-Innovationen.

(4.5)   Wirkungen im Politik-/Praxisfeld (in gesellschaftlichen Subsystemen)

- Beschreibungsgrad der Diffusionswirkungen, die innerhalb des Politikfeldes (des gesellschaftlichen Subsystems) entstanden sind, in denen das Programm implementiert wurde (Produkt-, Verfahrens-, Organisationsstrukturelle-, Personalinnovationen).

- Verbreitungsgrad der Programminnovationen im Politikfeld (z.B. durch Übernahme von Regelungen bei anderen Organisationen).
- Beschreibung systembildender Wirkungen (z.B. durch Änderungen von Rechtsverordnungen und Gesetzen, Schaffung neuer Institutionen, Systemanpassungen, Gründung neuer Organisationen etc.).
- Beschreibung weiterer zu beobachtender Wirkungen im Politikfeld.

(4.6)   Politikfeldübergreifende Wirkungen
- Diffusionswirkungen, die in relevanten Politikfeldern entstanden sind, die mit dem Politikfeld in Zusammenhang stehen, in dem das Programm implementiert wurde.
- Wirkungen, die in anderen programmrelevanten gesellschaftlichen Subsystemen entstanden sind (z.B. soziale, ökonomische, ökologische, kulturelle, politische Wirkungen).

(4.7)   Externe Programmwirkungen
- Welche von den im Leitfaden unter (4.1) bis (4.6) aufgeführten Wirkungen (= Bruttowirkungen ist auf die Programminterventionen zurückzuführen (= Programm- oder Nettowirkungen)? Was davon ist positiv, was negativ zu werten?
- Welche Programmwirkungen waren intendiert (= Programmziele), welche nicht?
- Welche der angestrebten (geplanten/intendierten) Ziele wurden erreicht (Effektivität) (= Zielerreichung entsprechend Soll-Ist-Vergleich)?

(5.) Programmqualität

In Kapitel 5 des Evaluationsleitfadens wird die Qualität eines Programms, einer Maßnahme oder eines Leistungsangebots bewertet. Hierfür werden die in den Leitfaden-Kapiteln 1 bis 4 gesammelten Daten neu gebündelt und für die Bewertung der verschiedenen Qualitätsdimensionen genutzt (vgl. Kapitel 3.7.3, insb. Abbildung 3.14).

Die Bewertung der *Planungs- und Durchführungsqualität* basiert im Wesentlichen auf den Informationen aus Kapitel 2 des Leitfadens, die Bewertung der *internen und externen wirkungsbezogenen Qualität* aus den Kapiteln 3 und 4 des Leitfadens. Die *Nachhaltigkeit auf der Programmebene* wird anhand der im Kapitel 3.6 entwickelten multidimensionalen Nachhaltigkeitskonzeption bewertet. Die hier für die drei Zielgrößen der *Nachhaltigkeit auf Makroebene* ausgewählten Dimensionen: *Effizienz*, *gesellschaftspolitische Relevanz* und *ökologische Verträglichkeit* lassen sich (wie in Kapitel 2.2 dargestellt) häufig nur schwer messen, so dass für ihre Bewertung letztlich gesellschaftliche Werte und Normen herangezogen werden müssen, die selbst wiederum einem Wandel im Zeitverlauf unterliegen.

Zur Bestimmung der verschiedenen Qualitätsdimensionen sind folgende Kriterien zu bewerten:

(5.1) Planungs- und Durchführungsqualität

> *Für die Bewertung sind insbesondere folgende Punkte des Evaluationsleitfadens zu berücksichtigen:*
>
> *(2.1) Vorbereitung/Planung*   *(2.3) Vorbereitung Förderende*
>
> *(2.2) Programmsteuerung*   *(2.4) Nachbetreuung*

– Bewertung der Qualität von Programmplanung und -durchführung insgesamt:

– Auswirkungen der Programmqualität auf die erzielten internen und externen, intendierten und nicht-intendierten Wirkungen:

(5.2) Interne wirkungsbezogene Qualität

> *Für die Bewertung sind insbesondere folgende Punkte des Evaluationsleitfadens zu berücksichtigen:*
>
> *(1.1) Programmkonzeption*   *(3.4) Finanzielle Ressourcen*
>
> *(1.2) Innovationskonzeption*   *(3.5) Technologie: Technische*
>
> *(1.3) Ressourcen*   *Infrastruktur*
>
> *(3.1) Zielakzeptanz*   *(3.6) Technologie: Organisations-*
>
> *(3.2) Personal*   *programm/-konzeption*
>
> *(3.3) Organisationsstruktur*   *(3.7) Interne Programmwirkungen*

– Bewertung der organisatorischen Leistungsfähigkeit der Trägerorganisation insgesamt:

– Intendierte wie nicht-intendierte Wirkungen, die durch die Programminterventionen die Leistungsfähigkeit der Trägerorganisation verändert haben:

– Auswirkungen der Leistungsfähigkeit der Trägerorganisation auf die externen Wirkungsfelder:

(5.3) Externe wirkungsbezogene Qualität

> *Für die Bewertung sind insbesondere folgende Punkte des Evaluationsleitfadens zu berücksichtigen:*
>
> *(1.4) Ländercharakterisierung*   *(4.3) Nutzen für die Zielgruppen*
>
> *(1.5) Praxis-/Politikfeld*   *(4.4) Zielgruppenübergreifende*
>
> *(1.6) Zielgruppen (Adressaten,*   *Wirkungen*
>
>   *Klienten)*   *(4.5) Wirkungen im Politik-/Praxis-*
>
>   *feld*

(4.1) Zielakzeptanz bei den Ziel-	*(4.6) Politikfeldübergreifende*
gruppen	*Wirkungen*
(4.2) Zielgruppenerreichung	*(4.7) Externe Programmwirkungen*

– Verhältnis von intendierten und nicht-intendierten Wirkungen im Hinblick auf
– Zielgruppenerreichung und Diffusionsgrad bei den Zielgruppen
– Nutzen für die Zielgruppen
– Zielgruppenübergreifende Diffusionswirkungen
– Diffusionswirkungen im programm-intendierten Politik-/Praxis-feld
– und in benachbarten Politikfeldern

(5.4) Nachhaltigkeit auf der Programmebene

> *Die Nachhaltigkeit eines Programms kann erst nach Beendigung der Förde-rung bewertet werden. Für die Bewertung sind insb. die Themenfelder (3) und (4) des Evaluationsleitfadens zu berücksichtigen.*

Für die Erstellung des Nachhaltigkeitsprofils (vgl. Kapitel 3.6) sind folgende Fragen zu beantworten:
– Führt die Zielgruppe/die Trägerorganisation die Innovationen (Neuerungen) im eigenen Interesse und zum eigenen Nutzen fort?
– Haben andere Gruppen/Organisationen die Innovationen in ihrem eigenen Interesse und zu ihrem eigenen Nutzen dauerhaft über-nommen?
– Führen die Innovationen über Diffusionsprozesse zu einer Leis-tungssteigerung des gesamten Systems (z.B. Gesundheits-, Bil-dungs-, Wirtschaftssystem)?
– Verfügt die Zielgruppe/die Trägerorganisation über ein Innova-tionspotenzial, um auf veränderte Umweltbedingungen flexibel und angemessen zu reagieren?
Auswirkungen der Qualität des Planungs- und Durchführungspro-zesses sowie der Leistungsfähigkeit der Trägerorganisation auf die Nachhaltigkeit:

Nachhaltigkeit auf der Makroebene (wirtschafts-, gesellschafts- und ökologiebezogene Qualität)

(5.5)   Effizienz

> *Für die Bewertung sind insbesondere folgende Punkte des Evaluations-*
> *leitfadens zu berücksichtigen:*
>
> *(1.3) Ressourcen (Input)*   *(4.4) Zielgruppenübergreifende Wir-*
> *(3.7) Interne Programm-*   *kungen*
> *   wirkungen*   *(4.5) Wirkungen im Politik-/Praxisfeld*
>
> *(4.2) Zielgruppenerreichung*   *(4.6) Politikfeldübergreifende*
>   *Wirkungen*
> *(4.3) Nutzen für die*   *(4.7) Externe Programmwirkungen*
> *   Zielgruppen*

- Verhältnis von Input zu Output.
- Verhältnis von Input zu Outcome.
- Verhältnis von Input zu den internen und externen Wirkungen.

(5.6) Gesellschaftspolitische Relevanz

> *Für die Bewertung sind insbesondere folgende Punkte des Evaluations-*
> *leitfadens zu berücksichtigen:*
>
> *(1.0) Programmdaten*   *(4.2) Zielgruppenerreichung*
> *(1.1) Programmkonzeption*   *(4.3) Nutzen für die Zielgruppen*
> *(1.2) Innovationskonzeption*   *(4.4) Zielgruppenübergreifende*
> *(1.4) Ländercharakterisierung*   *Wirkungen*
> *(1.5) Praxis-/Politikfeld*   *(4.5) Wirkungen im Politik-/Praxis-*
>   *feld*
> *(1.6) Zielgruppen*   *(4.6) Politikfeldübergreifende*
>   *Wirkungen*
> *(3.7) Interne Programmwirkungen*   *(4.7) Externe Programmwirkungen*
> *(4.1) Zielakzeptanz bei den*
> *   Zielgruppen*

- Bewertung des Programms und der durch das Programm ausgelösten Wirkungen im Hinblick auf die gesellschaftspolitische
  Relevanz, gemessen
- an den gesellschaftspolitischen Wertvorstellungen in einem Land
  (wie z.B. soziale Gerechtigkeit, Chancengleichheit, Emanzipation,
  Demokratie etc.),
- den gesellschaftspolitischen Zielen der Regierung eines Landes,
- den Zielen und der Konzeption der politischen Programmträger
  und Durchführungsorganisationen,
- den Erwartungen, Bedürfnissen und Erfordernissen der Zielgruppen.

(5.7) Ökologische Verträglichkeit

Für die Bewertung sind insbesondere folgende Punkte des Evaluations-leitfadens zu berücksichtigen:	
(1.1) Programmkonzeption	*(3.5) Technologie: Technische Infrastrukur*
(1.2) Innovationskonzeption	
(1.4) Ländercharakterisierung	*(3.7) Interne Programmwirkungen*
(1.5) Praxis-/Politikfeld	*(4.7) Externe Programmwirkungen*

- Bewertung des Programms und der durch das Programm aus-gelösten Wirkungen im Hinblick auf seine ökologische Verträg-lichkeit, gemessen
- am ressourcenschonenden Umgang bei der Erstellung von Pro-dukten und Dienstleistungen,
- an Umweltschäden vermeidenden Lösungen,
- an der Verwendung ökologisch innovativer Lösungen,
- an insgesamt geringen negativen ökologischen Auswirkungen:

Der hier vorgestellte Evaluationsleitfaden stellt ein *Grundmuster* dar, das für die praxis-/politikfeldspezifische Entwicklung von Leitfäden genutzt werden kann. Anders als bei ISO oder EFQM, die keine Branchenversionen anbieten, sondern gerade ihren Allgemeingültigkeitsanspruch betonen, wird hier deut-lich, dass Evaluationsleitfäden den konkreten Aufgabenstellungen, den spezi-fischen Evaluationsbedingungen und den Besonderheiten des Politik-/Praxis-feldes angepasst werden müssen.

Empirische Erfahrungen in den letzten 15 Jahren mit Vorformen dieses Leitfadens, der selbst einen Entwicklungsprozess durchlief, haben gezeigt, dass sich aufbauend auf diese Grundstruktur *Evaluationsleitfäden für jede Art von Programmen, Maßnahmen oder Leistungsangeboten in allen Phasen des politischen Prozesses einsetzen lassen* (vgl. in Kapitel 2 Abbildung 2.10). *Die im Leitfaden spezifizierten Themen können prospektiv in Ex-ante-Evalua-tionen, prüfend in formativen und bilanzierend in summativen Evaluationen bearbeitet werden.* Leitfäden wurden nicht nur für die *unterschiedlichsten Politik-/Praxisfelder* (z.B. Entwicklungszusammenarbeit, Umwelt, Bildung, Berufsbildung, Gesundheit, ländliche Entwicklung, Wasser- und Abwasser etc.) entwickelt, sondern auch in *allen Regionen der Welt* für *alle Formen wir-kungsbezogener Evaluationen* eingesetzt.[109]

Bei der Entwicklung politikfeldspezifischer Leitfäden können entsprechend der Aufgabenstellung unterschiedliche *Schwerpunktsetzungen* im Hinblick auf

---

109 Vgl. u.a. Heinrich u. Meyer 2005; Stockmann 2005b, 2004a u. c, 2002b, 2001a u. b, 2000a, b, c u. 1996; Caspari 2004; Stockmann, Krapp u. Baltes 2004; Baltes, Krapp u. Stockmann 2004; Meyer u.a. 2003; Ludwig u. Koglin 2003; Stockmann u.a. 2001 u. 2000; Stockmann, Meyer, Kohlmann, Gaus u. Urbahn 2001; Stockmann, Caspari, Kevenhörster 2000; Stock-mann, Meyer, Krapp u. Köhne 2000; Caspari u.a. 2000.

die Spezifizierung der Themen und die Informationssuche vorgenommen werden. Bei einer summativen Evaluation, die bei einem laufenden oder abgeschlossenen Programm durchgeführt wird, könnte z.B. die Analyse der Wirkungen und die Kausalanalyse (Ursachenzuschreibung) im Vordergrund stehen. Dann ist das Schwergewicht weniger auf einer möglichst genauen und detailgetreuen Beschreibung und Bewertung des Programms und seines Planungs- und Durchführungsprozesses zu legen, sondern auf der Erfassung und Analyse der internen und externen Wirkungen. Dabei können je nach Interesse die internen Wirkungen mehr Gewicht erhalten, wenn z.B. die Aspekte der Trägerförderung eine große Rolle gespielt haben, um die organisatorische Leistungsfähigkeit des Trägers zu erhöhen, oder die externen Wirkungen, wenn es vor allem darum ging, die Situation der Zielgruppen zu verbessern und/oder die Systembedingungen in einem ausgewählten Politikfeld zu verändern.

Bei einer formativen Evaluation sind hingegen mehr die Prozessaspekte zu betonen. Für eine Ex-ante-Evaluation ist vor allem die genauere Analyse der Programmbedingungen und des situativen Kontextes, der Zielgruppen, denen das Programm nutzen und des Trägers, mit dem das Programm durchgeführt werden soll, von Bedeutung.

Bei den politkfeld- und aufgabenspezifischen Entwicklungen von Leitfäden auf der Basis des vorgestellten ‚Leitmusters' ist jedoch zu beachten, dass es sich dabei *nur* um *Schwerpunktsetzungen* handelt. z.B. in dem für bestimmte Themenblöcke (Kapitel des Leitfadens) der Fragenkatalog differenzierter ausgearbeitet wird als für andere. Aber *bei keiner Evaluation sollte ein Themenblock entfallen!* Auch dann, wenn z.B. aufgrund des Entwicklungsstandes eines Programms noch keine Aussagen zu seiner Wirksamkeit oder Nachhaltigkeit gemacht werden können, sollten solche Fragen prospektiv (was ist zu erwarten?) behandelt werden, damit auch in der Planungsphase eines Programms solche Aspekte nicht vergessen werden. Schon in der Planungsphase werden wichtige Weichen z.B. für die künftige Wirksamkeit oder Nachhaltigkeit eines Programms gelegt. Umgekehrt kann auch eine Ex-post-Evaluation nicht auf die Erfassung der Programm- und Umweltdaten verzichten, da diese zur Bestimmung der Wirkungen und ihrer Ursachen notwendig sind.

Der Themenkatalog des Leitfadens folgt den vorangestellten theoretischen Überlegungen. Dies ist ein weiterer Grund, weshalb einzelne Themenblöcke nicht einfach ausgelassen werden können. Sie stellen die Operationalisierung der verschiedenen theoretischen Überlegungen dar, sind aufeinander bezogen und insb. für die Ursachenanalyse notwendig. Die hier entwickelte Evaluationskonzeption unterscheidet sich gerade in diesem Aspekt von einem Modell wie z.B. EFQM, in dem ohne jede theoretische Begründung, allein anhand von Plausibilitätsüberlegungen Kriterien festgelegt und Gewichtungen vorgenommen werden.

Im Anhang ist ein *Beispielleitfaden* dokumentiert, der auf der Basis des hier vorgestellten Grundmusters entwickelt wurde. Es handelt sich um einen

Leitfaden zur Evaluation von Programmen und Projekten der Entwicklungs-zusammenarbeit, der sich – je nachdem, wie die Schwerpunkte bei der Informationssuche gesetzt werden – mehr formativ oder mehr summativ einsetzen lässt. Der Leitfaden kann dementsprechend in allen Phasen des politischen Prozesses verwendet werden.

4.3   Bearbeitungs- und Bewertungsverfahren

4.3.1 Prozessperspektive

Die für die Beschreibung und Bewertung der einzelnen Kapitel des Leitfadens notwendigen Daten werden mit Hilfe unterschiedlicher Methoden erhoben, auf die später noch eingegangen wird. Bei der Sammlung der Daten ist darauf zu achten, dass die in den einzelnen Themenblöcken zusammengestellten Leitfragen *prozessorientiert* bearbeitet werden. Wirkungen stellen Veränderungen dar (vgl. Kapitel 3.2). Um diese feststellen zu können, sind mindestens zwei Erhebungszeitpunkte notwendig. Wie später in Kapitel 4.6, in dem die verschiedenen Untersuchungsdesigns für die Evaluation von Wirkungen vorgestellt werden, gezeigt wird, nimmt die Messgenauigkeit mit der Zahl der Erhebungszeitpunkte zu. Dies bedeutet, dass sich die im Programmablauf und danach stattgefundenen Veränderungen umso besser nachzeichnen lassen, je mehr Datenpunkte es gibt. Zudem steigt dadurch die Wahrscheinlichkeit, realitätsnahe Ursachen-Wirkungs-Zuschreibungen vornehmen zu können.

Je nach dem, ob es sich um ex-ante, on-going oder ex-post durchgeführte Evaluationen handelt, werden jeweils unterschiedliche Zeitpunkte betrachtet (vgl. Abbildung 4.2): Bei Ex-ante-Evaluationen liegt der Evaluationszeitpunkt (t_0) noch vor dem Programmbeginn (t_B). Während des Programmverlaufs können natürlich mehrere Evaluationen stattfinden (t_1-t_n). Bei so genannten Schlussevaluationen findet die Evaluation zum Zeitpunkt des Förderendes statt (t_F). Und bei einer Ex-post-Evaluation liegt der Evaluationszeitpunkt einige Zeit (Monate oder Jahre) nach dem Förderende (t_E).

Abbildung 4.2:   Evaluationszeitpunkte

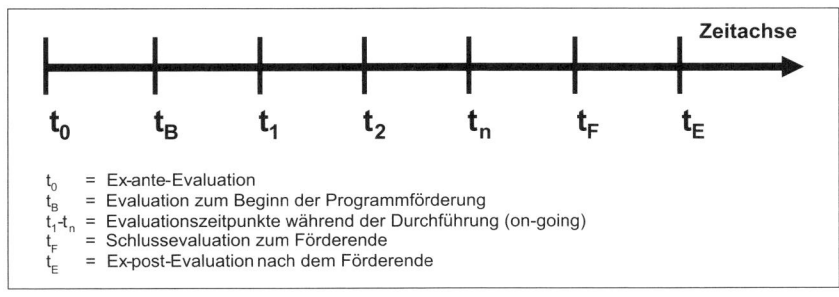

t_0 = Ex-ante-Evaluation
t_B = Evaluation zum Beginn der Programmförderung
t_1-t_n = Evaluationszeitpunkte während der Durchführung (on-going)
t_F = Schlussevaluation zum Förderende
t_E = Ex-post-Evaluation nach dem Förderende

Evaluationen haben jeweils die Ergebnisse von vorangegangenen Evaluationen zu berücksichtigen und verwenden deren Daten als Referenzpunkte, um Veränderungen erkennen zu können.

Häufig ist festzustellen, dass keine Ex-ante-Evaluationen in Form von Planungsstudien oder Baselinestudien, die die Ausgangssituation zum Programmbeginn dokumentieren, vorliegen. In einem solchen Fall fehlen die Bezugsdaten, die für eine Beurteilung von Veränderungen notwendig sind. Sie können dann nur noch retrospektiv erhoben werden. Auf die damit verbundenen Probleme wird in Kapitel 4.6 eingegangen. Generell ist zu beachten, dass bei formativen Evaluationen die Daten möglichst rasch erhoben und ausgewertet werden müssen, damit die Ergebnisse für den Steuerungsprozess genutzt werden können. Umso wichtiger ist es, dass über den Projektverlauf hinweg kontinuierlich Daten gesammelt werden. Diese Aufgabe kommt dem Monitoring zu (siehe Kapitel 2.3.3). Je umfassender benötigte Daten durch ein kontinuierliches Monitoring erhoben werden, umso einfacher sind die periodisch anfallenden Evaluationen durchzuführen. Der Leitfaden kann auch für die Etablierung von Monitoring-Systemen genutzt werden, worauf später noch eingegangen wird.

Der *Prozessperspektive* folgend ergibt sich folgende *Vorgehensweise*:
Bei einer ersten Bestandsaufnahme (Feasibility-, Baselinestudie) werden die Informationen zu den einzelnen Themenblöcken des Leitfadens gesammelt. Sie bilden die Vergleichsdaten für die sich anschließende Evaluation, in der zusätzlich festgestellt wird, welche Veränderungen in der Zwischenzeit eingetreten sind. Bei weiteren Evaluationen dienen die Daten aller vorangegangenen Evaluationen als Vergleichsbasis. Idealerweise sollen alle Veränderungen zwischen den einzelnen Evaluationszeitpunkten erfasst werden (auch wenn klar ist, dass dieser idealtypische Anspruch in der Realität nicht eingelöst werden kann).

Wie eingangs dargestellt, ist der hier entwickelte Evaluationsleitfaden auf die Erfassung und Bewertung von Wirkungen ausgerichtet und folgt nicht dem klassischen Zielansatz. Dies bedeutet, dass bei jeder Evaluation, unabhängig von den spezifischen Programm- und Leistungszielen, alle Themenblöcke des Evaluationsleitfadens zu behandeln sind. Auch dann, wenn z.B. die Verbesserung der Qualifikationsstruktur des Personals oder eine Stärkung der Organisationsstruktur des Trägers gar nicht Ziele eines Programms waren. Da Verbesserungen oder Verschlechterungen in diesen Evaluationsfeldern Einfluss auf die Programm-/Leistungswirkungen haben können, sind diese Veränderungen im Zeitverlauf zu dokumentieren.

Anders als bei der klassischen Soll-Ist-Evaluation, steht nicht die Zielerreichung im Mittelpunkt der Evaluation, sondern die Suche nach den Wirkungen, die sich im Umfeld eines Programms, bei der Durchführungsorganisation (dem Träger), den Zielgruppen und dem Politikfeld, in dem das Programm Wirkungen entfalten soll etc., ereignen. Der Evaluationsleitfaden dient dazu, die Informationssuche zu strukturieren und zu lenken. Dadurch wird eine frühzeitige Verengung des Blickwinkels auf die intendierten Wirkungen vermieden.

Erst wenn alle Wirkungen erfasst und bewertet worden sind, wird der Frage nachgegangen, ob sie auf die Programminterventionen zurückgeführt werden können, also Programmwirkungen darstellen (Kausalanalyse). Danach wird eruiert, welche der beobachteten und bewerteten Programmwirkungen intendiert waren, also den Programmzielen entsprechen und welche nicht. Abschließend ist zu untersuchen, welche und wie viele der angestrebten (intendierten) Ziele erreicht wurden. Erst diese letzte Frage entspricht dem klassischen Soll-Ist-Vergleich.

Abbildung 4.3:   Wirkungsfelder, Beispiel 1

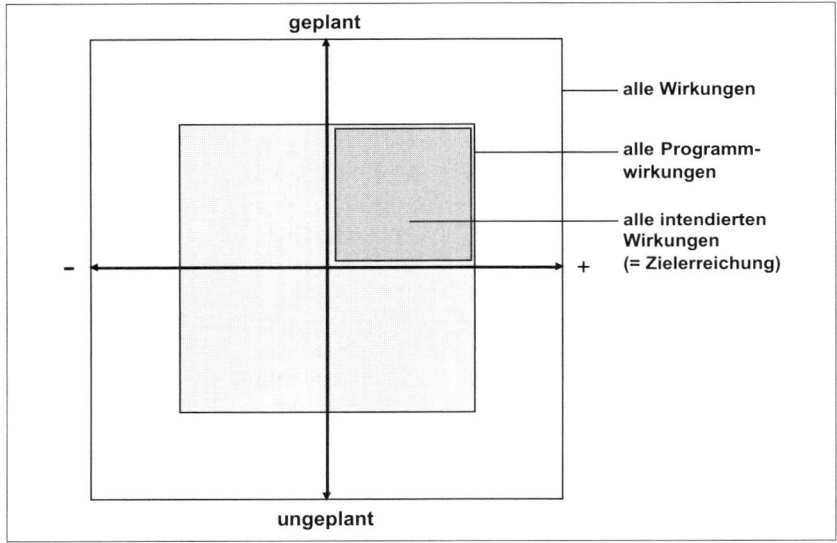

Abbildung 4.3 macht deutlich, dass die *Zielerreichung* (die intendierten und erreichten Wirkungen) nur eine Teilmenge aller *Programmwirkungen*, und diese wiederum nur einen Teil *aller beobachteten Wirkungen* ausmachen. Das äußere Quadrat umfasst alle Wirkungen, ob intendiert oder nicht-intendiert (vertikale Achse) und ob positiv oder negativ durch die Gutachter beurteilt (horizontale Achse). Das innere (dunkelgraue) Quadrat umfasst alle Programmwirkungen und nur die schraffierte Fläche in diesem Quadrat entspricht der Zeilerreichung. Abbildung 4.3 könnte z.B. dahingehend interpretiert werden, dass ein Großteil der erfassten Wirkungen auf die Programminterventionen zurückzuführen sind (inneres Quadrat), von denen ein jeweils gleich

großer Anteil geplant wie ungeplant und positiv wie negativ bewertet wurde. Die schraffierte Fläche macht die Zielerreichung deutlich.

Abbildung 4.4:   Wirkungsfelder, Beispiel 2

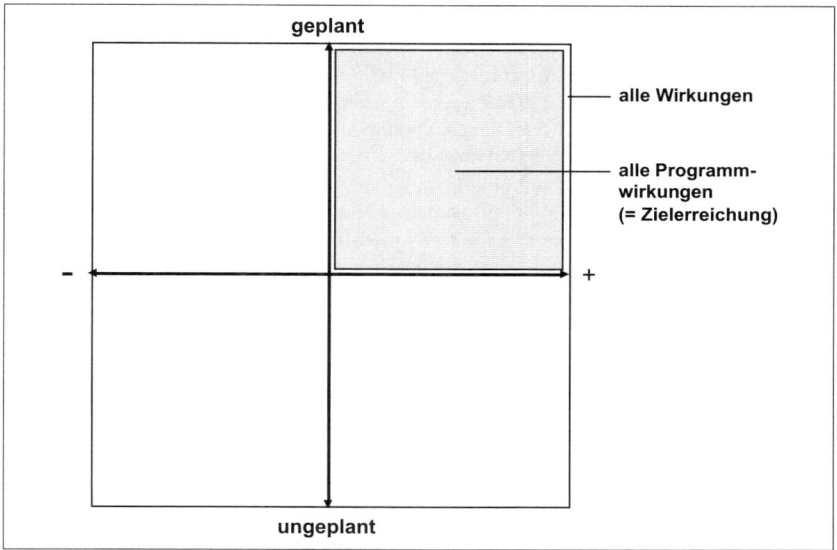

Abbildung 4.4 stellt den Sonderfall dar, dass ein Programm 100 % positive Wirkungen ausgelöst hat, die alle geplant waren. In diesem Fall ist automatisch auch eine einhundertprozentige Zielerreichung (schraffierte Fläche) zu konstatieren. Es sind keinerlei ‚geplante' (in Kauf genommene) negative Programmwirkungen und keine ungeplanten (positiven wie negativen) Programmwirkungen entstanden.

Die *Kausalanalyse* stellt bei Evaluationen meist die schwierigste Aufgabe dar. Oft wird es nicht ausreichen, die im Evaluationsleitfaden in den Kapiteln (3) und (4) gesammelten Daten auf ihre kausalen Zusammenhänge hin zu bewerten. Statt dessen werden sich fundierte Aussagen erst anhand gesonderter Ursache-Wirkungs-Analysen unter Zuhilfenahme einschlägiger methodischer Verfahren formulieren lassen (vgl. hierzu Kapitel 4.4.1). Für die Analyse der Zusammenhänge werden die im Rahmen der Programm- und Innovationskonzeption (Leitfaden-Kapitel (1.1) und (1.2)) herausgearbeiteten impliziten Programmtheorien sowie die auf der Basis der drei theoretischen Ansätze (Lebensverlaufsmodell, Organisations-, Innovations-/Diffusionstheorie) entwickelten Hypothesen verwendet.

Bearbeitungshinweise zur prozessorientierten Vorgehensweise:

✓ Der Evaluationsleitfaden kann für formative und summative Evaluationen für alle Phasen des Programmverlaufs verwendet werden. Auf der Basis des hier skizzierten Grundmusters ist dem Politikfeld und der Aufgabenstellung entsprechend ein spezieller Evaluationsleitfaden zu entwickeln (vgl. im Anhang den Leitfaden für die Evaluation in der Entwicklungszusammenarbeit).

✓ Alle Themenblöcke des Leitfadens sind bei einer Evaluation zu bearbeiten. Es sollten keine ausgelassen werden, da sie die Operationalisierung der verschiedenen theoretischen Überlegungen darstellen, aufeinander bezogen sind und die Daten für die Ursachenanalyse benötigt werden.

✓ Je nach dem, ob es sich um eine Ex-ante-, On-going- oder Ex-post-Evaluation handelt, liegen unterschiedliche Datenzeitpunkte vor (vgl. Abbildung 4.1), so dass die Vorgehensweise entsprechend modifiziert werden muss. So kann z.B. bei einer Ex-ante-Evaluation natürlich weder die Durchführung bewertet, noch können Wirkungen erfasst werden. In diesem Fall sind die entsprechenden Themenblöcke prospektiv zu bearbeiten: Was ist bei der Steuerung des Programms zu beachten, welche Wirkungen sollen in den einzelnen Bereichen erzielt werden? Erst bei einer folgenden Evaluation lassen sich Veränderungen (gegenüber der Planungs- oder Baselinestudie) beobachten.

✓ Um Veränderungen eines Zustands feststellen zu können, muss dieser zu mehreren (mindestens zwei) Zeitpunkten erfasst werden. Liegen keine Vergleichsdaten aus Planungs- und Baselinestudien vor, sind diese nachträglich retrospektiv zu erfassen. Bei jeder Evaluation sind die Ergebnisse aus den vorangegangenen Evaluationen zu berücksichtigen. Je mehr Datenpunkte es vor, im und nach dem Programmverlauf gibt, umso verlässlicher ist die Datenbasis für die Dokumentation und Bewertung der entstandenen Wirkungen und die Untersuchung von Zusammenhängen.

✓ Programmplanung und -steuerung, Förderende und Nachbetreuung können zu einem Zeitpunkt bewertet werden. Nur wenn während der Programmdurchführung mehrere On-going-Evaluationen stattfinden, wird der Aspekt der Steuerung zu mehreren Zeitpunkten evaluiert. Als Maßstab für die Bewertung sollte der ‚state of the art' zum Zeitpunkt der Planung und Durchführung angelegt werden.

✓ Anders als bei klassischen zielorientierten Soll-Ist-Evaluationen wird hier nicht von den Zielen ausgegangen, sondern von den beobachteten Wirkungen. Um ein möglichst breites Spektrum der intendierten und nicht-intendierten Wirkungen zu erfassen, werden – unabhängig von den Zielen – alle beobachteten Veränderungen anhand des Evaluationsleitfadens dokumentiert, strukturiert und bewertet.

✓ Wichtig bei der Herausarbeitung der empirischen ‚Zustände' zu den einzelnen Zeitpunkten ist, dass diese sich nicht in einer reinen Deskription verlieren, sondern immer prozessorientiert die beobachteten Veränderungen (Wirkungen) in den Blick nehmen.

✓ Zur Bestimmung der internen und externen Programmwirkungen ist jeweils eine Gesamtbilanz zu erstellen: Hierfür wird zuerst untersucht, welche der beobachteten Wirkungen auf die Programminterventionen zurückzuführen sind (= Programmwirkungen) und welche davon positiv und welche negativ zu bewerten sind. Als nächstes wird festgestellt, welche der beobachteten Programmwirkungen intendiert waren (= Programmziele) und welche nicht. Zuletzt wird evaluiert, welche und wie viele der angestrebten Ziele erreicht wurden (= Zielerreichung).

✓ Für die Analyse der kausalen Zusammenhänge und die Beantwortung der Frage, welche Wirkungen auf die Programminterventionen zurückzuführen sind, werden die im Rahmen der Programm- und Innovationskonzeption herausgearbeiteten Programmtheorien sowie die auf der Basis der drei theoretischen Ansätze (Lebensverlaufsmodell, Organisations-, Innovations-/Diffusionstheorie) entwickelten Hypothesen verwendet.

✓ Um fundierte Aussagen über kausale Zusammenhänge treffen zu können, sind häufig gesonderte Ursache-Wirkungs-Analysen unter Anwendung einschlägiger methodischer Verfahren (vgl. Kapitel 4.4.1) notwendig.

4.3.2 Bewertungsverfahren

Jeder Themenblock des Evaluationsleitfadens besteht aus einer Reihe von Leitfragen. Um diese beantworten zu können, werden verschiedene empirische Datenerhebungsmethoden eingesetzt, auf die im Kapitel 4.4.2 eingegangen wird.

Über den Leitfaden wird die Informationssuche gesteuert und das gesammelte Material strukturiert. Da ein wesentliches Evaluationsziel darin besteht, Vergleiche anzustellen, um Veränderungen über die Zeit hinweg zu erkennen, besteht eine Schwierigkeit darin, die Vielfalt der Daten dafür noch weiter zu reduzieren, um sie überschaubarer zu machen. Hierfür werden die über die Leitfragen zu einem Themenblock gesammelten quantitativen und qualitativen Informationen zu einer zusammenfassenden Bewertung verdichtet.

Diese *Bewertung* wird auf einer *10stufigen Skala* vorgenommen, die am Ende eines jeden einzelnen Themenblocks angefügt ist. Dabei wird so vorgegangen, dass alle gesammelten Informationen gleichsam in einen ‚Trichter‘ eingegeben und komprimiert werden. Der jeweilige ‚Trichter‘ wird durch die in den einzelnen Themenblöcken des Evaluationsleitfadens vorgegebenen Fragen gebildet, die je Erhebungszeitpunkt zu einer Bewertungsziffer gebündelt werden. Jede *Skalenbewertung* repräsentiert die *höchstmögliche Verdichtungsform* der dargestellten Befunde. Im Prinzip müsste diese Bewertung nicht quantitativ erfolgen, sondern es wäre auch ein lediglich zusammenfassendes qualitatives Urteil am Ende eines Themenblocks möglich. Die Übertragung dieser Bewertung in eine Ziffer bietet jedoch den *Vorteil*, dass Vergleiche über die Zeit und über einzelne Programme hinweg deutlich erleichtert werden. Dieser Vorteil erweist sich als umso gewichtiger, je länger die Zeitreihen und/oder je größer die Zahl der Programme ist, die miteinander verglichen werden sollen. Werden die Skalenwerte auf einer Dimension für einen bestimmten Themenblock, z.B. für zwei Zeitpunkte, abgetragen, geben die Skalenwerte nicht nur Auskunft über die jeweilige Bewertung, sondern die Distanzen zwischen den Bewertungspunkten geben Aufschluss über die Veränderungen, also über die Wirkungen, die im Zeitverlauf entstanden sind. Ein zusätzlicher Vorteil besteht darin, dass dadurch sowohl Veränderungen auf den einzelnen Wirkungsdimensionen, als auch die Richtung dieser Veränderungen erkennbar sind.

Die bisherigen Ausführungen sollen an einem *Beispiel* illustriert werden:

In Kapitel (3.1) des Evaluationsleitfadens werden verschiedene Strukturparameter der Trägerorganisation bewertet. U.a. die „Zielakzeptanz bei der Durchführungsorganisation". Um diese bewerten zu können, wurden folgende Leitfragen formuliert, die entsprechend der Aufgabenstellung der Evaluation und des Politikfelds des Programms modifiziert werden können (vgl. den Beispielleitfaden im Anhang):

- Welche Kenntnisse hat das Leitungspersonal des Trägers über das Programm (dessen Ziele, Aktivitäten, Stakeholder, Wirkungen etc.)?
- Wie wird das Programm durch das Führungspersonal bewertet?
- Welchen Stellenwert nehmen die Programmziele im Gesamtkontext der Organisationsziele ein?
- Welche Unterstützung wird dem Programm (Ressourcen, Einsatz etc.) gewährt?

Die Antworten auf diese und ggf. weitere Fragen, die sich anfügen ließen, können als ‚Indikatoren'[110] dazu genutzt werden, festzustellen, wie groß die Akzeptanz des Programms beim Durchführungsträger ist. Es wird angenommen, dass dann eine hohe Akzeptanz gegeben ist, wenn die Leitung gut über ein Programm informiert ist und das Programm als wichtig für die Trägerorganisation einstuft, die Programmziele zumindest als kompatibel mit den Organisationszielen angesehen werden und für die Umsetzung des Programms alle notwendigen Ressourcen zur Verfügung stehen. Ein weiterer ‚Indikator' für eine hohe Akzeptanz könnte z.B. das öffentliche Eintreten der Leitung für das Programm sein, Anweisungen mit der Programmabteilung organisationsintern eng zusammenzuarbeiten und die von ihr eingeführten Innovationen zu übernehmen. Auch die Entwicklung eigener Ideen und Vorschläge, um die Programminnovation zu verbessern etc., wäre ein Hinweis auf eine hohe Akzeptanz.

Die Entwicklung von ‚Indikatoren' orientiert sich zwar an den in den einzelnen Themenblöcken skizzierten Leitfragen, stellt aber bei jeder Evaluation auch einen kreativen Akt dar, da die Besonderheiten eines Programms und seines Politikfeldes sowie die Aufgabenstellung der Evaluation berück-

---

110 Zum Begriff des Indikators vgl. nächstes Kapitel.

sichtig werden müssen. Am Ende dieses Bewertungsblocks wird eine Gesamtbewertung der „Zielakzeptanz bei der Trägerorganisation" vorgenommen und in die Bewertungszeile übertragen. Diese Bewertung, zu zwei Evaluationszeitpunkten vorgenommen, könnte z.B. folgendermaßen aussehen:

Zielakzeptanz der Trägerorganisation

				t_1			t_2		
1	2	3	4	**5**	6	7	**8**	9	10

sehr gering   sehr hoch

Das Beispiel-Ergebnis lässt sich dahingehend interpretieren, dass die Zielakzeptanz bei der Trägerorganisation zum Evaluationszeitpunkt t_1 (möglicherweise zu Programmbeginn) noch nicht sehr stark ausgeprägt war, sondern das Förderprogramm eher erst einmal abwartend betrachtet wurde. Zum Zeitpunkt t_2 ist festzustellen, dass das Programm bei der Trägerorganisation deutlich an Akzeptanz gewonnen hat.

Die Komprimierung der Daten zu einer Bewertungsziffer je Erhebungszeitpunkt bringt erhebliche *Unschärfen* mit sich. So tauchen bei der Beantwortung der Leitfragen zur Bewertung der „Zielakzeptanz bei der Trägerorganisation" natürlich Fragen auf, wie z.B. wer ist mit „Trägerorganisation" eigentlich genau gemeint, wie ist mit unterschiedlichen Einschätzungen einzelner Personen oder Gruppen in der Trägerorganisation umzugehen, welche Bedeutung kommt der Leitung zu etc.? Hierfür lassen sich jedoch keine detaillierten Beurteilungsregeln festlegen. Diese Fragen können immer nur für den Einzelfall entschieden werden. Anderenfalls würde der Evaluationsleitfaden in einem Korsett von Vorgaben erstarren und dem Evaluator jede Flexibilität rauben. Diese ist jedoch nötig, um aufgaben- und situationsgerechte Bewertungen vornehmen zu können.

Eine weitere Frage bezieht sich auf die *Gewichtung* der einzelnen Leitfragen oder ‚Indikatoren', die zu einem Themenblock (z.B. Akzeptanz der Trägerorganisation) gebündelt werden. Dabei ist festzulegen, welche Bedeutung einzelnen Indikatoren zukommt. In dem hier gewählten Beispiel wäre zu entscheiden, ob das festgestellte „Ausmaß der Kenntnisse über das Programm beim Leitungspersonal" bei der Gesamtbewertung, die in der Bewertungszeile fixiert wird, genauso bedeutsam ist (genauso hoch gewichtet werden soll) wie die (rhetorische) „Bewertung des Programms durch das Leistungspersonal" oder die tatsächlich erfolgte „Unterstützung für das Programm". Dieser Gewichtungsprozess kann im Rahmen einer Evaluation eher intuitiv erfolgen oder im Voraus genau festgelegt werden. Auf jeden Fall sind vorgenommene Gewichtungen verbal oder bei wissenschaftlichen Evaluationen auch in quantifizierter Form zu dokumentieren.

Wie zahlreiche Versuche mit Gewichtungsfaktoren zeigen, sollte deren Bedeutung jedoch nicht überschätzt werden. Nur bei Verwendung extremer Gewichtungen kommt es überhaupt zu abweichenden Gesamtbewertungen. Dies soll anhand des gewählten Beispiels ebenfalls kurz demonstriert werden.

Das *Bewertungstableau* könnte folgendermaßen aussehen:

Beispiel 1: keine Gewichtung

	Bewertung	Gewichtung	Endbewertung
- Ausmaß der Kenntnisse über das Programm beim Leitungspersonal	7	1	7
- Bewertung des Programms durch das Leitungspersonal	9	1	9
- Stellenwert der Programmziele im Gesamtkontext der Organisationsziele	8	1	8
- Unterstützung für das Programm	7	1	7
Σ	31	4	31
$\overline{X}_{t_1}$			7,75

Zielakzeptanz bei der Trägerorganisation

t_1

1	2	3	4	5	6	7	8	9	10

sehr gering   sehr hoch

Beispiel 2: Moderate Gewichtung

	Bewertung	Gewichtung	Endbewertung
- Ausmaß der Kenntnisse über das Programm beim Leitungspersonal	7	2	14
- Bewertung des Programms durch das Leitungspersonal	9	1	9
- Stellenwert der Programmziele im Gesamtkontext der Organisationsziele	8	2	16
- Unterstützung für das Programm	7	3	21
Σ	31	8	60
$\overline{X}_{t_1}$			7,5

Zielakzeptanz bei der Trägerorganisation

t_1

1	2	3	4	5	6	7	8	9	10

sehr gering   sehr hoch

Beispiel 3: Extreme Gewichtung

	Bewertung	Gewichtung	Endbewertung
- Ausmaß der Kenntnisse über das Programm beim Leitungspersonal	7	3	21
- Bewertung des Programms durch das Leitungspersonal	9	1	9
- Stellenwert der Programmziele im Gesamtkontext der Organisationsziele	8	4	22
- Unterstützung für das Programm	7	10	70
Σ	31	18	132
$\overline{X}_{t_1}$			7,33

Zielakzeptanz bei der Trägerorganisation

t_1

1	2	3	4	5	6	7	8	9	10

sehr gering   sehr hoch

Das Beispiel macht deutlich, dass es selbst bei einer extremen Ungleichverteilung der Gewichte im gemittelten Gesamtwert (arithmetisches Mittel $\overline{X}$) kaum zu großen Abweichungen kommt. Wenn die Zahl der Indikatoren (hier nur vier) zunimmt, werden diese Abweichungen noch geringer.

Gewichtungen sind innerhalb der Themenblöcke nur notwendig, wenn eine Gleichsetzung der einzelnen Indikatoren (Leitfragen) als theoretisch unangemessen betrachtet wird. Allerdings steht keine Theorie zur Verfügung, aus der sich eine genaue Gewichtung herleiten ließe. Insoweit stellt die Gewichtung einzelner Leitfragen eine ‚informierte Willkür' (Dahrendorf) dar. Es sind deshalb immer auch andere Gewichtungen und Bewertungen denkbar.

Um den Grad der subjektiven Einschätzung zu reduzieren, sollten alle *Bewertungen* von mindestens *zwei Evaluatoren* jeweils getrennt voneinander vorgenommen und anschließend auf Übereinstimmung geprüft werden. Weichen die Bewertungsziffern voneinander ab, können die Differenzen entweder gemittelt oder konsensual, nach Abwägung aller Argumente, festgelegt werden. In jedem Fall sind Gewichtungen und Bewertungen *transparent* zu *machen*.

Die Erfahrungen mit mittlerweile tausenden auf diese Weise vorgenommenen Bewertungen zeigen, dass in der Evaluationspraxis kaum Probleme auftauchen. Die Abweichungen sind in der Regel minimal und können leicht von den Evaluatoren konsensual bereinigt werden

Bei der Evaluation anhand des Leitfadens wird demnach *so vorgegangen*, dass für alle (zuvor ausgearbeiteten) Leitfragen je Themenblock quantitative und qualitative Daten gesammelt und entsprechend strukturiert werden. Die Informationen werden in die Themenblöcke entsprechend der Leitfragen eingetragen. Abschließend wird eine qualitative Gesamtbewertung vorgenommen,

die in einer Bewertungsziffer quantitativ spezifiziert und in einer Bewertungszeile eingetragen wird.

Die *Vorteile dieses Bewertungsverfahrens* gegenüber rein subjektiven Einschätzungen liegen vor allem darin, dass

- die Beurteilungskriterien und ihre Gewichtungen offen gelegt werden,
- zur Bewertung eine Vielzahl von quantitativen und qualitativen Daten
  erhoben werden, um eine möglichst breite empirische Grundlage zu
  schaffen und
- die vorgenommenen Bewertungen anhand der dokumentierten Befunde und
  Begründungen zumindest teilweise intersubjektiv nachprüfbar sind.

Besonders hervorzuheben ist, dass die vorgenommenen Bewertungen *nicht* den
Anspruch erheben, *'wahre' Werte* zu sein. Viel wichtiger als der absolute Wert
(z.B. 7 oder 8) ist die relative Positionierung auf der Bewertungsskala und die
Veränderung über die Zeit hinweg.

Die im Evaluationsleitfaden dokumentierten Themenblöcke (Analysefelder) werden über Leitfragen erschlossen und enden jeweils mit einer Bewertungszeile. Die Leitfragen müssen je nach Evaluationsaufgabe, Programmtyp und Politikfeld noch genauer spezifiziert werden. Die Liste der
Bewertungskriterien, die sich natürlich analog aus den in Kapitel 4.2 dargestellten Themenfeldern ergibt, ist in Abbildung 4.5 dargestellt.

Die zusammenfassenden Bewertungskriterien jedes Themenblocks lassen
sich für die Anfertigung eines *Programmprofils* nutzen, in dem alle Kriterien
mit ihren Bewertungen zu allen Evaluationszeitpunkten untereinander aufgelistet werden. Durch diese Darstellungsform können die gesamten Veränderungen (Wirkungen) im Programm und seiner Umwelt, bei der Trägerorganisation (interne Wirkungen) und seiner Umwelt (Adressaten, Politik-/
Praxisfeld) sowie die Bewertung der Programmqualität abgebildet werden.

Auf diese Weise lässt sich auf einen Blick der Zustand des Programms über
alle Bewertungsdimensionen hinweg erfassen. Werden die Daten für weitere
Evaluationszeitpunkte hinzugefügt, kann zudem die *Entwicklung des
Programms über die Zeit hinweg* abgelesen werden. So lässt sich leicht
erkennen, ob es zwischen den Erhebungszeitpunkten zu positiven (ansteigen-
den Skalenwerten) oder negativen (abnehmenden Skalenwerten) Veränderungen kam. Darüber hinaus können auf den Skalen auch *'Zielmarken'* eingetragen werden, also Werte, die im Rahmen der Programmdurchführung erreicht werden sollen. Nicht bei allen Bewertungsdimensionen ist unbedingt die
maximal erreichbare Punktzahl (Höchstwert 10) notwendig. Z.B. könnte es für
ein bestimmtes Programm genügen, wenn die finanzielle Leistungsfähigkeit
und das technische Niveau der Ausstattung nur Punkt 7 oder 8 erreichen, für
die Zielakzeptanz jedoch volle Punktzahl angestrebt wird. In einem anderen
Programm mag die gesellschaftspolitische Relevanz so bedeutsam sein, dass
bei der Effizienz und der organisatorischen Leistungsfähigkeit des Trägers

Abbildung 4.5:   Bewertungskriterien

1.	**Programm und Umwelt**
1.1	Logik der Programmkonzeption
1.2	Angepasstheit der Programminnovation
1.3	Verfügbarkeit von Ressourcen
1.4	Länderbezogene Kontextbedingungen für Programmdurchführung
1.5	Politikfeldbezogene Kontextbedingungen für Programmdurchführung
1.6	Zielgruppenrelevanz des Programms
2.	**Programmverlauf**
2.1	Qualität der Programmvorbereitung/-planung
2.2	Qualität der Programmsteuerung
2.3	Qualität der Vorbereitung des Förderendes
2.4	Qualität der Nachbetreuung
3.	**Interne Wirkungsfelder (Trägerorganisation)**
3.1	Zielakzeptanz bei der Durchführungsorg. und ggf. bei der übergeordneten Trägerorg.
3.2	Qualifikationsniveau des Trägerpersonals
3.3	Leistungsfähigkeit der Organisationsstruktur des Trägers
3.4	Finanzielle Leistungsfähigkeit des Trägers
3.5	Technisches Niveau und Zustand der Ausstattung des Trägers
3.6	Innovationspotenzial der Trägerorganisation
3.7	Interne Wirkungsbilanz
4.	**Externe Wirkungsfelder (Adressaten, Politik-/Praxisfelder)**
4.1	Zielakzeptanz bei den Zielgruppen
4.2	Diffusionsgrad innerhalb der Zielgruppen
4.3	Nutzen für die Zielgruppen
4.4	Zielgruppenübergreifende Diffusionswirkungen
4.5	Diffusionswirkungen innerhalb des Politikfeldes
4.6	Diffusionswirkungen in benachbarten Politikfeldern
4.7	Externe Wirkungsbilanz
5.	**Programmqualität**
5.1	Planungs- und Durchführungsqualität
5.2	Interne wirkungsbezogene Qualität
5.3	Externe wirkungsbezogene Qualität
	Nachhaltigkeit
5.4	Auf der Programmebene
	Auf der Makroebene
5.5	Effizienz
5.6	Gesellschaftspolitische Relevanz
5.7	Ökologische Verträglichkeit

niedrigere Bewertungen hingenommen werden, weil z.B. im Moment keine Möglichkeiten gesehen werden, diese gravierend zu verbessern etc. Die ‚Zielmarken' eines Programms können demnach recht unterschiedlich gesetzt werden. Die Bewertungspunkte zu den einzelnen Evaluationszeitpunkten geben dann an, wie weit das Programm von diesen ‚Zielmarken' entfernt ist und ob es sich im Zeitverlauf darauf hin oder wegbewegt.

Das Instrument des *Programmprofils* stellt somit die *höchste Komprimierungsstufe* der mit Evaluationen erfassten Informationen und der darauf basierenden Bewertungen dar und bildet die *Programmentwicklung im Überblick* ab.

Abbildung 4.6 stellt ein fiktives Beispiel für ein solches Programmprofil dar, in dem die Bewertungen für die einzelnen Dimensionen zu zwei Zeitpunkten (t_1 und t_2) dargestellt sind. Die Differenz zwischen t_1 und t_2 gibt die Veränderungen im Zeitverlauf wider. Ist der Wert für t_2 größer als der für t_1, hat sich die Situation verbessert, im umgekehrten Fall verschlechtert. Außerdem sind die Zielmarken (Z) eingetragen, die im Programmverlauf erreicht werden sollen. Sind die Werte von Z oder t_1/t_2 gleich oder größer als Z, wurde dieses Ziel bereits erreicht.

In dem in Abbildung 4.6 dargestellten *Beispiel* wird von einem *Berufsbildungsprogramm* in einem Land X ausgegangen, das mit Hilfe deutscher Fördermittel im Rahmen der Entwicklungszusammenarbeit unterstützt wird. Bisher fanden zwei Evaluationen statt: Zu Begin des Vorhabens wurde eine Baselinestudie (Ex-ante-Evaluation) durchgeführt, um den Ausgangszustand zu erfassen und zu bewerten (t_1). Die zweite Evaluation (on-going) fand nach über zweijähriger Förderlaufzeit statt (t_2), um den bisherigen Entwicklungsstand zu dokumentieren und das Programmmanagement mit entscheidungsrelevanten Daten zu versorgen.

Die im Programmprofil abgetragenen Werte[111] könnten folgendes bedeuten:

Programm und Umwelt:
Der *Programmkonzeption* wird eine hohe Logik bescheinigt, d.h. u.a. dass die Ziele des Programms und die Programmtheorie weitgehend als widerspruchsfrei, klar und der Problemsituation angemessen beurteilt werden, dass die wichtigsten Ursache-Wirkungs-Zusammenhänge berücksichtigt und sachgerecht herausgearbeitet wurden, dass unter Berücksichtigung vorhandener Risikofaktoren realistische Durchführungschancen bestehen etc. Kurz gesagt: Die Programmkonzeption überzeugt. Der *Innovationskonzeption* wird attestiert, dass die einzuführenden Neuerungen an die inneren und äußeren Bedin-

---

111 Werden längere Zeiträume evaluiert (z.B. im Rahmen einer Ex-post-Evaluation), können Bewertungen auch zu zwei oder mehr Zeitpunkten vorgenommen werden.

Abbildung 4.6:   Beispiel-Programmprofil

Bewertungskriterien		Bewertungsskala									
		1	2	3	4	5	6	7	8	9	10

Programm und Umwelt
- Logik der Programmkonzeption
- Angepasstheit der Programminnovation
- Verfügbarkeit von Ressourcen
- Länderbezogene Kontextbedingungen
- Politikfeldbezogene Kontextbedingungen
- Zielgruppenrelevanz des Programms

Programmverlauf
- Qualität der Programmvorb./-planung
- Qualität der Programmsteuerung
- Qualität der Vorbereitung des Förderendes
- Qualität der Nachbetreuung

Interne Wirkungsfelder (Trägerorganisation)
- Zielakzeptanz bei der Durchführungsorg.
- Qualifikationsniveau des Trägerpersonals
- Leistungsfähigkeit der Organisationsstruktur
- Finanzielle Leistungsfähigkeit des Trägers
- Technisches Niveau der Ausstattung
- Innovationspotenzial der Trägerorg.
- Interne Wirkungsbilanz

Externe Wirkungsfelder (Adressaten, Politikfelder)
- Zielakzeptanz bei den Zielgruppen
- Diffusionsgrad innerhalb der Zielgruppen
- Nutzen für die Zielgruppen
- Zielgruppenübergreifende Diffusionswirkungen
- Diffusionswirkungen innerhalb des Politikfeldes
- Diffusionswirkungen in benachbarten Politikfeldern
- Externe Wirkungsbilanz

Programmqualität
- Planungs- und Durchführungsqualität
- Interne wirkungsbezogene Qualität
- Externe wirkungsbezogene Qualität
- Nachhaltigkeit auf Programmebene
- Effizienz
- Gesellschaftspolitische Relevanz
- Ökologische Verträglichkeit

Legende: Zeitpunkt t_1: ◯   Zeitpunkt t_2: ●   Zielmarke Z: Ⓩ

gungen des Landes X und des Politikfeldes (Berufsbildungssystem) angepasst sind. Da die Regierung des Partnerlandes von der Konzeption überzeugt ist, stellt sie umfangreiche *Ressourcen* zur Verfügung, die durch die Fördermittel des Geberlandes ergänzt werden.

Die *länder- und politikfeldbezogenen Kontextbedingungen* werden als günstig, die *Zielgruppenrelevanz* wird als extrem hoch eingeschätzt. Bezogen auf das Berufsbildungsprogramm könnte dies bedeuten, dass das Ziel darin besteht, das bisher schulische Berufsbildungssystem, das mit zahlreichen Mängeln (wie z.B. geringe Praxisrelevanz der Ausbildung, geringer Output,

geringe Nachfrageorientierung) behaftet ist, durch ein duales System zu ersetzen, bei dem ein Teil der Ausbildung zukünftig im Betrieb und ein Teil in
der Schule absolviert wird und bei dem Wirtschaft und Staat gemeinsam Verantwortung für die Ausbildung übernehmen. Da im Land X eine ausgeprägte
Handwerkstradition existiert, so dass die Idee der betrieblichen Ausbildung
bereits eingeführt ist, gibt es Anknüpfungspunkte für die neue Kombination
von praktischer und schulischer Ausbildung. Auch externe Bedingungen wie
Werte und Normen (Handwerker genießen ein relativ hohes gesellschaftliches
Ansehen) oder gesetzliche Regelungen stehen mit dem Programm in Einklang
etc. Als schwierig erweist sich, dass im Land X die staatlichen Akteure (z.B.
Erziehungsministerium) und privaten Unternehmen bisher kaum zusammen-
gearbeitet und gegeneinander Vorbehalte haben. Zudem gibt es kaum organisatorische Vereinigungen der Privatwirtschaft, die für den Staat als Ansprech-
partner dienen könnten. Die existierenden Unternehmerverbände zeigen kein
Interesse an Ausbildungsfragen.

Die *Relevanz des Programms* wird von keiner Stakeholdergruppe bezweifelt. Die Ausbildung muss dringend verbessert werden, wenn die Produktivität
in den Betrieben steigen und die internationale Wettbewerbsfähigkeit erhöht
werden soll. Das Programm richtet sich vor allem an Abgänger der Sekundarstufe I, denen auf diese Weise eine Alternative (zur Arbeitslosigkeit oder zu
weiterem Schul- und Hochschulbesuch) gegeben werden soll etc.

Die gleichen Bewertungen zu beiden Evaluationszeitpunkten (an den stark
überlappenden Kreisen erkennbar) machen deutlich, dass sich an diesen Einschätzungen im Themenbereich Programm und Umwelt im Zeitverlauf nichts
geändert hat.

Programmverlauf:
Das Programm befindet sich zu Beginn des dritten Durchführungsjahres. Die
Planung[112] ist nicht optimal verlaufen. Zwar wurde eine gründliche Baselinestudie (Feasibility-Studie) durchgeführt, in der alle wichtigen Aspekte des Förderprogramms überprüft wurden, doch aus Zeitgründen konnten wichtige
Stakeholder nicht beteiligt werden. Dies wurde in der *Steuerungsphase* nach-
zuholen versucht. Die Zusammenarbeit funktioniert zwar zwischen den Beteiligten, ist aber noch verbesserungsfähig. Positiv bewertet wird, dass von
Anfang an ein Monitoring-System aufgebaut wurde, das wichtige Daten für die
zweite Evaluation lieferte und das für das Qualitätsmanagement genutzt wird.

---

112 Die Bewertung der Planung bezieht sich immer auf die Zeit vor dem eigentlichen
Programmbeginn, so dass in der Regel nur ein Bewertungszeitpunkt notwendig ist. Re-
planning während der Durchführung gehört zur Programmsteuerung. Diese kann, insbesondere bei länger laufenden Programmen, auch zu mehreren Zeitpunkten bewertet werden.
Die Vorbereitung des Förderendes ist eine zeitlich eng befristete Phase, für die eine einmalige Bewertung ausreicht. Dies gilt in der Regel auch für die Nachbetreuung.

Interne Wirkungsfelder:

Das Programmprofil indiziert, dass die Durchführungsorganisation anfangs dem Programm recht aufgeschlossen, aber dennoch skeptisch gegenüberstand. Im Zeitverlauf konnte die Skepsis zwar etwas abgebaut werden und die *Zielakzeptanz* wird insgesamt als hoch eingestuft, doch die Zielmarke (Z)[113] ist noch nicht erreicht. Diese ist hier besonders hoch (auf den Maximalwert 10) festgesetzt, da die begründete Überzeugung vorherrscht, dass langfristig ohne eine uneingeschränkte Akzeptanz beim Träger die Einführung eines kooperativen Ausbildungssystems nicht nachhaltig sein wird.

Das *Qualifikationsniveau des Trägerpersonals* ist zwar etwas besser als der Durchschnitt an anderen Technischen Schulen des Landes, aber dennoch nicht ausreichend. Das Programm hat sich in der ersten Durchführungsphase verstärkt um die Weiterqualifizierung des Personals gekümmert und dabei deutliche Erfolge erzielt.

Die *Organisationsstruktur*, die *finanzielle Leistungsfähigkeit*, das *Technische Niveau der Ausstattung* und das *Innovationspotenzial* sind nach wie vor Schwachpunkte des Trägers. Im Hinblick auf die *Technische Ausstattung* konnten im Förderzeitraum die größten Verbesserungen erreicht werden, da umfangreiche Lieferungen aus dem Geberland vereinbart waren. Wenig verbessert hat sich im Förderzeitraum hingegen die *organisatorische Leistungsfähigkeit* des Trägers. Hier muss bis zum Förderende (Zielmarke) noch Erhebliches geleistet werden. Da bürokratisch festgefahrene Strukturen sich jedoch nur sehr schwer effektiver gestalten lassen, ist hier Beharrlichkeit und Ausdauer notwendig. Im Zeitverlauf ist genau zu prüfen, ob die Zielmarke überhaupt erreicht werden kann. Nicht besser sieht es mit der *finanziellen Leistungsfähigkeit* des Trägers aus. Zwar stehen im Moment durch die Förderung erhebliche Ressourcen zur Verfügung, doch insgesamt ist der Träger eher schlecht mit Finanzmitteln ausgestattet. Auch wenn auf dieser Bewertungsdimension ein relativ niedriges Zielniveau ($Z = 7$) festgelegt wurde, sind noch massive Anstrengungen notwendig, um dieses zu erreichen. Wenn die staatliche Finanzierung der Schulen nicht erhöht werden kann, dann sind z.B. Selbstfinanzierungsquellen (z.B. über Prüfungsgebühren, Arbeiten gegen Entgelt etc.) zu entwickeln. Aufgrund der insgesamt eingeschränkten organisatorischen und finanziellen Leistungsfähigkeit sowie dem erst kürzlich gesteigerten Qualifikationsniveau des Trägerpersonals ist das *Innovationspotenzial* noch gering. Eine Verbesserung dieser Parameter lässt jedoch auch ein erhöhtes Innovationspotenzial erwarten.

Die *interne Wirkungsbilanz* kann erst zu einem Zeitpunkt (t_2) berechnet werden, da ja zum Zeitpunkt der Baselinestudie noch keine Wirkungen möglich waren. Die Bewertung im Programmprofil deutet darauf hin, dass eine Vielzahl der beobachteten Veränderungen auf die Programminterventionen

---

113 Die Zielmarke (Z) kann den angestrebten Wert zum Förderende eines Programms angeben. Bei länger laufenden Projekten könnten auch mehrere Zielmarken (Phasenziele) über den Zeitverlauf hinweg festgelegt werden.

zurückgeführt werden können und die positiven Effekte die negativen bei weitem überwiegen.

Externe Wirkungsfelder:
Auch beim Themenbereich der *externen Wirkungsfelder* ist in dem hier gewählten Programmbeispiel zumeist nur eine zeitliche Bewertung möglich. Zudem ist zu bedenken, dass bei vielen Bewertungsparametern zum Evaluationszeitpunkt (t_2), nach gut zwei Förderjahren, erst wenige Diffusionswirkungen eingetreten sein können. Die Erzielung von Diffusionswirkungen ist vor allem eine Aufgabe späterer Programmphasen. Dabei ist genauestens zu prüfen, inwieweit sich die Bewertungen auf den einzelnen Dimensionen den vorgesehenen Zielmarken annähern.

In dem fiktiven Programmbeispiel wird das Programm von den unmittelbaren *Zielgruppen* (den Auszubildenden und den Unternehmern) höchst positiv bewertet und unterstützt. Dies könnte z.B. bedeuten, dass viele Unternehmen bereit sind, Ausbildungsplätze für die kooperative Ausbildung zur Verfügung zu stellen und sich in gemeinsamen Steuerungsorganen zu beteiligen, und dass viele Schulabgänger sich für diese Ausbildungsform entscheiden, so dass die Qualifiziertesten ausgewählt werden können.

Der *Diffusionsgrad innerhalb der Zielgruppen* ist aufgrund der kurzen Laufzeit zwar noch gering, allerdings zeigt sich, dass die ausgewählten Zielgruppen erreicht werden. Die Zielmarke ist auf $Z = 7$ für das Förderende festgelegt. Dies bedeutet, dass das Programm als Erfolg gewertet und seine Nachhaltigkeit als gesichert angesehen wird, wenn rund 70% der Unternehmen und der größte Teil der Schulabgänger der Sekundarstufe I sich an dieser Ausbildungsform beteiligen. Mit der Evaluation ging eine erste Absolventenverbleibsanalyse einher. In dem fiktiven Beispiel wird angenommen, dass der erste Ausbildungszyklus beendet ist. Die Befragung der Absolventen hat ergeben, dass diese in hohem Umfang von ihren ausbildenden Betrieben übernommen werden, sich ihre Einkommenssituation positiv verändert hat etc. Eine Befragung der Unternehmen ergibt ebenfalls positive Bewertungen. Für die Zukunft ist genau zu beobachten, ob der *Nutzen* für die beiden Hauptzielgruppen (Schulabgänger der Sekundarstufe I und Unternehmen) weiterhin hoch bleibt oder sich möglicherweise sogar noch steigern lässt (z.B. indem die Absolventen Karriere machen, Unternehmen ihre Produktivität und Wettbewerbsfähigkeit steigern etc.).

Bei den *zielgruppenübergreifenden Wirkungen* ist vor allem zu konstatieren, dass auch die Familien der Absolventen von deren Berufstätigkeit profitieren. Schwerer wiegt allerdings, dass zu beobachten ist, dass vollschulisch ausgebildete Berufsanfänger jetzt zugunsten der kooperativ ausgebildeten Absolventen benachteiligt werden. Da das vollschulische Ausbildungssystem durch das duale ersetzt werden soll, ist mit seiner zunehmenden Verbreitung mit einem Rückgang dieses negativen Effekts zu rechnen, da es bestenfalls keine vollschulisch ausgebildeten Absolventen mehr geben wird.

Die *Diffusionswirkungen innerhalb des Politikfeldes* (Berufsausbildungssystem) sind noch gering. Ziel ist jedoch, dass am Ende der Förderung große Teile der beruflichen Ausbildung in ausgewählten Berufen grundsätzlich dual erfolgen, also die Berufsbildung insgesamt einen Systemwandel erlebt.

Diffusionswirkungen in benachbarten Politikfeldern sind bisher kaum auszumachen, allerdings werden solche erwartet, insbesondere im Beschäftigungssystem, in dem die duale Ausbildung auf dem Arbeitsmarkt und von den Unternehmen anerkannt und honoriert wird.

Bisher haben erst wenige Veränderungen in den externen *Wirkungsfeldern* stattgefunden. Die erfassten Wirkungen sind weitgehend auf die Programminterventionen zurückzuführen. In der Bewertungsskala sind, wie schon bei den internen Wirkungsfeldern, die erzielten Nettowirkungen abgetragen.

Programmqualität:
Aufgrund des hier beispielhaft angenommenen Programmverlaufs lassen sich noch nicht für alle Qualitätsdimensionen fundierte Bewertungen vornehmen.

Im Hinblick auf die *Planungs- und Durchführungsqualität* ist festzuhalten, dass die Planung zwar suboptimal verlief, aber insgesamt vor allem wegen der gründlich durchgeführten Baselinestudie positiv bewertet wurde. In der Programmdurchführung konnten zusätzlich die in der Planungsphase vernachlässigten Stakeholder besser eingebunden werden. Insgesamt wird die Qualität des Programmverlaufs als ‚gut‘ eingestuft.

Die *interne wirkungsbezogene Qualität* kann zum derzeit angenommenen Programmstand allenfalls als mittelmäßig bewertet werden. Zwar ist die Zielakzeptanz in beiden Durchführungsorganisationen recht hoch und vor allem das Qualifikationsniveau sowie das technische Ausstattungsniveau konnten aufgrund der Programmmaßnahmen schon erheblich gesteigert werden, schwerer zu beeinflussende Organisationsparameter (wie Organisationsstruktur, Finanzen, Innovationspotenzial) haben sich bisher jedoch kaum positiv verändert.

Um hier eine ausreichende *wirkungsbasierte externe Programmqualität* zu erreichen, ist noch eine längere Förderlaufzeit erforderlich. Die Differenz zwischen der Zielmarke und der derzeitigen Bewertung ist noch sehr groß. Dies ist vor allem auf die erst in späteren Programmphasen zu erwartenden Diffusionswirkungen zurückzuführen.

Die *Nachhaltigkeit auf Programmebene* ist erst nach dem Abschluss der Förderung ex-post möglich. Die *Nachhaltigkeit auf der Makroebene* lässt sich hingegen jederzeit beurteilen. Nach Ende des zweiten Förderjahres stellt sich das Verhältnis von Input zu Output oder zu Outcome noch recht unvorteilhaft (Effizienz) dar, da einem hohen Personal- und Kostenaufwand erst ein geringer Ertrag gegenüber steht. Die Zahl der Absolventen ist noch gering und die intendierten Wirkungen fallen noch bescheiden aus.

Bei der *gesellschaftspolitischen Relevanz* sieht es hingegen schon ganz anders aus. Diese ist von Förderbeginn an ausgesprochen hoch, da das Programm einen signifikanten Beitrag zur Umsetzung der gesellschaftspolitischen

Ziele des Partnerlandes sowie der Organisationsziele des Durchführungsträgers leistet und den Erwartungen, Bedürfnissen und Erfordernissen sowohl der Unternehmer als auch der Schulabgänger (beide Zielgruppen) entspricht.

Da das Berufsbildungsprogramm in seinen Curricula auch Umweltthemen aufgreift und zu erwarten ist, dass dies in einschlägigen Berufen (z.B. Kfz-Mechaniker, Installateur) zu ökologischen Verbesserungen führen wird, ist die *ökologische Verträglichkeit* des Programms voll gegeben.

So in etwa könnten die Begründungen für die in dem Programmprofil markierten Bewertungen lauten, die hier nur exemplarischen Charakter haben. Aber es sollte dabei deutlich gemacht werden, dass das *Programmprofil* als die höchste Komprimierungsstufe der auf der Basis aller gesammelten Monitoring- und Evaluationsdaten vorgenommenen Bewertungen, eine *wertvolle Steuerungshilfe für die Qualitätsentwicklung* darstellt. Das Programmprofil kann zu beliebig vielen Messzeitpunkten die Veränderungen (Wirkungen) und die Richtung dieser Veränderungen im Programmverlauf abbilden und signalisieren, ob sich das Programm im vorgesehenen zeitlichen Rahmen in der gewünschten (mit Zielmarken versehenen) Form entwickelt.

Bearbeitungshinweise: Bewertungsverfahren und Programmprofil

✓ Die für jeden Themenblock des Evaluationsleitfadens gesammelten quantitativen und qualitativen Daten (Informationen) werden anhand der Leitfragen strukturiert und bewertet. Für die Datensammlung werden verschiedene Erhebungsverfahren eingesetzt. (vgl. Kapitel 4.4.2)

✓ Die Einzelbewertungen werden je Themenblock für jeden Erhebungszeitpunkt zu einer Bewertungsziffer ‚verdichtet‘. Hierfür wird eine 10stufige Skala verwendet. Der Wert 1 steht für die niedrigste und der Wert 10 für die höchste Bewertung.

✓ Die Bewertungsziffer stellt keinen ‚wahren‘ Wert dar, sondern eine extrem verkürzte quantitative Bewertung, die die gesamten quantitativen und qualitativen Bewertungen eines Themenblocks repräsentiert.

✓ Da einzelne Leitfragen innerhalb eines Themenblocks je nach Programm wichtiger sein können als andere, können die einzelnen Leitfragen auch gewichtet werden, um ihre stärkere Bedeutung hervorzuheben. Die Gewichtungen sind offen zu legen.

✓ Die Bewertungen müssen plausibel begründet und aus den Daten empirisch schlüssig belegt werden sowie intersubjektiv nachvollziehbar sein.

✓ Um den Grad der subjektiven Einschätzung zu reduzieren, werden alle Bewertungen von mindestens zwei Evaluatoren vorgenommen und Bewertungsdifferenzen entweder konsensual oder über Mittelwertsbildung ausgeglichen.

✓ Die am Ende eines jeden Themenblocks stehenden Bewertungszeilen können für die Konstruktion von Programmprofilen genutzt werden. Hierzu werden alle Skalenbewertungen in einer Abbildung aufgelistet.

✓ Aus der Differenz zwischen den einzelnen Bewertungszeitpunkten kann die prozessuale Entwicklung auf einer Dimension und über alle Dimensionen hinweg für das gesamte Programm abgebildet werden.

4.3.3 Indikatoren

Definition und Arten von Indikatoren

Wie bereits ausgeführt, kann der Evaluationsleitfaden nicht nur für Ex-ante-Evaluationen (Feasibility-, Planungs- und Baselinestudien) sowie zur Evaluation laufender und abgeschlossener Programme verwendet werden, sondern auch für den *Aufbau eines kontinuierlichen Monitoringsystems*. Für diesen Zweck sind für jeden Themenblock entsprechende Indikatoren zu entwickeln, die sich an den Leitfragen des Evaluationsleitfadens orientieren. Auf diese Weise lässt sich eine *Indikatorendatenbank* aufbauen, in der alle, für die einzelnen Indikatoren zu den verschiedenen Erhebungszeitpunkten gesammelten Daten gespeichert werden.

Was *Indikatoren* sind, wie sie entwickelt werden und was dabei zu beachten ist, soll im Folgenden kurz behandelt werden.[114] Wie der Begriff ‚Evaluation' ist auch der Begriff ‚*Indikator*' den meisten Menschen nicht vertraut. Dennoch verwenden sie Indikatoren sehr häufig im alltäglichen Leben, allerdings unter anderen Bezeichnungen, wie z.B. Merkmal, Umstand, Anzeichen oder auch Rate, Quote, Durchschnitt etc. Der lateinische Ursprung des Wortes ‚Indikator' heißt: indicare = anzeigen. Im Duden-Fremdwörterbuch wird ein Indikator dementsprechend als ein „Umstand oder Merkmal" definiert „das als [beweiskräftiges] Anzeichen oder als Hinweis auf etwas anderes dient". Indikatoren bilden einen Zustand ab, zeigen etwas an, sagen etwas aus, z.B. über die allgemeine Lage oder die Leistungsfähigkeit der Wirtschaft, die Zufriedenheit in der Gesellschaft oder die Entwicklung eines Unternehmens. Das Wörterbuch der Soziologie präzisiert Indikatoren als „eine empirisch direkt (z.B. durch Beobachtung oder Befragung) ermittelbare Größe, die Auskunft gibt über etwas, das selbst nicht direkt ermittelbar ist" (Hartmann 2002), und gibt damit auch schon einen Hinweis, wie die für die Indikatorenbildung erforderlichen Daten beschafft werden können.

Diesen Definitionen folgend *macht ein Indikator ein nicht direkt messbares Phänomen durch die Anwendung empirischer Methoden sichtbar.* Indikatoren beschreiben sehr oft etwas (z.B. die Zufriedenheit mit einer Dienstleistung, die Art der Nutzung, den Zustand eines Geräts etc.), zeigen eine Leistung an (z.B. die Geschwindigkeit, die Noten für eine Klausur, Produktionszahlen etc.) oder messen etwas (z.B. den Benzinverbrauch, den Energieverbrauch, den Schadstoffausstoß etc.). Dabei ist ihnen immer eine bestimmte Form der Nutzung zugedacht. Dementsprechend lassen sich Indikatoren danach einteilen, welchem *Zweck* sie dienen. Es wird unterschieden zwischen

- Inputindikatoren
  zeigen die zur Zielerreichung eingesetzten Ressourcen und Aufwendungen an (Investitionen, z.B. Anzahl eingesetzten Personals, Finanzmittel in Euro, Zeit in Tagen etc.).

---

114 Für diese Darstellung wird auf das CEval-Arbeitspapier No. 10 „Was ist Evaluation" von Wolfgang Meyer zurückgegriffen.

- Outputindikatoren
  zeigen die konkreten (materiellen) Ergebnisse durchgeführter Maßnahmen an (Ergebnisse, z.B. Meter gebauter Straße, Anzahl ausgebildeter Jugendlicher, Anzahl durchgeführter Beratungen).
- Outcomeindikatoren
  beziehen sich auf die Wirkungen, die den Zielen entsprechen, d.h. auf den unmittelbaren Nutzen, der im Hinblick auf die Zielerreichung durch die Ergebnisse erreicht wurde (Nutzen, z.B. Nutzen für die Straßenbenutzer, die Ausgebildeten, die Beratenen etc.).
- Impactindikatoren
  messen die über die eigentlichen Ziele und Zielgruppen hinausgehenden Wirkungen, insbesondere auch nicht-intendierte Effekte und die Dauerhaftigkeit von Wirkungen (z.B. Folgen für die Umwelt, andere Ausgebildete, Nicht-Beratene etc.).

Eine weitere bedeutsame Eigenschaft von Indikatoren ist, dass sie *Vergleiche ermöglichen*. Besonders wichtig sind diese über die Zeit hinweg, z.B. anhand von Zeitreihen, um Veränderungen feststellen zu können. Außerdem lassen sich Vergleiche zwischen verschiedenen Einheiten (Systemen, Organisationen, Individuen, Produkten etc.) anstellen. Um unterschiedlich große Einheiten (z.B. zwischen einer Schule mit 100 und einer mit 200 Schülern) miteinander vergleichen zu können, werden Indikatoren oft als (arithmetischer) Bruch wiedergegeben, wobei der Nenner den Größenfaktor beinhaltet. So werden z.B. die Abschlussquoten in Schulen dadurch ermittelt, dass die Anzahl der erfolgreichen Schüler durch die Gesamt-Schülerzahl geteilt wird. Oft werden Indikatoren auch dazu verwendet, die Leistung (Ist) an einer Norm, einem Sollwert zu messen. Z.B. die Zahl der in einem Jahr ausgebildeten Schüler an der Zahl, die angestrebt wurde, oder die Reduktion der Durchfallquote auf einen festgelegten Minimalwert. Der Indikator kann als Bruch wiedergegeben werden (z.B. als der Anteil der Absolventen, die innerhalb eines festgelegten Zeitraums eine Beschäftigung gefunden hat) oder als prozentuale Differenz zu der Norm und dem tatsächlichen Wert (z.B. als Prozentsatz der erreichten Zielvorgaben). Aber auch absolute Zahlen können als Indikatoren zum Normenvergleich herangezogen werden, z.B. wenn die Zahl der tatsächlich gestrichenen Ausbildungsgänge mit den Vorgaben verglichen wird.

Manche Indikatoren lassen sich ganz einfach bilden, z.B. anhand eines zahlenmäßigen Wertes, andere benötigen ausgiebige theoretische Vorüberlegungen. Das Gewicht, als ein Indikator für die Schwere eines Objekts, kann in Gramm gemessen werden, die Länge eines Objekts in Zentimetern. Schwieriger wird es jedoch schon bei dem Indikator ‚Einkommen‘. Dieser kann zwar auch quantitativ (in Geldeinheiten) erfasst werden, doch vorher ist festzulegen, in welcher Währung, zu Preisen welchen Basisjahres etc. dies erfolgen soll. Darüber hinaus ist zu klären, für was (welches Konstrukt) Einkommen überhaupt ein Indikator sein soll. Einkommen könnte als ein Indikator für Reichtum, Wohlstand, oder die Abbildung sozialer Ungleichheit verwendet werden. Auch der vermeintlich simple Indikator ‚Bildung' ist gar nicht so einfach zu erfassen. Er kann z.B. in Schuljahren und/oder Abschlüssen gemessen werden. Noch schwieriger wird es, wenn ein sozialwissenschaftliches Konstrukt wie der ‚Status' (gesellschaftlicher Rang eines Individuums) bestimmt werden soll. In der Regel wird hierfür eine Kombination von Indikatoren wie Einkommen, Bildung und Beruf heran gezogen.

Aus diesen Beispielen wird weiter deutlich, dass Indikatoren unterschiedliche *‚Messniveaus'* aufweisen können. Dabei wird in den Sozialwissenschaften mit dem Begriff des Messens sehr großzügig umgegangen, denn schon das Klassifizieren, also die Zuweisung von Objekten zu bestimmten Kategorien, gilt als ein Messvorgang.

So lässt sich z.B. durch die Einordnung von Objekten nach ‚leicht' oder ‚schwer', ‚kurz' oder ‚lang', von Subjekten nach ‚hohem' oder ‚niedrigem' Einkommen ein Indikator bilden, indem Merkmale anhand eines Ordnungsprinzips klassifiziert werden. Dabei ist zu beachten, dass dieses Ordnungsprinzip als auch die Art und Zahl der verwendeten Klassen das Ergebnis individueller Entscheidungen sind. So kann das Einkommen mit den Klassen ‚hoch' oder ‚niedrig' als Indikator für Reichtum verwendet werden. Der Indikator könnte aber auch drei oder mehr Kategorien umfassen, z.B. ‚hohes', ‚mittleres' und ‚niedriges' Einkommen. Oder aber, da sich Einkommen leicht quantitativ in Geldeinheiten erfassen lässt, könnte der Indikator auch gleich anhand eines Zahlenwertes erfasst werden. Auf diese Weise wäre zudem der Sprung von einem qualitativen zu einem quantitativen Indikator vollzogen. Der Indikator ‚Einkommen' für das Phänomen ‚Reichtum' wäre nicht nur qualitativ erfasst (hoch/niedrig oder reich/arm) und zusätzlich in eine Rangfolge gebracht (hoch/mittel/niedrig), sondern auch quantitativ in einer metrischen Einheit (Geld) ausgedrückt. Entsprechend diesen drei Messniveaus werden in den Sozialwissenschaften *drei Typen von Skalen* mit spezifischen Eigenschaften unterschieden: Nominal-, Ordinal- und Intervallskalen (metrische Skalen) (vgl. Krämer 1994: 13ff.).

Mit dem Skalenniveau steigt nicht nur der *Informationsgehalt* eines Indikators, sondern auch die *messtechnische Anforderung* an die Datenerhebung. D.h. quantitative Indikatoren mit metrischen Skalen haben einen höheren Informationsgehalt, weil sie auch über die Rangfolge und die Abstände zwischen den Objekten Aufschluss geben. Dieser Informationsgewinn muss allerdings durch entsprechend höhere Aufwendungen bei der Datenerhebung ‚erkauft' werden. Umgekehrt sparen qualitative Indikatoren diesen Mehraufwand bei der Erhebung, verlagern dann aber die Aufgabe, Rangordnungen zu bilden oder die Abstände zwischen den Einheiten festzulegen, in die Auswertungsphase.

Ob Zahlenwerte verwendet werden oder nicht, sagt nichts über die *Güte einer Messung* aus und nur diese entscheidet über die Qualität der Ergebnisse. Natürlich gilt auch umgekehrt, dass qualitative Aussagen nicht ‚qualitativ besser' sind als quantitative, nur weil Zahlenwerte vermieden werden. Die Tatsache, dass Zahlenwerte die Realität ‚vergröbern', bedeutet nicht, dass eine verbale Beschreibung den Sachverhalt richtiger wiedergibt. Ausführliche Erläuterungen und umfangreiche Zitate (die ‚Kommastellen' der qualitativen Sozialforschung) müssen ebenfalls nicht unbedingt auf eine höhere Präzision der Messung hindeuten.

Anforderungen an Indikatoren
Wolfgang Zapf (1977), einer der Gründungsväter der Sozialindikatorenforschung, hat einmal darauf hingewiesen, dass die *Konstruktion guter Indikatoren* zuallererst eine Frage der sozialwissenschaftlichen Fantasie ist. Da es nach wie vor keine allgemeingültigen Regeln für die Erstellung von Indikatoren gibt, hat diese Aussage auch heute noch Gültigkeit. Ein guter Indikator hat sowohl theoretischen, methodischen, praktischen und sozialen *Anforderungen* zu genügen:

- *Theoretische Anforderung*
  Der Zusammenhang zwischen dem von einem Indikator gemessenen Sachverhalt und dem nicht-messbaren Konstrukt muss eindeutig erkennbar sein, d.h. der Indikator muss das messen, was abgebildet werden soll (Validität). Je besser sich ein Indikator theoretisch begründen und operationalisieren lässt, umso besser kann er das nicht-messbare Konstrukt abbilden. So lässt sich zum Beispiel gut begründen, dass die Anzahl der Schul- und Studienjahre oder der Bildungsabschluss als ein Indikator für das Konstrukt ‚Bildung' herangezogen werden können. Zudem sind diese Indikatoren auch noch leicht messbar.

- *Methodische Anforderung*
  Die Güte einer Messung und damit die methodische Qualität eines Indikators bestimmt sich danach, ob er das, was er messen soll, zuverlässig misst. D.h., auch bei wiederholten Messungen tritt das gleiche Ergebnis ein (Reliabilität). Darüber hinaus hat ein Messverfahren objektiv zu sein, d.h. dass unabhängig von der Erhebungsperson das gleiche Ergebnis erzielt wird (Objektivität).

- *Praktische Anforderung*
  Ein guter Indikator zeichnet sich dadurch aus, dass er mit einem vertretbaren Aufwand möglichst präzise gemessen werden kann. Ziel ist, mit einem Minimum an Aufwand ein Maximum an validen und reliablen Informationen zu erhalten.

- *Soziale Anforderung*
  Indikatoren müssen sozial akzeptiert sein, damit die Messergebnisse als Entscheidungsgrundlage anerkannt werden. Dabei wird davon ausgegangen, dass Ergebnisse nur dann in Entscheidungsprozesse einfließen, wenn die Beteiligten vom Indikatorenkonzept überzeugt sind und den damit gewonnenen Informationen vertrauen.

Die Entwicklung von Indikatoren ist deshalb nicht nur eine technische Prozedur, sondern ein sozialer Prozess, in den die wichtigsten Stakeholdergruppen eingebunden werden sollten. Bewährt hat sich, wenn *Methodenexperten*, die über das fachliche Wissen zur Indikatorenkonstruktion verfügen, mit *Inhaltsexperten*, die über die programm- bzw. leistungsbezogenen Inhalte Bescheid wissen, zusammenarbeiten. Dadurch kann nicht nur am besten gewährleistet werden, dass die Indikatoren den theoretischen und methodischen Anforderungen entsprechen, sondern auch, dass sie an die spezifischen organisatorischen, politischen, soziokulturellen oder regionalen Bedingungen angepasst und von allen Beteiligten akzeptiert sind. Um ‚gute‘ Indikatoren zu entwerfen, braucht es deshalb nicht nur ‚sozialwissenschaftliche Kreativität‘, sondern auch Methodenkompetenz, profundes (inhaltliches) Fachwissen, Praxiserfahrung und soziales Geschick.

Manchmal werden Indikatoren auch mit ‚*Zielgrößen*‘ versehen, die deutlich machen sollen, ab welchem Wert ein gestecktes Ziel als erreicht gilt. Diese Zielmarken sind nicht Teil des Indikators, sondern wie auch immer festgelegte Schwellenwerte, die begründet werden müssen. Der Indikatorwert ist hingegen ein empirisch ermittelter Wert!

Auswahl und Anzahl von Indikatoren

Da Indikatoren immer (mehr oder weniger) unbefriedigende ‚Hilfsmittel‘ zur Messung nicht messbarer Phänomene darstellen, ist die *Zahl der Indikatoren* eng verknüpft mit dem Anspruch an die *Messgenauigkeit* dieses (nicht unmittelbar messbaren) theoretischen Konstrukts. Dabei gilt: Je schlechter die ausgewählten Indikatoren eine Dimension des theoretischen Konstrukts messen, umso mehr Indikatoren müssen eingesetzt werden, um es einigermaßen adäquat abbilden zu können. Umgekehrt gilt natürlich: Je besser ein Indikator seine Aufgabe erfüllt, umso weniger werden weitere Indikatoren zur Absicherung (‚Validierung‘) der Ergebnisse benötigt. Bei der Entwicklung von Indikatoren werden häufig die Grenzen des praktisch Machbaren erreicht. Nicht alles, was theoretisch wünschenswert erscheint, lässt sich auch immer umsetzen. Personelle und finanzielle Ressourcen sowie zeitlicher Aufwand sind Restriktionen, die bei der Indikatorenentwicklung berücksichtigt werden müssen. Grundsätzlich ist bei der Auswahl und Konstruktion von Indikatoren deshalb der Versuchung zu widerstehen, Perfektionismus anzustreben. Bei der Selektion besteht die Gefahr, dass zu viele Indikatoren benannt werden. Viele Aspekte erscheinen wichtig, doch es sollte berücksichtigt werden, dass die Datenerhebung für jeden Indikator zumeist mit erheblichem Zeitaufwand verbunden ist. Deshalb ist bei der Bildung von Indikatoren nicht nur immer wieder zu fragen, ob der Indikator valide und zuverlässige Ergebnisse verspricht, sondern auch ob er mit vertretbarem Aufwand erhoben werden kann. Eine gute *Leitfrage zur Selektion von Indikatoren* ist die *7-W-Frage*: "*Wer* braucht *wann welche* Informationen von *wem, wie, wozu* und *wie viel* kostet das?" (vgl. Abbildung 4.7).

Außerdem sollte nie vergessen werden, dass keine noch so gute Auswahl von Indikatoren ihre *Interpretation* ersetzen kann. Diese ist immer von Kontextbedingungen abhängig. So ist z.B. ein Bruttoinlandsprodukt (BIP) von 970 US$ pro Kopf in der VR China anders zu werten als ein vergleichbarer Betrag in den USA. Da quantitative wie qualitative Indikatorenwerte immer der Interpretation bedürfen, ist es umso wichtiger, dass die einzelnen Entwicklungsschritte dokumentiert und transparent gemacht werden, damit die Güte der Indikatoren und ihrer Daten eingeschätzt werden kann. Nur dann ist eine Interpretation der Daten intersubjektiv nachvollziehbar.

Vorgehen
Um den theoretischen, methodischen, praktischen und sozialen Anforderungen für die Konstruktion guter Indikatoren zu genügen, hat sich – so die Erfahrung aus zahlreichen Evaluationen sowie Forschungs- und Entwicklungsprojekten – am besten bewährt, die Indikatoren gemeinsam mit dem Personal des Durchführungsträgers und/oder weiteren Stakeholdern zu entwickeln.

Dabei wird so vorgegangen, dass in einem ersten Workshop Sinn und Zweck eines Monitoring- und/oder Evaluationssystems erklärt wird, für das die Indikatorendatenbank entwickelt werden soll.

Abbildung 4.7:   Die Sieben-W-Frage zur Selektion von Indikatoren

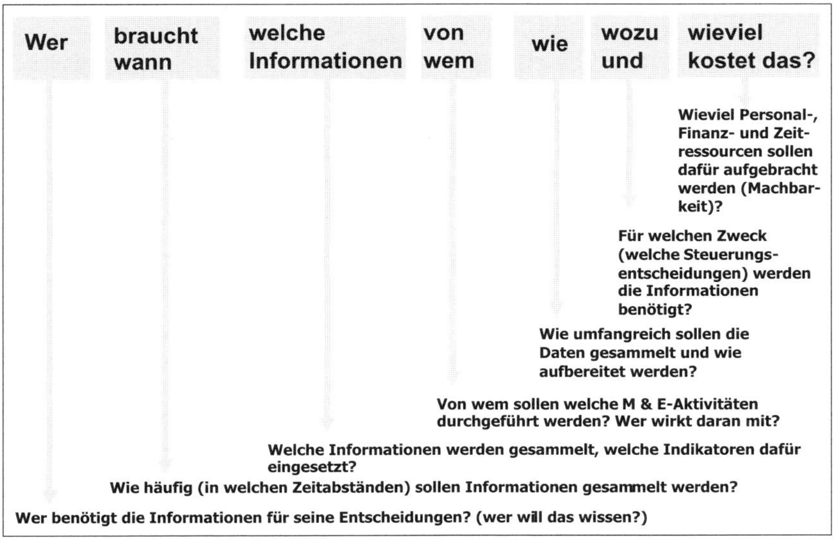

Dann findet eine Einführung in das Thema Indikatorenentwicklung statt, um schließlich gemeinsam, in einem sozialen Prozess, die technischen Regeln für die Indikatorenentwicklung anzuwenden. Als Grundlage dient der Evaluationsleitfaden, der Themen (Analysefelder), Leitfragen und zusammenfassende Bewertungskriterien für jeden Themenblock vorgibt. Bei der Indikatorenentwicklung wirken ,Methoden- und Inhaltsexperten' zusammen. Auf diese Weise wurde z.B. in Ägypten ein Indikatorenraster für den Aufbau eines Monitoring- und Evaluationssystems entwickelt, um die Einführung eines dualen Berufsbildungssystems beobachten zu können. Das Raster wurde gemeinsam mit der einheimischen Trägerorganisation und verschiedenen Stakeholdern erarbeitet. Es stellt somit nicht ein idealtypisches Muster dar, sondern spiegelt die reale Situation wider. D.h. es enthält auch Indikatoren, die gemessen an den hier aufgestellten Maßstäben nicht immer alle Anforderungen erfüllen.

Bei der Entwicklung von Indikatoren in der Praxis (und nicht in laborähnlichen Situationen) müssen Kompromisse zwischen den vier zentralen Anforderungen (theoretische, methodische, praktische und soziale) geschlossen werden. Nicht alles, was theoretisch wünschenswert, methodisch umsetzbar

---

Vorgehen

✓ Es kann festgehalten werden, dass Indikatoren den Zweck erfüllen, nicht direkt messbare Phänomene durch die Anwendung empirischer Methoden sichtbar zu machen.

✓ Indikatoren können dazu verwendet werden, den Input, Output, Outcome oder Impact unter Zuhilfenahme verschiedener Messniveaus (auf Nominal-, Ordinal- oder Intervallskalenniveau) zu erfassen.

✓ Es kommt weniger darauf an, ob ein Indikator qualitativ oder quantitativ bestimmt wird, sondern vor allem darauf, dass er das valide misst, was er abbilden soll, d.h. dass er trennscharf ist und eine möglichst genaue Klassifikation und Zuordnung der beobachteten Sachverhalte zu den abgebildeten Kategorien erlaubt. Darüber hinaus ist von zentraler Bedeutung, dass der Indikator zuverlässig (reliabel) misst, d.h. dass die über die Zeit hinweg beobachteten Sachverhalte den gleichen Kategorien zugeordnet werden. Weiterhin sollen Indikatoren objektiv (d.h. unabhängig von der Erhebungsperson) sowie praktikabel (d.h. mit vertretbarem Aufwand messbar) und sozial akzeptiert sein, damit die Ergebnisse für Entscheidungsprozesse verwendet werden.

✓ Die Entwicklung von Indikatoren stellt ein komplexes Unterfangen dar, für das methodische Kompetenz mit inhaltlicher Programmkenntnis kombiniert werde sollte. Zudem sind die unterschiedlichen Interessen der verschiedenen Stakeholder zu berücksichtigen.

✓ Bei der Formulierung von Indikatoren ist so vorzugehen, dass zuerst geklärt wird, welcher Sachverhalt durch die Indikatoren abgebildet werden soll. Dann werden die Indikatoren ausgewählt und auf ihre Operationalisierbarkeit und Aussagefähigkeit hin geprüft. Anschließend wird festgelegt mit welcher Genauigkeit (Skalenniveau) die Indikatoren erfasst und mit welchen Methoden die Daten erhoben werden, bevor dann die Messung und Auswertung erfolgt.

und praktisch machbar wäre, lässt sich wegen des Aufwands realisieren. Und selbst, wenn diese drei Anforderungen einlösbar sind, kann es politische oder soziale Gründe geben, warum der im Prinzip ‚machbare' Indikator dennoch nicht verwendet werden kann.

Das *im Anhang dokumentierte Indikatorenraster* wird seit über drei Jahren im Rahmen eines Monitoring- und Evaluationssystems für Entscheidungsprozesse genutzt. Die Daten werden kontinuierlich mit Hilfe verschiedener Erhebungsmethoden und unter Verwendung verschiedener Datenquellen durch das Trägerpersonal ohne fremde Hilfe erhoben, bewertet und für Entscheidungsträger aufbereitet. Da die Daten mittlerweile bereits zu verschiedenen Zeitpunkten erhoben wurden, kann wie im Projektprofil in Kapitel 4.3.2 dargestellt, die Programmentwicklung auf den verschiedenen Bewertungsdimensionen nachgezeichnet und transparent gemacht werden.

4.4 Methoden der Evaluation

4.4.1 Untersuchungsdesigns für die Evaluation von Wirkungen

Nachdem in den vorangegangenen Kapiteln der Evaluationsleitfaden entwickelt und seine Handhabung vorgestellt wurde, wird nun darauf eingegangen, wie die für die Evaluation erforderlichen Daten beschafft werden können. Wirkungsuntersuchungen haben vor allem zwei Probleme zu bewältigen: Dies ist zum einen das *Problem der Entdeckung und Messung von Wirkungen*. Dabei geht es um die Frage, wie sich die geplanten und ungeplanten Wirkungen eines Programms oder Dienstleistungsangebots möglichst exakt und vollständig erfassen lassen. Zum anderen stehen Wirkungsuntersuchungen vor dem *Problem der Identifizierung von Kausalzusammenhängen* zwischen den Programminterventionen (als den Unabhängigen Variablen) und den erfassten Wirkungen (als den Abhängigen Variablen) unter der Konstellation spezifischer Handlungsbedingungen und -möglichkeiten. Dabei geht es um die Frage, wie sich die Ursachenfaktoren der Wirkungen möglichst eindeutig bestimmen und rivalisierende Erklärungen ausschließen lassen (vgl. Hellstern u. Wollmann 1984: 25; OECD 1986: 34; White 1986: 4; Staudt u.a. 1988: 32; Diekmann 1995: 309ff.; Kromrey 2002: 82ff.; Rossi, Lipsey und Freeman 2004: 233ff.). Die *Güte eines Forschungsdesigns* hängt deshalb davon ab, inwieweit möglichst alle relevanten Wirkungen erfasst und die Kausalitätsprobleme gelöst werden können.

Wie bereits in Kapitel 3.2 dargestellt, besteht die theoretisch-methodische Herausforderung darin, die *Nettowirkungen*, d.h. die Wirkungen, die tatsächlich allein durch die Interventionen verursacht werden, von den übrigen Wirkungen (Effekte anderer Faktoren und Designeffekte) zu trennen. Hierfür können im Prinzip *alle* im Repertoire der empirischen Sozialforschung vorhandenen *Untersuchungsdesigns* eingesetzt werden. Jede Evaluation steht bei der Auswahl eines Designs vor dem Problem, dass zwar einerseits möglichst exakte Aussagen gemacht werden sollen, andererseits aber die jeweils spezifischen Bedingungen (Zeit, finanzielle Ressourcen, Kooperationsbereitschaft etc.) nur selten die Verwendung eines optimalen Designs erlauben. Diese Situation darf jedoch nicht dazu führen, dass Designalternativen nur deshalb vorschnell verworfen werden, weil sie nicht ausreichend bekannt sind oder (vermeintlich) einfachere – ‚bequemere' – Designs vorgezogen werden.[115]

Allerdings kann es nicht Aufgabe dieses Buches sein, alle potenziellen Designs für Wirkungsevaluationen vorzustellen und ihre Vor- und Nachteile zu diskutieren.[116] Genauere Erläuterungen würden rasch den Rahmen dieses Kapitels sprengen und einen eigenen Methodenband erforderlich machen. Statt dessen soll hier der Versuch unternommen werden, einen *Überblick* zu vermitteln und die *Vielfalt des zur Verfügung stehenden Methodenrepertoires* aufzuzeigen. Dabei liegt der Schwerpunkt auf der Herausarbeitung einiger wichtiger methodischer Aspekte und Zusammenhänge, die bei einer Evaluation – wenn irgend möglich – zu beachten sind. Auf eine genaue Beschreibung der Handhabung der dargestellten Designs und Methoden wird hier aus Raumgründen genauso verzichtet wie auf die verlockende Möglichkeit, aus dem, in zahlreichen Evaluationen gewonnenen, reichhaltigen Schatz an praktischen Erfahrungen zu berichten.

Die Untersuchung der Wirkungen von Interventionen setzt erstens voraus, dass ein Programm bereits einige Zeit implementiert ist, damit Wirkungen überhaupt feststellbar sind. Zweitens sind untersuchungsleitende Hypothesen erforderlich, die entweder auf den in der Programmtheorie vermuteten oder explizit formulierten Zusammenhängen beruhen oder auf der Grundlage eigener Überlegungen anhand einschlägiger theoretischer Ansätze formuliert wurden. Für die Untersuchung der Programmzielerreichung sind zudem klar definierte Ziele notwendig.

Der Nachweis der vermuteten Zusammenhänge erfolgt mit Hilfe von beobachtbaren *Indikatoren*. Die Untersuchungsanordnung oder das ‚Forschungsdesign' legen fest, auf welche Weise (wie, wann, wo, wie oft) die empirischen Indikatoren erfasst werden sollen. Das *Forschungsdesign* ist *entscheidend* für den Grad der Gewissheit, mit dem die Frage nach dem Zusammenhang zwischen Ursache und Wirkung beantwortet werden kann (vgl. Schnell, Hill, Esser 1999: 203).

Allen Designs zur Wirkungsanalyse ist gemeinsam, dass sie auf *Vergleichen* beruhen. Hierzu werden in der Regel zwei Gruppen gebildet: eine, bei der die geplante Intervention stattfindet (Versuchs- oder auch Experimentalgruppe genannt) und eine zweite, bei der keine Intervention vorgenommen

---

115 Leider wird nicht selten auch bei Evaluationen in Deutschland nach dem bürokratischen Motto: „Das haben wir schon immer so gemacht" verfahren. Komplexere Designs sind häufig bei Auftraggebern wie Auftragnehmern wenig beliebt.
116 Vgl. hierzu die einschlägige Fachliteratur, z.B. Schnell, Hill, Esser 1999; 2005; Kromrey 2002; Diekmann 2004; Rossi, Lipsey und Freeman 2004.

wird (Kontrollgruppe). Aus dem Vergleich beider Gruppen wird auf die Wirkung des Stimulus (der Intervention) geschlossen. Das *Ziel* bei der *Wahl des Designs* besteht vor allem darin, konkurrierende Erklärungen und ‚Störvariablen' auszuschließen, um den Ursache-Wirkungs-Zusammenhang möglichst optimal belegen zu können. ‚Störfaktoren' können methodisch bedingt sein, z.B. durch *verzerrte Auswahlen*. Dies ist dann der Fall, wenn sich die Versuchs- und Kontrollgruppen nicht nur hinsichtlich der Intervention unterscheiden, sondern auch im Hinblick auf andere Merkmale, die ebenfalls die Wirkungen hervorgerufen haben können. Die Verwendung unterschiedlicher Messinstrumente (z.B. geänderte Tests, anders formulierte Fragen, ungleiche Antwortvorgaben etc.) oder ein bei Versuchs- und Kontrollgruppe (möglicherweise unabsichtlich) anderes Verhalten des Evaluators kann ebenfalls zu einer Beeinträchtigung der Messergebnisse führen.

Die hier genannten Faktoren werden im Anschluss an Campbell und Stanley (1963) als Beeinflussungsfaktoren der ‚*internen Validität*' (auch interne Gültigkeit) bezeichnet. Interne Validität ist dann gegeben, wenn die Intervention tatsächlich für die Variation der abhängigen Variable (Wirkung) verantwortlich ist. Ist die Wirkung hingegen durch einen oder mehrere Störfaktoren verursacht, dann ist keine interne Gültigkeit gegeben. Sind sowohl Störfaktoren als auch die Intervention für die Veränderung der Messwerte verantwortlich, dann liegt eine ‚Konfundierung' der Effekte vor und die interne Gültigkeit ist ebenfalls verletzt.

Mit ‚*externer Validität*' (auch ökologische Validität genannt) wird die Möglichkeit bezeichnet, Ergebnisse auf andere Personen(-gruppen) und Kontexte zu übertragen. Externe Validität ist dann nicht gegeben, wenn eine experimentelle Situation so gravierend von der realen Alltagssituation abweicht, dass zwar intern gültige Effekte nachweisbar sind, im Alltagskontext jedoch nicht. Solche auch ‚reaktiv' genannten Effekte können zudem dann auftreten, wenn Versuchspersonen im Rahmen eines Pretests für einen Stimulus sensibilisiert werden. Dadurch kann dann der Einfluss des Stimulus (der Intervention) verringert oder verstärkt werden.

Durch eine Reihe von Techniken sollen diese *Störvariablen* eliminiert oder kontrolliert werden:

- *Randomisierte Kontrollen*
  Das wichtigste und ‚sicherste' Verfahren ist das der Randomisierung (Zufallszuweisung), bei dem Personen ‚per Zufall' der Versuchs- oder Kontrollgruppe zugewiesen werden. D.h. jede Person hat die gleiche Chance, über ein zufallsbedingtes Verfahren (z.B. Münzwurf, Losentscheid, Zufallszahlen etc.) in eine der beiden Gruppen zu gelangen.
- *Konstruierte Kontrollen (Matching)*
  Bei diesem Verfahren wird versucht, Personen, die sich im Hinblick auf bestimmte Merkmalsausprägungen gleichen, der Versuchs- und Kontrollgruppe zuzuordnen. D.h. für jede Person in der Versuchsgruppe wird ein

‚äquivalenter' Partner (match) bestimmt, der der Intervention nicht ausgesetzt wird. Durch diese ‚Parallelisierung' entsteht eine konstruierte (aber dennoch real existierende) Kontrollgruppe (vgl. Rossi, Lipsey und Freeman 2004: 275).

- *Statistische Kontrollen*
Statistische Kontrollen werden häufig zusätzlich zu randomisierten und vor allem bei konstruierten Kontrollen angewendet, um zu erkennen, ob sich Versuchs- und Kontrollgruppe in allen wichtigen Merkmalen tatsächlich gleichen. Eine statistische Kontrollgruppe wird gebildet, indem man versucht, in allen relevanten Merkmalen ein statistisches Abbild der Versuchsgruppe zu generieren.
Im Unterschied zu konstruierten Kontrollgruppen die vor einer Erhebung nach bestimmten Merkmalen so ausgewählt werden, dass sie möglichst genau der Versuchsgruppe ähneln, wird die statistische ‚Kontrollgruppe' erst nach der Datenerhebung gebildet. Da die Vergleichsgruppe demnach erst im Stadium der Datenanalyse entsteht, wird von ‚statistischer' Kontrolle gesprochen.
Ob bei Wirkungsanalysen eher konstruierte oder statistische Kontrollen verwendet werden, hängt vor allem von dem relativen Anteil der Teilnehmer bzw. Nichtteilnehmer in der Grundgesamtheit ab. So würde es keinen Sinn machen, die Teilnehmer eines Umweltberatungsprogramms mit Hilfe einer allgemeinen Bevölkerungsumfrage zu suchen, weil diese Personen selbst bei einer riesigen Stichprobe, kaum erfasst würden. Zur Ermittlung der Wirkungen von Programmen mit einer relativ eng eingegrenzten Zielgruppe wäre dieses Verfahren kaum brauchbar. Hierfür sind deshalb konstruierte Kontrollen vorzuziehen.

- *Reflexive Kontrollen*
Bei dieser Kontrollform wird die Versuchsgruppe zu ihrer eigenen Kontrollgruppe, indem die Messwerte der teilnehmenden Untersuchungseinheiten vor und nach der Intervention beobachtet werden. Durch den Begriff ‚reflexiv' soll zum Ausdruck gebracht werden, dass bei diesem Design die Versuchsgruppe ihre eigenen Kontrolldaten liefert, also eine separate Vergleichsgruppe fehlt. Wenn reflexive Kontrollen eingesetzt werden, muss angenommen werden: „that no changes in the targets on the outcome variables have occurred in the time between observations other than those induced by the intervention" (Rossi, Freeman und Lipsey 2004: 290). Unter dieser Annahme werden Differenzen zwischen den Messwerten vor und nach der Intervention als Nettoeffekte interpretiert.
Dieses Verfahren hat zwar den Vorteil, dass Unterschiede hinsichtlich der demographischen Zusammensetzung ausgeschlossen sind, da es sich ja um ein und dieselbe Gruppe handelt, doch diese Kontrollform hat den entscheidenden Nachteil, dass nicht mehr klar darauf geschlossen werden kann, ob die beobachtete Veränderung der Messwerte tatsächlich auf die Intervention zurückzuführen ist. Mit einer größeren Zahl von Messwerten

nimmt der Grad an Sicherheit bei den Aussagen über die Effekte der Intervention zu, insbesondere wenn es viele Messzeitpunkte vor Einführung der Intervention gibt, da dann besser ein ‚Trend‘ sichtbar wird, was geschehen wäre, wenn es keine Intervention gegeben hätte. Gleichzeitig stellt die Datenerhebung zu möglichst vielen verschiedenen Zeitpunkten auch ein schwerwiegendes Problem dar. Je weiter die Messzeitpunkte in die Zeit vor der Intervention zurückreichen (was sich auf die Trendberechnung positiv auswirkt) und je länger das Programm dauert, umso älter werden die Versuchspersonen, so dass altersabhängige Effekte auftreten können. Außerdem können endogene und exogene Faktoren sowie historische Ereignisse in dieser Zeit die Zielvariablen (Indikatoren) zusätzlich beeinflussen und dadurch die Schätzung des Nettoeffekts verzerren.

- *Generische Kontrollen*
  Für einzelne Phänomene und Prozesse des sozialen Lebens gibt es allgemein anerkannte und empirische Kennwerte, die als sogenante generische Kontrollen dienen. Damit ist gemeint, dass Interventionseffekte bei der Versuchsgruppe mit typischen Veränderungen in der Gesamtpopulation verglichen werden. Kennwerte wie z.B. Sterbe- und Fruchtbarkeitsziffern, Indikatoren zur Charakterisierung der Erwerbsbevölkerung etc. werden herangezogen, um abzuschätzen, was sich ohne die Intervention ereignet hätte. Differenzen bei den Messwerten nach der Intervention im Vergleich zu den Kennwerten werden als Nettoeffekt interpretiert. Die Kennwerte ersetzen sozusagen die Kontrollgruppe. Da solche gesellschaftlichen Kennwerte jedoch nur für wenige soziale Bereiche vorliegen und auch dann oft nur in wenig differenzierter Form, lassen sich generische Kontrollen nicht häufig einsetzen. Rossi, Freeman und Lipsey (1999: 332) empfehlen: „generic controls should be used only when other types of controls are not available, and then only with the utmost caution".

- *Schattenkontrollen*
  Schattenkontrollen stellen ebenfalls eine sehr unsichere Kontrollform dar. Dabei werden die Wirkungen bei den Personen(-gruppen), bei denen eine Intervention stattgefunden hat, mit dem verglichen, was ‚normalerweise‘, d.h. ohne die Intervention zu erwarten gewesen wäre. Für diese Einschätzung werden Experten, Programmleiter und/oder Teilnehmer herangezogen. Rossi, Freeman und Lipsey (1999: 356) verwenden dafür den Begriff „Schattenkontrollen" („Shadow Controls"): „... a name chosen to reflect their role as a benchmark for comparison as well as their usual lack of a substantial evidential bias". Trotz ihres geringen ‚Sicherheitsgrades‘ werden Schattenkontrollen aus einer Reihe von Gründen immer wieder verwendet. Zum einen, weil sie als eine Alternative zu reflexiven Kontrollen gesehen werden, aber zum anderen vor allem deshalb, weil sie wenig kosten oder schlichtweg, weil sie schon immer eingesetzt werden.

Die *Güte eines Designs* bemisst sich demnach insbesondere daran, inwieweit es gelingt, alternative Erklärungen und Störvariablen auszuschließen. Hierfür bringen die einzelnen Forschungsdesigns unterschiedlich gute Voraussetzungen mit. Alle weisen Stärken und Schwächen auf, so dass sich Aussagen über die Nettowirkungen nie mit absoluter Sicherheit machen lassen, sondern immer nur mit einer gewissen Wahrscheinlichkeit oder Plausibilität. In Abbildung 4.8 sind die wichtigsten Designs für Wirkungsanalysen zusammengefasst.

Abbildung 4.8:   Typische Forschungsdesigns für Wirkungsanalysen

Design	Auswahl der Untersuchungs-einheiten	Art der Kontrollgruppe	Datenerhebungs-zeitpunkte
I. ‚Echte' Experimente/Feldexperimente	Randomisierte Auswahl	Randomisierte Kontrollen, oft zusätzlich statistische Kontrollen	Minimum: nur nach der Intervention. Meist vorher und nachher; oft mehrere Messungen während der Intervention
II. Quasi-Experimente	Unkontrollierte Auswahl	Konstruierte und/oder statistische Kontrollen	Minimum: nur nach der Intervention. Meist vorher und nachher. Oft mehrere Messungen während der Intervention
III. Querschnittsanalysen	Unkontrollierte Auswahl	Statistische Kontrollen	Nur Nachher-Messungen
IV. Pretest-Posttest-Untersuchungen	Unkontrollierte Auswahl	Reflexive Kontrollen	Minimum: Vorher- und Nachher-Messung
V. Retrospektive Vorher-/Nachher-Untersuchungen	Unkontrollierte Auswahl	Retrospektive reflexive Kontrollen	Nachher-Messungen mit retrospektiven Messungen der Ausgangssituation
VI. Panel-Untersuchungen	Unkontrollierte Auswahl	Reflexive Kontrollen	Mehr als zwei Messungen während der Intervention
VII. Zeitreihenanalysen	Unkontrollierte Auswahl	Reflexive Kontrollen	Viele Messungen vor und nach der Intervention
VIII. Gutachtenmodell	Unkontrollierte Auswahl	Generische und/oder Schattenkontrollen	Nur Nachher-Messungen

Quelle: nach Rossi u.a. 1988: 113; Rossi, Freeman und Lipsey 1999: 261.

Experimente und Quasi-Experimente

Es bestehen kaum Zweifel, dass ein experimentelles Design das ideale Versuchsarrangement zum Test von Kausalhypothesen ist (vgl. Diekmann 1995: 290; Schnell, Hill, Esser 1999: 214ff.; Rossi, Lipsey und Freeman 2004: 233ff.), weil nur das ‚echte‘ Experiment den formalen *Anforderungen zur Überprüfung einer kausalen Anordnung* Rechnung trägt. Dies sind

- die zeitliche Abfolge von Maßnahme und Wirkung,
- der Zusammenhang zwischen Maßnahme und Wirkung,
- die Kontrolle von Drittvariablen durch Randomisierung und/oder Matching bei der Erfassung des Zusammenhangs zwischen Maßnahme und Wirkung oder durch Einbeziehung aller denkbaren Drittvariablen (vgl. Campbell 1969: 409ff.).

Deshalb wurden insbesondere in den Anfangsjahren der Evaluationsforschung, *experimentelle Designs* bevorzugt. Angesichts der Komplexität der Forschungsfragestellungen und der Notwendigkeit, neben der internen Gültigkeit der Versuchsanordnung auch eine externe Gültigkeit zu erzielen, konnte keine totale Kontrolle der Drittfaktoren durch die Schaffung von Laborsituationen angestrebt werden, die zwar eine hohe interne, aber nur eine geringe externe Gültigkeit besitzen, sondern es wurden *feldexperimentelle Anordnungen* bevorzugt (vgl. Weiss 1974: 88ff.; Rossi u.a. 1988: 125ff.).

Bei diesem Design wird versucht, in systematischer Weise die Bedingungen einer Feldsituation zu kontrollieren und die für die Untersuchung relevanten Variablen zu manipulieren. Mit Feldexperimenten wird das Ziel verfolgt, die Logik des klassischen Experiments auf Untersuchungsanordnungen im sozialen Feld zu übertragen und dort umzusetzen. In realen sozialen Situationen ist dies aus einer Reihe von Gründen jedoch nie vollständig möglich (vgl. Kromrey 2002: 96ff.).

Obwohl experimentelle Designs (‚echte‘ Experimente und Feld-Experimente mit Randomisierung) bei der Wirkungsmessung anderen Untersuchungsdesigns überlegen zu sein scheinen und als die strengste Methode zur Bestimmung der Netto-Wirkung eines Programms bezeichnet werden (vgl. Campbell 1969: 409ff.), sind mit ihnen auch eine Reihe von *Problemen* verbunden:

- Aufgrund theoretischer und empirischer Restriktionen ist die Zahl einzubeziehender, erklärender Faktoren prinzipiell unvollständig.
- Da auch Feldexperimente auf die Interaktion zwischen Forscher und Untersuchungssubjekten angewiesen sind, lösen die Forscher und ihre Erhebungsinstrumente in der Untersuchungssituation Veränderungen aus, die auf die Interventionsmaßnahmen zurückgeführt werden, die von den Effekten getrennt werden müssen (vgl. Thompson 1990: 379ff.). Um hierfür eine sichere Gewähr zu bieten, reicht eine einfache Kontrollgruppe nicht aus, sondern bietet sich lediglich das aufwändige und im Feld kaum

realisierbare Solomon-Vier-Gruppen-Design an (vgl. Campbell u. Stanley 1963: 178).

- Da die Mitarbeit der Untersuchungseinheiten freiwillig erfolgt, ist die Gefahr der Selbstselektion der Teilnehmer aufgrund bestimmter Merkmale gegeben, die zur Verzerrung hinsichtlich der Repräsentativität der Teilnehmer führen kann.
- Projektinterventionen sind und wirken so komplex, dass eine Wiederherstellung der Versuchsbedingungen nur schwer möglich ist, und Verzerrungen in den Untersuchungsbedingungen bei Messwiederholungen leicht veränderte Ergebnisse erzeugen können (Vgl. Campbell 1969: 409ff.; Weiss 1974: 90ff.; Lange 1983: 264ff.; Bamberger 1989: 223ff.; Diekmann 1995: 303f.; Schnell, Hill, Esser 1999: 214ff.; Rossi u.a. 1999: 301; Kromrey 2002: 92ff.; Rossi, Lipsey u. Freeman 2004: 237ff.).

In der Evaluationspraxis scheinen experimentelle Designs die in sie gesetzten Erwartungen nicht erfüllt zu haben. Viele Untersuchungen, die im Rahmen des „Great Society Programs" in den 60er- und 70er-Jahren durchgeführt worden waren, konnten keine *signifikanten Programmeffekte unter Verwendung experimenteller Designs* ausmachen: „... one could never demonstrate statistically that a program made a difference" (Deutscher u. Ostrander 1985: 24). Dies hatte zur Folge: „that more often than not evaluation research could be employed as a rationale for eliminating a program" (ebenda, vgl. auch Shadish 1990: 160). Gerade auch in der erziehungswissenschaftlichen Forschung wurde beklagt, dass „viele quantitative experimentelle Evaluationen keine bedeutsamen Effekte fanden" (Wittmann 1985: 182). In dem Bemühen, statistisch signifikante Ergebnisse zu liefern und die interne Validität zu stärken, wurden die Designs immer aufwändiger und benötigten immer mehr Zeit und Geld, so dass sich allmählich die Auffassung durchsetzte: „This ,ideal' evaluation approach proved to be overly sophisticated, costly, and unpractical for the evaluation of most development projects." (Binnendijk 1989: 209).[117]

Neben den schon genannten Problemen mit Experimenten werden auch *prinzipielle Bedenken* gegen diese Methode ins Feld geführt:
- Einer der bedeutsamsten Einwände gegen das *experimentelle Design* ist, dass es *für die Analyse komplexer Phänomene nicht geeignet* ist (vgl.

---

117 So wie nicht vollkommen ausgeschlossen werden kann, dass alle untersuchten Programme tatsächlich keine signifikanten Effekte erzielen konnten, ist auch nicht auszuschließen, dass die fehlenden empirischen Wirkungsnachweise auf methodische Mängel zurückzuführen sind. Eine eindeutige Entscheidung kann hier nicht getroffen werden. Einige interpretieren die fehlenden Signifikanz-Nachweise als ein Scheitern der Programme (vgl. z.B. Rossi 1978; Rossi u. Lyall 1976; Rossi, Berk u. Lenihan 1980), andere sind der Auffassung: „... that the failures of programs reflect the failures of evaluation methods" (Chen u. Rossi 1980: 107, vgl. z.B. auch Weiss u. Rein 1969; Scriven 1972). U.a. wurde das Fehlen von Effekten auch auf die Verwendung relativ grober Verfahren, wie z.B. die gängige Methode, Mittelwertunterschiede zwischen Behandlungs- und Vergleichsgruppen zu schätzen, zurückgeführt (vgl. Shadish 1990: 163; Wittmann 1985: 194).

Mayntz 1985: 74). Nach Grupp (1979: 150) besteht der entscheidende Unterschied zwischen einfachen und komplexen Problemen darin, dass einfache Probleme nur auf einige Parameter begrenzt sind und der übrige Realitätsausschnitt ausgeblendet wird. Für diese Art von Fragen sei die experimentelle Methode zugeschnitten, denn eine goldene Faustregel des Experiments besagt, dass es unzweckmäßig ist, mehr als einen Parameter gleichzeitig zu variieren, um Verwirrung zu vermeiden. Dies bedeutet, dass die Anzahl der Parameter, die in einem Experiment untersucht werden können, klein sein muss. Aggregatphänomene, wie Organisationen, politische Entscheidungsprozesse und Programme stellen jedoch komplexe Phänomene dar, die viel weniger spezifiziert sind als einfache, viele Parameter involvieren, komplexe Wirkungen behandeln und die Kenntnis aller Wirkungen einer gegebenen Handlung, inklusive ihrer entfernten Nebenwirkungen, erfordern (vgl. Mayntz 1985: 74f.; Diekmann 1995: 303).

- Ein weiterer wichtiger Einwand ist, dass *das experimentelle Design wegen seines ahistorischen Charakters gar nicht für die Erfassung sozialen Wandels geeignet* sei. Doch gerade dieser ist in den meisten sozialen Programmen intendiert und soll gemessen werden: „in its steadfast commitment to an unchanging design and its insistence on limiting evidence to the results of the experiment itself, it is not appropriate for the evaluation of many social programs" (Deutscher u. Ostrander 1985: 24). Guba und Stufflebeam (1968) wenden gegen die experimentelle Methode ein, dass durch die Kontrolle zahlreicher Bedingungen eine künstliche Programmwelt geschaffen werde, die sich nicht mehr auf die wirkliche Welt übertragen lasse.

- Darüber hinaus ist die *dominante Orientierung an der internen Validität* zunehmend kritisiert worden. So weist Brandtstädter (1990b: 218) darauf hin, dass die interne Validität einer Untersuchung weniger von designstrukturellen Merkmalen abhängt, als davon, „wie stark die zur Erklärung der Befunde eingesetzte Theorie im Vergleich zu rivalisierenden Erklärungsargumenten ist". Das heißt, auch im Sinne der experimentellen Logik ‚schwache' Designs können durchaus eine hohe interne Validität besitzen, wenn die Beobachtungsbefunde nur auf eine Weise plausibel erklärt werden können, und umgekehrt erzielt ein ‚echtes' Experiment nur eine schwache interne Validität, wenn es für das Zustandekommen der Befunde gleichermaßen plausible konkurrierende Erklärungen gibt. Ähnliche Vorbehalte werden für den Aspekt der externen Validität bzw. Generalisierbarkeit eines Befundes geltend gemacht, „der ebenso wenig wie die interne Validität aufgrund designstruktureller Merkmale zu beurteilen ist" (ebenda). Darüber hinaus wird darauf verwiesen, dass Laborexperimente keineswegs eine Garantie für intern valide Ergebnisse bieten. Messeffekte, Versuchsleitereffekte und andere Einflüsse konnten in zahlreichen Untersuchungen trotz der gegebenen Kontrollmöglichkeiten auch in Laborexperimenten nachgewiesen werden. Ebenso sind Feldexperimente nicht

schon deshalb valide, weil sie ‚im Feld' durchgeführt werden, denn hier
wird ebenfalls in die ‚natürliche' Lebenswelt eingegriffen und diese
zumindest situativ verändert. Auch dadurch können Verzerrungen entstehen (vgl. Schnell, Hill, Esser 1999: 217).

- Einsatzbeschränkungen des Experiments ergeben sich zudem aus der *pro-
  fessionalen Ethik und dem geltenden Recht.* So können angemessene Kontrollgruppen z.B. dann nicht gebildet werden, wenn bestimmte Programme
  alle oder doch die meisten Mitglieder einer bestimmten Population
  erreichen oder wenn die Inanspruchnahme eines bestimmten Programms
  nicht freiwillig, sondern für alle verbindlich ist (vgl. Weiss 1974: 90).
  Darüber hinaus verbieten sich designbedingte Manipulationen an Menschen in den Fällen, in denen Programme begründete Bedürfnisse von
  Menschen abdecken, so dass es unmoralisch wäre, sie bewusst einer (Kon-
  troll-)Gruppe zuzuweisen (vgl. OECD 1986: 37; Bamberger 1989: 235;
  Diekmann 1995: 303f; Rossi u.a. 1999: 301; Rossi, Lipsey u. Freeman
  2004: 259f.).

Wenn das experimentelle Design aus methodischen, technischen oder
forschungsethischen Gründen nicht eingesetzt werden kann, wird häufig auf
Quasi-Experimente ausgewichen, die vereinfachend als „Experimente ohne
Randomisierung" (Diekmann 1995: 309) bezeichnet werden können. D.h.
Quasi-Experimente orientieren sich an der experimentellen Logik, ohne jedoch
alle Bedingungen des klassischen Experiments erfüllen zu können. Ein
wesentlicher Unterschied zum Experiment besteht darin, dass die Aufteilung
der Versuchs- und Kontrollgruppen nicht per Zufallsauswahl möglich ist,
sondern konstruierte und/oder statistische Kontrollen eingesetzt werden.

Für die Aufgaben der wirkungsbezogenen *Evaluationsforschung* ist die
quasi-experimentelle Untersuchungsanordnung mit Vergleichsgruppen *besonders geeignet* (vgl. Kromrey 2002: 100; Diekmann 1995: 320), auch wenn
aufgrund der fehlenden Randomisierung nicht ganz sicher ist, ob eventuelle
Drittvariableneffekte neutralisiert werden konnten. Doch dies ist nicht nur das
Hauptproblem quasi-experimenteller Designs, sondern natürlich aller nicht-
experimenteller Forschungspläne.

Kontrollgruppen können nur gebildet werden, wenn nicht alle Unter-
suchungspersonen von einem Programm oder einem Leistungsangebot erfasst
werden. Insbesondere bei Programmen mit einem gesetzlichen Anspruch, einer
langen Tradition oder Laufzeit, so dass alle Nutznießer solcher Maßnahmen
sind, kann es schwer bis unmöglich sein, Personen zu finden, die keinen Anteil
an diesen Maßnahmen haben. Ein Beispiel dafür wäre eine Evaluation, die
zwischen Kindern, die TV schauen und solchen, die es nicht tun, unterscheidet,
oder eine Untersuchung, bei der Kinder im Alter von 6 bis 14 Jahren, die die
Schule besuchen, von denen getrennt werden sollen, die keine Schule
besuchen, oder eine Studie über Sozialhilfeempfänger, die zwischen solchen,
die die Hilfe annehmen und solchen, die sie (trotz Anspruchsberechtigung)

ablehnen. Auch wenn sich genügend Personen finden sollten, die kein TV schauen, oder die nicht in die Schule gehen, obwohl sie schulpflichtig sind, oder auf ihre Sozialhilfeleistung verzichten, obwohl sie anspruchsberechtigt sind, ist davon auszugehen, dass eine derart konstruierte Kontrollgruppe kaum als ‚parallelisierte‘ Vergleichsgruppe dienen kann, da sie sich schon in ihren Merkmalen von der Versuchsgruppe unterscheiden wird.

Unter solchen Umständen können keine Kontrollgruppen gebildet werden. Oft wird jedoch aus anderen Gründen darauf verzichtet, insbesondere weil dies als zu aufwändig oder zu kostspielig betrachtet wird. So sträuben sich z.B. viele Geberorganisationen der Entwicklungszusammenarbeit gegen die Einrichtung von Kontrollgruppen: „It often seems preferable to use the money budgeted on the survey to extend the project's benefits rather than study non-recipients" (OECD 1986: 37). Diese Auffassung ist auch heute noch in vielen deutschen staatlichen und nicht-staatlichen Entwicklungsorganisationen gängig.

Querschnittsanalysen
Wenn selbst die Bedingungen für ein Quasi-Experiment nicht gegeben sind, dann kann versucht werden, die soziale Realität mit so genannten ‚*Ex-post-facto-Designs*‘ im Nachhinein zu erfassen, bei denen alle zu messenden Variablen zu einem Zeitpunkt erhoben werden (vgl. Schnell, Hill, Esser 1999: 218ff.).

Querschnittuntersuchungen sind diesem Typus zuzurechnen. Ihre Versuchsanordnung besteht aus Stichproben- oder Totalerhebungen zu einem einzigen Zeitpunkt. Typischerweise wird aus der Zielpopulation eine Stichprobe gezogen. Erfasst werden Personen, die an einem Programm teilgenommen, und solche, die nicht teilgenommen haben. Dann werden die Messwerte der Zielvariablen (bei denen die Wirkungen gemessen werden sollen) beider Gruppen (post hoc) miteinander verglichen. Sonstige Merkmalsausprägungen werden mit Hilfe statistischer Kontrollen konstant gehalten. Da Querschnittsuntersuchungen Messungen nur zu einem Zeitpunkt vornehmen, wird mit retrospektiven Fragen versucht, Informationen über frühere Zeitabschnitte zu erhalten.

Querschnittsanalysen nutzen auch den Umstand aus, dass Programme in verschiedenen Regionen teilweise leicht modifiziert implementiert werden. Diese Variationen in der Programmgestaltung werden dazu verwendet, Programmeffekte aufzuspüren. Indem die Stärke bzw. der Umfang der Programmintervention (‚program dosage‘) gemessen wird und dann mit den Programmeffekten bei verschiedenen Zielgrößen kontrastiert wird, können die Effekte dieser Variationen gemessen werden, wobei alle anderen wichtigen Dimensionen wiederum statistisch konstant gehalten werden (vgl. Rossi, Freeman und Lipsey 1999: 267).

Querschnittsdesigns haben den *Vorteil*, dass sie in der Regel schnell durchzuführen und relativ kostengünstig sind. *Problematisch* – wie bei allen Ex-post-facto-Anordnungen – ist das Problem der kausalen Reihenfolge, das sich aus der Tatsache der einmaligen, gleichzeitigen Erhebung aller Daten ergibt. Dadurch werden alternative Erklärungen möglich Beispiel: Es kann sein, dass das Anschauen von Filmen mit aggressivem Inhalt zu aggressivem Verhalten führt, es kann aber auch umgekehrt sein. Zudem ist die Kontrolle von Drittvariablen wesentlich schwieriger zu gewährleisten als in Experimenten. D.h. es können auch andere Variablen als die Unabhängige Variable für die beobachteten Veränderungen verantwortlich sein.[118]

Pretest-Posttest-Untersuchungen

Besonders beliebt bei Evaluationen ist das *Pretest-Posttest-Design*, bei dem die Indikatoren vor und nach der Einführung einer Intervention gemessen werden. Die Differenz der Messwerte soll Aufschluss über den Nettoeffekt eines Programms geben. Dabei wird davon ausgegangen, dass die Messwerte bei Pretest und Posttest gleich ausgefallen wären, wenn es keine Intervention gegeben hätte. D.h. die gemessenen Differenzen stellen gleichzeitig Brutto- und Nettoeffekt dar. Obwohl das Design auf den ersten Blick recht überzeugend wirkt, zeigt sich bei genauerer Betrachtung, dass Vorher-Nachher-Untersuchungen zu den für Wirkungsmessungen *am wenigsten geeigneten* Designs zählen. Da es nämlich keine Kontrollgruppe gibt, sondern die Versuchsgruppe ihre eigene Kontrollgruppe darstellt, ist die Trennung der Programmwirkungen von den Wirkungen, die von den Störvariablen ausgehen, kaum möglich. Dementsprechend können die Nettowirkungen nicht annähernd sauber geschätzt werden. Eine zusätzliche Komplikation entsteht dann, wenn anstelle der Vorher-Messung einige Zeit nach dem Beginn der Programmförderung Teilnehmer der Zielgruppe retrospektiv nach der Situation vor der Intervention befragt werden. Es liegt auf der Hand, dass es aufgrund von Erinnerungslücken, Harmonisierungstendenzen etc. zu erheblichen Verzerrungen kommen kann.

Panelanalysen

Die Aussagekraft von Ex-post-facto-Designs – wie Querschnittsanalysen – wird durch die einmalige, gleichzeitige Messung aller relevanten Variablen gravierend eingeschränkt. Das mit diesem Design verbundene Problem der

---

118 Es wird unterschieden zwischen einer ‚antezedierenden Variablen‘ die der unabhängigen Variable zeitlich vorausgeht: Das wäre z.B. dann der Fall, wenn der Erziehungsstil jeweils mit Filmkonsum und Aggressivität stark korreliert, aber die ursprünglich starke Beziehung zwischen Filmkonsum und Aggressivität bei gleichzeitiger Berücksichtigung von Erziehungsstil verschwindet. Und der ‚intervenierenden Variablen‘, die als Drittvariable zeitlich zwischen unabhängiger und abhängiger Variable auftritt: Im Beispiel Filmkonsum und Aggressivität könnte Konflikthäufigkeit mit Partner und Freunden eine solche intervenierende Variable sein. Schließlich gibt es auch noch die Möglichkeit einer ‚verdeckten Beziehung‘, einer scheinbar nicht vorhandenen Korrelation. Dies wäre z.B. dann der Fall, wenn sich zwischen Filmkonsum und Aggressivität zunächst keine Korrelation zeigt, eine solche jedoch offensichtlich wird, wenn die Drittvariable Selbstvertrauen berücksichtigt wird, die diesen ‚verdeckt‘ hat (vgl. Schnell, Hill, Esser 1999: 223f.).

kausalen Reihenfolge der Variablen kann jedoch durch die wiederholte Anwendung des Designs abgeschwächt werden. Solche Untersuchungen werden – im Unterschied zu Querschnittsanalysen, bei denen es nur eine Messung gibt – ‚Längsschnittuntersuchungen' genannt. Werden *dieselben Variablen, mit derselben Operationalisierung an denselben Personen zu verschiedenen Zeitpunkten* erhoben, wird diese Untersuchungsanordnung als *‚Panel'* bezeichnet. Insoweit stellen Panel-Untersuchungen eine Ausdehnung des Pretest-Posttest-Designs dar. Werden zwei oder mehr Datenerhebungen (auch ‚Erhebungswellen' genannt) zu unterschiedlichen Zeitpunkten (t_1, t_2...t_n) durchgeführt, so kann über den Vergleich der Messwerte aus der ersten, zweiten und den weiteren Messungen festgestellt werden, ob und wie die Variablen sich verändert haben und welche statistischen Zusammenhänge zwischen den Variablen (gemessen zu t_1) und den vermuteten abhängigen Variablen (gemessen zu t_2) bestehen. Der *Vorteil* von Paneluntersuchungen besteht demnach vor allem darin, dass die unabhängigen und abhängigen Variablen zeitversetzt aufeinander bezogen werden können. Für die Analyse der Zusammenhänge werden multivariate Analysetechniken eingesetzt (vgl. Schnell, Hill, Esser 1999: 226ff.).

Für Wirkungsanalysen sind Paneldesigns weitaus besser geeignet als z.B. Querschnitts- oder Vorher-Nachher-Untersuchungen, da die zusätzlichen Messzeitpunkte eine wesentlich bessere Schätzung der Wirkungsweise einer Intervention gestatten.

Zeitreihenanalysen
Für eine Vielfalt sozialer Phänomene gibt es extensive *Zeitreihen* (z.B. Geburtenrate, Scheidungshäufigkeit, Wirtschaftswachstum etc.). Auch viele Institutionen und Verwaltungen sammeln Daten über Ereignisse oder Zustände (z.B. über die Zahl der Studienbewerber, Abbrecher, Absolventen, die Zahl der zugelassenen Autos, die Kirchenaustritte etc.). Aus solchen regelmäßig (z.B. monatlich, vierteljährlich, jährlich) von der amtlichen Statistik, sozialwissenschaftlichen Surveys, öffentlichen und nicht-öffentlichen Einrichtungen erhobenen Daten können Zeitreihen gebildet werden, die sich für ‚Kontrollzwecke' nutzen lassen. Die Daten bieten nämlich eine relativ sichere Grundlage für Schätzungen, wie die Entwicklung der Zielvariablen ohne Interventionsmaßnahme verlaufen wäre. Dabei wird im Einzelnen so vorgegangen, dass in der Regel an aggregierten Untersuchungseinheiten eine Reihe von Messungen durchgeführt wird, bevor eine Intervention oder bedeutende Programmmodifikation vorgenommen wurde. Aus diesen Daten wird ein ‚Trend' berechnet, der eine Vorhersage ermöglicht, was geschehen wäre, wenn es keine Intervention gegeben hätte. Mit diesem ‚Trend' werden die Messwerte verglichen, die nach Einführung der Intervention erhoben wurden. Aus der Differenz zwischen dem langfristig errechneten ‚Trend' und den Werten nach der Intervention wird auf den Nettoeffekt der Intervention geschlossen. Mit

Hilfe inferenzstatistischer Testverfahren lassen sich die auftretenden Zufalls-schwankungen kontrollieren.

Das größte *Problem* bei Zeitreihenanalysen besteht darin, dass viele Mess-zeitpunkte (30 werden empfohlen) vor Inkrafttreten der Interventions-maßnahme benötigt werden, um einen Trend (eine Projektion) zu errechnen. Deshalb beschränken sich Zeitreihenanalysen gewöhnlich auf die Unter-suchung von amtlich statistischen Daten oder solchen, die über regelmäßig durchgeführte Surveys zur Verfügung gestellt werden. Wenn keine Kontroll-gruppen gebildet werden können, favorisieren Rossi, Freeman und Lipsey (1999: 268) dieses Modell: „Time-series designs are the strongest way of examining full-coverage programs, provided that the requirements for their use are met".

Gutachtenmodell

Das *kostengünstigste*, aber mit Abstand auch *unzuverlässigste und unge-naueste Design* zur Bestimmung von Programmwirkungen ist das *Gutachten-modell* (Judgmental Approach). Hierfür werden die Bewertungen (judgments) von Experten, Programm-Administratoren und Teilnehmern zur Schätzung der Netto-Wirkungen herangezogen. Im Gutachtenmodell werden Experten damit beauftragt, die Wirkungen eines Programms zu überprüfen. Dies geschieht dann in der Regel durch einen Besuch der programmdurchführenden Organi-sationen, deren Mitarbeiter befragt werden. Diese Form der Wirkungs-‚messung' wird von Rossi, Freeman und Lipsey (1999: 269) „the shakiest of all impact assessment techniques" genannt.

Manchmal werden solche Gutachten auch von den Programmmanagern selbst erstellt. Dabei wird es niemanden erstaunen, dass die Programmeffekte meist positiver dargestellt werden, als es der empirischen Evidenz entspricht, denn die Administratoren eines Programms haben ein offensichtliches Interesse daran, ihre Arbeit in einem möglichst günstigen Licht erscheinen zu lassen.

In solchen Gutachten wird zuweilen auch das Urteil der Teilnehmer zur Bewertung der Wirksamkeit von Programmen herangezogen. Die *Adressaten* (Nutzer oder Betroffene) eines Programms zu befragen, klingt besonders plau-sibel, denn wer sollte besser über die Wirkungen eines Programms Bescheid wissen, als diejenigen, die den Gegenstand der Untersuchung aus eigener Erfahrung kennen. Die Nutzer einer Dienstleistung oder die Betroffenen einer Maßnahme könnten deshalb für die ‚eigentlichen' Experten gehalten werden. Doch Rossi, Freeman und Lipsey (1999: 269) geben zu bedenken: „However, it is usually difficult, if not impossible, for participants to make judgments about net impact because they ordinarily lack appropriate knowledge for making such judgments".

Kromrey (2002: 103) geht mit seiner Kritik an diesem Verfahren noch darüber hinaus, indem er darauf hinweist, dass die erhobenen Einschätzungen „weder den Status von Bewertungen im Sinne ‚technologischer' Evaluationen noch von Bewertungen neutraler Experten haben". Stattdessen handelt es sich „um individuell parteiische Werturteile von Personen, die in einer besonderen Beziehung – eben als Nutzer, als Betroffene – zum Untersuchungsgegenstand stehen". Deshalb schlägt Kromrey vor, in diesem Fall nicht von Evaluation, sondern von „Akzeptanzerhebung" zu sprechen. Noch besser scheint hierfür der Begriff der ‚Teilnehmerzufriedenheit' geeignet zu sein. Dies ist zwar ein für die Bewertung der Qualität von Programmen wichtiges Merkmal, wie in Kapitel 3.7 dargestellt, jedoch keineswegs ein Ersatz für Wirkungsuntersuchungen!

Deshalb eignen sich z.B. Teilnehmerbefragungen von Studierenden auch nicht dazu die Wirkungen verschiedener ‚Lehrstile' zu evaluieren. Noch weniger tragen sie dazu bei, so komplexe Wirkungsketten, wie sie von Entwicklungsprojekten ausgelöst werden, zu beurteilen. Dennoch erfreuen sich diese als Evaluation ausgegebenen Verfahren in so unterschiedlichen Kontexten wie Universitäten und Entwicklungsländern, aber auch anderen Politikfeldern besonderer Beliebtheit. Vielleicht nicht zuletzt deshalb, weil es sich häufig um ‚Alibiveranstaltungen' handelt: Evaluationen sollen zwar durchgeführt werden, dürfen aber nur möglichst wenig kosten. Die Methode der Befragung von Teilnehmern, also der vermeintlich ‚wahren' Experten, klingt verführerisch, denn sie ist leicht durchzuführen, kostengünstig und führt immer zu Ergebnissen.

Es ist jedoch zu bedenken, dass falsch angewandte oder für die falschen Zwecke verwendete Methoden zu gravierenden *Fehleinschätzungen* führen und somit *fatale Folgen* für die darauf basierenden *Managemententscheidungen* haben können, insbesondere wenn aus solchen Evaluationen Konsequenzen für die Vergabe und Verteilung von Finanzmitteln oder gar die Fortführung oder das Einstellen von Programmen gezogen werden.

Deshalb sollten allein auf Teilnehmer- oder Zielgruppenbefragungen basierende ‚Evaluationen' besonders skeptisch beurteilt werden. Dies gilt insbesondere dann, wenn auf deren Basis Evaluationsdesigns für die Wirkungsanalyse entwickelt und unter dem Deckmantel ‚partizipativer Ansätze' auch noch anderen, traditionellen (wissenschaftlich fundierten) Ansätzen als überlegen bezeichnet werden. So z.B. der Ansatz zur „sozialen Wirkungsanalyse" von Neubert (1998: 93), deren Evaluationsdesign „im Kern auf konstruierten ‚Vorher-Nachher-Vergleichen' der Lebensrealität in der Projektregion" beruht, um nicht nur Veränderungen, sondern auch deren Ursachen identifizieren zu können. Als primäre Erhebungsquelle dient „die systematisierte Erinnerungsleistung der Zielgruppe", die „innerhalb von Gruppendiskussionen nach PRA-Methodik[119] mit Repräsentanten der Zielgruppe" zu Tage gefördert werden (Neubert 1998: 51).

Abschließend bleibt festzuhalten, dass der Wahl eines Untersuchungsdesigns, das der Evaluationsfrage- bzw. Aufgabenstellung angemessenen ist,

---

119 PRA = Participatory Rural Appraisal. Vgl. hierzu die kritischen Anmerkungen von Caspari 2004: 101ff.

eine besondere Bedeutung zukommt. Über Monitoring und Evaluation gewonnene Daten sollen einen Nutzen stiften, z.B. sollen sie dem Programmmanagement die Informationen liefern, die es benötigt, um rationale Entscheidungen zu treffen. Deshalb ist sicherzustellen, dass mit einer Evaluation reliable und valide Daten erhoben werden. Dabei müssen die *methodischen Schwächen*, die mit den einzelnen Designs verbunden sind und der *Grad der Sicherheit* (Wahrscheinlichkeit), mit dem bestimmte Aussagen formuliert werden, transparent gemacht werden. Es gibt Situationen, in denen nur eine Expertenbegutachtung oder eine Wirkungseinschätzung durch den Programmadministrator möglich ist, doch dann müssen die damit verbundenen Restriktionen offen gelegt werden. Andernfalls besteht die *Gefahr*, dass methodisch anspruchsvolle Designs erst gar nicht mehr zum Einsatz kommen – da es doch, wie die simplen Modelle suggerieren – auch viel einfacher und kostengünstiger geht.

Zum anderen besteht das *Risiko*, dass Managemententscheidungen auf einer vermeintlich sicheren Datenbasis getroffen werden, die zu verheerenden Fehlentwicklungen führen können. Deshalb ist Rossi, Freeman und Lipsey (1999: 269) besser nicht vorschnell zuzustimmen, wenn sie meinen „some assessment is usually better than none". Manchmal scheint keine Evaluation besser zu sein als eine schlechte!

Die Deutsche Gesellschaft für Evaluation (DeGEval)[120] hat eine Reihe von Standards entwickelt, um die Qualität von Evaluationen sicherzustellen (vgl. http://www.degeval.de; standards@degeval.de). Neben Nützlichkeits-, Durchführbarkeits- und Fairnessstandards (vgl. die folgenden Kapitel 4.5 und 4.6) werden neun *Genauigkeitsstandards* aufgeführt, um die *Wissenschaftlichkeit* einer Evaluation zu gewährleisten. Sie sollen dazu beitragen, „dass eine Evaluation gültige Informationen und Ergebnisse zu dem jeweiligen Evaluationsgegenstand und den Evaluationsfragestellungen hervor bringt und vermittelt" (ebenda). Hierfür wird eine wissenschaftlich genaue Vorgehensweise empfohlen, die mit der Beschreibung des Evaluationsgegenstandes und seines Kontextes beginnt (vgl. Themenblock (1) des Evaluationsleitfadens „Programm und Umwelt" in Kapitel 4.2). Um valide und reliable Informationen zu gewinnen, gelten die Gütekriterien der quantitativen und qualitativen Sozialforschung, deren Methoden angewendet werden sollen. Insoweit orientieren sich die *Genauigkeitsstandards* an den in der empirischen Sozialforschung gängigen professionellen Regeln. Bei der Entwicklung der Evaluationskonzeption (Kapitel 3) und des daraus abgeleiteten Evaluationsleitfadens (Kapitel 4.2) sowie in den in Kapitel 4.3 explizierten Bearbeitungs- und

---

120 Die Deutsche Gesellschaft für Evaluation (e.V.) wurde 1997 gegründet und verfolgt u.a. das Ziel, das Verständnis und die Nutzbarmachung von Evaluation und ihres Beitrags zur öffentlichen Meinungsbildung in Deutschland zu fördern. Hierzu sollen professionelle Evaluationsstandards entwickelt und verbreitet werden, der Austausch zwischen Evaluatoren verbessert sowie die Aus- und Weiterbildung im Bereich der Evaluation, die Forschung über Evaluation und der internationale Austausch mit anderen Evaluationsgesellschaften unterstützt werden (vgl. http://www.degeval.de).

Bewertungsverfahren wurden die DeGEval-Standards berücksichtigt. Im einzelnen lauten die Standards:

G1 – Beschreibung des Evaluationsgegenstandes
Der Evaluationsgegenstand soll klar und genau beschrieben und dokumentiert werden, so dass er eindeutig identifiziert werden kann.

G2 – Kontextanalyse
Der Kontext des Evaluationsgegenstandes soll ausreichend detailliert untersucht und analysiert werden.

G3 – Beschreibung von Zwecken und Vorgehen
Gegenstand, Zwecke, Fragestellungen und Vorgehen der Evaluation, einschließlich der angewandten Methoden, sollen genau dokumentiert und beschrieben werden, so dass sie identifiziert und eingeschätzt werden können.

G4 – Angabe von Informationsquellen
Die im Rahmen einer Evaluation genutzten Informationsquellen sollen hinreichend genau dokumentiert werden, damit die Verlässlichkeit und Angemessenheit der Informationen eingeschätzt werden kann.

G5 – Valide und reliabe Informationen
Die Verfahren zur Gewinnung von Daten sollen so gewählt oder entwickelt und dann eingesetzt werden, dass die Zuverlässigkeit der gewonnenen Daten und ihre Gültigkeit, bezogen auf die Beantwortung der Evaluationsfragestellungen nach fachlichen Maßstäben, sichergestellt sind. Die fachlichen Maßstäbe sollen sich an den Gütekriterien quantitativer und qualitativer Sozialforschung orientieren.

G6 – Systematische Fehlerprüfung
Die in einer Evaluation gesammelten, aufbereiteten, analysierten und präsentierten Informationen sollen systematisch auf Fehler geprüft werden.

G7 – Analyse qualitativer und quantitativer Informationen
Qualitative und quantitative Informationen einer Evaluation sollen nach fachlichen Maßstäben angemessen und systematisch analysiert werden, damit die Fragestellungen der Evaluation effektiv beantwortet werden können.

G8 – Begründete Schlussfolgerungen
Die in einer Evaluation gezogenen Folgerungen sollen ausdrücklich begründet werden, damit die Adressatinnen und Adressaten diese einschätzen können.

G9 – Meta-Evaluation
Um Meta-Evaluationen zu ermöglichen, sollen Evaluationen in geeigneter Form dokumentiert und archiviert werden.

Vorgehen:

✓ Der Wahl eines Untersuchungsdesigns, das die möglichst eindeutige Bestimmung der Nettowirkungen eines Programms oder einer Dienstleistung gewährleistet, kommt größte Bedeutung zu: Unterschätzt eine Evaluation den Umfang und das Ausmaß der Wirkungen, die von einem Programm ausgehen, dann läuft es Gefahr, gekürzt oder gar eingestellt zu werden. Überschätzt eine Evaluation die Programmeffekte, werden möglicherweise hohe Finanzsummen für ein gar nicht oder kaum wirksames Programm ausgegeben. Der Evaluation obliegt deshalb eine große Verantwortung.

✓ Bei der Wahl des Untersuchungsdesigns sind wissenschaftliche und auftraggeberbezogene Ansprüche auszutarieren. Einerseits sollen Evaluationen möglichst valide und reliable Ergebnisse liefern, andererseits sollen diese zumeist möglichst kostengünstig und vor allem schnell vorliegen, damit sie in Entscheidungsprozessen auch verwendet werden.

✓ Wie gezeigt, gibt es eine Reihe von Untersuchungsdesigns, die in unterschiedlichem Umfang in der Lage sind, Störvariablen, also Variablen, die ebenfalls für die gemessenen Effekte verantwortlich sein können, zu eliminieren oder zu kontrollieren, so dass die Nettoeffekte, also die Wirkungen, die ausschließlich auf die Interventionen eines Programms zurückgeführt werden können, mit großer Sicherheit belegt sind.

✓ Experimentelle Designs bieten für diese Aufgabe die scheinbar besten Voraussetzungen, weil (1.) der Stimulus (die Intervention) im Experiment bewusst herbeigeführt und variiert werden kann, (2.) der Stimulus den vermuteten Wirkungen zeitlich vorausgeht und (3.) durch Randomisierung die verzerrenden Effekte von Drittvariablen neutralisiert werden können.

✓ Experimente sind aus einer Vielzahl von Gründen in Evaluationsstudien nur selten einsetzbar. Deshalb werden in der Regel nicht-experimentelle Designs verwendet, deren größte methodische Schwäche darin besteht, dass Interventionseffekte mit Effekten, die durch andere Variablen ausgelöst wurden, konfundiert werden. Durch die mangelhafte Trennung der Programmwirkungen (Outcomes) von den Einflüssen externer Störvariablen wird die kausalanalytische Stringenz verletzt. Allerdings gibt es eine Reihe nicht-experimenteller Verfahren, die möglicherweise nicht den Grad interner Validität experimenteller Designs erreichen, aber dafür eine höhere externe Validität aufweisen. Um die Interventionseffekte möglichst sicher bestimmen zu können, wurden z.T. ausgeklügelte, nicht-experimentelle Designs entwickelt. Dabei gilt: „As in other matters, the better approaches to impact assessment generally require more skills and more time to complete, and they cost more" (Rossi, Freeman und Lipsey 1999: 237).

✓ Der Grad an Sicherheit, mit dem Ursache-Wirkungs-Aussagen formuliert werden können, steigt in der Regel mit dem methodischen Aufwand, der betrieben wird. Dabei ist im Hinblick auf die Güte der Ergebnisse und damit auch ihre Verwendbarkeit für Entscheidungsprozesse ein bestimmtes Minimum nicht zu unterschreiten. So sollte z.B. auf die Bildung von Kontrollgruppen nur dann verzichtet werden, wenn dies aufgrund des Programms (z.B. bei allumfassenden („full-coverage") Programmen) oder rechtlichen, ethischen oder anderen zwingenden Gründen nicht anders möglich ist.

✓ Der Einsatz von konstruierten oder zumindest statistischen Kontrollen ist eine zentrale Bedingung, um wenigstens mit einiger Sicherheit die Interventionswirkungen beurteilen zu können. Neben Experimenten bieten Quasiexperimente hierfür deutlich bessere Chancen als andere Designs. Panel- und Zeitreihendesigns verfügen zwar nicht über Kontrollgruppen, weisen jedoch eine Reihe von Messzeitpunkten auf, so dass Veränderungen über die Zeit hinweg erfasst werden können.

✓ Weniger geeignet für Wirkungsanalysen sind einfache Pretest-Posttest-Designs oder Gutachtenansätze, bei denen die Wirkungen und ihre Ursachen von neutralen Experten beurteilt werden. Am wenigsten Vertrauen haben die Designs verdient, die lediglich auf der Einschätzung von Programmadministratoren oder Teilnehmerbeurteilungen basieren.

4.4.2 Erhebungsmethoden

So wie sämtliche in der empirischen Sozialforschung bekannten Untersuchungsdesigns für Evaluationsstudien angewendet werden können, lassen sich auch *alle Erhebungsmethoden* einsetzen. In diesem Kapitel kann es ebenfalls nur darum gehen, einen *Überblick* über die am meisten verwendeten Verfahren zu geben, die sich zur Gewinnung von Daten für die im Evaluationsleitfaden thematisch zusammengestellten Fragen eignen.

Dokumenten- und Aktenanalyse

Wenn in Organisationen bestimmte Dienstleistungen oder Programme geplant und angeboten bzw. durchgeführt werden, entsteht eine Vielzahl von *Dokumenten* (z.B. Planungsstudien, Konzeptpapiere, Durchführungspläne, Fortschrittsberichte etc.) und *Statistiken* (z.B. über Teilnehmer, verteilte Broschüren, durchgeführte Beratungen etc.). Wurde ein Monitoring- und Evaluationssystem etabliert, wird kontinuierlich eine Vielfalt von quantitativen und qualitativen *Daten* produziert. Diese Daten lassen sich zur Analyse der Programmentwicklung im Zeitverlauf verwenden. Dabei werden in der Regel keine inhaltsanalytischen Verfahren im strengen Sinne angewendet, bei denen u.a. Texte einer quantifizierenden Analyse unterzogen werden, sondern es wird gezielt nach Informationen gesucht, die die Ausgangslage und die Entwicklung eines Programms beschreiben. Als Analyseleitfaden lässt sich der zuvor entwickelte *Evaluationsleitfaden* verwenden, der die Suche nach Informationen *strukturiert*.

Die Texte und anderen Dokumente werden dazu genutzt, Aussagen über die Realität zu gewinnen. Die Texte oder Dokumente sind nicht selbst Gegenstand des Auswertungsinteresses (wie dies etwa bei literaturwissenschaftlichen Untersuchungen der Fall sein kann), sondern sie dienen lediglich als Informationsträger. Die dokumentierten Aussagen sind *Indikatoren für vorgefundene Sachverhalte*, die Kromrey (2002: 311) folgendermaßen unterscheidet:

- beschriebene/dargestellte Ereignisse oder Situationen,
- Aussageabsichten/Einstellungen der Autoren von Dokumenten,
- Merkmale der beabsichtigten Rezipienten/Zielgruppen von Dokumenten,
- politische/soziale Kontexte von dokumentierten Ereignissen/Situationen.

Die interessierenden Sachverhalte können manifest in den Texten dokumentiert sein (als ‚Aussagen über...‘) oder sie sind indirekt aus den Texten zu erschließen (latente Inhalte, ‚zwischen den Zeilen‘ zu lesende Mitteilungen oder Informationen).

Die *methodischen Probleme*, die bei der Analyse von Texten und prozessproduzierten Daten anfallen, sind vielfältig beschrieben und brauchen hier nicht wiederholt zu werden.[121] Es liegt auf der Hand, dass in einer Organisation gesammelte Berichte keine objektive Abbildung der Realität darstellen, sondern dass deren Abfassung vielfältigen Zwecken gedient haben kann: So können Berichte den Interessen der Verfasser nutzen, indem bestimmte Sachverhalte (oder Personen) in ein besonders günstiges Licht gerückt werden, oder sie können dazu verwendet werden, Steuerungsentscheidungen in eine bestimmte Richtung zu beeinflussen, oder scheinbar fachliche und sachliche Begründungen wurden nur dazu benutzt, bereits getroffene Entscheidungen nachträglich zu legitimieren.

Zudem wird in schriftlichen Dokumenten der Aspekt formeller Regelungen überbetont, die jedoch „nur bedingt mit der Realität der von ihnen regulierten Handlungen korrespondieren" (Hucke u. Wollmann 1980: 226). Als gravierend ist auch das Problem einzustufen, dass die Standpunkte verschiedener Gruppen von Akteuren in schriftlichen Dokumenten nur sehr unterschiedlich festgehalten sind. In den Programmunterlagen dominiert in der Regel die Problemsicht der Förderinstitution. Die aus dem Aktenmaterial gewonnenen Erkenntnisse sind deshalb mit Vorsicht zu interpretieren und zu bewerten.

Befragung
In der empirischen Sozialforschung ist die Befragung, die René König (1972) einmal als „Königsweg" der Sozialforschung bezeichnete, noch immer die am häufigsten verwendete Methode der Datenerhebung. Zugleich ist sie auch das Verfahren, das am weitesten entwickelt ist. Nach der Art der Kommunikation wird prinzipiell unterschieden zwischen *mündlichen Befragungen* (Interviews), die *persönlich* (face-to-face) oder *telefonisch* durchgeführt werden können, und *schriftlichen Befragungen*.

Fragen zu stellen, um Informationen zu erhalten, erscheint auf den ersten Blick besonders leicht. Doch *Sprache* als Instrument der Informationsvermittlung ist *nicht unproblematisch*. In verschiedenen sozialen Subkulturen werden ‚unterschiedliche‘ Sprachen gesprochen. So existiert häufig für ein und

---

121 Vgl. Friedrichs 1973: 314ff.; Weiss 1974: 80ff.; Webb, Campbell u.a. 1975; Hucke u. Wollmann 1980: 225ff.; Caulley 1983: 19ff.;. Luckey u.a. 1984: 300ff.; Kromrey 1986: 168ff.; Diekmann 1995: 481ff.; Schnell, Hill, Esser 1999: 374ff.; Kromrey 2002: 390ff.

dieselbe Interviewfrage ein unterschiedliches Verständnis, eine unterschiedliche Deutung zwischen Interviewer und Befragtem sowie innerhalb verschiedener Gruppen von Befragten. Werden Befragungen in anderen Ländern durchgeführt, z.B. um international vergleichbare Daten zu erhalten, potenzieren sich diese Probleme.

Hinzu kommt – und dabei handelt es sich um eine gravierende Einschränkung – dass die Antworten auf die gestellten Fragen nicht immer schon die Ausprägungen der interessierenden Merkmale sind, sondern nur Indikatoren für ihr Vorliegen. So stellen z.B. Antworten auf Einstellungsfragen Indikatoren für die eigentlich interessierenden, aber nicht direkt feststellbaren Einstellungen dar. Doch selbst wenn sie direkt feststellbar wären, kann die Verlässlichkeit dieser Information durchaus fraglich sein. Nicht etwa unbedingt, weil der Befragte bewusst seine Einstellung verheimlicht oder falsche Angaben macht – was natürlich auch vorkommen kann – sondern, weil nicht die eigentlichen Merkmale erhoben werden (z.B. Einstellungen, Einkommen, Bildung etc.) also einzig Kenntnisse oder Vermutungen der Befragten über den jeweiligen Sachverhalt zum Zeitpunkt der Befragung. Diese Kenntnisse können jedoch fehlerhaft und die Vermutungen ungenau sein. Dabei ist damit zu rechnen, dass diese immer unpräziser werden,

- je komplizierter der erfragte Sachverhalt für den Befragten ist,
- je geringer seine persönliche Erfahrungen mit dem Sachverhalt sind und
- je weiter das erfragte Ereignis zurückliegt (vgl. Kromrey 2002: 348ff.).

Ein *Interview ist kein Gespräch*, sondern eine sehr spezielle Kommunikationsform mit einer sehr ‚künstlichen‘ Atmosphäre. Hierzu zählen,

- dass die interagierenden Personen in der Regel Fremde sind, die sich vorher noch nicht gesehen haben,
- dass es sich um eine sehr asymmetrische soziale Beziehung handelt, bei der eine Person fragt, die andere antwortet,
- dass sich die Situation von natürlichen Interaktionen dadurch unterscheidet, dass sie sozial folgenlos bleibt. In der Regel weist der Interviewer auf diesen Tatbestand sogar ausdrücklich hin, indem er dem Befragten die Wahrung der Anonymität zusichert.

Aufgrund dieser *Restriktionen* ist nicht zu erwarten, dass die Befragung ein ‚neutrales‘ Erhebungsverfahren darstellt. Im Gegenteil, die Interviewsituation, das Interviewverhalten und die Art und Weise, wie das Messinstrument, also der Fragebogen selbst, konstruiert ist, beeinflussen die Antwortreaktionen.

Befragungen können zum einen nach dem Grad der *Strukturierung* oder Standardisierung unterschieden werden. Die Variation reicht von ‚vollständig strukturiert‘ bis ‚unstrukturiert, offen‘. Zum anderen danach, ob die Befragung *mündlich oder schriftlich* erfolgt.

Bei einem *vollständig strukturierten* Interview werden
- alle Fragen
- mit vorgegebenen Antwortkategorien
- in einer vorher festgelegten Reihenfolge gestellt.

Offene Interviews machen nur minimale Vorgaben, die im Extremfall lediglich aus der Benennung des Befragungsthemas bestehen kann. Alles andere wird dann dem Gesprächsverlauf überlassen. Häufig werden Mischformen verwendet, bei denen standardisierte und offene Fragen (ohne Antwortvorgaben) miteinander kombiniert werden. Solche *teilstandardisierten* Interviews kommen in der Regel mit einem Fragebogengerüst aus. Die Interviewer haben die Möglichkeit, die Befragungssituation selbst mitzustrukturieren. Diese Form der Befragung, die anhand eines Leitfadens erfolgt, erlaubt es, zu bestimmten Themen genauer nachzufragen, Sachverhalte intensiver und mehr in die Tiefe gehend zu erfassen (deshalb auch Leitfaden-, Intensiv- oder Tiefeninterview genannt).

Stark strukturierte Interviews werden auch als ‚quantitative' Befragungen bezeichnet, während weniger strukturierte Interviewtechniken (z.B. Leitfadeninterview, Intensivinterview, narratives Interview) zu den qualitativen Methoden der Befragung gezählt werden.

Einen systematischen Überblick über die verschiedenen Frageformen findet sich bei Kromrey (2002: 377), hier in Abbildung 4.9 dargestellt.

Abbildung 4.9: Formen der Befragung

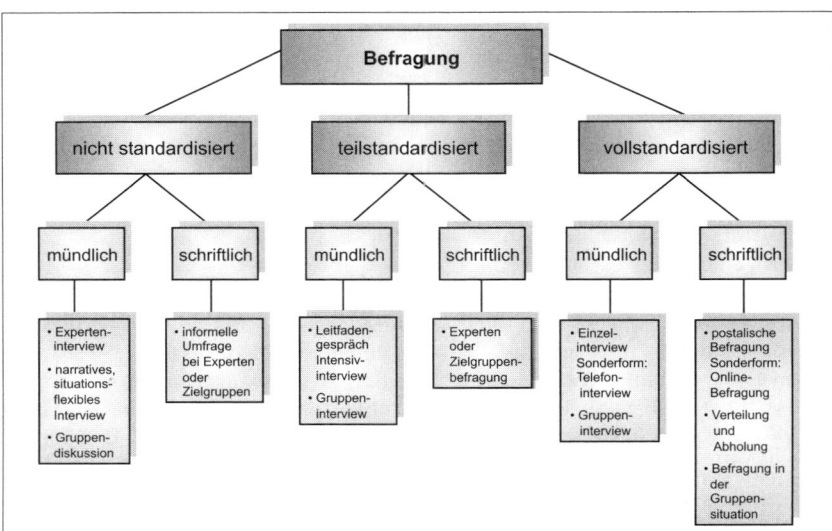

Quelle: In Anlehnung an Kromrey (2002: 377)

In den letzen Jahren hat das persönliche (Face-to-face-)Interview verstärkt Konkurrenz durch das telefonische Interview bekommen. Mit zunehmender Internetdichte gewinnt auch die Onlinebefragung an Bedeutung.

In Hinblick auf die *Gütekriterien*: Objektivität, Reliabilität und Validität ist davon auszugehen, dass hochstrukturierte Instrumente die Kriterien der Objektivität und Reliabilität eher erfüllen als offene, da sie weniger von der Erhebungsperson abhängig sind.

Allerdings fordert die Standardisierung auch ihren Preis. Bei geschlossenen Fragen können natürlich keine Informationen jenseits des Spektrums der vorgelegten Antwortkategorien gewonnen werden. Die Anwendung standardisierter Interviews ist nur dann zweckmäßig, wenn ein erhebliches Vorwissen über die zu erforschende soziale Situation existiert (vgl. Diekmann 1995: 374).

Generell sind bei Interviews folgende *Fehlerquellen* auszumachen, die sich in drei Kategorien aufteilen lassen:

- Befragtenmerkmale

  Verzerrungseffekte in Interviews können auftreten als Folge *sozialer Erwünschtheit*. Dies ist dann der Fall, wenn der Befragte in einem Gefühl nach sozialer Anerkennung seine Antworten so formuliert, dass sie dem gesellschaftlich vermuteten ‚Mainstream‘ entsprechen. Wenn z.B. jemand zwar für die Todesstrafe ist, diese Antwort aber nicht für ‚politisch korrekt‘ hält und deshalb entgegen seiner Überzeugung in einem Interview gegen die Todesstrafe plädiert, wäre dies eine (möglicherweise vermeintlich) sozial erwünschte Antwort.

  Als ‚*Response-Set*‘ werden systematische Antwortmuster von befragten Personen bezeichnet, die unabhängig vom Inhalt der Fragen zustande kommen. Dies wäre z.B. bei einer sogenannten Zustimmungstendenz (Akquieszenz), oder einer durchweg positiv oder negativ gefärbten Antworttendenz der Fall. Zu dieser Kategorie zählt auch die Vorliebe mancher Befragter für Mittelkategorien (bei ungeraden Skalen).

  Von dem Phänomen der ‚*Meinungslosigkeit*‘ (Pseudo-Opinions) wird dann gesprochen, wenn Befragte auch dann Meinungen und Bewertungen äußern, wenn ihnen die zu bewertenden Sachverhalte unbekannt oder diese sogar noch nicht einmal vorhanden sind.

- Fragemerkmale

  Seit langem bekannt – und dennoch nicht immer ausreichend beachtet – ist die Tatsache, dass die *Art der Frageformulierung* erheblichen Einfluss auf die Antwortreaktionen hat. Wie in einer Reihe von Fragesplit-Experimenten gezeigt haben, kann schon der Austausch einzelner Worte zu erheblichen Verschiebungen in den Antworten führen.[122] Ähnliche Effekte

---

122 Ein überzeugendes Beispiel ist das Fragesplit Experiment von Schumann und Presser (1981) (zitiert nach Diekmann 1995: 393), in dem alternativ die Worte ‚nicht erlauben‘ und ‚verbieten‘ verwendet wurden, die sprachlich synonym sind, aber zu ganz anderen Antwortreaktionen führten: Glauben Sie, dass die USA öffentliche Angriffe auf die Demokratie *verbieten* sollten? Ja 54%; Nein 45%. Glauben Sie, dass die USA öffentliche Angriffe auf die Demokratie *nicht erlauben* sollten? Ja 75%; Nein 25%.

treten auch bei verschiedenen *Fragetypen* auf. So werden bei Rating-Verfahren (Bedeutung eines Items ist auf einer Skala zu bewerten) höhere Werte für die Bedeutsamkeit des zu beurteilenden Sachverhalts erzielt als bei Ranking-Verfahren (bei denen die Befragten einzelne Themen nach der Wichtigkeit in eine Rangfolge bringen sollen). Auch die *Art und die Anzahl vorgegebener Antwortkategorien* sowie die *Positionierung* von Fragen (Halo-Effekt oder Fragereiheneffekt) können Einfluss auf das Antwortverhalten nehmen.

- Merkmale des Interviewers und der Interviewsituation
  Die Einflüsse *äußerer Interviewermerkmale* (Geschlecht, Kleidung, Alter) und des *Verhaltens* von Interviewern auf die Antwortreaktionen der Befragten ist ebenfalls vielfach untersucht worden. Die Stärke der Einflüsse hängt dabei von den spezifischen Fragen ab. Auch die *Interviewsituation* kann Effekte auslösen, z.B. wenn bei persönlichen Interviews Dritte anwesend sind. Selbst die Kenntnis des Auftraggebers einer Studie und seiner Ziele kann systematische Antwortverzerrungen hervorrufen.

Bei der Konstruktion von Fragebögen und der Durchführung von Interviews sind diese Aspekte eingehend zu berücksichtigen, da sonst die Validität, Reliabilität und Objektivität der Ergebnisse gefährdet ist. Gerade weil das Instrument der Befragung auf den ersten Blick so einfach erscheint, weil einige Fragen rasch untereinander geschrieben und schnell gestellt sind, werden die vorhandenen *Risiken des Instruments leicht unterschätzt.*

Die mündliche oder schriftliche Befragung sind auch in der Evaluationsforschung die am häufigsten verwendeten Erhebungsinstrumente. Besonders geeignet, um ,wichtige' Personengruppen zum Programm und seinem Verlauf zu befragen, sind *Intensivinterviews.* Hierzu gehören insbesondere (je nach Programmtyp) folgende Gruppen:

- Mitarbeiter/innen der finanzierenden (Geld gebenden) Organisation (wenn nicht identisch mit der Durchführungsorganisation), die auf verschiedenen hierarchischen Ebenen für die Programmdurchführung verantwortlich sind,
- Mitarbeiter/innen der durchführenden Organisation (Träger) auf den verschiedenen hierarchischen und horizontalen Ebenen,
- Entscheidungsträger übergeordneter Einrichtungen (z.B. Ministerien, Behörden),
- Mitglieder der Zielgruppe (auf die sich die Interventionen beziehen und die daraus einen Nutzen ziehen sollen),
- Mitglieder der Nicht-Zielgruppe (die von den Interventionen bewusst nicht betroffen sind),
- Personen der Versuchs- und der Kontrollgruppe,
- andere Stakeholder, die in den Programmprozess involviert oder in irgendeiner Form davon betroffen sind.

Für die *Befragung der Programmbeteiligten* spricht vor allem, dass „niemand besser die Besonderheiten und Schwachpunkte eines Programms [kennt], als die an der Planung und Durchführung Beteiligten" (Brandstädter 1996: 224). Die Befragung der Programmverantwortlichen dient vor allem dazu, etwas über die intendierten Ziele, den Planungs- und Durchführungsprozess, Steuerungsprobleme, Interessenkonflikte, Akzeptanzprobleme etc. zu erfahren.

Bei der Befragung von Mitarbeitern des Trägers ist darauf zu achten, dass möglichst viele Hierarchieebenen und Abteilungen befragt werden, um viele verschiedene Perspektiven aufzunehmen.

Die *Versuchs- und Kontrollgruppe* ist *nicht identisch* mit der *Zielgruppe und Nicht-Zielgruppe*. Im Gegenteil, in der Regel werden Versuchs- und Kontrollgruppe beide der Zielgruppe angehören, also der Gruppe, bei denen die Programminterventionen einen Effekt auslösen sollen. Ob diese Wirkung eintritt, wird dadurch versucht zu ermitteln, dass die Differenzen bei den ausgewählten Zielvariablen gemessen werden. Wie im Kapitel 4.4.1 ausgeführt, sollen sich Versuchs- und Kontrollgruppe nicht unterscheiden, um den Interventionseffekt möglichst genau messen zu können.

Ein *Beispiel* soll dies verdeutlichen: Ein Programm richtet sich an Hauptschüler, die nach Beendigung ihrer Schulzeit keine Lehrstelle gefunden haben (Zielgruppe), aber nicht an Realschüler oder Gymnasiasten (Nicht-Zielgruppe). Den Hauptschülern soll über ein Berufsvorbereitungsjahr zu einem Einstieg in eine reguläre Lehre verholfen werden. Die Absolventen des Berufsvorbereitungsjahrs (Versuchsgruppe) werden deshalb mit den Personen ohne Berufsvorbereitungsjahr (Kontrollgruppe) verglichen, um festzustellen, ob sich die Wahrscheinlichkeit der Versuchsgruppe erhöht hat, eine Lehrstelle zu finden. Zuvor wurden die Hauptschüler ohne Lehre per Zufallsauswahl (Random) der Versuchs- und Kontrollgruppe zugewiesen.

Wenn einzelne Befragte bereits vor oder seit Beginn des Programms in dieses involviert sind, können sie *retrospektiv* über die Ausgangssituation, den Förderbeginn (t_B) und den Programmverlauf (t_{1-n}) befragt werden. Dadurch besteht die Möglichkeit, die über die Aktenanalyse ermittelten Befunde zu ergänzen und zu ‚verifizieren'. Handelt es sich um eine Ex-post-Evaluation, können zusätzliche Fragen zum Förderende (t_F) gestellt werden.

Generell bietet es sich an, die Aktenanalysen sowie die Auswertung sekundärstatistischen Materials durch *retrospektive Interviews* zu ergänzen, um die Sichtweisen ehemaliger Entscheidungsträger, Mitarbeiter und anderer Stakeholder zu erkunden. Dadurch lassen sich nicht nur ergänzende Informationen ermitteln, sondern es zeigt sich oft, dass Personen, die nicht mehr direkt in der Programm- oder Entscheidungsverantwortung stehen, freier, offener und kritischer antworten als die derzeitigen Verantwortungsträger. Die Aktenanalyse sollte auf jeden Fall den Interviews voraus gehen, denn durch das dabei gewonnene Wissen sind gezielte Nachfragen möglich, um z.B. Unklarheiten zu beseitigen oder Informationslücken zu füllen.

Um die *Reliabilität und Validität* der Daten zu erhöhen, sollten

- die aus der Aktenanalyse gewonnenen Informationen gezielt anhand der Interviews überprüft werden,
- das gleiche Fragenset an verschiedene Interviewpartner mit einem vergleichbaren Erfahrungshintergrund gestellt werden, also z.B. früheren und heutigen Verantwortlichen, dem leitenden und dem stellvertretenden Behördenleiter,
- vergleichbare Fragen an Personen gerichtet werden, die unterschiedlichen Abteilungen, Organisationen oder Hierarchieebenen angehören, um verschiedene Perspektiven zum gleichen Untersuchungsgegenstand einzuholen. Vorausgesetzt natürlich, dass das Fragenset so gewählt ist, dass die Befragten, trotz unterschiedlichen Erfahrungshintergrunds, die Fragen beantworten können.

Anschließend ist es notwendig, Widersprüche und Gemeinsamkeiten zwischen den Interviewaussagen und den Dokumenten sowie zwischen den Befragten herauszuarbeiten. Dabei wird es notwendig sein, Aussagen nach ihrer Häufigkeit und der Vertrauenswürdigkeit der Informationsquelle zu gewichten.

Für die *Durchführung der Interviews* mit den einzelnen Personengruppen sind jeweils spezifische Leitfäden zu entwickeln, die dem vermuteten Kenntnisstand der Befragten entsprechen. Dabei kann das Grundmuster des hier entwickelten Evaluationsleitfadens als Gliederungsschema dienen. Allerdings sind die im Leitfaden enthaltenen Fragen in der Regel nicht als Interviewfragen verwendbar, so dass sie vorher in solche umformuliert werden müssen.

Einzelinterviews haben sich – so die bisherige Erfahrung in zahlreichen Evaluationsstudien in den unterschiedlichsten Kontexten – Gruppeninterviews als methodisch überlegen erwiesen, da weniger Störeffekte auftreten. Die Anwesenheit Dritter fördert ‚sozial erwünschte' Antworten, schränkt kritische Aussagen z.T. sehr stark ein und führt oft dazu, dass wenige Personen die ‚scheinbare' Meinung aller vertreten. Gerade konträre Meinungen werden dann häufig nicht geäußert und weniger redegewandte Personen schweigen. In Einzelinterviews können auch solche Personen unter dem Schutz der Anonymität, der in Gruppensitzungen natürlich nicht gegeben ist – zu Aussagen veranlasst werden, es sind kritische Nachfragen und in die Tiefe gehende Detailfragen möglich. Die Anwesenheit von Vorgesetzten kann sich in Gruppeninterviews als besonders störend auswirken und sollte auf jeden Fall vermieden werden.

Die *Anonymität* von Aussagen ist unbedingt zuzusagen und zu gewährleisten. Im Zweifelsfall sollte auf Ton- und Bildaufnahmen verzichtet und auf traditionelle schriftliche Aufzeichnungen zurückgegriffen werden. Alle Interviews sind mit einem Nummerncode verschlüsselbar. Wenn eine genügende Anzahl von Interviews geführt wurde, so dass sich spezifische Aussagen nicht auf einzelne Befragte zurückführen lassen, können dann auch wörtliche Aussagen zitiert werden.

Standardisierte Befragungen haben sich in Evaluationsstudien ebenfalls bewährt. Sie werden dann eingesetzt, wenn größere Gruppen zu befragen sind, z.B. wenn es sich um sehr große Durchführungsorganisationen handelt, bei denen viele Personen befragt werden sollen, oder zur Befragung der Ziel- und Nicht-Zielgruppen sowie der Versuchs- und Kontrollgruppen. Dabei geht es insbesondere darum, die Stärken und Schwächen eines Programms zu erfassen, seine Nützlichkeit für die Zielgruppen, die Zufriedenheit mit den angebotenen Leistungen etc. Während mit den qualitativen Interviews insbesondere in die Tiefe gehende Fragen behandelt werden können, erlauben standardisierte Befragungen vor allem die Erfassung von in die Breite gehenden, repräsentativen Antworten.

Für die standardisierte Befragung haben sich vor allem telefonische Interviews und zunehmend auch Online-Befragungen bewährt. Erstaunlicherweise haben Online-Befragungen gerade auch in Gegenden mit geringer Telefondichte (z.B. ländlichen Regionen in Ländern des Südens und des Ostens) gute Erfolge gezeigt (vgl. Heise und Stockmann 2004: 72ff.).

Beobachtung

Beobachtung ist ein Alltagsvorgang. Was die *wissenschaftliche Beobachtung* davon unterscheidet, ist der Bezug auf Forschungshypothesen sowie Systematisierung und Kontrolle. Jahoda, Deutsch und Cook (1965: 77) sehen die wissenschaftliche Komponente der Beobachtung als empirische Datentechnik dann gewährleistet, wenn die Beobachtung

- einem bestimmten Forschungszweck dient,
- systematisch geplant ist,
- systematisch aufgezeichnet wird,
- auf allgemeinere Urteile bezogen wird und
- wiederholten Prüfungen und Kontrollen hinsichtlich Gültigkeit, Zuverlässigkeit und Genauigkeit unterworfen wird.

Die *Beobachtungsgegenstände* sind soziale Prozesse und Verhaltensabläufe. Problematisch ist, dass sich der Untersuchungsgegenstand während des Beobachtens ständig verändert. Hinzu kommt, dass die Bedeutung, die ein Handelnder seinem Tun beimisst, sich von dem unterscheiden kann, was der Beobachter wahrnimmt und wie er es interpretiert. Weiterhin wird der Beobachtungsprozess dadurch erschwert, dass gleichzeitig viele Aktivitäten von einer Vielzahl von Handelnden ablaufen. Einmal verpasste Beobachtungen lassen sich nicht wiederholen. Selbst das Filmen von Handlungsabläufen – das natürlich auch nicht immer möglich ist – schafft lediglich begrenzt Abhilfe, weil immer nur ein Ausschnitt des Handlungsgeschehens aufgenommen werden kann.

Dies bedeutet, dass an den Beobachter erhebliche Anforderungen gestellt werden. Sein wichtigstes Hilfsmittel ist ein auf der Basis der Hypothesen entwickeltes *Kategorienschema* für die Beobachtung. Dabei ist darauf zu achten, dass die Kategorien vollständig sind und sich gegeneinander ausschließen und dass es nicht zu viele sind, um das Schema noch handhaben zu können.

Beobachtungstypen (vgl. Schnell, Hill, Esser 1999: 359) lassen sich danach unterscheiden, ob

- die Beobachtungs-‚Objekte' Kenntnis vom Beobachtungsvorgang haben oder nicht (offen/verdeckt),
- der Beobachter an den Interaktionen teilnimmt oder sich außerhalb des Feldes bewegt (teilnehmend/nicht teilnehmend),
- die Beobachtung systematisch mit einem standardisierten Raster oder nur nach einer allgemeinen Anweisung erfolgt (strukturiert/unstrukturiert),
- die Beobachtung unter Feld- oder Laborbedingungen stattfindet (natürliche/künstliche Beobachtungssituation),
- es sich bei der durchgeführten Beobachtung um eine Beobachtung des Verhaltens anderer Personen oder der eigenen Person handelt (Fremdbeobachtung/Selbstbeobachtung).

Die Methode der Beobachtung birgt zahlreiche *Probleme*. Eine zentrale Rolle kommt dem Beobachter zu, der Wahrnehmungs-, Selektions-, Reduktions- und Interpretationsleistungen erbringen muss. Dabei können eine Reihe von *Fehlern* auftreten (vgl. Kromrey 2002: 338):
- durch selektive Zuwendung, Wahrnehmung und Erinnerung sowie
- durch die Tendenz, auch unzusammenhängende Einzelereignisse entsprechend den eigenen Erwartungen zu sinnvollen Einheiten zusammenzufassen, Fehlendes zu ergänzen und die Situation entsprechend der eigenen Deutung zu strukturieren.

Insgesamt wird die Beobachtung als ein „weitgehend problematisches Verfahren" beurteilt, „das aufgrund der sich ergebenden Schwierigkeiten, z.B. bei der Erarbeitung des Kategorienschemas oder bei der Durchführung der Beobachtung, nur relativ selten" angewandt wird (Schnell, Hill, Esser 1999: 373; vgl. auch Diekmann 1995: 469ff. und Kromrey 2002: 338).

Diese Beurteilung trifft auch im *Rahmen der Evaluationsforschung* zu. Am häufigsten wird die Methode der Beobachtung in stark ethnologisch geprägten Studien eingesetzt. Ansonsten wird sie z.B. dazu verwendet, soziale Abläufe und Verfahrensweisen (z.B. in Organisationen) oder Unterrichts- oder Ausbildungssituationen zu dokumentieren. Auch ‚Ortsbegehungen', bei denen z.B. die technische Ausstattung einer Organisation erfasst und auf ihre Funktionstüchtigkeit, ihren Wartungszustand und ihre Nutzungshäufigkeit hin geprüft wird, können als eine Form der Beobachtung bezeichnet werden.

Effizienzanalysen
Bei den für Effizienzanalysen angewendeten Verfahren handelt es sich nicht um weitere – ökonomische – Erhebungsformen, sondern eher um Auswertungsverfahren, die jedoch das bei Evaluationen eingesetzte Instrumentarium ergänzen. Sie werden dazu verwendet, um den bei Evaluationen häufig vernachlässigten Aspekt des Verhältnisses von Kosten und Nutzen zu ermitteln.

In vielen Fällen reicht es für die endgültige Bewertung von Maßnahmen nicht aus, zu wissen, welche intendierten und nicht-intendierten Wirkungen stattgefunden haben und ob die Programm- oder Leistungsziele erreicht wurden, sondern es ist zudem von höchstem Interesse zu erfahren, in welcher Relation diese Ergebnisse zu den dafür aufgewendeten Kosten stehen. *Effizienzanalysen beschäftigen sich damit,*

- die mit den Wirkungen eines Programms einhergehenden Kosten zu erfassen,
- die Frage zu klären, ob die Wirkungen diese Kosten rechtfertigen, und
- das jeweils günstigste (effizienteste) Programm zwischen alternativen Angeboten auszuwählen.

Effizienzanalysen[123] stellen einen spezifischen Evaluationstypus dar, dessen Methodik aus dem Bereich der Wirtschaftswissenschaften stammt. Zu den bekanntesten Methoden zählen die Kosten-Nutzen-Analyse (Cost-Benefit-Analysis) und die Kosten-Wirksamkeits-Analyse (Cost-Effectiveness-Analysis).[124] Beide Ansätze zielen darauf ab, die Effizienz eines Programms zu bestimmen, unterscheiden sich jedoch darin, wie die Wirkungen gemessen werden: Während die *Kosten-Nutzen-Analyse* direkt darauf abzielt, den Nutzen eines Gegenstands monetär zu erfassen und mit den ebenfalls monetär bezifferten Kosten zu vergleichen, werden bei der *Kosten-Wirksamkeits-Analyse* nur die Kosten, aber nicht die aufgetretenen Wirkungen monetär bestimmt, sondern substantiell erfasst. Dies bedeutet, dass die zentrale Voraussetzung für eine Kosten-Nutzen-Analyse darin besteht, dass sowohl Kosten als auch die erfassten Wirkungen sich in Geldeinheiten angeben lassen.

Die von Nonprofit-Organisationen erbrachten Leistungen, die anhand von Outputindikatoren gemessen werden (z.B. Zahl der ausgebildeten Schüler, beratenen Personen, geheilten Kranken etc.) und die daraus entstehenden Wirkungen (z.B. gesteigertes Wissen, mehr Selbstvertrauen, mehr Lebensqualität) lassen sich jedoch häufig nicht in Geldeinheiten bewerten. In diesem Fall besteht die Alternative darin, die Wirkungen in substantiellen Ergebnis-

---

123 Zur einführenden Literatur vgl. Gramblin 1990; Eddy 1992; Hanusch 1994; Mühlenkamp 1994; Nas 1996; Yates 1996; Greenberg 1998; Scholles 2001; Lassnigg u. Steiner 2001; Domen 2001; Levin u. McEwan 2001; Schönig 2002; Artner u. Sinabell 2003; Rossi, Lipsey u. Freeman 2004; Groh 2004. Interessante Literaturhinweise zu der Thematik Effizienzmessung im Allgemeinen sowie zu speziellen Themengebieten (Gesundheit, Bildung, Umwelt etc.) finden sich auf der Internetseite der Europäischen Kommission: http://europa.eu.int/comm/regional_policy/sources/docgener/guides/cost/guide02_en.pdf; S. 127ff.
Die EU stellt ebenfalls sehr informative Handreichungen zu Download bereit: http://europa.eu.int/comm/europeaid/qsm/ecofin/manual_tools_en.htm und http://europa.eu.int/comm/europeaid/qsm/ecofin/documents/syllabus_base_en.pdf.
Ergänzend zur Kostenrechnung Jossé 2003; Hoitsch u. Lingnau 2004.
124 Ein weiteres bekanntes Verfahren ist die *Nutzwertanalyse,* die sich im Aufbau aber nur wenig von der Kosten-Wirksamkeits-Analyse unterscheidet und deshalb hier vernachlässigt wird.

einheiten (wie in den eben genannten Beispielen) qualitativ und quantitativ zu bestimmen und den auftretenden monetären Kosten gegenüber zu stellen.

Kosten-Nutzen- und Kosten-Wirksamkeits-Analysen stellen nicht nur äußerst komplexe und aufwändige Verfahren dar, sie sind auch mit zahlreichen Manipulationsmöglichkeiten verbunden, so dass sie nur von Experten angewendet werden sollten, die um die Potenziale aber auch Risiken dieser Instrumente wissen. Die technischen Prozeduren einer Effizienzanalyse zur genauen Bestimmung des Kosten-Nutzen-Verhältnisses, z.B. bei einem Staudamm- oder Brückenprojekt, können Evaluatoren getrost Wirtschaftsprüfern überlassen. Allerdings sollten sie selbst zumindest über grundlegende Kenntnisse im Hinblick auf die konzeptionellen Annahmen dieser Verfahren, ihre Einsatzfelder sowie Stärken und Schwächen verfügen, um erstens die Ergebnisse professionell durchgeführter Effizienzanalysen beurteilen und einordnen zu können und um zweitens wenigstens eine grobe Effizienzeinschätzung selbst vornehmen zu können. Da die *Effizienz* in dem in dieser Arbeit entwickelten *Qualitätsmodell* eine wichtige Dimension zur Bewertung der *ökonomischen Nachhaltigkeit* darstellt (vgl. in Kapitel 3.7 Abbildung 3.14), soll die pragmatische Anwendung der Instrumente an einem evaluationsbezogenen Praxisbeispiel gezeigt werden. Zuvor wird kurz auf die beiden gängigsten Verfahren, die Kosten-Nutzen- und die Kosten-Wirksamkeits-Analyse eingegangen.

Die *Kosten-Nutzen-Analyse* beruht einerseits auf den normativen Vorstellungen der Wohlfahrtsökonomie und andererseits auf den Erkenntnissen privatwirtschaftlicher Investitionsrechnungen (vgl. Hanusch 1994: V). Ziel der Analyse ist es, die Wirtschaftlichkeit einer Maßnahme vorab zu prüfen. Hierfür werden in der Regel verschiedene Alternativen bewertet, um die günstigste (effizienteste) auszuwählen. Das Verfahren soll letztlich – auch in der öffentlichen Verwaltung – zu ökonomisch rationalen Entscheidungen führen. Leitidee ist das sogenannte ‚ökonomische Minimumprinzip‘, das dadurch bestimmt wird, dass ein vorgegebener Output mit einem minimalen Input erzielt wird. Effizienzanalysen sollen dazu beitragen, durch den Vergleich von Programmalternativen die Lösung zu identifizieren, die die Erreichung der Programmziele unter den jeweiligen situativen Bedingungen mit einem minimalen Ressourceneinsatz (an Personal, Kosten etc.) ermöglicht.

Bei diesem Verfahren der Effizienzmessung werden der Nutzen[125] eines Programms, sowie alle Kosten (direkt zuordenbare Kosten und Opportunitätskosten[126]) monetär bewertet und somit vergleichbar gemacht. Das kann z.B.

---

125 Als ‚Nutzen‘ (benefits) werden die (intendierten und nicht-intendierten) Nettowirkungen eines Programms bezeichnet, die sich monetär erfassen lassen. Unter ‚Kosten‘ werden alle direkten und indirekten Inputs verstanden, die notwendig sind, um eine Intervention durchzuführen (vgl. Rossi, Freeman u. Lipsey 1999: 364).

126 Als Opportunitätskosten bezeichnet man die Kosten, der alternativen Verwendung eines knappen Faktors. Sie sind der mögliche, aber entgangene Nutzen bei einer anderen Verwendung von Gütern oder Finanzmitteln. Ein Beispiel: Eine alternative Verwendung für eine leerstehende Bürofläche könnte deren Vermietung sein. In diesem Fall wäre der entgangene Nutzen die Miete, die durch Leerstand nicht erzielt werden konnte. Die entgangene

geschehen, indem die Kosten und der Nutzen jeweils zu Marktpreisen bewertet werden. Die Messung der Effizienz erfolgt dann durch einfache Subtraktion der Kosten von den Leistungen oder durch das Ins-Verhältnis-Setzen dieser beiden Größen (Nutzen/Kosten). Von rein betriebswirtschaftlichen Untersuchungen (beispielsweise Rentabilitätsrechnung: Verhältnis Ertrag/Aufwand) unterscheidet sich diese Methode dadurch, dass gesamtwirtschaftliche Kosten und Nutzen in die Untersuchung miteinbezogen werden. Nicht monetär bewertbare Wirkungen, sogenannte ‚intangibles‘, werden ebenfalls erfasst, allerdings werden sie nur beschrieben. Eine übersichtliche Darstellung der einzelnen Schritte, denen eine Kosten-Nutzen-Analyse folgt, findet sich in Scholles (2001).

Der Vorteil von Kosten-Nutzen-Analysen ist vor allem in der einheitlichen monetären Bewertung verschiedener Programmalternativen zu sehen. Auf diese Weise wird die Entscheidung für ein Programm leicht vergleichbar und transparent gemacht. Fraglich bleibt, ob tatsächlich die Möglichkeit besteht, alle Wirkungen eines Projekts auch monetär zu bewerten und die nicht monetär bewertbaren Wirkungen, soweit sie denn vorhersehbar sind, angemessen zu berücksichtigen.

Die *Kosten-Wirksamkeits-Analyse* wird vor allem für solche Projekte verwendet, bei denen zwar die Inputs über Marktpreise bewertet, die Outputs aber nicht monetär gemessen werden können (vgl. Artner u. Sinabell 2003). Mit Hilfe dieses Analyseverfahrens werden alle direkten und indirekten Wirkungen, die durch ein Projekt entstehen, aufgeführt und den Kosten gegenüber gestellt, die wie bei einer Kosten-Nutzen-Analyse erhoben werden (vgl. Hanusch 1994; Mühlenkamp 1994). Die Stärke einer Kosten-Wirksamkeits-Analyse liegt vor allem darin, dass Wirkungen nicht in monetären Geldwerten, sondern in substantiellen Maßeinheiten erfasst werden und damit dieses Verfahren variabler und vielfältiger einsetzbar ist. Darin liegt aber auch gleichzeitig der größte Nachteil, da sich auf diese Weise nur Projekte und Programme miteinander vergleichen lassen, die auch vergleichbare Zielsetzungen und Wirkungsindikatoren aufweisen (vgl. Rossi, Lipsey u. Freeman 2004: 361ff.). Da komplexe Vorhaben jedoch nicht nur verschiedene Wirkungsdimensionen haben, sondern diese auch noch anhand unterschiedlicher Indikatoren gemessen werden, können Programmalternativen im Hinblick auf ihre Effizienz kaum mehr objektiv miteinander verglichen werden. Dies ist jedoch das eigentliche Hauptziel von Kosten-Nutzen- wie Kosten-Wirksamkeits-Analysen. Eine Entscheidungsfindung ist dann nur noch möglich, wenn subjektive Bewertungskriterien herangezogen werden, die sich z.B. an gesellschaftlichen Normen oder professionellen Erfahrungen etc. orientieren können. Darüber hinaus haben Effizienzanalysen noch weitere Widrigkeiten zu überwinden.

Da Investitionskosten und Nutzen nicht zur gleichen Zeit auftreten, sondern die Wirkungen je nach Programm erst mit großer zeitlicher Verzögerung, ist

---

Miete ließe sich beispielsweise mit Hilfe des örtlichen Mietspiegels kalkulieren und als Opportunitätskosten ansetzen.

dies in der Preisberechnung zu berücksichtigen, da ansonsten mit (möglicherweise erheblichen) Verzerrungen zu rechnen ist. Dieser Vorgang der zeitlichen Harmonisierung wird als *Diskontierung* bezeichnet (vgl. Hanusch 1994: 97). Als Gründe für die Diskontierung zukünftiger Projektergebnisse in die Gegenwart werden u.a. auch die Zeitpräferenzen von Individuen sowie Opportunitätskosten genannt (vgl. Mühlenkamp 1994: 166). Unterschiedliche Zeitpräferenzen erlangen dadurch Bedeutung, dass „[…] Kosten und Nutzen, die in der Zukunft liegen, normalerweise geringer bewertet werden als in der Gegenwart entstehende Kosten und Nutzen" (ebenda). Diese Gegenwartspräferenz wird durch ‚Unsicherheit' und ‚Ungeduld' von Individuen charakterisiert. Opportunitätskosten bedeuten in diesem Fall die Kosten des Wartens der Individuen auf den Nutzen eines Projekts. Diese Kosten sind sie nur bereit zu tragen – so die Annahme –, wenn der zu erwartende spätere Nutzen die Kosten des Wartens übertrifft. Die Diskontierung zukünftiger Ereignisse in die Gegenwart stellt eine enorme Herausforderung an die Methoden der Effizienzmessung dar. Neben der in der Theorie sinnvollen Forderung, Projekte zu einem Zeitpunkt zu bewerten, stellt sich für die Praxis nämlich die Frage, welcher ‚Diskontsatz' für die Diskontierung anzusetzen ist (vgl. Mühlenkamp 1994: 177). In der Regel wird dafür ein *Zinssatz* verwendet, der dem langfristigen Kapitalmarktzins oder der Verzinsung öffentlicher Anleihen nahekommt. Dennoch bergen diese Annahmen für lange Zeiträume erhebliche Risiken. Die Auswahl des Zinssatzes hat jedoch für die Berechnung des Kosten-Nutzen-Verhältnisses erhebliche Auswirkungen und „stellt ein starkes Manipulationspotential in Kosten-Nutzen-Analysen bereit" (Scholles 2001: 14).

Mit der Anwendung von Effizienzanalysen sind weitere Schwierigkeiten verbunden. Zu Beginn werden wegweisende *Entscheidungen* getroffen: Wird eine Maßnahme isoliert oder als Bestandteil eines Systems betrachtet? Bei einem Infrastrukturprojekt, z.B. dem Bau einer Straße, ist zu entscheiden, ob die Straße als isolierter Verkehrsweg oder als Bestandteil des deutschen oder europäischen Verkehrsnetzes unter der Berücksichtigung von Schienenwegen zu betrachten ist. Zudem muss festgelegt werden, welche *Ziele* einbezogen und wie sie mit monetären oder anderen *Indikatoren* gemessen werden sollen. Scholles (2001: 11) rät deshalb: „Diese Entscheidungen sind eindeutig politischer Natur, und man sollte sie keinesfalls einem Gutachter oder gar dem Vorhabenträger überlassen, denn letzterer wird alles einbeziehen, was seine Maßnahme begünstigt, und nach Möglichkeit nur solche Kosten betrachten, die nicht von der Hand zu weisen sind".

Anlass zu Kontroversen kann auch die Wahl der zu Grunde gelegten *Berechnungsperspektive* (accounting perspective) bieten: So können z.B. (a) individuelle Mitglieder einer Zielgruppe, (b) die Programmsponsoren (Geldgeber), (c) die Durchführungsorganisationen oder z.B. (d) die sozialen Kommunen, in die das Programm eingebettet ist, als Ausgangspunkt für die Effizienzanalyse verwendet werden. Die daraus resultierenden Gegenüberstellungen von Kosten und Leistungen/Wirkungen kommen zu jeweils unterschiedlichen Ergebnissen, aus denen wiederum unterschiedliche Schluss-folgerungen resultieren können (vgl. die Beispiele von Rossi, Lipsey u. Free-man 2004: 351 u. 353).

Die *Auswahl* von indirekten (sogenannten sekundären) *Wirkungen*, die in die Analyse miteinbezogen werden sollen, stellt ebenfalls ein Problem dar. Wo soll die Grenze gezogen werden? Manche Wirkungen treten erst in langen Wirkungsketten und mit großer zeitlicher Verzögerung auf, lassen sich nur schwer identifizieren oder der Intervention zuschreiben oder überhaupt nicht prognostizieren.

Intangible Wirkungen, also solche, die sich nicht monetär messen lassen, können nicht in die Berechnung des Kosten-Nutzen-Verhältnisses eingehen. Dadurch wirkt die Kosten-Nutzen-Analyse *strukturell selektiv*, denn nicht inhaltliche sondern methodische Überlegungen bestimmen, welche Sach-verhalte berücksichtigt werden. Zwar werden in der Kosten-Nutzen-Analyse auch intangible Wirkungen berücksichtigt, nämlich indem sie beschrieben werden, doch dadurch bekommen sie eine schwächere Position gegenüber den scheinbar objektiv monetär berechneten Wirkungen. Da die meisten sozialen und ökologischen Auswirkungen von Maßnahmen oft zu diesen intangiblen Wirkungen gehören, geraten sie bei Effizienzanalysen häufig gegenüber den vermeintlich harten ökonomischen Fakten bei der Bewertung ins Hintertreffen (vgl. Scholles 2001: 12).

Festzuhalten bleibt, dass *Kosten-Nutzen- und Kosten-Wirksamkeits-Analysen wichtige Instrumente zur Bestimmung der Effizienz* und damit zur Bewertung von Maßnahmen, Projekten und Programmen darstellen. Bei der Anwendung dieser Verfahren ergeben sich eine Vielzahl von Problemen, die die Aussagefähigkeit dieser Analysen stark einschränken können. Da eine Reihe von risikobehafteten Annahmen, Festlegungen und Selektions-entscheidungen getroffen werden müssen, die sich an Erfahrungswerten oder normativen Vorstellungen orientieren, sind weder die Verfahren selbst noch die auf der Basis ihrer Befunde getroffenen Entscheidungen wertfrei (vgl. Artner u. Sinabell 2003: 12). Ein Vorteil dieser Verfahren ist allerdings darin zu sehen, dass dann, wenn die einzelnen Verfahrensschritte und Beurteilungs-grundlagen genau dokumentiert sind, alle vorgenommenen Bewertungen – wie bei der hier entwickelten Wirkungsanalyse – nachvollziehbar sind.

Da die Erstellung aufwändiger Kosten-Nutzen- und Kosten-Wirksamkeits-Analysen in der Regel – wie schon erwähnt – nicht von Evaluatoren, sondern eher von Wirtschaftsprüfern durchgeführt werden, brauchen die Verfahren hier nicht tiefergehend dargestellt zu werden. Zudem können die Methoden der Effizienzmessung für Projekte der öffentlichen Hand nicht ohne weiteres auf den gesamten Nonprofit-Sektor übertragen werden. Praktische Bedeutung im Rahmen der Aufgabenstellung von Evaluationen erhalten sie dann, wenn grobe Effizienzbestimmungen von Maßnahmen, Projekten und Programmen im Nonprofit-Sektor vorgenommen werden sollen.

Die Verwendung einfacher Grundlagen der Effizienzrechnung versetzt Evaluatoren in die Lage, in einem angemessenen Zeitrahmen *Bewertungskennzahlen* zu berechnen, die Auskunft über die Effizienz der eingesetzten Ressourcen geben und eine Effizienzeinschätzung erlauben. Solche operationalisierten Kennzahlen, wie z.B. die Kosten pro Teilnehmer, Kosten pro Beratungs- oder Behandlungsfall, Einkommenszuwachs pro Teilnehmer, ermöglichen einerseits die Beobachtung von Programmentwicklungen, andererseits Vergleiche mit anderen, ähnlich gelagerten Programmen (Benchmarking).

Wie ein *pragmatischer Transfer* der verschiedenen Ansätze für eine Effizienzeinschätzung im Rahmen wirkungsorientierter Evaluationen aussehen könnte, soll anhand eines Beispiels aus dem Berufsbildungsbereich gezeigt werden.[127] Hierfür soll ein Ausbildungsprogramm in Jordanien, im Rahmen einer Evaluation nach Effizienzgesichtspunkten betrachtet werden.

Ziel des Programms ist es, über Fortbildungen im Bereich des ‚Verbesserungsmanagements‘ die Wirtschaftlichkeit von kleinen und mittleren Unternehmen (KMU) zu erhöhen und neue Arbeitsplätze zu schaffen. Aus den Projektunterlagen des Auftraggebers und der Ausbildungszentrale lassen sich folgende Daten gewinnen: Die durch eine deutsche Nonprofit-Organisation der Entwicklungszusammenarbeit zur Verfügung gestellten Mittel zur Durchführung des Ausbildungsprogramms beliefen sich auf € 300.000. Mit dem Programm sollten 75 Mitarbeiter von KMU (entspricht 75 Teilnehmern) geschult werden. Die Umsetzung des einjährigen Trainingskurses erfolgte über ein lokales Ausbildungszentrum, das für diese Tätigkeit € 180.000 erhielt. Die restlichen Mittel verblieben bei der Durchführungsorganisation und wurden zu gleichen Teilen für Reisekosten sowie zur Programmentwicklung genutzt.

Das lokale Ausbildungszentrum vergab die Kurse an fünf Trainer, die das Training eigenständig umsetzten und dafür ein Gesamthonorar von € 15.000 (inkl. Vorbereitung der Kursinhalte) erhielten. Die fünf Trainer bildeten die Teilnehmer in jeweils einem Kurs à 14 Tage über das Jahr verteilt aus. In diesem Zeitraum wurde das Ausbildungszentrum baulich erweitert (Baukosten € 100.000). Diese zusätzlichen Kosten sind jedoch nicht dem Ausbildungsprogramm ‚Verbesserungsmanagement‘ zurechenbar. Es handelte sich um eine Infrastrukturmaßnahme für ein Ausbildungsprogramm, das von einem anderen Geber finanziert wurde. Durch diesen Imagegewinn und die verbesserte Ausstattung konnte das Ausbildungszentrum im gleichen Jahr drei weitere Ausbildungsaufträge für den Bereich ‚Verbesserungsmanagement‘ im Gesamtwert von über € 300.000 einwerben. Nach der Ausbildung waren alle 75 Teilnehmer (TN) in der Lage in ihren Betrieben die Produktionskosten, wie geplant, zu reduzieren. Pro Betrieb (TN) konnte ein Einsparpotenzial von € 40 im Monat erzielt werden. Zwanzig der teilnehmenden Unternehmen investierten die eingesparten Mittel in die Diversifizierung ihrer Produktion. Dadurch entstanden insgesamt 20 neue Mitarbeiterplätze. Die Mitarbeiter (MA)

---

127 Das Beispiel entstammt dem „Fortbildungsprogramm Evaluation in der Entwicklungszusammenarbeit", Modul 3, 2005 von Fritz Schöpf (www.feez.org).

verdienen im Durchschnitt € 500. Das Ergebnis (Gewinn) des Betriebs pro Mitarbeiter wird mit monatlich € 50 beziffert. Alle neu angestellten Mitarbeiter haben sich von einem Teil ihres Lohns landwirtschaftliche Handgeräte angeschafft, die es ihnen ermöglichen, ihre Nebenerwerbsbetriebe mit 30% weniger Zeitaufwand zu bewirtschaften. Weitere zehn Mitarbeiter haben mit Unterstützung des neuen Einkommens Konsumgüter wie Fernseher, Radio, Küchenmaschinen etc. gekauft. Dazu war bei allen ein Kredit notwendig, der durchschnittlich € 2.000 kostete und im ersten Jahr nach dem Training zurückgezahlt werden musste.

Der geschilderte Sachverhalt kann, sich an den Bewertungskriterien der Kosten-Nutzen- und Kosten-Wirksamkeits-Analyse orientierend, wie folgt dargestellt werden:

Abbildung 4.10: Messen aller Programmwirkungen[128]

Akteursorientierter Ansatz				
Akteur	Kosten/Nutzen/Wirkungen			
Durch-führungs-organisation	Zahlung an Ausbildungsbetrieb	= €	180.000	K
	Reisekosten	= €	60.000	K
	Programmentwicklung	= €	60.000	K
Ausbildungs zentrum	Neuaufträge	= €	300.000	NIPN
	Auftrag	= €	180.000	IN
	Imagegewinn durch int. Trainer und Gebäudeerweiterung	= €		NIPW
Trainer	Unterauftrag	= €	75.000	NIPN
Teilnehmer	Kostenreduktion (75 TN * 12 Monate * € 40)	= €	36.000	IN
	Betriebsergebnis (20 MA * 12 Monate * € 50)	= €	12.000	IN
	Diversifizierung der Produktion bei 20 TN			NIPW
Zielgruppe	20 neue Mitarbeiterplätze			IW
	Gehalt von (20 MA * 12 Monate * € 500)	= €	120.000	IN
	Handgeräte: 30% mehr Freizeit für 20 MA			NIPW
	Konsumgüter (10 MA * € 2.000)	= €	-20.000	NINN

Quelle: Fritz Schöpf, FEEZ-Kurs, Modul 3, 2005

Legende:
K=	Kosten		
TN=	Teilnehmer	MA=	Mitarbeiter
IW=	intendierte Wirkungen	IN=	intendierter Nutzen
NIPW=	nicht-intendierte positive Wirkungen	NIPN=	nicht-intendierter positiver Nutzen
NINW=	nicht-intendierte negative Wirkungen	NINN=	nicht-intendierter negativer Nutzen

---

128 Eine alternative Darstellungsform könnte, angelehnt an das Rechnungswesen (Buchhaltung), in Form eines Kontos (Soll-Haben) erfolgen. Ein ausgeglichenes Konto (Soll-Haben gleicht sich aus) wird es bei einer solchen Darstellungsform natürlich nicht geben. Sie dient nur der Übersicht. Welche Darstellungsform am sinnvollsten ist, sollte sich an der Fragestellung bzw. am Auftrag der Evaluation orientieren.

Anhand der in Abbildung 4.10 zusammengefassten Informationen lassen sich nun *Kennzahlen* zur internen und externen Bewertung des Projekts ermitteln.

Beispielhaft werden folgende Kennzahlen herausgegriffen:

- Gesamtkosten je Teilnehmer: € 300.000/75 = € 4.000
- Direkte Trainingskosten je Teilnehmer: € 180.000/75 = € 2.400
- Direkte Kosten je Trainingstag: € 180.000/(5*14) = € 2.571
- Zusätzliches Jahreseinkommen pro neuem Mitarbeiter: € 120.000/20 = € 6.000
- Kostenreduktion pro Betrieb/Jahr € 36.000/75 = € 480

Isoliert für sich betrachtet können diese *Kennzahlen* nicht weiter interpretiert werden. Sie machen lediglich deutlich, wie viel die Maßnahme pro Teilnehmer gekostet hat, wie hoch sich die Trainingskosten pro Teilnehmer oder je Trainingstag belaufen. Außerdem wurde u.a. ermittelt, dass durch das Ausbildungsprogramm 20 neue Mitarbeiterplätze geschaffen wurden (intendierte Wirkung) und dass dadurch pro Mitarbeiter ein zusätzliches Jahreseinkommen von € 6.000 erzielt wurde, das die Kaufkraft in der Region stärkt, zu einer verbesserten Lebensqualität der Familien dieser Mitarbeiter führt etc. Mit einer weiteren Kennzahl kann die Kostenreduktion pro Betrieb/Jahr beziffert werden. Ob die berechneten Kosten im Verhältnis zu den erzielten Wirkungen hoch oder niedrig sind, wie es also um die *Effizienz* dieses evaluierten Programms bestellt ist, lässt sich nur durch Vergleiche (Benchmarking) ermitteln. Hierfür wären allerdings ähnliche Programme notwendig. Gibt es diese nicht, kann letztlich nur subjektiv entschieden werden, ob die investierten Finanzen in einer vertretbaren Relation zu dem erzielten Nutzen und den ausgelösten Wirkungen stehen. Um diese Bewertung zu begründen, müssen dann übergeordnete Werte oder professionelle Erfahrungen mit solchen Programmen herangezogen werden.

Durch den *externen Programmvergleich* ergibt sich nicht nur die Möglichkeit, die ermittelten Effizienzkennzahlen in Relation zu anderen, ähnlichen Projekten, idealerweise zu dem Marktbesten, zu setzen, sondern auch die Chance von anderen zu lernen. Durch den Vergleich können möglicherweise Stärken und Schwächen der verschiedenen Programme identifiziert werden, so dass sich aus diesen Ergebnissen Empfehlungen für eine effizientere Projektzielerreichung ableiten lassen. So könnte ein solcher Vergleich z.B. ergeben, dass über andere Programme Dienstleistungen angeboten werden (z.B. neue Heilmethoden, Beratungsleistungen), die sich als effektiver erweisen, oder es zeigt sich z.B., dass andere Programme mit einem geringeren Verwaltungsaufwand auskommen etc. Solche Vergleiche bieten sich für Nonprofit-Organisationen insb. dann an, wenn deren Programme bzw. Dienstleistungen recht homogen sind, die Bereitstellung jedoch dezentral erfolgt. Da die Programme bzw. Dienstleistungen sich alle ähneln, können die einzelnen Standorte miteinander verglichen werden. Unter Berücksichtigung der jeweiligen Landes- und sonstigen situativen Bedingungen kann der ‚marktbeste' Standort bzw. das ‚marktbeste' Programm anhand von verschiedenen Effizienzkennzahlen ermittelt werden und als ‚Benchmark' dienen. In einer solchen Situation ließe sich zudem ein kombiniertes Monitoring-Benchmarking-Steuerungssystem entwickeln, um die Effizienz und damit die Qualität an allen Standorten zu optimieren. Bei externen Programmvergleichen ist es nicht nur wichtig, möglichst ähnliche Programme miteinander zu vergleichen, sondern auch solche auszuwählen, die in einem ähnlichen situativen Umfeld durchgeführt werden. Selbst gleiche Programme innerhalb Deutschlands können z.B. aufgrund eines unterschiedlichen Mietspiegels, unterschiedlicher Lohn- und Lebenshaltungskosten etc. zu divergierenden Kennzahlen führen.

Neben externen Programmvergleichen (zwischen ähnlichen Programmen) sind auch *interne* möglich, indem ein Programm in seinem Verlauf beobachtet wird. Der Vergleich ein und derselben Kennzahl über die Zeit hinweg gibt Auskunft über die Effizienzentwicklung eines Programms. Abweichungen, wie z.B. steigende Gesamtkosten pro Teilnehmer lassen sich leicht identifizieren und stellen dann den Ausgangpunkt für die Suche nach den Ursachen dar. Sollte das Verhältnis der direkten Trainingskosten pro Teilnehmer im gleichen Zeitraum konstant geblieben sein, wäre der Grund der Veränderung eher in gestiegenen Kosten der Administration bei der Durchführungsorganisation oder der Schulleitung zu suchen. In diesem Fall dürfte das gestiegene Kostenverhältnis keinesfalls dem Ausbildungsprogramm selbst anzulasten sein. Vielmehr könnten Neueinstellungen in der Verwaltung oder eine Verteuerung der Bürokosten mögliche Erklärungen darstellen.

Auf diese Weise kann die Effizienzbewertung dem Management wichtige Informationen für die interne Steuerung liefern. Die routinemäßige Erhebung der für die Effizienzmessung relevanten Daten lässt sich in ein Monitoring-System einbetten. Auch bei internen Kennzahlvergleichen über die Zeit hinweg dürfen die situativen Kontextbedingungen nicht außer Acht gelassen werden, denn auch diese können die Ursachen für Kennzahlenveränderungen darstellen. So wäre es z.B. möglich, dass sich die Sicherheitslage in einer Region dramatisch verschlechtert hat und deshalb zusätzliches Wachpersonal oder die Installation von Sicherheitssystemen für die Gewährleistung der Sicherheit in der Ausbildungsstätte notwendig ist. Eine solche außergewöhnliche Belastung müsste bei der Bewertung entsprechend berücksichtigt werden und würde nicht automatisch als eine verschlechterte Effizienz des Programms bewertet.

Mit der hier dargestellten pragmatischen Vorgehensweise ist eine einfach zu handhabende, grobe Effizienzeinschätzung von Programmen möglich. Grob, weil die programmspezifischen Bedingungen nicht alleine durch die vorgestellten Messmethoden erfasst werden können, sondern dieses nur in Kombination mit anderen Instrumenten der Evaluation möglich ist. Deshalb ergänzen die hier behandelten Methoden zur Effizienzmessung die in dieser wirkungsorientierten Evaluationskonzeption verwendeten vornehmlich sozialwissenschaftlichen Methoden.

Multimethodenansatz

✓ Um die im Evaluationsleitfaden nach Themenbereichen gebündelten Untersuchungsfragen beantworten zu können, müssen unterschiedliche Erhebungsmethoden eingesetzt werden. Der kombinierte Einsatz verschiedener Erhebungstechniken, Auswahlverfahren und Versuchsanordnungen wird ‚Triangulation' genannt. Dabei wird versucht, die methodischen Schwächen eines Instruments durch die Stärken anderer Instrumente auszugleichen.

✓ Für Evaluationen ist in der Regel die Kombination von qualitativen und quantitativen Instrumenten sinnvoll: „Will man Feststellungen über relevante Programmbedingungen und -wirkungen durch ein Gefüge von sich wechselseitig stützenden Evidenzen absichern, so liefert ein multipler methodischer Zugang im allgemeinen ein reichhaltigeres und aussagekräftigeres Bild als ein monomethodischer Ansatz" (Brandstädter 1990b: 219).

✓ Durch die Verwendung von Aktenanalysen, sekundärstatistischen Auswertungen vorhandener Daten, die Durchführung von Intensivinterviews (teilweise zusätzlich retrospektiv) und standardisierten telefonischen oder schriftlichen (oder Online-) Befragungen sowie durch die ergänzende Nutzung von Beobachtungsverfahren, entsteht ein komplexes Informationsbild, das sowohl die Ausgangssituation vor/bei Programmbeginn, als auch die einzelnen Durchführungsphasen und ggf. auch das Förderende und die Zeit danach umfasst.

✓ Durch die Verwendung mehrerer Datenerhebungsmethoden werden die empirischen Befunde mehrfach abgesichert: Da die Daten aus unterschiedlichen ‚Quellen' stammen und mit verschiedenen Instrumenten erhoben werden, sind gegenseitige ‚cross-checks' zur Überprüfung der Validität und Reliabilität möglich.

4.5 Der soziale Kontext der Evaluation

4.5.1 Die Rolle der Evaluatoren

Auch wenn – wie in den beiden vorangegangenen Kapiteln dargestellt – alle in der empirischen Sozialforschung bekannten Untersuchungsdesigns und Datenerhebungsmethoden für die Evaluation genutzt werden können, so ist sie doch mehr als nur eine besondere Form der Sozialforschung. Was sie vor allem davon unterscheidet, ist der mit ihr verbundene Anspruch, *Nutzen zu stiften*. Evaluation will dazu beitragen, die Planung und Umsetzung sozialer Interventionen, sei es im Rahmen einzelner Maßnahmen kurzfristiger Projekte, lang andauernder Programme oder gar unbefristeter Dienstleistungsangebote wirkungsvoller zu gestalten, um letztlich die *Qualität von Programmen und Dienstleistungen* zu verbessern.

Evaluationsforschung *unterscheidet* sich von Grundlagenforschung in mehrfacher Hinsicht: Vedung (2004: 132) hebt hervor: „the basic difference between evaluation research and fundamental research is that the former is intended for use". Während Grundlagenforschung relativ zweckfrei nach Erkenntnissen streben kann, hat Evaluationsforschung zumeist einen Auftraggeber, der damit bestimmte Absichten verfolgt und einen Untersuchungsgegenstand (z.B. ein Programm oder Dienstleistungsangebot), der in direkter Verbindung mit Bevölkerungsgruppen (Zielgruppen) steht. Diese verfolgen unterschiedliche Interessen, Absichten und Ziele und haben verschiedene Vorstellungen darüber, wem ein Programm in welcher Form nutzen sollte. Da Evaluation darauf abzielt, ex-ante die Entwicklung von Programminitiativen zu unterstützen und die Planung von Interventionen zu verbessern, on-going die Umsetzung sozialer Maßnahmen effektiver und effizienter zu gestalten, um einen höheren Wirkungsgrad zu erreichen und ex-post die entstandenen Wirkungen summativ und bilanzierend zu bewerten (vgl. in Kapitel 2.3.1 Abbildung 2.7), gerät sie automatisch in ein *Konfliktfeld* sozialer und politischer Interessen. Indem sie Gestaltungs-, Kontroll-, Steuerungs- und Bewertungsfunktionen innerhalb von Handlungsfeldern der Politik wahrnimmt und ihre Ergebnisse in den Verwaltungs- und Politikprozess zurückmeldet, wird sie selbst zu einem *Politikum* und bewegt sich „notwendig in einem Minenfeld politischer, administrativer und gesellschaftlicher Interessen" (Hellstern und Wollmann 1980: 61). Evaluationsforscher müssen deshalb die *soziale Ökologie ihres Arbeitsumfeldes* berücksichtigen. Verschiedene Interessengruppen sind direkt oder indirekt an den Evaluationen beteiligt und können die Durchführung behindern oder fördern. Solche ‚Stakeholder' sind z.B. politische Entscheidungsträger, Auftraggeber der Evaluation, Durchführungsorganisationen, Implementationsträger, Programmteilnehmer, Ziel- und Nicht-Zielgruppen, Projektmitarbeiter, Programmkonkurrenten oder andere.

Aufgrund dieser ‚*Dualität*' der Evaluationsforschung, die sich darin ausdrückt, dass sie einerseits Teil der empirischen Sozialforschung ist und sich ihrer Theorien und Methoden bedient, aber andererseits auch Teil des politischen Prozesses ist, den sie selbst mit ihren Ergebnissen beeinflusst und umgekehrt als Instrument zur Entscheidungsfindung für die politische Steuerung wissenschaftsfremden Anforderungen ausgesetzt ist, haben sich im Laufe der Entwicklung der Evaluationsforschung unterschiedliche methodische Ansätze herausgebildet. Diese orientieren sich entweder stärker an wissenschaftlichen Standards oder stärker an den Anforderungen der Auftraggeber oder den Bedürfnissen der Zielgruppen.

Nachdem in den vorangegangenen Kapiteln die theoretischen und methodischen Grundlagen für die hier entwickelte Evaluationskonzeption dargelegt wurden, geht es jetzt darum, den *sozialen Kontext*, in dem diese Konzeption eingesetzt werden soll, zu beleuchten. *Ziel* ist es, auf die *Rolle des Evaluators* im Evaluationsprozess, sein Verhältnis zu den Stakeholdern und mögliche Konfliktfelder, die es zu beachten gilt, einzugehen, damit eine Evaluation nicht nur einen möglichst optimalen Verlauf nimmt, sondern dass aus ihren Ergebnissen auch ein hoher Nutzen gezogen wird und die Empfehlungen zur Verbesserung der Programmqualität umgesetzt werden.

Hierfür wird ein *partizipatives Evaluationsmodell* entwickelt, das erstens der wissenschaftlichen Qualität Rechnung trägt, zweitens den Informationsbedürfnissen der Stakeholder dient und drittens die (unterschiedlichen) Interessen der Stakeholder möglichst umfassend zur Geltung bringt.

Die hier entwickelte Evaluationskonzeption kann sowohl für interne als auch externe Evaluationen eingesetzt werden (vgl. Kapitel 2.3.2). Eine Reihe von Faktoren beeinflussen dabei die *Rolle*, das Selbstverständnis und die Vorgehens- und Arbeitsweise eines Evaluators:

Interne Evaluatoren haben den Vorteil, dass sie die durchgeführten Programme und die damit verbundenen Ziele, Probleme etc. gut kennen, also über konkretes Situationswissen verfügen, und rasch mit der Evaluation beginnen können. Zudem lassen sich die auf den Ergebnissen basierenden Empfehlungen aufgrund der organisatorischen Nähe zu den Entscheidungsträgern auf ‚kurzem‘ Wege vermitteln. Umgekehrt besteht für interne Evaluatoren die Gefahr, dass sie aufgrund der Nähe zu den handelnden Personen, aufgrund der organisatorischen Strukturen, in die sie eingebunden sind und gerade aufgrund ihrer guten Programmkenntnisse die Distanz zum Untersuchungsgegenstand verlieren, für alternative Erklärungen, Modelle und Vorgehensweisen nicht offen genug sind, kritische Äußerungen fürchten (um nicht ihrer Karriere zu schaden) und zu wenig die Interessen der Stakeholder berücksichtigen etc.

Die Vor- und Nachteile, die *externe Evaluatoren* kennzeichnen, sind fast spiegelbildlich zu sehen. Sie dürften in der Regel distanzierter, unabhängiger und offener agieren, dafür aber Schwierigkeiten beim Informationszugang, bei der Akzeptanz, der Durchdringung komplexer organisatorischer Strukturen und Prozesse etc. haben. Andererseits ist von externen Evaluatoren zu erwarten, dass sie über eine hohe Theorie- und Methodenkompetenz sowie professionalisiertes Wissen und reichhaltige Erfahrungen verfügen, die sie dazu befähigen, problemadäquate und den Standards für Evaluation entsprechende Evaluationen zu planen und durchzuführen.

Diese Aussagen sind sehr typologisierend und können im konkreten Fall nicht immer zutreffend sein. Hier geht es aber auch gar nicht darum, die Vor- und Nachteile interner und externer Evaluation gegeneinander abzuwägen, sondern auf die *Schwierigkeiten* des Evaluators in seinem *Arbeitsfeld* hinzuweisen, mit denen er sich bei der Anwendung der hier entwickelten Evaluationskonzeption (wie bei Evaluationen generell) auseinander setzen muss. Dabei stellen interne und externe Evaluationen jeweils *unterschiedliche situative Anforderungen* an einen Evaluator, doch in jedem Fall *gelten die gleichen professionellen Standards*. D.h. unabhängig davon, ob ein Evaluator ‚intern‘ oder ‚extern‘ tätig ist, gelten die Standards für Evaluation (wie Nützlichkeit, Durchführbarkeit, Fairness und Genauigkeit).

Die Rolle des Evaluators hängt natürlich auch entscheidend von seinem *Auftrag* ab, den Zielen der Evaluation, auf welche Phase eines Programms sich die Evaluation bezieht, welche Analyseperspektive und welches Erkenntnisinteresse im Vordergrund steht etc. (vgl. in Kapitel 2.3.1 Abbildung 2.7). Dementsprechend hat der Evaluator ein passendes *Evaluationsparadigma* und *-design* zu wählen. Da die Evaluationskonzeption dieser Arbeit auf der Basis des *empirisch-wissenschaftlichen Paradigmas* entwickelt wurde, wird im Folgenden auch von einem entsprechenden *Rollenverständnis* des Evaluators ausgegangen. Damit soll keineswegs impliziert werden, dass dies das einzig richtige oder ‚bessere‘ Verständnis wäre. Für jede Evaluation ist das Paradigma zu wählen und sind das Design und die Erhebungsmethoden einzusetzen, die dem Erkenntnisinteresse bzw. der Aufgabenstellung entsprechen. Auch wenn die Vielfalt der zahlreichen Evaluationsansätze verwirrend erscheinen mag, so ist doch gerade darin ihr größter heuristischer Wert zu sehen, indem für unterschiedliche Ziele und Aufgabenstellungen von Evaluationen eine breite Palette an Alternativen zur Verfügung steht.

Unabhängig davon, welches Evaluationsparadigma gewählt wird und unabhängig davon, ob eine Evaluation intern oder extern durchgeführt wird, in jedem Fall spielt die *Kommunikation* zwischen Evaluator und Stakeholdern eine entscheidende Rolle. Die sozialen Interaktionen bzw. das grundlegende Verhältnis zwischen den an einer Evaluation beteiligten und davon betroffenen Akteuren hat Einfluss auf die Evaluation. Dabei stellt der Evaluator selbst mit seinen persönlichen Wertvorstellungen und -empfindungen gegenüber den verschiedenen Stakeholdern sowie seinen Beziehungen zu ihnen eine mögliche ‚Störquelle‘ dar: „Every evaluation is a reflection of the evaluator's personal beliefs, as well as a complex of interpersonal, financial, and organizational interrelationships between the evaluator and numerous other actors in the evaluation context" (Fitzpatrick u.a. 2004: 416). Der Evaluator kann dies nicht ausblenden, doch er muss sich dieser Tatsache bewusst sein und durch ständige *Selbstreflexion* versuchen, das eigene Verhalten zu kontrollieren.

Mögliche Beispiele, wie persönliche Einstellungen und Wertpositionen des Evaluators Störeffekte hervorrufen können, sind *ethnozentristische Sichtweisen* oder aber die Gefahr des *‚going native‘*. Zu ethnozentristischen Verzerrungen kann es (auch ungewollt) kommen, wenn sich Forscher in fremden kulturellen Kontexten bewegen und ihre Theorien, Methoden und Instrumente, die für die Analyse westlicher Gesellschaften entwickelt wurden, unreflektiert und nicht ausreichend kulturell adaptiert anwenden. Schon bei der Formulierung des Untersuchungsproblems sowie der vermuteten Zusammenhänge kann die kritisch-rationale Forschungslogik in fremden kulturellen Kontexten auf Verständnisprobleme stoßen. Mit ‚going native‘ wird die Tendenz bezeichnet, die Sicht einzelner Akteure oder Stakeholder zu übernehmen. Dadurch verlieren die Evaluatoren die Distanz zum Untersuchungsgegenstand und ihre Unabhängigkeit von bestimmten Interessen. Diese Gefahr wird umso größer, je länger ein Evaluator sich im Feld aufhält und je intensiver der Austausch mit den Stakeholdern ist.

Besonders problematisch kann die Beziehung zum Auftraggeber sein: „the more control the client [der Auftraggeber] has over the evaluators' job security, salary (or future consultant fees), and prequisites, the less candor and objectivity the evaluator is likely to demonstrate in conducting the evaluation" (Fitzpatrick u.a. 2004: 422).

Solche Einflüsse, die auf den Evaluator wirken und die Ergebnisse von Evaluationen beeinträchtigen können, lassen sich nicht ausschließen, doch sie sollten dem Evaluator bewusst sein, so dass er gegensteuern kann. In der Praxis häufig vorkommende, mehr oder minder subtile *Beeinflussungsprozesse* können u.a. darin bestehen, dass

- schon in der Vorbereitung einer Evaluation der Auftraggeber gewünschte und weniger gewünschte Ergebnisse definiert,
- versucht wird, die Interessen bestimmter Stakeholder nicht zu erfassen oder gering zu bewerten,
- Evaluatoren unter Druck gesetzt werden, Ergebnisse anders darzustellen,
- unliebsame Befunde von Stakeholdern (auch anderen als den Auftraggebern) unterdrückt werden,
- Ergebnisse nach gewünschten Kriterien selektiert oder manipuliert werden,
- Druck ausgeübt wird, Informanten, denen Vertraulichkeit zugesichert wurde, zu nennen,
- versucht wird, für die Evaluation relevante Fragestellungen von vornherein auszublenden,
- Ergebnisse nicht transparent gemacht werden und vor Vorgesetzten oder der Öffentlichkeit verborgen werden.

Diese Liste ließe sich noch beliebig verlängern und stellt nur einige Beispiele potenzieller Beeinflussungsversuche dar.

Standards der Evaluation sollen nicht nur die Nützlichkeit, Durchführbarkeit und Wissenschaftlichkeit von Evaluationen sicherstellen, sondern auch die soziale Interaktion zwischen den Evaluatoren und den Stakeholdern so regeln, dass ‚respektvoll und fair' miteinander umgegangen wird. Im Einzelnen hat die Deutsche Gesellschaft für Evaluation folgende *Fairness-Standards (F)* festgelegt (vgl. http://www.degeval.de):

F1 – Formale Vereinbarungen
Die Pflichten der Vertragsparteien einer Evaluation (was, wie, von wem, wann getan werden soll) sollen schriftlich festgehalten werden, damit die Parteien verpflichtet sind, alle Bedingungen dieser Vereinbarung zu erfüllen oder aber diese neu auszuhandeln.

F2 – Schutz individueller Rechte
Evaluationen sollen so geplant und durchgeführt werden, dass Sicherheit, Würde und Rechte der in eine Evaluation einbezogenen Personen geschützt sind.

F3 – Vollständige und faire Überprüfung
Evaluationen sollen die Stärken und die Schwächen des Evaluationsgegenstandes möglichst vollständig und fair überprüfen und darstellen, so dass die
Stärken weiter ausgebaut und die Schwachpunkte behandelt werden können
und die Rechte der in eine Evaluation einbezogenen Personen geschützt sind.

F4 – Unparteiische Durchführung und Berichterstattung
Die Evaluation soll unterschiedliche Sichtweisen von Beteiligten und Be-
troffenen auf Gegenstand und Ergebnisse der Evaluation in Rechnung stellen.
Berichte sollen ebenso wie der gesamte Evaluationsprozess die unparteiische
Position des Evaluationsteams erkennen lassen. Bewertungen sollen fair und
möglichst frei von persönlichen Gefühlen getroffen werden.

F5 – Offenlegung der Ergebnisse
Die Evaluationsergebnisse sollen allen Beteiligten und Betroffenen soweit wie
möglich zugänglich gemacht werden.

Daneben gibt es weitere Leitlinien: So hat z.B. die American Evaluation Association (AEA) 1994 sogenannte *„Guiding Principles for Evaluators"* herausgegeben, die gewissermaßen einen Verhaltenskodex für Evaluatoren darstellen
und fünf Leitprinzipien umfassen (Beywl und Widmer 2000: 282f.):
- *Systematische Untersuchung*: Evaluatoren führen systematische, auf Daten
  gestützte Untersuchungen über das jeweilige Evaluationsobjekt durch.
- *Kompetenz*: Evaluatoren stellen den Beteiligten und Betroffenen professionelle Leistungen zur Verfügung.
- *Integrität/Aufrichtigkeit*: Evaluatoren garantieren Aufrichtigkeit und
  Integrität während des gesamten Evaluationsprozesses.
- *Achtung gegenüber den Menschen*: Evaluatoren respektieren die Sicherheit,
  die Würde und das Selbstwertgefühl der Antwortenden, Programm-
  teilnehmenden, Auftraggebern und anderer Beteiligter und Betroffener, mit
  denen sie in Interaktion treten.
- *Verantwortung für das allgemeine und öffentliche Wohl*: Evaluatoren
  artikulieren die vielfältigen Interessen und Werte, die möglicherweise in
  Beziehung zum allgemeinen und öffentlichen Wohl stehen, und berücksichtigen diese in ihren Überlegungen.

Solche Regelwerke[129] (Standards) können zwar dazu beitragen, bei Evaluationen auftretende Konflikte präventiv oder während der Evaluation zu ent-

---

129 Ein weiteres, ausführliches Regelwerk stellen z.B. die „DAC-Principles for Evaluation of
Development Assistance" der OECD (1998) dar (vgl. http://www.oecd.org/dataoecd/
63/50/2065863.pdf). Diese Standards wurden von der 1988 gegründeten ‚expert group on
aid evaluation' des ‚Development Assistance Committee' der Organization for Economic
Cooperation and Development (OECD) erarbeitet und erstmals 1991 veröffentlicht. Die
DAC-Principles machen auf acht Kernpunkte aufmerksam: (1.) Impartiality and
Independence, (2.) Credibility, (3.) Usefulness, (4.) Participation of Donors and Recipients,
(5.) Donor Co-operation, (6.) Evaluation Programming, (7.) Design and Implementation of

schärfen, doch verhindern lassen sie sich dadurch natürlich nicht. Hinzu kommt, dass die eigentliche *Interpretation* dieser Richtlinien immer nur *situationsspezifisch* erfolgen kann. Oft lassen sich gar nicht alle Regeln gleichzeitig einhalten, so dass sie gewichtet und priorisiert werden müssen. Auf jeden Fall stellen sie jedoch eine wichtige *Bezugsgröße* dar, auf deren Basis ein Dialog geführt und auf deren Einhaltung gepocht werden kann.

Neben den Auftraggebern, die die finanziellen Mittel für eine Evaluation bereitstellen und die sogenannten ‚Terms of Reference‘, das *Pflichtenheft* festlegen, sind weitere Stakeholder zu unterscheiden, die eine Evaluation beeinflussen oder selbst von dieser beeinflusst werden. Deshalb sollten bei der Planung und Durchführung einer Evaluation nicht nur die Belange des Auftraggebers berücksichtigt werden, sondern auch die Interessen und Bedürfnisse der anderen Akteure. Dabei handelt es sich *nicht* in erster Linie um eine *strategische Maßnahme*, um ‚Störgrößen‘ zu eliminieren, damit niemand Informationen zurückhält, sich einer Evaluation verweigert oder diese sogar boykottiert. Es geht dabei vor allem darum, die verschiedenen *Perspektiven und Sichtweisen* einzubinden, damit die Ergebnisse auf breite Akzeptanz stoßen. Ist dies nicht der Fall, ist kaum eine aktive Beteiligung der Stakeholder an einer Umsetzung der Evaluationsempfehlungen zu erwarten.

Da es zum Aufgabenbereich von Evaluationen gehört, Defizite und Fehlentwicklungen aufzudecken und transparent zu machen, auch wenn dadurch Strategien und politische Positionen der Stakeholder, insbesondere der Auftraggeber in Zweifel gezogen werden, kann auch bei optimaler Einbindung aller Stakeholder nicht davon ausgegangen werden, dass immer alle von den *Evaluationsergebnissen* begeistert sein werden:

> „This means that sponsors of evaluation and other stakeholders may turn on the evaluator and harshly criticise the evaluation if the results contradict the policies and perspectives they advocate. Thus, even those evaluators who do a superb job of working with stakeholders and incorporating their views and concerns in the evaluation plan should not expect to be acclaimed as heroes when the results are in. The multiplicity of stakeholder perspectives makes it likely that no matter how the results come out, someone will be unhappy." (Rossi, Lipsey u. Freeman. 2004: 43).

Da Evaluationen in einem *politischen Umfeld* stattfinden, kommt es vor, dass Stakeholder abweisend auf Ergebnisse reagieren, die ihren eigenen Positionen

---

Evaluations, (8.) Reporting, Dissemination and Feedback. Alle DAC-Mitgliedsländer haben sich zur Einhaltung dieser Prinzipien verpflichtet, die 1998 einem Review-Prozess unterzogen wurden (vgl. OECD 1998).
Ein weiteres Regelwerk hat die United Nations Evaluation Group (UNEG) aufgestellt. Die ‚Standards for Evaluation in the UN System‘ (2005) sind in vier Oberkategorien aufgeteilt: (1.) Institutional Framework and Management of the Evaluation Function, (2.) Competencies and Ethics, (3.) Conducting Evaluations, (4.) Evaluation Reports.
Interessant ist auch ein Vergleich mit den „Standards zur Qualitätssicherung in der Markt- und Sozialforschung" (www.adm-ev.de).

und Erwartungen widersprechen. Es kann sogar vorkommen, dass versucht wird, die Evaluation und diejenigen die sie durchgeführt haben, zu diskreditieren. Evaluatoren sollten deshalb nicht besonders überrascht sein, wenn ihre Studie oder sie selbst ins Kreuzfeuer der *Kritik* geraten.

Aus der langjährigen Evaluationspraxis lassen sich folgende *typische Kritikmuster* identifizieren:

- *Alles bekannt!*
Manchmal kommt es vor, dass die Auftraggeber der Evaluation, die Evaluierten oder andere Stakeholder behaupten, dass die Ergebnisse der Evaluation bereits schon vor der Evaluation allseits bekannt gewesen seien und deshalb niemanden überraschen. Häufig trifft es in der Tat zu, dass die Betroffenen Defizite und Probleme kennen oder zumindest ein Gefühl dafür entwickelt haben. Die Aufgabe der Evaluation ist jedoch darüber hinaus, empirisch fundierte Belege und belastbare Befunde zu liefern. Unabhängig davon ist in einem solchen Fall klärungsbedürftig, wieso trotz Kenntnis der vorhandenen Probleme die verantwortlichen Personen nicht gehandelt haben und die ,bekannten' Mängel nicht bereits vor der Evaluation abgestellt wurden.
Im Übrigen ist in der Evaluationsforschung wie in der gesamten Sozialwissenschaft zu beobachten, dass Ergebnisse, die kontra-intuitiv sind, also nicht der allgemeinen Erwartung entsprechen, die größte Aufmerksamkeit erregen. Dennoch sind empirisch abgesicherte Erkenntnisse, die mit dem Mainstream der impliziten oder expliziten Vermutungen und Annahmen in Einklang stehen, nicht weniger bedeutsam.

- *Methodische Defizite*
Eine besonders beliebte Möglichkeit die Ergebnisse einer Evaluation in Zweifel zu ziehen, besteht darin, das Untersuchungsdesign und die eingesetzten Methoden zu kritisieren. Dabei ist immer wieder erstaunlich, wie viele (vermeintliche) ,Methodenexperten' es gibt! Da in der Tat viele unterschiedliche Herangehensweisen an ein Untersuchungsproblem möglich sind, schützt nur die Wahl eines angemessenen Untersuchungsdesigns und praktikabler Methoden vor ungerechtfertigter Kritik. Deshalb muss ein Evaluator überzeugend darlegen, dass sein methodisches Vorgehen dem ,state of the art' entspricht.
Ein Problem kann dann entstehen, wenn der Auftraggeber gar nicht die nötigen Finanzmittel bereitstellt, um ein der Aufgabenstellung eigentlich angemessenes Untersuchungsdesign zu finanzieren. Häufig besteht die Kunst der Evaluation ja gerade darin, *mit einem Minimum an Mitteln ein Optimum an belastbaren Informationen* zu erzielen. Häufig müssen ,Second-best'-Ansätze akzeptiert werden, da die Evaluation aufgrund mangelnder Finanz- oder auch Zeitressourcen nicht anders durchführbar ist. Dennoch gibt es Auftraggeber, die zwar nur geringe Finanzmittel für eine Evaluation bereitstellen und eine

‚Second-best'-Lösung großzügig akzeptieren, am Ende der Studie aber deren methodische Mängel kritisieren. Um belegen zu können, dass bei der Vorbereitung einer Evaluation auf die methodischen Schwierigkeiten sowie auf die Konsequenzen für die Qualität der Evaluation, die mit einer ‚Second-best'-Lösung verbunden sind, hingewiesen wurde, empfiehlt es sich, alle Vorgehensschritte zu dokumentieren und angefertigte Protokolle gemeinsam zu verabschieden.

Letztlich liegt jedoch die *Verantwortung für die Qualität* einer Evaluation *bei den Evaluatoren.* Sie sollten deshalb dann, wenn sie erkennen, dass die Voraussetzungen für eine der Aufgabenstellung angemessene Durchführung einer Evaluation nicht gegeben sind und sich die Standards für Evaluation nicht einhalten lassen, diese nicht übernehmen (vgl. Kapitel 4.6).

Die Auswahl der Interviewpartner sollte mit größter Umsicht geschehen. Da repräsentative (Zufalls-)Auswahlen häufig nicht möglich sind, ist gezielt vorzugehen. Dabei ist darauf zu achten, dass möglichst alle relevanten Perspektiven und Interessen vertreten sind. Zusätzlich empfiehlt es sich, die Auswahl mit den Stakeholdern (zumindest mit dem Auftraggeber) abzustimmen. Ansonsten kann der Vorwurf drohen, man habe die ‚falschen' Personen befragt und komme deshalb zu ‚falschen' oder verzerrten Ergebnissen. Hätte man hingegen die ‚Richtigen' befragt, wäre die Beurteilung ganz anders, nämlich positiver ausgefallen.

- *Es kann nicht sein, was nicht sein darf*
Mitunter kommt es vor, dass Befunde schlicht geleugnet werden. Handelt es sich dabei um Fakten und Sachverhalte, die sich mit Daten einwandfrei belegen lassen, kann der Sachverhalt rasch geklärt werden. Handelt es sich um Meinungsäußerungen (z.B. Zufriedenheit mit verschiedenen Aspekten eines Programms), ist der Beleg über eine statistisch ausreichende Zahl von Befragten zu führen. Die Daten sprechen dann ‚für sich'. Handelt es sich um Interpretationen des Evaluators, ist strikt auf eine logische Argumentationskette zu achten. Je mehr Aussagen vermieden werden, die nicht ausreichend durch vorhandene Daten belegt werden können, umso weniger Angriffsfläche bietet eine Evaluation. Auf Spekulationen sollte sich keine Evaluation einlassen.

Insbesondere bei sehr komplexen Evaluationsgegenständen lässt sich trotz größter Sorgfalt häufig nicht ganz ausschließen, dass sachliche Fehler auftreten. Werden diese durch die Programmverantwortlichen oder Betroffenen, die in der Regel über ein weit umfassenderes Situationswissen verfügen als die Evaluatoren, moniert, sind sie nach eingehender Prüfung selbstverständlich zu korrigieren. Anders verhält es sich mit begründeten Bewertungen. Evaluatoren haben nicht nur das Recht, sondern die professionelle Pflicht, an mit Fakten ausreichend belegten Beurteilungen festzuhalten und allen möglichen Beeinflussungsversuchen zu widerstehen.

- *Akribische Fehlersuche*

Bei Präsentationen der im Evaluationsbericht zusammengefassten Ergebnisse ist manchmal zu beobachten, dass sich die Kritik des Auftraggebers oder der Evaluierten in zahllosen Details erschöpft. Aufgrund des überlegenen konkreten Situationswissens ist es fast immer möglich, Unkorrektheiten in der Darstellung zu entdecken, mögen diese auch nur marginal sein. Selbst grammatikalische Fehler oder falsche Kommasetzung im Abschlussbericht können zu Debatten Anlass bieten. In diesen Fällen ist darauf zu achten, dass die zentralen Aussagen und Erkenntnisse einer Studie nicht in den Hintergrund gedrängt werden. Hinter einem solchen Vorgehen kann sich durchaus Methode verbergen, nämlich der Versuch, sich mit unbequemen Aussagen der Studie möglichst gar nicht auseinandersetzen zu müssen.

- *Durchführungsmängel*

Nicht alle Evaluationen werden gut geplant. Tritt der Fall ein, dass der Auftraggeber nicht die zugesagte Unterstützung gewährt, z.B. nicht die für eine Befragung erforderlichen Adressendaten liefert, festgelegte Interviewpartner nie anzutreffen sind, Prozesse und Entscheidungen verschleppt werden etc., sind diese Probleme von Seiten des Evaluators genau zu dokumentieren. Nur so kann er sich gegen spätere Vorwürfe verteidigen, z.B. dass die Zahl der Befragten zu gering sei oder der Bericht nicht in der festgelegten Frist fertig gestellt worden ist. Es ist eigentlich überflüssig zu erwähnen, dass der Evaluator vorher den Auftraggeber auf solche Probleme aufmerksam zu machen hat und ihn – sofern ihm das möglich ist – bei der Problemlösung unterstützt.

Diese Auflistung soll nicht den Eindruck erwecken, dass Kritik an Evaluationsstudien oder Evaluatoren immer unbegründet sei und die Fehler nur bei Versäumnissen oder der Kritikunfähigkeit und Lernunwilligkeit der Auftraggeber, der Evaluierten oder anderer Stakeholder zu suchen seien. *Mitnichten!* *Natürlich bieten Studien und Evaluatoren nicht selten Anlass zu berechtigter Kritik*, wenn nicht professionell gearbeitet wurde. Darüber hinaus dürften in der Mehrzahl der Fälle die Auftraggeber und Evaluierten den Evaluationsergebnissen konstruktiv und aufgeschlossen gegenüberstehen, insb. dann, wenn das mit Evaluationen verbundene Entwicklungspotenzial genutzt werden soll. Zudem zeigt die Erfahrung, dass in Organisationen, in denen generell ein konstruktiver Umgang mit Kritik praktiziert wird, in denen Qualitätsdiskussionen offen geführt werden oder eine ‚Evaluationskultur' existiert, Evaluationsergebnisse und Empfehlungen (eine fundierte Evaluation vorausgesetzt) eher akzeptiert werden und eine Chance auf Umsetzung haben, als in Organisationen, in denen das nicht der Fall ist.

Am besten geschützt vor ungerechtfertigter Kritik sind Evaluatoren dann, wenn

- sie wissenschaftlich genau gearbeitet haben, so dass die Ergebnisse einer methodischen Kritik standhalten,
- die professionellen Standards berücksichtigt wurden,
- optimalerweise die Stakeholder bereits in die Planung und wenn möglich auch Durchführung der Evaluation aktiv integriert wurden und
- die verschiedenen Interessen der Stakeholder bei der Datenerhebung, Analyse und Ergebnisinterpretation ausreichend miteinbezogen wurden.

Die umfangreiche *Einbindung der Stakeholder* in alle Phasen des Evaluationsprozesses birgt allerdings auch *Risiken*. Nicht immer ist von der Lernbereitschaft einer Organisation oder einzelnen Stakeholdern auszugehen. Wenn eine Evaluation nur geringe Akzeptanz findet, z.B. weil sie den Beteiligten oktruiert wurde, kann der hier favorisierte partizipative Ansatz zu massiven Konflikten führen, die die Planung und Umsetzung der Evaluation erheblich behindern können. Werden die wichtigsten Stakeholder schon in die Designphase der Evaluation eingebunden und sind diese an einer konstruktiven Zusammenarbeit nicht interessiert, wird es schwer werden, gemeinsame Evaluationsziele und Bewertungskriterien zu formulieren oder über die Vorgehensweise und den Einsatz ausgewählter Methoden einen Konsens zu finden. Nicht selten gilt es bei den Evaluierten Ängste zu überwinden, insb. dann, wenn die Schließung einer Einrichtung oder eines Programms befürchtet wird. In diesen Fällen müssen die Evaluatoren eine besondere Empathie für die Betroffenen entwickeln und ein hohes Maß an Verhandlungsgeschick und Überzeugungskraft entfalten. Bei allem Verständnis für die Betroffenen und Beteiligten sollte allerdings nie vergessen werden, dass die *Evaluatoren die Verantwortung für die professionelle Durchführung einer Evaluation tragen*. Die Evaluatoren haben sowohl den Anforderungen der Auftraggeber als auch den Bedürfnissen der Betroffenen (z.B. den Evaluierten) gerecht zu werden und sollen wissenschaftliche Standards einhalten. Ein mitunter schwieriges Unterfangen.

4.5.2 Der partizipative Evaluationsansatz

Für die Umsetzung des hier entwickelten Evaluationsansatzes wird eine *partizipative Vorgehensweise* vorgeschlagen, die alle Stakeholder umfasst. Wenn die verschiedenen Stakeholder bereits in die *Planung der Evaluation aktiv miteinbezogen* werden und somit über die Ziele, die Untersuchungshypothesen und das geplante Untersuchungsdesign sowie die Erhebungsmethoden, die eingesetzt werden sollen, informiert werden, besteht eine größere Chance, Akzeptanz und Unterstützung für die Evaluation zu bekommen. Dadurch wird nicht nur sichergestellt, dass unterschiedliche Perspektiven und Sichtweisen bereits in die Konzipierung der Evaluation einfließen, sondern auch dass wertvolle Wissensbestände der unterschiedlichen Akteure genutzt werden können, so z.B. Hinweise auf zu befragende Akteure, Möglichkeiten Kontrollgruppen zu bilden, die Verfügbarkeit von Adressen und Daten etc. (vgl. Abbildung 4.6).

Wird Evaluation als ein *interaktiver Prozess* organisiert, der zu einem intensiven *Dialog* zwischen den Evaluatoren und den an der Evaluation und den zu evaluierenden Maßnahmen beteiligten Personen und Institutionen führt, dann können nicht nur die verschiedenen Interessenlagen, Werte und Bedürfnisse der Stakeholder ermittelt und deren Wissen und Erfahrungen für die Designentwicklung genutzt werden, sondern es kann auch die Akzeptanz für die Durchführung und die Ergebnisse der Evaluation gesteigert werden, indem ein ‚Klima des Vertrauens‘ entsteht. Dadurch steigt zudem die Chance, dass die Evaluationsbefunde anschließend in Entwicklungsprozesse eingespeist werden, da die Stakeholder die Evaluatoren nicht als externe ‚Kontrolleure‘, sondern als Partner mit komplementären Aufgaben wahrnehmen. Während die Evaluatoren ihr *Methodenwissen* einbringen, stellen die Stakeholder ihr *fachliches und konkretes Situationswissen* zur Verfügung.

Da eine valide Bewertung von Maßnahmen und Ereignissen durch die Evaluatoren oft nur auf der Grundlage der freiwilligen und proaktiven Kooperation aller Beteiligten möglich ist, lässt sich die Validität von Evaluationsergebnissen durch eine partizipative Gestaltung verbessern. Dies kann im Idealfall bedeuten, dass die Evaluatoren gemeinsam mit den Evaluierten einen Vorschlag für die Vorgehensweise der Evaluation, die einzubeziehenden Akteure etc. mit dem Auftraggeber abstimmen.

Im Rahmen eines solchen Interaktionsprozesses lassen sich auch gemeinsam Bewertungskriterien entwickeln. Dadurch wird verhindert, dass die Maßstäbe des Auftraggebers dominieren und insbesondere die Sichtweisen benachteiligter Stakeholdergruppen zu kurz kommen. Der Evaluator kann dieses Kriterienset für seine Bewertung verwenden oder alternativ eigene Kriterien entwickeln, die sich z.B. an allgemein üblichen Standards in bestimmten Sektoren oder bei bestimmten Programmtypen orientieren.

Ein solches mit den Stakeholdern abgestimmtes Vorgehen ist zudem offen für kontinuierliche Anpassungen der eingesetzten Evaluationsinstrumente, so dass auch auf sich ändernde Kontextbedingungen im Evaluationsprozess flexibel reagiert werden kann.

Abbildung 4.11: Partizipativer Ansatz

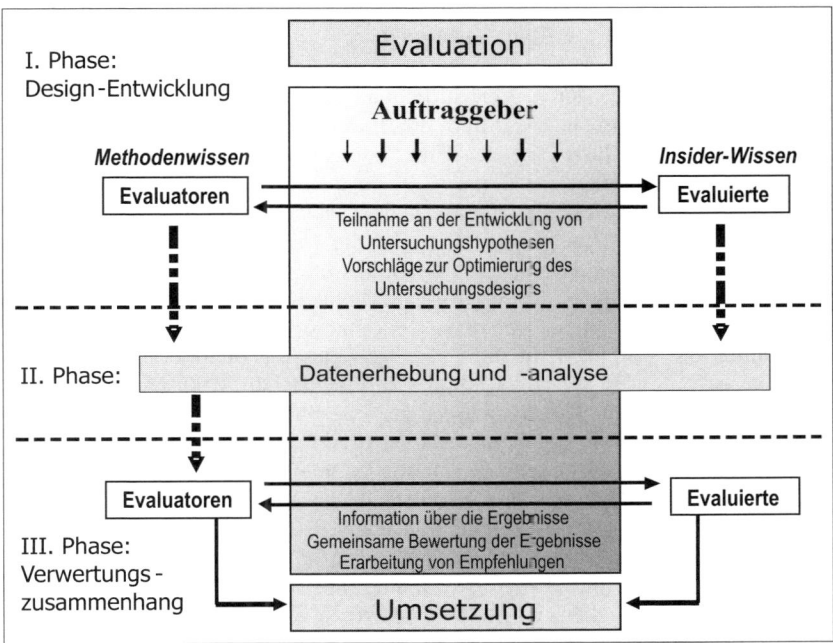

Während sich die erste Phase der Evaluation vor allem auf das Methoden-wissen der Evaluatoren stützt, bezieht sich die *zweite Phase* der Evaluation insbesondere auf die Erhebung der für die Evaluation relevanten Informa-tionen. In dieser zweiten Phase sind die Evaluierten vor allem als *Informa-tionsträger* bedeutsam, die die unterschiedlichen Perspektiven und Sichtweisen darstellen, die es in einer Evaluation zusammenzutragen gilt, um ein möglichst ,objektives' Bild von den Prozessen, Strukturen und Wirkungen zu erhalten. Durch kontinuierliche Informationsvermittlung über den Fortgang der Evalua-tion und durch Workshops kann die Einbindung der Betroffenen und Beteilig-ten sichergestellt werden.

Nach der Aufbereitung und Analyse der mit Hilfe möglichst verschiedener Methoden der empirischen Sozialforschung gesammelten Daten tritt die Eva-luation in ihre *dritte Phase*: Die von den Evaluatoren erhobenen und mit Hilfe des Analyserasters gesammelten Daten und ggf. auch die bereits daraus abge-leiteten Empfehlungen können gemeinsam von den Stakeholdern diskutiert und bewertet werden. Hierfür lassen sich die jeden Themenblock abschließen-den Bewertungszeilen des Evaluationsleitfadens nutzen (vgl. Kapitel 4.3.2). Der Evaluator kann dabei lediglich eine Moderatorenrolle einnehmen, die im Rahmen der Evaluation ermittelten Befunde vorstellen und dann die Ergebnisse zur Bewertung durch die Stakeholder freigeben. Die Evaluatoren können aber auch zusammen mit ihren Befunden die von ihnen getroffenen Bewertungen offen legen und zur Diskussion stellen.

Anschließend lassen sich gemeinsam umsetzungsfähige Entwicklungsstrategien erarbeiten, deren Verwirklichung bei den Betroffenen und ihren Organisationen selbst liegt. Durch die Etablierung eines Monitoring- und Evaluationssystems lässt sich der Umsetzungsfortschritt beobachten und für Steuerungsentscheidungen nutzen.

In dem hier entwickelten Ansatz konzentriert sich die *partizipative Mitwirkung* an einer Evaluation vor allem auf die *Design- und die Verwertungsphase*. Die Ziele einer Evaluation, die Bewertungskriterien und bis zu einem gewissen Grad (solange die Wissenschaftlichkeit des Designs nicht beeinträchtigt wird) auch die Vorgehensweise können partizipativ ermittelt werden und stellen die Vorgaben für die Evaluation dar. Informationssammlung und -analyse ist hingegen in einem empirisch-wissenschaftlichen Verfahren Aufgabe der Evaluatoren. Die *Bewertung* der Ergebnisse lässt sich natürlich gemeinsam mit den Auftraggebern und den diversen Stakeholdern vornehmen. Die *Verwertung* der durch eine Evaluation vorgelegten Befunde und ihre Umsetzung in Aktivitäten liegt ausschließlich in der Verantwortung der Auftraggeber bzw. der übrigen Stakeholder. Anders als bei Qualitätsmanagementsystemen, ist der Evaluator, insbesondere wenn er extern rekrutiert wird, nicht Teil des Umsetzungsprozesses. Er gibt allenfalls Empfehlungen ab, für deren Umsetzung Auftraggeber und Stakeholder verantwortlich sind. Auf diese Prozesse kann der Evaluator keinen Einfluss mehr nehmen.

Einschränkend muss betont werden, dass es bei einem Evaluationsvorhaben kaum gelingen wird, alle jeweils denkbaren Interessenperspektiven zu berücksichtigten oder alle Stakeholder in den Prozess miteinzubeziehen. Vor allem *nichtorganisierte Interessen*, wie dies häufig bei benachteiligten Bevölkerungsgruppen der Fall ist, laufen Gefahr, nicht ausreichend vertreten zu sein. Zudem stellt sich das Problem der Repräsentation: Wer ist dazu legitimiert, die Interessen bestimmter Gruppen zu vertreten oder zumindest dazu berechtigt, die Mehrheitsmeinung der Betroffenen zu artikulieren? Nicht immer werden sich solche Repräsentanten finden. In diesem Fall hilft auch der aus der ‚Empowerment‘- und ‚Emancipatory-Evaluation‘ kommende Vorschlag kaum weiter, dass der Evaluator die Interessen der Benachteiligten selbst vertreten solle. Ein solches Vorgehen würde voraussetzen, dass der Evaluator die tatsächlichen Bedürfnisse und Bedarfe der nicht vertretenen benachteiligten Bevölkerungsgruppen kennt (vgl. Mertens 2004: 45ff.; Lee 2004: 135ff.).

Das hier entwickelte *partizipative Modell* soll dazu beitragen,
- die Interessen und Perspektiven der verschiedenen Stakeholder zu berücksichtigen,
- ihr Wissen und ihre Erfahrungen bei der Entwicklung des Evaluationsdesigns und der Auswahl der Erhebungsmethoden zu nutzen,

- die Akzeptanz für die Evaluation und deren Ergebnisse zu erhöhen und
- die Nützlichkeit der Evaluation dadurch zu gewährleisten, dass die aus den gewonnenen Erkenntnissen abgeleiteten Empfehlungen in Handlungen umgesetzt werden. Denn: „In the end, the worth of evaluations must be judged by their utility" (Rossi, Lipsey und Freeman 2004: 411).

Zu Beginn dieses Kapitels wurde noch einmal darauf verwiesen, dass der Zweck von Evaluationen darin besteht, Nutzen zu stiften. Nach Beywl (2001: 160) erweist sich die Nützlichkeit einer Evaluation daran, dass Erkenntnisse, Informationen und Schlussfolgerungen genutzt und auf das Handeln der Adressaten in ihrer Praxis einwirken. Nach den *Nützlichkeitsstandards* der Deutschen Gesellschaft für Evaluation (2002) soll sichergestellt werden, „dass die Evaluation sich an den geklärten Evaluationszwecken sowie am Informationsbedarf der vorgesehenen Nutzer und Nutzerinnen ausrichtet". Dabei wird implizit davon ausgegangen, dass Evaluationsergebnisse nur dann genutzt werden, wenn diese Voraussetzungen gegeben sind. Um dies sicherzustellen, werden acht *Nützlichkeitsstandards (N)* definiert (vgl. http://www.degeval.de):

N1 – Identifizierung der Beteiligten und Betroffenen
Die am Evaluationsgegenstand beteiligten oder von ihm betroffenen Personen bzw. Personengruppen sollen identifiziert werden, damit deren Interessen geklärt und soweit wie möglich bei der Anlage der Evaluation berücksichtigt werden können.

N2 – Klärung der Evaluationszwecke
Es soll deutlich bestimmt sein, welche Zwecke mit der Evaluation verfolgt werden, so dass die Beteiligten und Betroffenen Position dazu beziehen können und das Evaluationsteam einen klaren Arbeitsauftrag verfolgen kann.

N3 – Glaubwürdigkeit und Kompetenz des Evaluators/der Evaluatorin
Wer Evaluationen durchführt, soll persönlich glaubwürdig sowie methodisch und fachlich kompetent sein, damit bei den Evaluationsergebnissen ein Höchstmaß an Glaubwürdigkeit und Akzeptanz erreicht wird.

N4 – Auswahl und Umfang der Informationen
Auswahl und Umfang der erfassten Informationen sollen die Behandlung der zu untersuchenden Fragestellungen zum Evaluationsgegenstand ermöglichen und gleichzeitig den Informationsbedarf des Auftraggebers und anderer Adressaten und Adressatinnen berücksichtigen.

N5 – Transparenz von Werten
Die Perspektiven und Annahmen der Beteiligten und Betroffenen, auf denen die Evaluation und die Interpretation der Ergebnisse beruhen, sollen so beschrieben werden, dass die Grundlagen der Bewertung klar ersichtlich sind.

N6 – Vollständigkeit und Klarheit der Berichterstattung
Evaluationsberichte sollen alle wesentlichen Informationen zur Verfügung stellen, leicht zu verstehen und nachvollziehbar sein.

N7 – Rechtzeitigkeit der Evaluation
Evaluationsvorhaben sollen so rechtzeitig begonnen und abgeschlossen werden, dass ihre Ergebnisse in anstehende Entscheidungsprozesse bzw. Verbesserungsprozesse einfließen können.

N8 – Nutzung und Nutzen der Evaluation
Planung, Durchführung und Berichterstattung einer Evaluation sollen die Beteiligten und Betroffenen dazu ermuntern, die Evaluation aufmerksam zur Kenntnis zu nehmen und ihre Ergebnisse zu nutzen.

Drei *Typen von Nutzen* werden unterschieden:
- Direkter (instrumenteller) Nutzen
  Damit ist die unmittelbare Nutzung von Evaluationsergebnissen durch das Management des Auftraggebers sowie durch andere Stakeholder gemeint. Dies ist z.B. dann der Fall, wenn Ergebnisse für die Entscheidungsfindung genutzt werden, wenn Programme entsprechend den Evaluationsempfehlungen umgestaltet, Strategien, Kommunikationsbeziehungen etc. verändert werden.
- Konzeptioneller Nutzen
  Dieser entsteht, wenn Evaluationsergebnisse das generelle Denken über Problemstellungen beeinflussen. Dies ist z.B. dann der Fall, wenn gezeigt werden kann, dass nur mit Hilfe von Ex-post-Evaluationen die Nachhaltigkeit von Programmen messbar ist und diese Erkenntnis dazu führt, dass eine Organisation Ex-post-Evaluationen zukünftig als zusätzliches Verfahren einsetzt.
- ‚Überzeugungs'-Nutzen (persuasive use)
  Dieser stellt sich ein, wenn Evaluationsergebnisse zur Untermauerung oder Widerlegung ‚politischer' Positionen dienen. Dies ist z.B. dann der Fall, wenn die Ergebnisse von Evaluationen fest verankerte, nicht mehr hinterfragte Positionen widerlegen können. So zeigt sich z.B. bei der Evaluation der Nachhaltigkeit von Entwicklungsprojekten, dass die Partizipation der Zielgruppen in der Planungsphase nicht – wie oft behauptet – eine entscheidende Variable für den Projekterfolg ist, sondern dass andere Variablen (wie z.B. Zielakzeptanz, Leistungsfähigkeit der Trägerorganisation etc.) weitaus bedeutsamer sind.

Eine oft gehörte Klage von Evaluatoren besteht darin, dass Evaluationsbefunde und -empfehlungen nicht ausreichend beachtet würden. Studien, die in den 70er- und 80er-Jahren durchgeführt wurden, kommen immer wieder zu diesem Ergebnis. Spätere Untersuchungen (vgl. Fitzpatrick u.a. 2004: 401; Stamm 2003: 183ff.) zeigen jedoch, dass sich dieses Ergebnis nur bedingt bestätigen lässt und dass Evaluationsbefunde auch instrumentell stärker genutzt werden, als vermutet. Insbesondere die anfänglich starke Fokussierung der Beobachtungen auf direkte Auswirkungen von Evaluationsergebnissen erwies sich als zu eng gesteckt, um ihre Wirkungen zu erfassen. Umfassendere Studien zeigten zudem, dass Evaluationen oftmals eher indirekte Wirkungen auf weitergehende Entscheidungsprozesse hatten, indem Lernprozesse gefördert wurden (konzeptioneller Nutzen).

In Studien, die sich mit der *Nutzung von Evaluationsergebnissen* beschäftigen, wurden folgende Faktoren als ausschlaggebend für eine praktische Umsetzung von Evaluationsergebnissen identifiziert (vgl. Fitzpatrick u.a. 2004: 405; Rossi, Lipsey und Freeman 2004: 414):

- die Relevanz der Evaluation für die Entscheidungsträger und/oder andere Stakeholder,
- die Einbeziehung von Stakeholdern in die Planungs- und Berichtsphasen der Evaluation,
- die Reputation oder Glaubwürdigkeit des Evaluators,
- die Qualität der Kommunikation der Ergebnisse (Zeitnähe, Häufigkeit, Methodik) und
- die Entwicklung von unterstützenden Prozeduren zur Nutzung der Ergebnisse oder die Bereitstellung von Handlungsempfehlungen.

Die Verwendung des hier entwickelten partizipativen Evaluationsansatzes, die Beachtung der Standards für Evaluation sowie der Faktoren, die die Berücksichtigung von Empfehlungen in Entscheidungsprozessen und ihre praktische Umsetzung unterstützen, sollen dazu beitragen, die Akzeptanz und den Nutzungsgrad von Evaluationsergebnissen zu erhöhen, da sich letztlich der Wert einer Evaluation aus ihrer Nützlichkeit ergibt

---

Vorgehen/Bearbeitungshinweise

✓ Wenn Evaluationen dazu beitragen sollen, die Programmqualität zu verbessern, um einen möglichst hohen Nutzen bei den Zielgruppen und anderen Nutzern zu erreichen, empfiehlt sich die Anwendung eines partizipativen Ansatzes, so wie er hier skizziert wurde.

✓ Werden die verschiedenen Stakeholder bereits frühzeitig an einer Evaluation beteiligt, können deren unterschiedliche Interessen und Perspektiven besser berücksichtigt werden. Damit steigt nicht nur die Akzeptanz der Evaluation bei den Stakeholdern und damit langfristig auch die Chance, dass Evaluationsergebnisse umgesetzt werden, sondern vor allem kann eine Evaluationskonzeption entwickelt werden, die eine verengte Perspektive vermeidet, nur Teilrealitäten abbildet und deshalb den komplexen Zusammenhängen realer Situationen nicht gerecht wird.

✓ Der hier vorgeschlagene partizipative Ansatz kann – in Absprache und mit Einverständnis der Auftraggeber – sehr extensiv oder nur eingeschränkt genutzt werden. Je nachdem, wie weit man bereit ist, den anderen Stakeholdern ein Mitspracherecht bei der Planung und Durchführung der Evaluation einzuräumen. Das wird im Rahmen einer Evaluation, die vor allem Kontroll- und/oder Legitimationsfunktionen zu erfüllen hat, eher weniger der Fall sein, als wenn Erkenntnisinteresse und Wissensgenerierung im Vordergrund stehen, um daraus für die Programmentwicklung und -durchführung zu lernen (vgl. in Kapitel 2.3.1 Abbildung 2.9).

✓ Wenn die wichtigsten Stakeholder bereits in die Designphase der Evaluation integriert werden, können sie aktiv an der Beschreibung des Evaluationsgegenstands, der Entwicklung der Untersuchungshypothesen, der Festlegung von Bewertungskriterien etc. mitwirken.

✓ Datenerhebung und -analyse sind in dem hier vorgestellten partizipativen Ansatz aus den genannten Gründen (vgl. Kapitel 4.4) Aufgabe professioneller Experten (Evaluatoren), um die Güte der Ergebnisse (Validität, Reliabilität, Objektivität) sicherstellen zu können.

✓ Bestimmte Stakeholdergruppen (z.B. Mitarbeiter einer Trägerorganisation, Zielgruppen) lassen sich im Rahmen eines Evaluationsprozesses theoretisch und methodisch aus- und fortbilden, damit sie aktiv an der Datenerhebung und -analyse mitarbeiten, oder diese langfristig sogar selbst übernehmen können. Dies ist vor allem dann wichtig, wenn ein kontinuierliches Monitoring- und Evaluationssystem aufgebaut werden soll.

✓ In die dritte Phase der Evaluation, der Ergebnisbewertung, sind die Stakeholder auf jeden Fall wieder miteinzubeziehen. Ihre Kommentare und Einschätzungen sind vor allem dann von besonderer Bedeutung, wenn sehr unterschiedliche Sichtweisen vorliegen und diese im Bewertungsprozess berücksichtigt werden sollen.

4.6   Planung und Durchführung der Evaluation

Zum Abschluss dieses Buches soll der Ablauf einer Evaluation in seinen einzelnen Schritten zumindest grob skizziert werden. Zudem werden einige praktische Hinweise zum Vorgehen gegeben. Der Ablaufprozess kann je nach den Zielen und Aufgaben der Evaluation, den situativen Bedingungen und den Wünschen des Auftraggebers mehr oder minder partizipativ erfolgen.

Evaluationen lassen sich idealtypisch in *drei Ablaufphasen* einteilen (vgl. in Kapitel 4.5.2 Abbildung 4.6):

(1.) Design-Entwicklung
(2.) Datenerhebung und -analyse
(3.) Verwertung

Allerdings ist zu berücksichtigen, dass die Planung und Durchführung jeder Evaluation an ihren jeweiligen Kontext geknüpft ist und zwischen den einzelnen Phasen oft Überschneidungen auftreten, insbesondere bei formativen Evaluationen. Dennoch sind die einzelnen Phasen unmittelbar voneinander abhängig und eine Phase bedingt kausal die folgenden.

Wie eingangs in Kapitel 2.3.1 dargelegt, muss für jede Evaluation geklärt werden:

- welche Ziele mit einer Evaluation verfolgt werden,
- auf welche Programmphase sie sich richtet, welche Analyseperspektive sie einnimmt, was für ein Erkenntnisinteresse sie verfolgt,
- welches Untersuchungsdesign und welche Methoden eingesetzt werden sollen,
- wer die Evaluation durchführt und wer die Adressaten der Evaluation sind.

Diese Fragen gilt es in der *Planungsphase* einer Evaluation zu klären. Da sich jede Evaluation entweder an den durch den Auftraggeber vorgegebenen oder partizipativ mit den verschiedenen Stakeholdern ermittelten Zielen und der definierten Aufgabenstellung orientieren muss, kann die Planung nicht anhand vorgegebener, konkreter praktischer Richtlinien erfolgen, sondern stellt immer wieder einen *kreativen Akt* dar, in dem wissenschaftliche Ansprüche, die Anforderungen der Auftraggeber, die Interessen und Bedürfnisse verschiedener Stakeholdergruppen und die situativen Kontextbedingungen austariert werden müssen. Damit die Evaluation durchführbar ist, soll – so die Standards der Deutschen Gesellschaft für Evaluation – „eine Evaluation realistisch, gut durchdacht, diplomatisch und kostenbewusst geplant" werden (vgl. http://www.degeval.de).

Insgesamt wird die Einhaltung von drei *„Durchführbarkeitsstandards" (D)* empfohlen:

D1 – Angemessene Verfahren
Evaluationsverfahren, einschließlich der Verfahren zur Beschaffung notwendiger Informationen, sollen so gewählt werden, dass Belastungen des Evaluationsgegenstandes bzw. der Beteiligten und Betroffenen in einem angemessenen Verhältnis zum erwarteten Nutzen der Evaluation stehen.

D2 – Diplomatisches Vorgehen
Evaluationen sollen so geplant und durchgeführt werden, dass eine möglichst hohe Akzeptanz der verschiedenen Beteiligten und Betroffenen in Bezug auf Vorgehen und Ergebnisse der Evaluation erreicht werden kann.

D3 – Effizienz von Evaluation
Der Aufwand für Evaluation soll in einem angemessenen Verhältnis zum Nutzen der Evaluation stehen.

Um für die Durchführung der Evaluation eine möglichst hohe Akzeptanz zu erzielen und um die an der Evaluation Beteiligten nicht zu überfordern, damit letztlich der Aufwand für eine Evaluation in einem angemessenen Verhältnis zu ihrem Nutzen steht, sollten die oben noch einmal dargelegten Ausgangsfragen einer jeden Evaluation in der Planungsphase möglichst partizipativ geregelt werden.

(1.) Design- und Planungsphase
Zuerst ist zu klären, welchen *Zweck* eine Evaluation erfüllen soll. Wie in Kapitel 2.3.1 dargestellt, können mit Evaluationen primär die *Ziele* verfolgt werden,

- Erkenntnisse zu gewinnen, um die Wissensbasis zu verbreitern (evaluation for knowledge),
- Kontrolle auszuüben (evaluation for control),
- die Programmergebnisse zu legitimieren (evaluation for legitimization) und
- für die Weiterentwicklung eines Programms zu lernen (evaluation for action).

Die Aufgabe des Evaluators besteht zunächst erst einmal darin, sich einen Überblick über den Evaluationsgegenstand zu verschaffen. Hierfür können die im Evaluationsraster formulierten Leitfragen, insbesondere aus dem Themenblock (1) ,Programm und Umwelt' verwendet werden, die dazu dienen, wichtige Programmdaten zu erfassen, etwas über die Ziele und die Konzeption des Programms sowie über die eingesetzten finanziellen, personellen, technischen und zeitlichen Ressourcen, die intendierte Zielgruppe, das Politikfeld und die Kontextbedingungen des Programms zu erfahren (vgl. Kapitel 4.2). Dabei wird deutlich, in welcher Lebensverlaufsphase sich das zu evaluierende Programm befindet (vgl. in Kapitel 2.3.1 Abbildung 2.10) und welche Analyseperspektive eingenommen werden soll.

Um zu klären, welche *Aufgaben* die Evaluation im Einzelnen erfüllen soll (vgl. in Kapitel 2.3.1 Abbildung 2.11), ist eine ,*Auftragsklärung*' herbeizuführen. Diese erfolgt in jedem Fall mit dem Auftraggeber. Nach dem hier entwickelten partizipativen Ansatz werden darüber hinaus auch andere Stakeholder in diesen Prozess miteinbezogen. Die wichtigsten Stakeholder können anhand der ,Programm- und Kontextanalyse' (Themenblock (1) des Evaluationsrasters) identifiziert werden.

Wer von den Stakeholdern aktiv einbezogen wird, hängt nicht nur von deren Bedeutsamkeit für die Programmentwicklung und den Evaluationsprozess ab, sondern auch von ganz praktischen Überlegungen wie z.B.

- zeitlicher Verfügbarkeit,
- Interesse, an der Evaluation mitzuwirken und sich einzubringen,
- dem Vertretungsrecht (Repräsentanz), für eine Stakeholdergruppe zu sprechen,
- der personellen Größe des Planungsgremiums und
- der Zustimmung des Auftraggebers, bestimmte Stakeholder einzubinden.

Ist geklärt, wer an der Ziel- und Auftragsklärung beteiligt wird, ist festzulegen, welche *Funktion* dieses ‚*Gremium*‘ haben soll. Es kann nur einmalig zu einem ‚Klärungsworkshop‘ zusammentreten oder als kontinuierlich zu beteiligender ‚*Beirat*‘ konstituiert werden, der vor wichtigen Evaluationsentscheidungen zu konsultieren ist.

Die Aufgabe eines ersten Zusammentreffens besteht darin,
- die unterschiedlichen Interessen, die mit der Evaluation verbunden sind, offen zu legen und zu diskutieren,
- Ziele und Zweck der Evaluation festzulegen,
- Fragestellungen zu entwickeln,
- Bewertungskriterien festzulegen,[130]
- möglicherweise auch methodische Ansprüche zu formulieren,
- die Ressourcenfrage zu klären und
- Zeitabläufe festzulegen.

Über die Zielsetzung einer Evaluation herrschen bei den Beteiligten und Betroffenen manchmal diffuse und nicht immer kompatible Vorstellungen. Deshalb sind klare Evaluationsvorgaben zu erarbeiten. Diese Aufgabe wird dann zu einem besonders schwierigen Unterfangen, wenn die am Planungsprozess beteiligten Stakeholdergruppen aufgrund divergierender Interessen sich nicht einigen können oder wenn sich Geld- und/oder Auftraggeber weigern, Interessen anderer Stakeholder zu berücksichtigen, die ihren eigenen zuwiderlaufen.

Kann keine Synthese aus den unterschiedlichen Zielvorstellungen gefunden werden, bleibt der Ausweg, die Evaluation ausschließlich aus der Perspektive einer Stakeholdergruppe zu planen. Dies wird dann in der Regel die Sicht des Geld- bzw. Auftraggebers sein. Häufig verbindet dieser mit einer Evaluation von vorne herein festgelegte Ziele: z.B. die Gewinnung von Informationen für die weitere Steuerung eines Programms (evaluation for action) oder für die Kontrolle des bisherigen Programmverlaufs, der erbrachten Leistungen und der erzielten Wirkungen oder für die legitimatorische Darstellung des Erreichten gegenüber dem Geldgeber oder einer breiten Öffentlichkeit.

Mitunter werden vom Auftraggeber nicht nur die zur Verfügung stehenden finanziellen Ressourcen, die zeitlichen Rahmenbedingungen, die generellen Ziele und die Aufgabenstellung der Evaluation vorgegeben, sondern auch konkrete Fragestellungen, Art und Umfang der Beteiligung der Stakeholder oder sogar die einzusetzenden Methoden etc. In einem solchen Fall können die zu klärenden Evaluationsfragen dann nicht oder nur sehr eingeschränkt in einem offenen Prozess zwischen dem Geld-/Auftraggeber, den anderen Stakeholdern und den Evaluatoren ausgehandelt werden. Dennoch sollte nicht von einem ersten *gemeinsamen Evaluationsworkshop* abgesehen werden, um alle Beteiligten für die Evaluation zu sensibilisieren, um ihnen die Ziel- und Aufgaben-

---

130 Kann auch zu einem späteren Zeitpunkt erfolgen, falls ein zweiter Workshop vorgesehen ist.

stellung zu erläutern, um für Akzeptanz und aktive Beteiligung zu werben und um die noch vorhandenen Mitwirkungsspielräume auszuschöpfen.

Die Ergebnisse der Auftragsklärung, die entweder im Dialog mit dem Auftraggeber oder in einem partizipativ angelegten Workshop mit allen wichtigen Stakeholdern ausgehandelt werden, sind in jedem Fall schriftlich niederzulegen, denn sie stellen nicht nur die Planungsgrundlage für die Evaluation dar, sondern sie sichern die Evaluatoren gegenüber später möglicherweise auftretenden ‚neuen' Forderungen ab.

Eng mit der Zielsetzung einer Evaluation ist die Klärung der Frage verbunden, wer die *Adressaten* der Evaluationsergebnisse sein sollen. Geht es primär um Erkenntnisgewinn, dann könnten z.B. Wissenschaftler, die neue Zusammenhänge aufdecken wollen, oder Geldgeber, die nach neuen, erfolgreichen Strategien suchen, um ihre politischen Vorstellungen umzusetzen, die Hauptadressaten sein. Stehen der Kontroll- oder Legitimationsaspekt im Vordergrund, dann dürften die Ergebnisse sich vor allem an den Geld- und/oder Auftraggeber richten oder an eine breitere Öffentlichkeit. Zielt die Evaluation hingegen auf die Verbesserung von Programmaktivitäten ab, dann können sowohl der Auftraggeber, die programmdurchführende Organisation, die Zielgruppen oder andere Stakeholder Adressaten der Ergebnisse sein (vgl. Rossi u.a. 1999: 48; Rossi, Lipsey u. Freeman 2004: 42; Fitzpatrick u.a. 2004: 201).

Ebenfalls eng mit der Zielsetzung und Aufgabenstellung einer Evaluation ist die Entscheidung verknüpft, ob die Evaluation *intern oder extern* durchgeführt werden soll. Die jeweiligen Vor- und Nachteile wurden eingehend in Kapitel 2.3.2 behandelt.

Damit die einer Evaluation zu Grunde liegenden Ziele erreicht werden können, sind die jeweils zu beantwortenden *Fragestellungen* explizit auszuformulieren. Dabei ist es wichtig, die Ansprüche der Auftraggeber und/oder anderer Stakeholder an das unter den gegebenen Zeit- und Finanzrestriktionen machbare Maß anzupassen: „It is quite common for clients such as a steering committee, a school council or a middle-level manager to put forward a long list of issues which they would like adressed. The evaluator may need to work with the client to reduce this list" (Owen und Rogers 1999: 69). Dabei sind die für die Evaluation zentralen Fragestellungen von den weniger wichtigen zu trennen. Vor dem Hintergrund der Ziel- und Aufgabenstellung der Evaluation sowie der Informationsbedarfe des Auftraggebers und anderer Stakeholder kann die Frage: „Wer will etwas wozu wissen?" dazu beitragen, die Selektion zu erleichtern.

Werden wichtige Fragen fälschlicherweise aussortiert, kann dadurch der Nutzen einer Evaluation erheblich geschmälert werden. Umgekehrt stellt eine Vielzahl ‚unwichtiger' Fragestellungen eine ungebührliche Belastung der in der Regel knapp bemessenen Zeit- und Finanzressourcen dar. In beiden Fällen kann die Glaubwürdigkeit der Evaluationsergebnisse (und damit auch die des Evaluators) Schaden nehmen. Im schlimmsten Fall führt die Evaluation dann zu irreführenden Ergebnissen.

Eng verknüpft mit der Erarbeitung von Evaluationsfragestellungen ist die explizite Benennung von *Bewertungskriterien*, anhand derer der zu evaluierende Gegenstand letztlich beurteilt werden soll. Dabei orientieren sich, wie in Kapitel 2.3.1 dargestellt, solche Kriterien häufig am Nutzen eines Gegenstands, einer Handlung oder eines Entwicklungsprozesses für bestimmte Personen oder Gruppen. Die Kriterien können festgelegt werden durch

- den Auftraggeber (direktiv),
- den Evaluator (wissens-/erfahrungsbasiert),
- die Zielgruppe und/oder Stakeholder (emanzipativ) oder
- durch alle gemeinsam (partizipativ).

Als *Bezugspunkte* für die in Evaluationen vorgenommenen *Bewertungen* nennt Vedung (2000: 224) in Anlehnung an Dror (1968: 28) folgende Möglichkeiten:

(1.) *Historischer Vergleich:* Wie stellt sich die erzielte Leistung im Vergleich zur Vergangenheit dar?

(2.) *Intranationaler Vergleich:* Wie verhält sich die erzielte Leistung im Vergleich zu ähnlichen Einrichtungen im gleichen regionalen oder nationalen Gebiet?

(3.) *Internationaler Vergleich:* Wie verhält sich die erzielte Leistung im Vergleich zu ähnlichen Einrichtungen in anderen Ländern?

(4.) *Richtwerte:* Wie stellt sich die beobachtete Leistung im Vergleich zur besten empirischen Praxis dar?

(5.) *Ziele:* Erreichen die festgestellten Leistungen die formulierten Zielgrößen?

(6.) *Zielgruppenerwartung:* Erfüllt die erbrachte Leistung die Erwartungen der Zielgruppen (Adressaten)?

(7.) *Interessentenerwartung:* Entspricht die erreichte Leistung den Erwartungen anderer Stakeholder?

(8.) *Professionelle Standards:* Entsprechen die Leistungen weithin akzeptierten beruflichen (professionellen, wissenschaftlichen) Standards?

(9.) *Minimum:* Ist die erreichte Leistung hoch genug, um Mindestansprüchen zu genügen?

(10.) *Optimum:* Ist die erreichte Leistung im Vergleich zu einem optimalen Modell so hoch wie möglich?

Nach der Ausformulierung und Festlegung der Evaluationsfragestellung sowie der Bestimmung der Bewertungskriterien besteht der nächste logische Schritt in der *Auswahl eines Untersuchungsdesigns und passender Datenerhebungs- und Auswertungsmethoden*, um die Ziel- und Aufgabenstellung der Evaluation empirisch bearbeiten zu können. Bevor diese Aufgabe in Angriff genommen wird, ist es allerdings ratsam, sich bereits in der Planungsphase einen Überblick über die zur Verfügung stehenden *Ressourcen* zu verschaffen. Wesentliche, dabei zu beachtende Aspekte sind:

- die zur Verfügung stehenden finanziellen Mittel,

- das Personal, welches die Evaluation durchführt,
- der zur Verfügung stehende zeitliche Rahmen,
- vorhandenes Datenmaterial (Dokumente, Monitoringdaten etc.), das bei der Evaluation genutzt werden kann.

Der Evaluator muss die zur Verfügung stehenden Ressourcen in Relation zu der Aufgabenstellung setzen. Gerade bei wenig erfahrenen Auftraggebern herrschen oft keine klaren Vorstellungen darüber vor, welche Ressourcen für die Bearbeitung bestimmter Fragestellungen notwendig sind. Manchmal ist den Auftraggebern und/oder den beteiligten Stakeholdern auch nicht klar, welches Leistungspotential eine Evaluation beinhaltet. Deshalb ist es die Aufgabe der Evaluatoren, Auftraggeber und/oder Stakeholder zu beraten und über alternative Vorgehensweisen und Untersuchungsansätze aufzuklären.

Nur wenn die Auftraggeber klare Vorstellungen davon haben, wie sie eine Evaluation für ihre Zwecke sinnvoll einsetzen und welchen Nutzen sie daraus erwarten können, werden sie in der Regel bereit sein, die für die Bewältigung der Evaluationsaufgaben erforderlichen Finanzmittel bereitzustellen. Dabei ist mitunter gegen das bei Programmmanagern, aber auch Zielgruppen vorhandene Vorurteil anzukämpfen, dass die für eine Evaluation erforderlichen Finanzmittel besser für die Durchführung des Programms eingesetzt oder den Zielgruppen direkt zukommen sollten. In solchen Fällen ist es umso wichtiger, das Leistungsspektrum von Evaluationen zu erläutern. Haben Auftraggeber und/oder Stakeholder allerdings schon einmal schlechte Erfahrungen mit Evaluationen gemacht, dann werden sie nur schwer eines Besseren zu belehren sein. Deshalb ist einerseits von zentraler Bedeutung, dass die Planung und Durchführung einer Evaluation professionellen Standards entspricht, und andererseits gilt es abzuschätzen, ob eine Evaluation überhaupt unter den gegebenen situativen Bedingungen durchgeführt werden kann.

Die *Durchführung einer Evaluation* wäre dann *unangebracht, wenn*
- die Evaluation voraussichtlich nur triviale Informationen hervorbringen würde, z.B. weil gerade eine Evaluation stattgefunden hat und keine neuen Ergebnisse zu erwarten sind,
- vorherzusehen ist, dass die Ergebnisse nicht genutzt werden, z.B. weil die Entscheidungsträger die Evaluation ablehnen,
- die zur Verfügung gestellten finanziellen Ressourcen und/oder der eingeräumte Zeitrahmen für die Durchführung mit den Anforderungen und Erwartungen der Auftraggeber nicht in Einklang zu bringen sind, z.B. weil umfassende Analysen verlangt werden, aber nicht die dafür erforderlichen finanziellen und zeitlichen Ressourcen bereitgestellt werden,
- keine validen und nützlichen Ergebnisse zu erwarten sind, z.B. weil sich die situativen Bedingungen derart verändert haben (z.B. durch Naturkatastrophen oder Kriege), dass keine Programmwirkungen mehr festgestellt werden könnten, oder ein Programm eine bestimmte Entwicklungs-

phase, die eigentlich evaluiert werden soll, wegen Zeitverzögerungen noch gar nicht erreicht hat,

- der vom Auftraggeber geforderte Evaluationsansatz im Hinblick auf das Programm oder gemessen an professionellen Standards ungeeignet ist, z.B. wenn im Rahmen einer Wirkungsevaluation verlangt wird, die Zielgruppe ihre eigenen Daten sammeln zu lassen, oder andere professionelle Regeln verletzt werden,
- die Durchführung allein durch politische Überlegungen bestimmt wird (taktische Evaluation), so dass eine sachgerechte Durchführung und anschließende adäquate Nutzung der Ergebnisse nicht zu erwarten ist, z.B. wenn die Entscheidung über die Weiterführung oder Beendigung eines Programms bereits gefallen ist und nur noch nachträglich mit Hilfe einer Evaluation legitimiert werden soll.

In solchen Fällen ist es besser, von einer Evaluation ganz abzusehen, weil entweder die Erwartungen des Auftraggebers enttäuscht oder professionelle Standards nicht eingehalten werden können.

Sind die Vorgaben für eine Evaluation abgeklärt und in einem schriftlichen Dokument fixiert, wird mit der *Ausarbeitung der Evaluationskonzeption und des Evaluationsdesigns* begonnen. Hierfür kann die in diesem Buch entwickelte theoretische Konzeption sowie die darauf aufbauende Methodik (insb. der Evaluationsleitfaden) genutzt werden. Darüber hinaus wurden hier eine Reihe für die Evaluation geeigneter Designs und verschiedene Erhebungsmethoden vorgestellt.

In der Planungsphase kommt es nun darauf an, einen der Ziel- und Aufgabenstellung und den daraus abgeleiteten Untersuchungsfragen (nicht zu verwechseln mit den Leitfragen in den Themenblöcken des Evaluationsleitfadens)[131] angemessenen *Evaluations- oder Durchführungsplan* zu entwickeln. Dieser besteht aus

- einer Beschreibung des Evaluationsgegenstands,
- der Formulierung der Zielsetzung und Aufgabenstellung der Evaluation,
- der Festlegung der Adressaten der Ergebnisse,
- der Konkretisierung der einzelnen Evaluationsfragestellungen und der Bewertungskriterien,
- einem Untersuchungsdesign, aus dem deutlich wird, wie die Fragestellungen empirisch bearbeitet werden,
- einer Auswahl der Methoden, mit denen die erforderlichen Daten erhoben werden,

---

131 Bei den Untersuchungsfragen handelt es sich um die aus der Ziel- und Aufgabenstellung abgeleiteten Fragestellungen einer Evaluation. Die Leitfragen im Evaluationsraster stellen hingegen Fragen dar, um den Zustand (zu verschiedenen Zeitpunkten) ausgewählter Evaluationsbereiche (Themen) zu bewerten (z.B. Leistungsfähigkeit der Organisation, Akzeptanz der Programmziele, Verbreitung der Programmwirkungen etc.).

- einer Beschreibung, wie der Evaluationsprozess organisiert wird (interne und externe Evaluationselemente, direktive vs. partizipative Vorgehensweise),
- einem Budget-, Personal- und Zeitplan.

Die Erarbeitung des *Evaluationsplans* erfordert vom Evaluator nicht nur soziale und mediative Kompetenz und Verhandlungsgeschick bei der Auftragsklärung sowie methodische Kenntnisse, um das der Evaluationszielsetzung und den konkreten Fragestellungen angemessene Design zu entwickeln und die adäquaten Datenerhebungsmethoden auszuwählen, sondern auch Managementkompetenzen, um den Ablauf einer Evaluation zeitlich planen und den notwendigen Personal- und Finanzbedarf richtig einschätzen zu können.

Die *zeitliche Ablaufplanung* lässt sich leicht mit Hilfe von Balkendiagrammen oder dem Einsatz von Netzplantechniken darstellen (vgl. Wottawa und Thierau 2003: 114ff.). Schwieriger ist die realistische Einschätzung, wie viel Zeit bestimmte Arbeitsschritte in Anspruch nehmen. Oft sind verschiedene Aktivitäten parallel zueinander zu organisieren. Dabei ist darauf zu achten, dass diese ineinander greifen und miteinander vereinbar sind. So können z.B. in der Zeit, in der ein standardisierter schriftlicher Fragebogen im Feld ist, also auf dessen Rücklauf gewartet wird, mündliche leitfadengestützte Interviews stattfinden. Bei postalischen, E-Mail- oder Online-Befragungen sind zwei bis drei ‚Nachfasswellen‘, in denen an die Befragung nochmals erinnert wird, einzuplanen. Insgesamt besteht die Herausforderung darin, einerseits einen Ablaufplan zu entwickeln, der den zumeist restriktiven zeitlichen Anforderungen der Auftraggeber, also bis wann erste Ergebnisse, Zwischen- und Endbericht vorzulegen sind, gerecht wird und andererseits so viel zeitliche Spielräume (‚Puffer‘) einzubauen, dass unerwartet auftretende Probleme noch im Rahmen der vereinbarten Zeitvorgaben gemeistert werden können.

Bei der *Personalplanung* ist festzulegen, welche Personen welche Aufgaben erfüllen sollen. Die Personalplanung umfasst zwar in erster Linie die Aufgabenverteilung zwischen den Evaluatoren, sollte jedoch auch berücksichtigen, wann und in welchem Umfang personelle Inputs vom Auftraggeber (z.B. für Besprechungen und Workshops), vom Programmträger, den Zielgruppen und anderen Stakeholdern (z.B. für die Zusammenstellung von Material und Daten, für die Beschaffung von Adressen für Befragungen, für die logistische Unterstützung bei der Durchführung von Interviews, für die Beantwortung von Fragen etc.) notwendig sind.

Für die Erstellung des *Evaluationsbudgets* bedarf es ebenfalls einer genauen Erfassung der verschiedenen Kostenarten sowie einer möglichst treffenden Einschätzung der Höhe der anfallenden Kosten. Folgende Kostenarten sind zu berücksichtigen (vgl. Sanders 1983, zitiert nach Fitzpatrick u.a. 2004: 282ff.):

- Personalkosten für das Evaluationsteam,
- Kosten für eventuell hinzuzuziehende Berater (z.B. Experten, Spezialisten für bestimmte Themen),
- Kosten für die Durchführung quantitativer Befragungen (z.B. Telefonkosten, Computerspezialisten, Methodenlabor),
- Reise- und Unterbringungskosten,
- Kosten für Kommunikationsmedien (Porto, Telefon, EDV etc.),
- Printkosten (z.B. für Berichte, schriftliche Befragungen),
- Kosten für notwendige Materialanschaffungen (technische Ausstattung, Literatur, EDV-Geräte etc.),
- Kosten für eventuelle Subkontrakte (z.B. für die Durchführung von Interviews, Fallstudien, Beschaffung von Material) und
- Overhead (Bürokosten etc.).

Findet eine *Ausschreibung* des Evaluationsauftrags statt, dann wird der Evaluationsplan in der Regel in Form eines *Angebots* eingefordert. Dieser stellt die Grundlage für die Vergabe dar. Da bis zu diesem Zeitpunkt weder eine Auftragserklärung noch ein partizipativ organisierter Planungsworkshop stattgefunden haben, lassen sich viele Details erst nach der Auftragsvergabe klären. In einem solchen Fall besteht die Gefahr, dass wesentliche Evaluationsparameter bereits festgelegt sind und im Nachhinein nicht mehr grundlegend verändert werden können. Eine partizipative Planung ist dann nur noch sehr eingeschränkt möglich. Nach Vorlage des Evaluationsplans ist dieser auf jeden Fall mit dem Auftraggeber und besser noch mit den wichtigsten Stakeholdern abzustimmen. Ist dies geschehen, kann mit der Durchführung der Evaluation begonnen werden.

(2.) Datenerhebung und -analyse
Obwohl diese Phase der Evaluation natürlich die meiste Zeit in Anspruch nimmt, müssen an dieser Stelle hierzu keine weiteren Ausführungen gemacht werden. In den vorangegangenen Kapiteln wurde die Methodik der Evaluation und ihre Anwendung eingehend dargestellt. Jetzt gilt es, dieses Wissen für die Umsetzung des entwickelten Evaluationsplans anzuwenden. Auftretende Schwierigkeiten (z.B. logistischer Art, der Erreichbarkeit von Interviewpartnern, der Bereitschaft, sich an der Evaluation zu beteiligen) sind mit dem Auftraggeber und ggf. auch mit einzelnen Stakeholdern oder dem Evaluationsbeirat, falls einer gebildet wurde, frühzeitig zu diskutieren, damit nach Alternativen gesucht werden kann. Auch dabei ist die Management- und Sozialkompetenz der Evaluatoren von großer Bedeutung.

Nach dem hier entwickelten Evaluationsmodell werden zuerst auf der Grundlage des Evaluationsdesigns und unter Anwendung der verschiedenen Datenerhebungsmethoden die Daten gesammelt, die für die Beantwortung der Fragen des Evaluationsleitfadens notwendig sind, um anschließend entsprechende Bewertungen vornehmen zu können. Die Bewertungen müssen sich logisch aus den Daten ergeben und sollten intersubjektiv nachvollziehbar sein (vgl. Kapitel 4.3). Dabei kann entweder so vorgegangen werden, dass die Evaluatoren die Bewertungen vornehmen und in die im Leitfaden vorgesehenen Bewertungszeilen eintragen, oder aber die Evaluationsbefunde z.B. in einem Workshop von den Stakeholdern selbst bewertet werden.

(3.) Darstellung und Verwertung der Ergebnisse
Ob und wie die Ergebnisse einer Evaluation von den verschiedenen Stakeholdern genutzt werden, hängt in hohem Umfang davon ab, ob es den Evaluatoren gelingt, diese im Rahmen eines Kommunikationsprozesses überzeugend zu vermitteln. Die wichtigsten Medien dieses Prozesses sind der *Evaluationsbericht* und die *Präsentation* der Ergebnisse. Deshalb muss der Abfassung des Evaluationsberichts große Aufmerksamkeit gewidmet werden. Er sollte so aufgebaut sein, dass ihm ein ‚Executive Summary' vorangestellt ist, der die wichtigsten Erkenntnisse und Empfehlungen enthält. Der Hauptteil kann sich in seinem Aufbau an der Gliederung des Evaluationsleitfadens orientieren (vgl. Kapitel 4.2 Abbildung 4.1) und beinhaltet alle wichtigen Befunde, Interpretationen und Bewertungen. Der Bericht kann durch Graphiken und Tabellen, in den Text eingebaute oder auch in kleinen ‚Kästen' herausgehobene Zitate sowie kurze Zwischenzusammenfassungen interessanter und leichter lesbar gestaltet werden. Er schließt in der Regel mit konkreten Handlungsempfehlungen zur Weiterentwicklung eines Programms.

Die Ergebnisse und die Daten, auf denen sie beruhen, sind klar und unmissverständlich darzustellen. Die darauf aufbauenden Bewertungen sollten intersubjektiv nachvollziehbar sein und die ausgesprochenen Empfehlungen sich ‚logisch' aus der Analyse und Interpretation der Ergebnisse ergeben. Bei der Abfassung des Berichts ist eine Ausdrucksweise zu wählen, die auf die Adressaten, die nicht immer (nur) die Auftraggeber sind, sondern auch andere Stakeholder umfassen können, Rücksicht nimmt. Evaluatoren müssen deshalb neben den zahlreichen, bisher bereits aufgezählten Kompetenzen auch ‚ansprechend' und verständlich schreiben können.

Dennoch stellt ein gut geschriebener Evaluationsbericht noch keine Garantie dafür dar, dass die Ergebnisse von den Auftraggebern und Stakeholdern auch genutzt werden: „In the past decade, evaluators have realized that it isn't enough to draft a good evaluation report. Indeed, evaluators have become increasingly aware that one can work hard to maximize the quality of their report and still find that the impact and influence it has on its stakeholders, programs, or policies is at best negligible and at worst, zero" (Fitzpatrick u.a. 2004: 375). Deshalb sollte sich die Vermittlung der Evaluationsergebnisse nicht nur auf eine schriftliche Form beschränken, sondern auf jeden Fall eine *mündliche Präsentation* mit einschließen. Präsentationen offerieren die Möglichkeit, die Hauptergebnisse und Empfehlungen in komprimierter Form darzustellen und nochmals wichtige Aussagen hervorzuheben. Zudem sollte die Gelegenheit genutzt werden, die Ergebnisse ausführlich zu diskutieren und zu erläutern. Dabei ist allerdings darauf zu achten, dass sich die Diskussion nicht nur um Nebensächlichkeiten (wie Kommasetzung, Rechtschreibung etc.), um kleinere sachliche ‚Fehler' oder Missverständnisse dreht – diese können auf schriftlichem Wege angemerkt werden – sondern um die substanziellen Fragen und Ergebnisse der Evaluation sowie der daraus abgeleiteten Empfehlungen (vgl. Kapitel 4.5.1).

Am wirkungsvollsten ist ein solcher ‚Abschlussworkshop' wenn der Evaluationsbericht vorher verteilt und allen Beteiligten die Ergebnisse bekannt sind, so dass rasch in die Diskussion eingestiegen werden kann. Es empfiehlt sich, die Diskussion nach Themengebieten zu strukturieren und einen Zeitplan aufzustellen. Es sollte dafür gesorgt werden, dass ein offenes Kommunikationsklima herrscht und alle Beteiligten ihr Kommentare und Meinungen frei äußern können. Dies ist nicht immer einfach, z.B. wenn der Auftraggeber oder Geldgeber einschneidende Sanktionsrechte hat, also Mittel kürzen oder ausweiten kann, oder einzelne Stakeholder(gruppen) von dem Geld- bzw. Auftraggeber ökonomisch abhängig sind. In diesen Fällen kann die Durchführung getrennter Workshops (mit den Geld- und Auftraggebern einerseits und den übrigen Stakeholdern andererseits) nützlich sein.

Generell ist zu beobachten, dass Abschlussworkshops, an denen die wichtigsten Stakeholder teilnehmen – wie in dem hier entwickelten partizipativen Modell vorgesehen (vgl. Kapitel 4.5.2) – eine größere Akzeptanz der Evaluationsergebnisse und -empfehlungen hervorrufen und damit eine (vermutlich) höhere Umsetzungschance haben, als solche, in denen die Stakeholder ausgeschlossen sind. Besonders bewährt hat sich das Verfahren, die Bewertung der Evaluationsbefunde nicht durch die Evaluatoren sondern durch die wichtigsten Stakeholder selbst vornehmen zu lassen. Dabei wird so vorgegangen, dass die Evaluatoren, z.B. im Rahmen eines Workshops, nur die Evaluationsbefunde sukzessive, dem Leitfaden entsprechend, themenbezogen präsentieren. Die Workshopteilnehmer können dann in einen Diskurs über die einzelnen Befunde eintreten und diese bewerten. Dabei hat sich auch der Einsatz der im Leitfaden enthaltenen 10stufigen Bewertungsskala als unproblematisch erwiesen. Die Erfahrung hat gezeigt, dass die Betroffenen eher bereit sind, Defizite zu erkennen und als Problem wahrzunehmen, wenn sie die Befunde selbst bewertet haben. Dies ist die zentrale Voraussetzung dafür, dass Defizite abgestellt und Empfehlungen zur Weiterentwicklung von Programmen umgesetzt werden. Erst wenn dies gelingt, hat eine Evaluation ihren Zweck erfüllt!

Der gesamte Ablauf einer Evaluation ist zusammenfassend in Abbildung 4.12 dargestellt.

Abbildung 4.12: Evaluationsablauf[132]

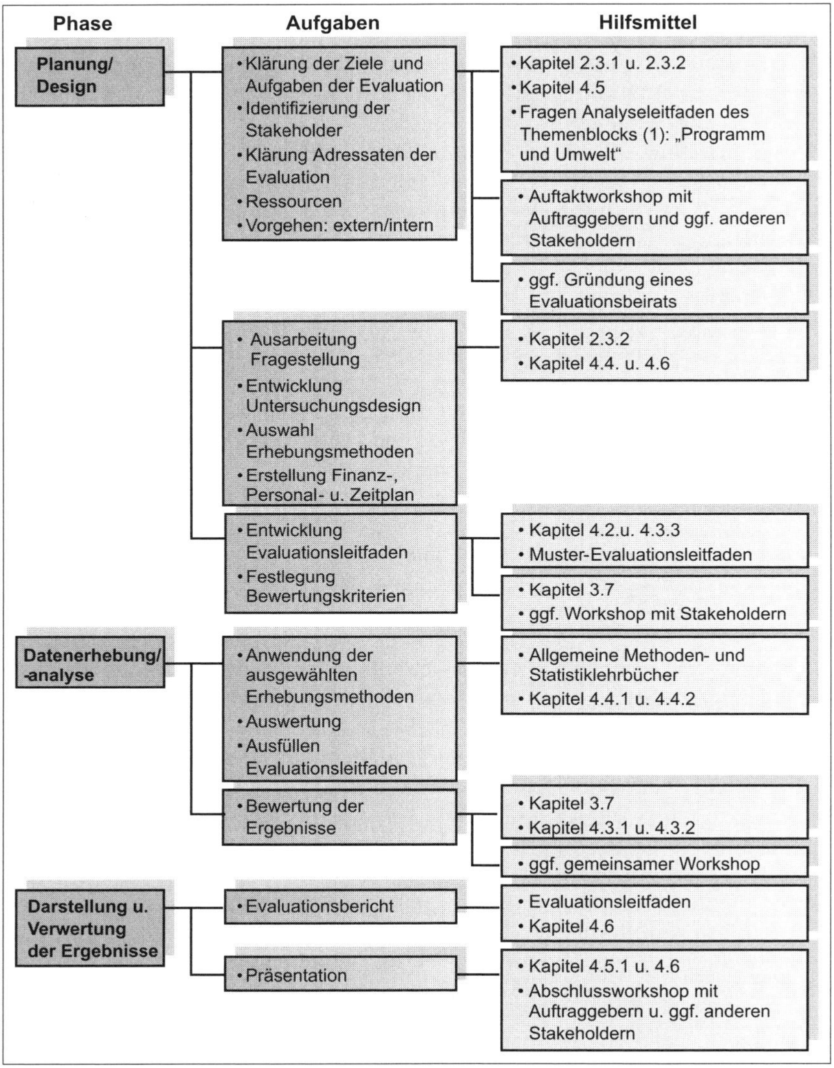

Phase	Aufgaben	Hilfsmittel
Planung/ Design	• Klärung der Ziele und Aufgaben der Evaluation • Identifizierung der Stakeholder • Klärung Adressaten der Evaluation • Ressourcen • Vorgehen: extern/intern	• Kapitel 2.3.1 u. 2.3.2 • Kapitel 4.5 • Fragen Analyseleitfaden des Themenblocks (1): „Programm und Umwelt" • Auftaktworkshop mit Auftraggebern und ggf. anderen Stakeholdern • ggf. Gründung eines Evaluationsbeirats
	• Ausarbeitung Fragestellung • Entwicklung Untersuchungsdesign • Auswahl Erhebungsmethoden • Erstellung Finanz-, Personal- u. Zeitplan	• Kapitel 2.3.2 • Kapitel 4.4. u. 4.6
	• Entwicklung Evaluationsleitfaden • Festlegung Bewertungskriterien	• Kapitel 4.2.u. 4.3.3 • Muster-Evaluationsleitfaden • Kapitel 3.7 • ggf. Workshop mit Stakeholdern
Datenerhebung/ -analyse	• Anwendung der ausgewählten Erhebungsmethoden • Auswertung • Ausfüllen Evaluationsleitfaden	• Allgemeine Methoden- und Statistiklehrbücher • Kapitel 4.4.1 u. 4.4.2
	• Bewertung der Ergebnisse	• Kapitel 3.7 • Kapitel 4.3.1 u. 4.3.2 • ggf. gemeinsamer Workshop
Darstellung u. Verwertung der Ergebnisse	• Evaluationsbericht	• Evaluationsleitfaden • Kapitel 4.6
	• Präsentation	• Kapitel 4.5.1 u. 4.6 • Abschlussworkshop mit Auftraggebern u. ggf. anderen Stakeholdern

132 Kapitelangaben beziehen sich auf die Kapitel in diesem Buch.

5 Zusammenfassung, Rück- und Ausblick

Das Ziel dieses Buches ist es, mit *Hilfe der Evaluation* einen *Beitrag zur Qualitätsentwicklung* insb. von Nonprofit-Organisationen zu leisten. Wie eingangs festgestellt, ist aus einer Reihe von Gründen die seit Jahrzehnten andauernde Debatte um das Qualitätsmanagement in Unternehmen auch im Nonprofit-Sektor aufgegriffen worden. Zunehmend versuchen Nonprofit-Organisationen mit Hilfe von Konzepten und Instrumenten, die für gewinnorientierte, in wettbewerbsoffenen Märkten agierende Unternehmen entwickelt wurden, ihre Qualität zu steigern.

Nach einer Betrachtung besonders gängiger Konzepte wie ISO und TQM, insb. EFQM, wurde die Frage gestellt, inwieweit diese auf Nonprofit-Organisationen übertragbar sind. Hierzu wurden die Besonderheiten per definitionem nicht gewinnorientierter Organisationen herausgearbeitet. Dabei stellte sich heraus, dass *ISO- und TQM-Konzepte* (wie EFQM) *nur schwer in Nonprofit-Organisationen anwendbar sind*, da die situativen und organisationalen Bedingungen von Nonprofit-Organisationen sich gravierend von Unternehmen unterscheiden.

Schon die Verwendung des *Kundenbegriffs* ist in vielen Fällen problematisch, da dem ‚Kunden‘ im Nonprofit-Sektor das fehlt, was ihn üblicherweise ausmacht, nämlich die Souveränität des Käufers, zwischen alternativen Angeboten, deren Preis in einem offenen Wettbewerb ermittelt wird, zu wählen. Hinzu kommt, dass der Kundenbegriff im Nonprofit-Sektor sich nicht auf eine eindimensionale Produzenten-Kunden-Beziehung festlegen lässt, sondern ein mehrdimensionales Konstrukt darstellt, das zudem auch die Gruppe der Nicht-Kunden berücksichtigen muss. Und zwar nicht immer im marktwirtschaftlichen Sinne, als ein Potenzial, das es für die eigenen Produkte und Dienstleistungen möglichst noch zu erschließen gilt, sondern zuweilen ganz im Gegenteil, als ein Teil der Gesellschaft, der möglichst gerade nicht als ‚Kunde‘ in Erscheinung treten soll (z.B. als Arbeitsloser, Sozialhilfeempfänger, Kranker, Straftäter etc.). Auch aus diesem Grund kann der ‚Kunde‘ von Nonprofit-Organisationen *nicht* – wie in marktwirtschaftlichen Kontexten üblich – als *wichtigste Beurteilungsinstanz für die Qualität* von Produkten und Dienstleistungen herangezogen werden. Selbst dann, wenn die Qualität nicht den Erfordernissen und Bedürfnissen der ‚Kunden‘ von Nonprofit-Organisationen entspricht, muss dies keineswegs automatisch zu einer negativen Qualitätsbeurteilung führen, da sich die Situation aus der Sicht der Nicht-Kunden ganz anders darstellen kann. Häufig werden die Leistungen, die Nonprofit-Organisationen anbieten, nicht von denen (ausschließlich) bezahlt, die sie in Anspruch nehmen. So finanzieren Spender karitative Einrichtungen, die von Bedürftigen, Kranken oder ratsuchenden Bürgern genutzt werden. Oder alle steuerzahlenden Bürger in Deutschland finanzieren die Hochschulen des Landes, obwohl sie nur von einem kleinen, oft wohlhabenden Teil der Gesellschaft, besucht werden. Die herangezogenen Bewertungskriterien und damit die Urteile über die Qualität der von Nonprofit-Organisationen erbrachten Leistungen können deshalb zwischen den eigentlichen ,Kunden' (Klienten) und allen anderen Bürgern ganz enorm variieren.

Anders als bei privatwirtschaftlichen Gütern muss in Nonprofit-Organisationen in einem gesellschaftlichen Prozess festgelegt werden, welche Leistungen zu welchen Preisen für von einer Gemeinschaft zu finanzierende Dienstleistungen (z.B. Bildung, Sicherheit, Sozial- und Altersvorsorge etc.) erbracht werden sollen. Deshalb empfiehlt es sich im Kontext von Nonprofit-Organisationen nicht von ,Kunden' sondern von Klienten, Adressaten oder Zielgruppen zu sprechen.

In der öffentlichen Verwaltung als Teilbereich des Nonprofit-Sektors werden Managementkonzepte des sogenannten New Public Management präferiert, die neben der Kunden-, Wettbewerbs- und Qualitätsorientierung ein weiteres Steuerungselement einbringen, nämlich die *Leistungs- und Wirkungsorientierung*. Diese Konzepte versuchen zwar den marktwirtschaftlichen Kundenbegriff zu übernehmen, stellen ihn in den Mittelpunkt ihrer Qualitätsüberlegungen und versuchen wettbewerbsähnliche Bedingungen (entweder durch Marktöffnung oder interne Wettbewerbe) zu schaffen und betriebswirtschaftliche Instrumente (wie z.B. Kosten-Leistungs-Rechnung) einzusetzen, stoßen aber dort an ihre Grenzen, wo dieser Kunden- und Qualitätsbegriff – wie eben noch einmal zusammenfassend dargestellt – sich nicht mehr sinnvoll einsetzen lässt und wo Wettbewerbsbedingungen nicht herstellbar oder nur sehr begrenzt simulierbar sind (z.B. bei Sozial- und Finanzämtern, Kammern und anderen Zwangsverbänden etc.).

Zudem gilt es zu bedenken, dass selbst in den Fällen, in denen sich klare Kundenbeziehungen identifizieren lassen, die Qualitätsorientierung am Kunden ansetzen kann und Wettbewerb eine souveräne Produktwahl durch den Kunden ermöglicht, dennoch das eingeforderte unternehmerische Handeln im Nonprofit-Sektor zuweilen extrem eingeschränkt bleibt. Die Handlungsspielräume, die z.B. in der Personalpolitik oder bei strategischen Entscheidungen notwendig wären, werden durch gesetzliche Regelungen häufig gar nicht erlaubt. Die Universitäten sind hierfür ein schönes Beispiel, die sich künftig im Wettbewerb bewähren sollen, aber weiterhin vom Staat alimentiert werden, dem öffentlichen Haushalts- und Tarifrecht unterliegen und durch eine Vielzahl bürokratischer Detailregeln gegängelt werden. Auch die großen entwicklungspolitischen Organisationen wie z.B. die Deutsche Gesellschaft für Technische Zusammenarbeit (GTZ) oder die Kreditanstalt für Wiederaufbau (KfW) wollen als Unternehmen agieren, sind aber aufgrund des strategischen Auftrags bei vielen Entscheidungen gebunden. So müssen sie z.b. auch Programme durchführen, die lediglich politisch motiviert sind und keine ausreichende Kunden- und Qualitätsorientierung aufweisen. Zudem sind sie in einem abgeschotteten, geschützten Markt tätig, der ihnen (bisher) konkurrenzlos eine staatliche Alimentierung sichert.

Wenn sich aus gesellschaftspolitischen Gründen, aber auch wegen des Marktversagens in bestimmten gesellschaftlichen Bereichen nicht alle gesellschaftlich notwendigen Leistungen über Märkte transferieren lassen, kann auf die *Existenz eines Nonprofit-Sektors nicht verzichtet* werden. Wie eingangs dargelegt umfasst dieser Sektor über sieben Millionen sozialversicherungspflichtig Beschäftigte in Deutschland, zu denen ein Vielfaches an ehrenamtlichen Mitgliedern und Mitarbeitern zu zählen ist. Nonprofit-Organisationen konstituieren nicht nur einen *beschäftigungs- und wirtschaftspolitisch wichtigen Sektor*, der zudem eine *hohe Wachstumsdynamik* aufweist, sondern verfügen aufgrund ihres breiten Tätigkeitsspektrums über ein *hohes soziales und politisches Potenzial.*

Allerdings ist zu konstatieren, dass es kaum möglich erscheint, einerseits mit Verweis auf gesellschaftspolitische Anforderungen und das Marktversagen in bestimmten gesellschaftlichen Bereichen die Notwendigkeit eines Nonprofit-Sektors zu begründen und andererseits gleichzeitig die Einführung marktwirtschaftlicher Prinzipien, Konzepte, Verfahren und Instrumente zu fordern, um den Nonprofit-Sektor möglichst marktähnlich zu gestalten. Bei diesem Spagat besteht die Gefahr, dass im marktwirtschaftlich-gewinnorientierten Sektor entwickelte und dort auch funktionierende Elemente vorschnell auf einen Sektor übertragen werden, der sich gerade dadurch auszeichnet, dass er grundlegend andere rechtliche, situative und organisationale Bedingungen aufweist. Diese ,*Andersartigkeit' des Nonprofit-Sektors* hat deshalb nicht nur *Konsequenzen* für das Qualitätsverständnis und macht nicht nur andere (als im marktwirtschaftlichen Sektor verwendete) Instrumente zur Qualitätsmessung erforderlich, sondern auch andere Qualitätskriterien, die sich nicht einseitig an der Fiktion eines ,Kunden' orientieren dürfen, der – wie eingehend dargestellt – im Nonprofit-Sektor in seinem marktwirtschaftlich geprägten Begriffsverständnis häufig gar nicht existiert.

Die Konzepte des New Public Management bieten hier mit ihrer Leistungs- und Wirkungsorientierung, als viertem strategischen Element, einen möglichen Ausweg. Mit der Abkehr von der Inputsteuerung hin zu einer Ausrichtung an Leistungs- und Wirkungsvorgaben avanciert die *Erreichung der intendierten Ziele und Wirkungen zum wichtigsten Qualitätsmerkmal. Qualität* bemisst sich danach, ob und inwieweit die von einer Organisation erbrachten Leistungen zu intendierten Wirkungen bei den Zielgruppen (Adressaten, Klienten) und in den Politikfeldern führen, in denen die geplanten Interventionen stattfinden. Die

Qualitätsentwicklung von Nonprofit-Organisationen hat sich demnach auf die *Optimierung von Wirkungen zu richten.* Um die Steuerung von Nonprofit-Organsationen über Leistungen und Wirkungen zu ermöglichen und um dadurch eine hohe Qualität sicherzustellen, sind entsprechende Bewertungskonzepte und Analyseinstrumente erforderlich, die eine für rationale Steuerungsentscheidungen valide und reliable Datenbasis schaffen.

Hierfür bieten sich die *Konzepte und Instrumente der Evaluation* an, mit denen nicht nur die Prozesse der Planung und Leistungserbringung analysiert, sondern auch die erbrachten Leistungen, die erreichten Ziele und ausgelösten intendierten wie nicht-intendierten Wirkungen empirisch überprüft und bewertet werden können. *Evaluation in Kombination mit Managementkonzepten,* die auf eine leistungs- und wirkungsorientierte Steuerung aufbauen, ermöglichen Nonprofit-Organisationen eine *wirkungsorientierte Qualitätsentwicklung,* die ihren organisationalen und situativen Anforderungen gerecht wird.

Ziel dieses Buches ist es, eine theoretisch und methodisch fundierte *Evaluationskonzeption* zu erarbeiten, die die *Basis für wirkungsorientierte Qualitätsentwicklung bildet.* Diese Konzeption sollte deshalb nicht nur die theoretischen Elemente und ihre methodisch-empirische Umsetzung enthalten, um die Prozesse der Leistungserstellung und die erzielten Wirkungen zu analysieren, sondern auch die Möglichkeit bieten, Evaluations- und Qualitätskriterien abzuleiten.

Die *theoretische Evaluationskonzeption* geht davon aus, dass Nonprofit-Organisationen Leistungen erbringen und/oder Programme durchführen, wobei der wesentliche Unterschied zwischen beiden Handlungsformen darin gesehen wird, dass Programme zeitlich terminiert sind, Leistungsangebote jedoch kontinuierlich und unbefristet offeriert werden.

Da solche Leistungen in Form von Angeboten oder Programmen geplant und administriert werden, folgen sie einem spezifischen Phasenmuster, das durch voneinander abgrenzbare Planungs- und Durchführungsschritte gekennzeichnet ist. Für das Verständnis des Prozessablaufs wurden (1.) die *Konzepte der Lebensverlaufsforschung* nutzbar gemacht. Leistungsangebote und Programme werden von Organisationen erbracht bzw. durchgeführt, die in vielfältiger Weise mit anderen Organisationen und gesellschaftlichen Subsystemen – ihrer Umwelt – in Beziehung stehen. Für die Analyse organisationsinterner als auch -externer Zusammenhänge wurden deshalb (2.) *organisationstheoretische Konzepte* herangezogen. Da Leistungsangebote und noch mehr Programme häufig Neuerungen (Innovationen) beinhalten, lassen (3.) *Konzepte der Innovations- und Diffusionsforschung* erkennen, unter welchen Bedingungen die Einführung und Verbreitung von Innovationen am besten gelingt. Weil viele Angebote und Programme auf Dauer angelegt sind, oder zumindest dauerhafte Veränderungen auslösen wollen, wurde (4.) ein *multidimensionales Nachhaltigkeitsmodell* entwickelt.

Die theoretischen Ansätze ergänzen einander *komplementär:* Die Lebensverlaufsperspektive hebt den Prozesscharakter von Interventionen hervor;

unabhängig davon, ob diese in Form von dauerhaften Leistungsangeboten oder temporären Programmen stattfinden. Die organisations-, innovations- und diffusionstheoretischen Ansätze verbinden die organisationsstrukturellen und situativen Umfeldbedingungen mit der Frage der Verbreitung der durch die Interventionen initiierten Neuerungen (Innovationen). Der Nachhaltigkeits-ansatz thematisiert dann schließlich die Dauerhaftigkeit der durch die Interventionen ausgelösten Wirkungen und verlängert somit das Lebensverlaufs-modell über das Förderende (z.B. eines Programms) hinaus. D.h. die einzelnen theoretischen Elemente sind eng miteinander verbunden, bauen aufeinander auf und bilden dadurch ein *theoretisches Gesamtkonzept.*

Da davon ausgegangen wird, dass unabhängig von dem Politikfeld, in dem ein Dienstleistungsangebot oder ein Programm angesiedelt ist,

- immer Planungs- und Durchführungsprozesse notwendig sind, um die intendierten Ziele und Wirkungen zu erreichen,
- in der Regel Organisationen zu deren Umsetzung und Ausführung erforder-lich sind,
- überwiegend Neuerungen (Veränderungen, Innovationen) eingeführt und möglichst auch verbreitet werden sollen und
- die erzielten Wirkungen zumeist nicht auf kurzfristige Effekte, sondern auf Langfristigkeit und Dauerhaftigkeit angelegt sind,

lassen sich zum einen Hypothesen über erwartete Zusammenhänge und zum anderen die Themenfelder ableiten, die im Rahmen einer Evaluation zu unter-suchen sind.

Aus diesen theoretischen Überlegungen heraus wurde der *Evaluations-leitfaden* entwickelt, der die zentralen Themen-(Bewertungs-)Felder für die Evaluation definiert: Er enthält neben einer Gegenstandsbeschreibung (Pro-gramm und Umwelt) Fragen zum Programmverlauf, zu den internen Organisa-tionsstrukturen und -prozessen (der programmdurchführenden Organisationen) sowie zu den externen Interventionsbereichen, den Adressaten (Zielgruppen) und den Politikfeldern, in denen die Programminterventionen Veränderungen hervorrufen sollen. Der Evaluationsleitfaden strukturiert und lenkt die Infor-mationssuche.

Für die *Datengewinnung* können unterschiedliche Datenerhebungs-methoden eingesetzt werden. Hier wurde für einen *Mulitmethodenansatz* plädiert, in dem qualitative und quantitative Verfahren kombiniert werden, um der ‚Realität' aus möglichst vielen verschiedenen Perspektiven nahe zu kom-men. Dazu trägt auch die *partizipative Vorgehensweise* der Evaluation bei, die die verschiedenen Stakeholder für die Evaluation zu sensibilisieren und zu gewinnen sucht, um sie aktiv in die Evaluation einzubinden. Wie die Erfah-rung mit diesem partizipativen Evaluationsansatz zeigt, können dadurch einer-seits die Situationskenntnisse der Stakeholder für die Entwicklung des Evalu-ationsdesigns und später für die Interpretation und Bewertung der Evaluations-ergebnisse genutzt werden, andererseits steigt die Chance, dass die Stakeholder eher bereit sind, Evaluationsergebnisse und -empfehlungen umzusetzen, als wenn sie nicht eingebunden werden. Durch den partizipativen Ansatz lässt sich deshalb die Nützlichkeit einer Evaluation mitunter deutlich erhöhen.

Der *Datenerhebungs- und Bewertungsprozess* ist über den Evaluationsleitfaden so organisiert, dass die gesammelten Informationen in einem Prozess sukzessiver Informationsverdichtung auf einen Wert reduziert werden, der auf einer bereichsspezifischen Bewertungsdimension (z.B. Zielakzeptanz oder organisatorische Leistungsfähigkeit) abgetragen wird. Durch Vergleiche mit vorangegangenen Messungen lassen sich Veränderungen über die Zeit hinweg erfassen und bewerten. Um Wirkungen feststellen zu können, müssen bekanntermaßen mindestens Daten für zwei Messzeitpunkte (vor und nach der Intervention) vorliegen. Da es sich dabei um so genannte Bruttowirkungen handelt, also alle gemessenen Veränderungen, sind davon die Nettowirkungen, also die Effekte, die alleine auf die Interventionen (des Programms oder Leistungsangebots) zurückzuführen sind, zu separieren. Diese Kernaufgabe jeder Evaluation – Wirkungen zu erfassen und ihren Ursachen zuzuschreiben – wird durch die vorausgegangene Hypothesenformulierung erleichtert, bedarf jedoch spezifischer *Untersuchungsdesigns*, über die in dieser Arbeit lediglich ein Überblick gegeben werden konnte.

Der hier entwickelte Evaluationsansatz stellt der zielfreien und der zielorientierten Evaluation das *Konzept einer hypothesengeleiteten Vorgehensweise* gegenüber. Wie dargelegt, scheint die Vorstellung, Evaluationen könnten ohne Kenntnis der Programm- oder Leistungsziele durchgeführt werden (Goal-Free-Approach), recht abenteuerlich, insb. dann, wenn hierfür von Auftraggebern finanzielle Mittel erwartet werden. Andererseits bergen klassische Ergebnis-Evaluationen, die allein die Frage nach der Zielerreichung überprüfen, indem sie das Soll (Programmziel) mit dem Ist (Erreichungsgrad) vergleichen, viele Risiken, vor allem die Gefahr, nicht-intendierte Wirkungen zu vernachlässigen. Da die Evaluationskonzeption dieser Arbeit darauf ausgelegt ist, möglichst viele intendierte wie nicht-intendierte Wirkungen zu erfassen, wurde stattdessen ein hypothesengeleiteter Ansatz entwickelt. Die hierfür erforderlichen Hypothesen lassen sich aus den eingangs dargelegten theoretischen Überlegungen gewinnen und sind bereits in die Konstruktion des *Evaluationsleitfadens* eingeflossen, so dass sich über diesen die *hypothesengeleitete Informationssuche* zum Prozessablauf, zu den Wirkungen beim Durchführungsträger und in den externen Wirkungsfeldern (bei den Adressaten und in den ausgewählten Politikfeldern) strukturieren lässt. Ergänzende Hypothesen sind für die jeweiligen politikfeld- und programm- oder leistungsspezifischen Sachverhalte zu entwickeln, die sich aber in den konzipierten Musterleitfaden integrieren lassen.

Der Leitfaden umfasst alle *Bewertungsdimensionen* der Evaluation, die im Rahmen eines objektivierenden Verfahrens so bestimmt werden, dass sie transparent und intersubjektiv nachprüfbar sind. Sie stellen die höchste Komprimierungsstufe der im Rahmen der Evaluation erfassten Informationen dar. Sie können für die Konstruktion eines Programmprofils genutzt werden, das die Programmentwicklung im Überblick abbildet und systematische Vergleiche über die Zeit hinweg sowie mit anderen Programmen erlaubt.

In Anlehnung an die Dimensionen für Dienstleistungsqualität von Donabedian (1980) und die Qualitätsdimensionen von Garvin (1984) lassen sich die hier verwendeten Evaluationskriterien zu folgenden *Qualitätsdimensionen* formieren, die den organisationalen und situativen Bedingungen sowie der Aufgabenstellung von Nonprofit-Organisationen angemessen sind. Es handelt sich dabei um:

1. *die Planungs- und Durchführungsqualität,*
   die den Prozess der Leistungserstellung bewertet,
2. *die interne wirkungsbezogene Qualität,*
   die die intendierten und nicht-intendierten Wirkungen im Hinblick auf die Leistungsfähigkeit der leistungserbringenden (programmdurchführenden) Organisation anhand der Kriterien Ziele/Zielakzeptanz, Personal, Organisationsstruktur, finanzielle Ressourcen, technische Infrastruktur und Organisationskonzeption bewertet,
3. *die externe wirkungsbezogene Qualität,*
   die die intendierten und nicht-intendierten Wirkungen im Hinblick auf die Akzeptanz der Leistungs- bzw. Programmziele bei den Zielgruppen, die Zielgruppenerreichung, den Nutzen (Zufriedenheit) und die Verbreitung (Diffusion) in den Politikfeldern der Intervention bewertet,
4. *die Qualität der Nachhaltigkeit*
   – *auf der Programmebene,*
     die anhand der Kategorien projekt-/programmorientiert, output-/leistungsorientiert, systemorientiert und innovationsorientiert typologisiert wird sowie
   – *auf der Makroebene,*
     die die Effizienz, gesellschaftliche Relevanz und ökologische Verträglichkeit bewertet und deshalb auch als wirtschafts-, gesellschafts- und ökologiebezogene Nachhaltigkeit bezeichnet werden kann.

Mit Hilfe dieser Qualitätsdimensionen lässt sich die Qualität der von Organisationen erbrachten Leistungen und der dadurch ausgelösten Wirkungen bewerten. Sie dürften sich deshalb vor allem für solche Organisationen eignen, deren Qualitätsmanagement über Leistungs- und Wirkungssteuerung erfolgt.

Die in diesem Buch präsentierte Evaluationskonzeption stellt eine *Weiterentwicklung* vorangegangener Konzepte dar (vgl. Stockmann 1996a). *Neu* sind vor allem die Verbindung zu Qualitätsmodellen sowie die generelle Ausweitung auf die Aufgabenstellung und Erfordernisse von Nonprofit-Organisationen. Der Evaluationsleitfaden, der die für die Evaluation zentralen Bewertungskriterien umfasst, wurde auf der Basis zahlreicher Evaluationserfahrungen sowie entsprechend seiner erweiterten Aufgabenstellung neu strukturiert und zusätzlich um vier Qualitätsdimensionen für die Bewertung der Leistungen und Wirkungen von (Nonprofit-)Organisationen ergänzt.

Darüber hinaus soll eine anwendungsbezogene Darstellung die Nutzung der Evaluationskonzeption erleichtern.

Noch aus steht eine Weiterentwicklung im Hinblick auf eine Verwendung für *Netzwerkevaluationen*. Der Netzwerkansatz gewinnt insb. in der internationalen Politik an Bedeutung. Hintergrund dafür ist die Beobachtung, dass im Rahmen der Globalisierung die Steuerungsfähigkeit des Nationalstaates abnimmt. Dies wird aufzufangen versucht, indem zivilgesellschaftliche Akteure in politische Entscheidungsprozesse und deren Vollzug eingebunden werden, z.B. über Netzwerke. Aus Sicht der Evaluation ergibt sich zusätzlich zur weiterhin bestehenden Problematik der nachhaltigen Verankerung von Projektstrukturen innerhalb von Trägerorganisationen nun die Frage, wie die Kooperation mehrerer unabhängiger Organisationen dauerhaft abgesichert und im Sinne nachhaltiger Wirksamkeit optimiert werden kann. Dementsprechend sind aus theoretischer Perspektive die organisationssoziologischen Grundlagen der hier entwickelten Evaluationskonzeption um Erkenntnisse der Netzwerkforschung zu ergänzen (vgl. CEval Jahresbericht 2004: 5).

Die Weiterentwicklung von Theorien und Methoden der Evaluationsforschung erfolgt häufig im Zusammenhang mit Studien und Evaluationsaufträgen, für die theoretische Konzepte fortgeschrieben oder kreative Designs entwickelt werden müssen. So ist es auch in diesem Fall gewesen. Die hier präsentierte Evaluationskonzeption basiert auf den in zahlreichen Studien entwickelten Konzepten und den damit im ‚Feld‘ gemachten Erfahrungen. Deshalb soll im folgenden auf einige *wichtige Studien*, die für die Erarbeitung der Evaluationskonzeption von großer Bedeutung waren, eingegangen werden; vor allem um die Breite des Aufgaben- und Anwendungsspektrums zu belegen, das durch die theoretische und methodische Weiterentwicklung des Ansatzes jetzt zudem eine Ausweitung insbesondere auf Nonprofit-Organisationen aller Art sowie generell für eine wirkungsorientierte Qualitätsentwicklung ermöglicht.

Die Ursprungsversion war für die *Ex-post-Evaluation der Wirksamkeit und Nachhaltigkeit von Programmen und Projekten der Berufsbildung in der Entwicklungszusammenarbeit* entwickelt worden (vgl. Stockmann 1996a). Hierfür wurden erstmals Programme und Projekte, die von der Deutschen Gesellschaft für Technische Zusammenarbeit durchgeführt worden waren, im Rahmen einer Ex-post-Studie untersucht. Daran entzündete sich eine bis heute andauernde Debatte um den Sinn und Zweck von Ex-post-Analysen.[133] Diese als wissenschaftliche Studie konzipierte Evaluation diente vornehmlich dem Erkenntnisgewinn. Da sie aber auch einen Beitrag dazu leisten sollte, den Mangel an aussagefähigen Studien zur Wirksamkeit der Entwicklungszusammenarbeit zu beheben, hatte sie zudem einen legitimatorischen Charakter. Darüber hinaus sollten die Faktoren aufgedeckt werden, die eine nachhaltig erfolgreiche Entwicklungspolitik ausmachen bzw. verhindern, um sie bei zukünftigen Förder-

---

133 Vgl. Elshorst 1993a u. b; Stockmann 1989, 1993a u. b; 1994; 1995b; 1996; 1998; 1999b; 2001; 2002a u. b; Caspari u. Stockmann 2001; Caspari, Kevenhörster u. Stockmann 2003.

programmen zu berücksichtigen. D.h. die ermittelten Erkenntnisse dienten vor allem einer lern- bzw. entwicklungsorientierten Nutzung (vgl. Abbildung 2.8 in Kapitel 2.3.1).

In einer sich Ende der 90er-Jahre anschließenden Evaluationsstudie zur Wirksamkeit der Berufsbildungszusammenarbeit konnte erstmals in Deutschland ein direkter *Vergleich staatlicher und nicht-staatlicher Programme* vorgenommen werden (vgl. Stockmann u.a. 2000). Ziel war es, die Wirksamkeit von Berufsbildungsprojekten in der VR China im Hinblick auf die unterschiedlichen Förderkonzepte, Strategien, Vorgehensweisen und Handlungsbedingungen einer staatlichen Durchführungsorganisation (GTZ) und einer Nonprofit-Organisation (Hanns-Seidel-Stiftung, HSS) zu untersuchen. Dabei interessierte u.a. die Frage, ob eine Nonprofit-Organisation ihre Leistungen tatsächlich effizienter und wirkungsvoller erbringt und einen höheren Wirkungsgrad erreicht als eine staatliche Organisation. Da es sich nur um eine Fallstudie handelte, können die ermittelten Ergebnisse keinesfall generalisiert werden. Doch es zeigte sich, stark verkürzt zusammengefasst, eine Tendenz dahingehend, dass die Programme beider Organisationen ähnlich wirkungsvoll und nachhaltig waren, die Leistungen der Nonprofit-Organisation jedoch mit einem deutlich geringeren personellen, finanziellen und zeitlichen Aufwand erbracht worden waren. Die Evaluationsergebnisse und die daraus abgeleiteten Empfehlungen führten in beiden Durchführungsorganisationen zum Teil zu weitreichenden Veränderungen der Förderstrategien (insb. in der GTZ) und ihrer Arbeitsweisen (insb. der HSS).

Hier ergibt sich weiterer Forschungsbedarf. Wie eingangs dargelegt, reicht die Diskussion über die Leistungsfähigkeit von Nonprofit-Organisationen von einer Verklärung bis hin zu einer vernichtenden Kritik, ohne dass hierfür ausreichende Belege vorgelegt worden wären. Eine vergleichende Untersuchung von marktwirtschaftlich tätigen Unternehmen, staatlichen und nicht-staatlichen Nonprofit-Organisationen, die in einem Politikfeld (z.B. Gesundheit, Bildung oder Entwicklungszusammenarbeit) tätig sind, könnte Aufschluss über die verschiedenen Leistungspotenziale sowie über die Qualität der von ihnen erbrachten Leistungen und Wirkungen geben.

Während häufig in industrialisierten Staaten entwickelte und erprobte Konzepte und Modelle in Länder der Dritten Welt exportiert werden, nahm das Ursprungsmodell der hier weiterentwickelten Evaluationskonzeption den umgekehrten Weg. Zuerst für die Ex-post-Evaluation von Projekten und Programmen der Entwicklungszusammenarbeit in Lateinamerika und Asien entwickelt, wurde die Konzeption Ende der 90er-Jahre für die *Evaluation von Umweltprogrammen* in Deutschland angewendet. Bei dem zu evaluierenden Programm der Deutschen Bundesstiftung Umwelt[134] handelte es sich um ein

---

134 Die Deutsche Bundesstiftung Umwelt (DBU) mit Sitz in Osnabrück nahm 1991 ihre Arbeit auf. Mit dem Privatisierungserlös der Salzgitter AG in Höhe von rund 2,5 Mrd. DM als Stiftungskapital gehört die DBU zu den größten Stiftungen Europas. Die Erträge aus dem

sehr umfangreiches und komplexes Förderkonstrukt mit unterschiedlichen Zielen und Zielebenen, mehreren Durchführungsträgern und verschiedenen Zielgruppen. Der Zweck dieser ebenfalls ex-post durchgeführten summativen Evaluation war sowohl legitimatorischer Art als auch lernorientiert. Zum einen sollte die Nachhaltigkeit des Programms evaluiert werden, zum anderen sollten aus der Analyse der Ursachen und Zusammenhänge Empfehlungen für künftige Förderstrategien abgeleitet werden.

Mit der gleichen Zielausrichtung wurde die Evaluationskonzeption Anfang der neuen Dekade für die *Evaluation von Projekten der Umweltkommunikation im Handwerk* genutzt (vgl. Meyer u.a. 2005). Dieses Tätigkeitsfeld stellt einen Schwerpunkt der Förderung der Deutschen Bundesstiftung Umwelt dar, in das seit ihrer Gründung 1991 knapp 55 Millionen DM Finanzmittel flossen. Die Evaluation sollte eine Analyse und Bewertung des Förderprogramms in seiner Gesamtheit als auch die Untersuchung von Erfolg und Nachhaltigkeit einzelner Projekte liefern, um spezifische Optimierungsstrategien abzuleiten. Auch hier machte die vielschichtige Förderstruktur mit über 30 Durchführungsträgern, die Heterogenität der Zielgruppen und die Vielfalt der Programmziele eine komplexe Evaluationskonzeption erforderlich. Die Anwendung des partizipativen Ansatzes trug wesentlich dazu bei, die anfängliche Skepsis bei einigen der evaluierten Durchführungsträger zu überwinden, der Multimethodenansatz (u.a. Dokumentenanalyse, 1.600 standardisierte telefonische Interviews von Handwerksbetrieben und über 100 Intensiv-Interviews vor allem mit Programmverantwortlichen) erlaubte eine möglichst breite, aber auch in die Tiefe gehende Datenerhebung und -analyse. Mit Hilfe des Evaluationsleitfadens konnten die vielfältigen Informationen strukturiert und hypothesengeleitet ausgewertet werden.

Bereits in den 90er-Jahren wurden die Evaluationskonzeption und das methodische Instrumentarium in einer Vielzahl wissenschaftlicher Arbeiten und Studien eingesetzt.[135] Die bisher umfangreichste Untersuchung führte 1998–2000 das Bundesministerium für wirtschaftliche Zusammenarbeit und Entwicklung (BMZ) auf der Basis dieses Ansatzes durch, um erstmals (!) die Nachhaltigkeit ihrer Projekte und Programme zu evaluieren (vgl. BMZ 2000)[136]. Dadurch wurde der Evaluationsansatz auf die *Politikfelder Basisgesundheit, Landwirtschaft, Wasserversorgung und Abwasser- und Abfallentsorgung sowie Grundbildung* angewendet und es mussten über 50 vom BMZ ausgewählte Gutachter und Gutachterinnen in der Anwendung des methodischen Instrumentariums geschult werden, um 32 Einzelevaluationen in

---

Stiftungsvermögen werden dazu verwendet, Vorhaben zum Schutz der Umwelt unter besonderer Berücksichtigung der mittelständischen Wirtschaft zu fördern.

135 U.a. Bundesrechnungshof (1992), Deutsche Stiftung für Internationale Entwicklung (1993), Enfants du Monde (1994), Institut für Raumplanung und Regionalentwicklung Wien (1994) etc. Vgl. auch Stockmann 1996a: Fußnote 2, S. 399.

136 Zur Vorgeschichte der Studie vgl. u.a. Caspari 2004: 121ff.; Caspari, Kevenhörster u. Stockmann 2003; Stockmann u. Kevenhörster 2001; Stockmann u. Caspari 2001; Stockmann, Caspari u. Kevenhörster 2000.

19 Ländern durchzuführen. Die Evaluation hatte vor allem legitimatorischen Charakter, um der wachsenden Kritik an der Entwickungszusammenarbeit mit fundierten Evaluationsergebnissen begegnen zu können. In diesem Kontext entstanden erstmals praktische Handreichungen zur Bearbeitung des Evaluationsleitfadens und zur Anwendung der wichtigsten Instrumente und Bewertungsverfahren.

Während bisher die Evaluationskonzeption für summative ex-post durchgeführte Evaluationen in verschiedenen Politikfeldern in Deutschland und zahlreichen Ländern der Dritten Welt angewendet worden war, stellte ihre Nutzung für formative Evaluationen sowie für den Aufbau von wirkungsorientierten Monitoring- und Evaluationssystemen einen weiteren Markstein für die Weiterentwicklung der theoretischen und vor allem der methodischen Konzeption dar.

Formative Evaluationen, bei denen es vor allem darum geht, prozessorientiert laufenden Projekten oder Programmen Informationen für aktivgestaltende Managemententscheidungen zu liefern, wurden in den unterschiedlichen Politikfeldern vor allem in Zusammenarbeit mit verschiedenen Ministerien, Stiftungen, dem Bundesinstitut für Berufsbildung sowie dem Deutschen Akademischen Austauschdienst (DAAD) u.a. durchgeführt (vgl. im Einzelnen die Jahresberichte des Centrums für Evaluation 2002–2005).[137]

Die Anwendung der Evaluationskonzeption für den *Aufbau von Monitoring- und Evaluationssystemen* machte nicht nur eine inhaltliche Weiterentwicklung, den Ausbau des partizipativen Ansatzes sowie die Anwendung anderer Datenerhebungsmethoden, sondern auch umfassende Schulungsmaßnahmen für diejenigen notwendig, die diese Systeme betreiben sollen. Das Spektrum reicht von der Entwicklung und Implementation eines Monitoringsystems für Weiterbildungseinrichtungen in Deutschland, über den Aufbau von Programm- und Systemmonitoring- und Evaluationssystemen zur Einführung dualer beruflicher Bildung in Ägypten, den Philippinen, Vietnam und in einigen Provinzen der VR China, bis hin zu Umweltmonitoring- und Evaluationssystemen in Mexico-City und Costa Rica.

Diese Evaluationen markieren nicht nur wichtige Schritte in der Entwicklung der Evaluationskonzeption zu der jetzt vorliegenden Form, sondern stellen gleichzeitig auch die bisherige *Bandbreite ihres Einsatzes* dar:

- Während die Konzeption anfangs vornehmlich für Ex-post-Evaluationen verwendet wurde, wird sie nun auch zunehmend für formative Zwecke sowie für den Aufbau wirkungsorientierter Monitoring- und Evaluationssysteme eingesetzt.

---

137 Ausgewählte formative Studien: Brandt 2004, Jacoby u.a. 2004; Krapp u. Meiers 2004; Stockmann, Krapp u. Baltes 2004; Baltes, Krapp u. Stockmann 2004; Baltes 2003a u. b; Brandt u. Meyer 2003; Heise u. Stockmann 2003; Krapp 2003; Krapp u. Gräber 2002; Schäffer u. Meyer 2002; Jacoby u. Hauschnik 2002. Weitere Studien siehe CEval Jahresberichte 2002, 2003, 2004.

- Die ‚Ursprungsversion' wurde vor allem für die Durchführung wissenschaftlicher Studien entwickelt. Anschließend diente sie neben dem Erkenntnisgewinn vor allem Programmentwicklungs- und Legitimationszielen.
- Die Politik- und Praxisfelder der Evaluation umfassten bisher so unterschiedliche Bereiche wie:
  - Berufliche Bildung
  - Grundbildung
  - Hochschulbildung
  - Aus- und Weiterbildung
  - Umwelt
  - Wasserversorgung, Abwasser- und Abfallentsorgung
  - Landwirtschaft
  - Gesundheit
- Bisher wurden die Vorgängerversionen dieser Evaluationskonzeption in über 50 Ländern eingesetzt.

Die bisherigen Erfahrungen lassen den Schluss zu, dass die hier entwickelte Evaluationskonzeption im Prinzip für alle Politik- und Tätigkeitsfelder und für alle Phasen der Leistungserstellung von der Planung (ex-ante), über die Durchführung (on-going) und über das Förderende hinaus (ex-post) einsetzbar ist. Das Grundmuster ist so flexibel gestaltet, dass es sich auf jeden Evaluationsgegenstand anpassen lässt. Darüber hinaus kann die Konzeption nicht nur für die Durchführung von Evaluationen, sondern auch für den Aufbau von Monitoringsystemen genutzt werden. Die bisherigen Erfahrungen mit dem Einsatz der verschiedenen vorangegangenen Versionen sowie das Urteil der Auftraggeber[138] lassen eine *hohe Praxistauglichkeit* der Konzeption für die unterschiedlichsten Aufgabenstellungen und in den unterschiedlichsten Politikfeldern erkennen.

Die in diesem Buch vorgestellte Weiterentwicklung der Konzeption prädestiniert sie für den Einsatz in Organisationen, die ein *leistungs- und wirkungsorientiertes Qualitätsmanagement* betreiben. Damit eignet sie sich vor allem für die Steuerung und die Qualitätsentwicklung in Nonprofit-Organisationen und solchen Unternehmen, die aufgrund ihrer hohen gesellschaftlichen Verantwortung nicht nur an den intendierten, sondern auch nicht-intendierten

---

138 Die Auftraggeber der mit dieser Konzeption vom Centrum für Evaluation durchgeführten Evaluationen sind mit dem Prozessablauf und dem Nutzen, den ihnen die Evaluationsergebnisse für das weitere Handeln gebracht haben, *hochzufrieden*. Seit Einführung eines hauseigenen Monitoring-Systems am CEval wird nach Abschluss einer Evaluation die Zufriedenheit der Auftraggeber anhand einer Reihe von Kriterien erhoben. Analog zu Schulnoten können Werte von (1) ‚sehr zufrieden' bis (6) ‚sehr unzufrieden' vergeben werden. Der partizipative Ansatz wird mit durchschnittlich 1,14 besonders gut bewertet. Der Nutzen der Evaluation für die auftragserteilende Organisation wird mit 1,5, der Nutzen der Empfehlungen für das weitere Handeln mit 1,57 bewertet (vgl. im Einzelnen CEval Jahresbericht 2004: 23f.).

Folgen ihres unternehmerischen Handelns interessiert sind und ihre Unternehmensstrategie an einer nachhaltigen Entwicklung ausrichten. Mit der Entwicklung von Qualitätsdimensionen, die sich an den organisationalen und situativen Bedingungen von Nonprofit-Organisationen sowie deren Qualitätserfordernissen orientieren, wird eine Alternative zu ISO- oder auf EFQM basierten Standards bzw. Kriterien geschaffen.

Charakteristika der Evaluationskonzeption

Die *Charakteristika* der hier entwickelten *Evaluationskonzeption* lassen sich abschließend wie folgt kurz zusammenfassen:

✓ Es handelt sich um eine auf vier Theorieansätzen (Lebensverlauf, Organisations-, Innovations- und Diffusionstheorie, Nachhaltigkeit) basierende Evaluationskonzeption, deren Kernstück aus einem *Evaluationsleitfaden* besteht, der die zentralen Bewertungskriterien und Qualitätsdimensionen enthält. Im Unterschied zu zahlreichen anderen, vor allem aus dem Qualitätsmanagement stammenden Ansätzen, sind die hier verwendeten *Kriterien* aus theoretischen Überlegungen abgeleitet. Dies gilt auch für die *vier Qualitätsdimensionen*, zu denen sich die Evaluationskriterien bündeln lassen und mit denen (1.) die Qualität der Leistungserstellung, (2.) die Qualität der bei der Trägerorganisation, (3.) bei den Adressaten (Zielgruppen) und in den Interventionsbereichen (Politikfeldern) hervorgerufenen Wirkungen sowie (4.) die Qualität der Nachhaltigkeit auf der Programm- als auch auf der Makroebene bewertet werden kann.

✓ Die vorliegende Evaluationskonzeption ist vor allem auf die Erfassung und Bewertung von *Wirkungen* sowie der Aufdeckung ihrer Ursachen ausgerichtet. Hierfür geht die Evaluation weder zielfrei vor noch orientiert sie sich direkt an den Zielen eines Programms oder eines Leistungsangebots. Statt dessen verfolgt sie einen *hypothesengeleiteten Ansatz*, der über den Evaluationsleitfaden gesteuert wird.

✓ Die *Durchführung* der Evaluation ist *partizipativ* organisiert, um einerseits die Situationskenntnisse der Stakeholder für die Entwicklung des Evaluationsdesigns und die Interpretation und Bewertung der Evaluationsergebnisse zu nutzen und um andererseits die Nützlichkeit der Evaluation dadurch zu erhöhen, dass sie dazu motiviert werden, die Evaluation aktiv zu unterstützen.

✓ Die *Datenerhebung* erfolgt auf der Basis eines *Mulimethodenansatzes*. Dadurch sollen die methodischen Schwächen eines Verfahrens durch die Stärken eines anderen ausgeglichen werden. Zudem sollen durch die Verwendung mehrerer verschiedener Methoden möglichst viele Perspektiven über den Evaluationsgegenstand ermittelt werden, um zu einer möglichst validen, reliablen und objektiven Beschreibung und Bewertung zu gelangen.

✓ Die *Datenauswertung* erfolgt leitfadenorientiert in einem Prozess sukzessiver Informationsverdichtung. Die mit verschiedenen Erhebungsmethoden ermittelten Daten werden in einem abgestuften Bewertungsverfahren (‚Trichterverfahren‘) zu jeweils bereichsspezifischen Indikatoren verdichtet, die dann wiederum zur Qualitätsbeurteilung herangezogen werden können.

✓ Die Evaluationskonzeption weist eine *Managementorientierung* auf, indem vor allem relevante Daten für die Leistungs- und Wirkungssssteuerung erhoben und bewertet werden. Hierfür versucht sie, die klassische Evaluationsmethodik mit Qualitätsmanagementansätzen zu verbinden. Dabei zeigt sich jedoch, dass die bestehenden, für gewinnorientierte, auf Märkten zueinander in Konkurrenz stehende Unternehmen entwickelten Qualitätsmanagementmodelle kaum ausreichend auf die besonderen organisationalen und situativen Bedingungen von Nonprofit-Organisationen eingehen. Auch die insb. in der öffentlichen Verwaltung verwendeten Ansätze des New Public Management orientieren sich weitgehend am Marktmodell. Wegweisend ist jedoch die Strategie, das Management an der Bereitstellung von Leistungen und der dadurch erzielten Wirkungen auszurichten. Evaluation kann prinzipiell steuerungsrelevante Daten für Managementmodelle jeglicher Art liefern. Doch in *Verbindung mit einem leistungs- und wirkungsorientierten Managementmodell* können die Potenziale der Evaluation am besten ausgeschöpft werden.

✓ Die hier entwickelte *Evaluationskonzeption* ist deshalb darauf ausgerichtet, einen Beitrag zur *Wirkungsoptimierung* und damit zur *wirkungsorientierten Qualitätsentwicklung* insbesondere in Nonprofit-Organisationen zu leisten.

✓ Die in dieser Arbeit detailliert dargestellte *Evaluationsmethodik* sowie die Bearbeitungshinweise zur Auswertung sollen dazu beitragen, dass die Konzeption und ihre Instrumente möglichst häufig verwendet werden, um das wichtigste Ziel einer jeden Evaluation zu erreichen, nämlich *Nutzen* zu stiften.

6 Literatur

Abraham, Martin/Büschges, Günter (2004): Einführung in die Organisationssoziologie. Wiesbaden: VS-Verlag.

Adelmann, Gerd (2000): Erfolg durch Qualität: Leitfaden zur Einführung von Qualitätsmanagement in die Umweltberatung. Bremen: Asendorf.

Ahn, Heinz (2003): Effektivitäts- und Effizienzsicherung: Controlling-Konzept und Balanced-Scorecard. Frankfurt a.m.: Lang.

Albach, Horst (1994): Culture and Technical Innovation. A Cross-Cultural Analysis and Policy Recommendations. Berlin/New York: de Gruyter.

Alber, Jens (1989): Der Sozialstaat in der Bundesrepublik Deutschland 1950-1983. Frankfurt a.M./New York: Campus.

Aldrich, Howard E. (1979): Organizations and Environments. Englewood Cliffs, NJ: Prentice Hall.

Alkin, Marvin C. (Hg.) (2004): Evaluation roots: Tracing Theorists' Views and Influences. Thousand Oaks: Californien.

Allmendinger, Jutta (1995): Die sozialpolitische Bilanzierung von Lebensverläufen. In: Berger, Peter A./Sopp, Peter (Hg.): Sozialstruktur und Lebensverlauf, S.179-201. Opladen: Leske + Budrich.

Altmann, Franz-Lothar/Hösch, Edgar (1994): Reformen und Reformer in Osteuropa. Regensburg: Pustet.

Anheier, Helmut K. (1997): Der Dritte Sektor in Zahlen: ein sozioökonomisches Porträt. In: Anheier, Helmut K./Priller, Eckhard/Seibel, Wolfgang/Zimmer, Annette (Hg.): Der Dritte Sektor in Deutschland. Organisationen im gesellschaftlichen Wandel zwischen Markt und Staat. Berlin: edition sigma, S. 29-74.

Anheier, Helmut K./Priller, Eckhard/Zimmer, Annette (2000): Zur zivilgesellschaftlichen Dimension des Dritten Sektors. In: Klingemann, Hans-Dieter/Neidhardt, Friedhelm (Hg.): Die Zukunft der Demokratie. Herausforderungen im Zeitalter der Globalisierung. Berlin: edition sigma.

Anheier, Helmut K./Seibel, Wolfgang/Priller, Eckhard/Zimmer, Annette (2002): Der Nonprofit-Sektor in Deutschland. In: Badelt, Christoph (Hg.): Handbuch der Nonprofit-Organisation: Strukturen und Management. Stuttgart: Schäffer-Poeschel, S. 19-44.

Anthony, Robert N. (1988): The Management Control Function. In: Management. Boston.

Aregger, Kurt (1976): Innovation in sozialen Systemen. Erste Einführung in die Innovationstheorie der Organisation. Bern/Stuttgart: Haupt.

Argyris/Schön (1999): Die lernende Organisation. Stuttgart: Klett-Cotta.

Arnold, Rolf (1997): Qualitätssicherung in der Erwachsenenbildung. Opladen: Leske + Budrich.

Arnold, Ulli (2003): Qualitätsmanagement in Sozialwirtschaftlichen Organisationen. In: Arnold, Ulli/Maelicke, Bernd (Hg): Lehrbuch der Sozialwirtschaft. Baden-Baden: Nomos Verlagsgesellschaft (2., überarb. Auflage).

Arnold, Ulli/Maelicke, Bernd (Hg) (2003): Lehrbuch der Sozialwirtschaft. Baden-Baden: Nomos Verlagsgesellschaft (2., überarb. Auflage).

Artner, Astrid/Sinabell, Franz (2003): Grundlegendes zur Cost-effectiveness-Analyse. Positionspapier zu Teilmodul 3 / Leitbildentwicklung für ausgewählte Flusslandschaften (Möll/Kärnten) im Rahmen des Forschungsprojekts Flusslandschaftstypen Österreichs – Leitbilder für eine nachhaltige Entwicklung von Flusslandschaften. Wien.

Astley, W. Graham (1985): The two ecologies: Population and Community Perspectives on Organizational Evolution. In: Administrative Science Quarterly 30, S. 224-241

Badelt, Christoph (Hg.) (2002): Handbuch der Nonprofit-Organisation: Strukturen und Management. Stuttgart: Schäfer-Poeschel (3., überarb. u. erw. Auflage).

Badelt, Christoph (2002): Zwischen Marktversagen und Staatsversagen? Nonprofit-Organisationen aus sozioökonomischer Sicht. In: Badelt, Christoph (Hg.): Handbuch der Nonprofit-Organisation: Strukturen und Management. Stuttgart: Schäffer-Poeschel, S. 107-128.

Badelt, Christoph (2002): Ausblick: Entwicklungsperspektiven des Nonprofit-Sektors. In: Badelt, Christoph (Hg.): Handbuch der Nonprofit Organisation: Strukturen und Management. Stuttgart: Schäffer-Poeschel.

Bähr, Uwe (2002): Controlling in der öffentlichen Verwaltung. Sternenfels: Verlag Wissen und Praxis.

Baier, Peter (2002): Praxishandbuch Controlling: Planung & Reporting, bewährte Controllinginstrumente, Balanced Scoredard, Value Management, Sensitivitätsanalysen, Fallbeispiele (Nachdruck). Wien: Ueberreuter.

Baltes, Katrin (2003a): Evaluation des Leonard-Euler-Stipendienprogramms im Auftrag des DAAD. Saarbrücken.

Baltes, Katrin (2003b): Evaluation deutsch-japanischer Hochschulpartnerschaften im Auftrag des DAAD. Saarbrücken.

Baltes, Katrin (2004): Fallstudie Großbritannien im Rahmen der Programmbereichsevaluation „Stipendien für Ausländer" im Auftrag des DAAD. Saarbrücken.

Baltes, Katrin/Krapp, Stefanie/Stockmann, Reinhard (2004): Begleitende Evaluation des Kommunikations- und Informationssystems Berufliche Bildung (KIBB). Erster Zwischenbericht. Saarbrücken.

Baltes, Marget M/Baltes, Paul B. (Hg.) (1986): The Psychology of Control and Aging. Hillsdale, N.J.: Lawrence Erlbaum Associates.

Bamberger, Michael (1989): The Monitoring and Evaluation of Public Sector Programs in Asia: Why are Development Programs Monitored but not Evaluated? In: Evaluation Review 13 (3), S. 223-242.

Bank, Volker/Lames, Martin (2000): Über Evaluation. Kiel: bajOsch-Hein, Verlag für Berufs- und Wirtschaftspädagogik.

Barnard, Chester Irving (1938): The Functions of the Executive. Cambrigde, Mass.: Harvard University Press.

Barnett, Homer G. (1953): Innovation: The Basis of Cultural Change. New York u.a.: McGraw-Hill.

Barnett, John H. (1988): Non-Profits and the Life-Cycle. In: Evaluation and Programm Planning 11, S. 13-20.

Bauer, Rudolph (1997): Zivilgesellschaftliche Gestaltung in der Bundesrepublik. Möglichkeiten oder Grenzen? Skeptische Anmerkungen aus der Sicht der Nonprofit-Forschung. In: Schmals, Klaus M./Heinelt, H. (Hg.): Zivile Gesellschaften. Opladen: Leske + Budrich, S. 133-153.

Bauer, Rudolph (2001): Personenbezogene soziale Dienstleistungen. Wiesbaden: Westdeutscher Verlag.

Baum, Heinz-Georg (2004): Strategisches Controlling. Stuttgart: Schäffer-Poeschel (3., überarb. u. erw. Auflage).

Bea, Franz Xaver/Göbel, Elisabeth (2002): Organisation: Theorie und Gestalltung. Stuttgart: Lucius und Lucius.

Bechmann, Gotthard/Grunwald, Armin (1998): „Was ist das Neue am Neuen, oder: wie innovativ ist Innovation?" In: TA-Datenbank-Nachrichten 7 (1), S. 4-11.

Beck, Ulrich (1997): Was ist Globalisierung? Irrtümer des Globalismus – Antworten auf Globalisierung. Frankfurt a.M.: Suhrkamp.

Beckmann, Christof (Hg.) (2004): Qualität in der sozialen Arbeit: zwischen Nutzerinteresse und Kostenkontrolle. Wiesbaden: Verlag für Sozialwissenschaft.

Behrendt, Heiko (2005): Evaluation der Logik und der Wirkungsweise von Projekten. In: Berufsbildung. Bd. 91/92. Jg. 59, S. 38-40.

Behrens, Johann/Voges, Wolfgang (Hg.) (1996): Kritische Übergänge. Statuspassagen und sozialpolitische Institutionalisierung. Frankfurt a.M.: Campus.

Beikirch-Korporal, Elisabeth/Korporal, Johannes (2002): Debatte um die integrierte Pflegeausbildung: Rahmenbedingungen der Reform von Pflegeausbildungen in Deutschland. In: Igl, Gerhard/Schiemann, Doris/Gerste, Bettina/Klose Joachim (Hg.): Qualität in der Pflege: Betreuung und Versorgung von pflegebedürftigen alten Menschen in der stationären und ambulanten Altenhilfe. Stuttgart: Schattauer.

Benz, Arthur (1995): Politiknetzwerke in der horizontalen Politikverflechtung. In: Jansen, Dorothea/Schubert, Klaus (Hg.): Netzwerke und Politikproduktion. Konzepte, Methoden, Perspektiven. Marburg: Schüren, S. 185-204.

Berger, Peter A./Sopp, Peter (Hg.) (1995): Sozialstruktur und Lebenslauf. Opladen: Leske+Budrich.

Berger, Ulrike/Bernhard-Mehlich, Isolde (1993): Die Verhaltenswissenschaftliche Entscheidungstheorie. In: Kieser, Alfred (Hg.): Organisationstheorien. Stuttgart u.a.: Kohlhammer, S. 141ff.

Bethke, Franz Sieber (2003): Controlling, Evaluation und Reporting von Weiterbildung und Personalentwicklung. Bremen: Institut zur Entwicklung moderner Unterrichtsmedien.

Beyer, Horst-Tilo (1992): Neue Technik bleibt erfolglos ohne die soziale Innovation. In: Der Arbeitgeber 44 (5), S. 163-168.

Beyme, Klaus von (1996): Das politische System der BRD. München: Piper.

Beywl, Wolfgang; Widmer, Thomas (2000): Handbuch der Evaluationsstandards. Die Standards des „Joint Committee for Educational Evaluation". Opladen: Leske + Budrich.

Binnendijk, Annette L. (1989): Donor Agency Experience with the Monitoring and Evaluation of Development Projects. In: Evaluation Review 13 (3), S. 206-222.

Binstock, Robert H./George, Linda K. (Hg.) (1990): Handbook of Aging and the Social Sciences. New York: Academic Press.

Blau, Peter M. (1970): A Formal Theory of Differentiation in Organizations. In: American Journal of Sociological Review 35, S. 201-218.

Blau, Peter M./Scott, Richard W. (1963): Formal Organizations: A Comparative Approach. London: Routledge and Kegan.

Blossfeld, Hans-Peter (1989): Kohortendifferenzierung und Karriereprozess – Eine Längsschnittstudie über die Veränderung von Bildungs- und Berufschancen im Lebenslauf. Frankfurt a.M.: Campus-Verlag.

Blossfeld, Hans-Peter (1990): Berufsverläufe und Arbeitsmarktprozesse. Ergebnisse sozialstruktureller Längsschnittuntersuchungen. In: Mayer, Karl Ulrich (Hg.): Lebensverläufe und Sozialer Wandel. (Sonderheft der Kölner Zeitschrift für Soziologie und Sozialpsychologie). Opladen: Westdeutscher Verlag.

Blossfeld, Hans-Peter (1990): Unterschiedliche Systeme der Berufsbildung und Anpassung an Strukturveränderungen im internationalen Vergleich. In: Bundesinstitut für Berufsbildung (Hg.): Die Rolle der beruflichen Bildung und Berufsbildungsforschung im internationalen Vergleich. Eine Tagungsdokumentation. Berlin/Bonn.

Blossfeld, Hans-Peter (1990c): Changing educational careers in the Federal Republic of Germany. In: Sociolgy of Education 63, S. 165-177.

Blossfeld, Hans-Peter/Drobnik, Sonja (2001): Careers couples in contemporary society. From male breadwinner to dual-earner families. Oxford: Oxford University Press.

Blossfeld, Hans-Peter/Drobnic, Sonja/Schneider, Thorsten (2001): Pflegebedürftige Personen im Haushalt und das Erwerbsverhalten verheirateter Frauen. In: Zeitschrift für Soziologie 30 (5), S. 362-383.

Blossfeld, Hans-Peter/Huinink, Johannes (2001): Lebensverlaufsforschung als sozialwissenschaftliche Forschungsperspektive. Themen, Konzepte, Methoden und Probleme. In: BIOS 14 (2), Opladen: Leske + Budrich, S. 5-31.

Blossfeld, Hans-Peter/Shavit Y. (1993): Persisting Barriers: Changes in Educational Opportunities in Thirteen Countries. In: Shavit, Y./Blossfeld, Hans-Peter (Hg.): Persistent Inequality: Changing Educational Stratification in Thirteen Countries. Boulder, Col.: Manuskript.

Blossfeld, Hans-Peter/Stockmann, Reinhard (Hg.) (1998/99): Globalization and Changes in Vocational Training Systems in Developing and Advanced Industrialized Societies. International Journal of Sociology. Special Issue.

Bode, Ingo (2000): Die Bewegung des Dritten Sektors und ihre Grenzen. In: Forschungsjournal Neue Soziale Bewegungen 13 (1), S. 48-52.

Boeßenecker, Karl-Heinz (1998): Spitzenverbände der freien Wohlfahrtspflege in der BRD. Eine Einführung in die Organisationsstruktur und Handlungsfelder. Münster: votum (2. Auflage).

Boeßenecker, Karl-Heinz u.a. (Hg.) (2003): Qualitätskonzepte in der sozialen Arbeit. Weinheim: Beltz.

Bollmann, Petra (1990): Technischer Fortschritt und wirtschaftlicher Wandel. Eine Gegenüberstellung neoklassischer und evolutorischer Innovationsforschung. Heidelberg: Physica.

Bornemeier, Olaf (2002): Benchmarking in der Gesundheitsversorgung: Möglichkeiten und Grenzen. Berlin: Autorenverlag: Scheriau.

Bosetzky, Horst/Heinrich, Peter (1994): Mensch und Organisation. Aspekte bürokratischer Sozialisation. Köln: Dt. Gemeindeverlag.

Boudon, Raymond (2002): „Sociology that Really Matters". In: European Sociological Review 18 (3), S. 371-378.

Boysen, Thies/Strecker, Marius (2002): Der Wert der sozialen Arbeit: Qualitätsmanagement in Non-Profit-Organisationen. München: Herbert Utz Verlag.

Brandt, Tasso/Meyer, Wolfgang (2003): Zwischenevaluierung des Regionalmanagements und der regionalen Partnerschaft „Vis à Vis" (Zwischenbericht). Saarbrücken.

Brandt, Tasso (2004): Zwischenbericht des Regionalmanagements und der regionales Partnerschaft „Vis a Vis e.V. " Saarbrücken.

Brandtstädter, Jochen (1990a): Entwicklung im Lebenslauf. Ansätze und Probleme der Lebensspannen-Entwicklungspsychologie. In: Mayer, Karl Ulrich (Hg.): Lebensverläufe und Sozialer Wandel. (Sonderheft der Kölner Zeitschrift für Soziologie und Sozialpsychologie). Opladen: Westdeutscher Verlag.

Brandtstädter, Jochen (1990b): Evaluationsforschung: Probleme der wissenschaftlichen Bewertung von Interventions- und Reformprojekten. In: Zeitschrift für Pädagogische Psychologie 4 (4), S. 215-228.

Brauer, Jörg-Peter (2002): DIN EN ISO 9000-2000ff. umsetzen: Gestaltungshilfen zum Aufbau Ihres Qualitätmanagementsystems. München: Hanser.

Braun, Norman/Engelhardt, Henriette (1998): Diffusionsprozesse und Ereignisdatenanalyse. In: Kölner Zeitschrift für Soziologie und Sozialpsychologie 50 (2), S. 263-282.

Brinckmann, Hans (1994): Strategien für eine effektivere und effizientere Verwaltung. In: Naschold, F./Pröhl, M. (Hg.): Produktivität öffentlicher Leistungen. Gütersloh: Bertelsmann Stiftung.

Brinkerhoff, Derick W./Goldsmith, Arthur A. (1992): Promoting the Sustainability of Development Institutions: A Framework for Strategy. In: World Development 20 (3), S. 369-383.

Brückner, Erika/Mayer, K.U. (1998): Collecting life history data: Experiences from the German Life History Study. In: Giele, Z.J./Elder, G.H.: Methods of life course research: Qualitative and quantitative approaches. S. 152-181.

Brüderl, Joseph (1991): Mobilitätsprozesse in Betrieben. Frankfurt a.M.: Campus.

Bruhn, Manfred (1998): Wirtschaftlichkeit des Qualitätsmanagements. Berlin.

Bruhn, Manfre/Geogri, Dominik (1999): Kosten und Nuzen des Qualitätsmanagements. Grundlagen – Methoden – Fallbeispiele. München: Carl Hanser.

Budäus, Dietrich/Dobler, Christian (1977): Theoretische Konzepte und Kriterien zur Beurteilung der Effektivität von Organisationen. In: Management International Review 17, S. 61ff.

BUND & Misereor (Hg.) (1996): Zukunftsfähiges Deutschland. Ein Beitrag zu einer global nachhaltigen Entwicklung. Berlin: Birkhäuser.

Bundesministerium für Wirtschaftliche Zusammenarbeit und Entwicklung (Hg.) (2000): Langfristige Wirkung deutscher Entwicklungszusammenarbeit und ihre Erfolgsbedingungen. Bonn: BMZ.

Bungard, Walter (1992): Qualitätszirkel in der Arbeitswelt – Ziele, Erfahrungen, Probleme. Göttingen: Verlag für Angewandte Psychologie.

Bungard, Walter (1991): Qualitätszirkel: ein soziotechnisches Instrument auf dem Prüfstand. Ludwigshafen: Ehrenhof-Verlag.

Bungard, Walter/Wiendiek, H. (Hg.) (1986): Qualitätszirkel als Instrument zeitgemäßer Betriebsführung. Landsberg a.L.

Buschor, Ernst (2001): Evaluation und New Public Management. Speyer: DeGEVal Jahrestagung.

Buschor, Ernst. (1993): Zwanzig Jahre Haushaltsreform – Eine verwaltungswissenschaftliche Bilanz. In: Brede/Buschor (Hg.): Das neue öffentliche Rechnungswesen. Betriebswirtschaftliche Beiträge zur Haushaltsreform in Deutschland, Österreich und der Schweiz. Schriften zur öffentlichen Verwaltung und öffentlichen Wirtschaft 133. Baden-Baden: Nomos.

Buschor, Ernst (2002): Evaluation und New Public Management. In: Zeitschrift für Evaluation 1 (1), S. 61-74.

Buss, Eugen (1995): Lehrbuch der Wirtschaftssoziologie. Berlin: De Gruyter.

Busse, Thomas (2003): Qualitätsmanagement in der Pflege: ein Leitfaden zur Einführung. Frankfurt a.M.: Fachhochschulverlag.

Bussmann, Werner u.a. (Hg.) (1997): Einführung in die Politikevaluation. Basel: Helbing und Lichtenhahn.

Cameron, Kim S. (1978): Measuring Organizational Effectiveness in Institutions of Higher Education. In: ASQ 23, S. 604ff.

Cameron, Kim S./Whetten, David R. (Hg.) (1983): Organizational Effectiveness: A Comparison of Multiple Models. Orlando: Academic Press.

Camp, Robert C. (1994): Benchmarking. München: Hanser

Camp, Robert C. (1995): Business process benchmarking. Milwaukee: ASQC Quality Press.

Campbell, John P. (1977): On the Nature of Organizational Effectiveness. In: Goodman, Paul S./Pennings, Johannes S. (Hg.): New Perspectives on Organizational Effectiveness. San Francisco: Jossey-Bass.

Campbell, Donald T. (1969): Reform as Experiments. In: American Psychologist 24 (4), S. 409-429.

Campbell, Donald T./Stanley, J.C. (1963): Experimental and Quasi-Experimental Designs in Research on Teaching. In: Gage, N.L. (Hg.) Handbook of Research on Teaching. Chicago: Rand McNally.

Cappis, Marc C. (1998): Von ISO 9001 über EQA Assessment zu TQM. In: Boutellier, Roman/Masing, Walter (Hg.): Qualitätsmanagement an der Schwelle zum 21. Jahrhundert. München u.a.: Hanser, S. 33-52.

Carrington, Peter/Scott, John/Wassermann Stanley/Granovetter, Mark (Hg.) (2005): Models and Methods in Social Network Analysis. Cambridge: Cambridge University Press.

Carroll, Glenn R. (1984): Organizational Ecology. In: Annual Review of Sociology 10, S. 71-93.

Carroll, Glenn. R. (Hg.) (1988): Ecological Models of Organizations. Cambridge, MA: Ballinger.

Carroll, Glenn R./Haveman, Heather/Swaminathan, Anand (1990): Karrieren in Organisationen. Eine ökologische Perspektive. In: Mayer, Karl Ulrich (Hg.): Lebensverläufe und Sozialer Wandel (Sonderheft der Kölner Zeitschrift für Soziologie und Sozialpsychologie). Opladen: Westdeutscher Verlag.

Caspari, Alexandra (2004): Evaluation der Nachhaltigkeit von Entwicklungszusammenarbeit. Zur Notwendigkeit angemessener Konzepte und Methoden. Wiesbaden: VS Verlag

Caspari, Alexandra/Kevenhörster, Paul/Stockmann, Reinhard (2000): Langfristige Wirkungen der staatlichen EZ. Ergebnisse einer Querschnittsevaluierung zur Nachhaltigkeit. In: Entwicklung und Zusammenarbeit 41, S. 10.

Caspari, Alexandra/Kevenhörster, Paul/Stockmann, Reinhard (2003): Das Schweigen des Parlaments: Die vergessene Frage der Nachhaltigkeit deutscher Entwicklungszusammenarbeit. In: Aus Politik und Zeitgeschichte 13/14.

Caulley, Darrel N.(1983): Document Analysis in Program Evaluation. In: Evaluation and Program Planning 6, S. 19-29.

CEDEFOP (Hg.) (1997): Qualitätsfragen und -entwicklungen in der beruflichen Bildung und Ausbildung in Europa. Thessaloniki: CEDEFOP.

CEDEFOP (Hg.) (1998): Indikatoren aus verschiedenen Perspektiven. Thessaloniki.

Centrum für Evaluation (Hg.) (2002): Jahresbericht 2002. Saarbrücken: CEval.

Centrum für Evaluation (Hg.) (2003): Jahresbericht 2003. Saarbrücken: CEval.

Centrum für Evaluation (Hg.) (2004): Jahresbericht 2004. Saarbrücken: CEval.

Chambers, Nicky/Simmons, Craig/Wackernagel, Mathis (2000): Sharing Nature's Interest: ecological footprints as an indicator of sustainability. London: Earthscan.

Chelimsky, Eleanor (1995): New dimensions in evaluation. In: World Bank Operations Evaluations Department (OED): Evaluation and Development: proceedings of the 1994 World Bank Conference. Washington D.C., S. 3-11.

Chelimsky, Eleanor/Shadish, William R. (Hg.) (1997): Evaluation for the 21st century. A Handbook. Thousand Oaks/London/New Delhi: Sage (Nachdruck).

Chelimsky, Eleanor (1997): Thoughts for a new evaluation society. Keynote speech at the UK Evaluation Society Conference 1996. In Evaluations 3, S. 97-108.

Chelimsky, Eleanor/Shadish, William R. (Hg.) (1999): Evaluation for the 21st century. A Handbook. Thousand Oaks/London/New Delhi: Sage.

Chen, Huey/Rossi, Peter H. (1980): The Multi-Goal, Theory-driven Approach to Evaluation: A Model Linking Basic and Applied Social Science. In: Social Forces 59, S. 106-122.

Child, John (1972): Organizational Structure, Environment and Performance: The Role of Strategic Choice. In: Sociology, S. 369-93.

Christensen, Tom (2002): New Public Management: the transformation of ideas and practise. Aldershot: Ashgate.

Clutterbuck, David u.a. (1993): Inspired Customer Service: Strategies for Service Quality. London: Kogan Page.

Collin, A./Brown, J.S./Newmann, S.E. (1989): Cognitive apprenticeship: Teaching the crafts of reading, writing, and mathematics. In: Resnick, L.B. (Hg.): Knowing, learning, and instruction. Essays in honor of Robert Glaser Hillsdale: Erlbaum, S. 453-494.

Commission on Global Governance (1995): Our Global Neighborhood: The Report of the Commission on Global Governance. Oxford: Oxford University Press.

Connolly, T./Conlon, E.J./Deutsch, S.J (1980): Organizational Effectiveness. In: Academy of Management Review 5, S. 211ff.

Cook, T.D./Matt, G.E. (1990): Theorien der Programmevaluation. In: Koch, Uwe/Wittman, Werner W. (Hg.): Evaluationsforschung: Bewertungsgrundlage von Sozial- und Gesundheitsprogrammen. Berlin u.a.: Springer, S. 15-38.

Cramer, Friedrich (1997): Überfluss und „neue Askese". In: Schenk, Herrad (Hg.): Vom einfachen Leben. Glücksuche zwischen Überfluss und Askese. München: Beck, S. 278-280.

Cronbach, Lee J. (1982): Designing Evaluations of Educational and Social Programs. San Francisco u.a.: Jossey-Bass.

Cronbach, Lee J. u. a. (1981): Toward Reform of Program Evaluation. San Franciso u.a.: Jossey-Bass.

Cross, Rob/Parker, Andreas/Cross, Robert L. (2004): The Hidden Power of Social Networks. Understanding How Work Really Gets Done in Organisations. Boston: Harvard Business School.

Czenskowsky, Torsten (2002): Grundzüge des Controlling: Lehrbuch der Controlling-Konzepte und Instrumente. Gernsbach: Deutscher Betriebswirte Verlag.

DANIDA (Hg.) (1999): Environmental assistance to developing countries: annual report. Copenhagen: DANIDA.

Daumenlang, Konrad/Palm, Wolfgang (1997): Qualitätsmanagement in Non-Profit-Organisationen. Landau: Fachbereich 8, Psychologie, Universität Koblenz-Landau.

Davies, Ian C. (1999): Evaluation and Performance Management in Government. In: Evaluation 5 (2), S. 150-159.

Davis, Kingsley (1949): Human Society. New York: Macmillan.

Deitmer, Ludger (2004): Zum Forschungszusammenhang: Innovation und Region. In: Deitmer, Ludger: Management regionaler Innovationsnetzwerke: Evaluation als Ansatz zur Effizienzsteigerung regionaler Innovationsprozesse. Baden-Baden: Nomos.

Deming, William Edwards (1952): Elementary Principles of the statistical control of quality. Tokyo: Nippon Kegaku Gijutsu Remmei.

Deming, William Edwards (1982): Quality, productivity, and competitive position. Cambridge: Massachusetts Inst. of Technology.

Dent, Mike (Hg.) (2004): Questioning the new public management. Aldershot: Ashgate.

Deppe, Joachim (1992): Quality Circle und Lernstatt. Ein integrativer Ansatz. Wiesbaden: Gabler (3., erw. Auflage).

Derlien, Hans-Ulrich (1976): Die Erfolgskontrolle staatlicher Planung. Eine empirische Untersuchung über Organisation, Methode und Politik der Programmevaluation. Baden-Baden: Nomos.

Derlien, Hans-Ulrich (Hg.) (1991): Programmforschung in der öffentlichen Verwaltung. Werkstattbericht der Gesellschaft für Programmforschung. München.

Deutsch, Karl W. (1985): On Theory and Research in Innovation. In: Merritt, Richard L./Anna J. Merritt (Hg.): Innovation in the Public Sector. Beverly Hills u.a.: Sage, S. 17-35.

Deutsche Gesellschaft für Evaluation (2002): Standards für Evaluation. Köln: DeGEval.

Deutsche Gesellschaft für Qualität e.V. (Hg.) (2001): Qualitätsmanagement in der Weiterbildung. Berlin: Beuth.

Deutscher, Irvin; Ostrander, Susan A. (1985): Sociology and Evaluation Research: Some Past and Future Links. In: History of Sociology 6, S. 11-32.

Deutscher Bundestag (Hg.) (1989): Drucksache 11/5105 vom 28.8.1989. Bonn: Deutscher Bundestag.

Deutscher Bundestag (Hg.) (1989): Drucksache 13/10857: Systematische Erfolgskontrolle von Projekten und Programmen der bilateralen Entwicklungszusammenarbeit. Bonn: Deutscher Bundestag.

Deutsches Institut für Normung (Hg.) (2002): Der Weg von DIN EN ISO 9000ff. zu Total Quality Management (TQM).

Deutsches Institut für Normung (Hg.) (2004): ISO 9000ff. – Die neuen Qualitätsmaßstäbe 2004 (Tagungsband der DIN-Tagung). Berlin: Deutsches Institut für Normung.

Deutsches Institut für Normung (Hg.) (2004): Qualitätsmanagement DIN EN ISO 9000ff. Berlin: Beuth.

Deyhle, Albrecht (1995): Controller Praxis: Führung durch Ziele, Planung und Kontrolle. Gauting/München: Management-Service-Verlag.

Deyle, Albrecht (2000): Controller Praxis: Führung durch Ziele, Planung und Controlling. Offenburg u.a.: Verlag für ControllingWissen.

Deyle, Albrecht (2002): Controlling Controller: Trends in der Controller Praxis. In: Betriebswirtschaft und Mediengesellschaft im Wandel, S. 429-451.

Deyle, Albrecht (2003): Controller-Handbuch: Enzyklopädisches Lexikon für die Controller-Praxis. Offenburg u.a.: Verlag für ControllingWissen (5., neu geschriebene Auflage).

Diani, Marion/McAdam, Dough (2004): Social Movements and Networks. Relational Approaches to Collective Action. Oxford: Oxford University Press.

Diekmann, Andreas (1995): Empirische Sozialforschung. Grundlagen, Methoden, Anwendungen. Reinbek b. Hamburg: Rowohlt.

Diekmann, Andreas (2004): Empirische Sozialforschung. Grundlagen, Methoden, Anwendungen. Reinbek b. Hamburg: Rowohlt.

Diekmann, Andreas/Weick, Stefan (Hg.) (1993): Der Familienzyklus als sozialer Prozeß: bevölkerungssoziologische Untersuchungen mit den Methoden der Ereignisanalyse. Berlin: Duncker & Humblot.

Diensberg, Christoph (2001): Balanced Scorecard – kritische Anregungen für die Bildungs- und Personalarbeit, für Evaluation und die Weiterentwicklung des Ansatzes. In: Diensberg, Christoph/Krekel, Elisabeth M./Schobert, Berthold (Hg.): Balanced Scorecard und House of Quality: Impulse für die Evaluation in Weiterbildung und Personalentwicklung. Schriftenreihe des Bundesinstituts für Berufsbildung 53. Bonn: BIBB, S. 21-38.

Diewald, Martin/Huinink, Johannes/Heckhausen, Jutta (1996): Lebensverläufe und Persönlichkeitsentwicklung im gesellschaftlichen Umbruch. Kohortenschicksale und Kontrollverhalten in Ostdeutschland nach der Wende. In: Kölner Zeitschrift für Soziologie und Sozialpsychologie 48, S. 219-248.

Diewald, Martin/Mayer, Karl Ulrich (Hg.) (1996): Zwischenbilanz der Wiedervereinigung: Strukturwandel und Mobilität im Transformationsprozess. Opladen: Leske + Budrich.

Donabedian, Avesis (1980): The definition of cuality and approaches to its assessment. Ann Arbor, Mich.: Health Administration Press.

Doppler, Klaus/Lauterburg, Christoph (2000): Change Management. Den Unternehmenswandel gestalten. Frankfurt a.M.: Campus.

Drescher, Peter (2003): Moderation von Arbeitsgruppen und Qualitätszirkeln: ein Handbuch. Göttingen: Vandenhoeck und Ruprecht.

Dror, Yehezkel (1968): Public policymaking re-examined. Scranton, Pennsylvania: Chandler.

Druwe, Ulrich (1987): Politik. In: Görlitz, Axel/Prätorius, Rainer: Handbuch Politikwissenschaft. Grundlagen-Forschungsstand-Perspektiven. Hamburg: Rohwolt, S. 393-397.

Dunn, William N. (2004). Public policy analysis: an introduction. Prentice-Hall: Pearson.

Dye, Thomas R. (1978): Policy-Analysis: What Governments Do, Why They Do It, and What Difference it Makes. Alabama: University of Alabama.

Eder, Ferdinand (Hg.) (2002): Qualitätsentwicklung und Qualitätssicherung im österreichischen Schulwesen. Innsbruck: Studien-Verlag.

Eddy, David M. (1992): Cost-Effectiveness-Analysis: Is it Up to the Task? In: Journal of the American Medical Association 267, S. 3342-3348.

EFQM (2003a): Die Grundkonzepte der Excellence. Frankfurt a.M.: EFQM.

EFQM (2003b): Excellence einführen. Frankfurt a.M.: EFQM.

EFQM (2003c): Das EFQM-Modell für Excellence: Version für den Öffentlichen Dienst und soziale Einrichtungen. Frankfurt a.M.: EFQM.

Egger, Martin/Schübel, Ulrich F./Zink, Klaus J. (2002): Total Quality Management (TQM) in Werkstätten für behinderte Menschen (WfbM): Abschlussbericht; Entwicklung und Erprobung eines Verfahrens zur kontinuierlichen Verbesserung von umfassender Qualität in WfbM [CD-Rom Ausgabe]. Kaiserslautern: Universität, Institut für Technologie und Arbeit.

Ehlers, Ulf-Daniel/Schenkel, Peter (2004): Bildungscontrolling im E-Learning. Berlin: Springer.

Elder, Glen H./Caspi, Avsholm (1990): Persönliche Entwicklung und sozialer Wandel. Die Entstehung der Lebensverlaufsforschung. In: Mayer, Karl Ulrich (Hg.): Lebensverläufe und Sozialer Wandel (Sonderheft der Kölner Zeitschrift für Soziologie und Sozialpsychologie). Opladen: Westdeutscher Verlag.

Ellwein, Thomas (1977): Das Regierungssystem der BRD. Opladen: Westdeutscher Verlag.

Elsweiler, Bernd (2002): Erweitertes Monitoring- und Benchmarkingsystem zur strategischen Unternehmenslenkung. Aachen: Shaker.

Endruweit, Günter (2004): Organisationssoziologie. Stuttgart: Lucius & Lucius (2., überarb. u. erw. Auflage).

Engelhardt, Hans D. (2001): Total Quality Management: Konzept, Verfahren, Diskussion. Schwerpunkt Management. Augsburg: Ziel.

Ermert, Karl (Hg.) (2004): Evaluation in der Kulturförderung: Über Grundlagen kulturpolitischer Entscheidungen.

Eschenbach, Rolf (1996) (Hg.): Controlling. Stuttgart: Schäffer-Poeschel Verlag.

Eschenbach, Rolf (1996): Zukunft des Controlling. In: Eschenbach, Rolf (Hg.): Controlling. Stuttgart: Schäffer-Poeschel Verlag, S. 715-727.

Eschenbach, Rolf (1998): Führungsinstrumente für die Nonprofit-Organisation: bewährte Verfahren im Einsatz. Stuttgart: Schaeffer-Poeschel.

Eschenbach, Rolf (1999): Einführung in das Controlling. Konzeption und Institution; ein Arbeitsbuch zur Einführung für den Gebrauch an Fachhochschulen. Wien: Service-Fachverlag (2. Auflage).

Eschenbach, Rolf (2000): Rechnungswesen und Controlling in NPOs. In: Badelt, Christoph (Hg.): Handbuch der Nonprofit-Organisation. Stuttgart: Schäffer-Poeschel.

Eschenbach, Rolf/Horak, Christian (Hg.) (2003): Führung der Nonprofit-Organisation: bewährte Instrumente im praktischen Einsatz. Stuttgart: Schäffer-Poeschel.

Eschenbach, Rolf/Niedermayr, Rita (1996): Controlling in der Literatur. In: Eschenbach,
Rolf (Hg.): Controlling. Stuttgart: Schäffer-Poeschel Verlag, S. 49-65.

Eschenbach, Rolf/Niedermayr, Rita (1996): Die Konzeption des Controlling. In: Eschenbach, Rolf (Hg.): Controlling. Stuttgart: Schäffer-Poeschel Verlag, S. 65-95.

Escher, Norbert (1997): Qualität und Qualitätsmanagement im Gesundheitswesen. In:
Maelicke, Bernd (Hg.): Qualität und Kosten sozialer Dienstleistungen. Baden-Baden:
Nomos.

Etzioni, Amitai (1973): The Third Sector and Domestic Missions. Public Administration
Review 33, S. 314-323.

Etzioni, Amitai (1971): Two Approaches to Organizational Analysis: a Critique and a
Suggestion. In: Ghorpade. S. 33 ff.

Etzioni, Amitai. (1961): A Comparative Analysis of Complex Organizations. New York:
The Free Press.

European Foundation for Quality Management (Hg.) (1998): Die Leistung steigern mit dem
EFQM-Modell für Business Excellence. Brüssel.

Eversheim, Walter/Jaschinski, Christoph/Reddemann, Andreas (Hg.), (1997): Qualitätsmanagement für Nonprofit-Dienstleister. Ein Leitfaden für Kammern, Verbände und
andere Wirtschaftsorganisationen. Berlin: Springer.

Eversheim, Walter (Hg.) (1997): Qualitätsmanagement für Dienstleister: Grundlagen,
Selbstanalyse, Umsetzungshilfen. Berlin: Springer.

Eversheim, Walter (Hg.) (2000): Qualitätsmanagement für Dienstleister: Grundlagen,
Selbstanalyse, Umsetzungshilfen. Berlin: Springer.

Ewers, H.-J./Brenck, A. (1992): Innovationsorientierte Regionalpolitik: Zwischenfazit eines
Forschungsprogramms. In: Birg, H./Schalk, H.-H. (Hg.): Regionale und sektorale
Strukturpolitik. Münster: Institut für Siedlungs- und Wohnungswesen.

Ewert, Wolfgang (2004): Handbuch Projektmanagement und öffentliche Dienste: Grundlagen, Praxisbeispiele und Handlungsanleitungen für die Verwaltungsreform durch
Projektarbeit. Bremen u.a.: Sachbuchverlag Kellner.

Fahrni, Fritz/Völker, Rainer/Bodmer, Christian (2002): Erfolgreiches Benchmarking in Forschung und Entwicklung, Beschaffung und Logistik. München: Hanser.

Faßhauer, Uwe/Basel, Sven (2005): Qualitätsoptimierung oder Bewertungsritual. In:
Berufsbildung. Bd. 91/92, Jg. 59, S. 30-35.

Feick, Jürgen/Jann, Werner (1988): Nations matter – Vom Eklektizismus zur Integration in
der vergleichenden Policy-Forschung? In: Schmidt, Manfred G. (Hg.): Staatstätigkeit.
International und historisch vergleichende Analysen (PVS-Sonderheft 19). Opladen:
Westdeutscher Verlag.

Feuchthofen, Jörg E./Severing, Eckart (Hg.) (1995): Qualitätsmanagement und Qualitätssicherung in der Weiterbildung. Neuwied u.a.: Luchterhand.

Fitzpatrick, Jody L./Sanders, James R./Worthen, Blaine R. (2004): Program Evaluation.
Alternative Approaches and Practical Guidelines. Boston u.a.: Pearson.

Fratschner, F. A. (1999): Balanced Scorecard – Ein Wegweiser zur strategiekonformen Ableitung von Zielvereinbarungen über finanzwirtschaftliche Ziele hinaus. In: Controller
Magazin 1999 (1), S. 13-17.

Freeman, John H. (1982): Organizational Life Cycles and Natural Selection Processes. In:
Staw, Barry/Cummings, Larry (Hg.): Research in Organizational Behavior. Green-
wich, CT: JAI-Press.

Freeman, John/Hannan, Michael (1975): Growth and Decline Processes in Organizations.
In: ASR 40, S. 215-228.

Frehr, Hans-Ulrich (1994): Total-quality-Management: unternehmensweite Qualitätsverbesserung; ein Praxis-Leitfaden für Führungskräfte. München: Hanser.

Frese, Erich (1992): Organisationstheorie: Historische Entwicklung – Ansätze – Perspektiven. Wiesbaden: Gabler.

Fricke, Reiner (2000): Qualitätsbeurteilung durch Kriterienkataloge: Auf der Suche nach validen Vorhersagemodellen. In: Schenkel, Peter/Tergan, Sigmar-Olaf/Lottmann, Alfred: Qualitätsbeurteilung multimedialer Lern- und Informationssysteme. Nürnberg: Verlag Bildung und Wissen, S.75-88.

Friedag, Herwig R. (1998): Die Balanced Scorecard – Alter Wein in neuen Schläuchen? In: Controller Magazin 1998 (4), S. 291-294.

Friedag, Herwig R./Schmidt, Walter (2004): Balanced Scorecard. Planegg: Haufe (2., aktual. Ausgabe).

Friedl, Birgit (2003): Controlling. Stuttgart: Lucius & Lucius [u.a.].

Friedrichs, Jürgen (1973): Methoden empirischer Sozialforschung. Hamburg: Rowohlt.

Friedrichs, Jürgen/Kamp, Klaus (1978): Methodologische Probleme des Konzepts „Lebenszyklus". In: Kohli, Martin (Hg.): Soziologie des Lebenslaufs. Darmstadt u.a.: Luchterhand.

Fuchs-Heinritz, Werner (1990): Biographische Studien zur Jugendphase. In: Mayer, Karl Ulrich (Hg.): Lebensverläufe und Sozialer Wandel. (Sonderheft der Kölner Zeitschrift für Soziologie und Sozialpsychologie). Opladen: Westdeutscher Verlag.

Fuhr (1998): Qualitätsmanagement im Bildungssektor. In: Hochschulrektorenkonferenz: Qualitätsmanagement in der Lehre. Bonn: Hochschulrektorenkonferenz, S. 47-67.

Gabler, Theo (Hg.) (1994): Wirtschaftslexikon. Wiesbaden: Gabler.

Galbraith, Jay (1973): Designing Complex Organizations. Reading, Mass.: Addison-Wesley.

Garms, Silke (2000): Qualitätsmanagement in sozialen Projekten: Chancen und Risiken von Qualitätsentwicklung. Berlin: RosenholzVerlag.

Garvin, David A. (1984): What does ‚Product Quality' really mean? In: Sloan Management Review. S. 25-43.

Gaschler, Christine (2002): Qualitätsmanagement in sozialen Dienstleistungsunternehmen unter dem Fokus der Mitarbeiterzufriedenheit. Frankfurt a.M.: Hochschulschrift.

Gebert, Alfred J./Kneubühler, Hans-Ulrich (2001): Qualitätsbeurteilung und Evaluation der Qualitätssicherung in Pflegeheimen: Plädoyer für ein gemeinsames Lernen. Bern: Huber.

Gerlich, Petra (1999): Controlling von Bildung, Evaluation oder Bildungs-Controlling? Überblick, Anwendung und Implikationen einer Aufwand-Nutzen-Betrachtung von Bildung unter besonderer Berücksichtigung wirtschafts- und sozialpsychologischer Aspekte am Beispiel akademischer Nachwuchskräfte in Banken. München: Hampp.

Geschka, H. (1974): Innovationsideen: Ihre Herkunft und die Technik ihrer gezielten Hervorbringung. In: Meissner, H.G./Kroll, H.A. (Hg.): Management technologischer Innovationen. Pullach: Verlag Dokumentation.

George, Clive/Kirkpatrick, Colin (2003): A Practical Guide to Strategic Impact Assessment for Enterprise Development. University of Manchester: Institute for Development Policy and Management.

Giebenhain, Dagmar (2005): Evaluation in Entwicklungsvorhaben. In: Berufsbildung. Bd. 91/92, Jg. 59, S. 55-56.

Gillwald, Katrin (2000): Konzepte sozialer Innovation. Veröffentlichungsreihe der Querschnittsgruppe Arbeit und Ökologie beim Präsidenten des Wissenschaftszentrum Berlin für Sozialforschung. Nr. P00-519. Berlin: Wissenschaftszentrum Berling für Sozialforschung GmbH (WZB).

Gissel-Palkovich, Ingrid (2002): Total Quality Management in der Jugendhilfe? Von der Qualitätssicherung zur umfassenden Qualitätsentwicklung in der Sozialen Arbeit. In: Pädagogik: Forschung und Wissenschaft. Bd. 2. Münster: Lit.

Glagow, Manfred (Hg.) (1990): Deutsche und internationale Entwicklungspolitik. Zur Rolle staatlicher, supranationaler und nicht-regierungsabhängiger Organisationen im Entwicklungsprozeß der Dritten Welt. Opladen: Westdeutscher Verlag.

Glagow, Manfred (1992): Die Nicht-Regierungsorganisation in der internationalen Entwicklungszusammenarbeit. In: Nohlen, Dieter/Nuscheler, Franz (Hg.): Handbuch der Dritten Welt. Bonn: Dietz (3., überarb. Auflage), S. 304-326.

Glatzer, Wolfgang/Zapf, Wolfgang (Hg.) (1984): Lebensqualität in der Bundesrepublik. Objektive Lebensbedingungen und subjektives Wohlbefinden. Frankfurt a.M.: Campus.

Glowalla, U./Schoop, E. (1992): Entwicklung und Evaluation computerunterstützter Lehrsysteme. In: Glowalla, U./Schoop, E. (Hg.): Hypertext und Multimedia: Neue Wege in der computerunterstützten Aus- und Weiterbildung. Berlin/Heidelberg: Springer, S. 21-38.

Glowalla, U. (1992): Evaluation computerunterstützten Lernens. In: Glowalla, U./Schoop, E. (Hg.): Hypertext und Multimedia: Neue Wege in der computerunterstützten Aus- und Weiterbildung. Berlin/Heidelberg: Springer, S. 39-40.

Gohl, Eberhard (2000): Prüfen und lernen: praxisorientierte Handreichung zur Wirkungsbeobachtung und Evaluation. Bonn: VENRO.

Grabatin, Günther (1981): Effizienz von Organisationen. Berlin u.a.: de Gruyter.

Gramlich, Edward M. (1990): A Guide to Benefit-Cost Analysis. Ebglewood Cliffs, NJ: Prentice Hall.

Greenberg, David H./Appenzeller, Ute (1998): Cost Analysis Step by Step: A How-to Guide for Planners and Providers of Welfare-to-Work and Other Employment and Training Programs. New York: Manpower Demonstration Research Corporation.

Greiling, Michael (2001): Die Balanced Scorecard. In Diensberg, Christop/Krekel, Elisabeth M./Schobert, Berthold (Hg.): Balanced Scorecard and House of Quality: Impulse für die Evaluation in Weiterbildung und Personalentwicklung. Schriftenreihe des Bundesinstituts für Berufsbildung 53. Bonn: BIBB, S. 9-20.

Greiling, Michael (1998): Das Innovationssystem – Eine Analyse zur Innovationsfähigkeit von Unternehmungen. Frankfurt a.M.: Lang.

Greinert, Wolf-Dietric/Heitmann, Werner/Stockmann, Reinhard (Hg.) (1996): Ansätze betriebsbezogener Ausbildungsmodelle. Beispiele aus dem islamisch-arabischen Kulturkreis. Berlin: Overall-Verlag.

Greinert, Wolf-Dietrich/Heitmann, Werner/Stockmann, Reinhard/West, Brunhilde (Hg.) (1997): Vierzig Jahre Berufsbildungszusammenarbeit mit Ländern der Dritten Welt. Die Föderung der beruflichen Bildung in den Entwicklungsländern am Wendepunkt? Baden-Baden: Nomos.

Greulich, Andreas (2002): Balanced Scorecard im Krankenhaus: von der Planung bis zur Umsetzung. Heidelberg: Economica-Verlag.

Grieble, Oliver (2004): Modellgestütztes Dienstleistungsbenchmarking. Lohmar/Köln: Eul.

Grochla, Erwin (Hg.) (1978): Einführung in die Organisationstheorie. Stuttgart: Poeschel.

Groh, Peter E. (2004): Kosten-Nutzen-Analyse als Instrument des Qualitätsmanagements. Kissing: WEKA-Media.

Grupp, Michael (1979): Science and Ignorance. In: Nowotny, H./Rose, H. (Hg.): Counter-Movements in the Sciences. Dordrecht: Reidel.

Grupp, Hariolf/Schmoch, Ulrich (1995): Beschreibung und Erklärung innovationsgerechter Vorgänge. In: Technik und Gesellschaft. Jahrbuch 8: Theoriebausteine der Techniksoziologie. Frankfurt a.M.: Campus, S. 227-243.

GTZ (2004): Qualitätsbericht GTZ China EFQM-Zyklus 2003/2004. Eschborn: GTZ.

GTZ (2003): Orientierung auf Wirkung ist das gemeinsame Thema von vier aktuellen Reformen. Eschborn: GTZ.

GTZ (2002): Die Anwendung des „EFQM-Modells for Excellence" in der GTZ. Informationspapier. Eschborn:GTZ.

GTZ (1999): Wegweiser für die Projektfortschrittskontrolle (PFK). Eschborn: GTZ.

GTZ (HG.) (1999): Bericht zur 5. Querschnittsanalyse. Wirkungsbeobachtung von den in den Jahren 1993 bis 1997 laufenden und abgeschlossenen TZ-Vorhaben. Teil 1 und 2. Eschborn: GTZ.

Guba, Egon G./Stufflebeam, Daniel L. (1968): Evaluation: The Process of Stimulating, Aiding and Abetting Insightful Action. Bloomington, Ind.: Measurement and Evaluation Center in Reading Education, Indiana University.

Gucanin, Ane (2003): Total Quality Management mit dem EFQM-Modell: Verbesserungspotentiale erkennen und für den Unternehmenserfolg nutzen. Berlin: uni-edition.

Guhl, Martin (1998): Total Quality Management im Dienstleistungsbereich. Bad Urbach: Verl. Inst. für Arbeitsorganisation.

Habersam, Michael (1997): Controlling als Evaluation – Potentiale eines Perspektivenwechsels. München und Mering: Rainer Hampp.

Hage, Gerald/Aiken, Michael (1969): Routine Technology, Social Structure, and Organization Goals. In: ASQ. Vol 14, S. 366-376.

Hagestad, Gunhild (1990): Social Perspectives on the Life Course. In: Binstock, R./George, L. (Hg.): Handbook of Aging and the Social Sciences. New York: Academic Press.

Haindl, Maria (2003): ‚Total Quality Management' in Schulen: Ein Modell für die Evaluation von Schulqualität? Innsbruck: Studienverlag.

Halfar, Bernd (1987): Nicht-intendierte Handlungsfolgen. Stuttgart: Enke.

Hall, R.H. (1980): Closed-System, Open-System, and Contingency-Choice Perspectives. In: Etzioni, A./Lehman, E.W. (Hg.): A Sociological Reader on Complex Organizations. New York: Holt, Rinehart & Winston.

Hamschmidt, Jost (2001): Die Wirksamkeit von UMS nach ISO 14001 in Schweizer Unternehmen. Ergebnisse einer empirischen Untersuchung. Wien: Universität St. Gallen.

Hannan, Michael T./Freeman, John (1977): The Population Ecology of Organisations. In: American Journal of Sociology 82, S. 929-964.

Hannan, Michael T./Freeman, John (1988a): Density Dependence in the Growth of Organizational Populations. In: Carroll, G.R. (Hg.): Ecological Models of Organizations. Cambridge, MA: Ballinger.

Hannan, Michael T./Freeman, John (1988b): The Ecology of Organizational Mortality: American Labor Unions 1836-1985. In: American Journal of Sociology 94, S. 25-52.

Hannan, Michael T./Freeman, John (1989): Organizational Ecology. Cambridge, MA: Harvard University Press.

Hansen, Wolfgang/Kamiske, Gerd F. (Hg.) (2003): Qualitätsmanagement im Dienstleistungsbereich: Assessment – Sicherung – Entwicklung. Düsseldorf: Symposion.

Hanusch, Horst (1994): Kosten-Nutzen-Analyse. München: Vahlen (2., überarb. Auflage).

Härtel, Michael/Stockmann, Reinhard/Gaus, Hansjörg (Hg.) (2000): Berufliche Umweltbildung und Umweltberatung. Grundlagen, Konzepte und Wirkungsmessung. Bielefeld: Bertelsmann-Verlag.

Hartwich, Hans Hermann (Hg.) (1985): Policy-Forschung in der Bundesrepublik Deutschland. Ihr Selbstverständnis und ihr Verhältnis zu den Grundfragen der Politikwissenschaft. Opladen: Westdeutscher Verlag.

Hauff, Volker (Hg.) (1987): Unsere gemeinsame Zukunft. Der Brundtland-Bericht der Weltkommission für Umwelt und Entwicklung. Greven: Eggenkamp-Verlag.

Hauschildt, Jürgen (1980): Zielsysteme. In: Handwörterbuch der Organisation. Stuttgart: Poeschel, S. 2419ff.

Hauschildt, Jürgen/Hamel, Winfried (1978): Empirische Forschung zur Zielbildung in Organisationen – auf dem Weg in eine methodische Sackgasse. In: Hamburger Jahrbuch für Wirtschafts- und Gesellschaftspolitk 23, S. 237-250.

Heckhausen, Jutta (1990): Erwerb und Funktion normativer Vorstellungen über den Lebenslauf. Ein entwicklungspsychologischer Beitrag zur sozio-psychischen Konstruktion von Biographien. In: Mayer, Karl Ulrich (Hg.): Lebensverläufe und Sozialer Wandel. (Sonderheft der Kölner Zeitschrift für Soziologie und Sozialpsychologie). Opladen: Westdeutscher Verlag.

Heiner, Maja (Hg.) (1996): Qualitätsentwicklung durch Evaluation. Freiburg i.B.: Lambertus.

Heinrich, Tina/Meyer, Wolfgang (2005): Entwicklung eines Monitoring-Systems für die politische Weiterbildung – Ansatz und Erfahrungen am Beispiel des Bildungszentrums Kirkel. In: Zeitschrift für Evaluation 3 (2), S. 271-291.

Heinrich, Werner M. (1996): Einführung in das Qualitätsmanagement. Eichstätt: Brönner & Daentler.

Heinz, Walter R. (1995): Arbeit, Beruf und Lebenslauf: eine Einführung in die berufliche Sozialisation. Weinheim/München: Juventa-Verlag.

Heise, Maren/Stockmann, Reinhard (2003): Evaluationsstudie zum DAAD-Förderprogramm „Nachbetreuung ehemaliger Studierender aus Entwicklungsländern". Teilbericht: Methodische Konzeption und Alumni Survey. Saarbrücken.

Heise, Maren/Stockmann, Reinhard (2004): Nachbetreuung ehemaliger Studierender aus Entwicklungsländern. Teilbericht: Methodische Konzeption und Ergebnisse des Alumni Surveys. In: DAAD (Hg.): Programmstudie. Nachbetreuung ehemaliger Studierender aus Entwicklungsländern. Bonn: DAAD.

Heller, Robert (1993): The quality makers: TQM. Zürich/Schweiz: Orell Füssli

Hellstern, Gerd-Michael/Wollmann, Hellmut (1980a): Evaluierung in der öffentlichen Verwaltung – Zweck und Anwendungsfelder. In: Verwaltung und Fortbildung. S. 61 ff.

Hellstern, Gerd-Michael/Wollmann, Helmut (Hg.) (1984): Handbuch zur Evaluierungsforschung. Bd. 1. Opladen: Westdeutscher Verlag.

Henderson, Hazel (1988): The Politics of the Solar Age. Alternatives to Economics. Indianapolis: Knowledge Systems.

Hennemann, Carola (1997): Organisationales Lernen und die lernende Organisation: Entwicklung eines praxisbezogenen Gestaltungsvorschlags aus ressourcenorientierter Sicht. München u.a.: Hampp.

Hens, L./Nath, Bhaskar (2003): The Johannesburg Conference. In: Environment, Development and Sustainability 5, S. 7-39.

Héritier, Andrienne (Hg.) (1993): Policy-Analyse. Kritik und Neuorientierung (PVS-Sonderheft 24). Opladen: Westdeutscher Verlag.

Herlth, Alois/Strohmeier, Klaus Peter (1989): Lebenslauf und Familienentwicklung: Mikroanalysen des Wandels familialer Lebensformen. Opladen: Leske + Budrich.

Heß, Martin (1997): TQM-Kaizen-Praxisbuch: Qualitätszirkel und verwandte Gruppen im Total-quality-Management. Köln: Verl. TÜV Rheinland.

Hesse, Joachim J./Ellwein, Thomas (2004): Das Regierungssystem der BRD. Berlin: de Gruyter Recht und Politik (9., vollst. neu bearb. Auflage).

Heuß, Ernst (1965): Allgemeine Markttheorie. Tübingen: St. Galler wirtschaftswissenschaftliche Forschungen.

Hickson, David J. u.a. (1971): A Strategic Contingencies' Theory of Interorganizational Powers. In: Administrative Science Quaterly 16, S. 216-229.

Hill, Wilhelm u.a. (1974): Konzeption einer modernen O⁻ganisationslehre. In: Zeitschrift für Organisation.

Hill, Hermann (Hg.) (1997): Die kommunikative Organisation. Change Management und Vernetzung in öffentlichen Verwaltungen. Köln u.a.: Carl Heymanns.

Hiller, Petra (2005): Organisationswissen: Eine wissenssoziologische Neubeschreibung der Organisation. Wiesbaden: VS-Verlag.

Hillmert, Steffen (2001): Ausbildungssysteme und Arbeitsmarkt: Lebensverläufe in Großbritannien und Deutschland im Kohortenvergleich. Opladen: Westdeutscher Verlag.

Hochschulrektorenkonferenz (Hg.) (1998): Qualitätsmanagement in der Lehre. TQL 98. Beiträge zur Hochschulpolitik 1998 (5). Bonn.

Hoeth, Ulrike/Schwarz, Wolfgang (2002): Qualitätstechniken für die Dienstleistung: die D7. München: Hanser.

Hoffmann, Werner H./Niedermayr, Rita/Risak, Johann (1996): Führungsergänzung durch Controlling. In: Eschenbach, Rolf (Hg.): Controlling. Stuttgart: Schäffer-Poeschel Verlag, S. 3-49.

Hoitsch, Hans-Jörg/Lingnau, Volker (2004): Kosten- und Erlösrechnung: Eine controllingorientierte Einführung. Berlin: Springer.

Holenstein, Hildegard (1999): Fähig werden zur Selbstevaluation: Erfahrungsberichte und Orientierungshilfen. Chur/Zürich: Rüegger.

Holla, Bernd (2002): Qualitätsentwicklung in der Weiterbildung durch praxisorientierte Evaluation. Frankfurt a.M. u.a.: Lang.

Holtappels, Heinz Günter (2003): Schulqualität durch Schulentwicklung und Evaluation. München: Luchterhand.

Horak, Christian (1997): Management von NPOs. In: Badelt, Christoph (Hg.): Handbuch der Nonprofit Organisation. Stuttgart: Schäffer-Poeschel, S. 123-134.

Horak, Christian (1998): Zukünftiger Entwicklungsbedarf an Instrumenten in NPOs. In: Eschenbach, Rolf (Hg.): Führungsinstrumente für die Nonprofit Organisatin

Horak, Christian (1999): Controlling in Nonprofit-Organisationen: Erfolgsfaktoren und Instrumente. Wiesbaden: DUV (2. Auflage, Nachdruck).

Horak, Christian/Matul, C./Scheuch, F. (2002): Ziele und Strategien von NPOs. In: Badelt, Christoph (Hg.): Handbuch der Nonprofit Organisation. Stuttgart: Schäfer-Poeschel, S. 197-224.

Horbach, Andreas (2000): Strategien zur Umsetzung von Total Quality Management bei Non-Profit-Dienstleistern. Hochschulschrift. Chemnitz: Technische Universität.

Horváth, Peter (2002): CotrollingMünchen: Vahlen (8., vollst. überarb. Auflage).

Horváth, Peter (1996): Controlling. München: Vahlen (6. Auflage).

Horváth, Peter/Gaiser, B. (2000): Implementierungsverfahren mit der Balanced Scorecard im deutschen Sprachraum – Anstöße zur konzeptionellen Weiterentwicklung. In: Betriebswirtschaftliche Forschung und Praxis 2000 (1), S. 17-35.

Horváth, Peter/Kaufmann, L. (1998): Balanced Scorecard – Ein Werkzeug zur Umsetzung von Strategien. In: Harvard Business Manager 1998 (5), S. 39-48.

Horváth & Partners (2004): Balanced Scorecard umsetzen. Stuttgart: Schäffer-Poeschel (3., vollst. überarb. Auflage).

HRK (2005): Qualität messen – Qualität managen: Leistungsparameter in der Hochschulentwicklung. Projekt Qualitätssicherung. Beiträge zur Hochschulpolitik 2005 (6). Bonn: Hochschulrektorenkonferenz.

HRK (2004a): Metaevaluation. Evaluation von Studium und Lehre auf dem Prüfstand: Zwischenbilanz und Konsequenzen für die Zukunft. Projekt Qualitätssicherung. Beiträge zur Hochschulpolitik 2004 (5). Bonn: Hochschulrektorenkonferenz.

HRK (2004b): Evaluation – ein Bestandteil des Qualitätsmanagements an Hochschulen. Projekt Qualitätssicherung. Beiträge zur Hochschulpolitik 2004 (9). Bonn: Hochschulrektorenkonferenz.

Hucke, Jochen/Wollmann, Hellmut (1980): Methodenprobleme der Implementationsforschung. In: Mayntz, Renate (Hg.): Implementation politischer Programme. Königsstein: Athenäum.

Huinink, Johannes (1995): Kollektiv und Eigensinn: Lebensläufe in der DDR und danach. Berlin: Akademie-Verlag.

Huninink, Johannes (1995): Warum noch Familie? Zur Attraktivität von Partnerschaft und Elternschaft in unserer Gesellschaft. Frankfurt a.M.: Campus-Verlag.

Huinink, Johannes/Wagner, Michael (1989): Regionale Lebensbedingungen, Migration und Familienbildung. In: Kölner Zeitschrift für Soziologie und Sozialpsychologie 41, S. 669-689.

Hullen, Gert (1998): Lebensverläufe in West- und Ostdeutschland. Opladen: Leske + Budrich.

Hummel, Thomas (1999): Erfolgreiches Bildungscontrolling: Praxis und Perspektiven. Heidelberg: Sauer.

Hummel, Thomas/Malorny, Christian (1997): Total Quality Management: Tipps für die Einführung. München u.a.: Hanser (2. Auflage).

Hummel, Thomas/Malorny, Christian (2002): Total Quality Management: Tipps für die Einführung. München u.a.: Hanser (3. Auflage).

Igl, Gerhard/Schiemannn, Doris/Gerste, Bettina; Klose/Joachem (Hg.) (2002): Qualität in der Pflege: Betreuung und Versorgung von pflegebedürftigen alten Menschen in der stationären und ambulanten Altenhilfe. Stuttgart: Schattauer.

International Organization for Standards: Norm DIN EN ISO 8402.

Ishikawa, Kaoru (1980): Guide to Quality Control. Tokyo: Asian Productivity Organisation

Jackson, Norman (Hg.) (2000): Benchmarking for higher education. Buckingham: Society for Research into Higher Education.

Jacoby Klaus-Peter (2002): Möglichkeiten und Grenzen von Evaluation in der Verwaltungspolitik. In: Zeitschrift für Evaluation 1 (1), S. 115-126.

Jacoby, Klaus-Peter/Hauschnik, Peter (2002): Wirkungsmonitoring. Beispielhafte Einführung eines Monitoring- und Evaluierungssystems (M&E) in Projekten der deutschen technischen Zusammenarbeit in Mexiko. In: WBF im Dialog (6. Ausgabe).

Jacoby, Klaus-Peter/Meyer, Wolfgang/Schneider, Vera/Stockmann, Reinhard (2004): Abschlussbericht: Evaluation von Projekten der Umweltkommunikation im Handwerk, im Auftrag der DBU. Saarbrücken.

Jaedicke, Wolfgang/Thrun, Thomas/Wollmann, Hellmut (2000): Modernisierung der Kommunalverwaltung: Evaluierungsstudie zur Verwaltungsmodernisierung im Bereich Planen, Bauen und Umwelt. IFS Institut für Stadtforschung und Strukturpolitik. Stuttgart: Kohlhammer.

Jahoda, Maria/Deutsch, Morton/Cook, Stuart W. (1965): Beobachtungsverfahren. In König, René (Hg.): Beobachtung und Experiment in der Sozialforschung. Köln: Kiepenheuer & Witsch (3. Auflage), S. 77-96.

Jahns, Christopher (2003): Strategisches Benchmarking: Arbeitsbuch. Sternenfels: Verlag Wissenschaft und Praxis Dr. Brauner.

Jansen, Dorothea (2002a): Netzwerkansätze in der Organisationsforschung. In Allmendinger, Jutta/Hinz, Thomas (Hg.) Organisationssoziologie (Sonderheft 42/2002 der Kölner Zeitschrift für Soziologie und Sozialpsychologie). Wiesbaden: Westdeutscher Verlag, S. 88-118.

Jansen, Dorothea (2002b): Einführung in die Netzwerkanalyse. Grundlagen, Methoden, Anwendungen. Wiesbaden: VS-Verlag.

Jansen, Dorothea (2000): Netzwerke und soziales Kapital. Methoden zur Analyse struktureller Einbettung. In: Weyer, Johannes (Hg.): Soziale Netzwerke. Konzepte und Methoden der sozialwissenschaftlichen Netzwerkforschung. München/Wien: Oldenbourg, S. 35-62.

Jann, Werner (1994): Politikfeldanalyse. In: Nohler, Dieter/Kuz, Jürgen/Schulze, Rainer-Olaf (Hg.): Lexikon der Politik. Bd. 2: Politikwissenschaftliche Methoden. München: Beck, S. 308-314.

Jossé, Germann (2003): Basiswissen Kostenrechnung: Kostenarten, Kostenstellen, Kostenträger, Kostenmanagement. München: Deutscher Taschenbuchverlag.

Jossé, Germann (2005): Balanced Scorecard: Ziele und Strategien messbar umsetzen. München: Deutscher Taschenbuchverlag.

Jung, Hans (2003): Controlling. München: Oldenbourg.

Juran, Joseph M. (1988): Juran's quality control handbook. New York: McGraw-Hill.

Juran, Joseph M. (1951): Quality Control Handbook. New York: MacGraw-Hill.

Juran, Joseph M. (1991): Handbuch der Qualitätsplanung. Landsberg/Lech : Verl. Moderne Industrie.

Juran, Joseph M. (1999): Juran's quality handbook. New York: McGraw-Hill.

Juran, Joseph M. (1988): Juran on planning for quality. New York: Free Press.

Juran, Joseph M./Gryna, Frank M. (1993): Quality planning an analysis: from product development through use. New York: McGraw-Hill.

Käfler, Hans (2005): Qualitätsmanagement mit EFQM. In: Berufsbildung. Bd. 91/92, Jg. 59, S. 14-15.

Kamiske, Gerd F. (2003): Qualitätsmanagement: eine multimediale Einführung; mit CD-ROM „Lernprogramm Qualitätsmanagement". München u.a.: Fachbuchverlag Leipzig im Carl-Hanser-Verlag.

Kamiske, Gerd F. (Hg.) (2000): Der Weg zur Spitze: business excellence durch Totalquality-Management; der LeitfadenMünchen u.a.: Hanser (2., vollst. überarb. u. erw. Auflage).

Kaplan, R.S./Norton, D.P. (1997): Balanced Scorecard – Strategien erfolgreich umsetzen. Stuttgart: Schäffer-Poeschel.

Kasarda, John D./Bidwell, Charles E. (1984): A Human Ecological Theory of Organizational Structuring. In: Micklin, M./Choldin, H.M. (Hg.): Sociological Human Ecology. New York: Academic Press.

Kastenholz, H.G./Erdmann, K.-H./Wolff, M. (Hg.) (1996): Nachhaltige Entwicklung. Zukunftschancen für Mensch und Umwelt. Berlin/Heidelberg/New York: Springer.

Katz, Elihu/Levin, Martin L./Hamilton, Herbert (1963): Traditions of research on the diffusion of innovations. In: American Sociological Review 28, S. 237-252.

Kegelmann, Monika (1995): CERTQUA: Zertifizierung von Qualitätsmanagementsystemen nach DIN/EN/ISO 9000ff. in der beruflichen Bildung. In: Feuchthofen, Jörg E./ Severing, Eckart (Hg.), 1995: Qualitätsmanagement und Qualitätssicherung in der Weiterbildung. Neuwied u.a.: Luchterhand. S. 155-178.

Kempfert, Guy; Rolff, Hans-Günter (2005): Qualität und Evaluation: ein Leitfaden für pädagogisches Qualitätsmanagement. Weinheim: Beltz.

Kieser, Alfred (1985): Entstehung und Wandel von Organisationen. Ein evolutionstheoretisches Konzept. Mannheim: Univeröffentlichtes Arbeitspapier.

Kieser, Alfred (1988): Darwin und die Folgen für die Organisationstheorie. In: Die Betriebswirtschaft 48, S. 603-620.

Kieser, Alfred (1989): Entstehung und Wandel von Organisationen. Ein evolutionstheoretisches Konzept. In: Bauer, L./Matis, H. (Hg.): Evolution – Organisation – Management. Berlin: Duncker & Humblot.

Kieser, Alfred (1993f): Der situative Ansatz. In: Kieser, Alfred (Hg.): Organisations-theorien. Stuttgart u.a.: Kohlhammer.

Kieser, Alfred (2002) (Hg.): Organisationstheorien. Stuttgart: Kohlhammer (5. Auflage).

Kieser, Alfred/Kubicek, Herbert (1992): Organisation. Berlin u.a.: de Gruyter.

Kieser, Alfred/Walgenbach, Peter (2003): Organisation. Stuttgart: Schäffer-Poeschel (4., überarb. u. erw. Auflage).

Kimberley, John R./Miles, Robert H. (1980): The Organizational Life Cycle: Issues in the Creation, Transformation, and Decline of „Organizations". San Francisco: Jossey-Bass.

Kirkpatrick, Colin/George, Clive (2003): Sustainability Impact Assessment of Proposed WTO Negotiations: Sector Studies for Market Access, Environmental Services and Competition: Final Report. University of Manchester: Institute for Development Policy and Management.

Kissling-Näf, Ingrid/Knoepfel, Peter/Marek, Daniel (1997): Lernen in öffentlichen Politiken. Basel: Helbing & Lichtenhahn.

Klages, Helmut (1998): Verwaltungsmodernisierung. „Harte" und „weiche" Aspekte II. Speyer: Forschungsinstitut für öffentliche Verwaltung bei der Deutschen Hochschule für Verwaltungswissenschaften (2. Auflage).

Klausegger, Claudia/Scharitzer, Dieter (1998a): Adjunktivität bei Dienstleistungen: die Bedeutung personenbezogener adjunktiver Güter in Bezug auf die Qualitätswahrnehmung prozeßorientierter Dienstleistungen. In: Perspektiven des Dienstleistungsmarketing. Wiesbaden: Deutscher Universitätsverlag, S. 11-22.

Klausegger, Claudia/Scharitzer, Dieter (1998b): Instrumente für das Qualitätsmanagement in NPOs. In: Eschenbach, Rolf (Hg.): Führungsinstrumente für die Nonprofit-Organisation. Stuttgart: Schäffer-Poeschel.

Knoepfel, Peter u.a. (1997): Lernen in öffentlichen Politiken. Basel/Frankfurt a.M.: Helbing und Lichtenhahn.

Koch, Christian (2003): Balanced Scorecard (BSC). In Boeßenecker, Karl-Heinz u.a. (Hg.): Qualitätskonzepte in der Sozialen Arbeit. Weinheim: Beltz, S. 15-22.

Koch, Rainer (2004a): New Public Management als Referenzmodell für Verwaltungsmodernisierungen. In: Strohmer, Michael F. (Hg.): Management im Staat. Frankfurt a.M.: Lang.

Koch, Rainer (2004b): Umbau öffentlicher Dienste: internationale Trends in der Anpassung öffentlicher Dienste an ein New Public Management. Wiesbaden: Deutscher Universitäts-Verlag.

Kohler-Koch, Beate (1991): Inselillusion und Interdependenz: Nationales Regieren unter den Bedingungen von „international governance". In: Blanke, Bernhard/Wollmann, Hellmut (Hg.): Die alte Bundesrepublik. Opladen: Westdeutscher Verlag, S. 45-67.

Kohli, Martin (1978b): Erwartungen an eine Soziologie des Lebenslaufs. In: Kohli, Martin (Hg.): Soziologie des Lebenslaufs. Darmstadt u.a.: Luchterhand.

Kohli, Martin (Hg.) (1978a): Soziologie des Lebenslaufs. Darmstadt u.a.: Luchterhand.

Kohli, Martin (1985): Die Institutionalisierung des Lebenslaufs: Historische Befunde und theoretische Argumente. In: Kölner Zeitschrift für Soziologie und Sozialpsychologie 37, S. 1-29.

Kohli, Martin/Künemund, Harald (Hg.) (2000): Die zweite Lebenshälfte: gesellschaftliche Lage und Partizipation im Spiegel des Alters-Surveys. Opladen: Leske + Budrich.

Konietzka, Dirk (1999): Ausbildung und Beruf. Die Geburstjahrgänge 1919-1961 auf dem Weg von der Schule in das Erwachsenenleben. Opladen: Westdeutscher Verlag.

König, René (Hg.) (1972): Handbuch der empirischen Sozialforschung. Stuttgart: Enke.

Kortman, Walter (1995): Diffusion, Marktentwicklung und Wettbewerb: Eine Untersuchung über die Bestimmungsgründe zu Beginn des Ausbreitungsprozesses technologischer Produkte. Frankfurt a.M.: Europäische Hochschulschriften.

Koschatzky, K./Zenker, A. (1999): Innovationen in Ostdeutschland – Merkmale, Defizite, Potenziale. Ausarbeitung für das Bundesministerium für Bildung und Forschung im Rahmen der Vorarbeiten zum Förderprogramm „InnoRegio". Arbeitspapier Regionalforschung 17. Karlsruhe: Frauenhoferinstitut für Systemtechnik und Innovationsforschung.

Kraemer-Fieger, Sabine (Hg.) (1996): Qualitätsmanagement in Non-Profit-Organisationen: Beispiele, Normen, Anforderungen, Funktionen, Formblätter. Wiesbaden: Gabler.

Krämer, Walter (1994): So überzeugt man mit Statistik. Frankfurt: Campus.

Krapp, Stefanie (2003): Synoptic Analysis of Dual Training System (DTS): Monitoring and Evaluation Results. Desk Study for the TESDA-GTZ-Project in the Philippines. Saarbrücken.

Krapp, Stefanie (2005): Auftragsklärung und prozessbegleitende Abstimmung bei Evaluationen. In: Berufsbildung. Bd. 91/92, Jg. 59, S. 57-59.

Krapp, Stefanie/Gräber, Christian (2002): TESDA/GTZ-Project „Expansion of Dual Education and Training in the Philippines". Results of the 2nd Survey Phase. Saarbrücken.

Krapp, Stefanie/Meiers, Ralph/Stockmann, Reinhard (2004): eBUt – eLearning in der Bewegungs- und Trainingswissenschaft. Evaluationsbericht. Saarbrücken.

Kreutzberg, Joachim (2000): Qualitätsmanagement auf dem Prüfstand. Universität Zürich: Dissertation.

Krönes, Gerhard (2001): Die balanced scorecard als Managementinstrument für Nonprofit-Organisationen. Weingarten: Fachhochschule Ravensburg-Weingarten.

Kromey, Helmut (2002): Empirische Sozialforschung Modelle und Methoden der standardisierten Datenerhebung und Datenauswertung. Opladen: Leske + Budrich.

Kromphardt, Jürgen/Teschner, Manfred (1986): Neuere Entwicklung der Innovationstheorie. In: Vierteljahreshefte zur Wirtschaftsforschung. S. 235-248.

Kromrey, Helmut (1986): Empirische Sozialforschung. Modelle und Methoden der Datenerhebung und Datenverarbeitung. Opladen: Leske + Budrich.

Kromrey, Helmut (2001): Evaluation – Ein vielschichtiges Konzept. Begriff und Methodik von Evaluierung und Evaluationsforschung. Empfehlungen für die Praxis. In: Sozialwissenschaften und Berufspraxis 24 (2), S. 105-31.

Kromrey, Helmut/Meyer, Wolfgang/Stockmann, Reinhard (2002): Beiträge zur Evaluationsforschung auf dem 31. Kongress der Deutschen Gesellschaft für Soziologie in Leipzig vom 7.-11.10.2002. In: Zeitschrift für Evaluation 1 (2), S. 317-326

Kubicek, Herbert (1981): Unternehmensziele, Zielkonflikte und Zielbildungsprozesse. Kontroversen und offene Fragen in einem Kernbereich betriebswirtschaftlicher Theoriebildung. In: WiSt 10, S. 458-466.

Kückmann-Metschies, Hedwig (2001): Total-Quality-Management: Ein Weg zur Qualitätssicherung an Fachhochschulen für Sozialpädagogik? In: Dortmunder Beiträge zur Pädagogik 28. Bochum: Projekt-Verlag.

Kuhlmann, Christian (1997): Diffusion von Informationstechnik. Wiesbaden: Gabler.

Kuhlmann, Sabine/Bogumil, Jörg/Wollmann, Hellmut (Hg.) (2004): Leistungsmessung und -vergleich in Politik und Verwaltung: Konzepte und Praxis. In: Stadtforschung aktuell 96. Wiesbaden: Verlag für Sozialwissenschaften.

Kuhlmann, Stefan/Holland, Doris (1995): Evaluation von Technologiepolitik in Deutschland. Konzepte, Anwendung, Perspektiven. Heidelberg: Physika.

Küpper, Hans-Ulrich (Hg.) (1990): Unternehmensführung und Controlling. Wiesbaden: Gabler.

Küpper, Hans-Ulrich/Weber, Jürgen/Zünd, André (1990): Zum Verständnis und Selbstverständnis des Controlling: Thesen zur Konsensbildung. In: Zeitschrift für Betriebswirtschaft 60 (3), S. 281-293.

Kürzl, Albert (1989): Qualität und Qualitätsmanagement. Aus der Praxis für die Praxis. Berlin: Walter de Gruyter.

Lachenmann, Gudrun (1987): Soziale Implikationen und Auswirkungen der Basisgesundheitspolitik. In: Schwefel, D. (Hg.): Soziale Wirkungen von Projekten in der Dritten Welt. Baden-Baden: Nomos.

Landsberg, Georg von/Weiß, Reinhold (Hg.) (1995): Bildungs-Controlling. Stuttgart: Schäffer-Poeschel.

Landwehr, Norbert (2005): Qualität durch Evaluation und Entwicklung. In: Berufsbildung. Bd. 91/92, Jg. 59, S. 20-22.

Lang, Christian (2000): Qualitätssicherung und Qualitätsmanagement in der Weiterbildung – systemisches Denken als Alternative? Lüneburg: Hochschulschrift.

Lange, Elmar (1983): Zur Entwicklung und Methodik der Evaluationsforschung in der Bundesrepublik Deutschland. In: Zeitschrift für Soziologie 12 (3), S. 253-270.

Langguth, Heike (1994): Strategisches Controlling. Ludwigsburg: Verl. Wiss. und Praxis.

Langnickel, Hans (2003): Das EFQM-Modell für Excellence – Der Europäische Qualitätspreis. In: Boeßenecker, Karl-Heinz: Qualitätskonzepte in der sozialen Arbeit. Weinheim: Beltz.

Langthaler, Silvia (2002): Mehrdimensionale Erfolgssteuerung in der Kommunalverwaltung: konzeptionelle und praktische Überlegungen zum Einsatz der Balanced Scorecard im kommunalen Management. Linz: Trauner.

Lawrence, Paul R./Lorsch, Jay W. (1967): Differentiation and Integration in Complex Organizations. In: ASQ 12, S. 1-47.

Lawrence, Paul R./Lorsch, Jay W. (1969): Organization and Environment. Homewood, Ill.: Irwin.

Lauterbach, Wolfgang (1994): Berufsverläufe von Frauen. Erwerbstätigkeit, Unterbrechung und Wiedereintritt. Frankfurt a.M.: Campus-Verlag.

Lee, B. (2004). Theories of Evaluation. In: R. Stockmann (Hg.), Evaluationsforschung. Grundlagen und ausgewählte Forschungsfelder. Opladen: Leske + Budrich (2. Aufl.), S. 135-173.

Leicht, René/Stockmann, Reinhard (1997): Qualifikation in kleinen Betrieben Thailands. Ein Modell für die partizipative Erhhebung und Auswertung von Daten. Berlin: Overall-Verlag.

Leidig, Guido/Sommerfeld, Rita (2003): Balanced-Scorecard-Handbuch. Wuppertal: TAW-Verlag.

Lewan, Lillemor/Simmons, Craig (2001): The Use of Ecological Footprint and Biocapacity Analyses as Sustainability Indicators for Subnational Geographical Areas: A Recommended Way Forward. Abschlussbericht des European Common Indicators Project EUROCITIES vom 27. August 2001. Online verfügbar unter http://www.bestfoodforward.com/downloads.

Levin, Henry M./McEvan, Patrick J. (2001): Cost-Effectiveness-Analysis: Methods and Applications. Thousand Oaks: Sage.

Lewin, H.Y./Minton, J.W. (1986): Determing Organizational Effectiveness. In: Management Science 32, S. 514ff.

Liebald, Christiane (2003): Das Qualitätsmodell für dezentrale Weiterbildungsinstitutionen und ihre Landesorganisationen. Mainz: Evangelische Landesarbeitsgemeinschaft für Erwachsenenbildung.

Lienhard, Andreas (2005): 10 Jahre New Public Management in der Schweiz: Bilanz, Irrtümer, Erfolgsfaktoren. Bern: Haupt.

Light, Paul C. (2004): Sustaining Nonprofit Performance: The Case for Capacity Building and the Evidence to Support it. Washington: Brookings Institution Press.

Linz, Manfred (2004), Weder Mangel noch Übermaß. Über Suffizienz und Suffizienzforschung, Wuppertal: Wuppertal Institut (Wuppertal Papers 145, im Internet unter: http://www.wupperinst.org/Publikationen/WP/WP145.pdf).

Luckey, James W. u.a. (1984): Archival Data in Program Evaluation and Policy Analysis. In: Evaluation Studies 9, S. 300-307.

Ludwig, Martina/Koglin, Ebba (2003): eBuT-Projektevaluation. In: dsv-Informationen, Vierteljahresschrift der Deutschen Vereinigung für Sportwissenschaft, 18. Jg. Hamburg: Deutsche Vereinigung für Sportwissenschaft.

Maelicke, Bernd (Hg.) (1997): Qualität und Kosten sozialer Dienstleistungen. Baden-Baden: Nomos.

Mai, Diethard (1993): Nachhaltigkeit und Ressourcennutzung. In: Stockmann, Reinhard/Gaebe, Wolf (Hg.): Hilft die Entwicklungshilfe langfristig? Bestandsaufnahme zur Nachhaltigkeit von Entwicklungsprojekten. Opladen: Westdeutscher Verlag.

Malorny, Christian (1996): Vergleichen Sie sich mit den Besten – Benchmarks TQM-geführter Unternehmen. In: Kaminske, Gerd F. (Hg.): Rentabel durch Total-Quality-Management. München u.a.: Hanser, S. 225-257.

Malorny, Christian (1999): TQM umsetzten. Weltklasse neu definieren; Leistungsoffensive einleiten; Business Excellence erreichen. Stuttgart: Schäffer-Poeschel.

Malorny, Christian; Hummel, Thomas (1998): Total Quality Management. Tips für die Einführung. München: Hanser.

Mandl, H./Gruber, H./Renkl, A. (1997): Situiertes Lernen in multimedialen Lernumgebungen. In: Issing, L. J./Klimsa, P. (Hg.): Information und Lernen mit Multimedia, Weinheim: Psychologie Verlags Union (2., überarb. Auflage), S. 167-178.

March, James G./Olsen, Johann P. (1976): Ambiguity and Choice in Organizations. Bergen: Universitetsforlaget.

March, James G./Simon, Herbert A. (1958): Organizations. New York: John Wiley.

Martin, Lawrence L. (1993): Total Quality Management in Human Service Organizations. Newburry Park: Sage.

Marwede, Manfred (2005): Qualitätsmanagement mit DIN ISO 9001. In: Berufsbildung. Bd. 91/92, Jg. 59, S.16-19.

Masing, Walter (1998): Die Entwicklung des Qualitätsmanagements in Europa: heutiger Stand, zukünftige Herausforderungen. In: Boutellier, Roman/Masing, Walter (Hg.): Qualitätsmanagement an der Schwelle zum 21. Jahrhundert. München u.a.: Hanser, S. 19-32.

Mastronardi, Philippe (2004): New Public Management in Staat und Recht: ein Diskurs. Bern u.a.: Haupt.

Matul, Christian/Scharitzer, Dieter (2002): Qualität der Leistungen in NPOs. In: Badelt, Christoph (Hg.): Handbuch der Nonprofi-Organisation: Strukturen und Management. Stuttgart: Schäffer-Poeschel, S. 605-632.

Mayer, Elmar/Weber, Jürgen (Hg.) (1990): Handbuch Controlling. Stuttgart: Poeschel.

Mayer, Karl-Ulrich (1987): Lebenslaufforschung. In: Voges, Wolfgang (Hg.): Methoden der Biographie- und Lebenslaufforschung. Opladen: Westdeutscher Verlag.

Mayer, Karl Ulrich (1990b): Lebensverläufe und sozialer Wandel. Anmerkungen zu einem Forschungsprogramm. In: Mayer, Karl Ulrich (Hg.): Lebensverläufe und Sozialer Wandel. (Sonderheft der Kölner Zeitschrift für Soziologie und Sozialpsychologie) Opladen: Westdeutscher Verlag.

Mayer, Karl Ulrich (1996): Lebensverläufe und gesellschaftlicher Wandel: Eine Theoriekritik und eine Analyse zum Zusammenhang von Bildungs- und Geburtenentwicklung. In: Behrens, Johann/Voges, Wolfgang (Hg.): Kritische Übergänge: Statuspassagen und sozialpolitische Institutionalisierungen. Frankfurt a.M.: Campus, S. 43-72.

Mayer, Karl Ulrich (1997): Notes on a comparative political economy of life courses. In: Comparative Social Research 16, S. 203-226.

Mayer, Karl Ulrich (2001): Lebensverlauf. In: Schäfers, B./Zapf, W. (Hg.): Handwörterbuch zur Gesellschaft Deutschlands. Opladen: Leske + Budrich (2. Auflage), S. 446-460.

Mayer, Karl Ulrich/Huinink, Johannes (1990): Alters-Perioden- und Kohorteneffekte in der Analyse von Lebensverläufen oder: Lexis a de. In: Mayer, Karl Ulrich (Hg.): Lebensverläufe und sozialer Wandel. Sonderheft 31 der Kölner Zeitschrift für Soziologie und Sozialpsychologie. Opladen: Westdeutscher Verlag, S. 442-459.

Mayer, Karl Ulrich/Müller, Walter (1989): Lebensverläufe im Wohlfahrtsstaat. In Weymann, Ansgar (Hg.): Handlungsspielräume. Stuttgart: Enke, S. 41-60.

Mayländer, Franziska (2000): Qualitätsmanagement in der stationären Altenhilfe. Konstanz: Hartung-Gorre.

Mayntz, Renate (1977): Die Implementation politischer Programme: Theoretische Überlegungen zu einem neuen Forschungsgebiet. In: Die Verwaltung. S. 51ff.

Mayntz, Renate (1980c): Die Entwicklung des analytischen Paradigmas der Implementationsforschung. In: Mayntz, Renate (Hg.): Implementation politischer Programme. Königsstein: Athenäum.

Mayntz, Renate (1985): Über den begrenzten Nutzen methodologischer Regeln in der Sozialforschung. In: Bonß, Wolfgang/Hartmann, Heinz (Hg.): Zur Relativität und Geltung soziologischer Forschung (Soziale Welt Sonderband 3). Göttingen: Schwartz.

Mayntz, Renate/Roghmann, Klaus/Ziegler, Rolf (1977): Handbuch der empirischen Sozialforschung, Bd. 9: Organisation, Militär. Stuttgart: Enke.

Mayntz, Renate/Ziegler, Rolf (1976): Soziologie der Organisation. In: König, René (Hg.): Handbuch der empirischen Sozialforschung, Bd. 9. Stuttgart: Enke.

McKelvey, Bill/Aldrich, Howard E. (1983): Populations, Natural Selection, and Applied Organizational Science. In: ASQ 28, S. 101-128.

McLaughlin, Kate (Hg.) (2002): New Public Management: current trends and future prospects. London: Routledge.

Mead, Margaret (1955): Cultural Patterns and Technical Change. New York: New American Library.

Meadows, Donella H./Meadows, Dennis L./Randers Jorgen/Behrens William W. (1972): The Limits of Growth: A Report for the Club of Rome's Project on the Predicament of Mankind. New York: University Press.

Meffert, Heribert/Bruhn Manfred (2000): Dienstleistungsmarketing: Grundlagen, Konzepte, Methoden. Wiesbaden: Gabler.

Meffert, Heribert/Bruhn Manfred (2003): Dienstleistungsmarketing: Grundlagen, Konzepte, Methoden. Wiesbaden: Gabler (2. Auflage).

Meister, Dorothee M. (Hg.) (2004): Evaluation von E-Learning: Zielrichtungen, methodologische Aspekte, Zukunftsperspektiven. Münster: Waxmann.

Mertens, Donna M. (1998): Research methods in education and psychology: Integrating diversity with quantitative and qualitative approaches. Thousand Oaks, CA: Sage.

Mertens, Donna M. (2004): Institutionalizing Evaluation in the United States of America. In: Stockmann, Reinhard (Hg.): Evaluationsforschung. Opladen: Leske + Budrich, S. 45-60.

Mertins, Kai (Hg.) (2004): Spezialreport Benchmarking: Leitfaden für den Vergleich mit den Besten. Düsseldorf: Symposion.

Mertins, Kai/Süssenguth, Wolfram/Jochem, Roland (1994): Modellierungsmethoden für rechnerintegrierte Produktionsprozesse: Unternehmensmodellierung, Softwareentwurf, Schnittstellendefinition, Simulation. München u.a.: Hanser.

Meulemann, Heiner (1990): Schullaufbahnen, Ausbildungskarrieren und die Folgen im Lebensverlauf. Der Beitrag der Lebenslaufforschung zur Bildungssoziologie. In: Mayer, Karl Ulrich (Hg.): Lebensverläufe und Sozialer Wandel. (Sonderheft der Kölner Zeitschrift für Soziologie und Sozialpsychologie). Opladen: Westdeutscher Verlag.

Meyer, John W.; Rowan, Brian (1977): Institutionalized Organisations: Formal Structures as Myth and Ceremony. In: American Journal of Sociology. Vol 83. S. 340-363.

Meyer, Katharina (Hg.) (2002): Nonprofit-Management auf dem Prüfstand: Konzepte – Strategien – Lösungen. Frankfurt a.M. u.a.: Lang.

Meyer, Wolfgang (2000): Wegweiser zur „nachhaltigen" Gesellschaft? Die Evaluations-praxis im Umweltbereich. Vortrag in der Ad-hoc-Gruppe" Gute Gesellschaft gestalten: Der Beitrag von Evaluationen" am Soziologie-Kongress 26.09.2000 in Köln. Vortragsmanuskript. Saarbrücken: Universität des Saarlandes.

Meyer, Wolfgang (2002): Was ist Evaluation. CEval-Arbeitspapier No. 5. http://www.ceval.de/

Meyer Wolfgang (2002a): Regulating Environmental Action of Non-Governmental Actors. The impact of communication support programs in Germany. In: Biermann, F./Brohm, R./Dingwerth, K. (Hg.): Global Environmental Change and the Nation State: Proceedings of the 2001 Berlin Conference of the Human Dimensions of Global Environmental Change. Potsdam: Potsdam Institute for Climate Impact Research (forthcoming).

Meyer, Wolfgang (2002b): Sociology Theory and Evaluation Research. An Application and its Usability for Evaluation Sustainable Development. Paper presented on EASY-Eco-Conference, Vienna 23.-25.05.02 (als download unter der Internetadresse http://www.ceval.de zu finden).

Meyer, Wolfgang (2005): Wie zukunftsfähig ist die deutsche Zivilgesellschaft? Zur Umset-zung des Leitbildes nachhaltiger Entwicklung in deutschen Interessenorganisationen. Habilitationsschrift. Saarbrücken: Universität des Saarlandes.

Meyer, Wolfgang/Jacoby, Klaus-Peter/Stockmann, Reinhard (2003): Umweltkommunika-tion in Verbänden: Von der Aufklärungsarbeit zur institutionellen Steuerung nach-haltiger Entwicklung. In: Linne, Gudrun/Schwarz, Michael (Hg.): Ein Handbuch für nachhaltige Entwicklung. Opladen: Leske + Budrich.

Meyer, Wolfgang/Stockmann, Reinhard (2005): Evaluation. In: Michelsen, Gerd/ Godemann, Jasmin (Hg.): Handbuch Nachhaltigkeitskommunikation. München: Oekom.

Meyer-Krahmer, Frieder (1997): „Innovation und Nachhaltigkeit." In: Ökologisches Wirt-schaften – IÖW/VÖW Informationsdienst 11 (1), S. 20-22.

Meyer-Krahmer, Frieder (Hg.) (1998): Innovation and Sustainable Development. Lessons for Innovation Policies. Heidelberg: Physica.

Michels, Karin (2004): Qualitätsmanagement für Pflegeschulen: Grundlagen – Implemen-tierung – Verfahrensanweisungen. Stuttgart: Kohlhammer.

Möller, Michael (Hg.) (2003): Effektivität und Qualität sozialer Dienstleistungen: ein Dis-kussionsbeitrag. Kassel: kassel university press.

Mohr, Hans-Walter (1977): Bestimmungsgründe für die Verbreitung von neuen Techno-logien. Berlin: Duncker & Humblot.

Morganski, Bernd (2003): Balanced-Scorecard: Funktionsweise und Implementierung. Kissing: WEKA.

Mühlenkamp, Holger (1994): Kosten-Nutzen-Analyse. München/Wien: Oldenbourg.

Mülbert, Thomas (2002): New Public Management: ein Vergleich der Diskussionen zwischen Deutschland und Großbritannien. Universität Konstanz: Diplomarbeit.

Müller, Markus/Zenz, Andreas (1996): Qulitätsmanagement und Qualitätscontrolling. In: VDI 4, S. 40-43.

Müller, Armin (2002): Controlling-Konzepte. Stuttgart: Kohlhammer.

Müller, Verena/Schienstock, Gerd (1978): Der Innovationsprozess in westeuropäischen Industrieländern. Bd. 1: Sozialwissenschaftliche Innovationstheorien. München: Ducker & Humblot.

Müller, Walter (1980): The Analysis of Life Histories: Illustrations of the Use of Life History Plots. In: Clubb, Jerome M./Scheuch, Erwin K. (Hg.): Historical Life Research. The Use of Historical and Process-Produced Data. Stuttgart: Klett.

Müller-Jentsch, Walther (2003): Organisationssoziologie. Eine Einführung. Frankfurt a.M.: Campus.

Nas, Tevfik F. (1996): Cost-Benefit Analysis: Theory and Application. Thousand Oaks: Sage.

Naschold, Frieder (1995): Ergebnissteuerung, Wettbewerb, Qualitätspolitik. Entwicklungspfade des öffentlichen Sektors in Europa. Berlin: Sigma.

Naschold, Frieder (1997): Umstrukturierung der Gemeindeverwaltung: eine international vergleichende Zwischenbilanz. In: Naschold/Oppen/Wegener (1997): Innovative Kommunen. Internationale Trends und deutsche Erfahrungen. Stuttgart: Kohlhammer, S. 15-48.

Naschold, Frieder u.a. (1998): Kommunale Spitzeninnovationen. Konzepte, Umsetzung, Wirkungen in internationaler Perspektive. Berlin: edition sigma.

Naschold, Frieder/Bogumil, Jörg (2000): Modernisierung des Staates. New Public Management in deutscher und internationaler Perspektive. Opladen: Leske + Budrich.

Naschold, Frieder/Oppen, Maria/Wegener, Alexander (1997): Innovative Kommunen. Internationale Trends und deutsche Erfahrungen. Stuttgart: Kohlhammer.

Nauck, Bernhard/Schönpflug, Ute (1997): Familien in verschiedenen Kulturen. Stuttgart: Enke.

Nauendorf, Wolfgang (2004): Total Quality Management als Vertrauensmanagement. Mering: Hampp.

Neubert, Susanne (1998): Die soziale Wirkungsanalyse. Ein Beitrag zur Methodendiskussion in der Entwicklungszusammenarbeit. Berlin: Deutsches Institut für Entwicklungspoltik.

Neumann, Andreas 2000: ISO 9000 in der Praxis. Eine Kosten-Nutzen-Analyse zertifizierter Qualitätsmanagementsysteme am Beispiel kleinerer und mittelständischer Betriebe. Aachen: Shaker-Verlag.

Neun, Hansjörg (1985): Projektübergabe bei der Technischen Zusammenarbeit mit Entwicklungsländern.: Maro-Verlag.

Niedermayr, Rita (1996): Die Realität des Controlling. In: Eschenbach, Rolf (Hg.): Controlling. Stuttgart: Schäffer-Poeschel Verlag, S. 127-177.

Niven, Paul R. (2003): Balanced Scorecard – Schritt für Schritt: Einführung, Anpassung und Aktualisierung. Weinheim: Wiley-VCH.

Niven, Paul R. (2003): Balanced Scorecard step-by-step for government and nonprofit agencies. Hoboken: Wiley.

Nolte, Rüdiger (2005): Changemanagement in der öffentlichen Verwaltung: „Management des Wandels" – Veränderungsprozesse im Kontext der Reformbewegung des New Public Management und des neuen Steuerungsmodells. In: Verwaltungsarchiv, Zeitschrift für Verwaltungslehre, Verwaltungsrecht und Verwaltungspolitik 96, S. 243-266.

Norton, D. P.; Kappler, F. (2000): Balanced Scorecard Best Practices. Trends and Research Implications. In: Controlling 2000 (1), S. 15-21.

Nöthen, Joachim (2004): New Public Management: Aufgaben, Erfahrungen und Grenzen der Verwaltungsmodernisierung in Deutschland. In: Moldaschl, Manfred (Hg.): Reorganisation im Non-Profit-Sektor. München: Hampp.

Nowotny, Helga (1989): The Sustainability of Innovation. A preliminary reserach agenda on innovation and obsolescence. In: WZB-Schriftenreihe Nr. P89-001. Berlin: Wissenschaftszentrum Berlin für Sozialforschung.

Nowotny, Helga (1996): Über die Multiplizität des Neuen. In: Technik und Gesellschaft. Jahrbuch 9: Innovation – Prozesse, Produkte, Politik. Frankfurt a.M.: Campus, S. 33-54.

Nüllen, Helmut (2004): Lehrbuch Qualitätsmanagement in der Arztpraxis: Entwicklung und Einführung eines QMS. Köln: Deutscher Ärzte-Verlag (2., überarbeitete Auflage).

Oakland John (2003): TQM. Oxford: Butterworth Heinemann.

OECD (Hg.) (1986): Methods and Procedures in Aid Evaluation: A Compendium of Donor Practice and Experience. Paris: OECD.

OECD (Hg.) (1989): Sustainability in Development Programmes: A Compendium of Evaluation Experience. Paris: OECD/DAC.

OECD (Hg.) (1998): Review of the DAC Principles for Evaluation of Development Assistance. Paris: OECD/DAC.

Oess, Attila (1994): Total Quality Management (TQM): Eine ganzheitliche Unternehmensphilosophie. In: Stauss, Bernd (Hg.): Qualitätsmanagement und Zertifizierung: Von DIN ISO 9000 zum Total Quality Management. Wiesbaden: Gabler, S. 199-222.

Ogburn, William F. (1923): Social Change. With Respect to Culture and Original Nature. London: Allen & Unwin.

Ogburn, William F. (1957): „Cultural Lag as Theory". In: Sociology and Social Research 41 (3), S. 167-174.

Ogburn, William F./Nimkoff, Meyer F. (1950): A handbook of sociology. London: Routledge & Kegan Paul.

Olbertz, Jan-Hendrik/Otto, Hans-Uwe (2001): Qualität von Bildung: vier Perspektiven. Wittenberg: Institut für Hochschulforschung.

Oppen, Maria (1996): Qualitätsmanagement: Grundverständnisse, Umsetzungsstrategien und ein Erfolgsbericht: die Krankenkassen Berlin: Ed. Sigma.

Ossadnik, Wolfgang (2003): Controlling. München: Oldenbourg (3., überarb. u. erw. Auflage).

Ösze, Daniel (2000): Managementinformationen im New Public Management am Beispiel der Steuerverwaltung des Kantons Bern. Dissertation. Bern u.a.: Haupt.

Owen, John M./Rogers, Patricia J. (1999): Program Evaluation. Forms and Approaches. London u.a.: Sage.

Pappi, Franz Urban/König, Thomas/Knoke, David (1990): Entscheidungsprozesse in der Arbeits- und Sozialpolitik. Der Zugang der Interessengruppen zum Regierungssystem über Politikfeldnetze: Ein deutsch-amerikanischer Vergleich. Frankfurt a.M./New York: Campus

Patton, Michael Q. (1997): Utilization – Focused Evaluation: The New Century Text. Thousand Oaks/London/New Delhi: Sage (3. Auflage).

Pede, Dr. Lars (2000): Wirkungsorientierte Prüfung der öffentlichen Verwaltung. Bern: Haupt.

Perger, Eugen (2002): Total Quality Management im Bankwesen: Umsetzung des TQM in Universalbanken aufgrund des EFQM-Modells. Bern u.a.: Haupt.

Perrow, Charles (1965): Hospitals: Technoloy, Structure and Goals. In: March, J.G. (Hg.): Handbook of Organizations. Chicago: Rand McNally.

Perrow, Charles (1967): A Framework for the Comparative Analysis of Organizations. In: American Sociological Review 32, S. 194-208.

Peterander, Franz; Speck, Otto (Hg.) (1999): Qualitätsmanagement in sozialen Einrichtungen. München: Reinhard.

Pfeffer, Jeffrey/Salancik, Gerald R. (1978): The External Control of Organizations: A Resource Dependence Perspective. New York: Harper & Row.

Pfeifer, Thilo (2001): Qualitätsmanagement: Strategien, Methoden, Techniken. München: Hanser.

Pfeiffer, Dietmar (1976): Organisationssoziologie. Eine Einführung. Stuttgart: Kohlhammer.

Pfister, Gerhard/Renn, Ortwin (1997): Zukunftsfähiges Deutschland. Studie des Wuppertaler-Institutes im Vergleich zum Nachhaltigkeitskonzept der Akademie für Technikfolgeabschätzung. Arbeitsbericht 75/Juni. Stuttgart: Akademie für Technikfolgeabschätzung.

Pierer, Heinrich v./Oetinger, Bolko v. (1997): Wie kommt das Neue in die Welt. München: Hanser.

Pinter, Erwig (1999): ISO und EFQM sind keine Gegensätze. In: Krankenhaus Umschau, Sonderheft EFQM – das Qualitätsmodell der European Foundation for Quality Management. Kulmbach: Baumann, S. 26.

Piontek, Jochem (2003): Controlling. München: Oldenbourg (2., erw. Auflage).

Pira, Andreas (1999): Total-quality-Management im Spitalbereich auf der Basis des EFQM-Modells. Zürich: Hochschulschrift.

Pitschas, Rainer (2004): Looking behind New Public Management: „new" values of public administration and the dimensions of personnel management in the beginning of the 21st century. Speyer: Forschungsinstitut für Öffentliche Verwaltung bei der Deutschen Hochschule für Verwaltungswissenschaft.

Poister, Theodore H. (2003): Measuring performance in public and nonprofit organizations. San Francisco: Jossey-Bass.

Pollitt, Christopher (1998): Evaluation in Europe: Boom or Bubble? In: Evaluation 4 (2), S. 214-224.

Pollitt, Christopher (2000): Public management reform: a comparative analysis. New York: Oxford Univ. Press.

Posavac, Emil J./Carey, Raymond G. (1997): Program evaluation: methods and case studies. NJ: Prentice-Hall.

Preisendörferr, Peter/Burgess, Yvonne (1988): Organizational dynamics and career patterns: Effects of organizational expansion and contraction on promotion changes in a large West German company. European Sociological Review 4, S. 32-45.

Preißner, Andreas (2003): Balanced Scorecard anwenden. Kennzahlengestützte Unternehmenssteuerung. München: Hanser.

Price, James L. (1986): Organizational Effectiveness. Homewood, Ill.: Richard D. Irvin.

Priller, Eckhard/Zimmer, Annette (Hg.) (2001): Der Dritte Sektor international: mehr Markt – weniger Staat? Berlin: Edition Sigma.

Pugh, D.S./Hickson, D.J./Hinings, C.R. (1969): An Empirical Taxonomy of Structures of Work Organizations. In: Administrative Science Quarterly 14, S. 115-126

Puschmann, Norbert O. (2000): Benchmarking: Organisation, Prinzipien und Methoden. Unna: Externbrink-Puschmann.

PwC Deutsche Revision (2001): Die Balanced Scorecard im Praxistest: Wie zufrieden sind die Anwender? Frankfurt a.M. (im pdf-Format auch herunterzuladen unter: http://www.pwc.de).

Radtke, Philipp/Wilmes, Dirk (1997): European Quality Award – die Kriterien des EQA umsetzen. München u.a.: Hanser.

Radtke, Philipp; Wilmes, Dirk (2002): European Quality Award – die Kriterien des EQA umsetzen. 3. Auflage. München u.a.: Hanser.

Raidl, Monika (2001): Qualitätsmanagement in Theorie und Praxis – eine Verbindung von Instrumenten der empirischen Sozialforschung und der Einsatz und Nutzen für die Praxis. Eine empirische Studie in einer süddeutschen Privatklinik. München u.a.: Hampp.

Rat von Sachverständigen für Umweltfragen (1994): Umweltgutachten 1994. Für eine dauerhaft-umweltgerechte Entwicklung. Stuttgart: Metzler-Poeschel.

Rehbinder, Manfred (2002): New Public Management: Rückblick, Kritik und Ausblick. In: Eberle, Carl-Eugen (Hg.): Der Wandel des Staates vor den Herausforderungen der Gegenwart. München: Beck.

Reichard, Christoph (2002): Institutionenökonomische Ansätze und New Public Management. In: König, Klaus (Hg.): Deutsche Verwaltung an der Wende zum 21. Jahrhundert. Baden-Baden: Nomos.

Reichard, Christoph (2004): New Public Management als Reformdoktrin für Entwicklungsverwaltungen. In: Benz, Arthur (Hg.): Institutionenwandel in Regierung und Verwaltung. Berlin: Duncker & Humblot.

Reinhold, Gerd (Hg.) (1992): Soziologie-Lexikon. München: Oldenbourg (2., überarb. Auflage).

Reinmann-Rothmeier, G./Mandl, H. (1998): Wissensvermittlung. Ansätze zur Förderung des Wissenserwerbs. In: Klix, F./Spada, H. (Hg.): Enzyklopädie der Psychologie: Wissen, Bd. 6. Göttingen u.a.: Hogrefe, S. 457-500.

Riedel, Dieter (2000): Die Diffusion von Innovationen unter besonderer Berücksichtigung von ERS-SAR-Fernerkundungsdaten. Oberpfaffenhofen: Deutsches Fernerkundungsdatenzentrum.

Rischer, Klaus/Titze, Christa (1998): Qualitätszirkel – Problemlösung durch Gruppen im Betrieb. Renningen-Malmsheim: expert Verlag (4., erw. Auflage).

Rittberger, Volker (Hg.) (2002): Global Governance and the United Nations System. New York: United Nations University Press.

Ritz, Adrian (2003): Evaluation von New Public Management: Grundlagen und Empirische Ergebnisse der Bewertung von Verwaltungsreformen in der schweizerischen Bundesverwaltung. Bern: Haupt.

Röber, Manfred/Schröter, Eckhard/Wollmann Hellmut (Hg.) (2002): Moderne Verwaltung für moderne Metropolen: Berlin und London im Vergleich. In: Stadtforschung aktuell 82. Wiesbaden: Verlag für Sozialwissenschaften.

Rogers, Everett M (1995): Diffusion of innovations. 4th edition. New York.

Rogers, Everett M./Shoemaker, F. F. (1971): Communication of innovations: A cross-cultural approach. New York: Free Press.

Rogers, Everett M./Jouong-Im Kim (1985): „Diffusion of Innovations in Public Organizations." In: Merritt, Richard L./Merritt, Anna J. (Hg.): Innovations in the Public Sector. Beverly Hills u.a.: Sage, S. 85-107.

Rohe, Christoph (1999) (Hg.): Werkzeuge für Innovations-Management. So schaffen Sie eine lebendige und erfolgreiche Wachstumskultur. Frankfurt a.M.: Frankfurter Allgemeine Zeitung für Deutschland.

Rölle, Daniel/Blättel-Mink, Birgit (1998): Netzwerke in der Organisationssoziologie – neuer Schlauch für alten Wein? In: Österreichische Zeitschrift für Soziologie 23 (3), S. 66-87.

Rondinelli, Dennis A. (1983): Secondary cities in developing countries: policies for diffusing urbanization Beverly Hills: Sage.

Rossi, Peter H. (1978): Issues in the Evaluation of Human Services Delivery. In: Evaluation Quarterly. S. 573-599.

Rossi, Peter H./Lyall, Katharine (1976): Reforming Public Welfare: A Critique of the Negative Tax Experiment. New York: Russel Sage Foundation.

Rossi, Peter H./Berk, Richard A./Lenihan, Kenneth, J. (1980): Money, Work and Crime. New York: Academic Press.

Rossi, Peter H./Lipsey, Mark W./Freeman, Howard E. (1999): Evaluation. A Systematic Approach. Thousand Oaks u.a.: Sage (6. Auflage).

Rossi, Peter H./Freeman, Howard E./Hofmann, Gerhard (1988): Programm Evaluation: Einführung in die Methoden angewandter Sozialforschung. Stuttgart: Enke.

Rossi, Peter H./Lipsey, Mark W./Freeman, Howard E. (2004): Evaluation: a systematic approach. Thousand Oaks, Calif.: Sage.

Rossmann, Bruno (2003): Die Reform in der öffentlichen Verwaltung in den Jahren 2000 bis 2002: Versuch einer Evaluierung. Wien: Kammer für Arbeiter und Angestellte für Wien.

Rothlauf, Jürgen (2004): Total Quality Management in Theorie und Praxis: zum ganzheitlichen Unternehmensverständnis. München: Oldenbourg (2., neubearbeitete und erweiterte Auflage).

Royse, David u.a. (2001): Program Evaluation. An Introduction. Australia: Brooks/Cole.

Rühl (1998): ISO 9000 – Erfahrungsbericht aus einem technischen Entwicklungszentrum. In: Hochschulrektorenkonferenz: Qualitätsmanagement in der Lehre. Bonn: Hochschulrektorenkonferenz, S. 21-47.

Runge, Joachim H. (1994): Schlank durch Total Quality Management – Strategien für den Standort Deutschland. Frankfurt a.M.: Campus.

Rüschemeyer, Dietrich (1971): Partielle Modernisierung. In: Zapf, Wolfgang (Hg.): Theorien des sozialen Wandels. Köln: Kiepenheuer und Witsch.

Saatweber, Jürgen (1994): Inhalt und Zielsetzung von Qualitätsmanagementsystemen gemäß den Normen DIN ISO 9000 bis 9004. In: Stauss, Bernd (Hg): Qualitätsmanagement und Zertifizierung: Von DIN ISO 9000 zum Total Quality Management. Wiesbaden: Gabler, S. 63-91.

Sackmann, Reinhold; Wingens, Matthias (Hg.) (2001): Strukturen des Lebenslaufs: Übergang – Sequenz – Verlauf. Weinheim: Juventa-Verlag.

Salen, S. H. (1984): Preface zu Heden. In: King, C.G./King, A. (Hg.) Social Innovations for Development. Oxford: Pergamon, S. v-vii.

Saner, Raymond (2002): "Quality management is training generic or sector-specific? In: ISO Management Systems. Online verfügbar unter http://www.iso.org/iso/en/iso9000-14000/addresources/articles/pdf/survey_4-02.pdf. , S. 53-61.

Saner, Raymond (2002): „Quality Assurance for Public Administration: A Consensus Building Vehicle. In: Public Organization Review: A Global Journal. Netherlands: Kluwer, S. 407-414.

Sauer, Dieter/Lang, Christa (1999) (Hg.): Paradoxien der Innovation. Perspektiven sozialwissenschaftlicher Innovationsforschung. München: Campus.

Schäfer, Erik/Meyer, Wolfgang (2002): Evaluation ausgewählter TWINNING-Projekte im Auftrag des Bundesumweltministeriums. Saarbrücken: Universität des Saarlandes.

Schauer, Reinbert/Blümle, Ernst-Bernd/Witt, Dieter/Anheier, Helmut K. (2000): Nonprofit-Organisationen im Wandel: Herausforderungen, gesellschaftliche Verantwortung, Perspektiven. Eine Dokumentation. Linz: Trauner Druck.

Schedler, Kuno/Proeller, Isabella (2000): New Public Management. Bern: Haupt (1. Auflage).

Schedler, Kuno/Proeller, Isabella (2003): New Public Management. Bern: Haupt (2., überarbeitete Auflage).

Scheiber, Konrad (1999): ISO 9000 – die große Revision. Wien: Österreichische Vereinigung für Qualitätssicherung (2. Auflage).

Schenkel, Peter/Tergan, Sigmar-Olaf/Lottmann, Alfred (2000) (Hg.): Qualitätsbeurteilung multimedialer Lern- und Informationssysteme: Evaluationsmethoden auf dem Prüfstand. Nürnberg: Verlag Bildung und Wissen.

Scherer, Andrea G./Alt, Jens M. (Hg.) (2002): Balanced Scorecard in Verwaltung und Non-Profit-Organisationen. Stuttgart: Schäffer-Poeschel.

Schiersmann, Christiane (2001): Organisationsbezogenes Qualitätsmanagement: EFQM-orientierte Analyse und Qualitätsentwicklungs-Projekte am Beispiel der Familienbildung. Opladen: Leske + Budrich.

Schildknecht, Rolf (1992): Total Quality Management: Konzeption und State of the Art. Frankfurt a.M. u.a.: Campus.

Schlemmer, Frank (2002): Management by Balanced Scorecard: Grundlagen, Techniken, Implementierung (mit Seminarkonzept und Foliensatz zur Einführung in Unternehmen). Düsseldorf: VDM-Verlag Müller.

Schmid, Josef (1998): Verbände. Interessenvermittlung und Interessenorganisation: Lehr- und Arbeitsbuch. München/Wien: Oldenbourg.

Schmidheiny, Stephan (1992): Kurswechsel: Globale unternehmerische Perspektiven für Entwicklung und Umwelt. München: Artemis & Winkler.

Schmidt, Manfred G. (Hg.) (1988): Staatstätigkeit. International und historisch vergleichende Analysen (PVS-Sonderheft 19). Opladen: Westdeutscher Verlag.

Schneider, Werner (1994): Erfolgsfaktor Qualität: Einführung und Leitfaden. Berlin: Cornelsen.

Schnell, Rainer/Hill, Paul B./Esser, Elke (1999): Methoden der empirischen Sozialforschung. München: Oldenbourg.

Schnell, Rainer/Hill, Paul B./Esser, Elke (2005): Methoden der empirischen Sozialforschung. München: Oldenbourg (7., vollständig überarbeitete und erweiterte Auflage).

Scholles, Frank (2001): Die Kosten-Nutzen-Analyse. Manuskript. Verfügbar unter: http://www.laum.uni-hannover.de/ilr/lehre/Ptm/Ptm_BewKna.htm.

Schön, Franz (2001): Die Balanced Scorecard in der Jugendarbeit. Berlin: Bundesministerium für Familie, Senioren, Frauen und Jugend.

Schott, Franz (2000): Evaluation aus ganzheitlicher, theoriegeleiteter Sicht. In: Schenkel, Peter/Tergan, Sigmar-Olaf/Lottmann, Alfred: Qualitätsbeurteilung multimedialer Lern- und Informationssysteme, S. 106-124. Nürnberg: Verlag Bildung und Wissen.

Schreyögg, Georg (1999): Organisation: Grundlagen moderner Organisationsgestaltung. Wiesbaden: Gabler.

Schröder, Patricia (Hg.) (1998): Qualitätsentwicklung im Gesundheitswesen: Konzepte, Programme und Methoden des Total Quality Management. Bern: Huber.

Schröter, Eckhard/Wollmann, Hellmut (1998): New Public Management. In: Bandemer, Stephan v. u.a. (Hg.): Handbuch zur Verwaltungsreform. Opladen: Leske + Budrich, S. 59-69.

Schüberl, Ulrich F./Egger, Martin (2001): Organisationsentwicklung durch Total Quality Management in Werkstätten für Behinderte. In: Schubert, Hans-Joachim/Zink, Klaus: Qualitätsmanagement im Gesundheits- und Sozialwesen. Neuwied: Luchterhand.

Schubert, Hans-Joachim (2001): Von Leistungs- und Prüfvereinbarungen zur Umsetzung umfassender Qualitätsmanagementkonzepte. In: Schubert, Hans-Joachim/Zink, Klaus: Qualitätsmanagement im Gesundheits- und Sozialwesen. Neuwied: Luchterhand.

Schubert, Hans-Joachim/Zink Klaus (2001): Qualitätsmanagement im Gesundheits- und Sozialwesen. Neuwied u.a.: Luchterhand (2., erw. und überarb. Auflage).

Schubert, Hans-Joachim/Zink, Klaus (1997): Qualitätsmanagement im Gesundheits- und Sozialwesen. Neuwied. u.a.: Luchterhand.

Schubert, Hans-Joachim/Zink, Klaus (1997): Qualitätsmanagement in sozialen Dienstleistungsunternehmen. Neuwied: Luchterhand.

Schubert, Hans-Joachim/Zink, Klaus (2001): Eine Einführung in das Werk: Zur Qualität sozialer Dienstleistungen. In: Schubert, Hans-Joachim/Zink, Klaus: Qualitätsmanagement im Gesundheits- und Sozialwesen. Neuwied: Luchterhand.

Schubert, Klaus (1991): Politikfeldanalyse. Opladen: Westdeutscher Verlag.

Schubert, Klaus/Bandelow, Nils C. (2003): Lehrbuch der Politikfeldanalyse. München: Oldenbourg.

Schuhen, Axel (2002): Nonprofit Governance in der freien Wohlfahrtspflege (Schriften zur öffentlichen Verwaltung und öffentlichen Wirtschaft 181). Baden-Baden: Nomos.

Schulz, Susanne M. (2003): Qualitätsmanagement in Nonprofit-Organisationen: Analyse der Übertragbarkeit betriebswirtschaftlicher Konzepte des Qualitätsmanagements auf sozialwirtschaftliche Organisationen. Veröffentlichte Hochschulschrift der Universität Lüneburg.

Schumpeter, Joseph A. (1911): Theorie der wirtschaftlichen Entwicklung. Eine Untersuchung über Unternehmergewinn, Kapital, Kredit, Zins und den Konjunkturzyklus. München: Duncker & Humblot.

Schumpeter, Joseph A. (1939): Business Cycles: a theoretical, historical and statistical analysis of the capitalist process. New York: McGraw-Hill Book Co.

Schumpeter, Joseph A. (1947): „The Creative Response in Economic History." In: The Journal of Economic History 7 (2), S. 149-159.

Schumpeter, Joseph A. (1961): Konjunkturzyklen. Eine theoretische, historische und statistische Analyse des kapitalistischen Prozesses. 2 Bde. Göttingen: Vandenboeck & Ruprecht, insb. Bd. 1, Kap. III und IV.

Schumpeter, Joseph A. (1964): Theorie der wirtschaftlichen Entwicklung. Eine Untersuchung über Unternehmergewinn, Kapital, Kredit, Zins und den Konjunkturzyklus. Berlin: Dunck & Humblot.

Schwan, Renate/Kohlhaas, Günther (2002): Qualitätsmanagement in Beratungsstellen: Selbstbewertung nach dem EFQM-Modell am Beispiel Studienberatung. Weinheim: Deutscher Studien-Verlag.

Schwefel, Detlef (Hg.) (1987a): Soziale Wirkungen von Projekten in der Dritten Welt. Baden-Baden: Nomos.

Schwefel, Detlef (1987b): Evaluation sozialer Auswirkungen und Nebenwirkungen von Projekten. In: Schwefel, Detlef (Hg.): Soziale Wirkungen von Projekten in der Dritten Welt. Baden-Baden: Nomos.

Schwefel, Detlef (1987c): Soziale Auswirkungen von Infrastrukturen und Industrien. In: Schwefel, Detlef (Hg.): Soziale Wirkungen von Projekten in der Dritten Welt. Baden-Baden: Nomos.

Schweizerische Normen-Vereinigung SNV (Hg.) (2002): Qualitätsmanagement in der öffentlichen Verwaltung. Berlin: Beuth.

Schweri, Jürg u.a. (2003): Kosten und Nutzen der Lehrlingausbildung aus der Sicht Schweizer Betriebe. Beiträge zur Bildungsökonomie, Bd. 2. Zürich: Rüegger.

Scott, W. Richard (1977): Effectiveness of Organizational Effectiveness Studies. In: Goodman, Paul S./Pennings, Johannes S. (Hg): New Perspectives on Organizational Effectiveness. San Francisco: Jossey-Bass.

Scott, W. Richard u.a. (1978): Organizational Effectiveness and the Quality of Surgical Care in Hospitals. In: Meyer, Marshall W. (Hg.): Environments and Organizations. San Francisco: Jossey-Bass.

Scott, Richard W. (2003): Organizations: Rational, Natural, and Open Systems. New Jersey: Prentice Hall (5. Auflage).

Scriven, Michael (1967): The Methodology of Evaluation. In: Stake, R.E. (Hg.): AERA Monograph Series on Curriculum Evaluation Vol. 1. Chicago: Rand McNally.

Scriven, Michael (1972): Die Methodologie der Evaluation. In: Wulf, Christoph (Hg.): Evaluation. Beschreibung und Bewertung von Unterricht, Curricula und Schulversuchen. München: Piper.

Scriven, Michael (1972): Pros and Cons About Goal-Free Evaluation. In: Evaluation Comment, S. 1-4.

Scriven, Michael (1980): The Logic of Evaluation. California: Edgepress.

Scriven, Michael (1983): Evaluation Ideologies. In: Madaus, G.F./Scriven, M./Stufflebeam, D.L. (Hg.): Evaluation Models: Viewpoints on Educational and Human Services Evaluation. Boston: Kluwe-Nijhoff.

Scriven, Michael (1991): Evaluation Thesaurus. Newbury Park u.a.: Sage (1. Auflage).

Scriven, Michael (2002): Evaluation Thesaurus. Newbury Park u.a.: Sage (4. Auflage).

Sebaldt, Martin/Straßner, Alexander (2004): Verbände in der Bundesrepublik Deutschland: eine Einführung. Wiesbaden: Verlag für Sozialwissenschaft.

Seghezzi, Hans Dieter (1994): Qualitätsmanagement: Ansatz eines St. Galler Konzepts. Integriertes Qualitätsmanagement. Jg. 10, IFB Schriften. St.Gallen: Schäffer-Poeschel Verlag und Verlag Neue Zürcher Zeitung.

Seghezzi, Hans Dieter (2003): Integriertes Qualitätsmanagement: Das Sankt Gallener Konzept. München: Hanser Fachbuchverlag (2., vollst. überarb. u. erw. Auflage).

Seghezzi, Hans Dieter/Hansen, Jürgen R. (1993): Qualitätsstrategien: Anforderungen an das Management der Zukunft. München u.a.: Hanser.

Seibel, Hans Dieter (1992): Datenarchivierung, vergleichende Analyse, Praxisbezug. Ziel und Nutzen des ESE-Projekts. In: Reichert, Ch./Scheuch, Erwin K./Seibel, Hans Dieter (Hg.): Empirische Sozialforschung über Entwicklungsländer. Methodenprobleme und Praxisbezug. Saarbrücken: Breitenbach.

Seibel, Wolfgang (1992): Funktionaler Dilettantismus. Erfolgreich scheiternde Organisationen im „Dritten Sektor" zwischen Markt und Staat. Baden-Baden: Nomos.

Selbmann, Hans-Konrad (1999): EFQM – Ein Finales Qualitäts-Modell? Qualitätsmanagement aus Sicht der Gesundheitspolitik. In: Krankenhaus Umschau, Sonderheft EFQM – das Qualitätsmodell der European Foundation for Quality Management, Kulmbach: Baumann, S. 4-8.

Shadish, Wiliam R. (1990): Amerikanische Erfahrungen mit der Evaluation von Sozial- und Gesundheitsprogrammen. In: Koch, Uwe/Wittman, Werner W. (Hg.): Evaluationsforschung: Bewertungsgrundlage von Sozial- und Gesundheitsprogrammen. Berlin u.a.: Springer, S. 159-182.

Shadish, Wiliam R./Cook, Thomas D./Leviton, Laura C. (1991): Foundations of Program Evaluation: Theory and Practice. London: Sage.

Shand, David/Arnberg, Morton (1996): „Background Paper". Responsive Government: Service Quality Initiatives. Paris: OECD, pp.15-38

Shavelson, Richard J./McDonnell, Lorraine/Oakes, Jeanne (1991): What are educational indicators and indicator systems? Washington, D.C.: ERIC Clearinghouse on Tests, Measurement, and Evaluation.

Sherrill, Sam (1984): Identifying and Measuring Unintended Outcomes. In: Evaluation and Program Planning 7, S. 27-34.

Sieber Bethke, Frank (2003): Controlling, Evaluation und Reporting von Weiterbildung und Personalentwicklung. Bremen: Medieninstitut.

Siebert, Gunnar (Hg.) (2002): Performance Management: Leistungssteigerung mittels Benchmarking, Balanced Scorecard und Business-Excellence-Modell. Stuttgart: Deutscher Sparkassen-Verlag.

Siebert, Gunnar (2002): Benchmarking: Leitfaden für die Praxis. München: Hanser.

Simon, Herbert A. (1981): Entscheidungsverhalten in Organisationen. Landsberg: Verlag Moderne Industrie.

Simsa, Ruth (2000): Gesellschaftliche Funktionen und Einflussformen von Nonprofit-Organisationen. Wien: Lang.

Simsa, Ruth (Hg.) (2001): Management der Nonprofit-Organisation: gesellschaftliche Herausforderungen und organisationale Antworten. Stuttgart: Schäffer-Poeschel.

Simsa, Ruth (2001): Hoffnungen auf Zivilgesellschaft und die gesellschaftliche Funktion von NPOs im Spannungsfeld von Schadensbegrenzung und aktiver Mitgestaltung. In: Simsa, Ruth (Hg.): Management der Nonprofit-Organisation: gesellschaftliche Herausforderungen und organisationale Antworten. Stuttgart: Schäffer-Poeschel.

Simsa, Ruth (2002): NPOs und die Gesellschaft: Eine vielschichtige und komplexe Beziehung – Soziologische Perspektiven. In: Badelt, Chrisoph (Hg.): Handbuch der Nonprofit Organisation: Strukturen und Management. Stuttgart: Schäffer-Poeschel, S. 129-152.

Simson, Uwe/Schönherr, Siegfried (1985): Innovationsfixierung, Kultur und Entwicklungszusammenarbeit. In: Internationales Afrikaforum 21 (1), S. 75-81.

Sommer, Joachim (2001): Qualitätszirkel: Ziele, Aufgaben und Handlungsfelder. Frankfurt a.M.: Deutscher Sportbund, Bundesvorstand Breitensport.

Sontheimer, Kurt (1977): Grundzüge des politischen Systems der Bundesrepublik Deutschland. München: Piper.

Sontheimer, Kurt (2003): Grundzüge des politischen Systems Deutschlands. Bonn: Bundeszentrale für politische Bildung(aktualisierte Neuausgabe).

Sontheimer, Kurt/Bleek, Wilhelm (2000): Grundzüge des politischen Systems der Bundesrepublik Deutschland. München: Piper.

Sorensen, Aage B./Weinert, Franz E./Sherrod, Lonnie R (1986) (Hg.): Human Development and the Life Course. Multidisciplinary Perspectives. Hillsdale, N.J.: Lawrence Erlbaum Associates.

Spalink, Heier (1999) (Hg.): Werkzeuge für das Change-Management. Prozesse erfolgreich optimieren und implementieren. Frankfurt a.M.: Frankfurter Allgemeine Zeitung.

Speck, Otto (1999): Die Ökonomisierung sozialer Qualität. Zur Qualitätsdiskussion in Behindertenhilfe und Sozialer Arbeit. München: Reinhardt.

Spiel, Christiane (2001): Evaluation universitärer Lehre: zwischen Qualitätsmanagement und Selbstzweck. Münster u.a.: Waxmann.

Spraul, Artur (2004): Controlling. Stuttgart: Schäffer-Poeschel.

Spray, S.L. (Hg.) (1976): Organizational Effectiveness. Kent: State University.

Staehle, W.H./Grabatin, G. (1979): Effizienz von Organisationen. In: Die Betriebswirtschaft, S. 88-102.

Stahl, Thomas/Severing, Eckhart (2002): Qualitätssicherung in der beruflichen Bildung – Europäische Konzepte und Erfahrungen. In: Arnold, Rolf (Hg): Qualitätssicherung in der Entwicklungszusammenarbeit. Baden-Baden: Nomos Verlagsgesellschaft

Stamm, Margit (2003): Evaluation im Spiegel ihrer Nutzung: Grand idée oder grande illusion des 21. Jahrhunderts?. In: Zeitschrift für Evaluation 2 (2), S.183-200.

Stark, Gerhard (2000): Qualitätssicherung in der beruflichen Weiterbildung durch Anwendungsorientierung und Partizipation: Ergebnisse aus einem Modellversuch. Bielefeld: Bertelsmann.

Statistisches Bundesamt (Hg.) (2004): Datenreport 2004. Bonn: Statistisches Bundesamt. Im www auch als Download verfügbar unter http://www.destatis.de/datenreport/d_datend.htm.

Staudt, Erich/Hefkesbrink, Joachim/Treichel, Heinz-Reiner (1988): Forschungsmanagement durch Evaluation: Das Beispiel Arbeitsschwerpunkt Druckindustrie. Frankfurt a.M.: Campus.

Stausberg, Michael (2003): Qualitätsmanagement-Methoden: Auswahl, Einführung, Durchführung. Augsburg: WEKA, Fachverlag für technische Führungskräfte.

Stauss, Bernd (1995): Qualitätsmanagement und Zertifizierung: von DIN ISO 9000 zum Total Quality Management. Wiesbaden: Gabler.

Steers, Richard M. (1975): Problems in the Measurement of Organizational Effectiveness. In: Administrative Science Quarterly 20, S. 546-558.

Steers, Richard M. (1977): Organizational effectiveness: a behavioral view. Santa Monica: Goodyear Publ. Comp.

Steffens, Franz (1980): Technologie und Organisation. In: Grochla, Erwin (Hg.): Handwörterbuch der Organisation. Stuttgart: Poeschel.

Steinacher, Alexander (2002): Balanced Scorecard: das innovative Controlling-Instrument. Düsseldorf: VDM-Verlag.

Steinmann, Horst/Gerum, Elmar (1978): Reform der Unternehmensverfassung. Methodische und ökonomische Grundüberlegungen. Köln u.a.: Heymann.

Stockmann, Reinhard (1987): Gesellschaftliche Modernisierung und Betriebsstruktur. Die Entwicklung von Arbeitsstätten in Deutschland 1875-1980. Frankfurt a.M.: Campus.

Stockmann, Reinhard (1989a): Administrative Probleme der staatlichen Entwicklungszusammenarbeit – Engpässe im Bundesministerium für wirtschaftliche Zusammenarbeit. In Glagow, Manfred (Hg.): Deutsche und internationale Entwicklungspolitik: Zur Rolle staatlicher, supranationaler und nicht-regierungsabhängiger Organisationen im Entwicklungsprozess der Dritten Welt. Opladen: Westdeutscher Verlag.

Stockmann, Reinhard (1998b): Nachhaltigkeit als Prüfstein erfolgreicher Entwicklungspolitik. In: Entwicklung und Zusammenarbeit 6.

Stockmann, Reinhard (1992a): Die Nachhaltigkeit von Entwicklungsprojekten. Eine Methode zur Evaluierung am Beispiel von Berufsbildungsprojekten. Opladen: Westdeutscher Verlag.

Stockmann, Reinhard (1992b): Ein Analyse- und Erhebungsinstrumentarium zur Erfassung der Nachhaltigkeit von Entwicklungsprojekten. In: Reichert, Christoph/Scheuch, Erwin K./Seibel, Hans D. (Hg.): Empirische Sozialforschung über Entwicklungsländer – Methodenprobleme und Praxisbezug. Saarbrücken u.a.: Breitenbach.

Stockmann, Reinhard (1993a): Die Nachhaltigkeit von Entwicklungsprojekten. Eine Methode zur Evaluierung am Beispiel von Berufsbildungsprojekten. Opladen: Westdeutscher Verlag (2. Auflage).

Stockmann, Reinhard (1993b): Langfristige Wirkungen – bisher wenig untersucht. In: Entwicklung und Zusammenarbeit 2.

Stockmann, Reinhard (1993c): Sind Ex-post-Analysen wirklich nutzlos? Replik auf den Beitrag von Hans-Jörg Elshorst. In: Entwicklung und Zusammenarbeit 2.

Stockmann, Reinhard (1993d): Die Bewertung der Entwicklungszusammenarbeit. In: Stockmann, Reinhard; Gaebe, Wolf (Hg.): Hilft die Entwicklungshilfe langfristig? Bestandsaufnahme zur Nachhaltigkeit von Entwicklungsprojekten. Opladen: Westdeutscher Verlag.

Stockmann, Reinhard (1993e): Die Nachhaltigkeit von Berufsbildungsprojekten. In: Stockmann, Reinhard/Gaebe, Wolf (Hg.): Hilft die Entwicklungshilfe langfristig? Bestandsaufnahme zur Nachhaltigkeit von Entwicklungsprojekten. Opladen: Westdeutscher Verlag.

Stockmann, Reinhard (1993f): Nachhaltigkeit. Bilanz eines Themas. In: Stockmann, Reinhard/Gaebe, Wolf (Hg.): Hilft die Entwicklungshilfe langfristig? Bestandsaufnahme zur Nachhaltigkeit von Entwicklungsprojekten. Opladen: Westdeutscher Verlag.

Stockmann, Reinhard (1993g): Mehr Kontinuität als Wandel: Rückblick auf 30 Jahre Berufsbildungshilfe. In: Entwicklung und Zusammenarbeit 5/6.

Stockmann, Reinhard (1994): Zur Nachhaltigkeit von Entwicklungsprojekten. In: Dialog-Forum.

Stockmann, Reinhard (1995a): Ein methodisches Konzept zur Evaluierung der Wirksamkeit von Entwicklungsprojekten. In: Heitmann, Werner/Greinert, Wolf-Dietrich (Hg.): Analyseinstrumente in der Berufsbildungszusammenarbeit. Berlin: Overall-Verlag.

Stockmann, Reinhard (1995b): Die Krise der Entwicklungszusammenarbeit. Viel Kritik – aber wenig empirisches Wissen über Nachhaltigkeit. In: Trappe, Paul (Hg.): Krisenkontinent Afrika – Ansätze zum Krisenmanagement. Social Strategies, Bd. 27. Basel: Karger Libri.

Stockmann, Reinhard (1996a): Die Wirksamkeit der Entwicklungshilfe. Eine Evaluation der Nachhaltigkeit von Programmen und Projekten der Berufsbildung. Opladen: Westdeutscher Verlag.

Stockmann, Reinhard (1996b): Defizite in der Wirkungsbeobachtung. Ein unabhängiges Evaluationsinstitut könnte Abhilfe schaffen. In: Entwicklung und Zusammenarbeit 8.

Stockmann, Reinhard (1997a): The Evaluation of Sustainability of Development Projects. Baden-Baden: Nomos.

Stockmann, Reinhard (1997b): Ein Modell zur partizipativen Partnerqualifizierung für die Erhebung und Auswertung von Daten. In: Leicht, René/Stockmann, Reinhard (Hg.): Qualifikation in kleinen Betrieben Thailands. Berlin: Overall-Verlag.

Stockmann, Reinhard (1997c): The Sustainability of Development Projects: An Impact Assessment of German Vocational-Training Projects in Latin America. In: World Development 25 (11).

Stockmann, Reinhard (1998a): La eficacia de la ayuda al desarollo. Baden-Baden: Nomos.

Stockmann, Reinhard (1998b): Viel Kritik – aber wenig profundes Wissen: Der Mangel an Erkenntnissen über die Wirksamkeit der Entwicklungszusammenarbeit und wie er behoben werden könnte. In: Brüne, Stefan (Hg.): Erfolgskontrolle in der entwicklungspolitischen Zusammenarbeit. Hamburg: Schriften des Übersee-Instituts.

Stockmann, Reinhard (1998c): Globalization and Changes in Vocational Training Systems in Developing and Advanced Industialized Countries – The German Dual System in Comparative Perspecitve. In: Blossfeld, Hans-Peter; Stockmann, Reinhard (Hg.): Globalization and Changes in Vocational Training Systems in Developing and Advanced Industialized Societies (I). International Journal of Sociology. Bd. 28, Nr.2, S. 3-28.

Stockmann, Reinhard (1999a): The Implementation of Dual Vocational Training Structures in Developing Countries – An Evaluation of „Dual Projects" Assisted by the GTZ. In: Blossfeld, Hans-Peter/Stockmann, Reinhard (Hg.): Globalization and Changes in Vocational Training Systems in Developing and Advanced Industialized Societies (III). International Journal of Sociology. Bd. 29, Nr.2, S.29-65

Stockmann, Reinhard (1999b): Wirkungsevaluation in der Entwicklungszusammenarbeit: Notwendige Grenzüberschreitungen. In: Grenzenlose Gesellschaft? 29. Kongress der Deutschen Gesellschaft für Soziologie. Bd. II/2 Ad-hoc-Gruppen. Pfaffenweiler: Centaurus Verlagsgesellschaft.

Stockmann, Reinhard (1999c): Grenzenlose Evaluation? In: Grenzenlose Gesellschaft? 29. Kongress der Deutschen Gesellschaft für Soziologie. Bd. II/2 Ad-hoc-Gruppen. Pfaffenweiler: Centaurus Verlagsgesellschaft.

Stockmann, Reinhard (Hg.), (2000a). Evaluationsforschung. Grundlagen und ausgewählte Forschungsfelder. Opladen: Leske + Budrich.

Stockmann, Reinhard (2000b): Evaluation in Deutschland. In: Stockmann, Reinhard (Hg.): Evaluationsforschung. Grundlagen und ausgewählte Forschungsfelder. Opladen: Leske + Budrich.

Stockmann, Reinhard (2000c): Evaluation staatlicher Entwicklungspolitik. In: Stockmann, Reinhard (Hg.): Evaluationsforschung. Grundlager und ausgewählte Forschungs- felder. Opladen: Leske + Budrich.

Stockmann, Reinhard (2000d): Methoden der Wirkungs- und Nachhaltigkeitsanalyse: Zur Konzeption und praktischen Umsetzung. In: Müller-Kohlenberg, Hildegard/Münster- mann, K. (Hg.): Qualität von Humandienstleistungen. Opladen: Leske + Budrich.

Stockmann, Reinhard (2000e): Wirkungsevaluation in der Entwicklungspolitik. In: Viertel- jahreshefte zur Wirtschaftsforschung 69 (3).

Stockmann, Reinhard (2000f): Evaluation der Nachhaltigkeit von Umweltberatungs- programmen: Theoretische und methodische Grundlagen. In: Härtel, Michael/Stock- mann, Reinhard/Gaus, Hansjörg (Hg.): Berufliche Umweltbildung und Umwelt- beratung. Bielefeld: Bertelsmann.

Stockmann, Reinhard (2001a): Evaluation entwicklungspolitischer Wirkungen in der staat- lichen Zusammenhungen. In: Hammerich, Kurt/Franke, Bettina (Hg.): Nord-Süd/Süd- Nord-Beziehungen. St. Augustin: Academia.

Stockmann, Reinhard (2001b): Evaluation der Nachhaltigkeit von Umweltberatung. In: Stockmann, Reinhard u.a. (Hg.): Umweltberatung und Nachhaltigkeit. Berlin u.a.: Erich Schmidt Verlag.

Stockmann, Reinhard (2002a): Nachhaltigkeit der Entwicklungszusammenarbeit. Ein mehr- dimensionales Nachhaltigkeitskonzept und seine Anwendung. In: Jäggi, Victoria/ Mäder, U./Windisch, K. (Hg.): Entwicklung, Recht, Sozialer Wandel. Festschrift für Paul Trappe. Bern u.a.: Peter Lang.

Stockmann, Reinhard (2002b): Herausforderungen und Grenzen, Ansätze und Perspektiven der Evaluation in der Entwicklungszusammenarbeit. In: Zeitschrift für Evaluation 1 (1).

Stockmann, Reinhard (2002c): Qualitätsmanagement und Evaluation – Konkurrierenden oder sich ergänzende Konzepte? In: Zeitschrift für Evaluation 1 (2).

Stockmann, Reinhard (2002d): Evaluation als integriertes Lehr- und Forschungsprogramm. Das Centrum für Evaluation (CEval) an der Universität des Saarlandes. In: Zeitschrift für Evaluation 1 (2).

Stockmann, Reinhard (2003a): Nachhaltige Entwicklung ohne Staat? In: Allmendinger, Jutta (Hg.): Entstaatlichung und Soziale Sicherheit. 31. Kongress der Deutschen Ge- sellschaft für Soziologie. Bd. Ad-hoc-Gruppen. Opladen: Leske + Budrich (auf CD- ROM; Beitrag zur Sitzung der gleichnamigen Gruppe).

Stockmann, Reinhard (2003b): Eine Konzeption zur Evaluation der Nachhaltigkeit politi- scher Programme. In: Allmendinger, Jutta (Hg.): Entstaatlichung und Soziale Sicher- heit. 31. Kongress der Deutschen Gesellschaft für Soziologie. Bd. Ad-hoc-Gruppen. Opladen: Leske + Budrich (auf CD-ROM; Beitrag zur Sitzung der gleichnamigen Gruppe).

Stockmann, Reinhard (2003c): Die Standards für Evaluation zeigen, worauf es bei ,guten' Evaluationen ankommt. In: Berufsbildung und Wissenschaft 32 (6).

Stockmann, Reinhard (Hg) (2004a): Evaluationsforschung. Grundlagen und ausgewählte Forschungsfelder. Opladen: Leske + Budrich (2., überarb. Auflage).

Stockmann, Reinhard (2004b): Institutionelle Qualitätssicherung statt Programmevaluation? In: Hochschulrektorenkonferenz (Hg.): Qualitätssicherung an Hochschulen – neue Herausforderungen nach der Berlin-Konferenz. Bielefeld: Bertelsmann.

Stockmann, Reinhard (2004c): Wirkungsorientierte Programmevaluation: Konzepte und Methoden für die Evaluation von E-Learning. In: Meister, Dorothee M./Tergan, Sigmar-Olaf/Zentel, Peter (Hg.): Evaluation von E-Learning. Zielrichtungen, metho- dologische Aspekte, Zukunftsperspektiven. Münster: Waxmann.

Stockmann, Reinhard (2004d): Bildung als zentraler Faktor für die Entwicklung. In: Giradet, K. M. (Hg.): Bildung. Ziele-Wege-Probleme. St. Ingbert: Röhrig Universitätsverlag.

Stockmann, Reinhard (2004e): Evaluationsforschung – Ansatz und Methoden. In: EvaNet (http://www.llevanet.his.de).

Stockmann, Reinhard (2004f): Was ist eine gute Evaluation? Einführung zu Funktionen und Methoden von Evaluationsverfahren. In: Ermert, Karl (Hg.): Evaluation in der Kulturförderung. Wolfenbüttel: Bundesakademie für kulturelle Bildung.

Stockmann, Reinhard (2005a): Zur Umgestaltung des Evaluationssystems der Entwicklungszusammenarbeit. In: Schriften des Vereins für Socialpolitik (Hg.): Zur Bewertung der Entwicklungszusammenarbeit. Berlin: Duncker & Humblot.

Stockmann, Reinhard (2005b): Qualitätsmanagement und Evaluation bei eLearning Programmen. In: Igel, Christoph/Daugs, Reinhard (Hg.): Handbuch eLearning. Schorndorf: Hofmann.

Stockmann, Reinhard u.a. (2000): Wirksamkeit deutscher Berufsbildungsarbeit. Opladen: Leske + Budrich.

Stockmann, Reinhard u.a. (2001): Nachhaltige Umweltberatung. Opladen: Leske + Budrich.

Stockmann, Reinhard/Blossfeld, Hans-Peter (Hg.) (1999): Globalization and Changes in Vocational Training Systems in Developing and Advanced Industrialized Societies. International Journal of Sociology. Special Issue.

Stockmann, Reinhard/Caspari, Alexandra (2001): Nachhaltigkeit deutscher EZ-Projekte. Eine operationale Nachhaltigkeitsdefinition und ihre Anwendung. In: epd-Entwicklungspolitik 14.

Stockmann, Reinhard/Caspari, Alexandra/Kevenhörster, Paul (2000): Langfristige Wirkungen der staatlichen Entwicklungszusammenarbeit. Ergebnisse einer Querschnittsevaluierung zur Nachhaltigkeit. In: Entwicklung und Zusammenarbeit 10.

Stockmann, Reinhard/Gaebe, Wolf (1993): Hilft die Entwicklungshilfe langfristig? Bestandsaufnahme zur Nachhaltigkeit von Entwicklungsprojekten. Opladen: Westdeutscher Verlag.

Stockmann, Reihnard/Heise, Maren (2004): Nachbetreuung ehemaliger Studierender aus Entwicklungslndern. Teilbericht: Methodische Konzeption und Ergebnisse des Alumni Survey. In: DAAD (Hg.): Programmstudie. Nachbetreuung ehemaliger Studierender aus Entwicklungsländern. Bonn: DAAD.

Stockmann, Reinhard/Kevenhörster, Paul (2001): Wissenschaftlicher Rigorismus oder praxisorientierter Pragmatismus? Zum Verhältnis zwischen Entwicklungspolitik und Wissenschaft. In: Entwicklung und Zusammenarbeit 42 (4).

Stockmann, Reinhard/Kohlmann, Uwe (1998): Transferierbarkeit des Dualen Systems. Eine Evaluation dualer Ausbildungsprojekte in Entwicklunsländern. Berlin: Overall Verlag.

Stockmann, Reinhard/Krapp, Stefanie/Baltes Katrin (2004): DAAD-Ergebnisübersicht: Evaluation des DAAD-Programmbereichs Stipendien für Ausländer. Saarbrücken: Centrum für Evaluation..

Stockmann, Reinhard/Kreuter, Frauke (1996): Anwendungsprobleme empirischer Erhebungsmethoden in Entwicklungsländern. In: Greinert, Wolf-Dietrich/ Heitmann, Werner/Stockmann, Reinhard (Hg.): Ansätze betriebsbezogener Auswertungsmodelle. Beispiele aus dem islamisch-arabischen Kulturkreis. Berlin: Overall-Verlag.

Stockmann, Reinhard/Leicht, René (1997): Implementationsbedingungen eines kooperativen Ausbildungssystems in Ägypten. Berlin: Overall Verlag.

Stockmann, Reinhard/Meyer, Wolfgang/Krapp, Stefanie/Köhne, Gerhard (2000): Wirksamkeit deutscher Berufsbildungszusammenarbeit. Ein Vergleich staatlicher und nichtstaatlicher Programme in der Volksrepublik China. Wiesbaden: Westdeutscher Verlag.

Stockmann, Reinhard/Meyer, W./Kohlmann, U./Gaus, H-J./Urbahn, J. (2001): Nachhaltige Umweltberatung. Eine Evaluation von Umweltberatungsprojekten. Opladen: Leske + Budrich.

Stockmann, Reinhard/Urbahn, Julia (2001): Umweltberatung und Nachhaltigkeit. Dokumentation einer Tagung der Deutschen Bundesstiftung Umwelt. Berlin u.a.: Erich Schmidt Verlag.

Stockmann, Reinhard/Willms, Angelika (1985): Die Erwerbstatistik in Deutschland. Frankfurt a.M.: Campus.

Stoll, Bettina (2003): Balanced scorecard für soziale Organisationen: mehr Qualität durch strategisches Management, Handbuch für die Praxis sozialer Arbeit. Regensburg u.a.: Walhalla-Fachverlag.

Straumann, Ursula (2000): Professionelle Beratung. Bausteine zur Qualitätsentwicklung und Qualitätssicherung. Heidelberg: Roland Asanger Verlag.

Stufflebeam, Daniel L. (2001): Evaluation Models. San Francisco: Jossey-Bass.

Stufflebeam, Daniel L./Madaus, George F./Kellaghan, Thomas (2000): Evaluation Models: Viewpoints on Educational and Human Services Evaluation.

Tenberg, Ralf (2005): Change-Management. In: Berufsbildung. Bd. 91/92, Jg. 59, S. 3-6.

Tergan, Sigmar-Olaf (2000): Grundlagen der Evaluation: Ein Überblick. In: Schenkel, Peter/Tergan, Sigmar-Olaf/Lottmann, Alfred (Hg.): Qualitätsbeurteilung multimedialer Lern- und Informationssysteme. Nürnberg: Verlag Bildung und Wissen, S. 22-51.

Tergan, Sigmar-Olaf (2000): Bildungssoftware im Urteil von Experten: 10 + 1 Leitfragen zur Evaluation. In Schenkel, Peter/Tergan, Sigmar-Olaf/Lottmann, Alfred (Hg.): Qualitätsbeurteilung multimedialer Lern- und Informationssysteme. Nürnberg: Verlag Bildung und Wissen, S. 137-163.

Tergan, Sigmar-Olaf (2000): Vergleichende Bewertung von Methoden zur Beurteilung der Qualität von Lern- und Informationssystemen: Fazit eines Methodenvergleichs. In Schenkel, Peter/Tergan, Sigmar-Olaf/Lottmann, Alfred (Hg.): Qualitätsbeurteilung multimedialer Lern- und Informationssysteme. Nürnberg: Verlag Bildung und Wissen, S. 329-347.

Tews, Kerstin (2004): Diffusion als Motor globalen Politikwandels) Potentiale und Grenzen. FU-Report 01-2004. Berlin: Freie Universität.

Thompson, Randal Joy (1990): Evaluators as Change Agents. The Case of a Foreign Assistance Project in Morroco. In: Evaluation and Program Planning 13, S. 379-388.

Thompson, James D. (1967): Organizations in Action. New York: McGraw-Hill.

Thompson, James D./Bates, Frederick L. (1957/58): Technology, Organization, and Administration. In: ASQ 2, S. 325-343.

Tonnesen, Christian T. (2002): Die balanced scorecard als Konzept für das ganzheitliche Personalcontrolling: Analyse und Gestaltungsmöglichkeiten. Wiesbaden: Deutscher Universitäts-Verlag.

Töpfer, Armin/Mehrdorn, Hartmut (1994): Total Quality Management: Anforderungen und Umsetzung im Unternehmen. Neuwied u.a.: Luchterhand (3. Auflage).

Töpfer, Armin/Mehrdorn, Hartmut (2002): Total Quality Management: Anforderungen und Umsetzung im Unternehmen. Neuwied u.a.: Luchterhand (Neuauflage).

Tremmel, Jörg (2003): Nachhaltigkeit als politische und analytische Kategorie. Der deutsche Diskurs um nachhaltige Entwicklung im Spiegel der Interessen der Akteure. München: ökonom-Verlag.

Türk, Klaus (1978): Soziologie der Organisation. Eine Einführung. Stuttgart: Enke.

Türk, Klaus (Hg.), (2000): Hauptwerke der Organisationstheorie. Wiesbaden: Westdeutscher Verlag.

Tushmann, Michael; Anderson, Philip (1997): Managing Strategic Innovation and Change. New York: University Press.

Tweraser, Stefan (1998): Besonderheiten der Implementierung von Instrumenten in NPOs. In: Eschenbach, Rolf (Hg.): Führungsinstrumente für die Nonprofit Organisationen. Stuttgart: Schäffer-Poeschel.

Udy, Stanley H. Jr. (1959): ‚Bureaucracy‘ and ‚Rationality‘ in Weber's Organization Theory. In: American Sociological Review 24, S. 791-795.

Uebel, Matthias F./Helmke, Stefan (2003): FAQ Balanced Scorecard und Controlling. Troisdorf: Bildungsverlag EINS.

Uehlinger, Kurt/Allmen, Werner von (2001): TQM Praxis: Total Quality Management nach dem europäischen Modell für Excellence). Kilchberg: SmartBooks Wirtschaft (2., aktual. u. erw. Auflage).

UNDP (1988a): Technical Co-Operation: Its Evolution and Evaluation (Diskussionspapier). UNDP.

UNDP (2000a): Development Effectiveness. Review of Evaluative Evidence. New Work: UNDP.

United Nations Evaluation Group (2005): Standards for Evaluation in the UN System. New York: UNEG.

USAID (1999): Agency Performance Report 1998. Washington D.C.: USAID/CDIE.

Van den Berg, J.M./Verbruggen, H. (1999): Spatial sustainability, trade and indicators: an evaluation of the ecological footprint. In: Ecological Economics 29 (1), S. 61-72.

Van den Bulte, Christophe/Lilien, Gary L. (1999): Integrating Models of Innovation Adoption: Social Network Tresholds, Utility Maximation, and Hazad Models, Report 27-1999. Pennsylvania State University: Institute for Studying Business Markets (ISBM).

Van Kooten, G.C./Bulte, E. (2000): The Economics of Nature: Managing Biological Assets. Oxford: Blackwell.

Vedung, Evert (1999): Evaluation im öffentlichen Sektor. Wien u.a.: Böhlau.

Vedung, Evert (2000): Evaluation Research and Fundamental Research. In: Stockmann, Reinhard (Hg.): Evaluationsforschung. Opladen: Leske + Budrich, S. 103-127.

Vedung, Evert (2004): Evaluation Research and Fundamental Research. In: Stockmann, Reinhard (Hg.): Evaluationsforschung. Opladen: Leske + Budrich (2. Auflage), S. 111-134.

Vilain, Michael (2003): DIN EN ISO 9000 ff.: 2000. In: Boeßenecker, Karl-Heinz: Qualitätskonzepte in der sozialen Arbeit. Weinheim: Beltz.

Voges, Wolfgang (1983b): Alter und Lebenslauf. Ein systematisierender Überblick über Grundpositionen und Perspektiven. In: Voges, Wolfgang (Hg.): Soziologie der Lebensalter. Alter und Lebenslauf. München: Sozialforschungsinstitut.

Voges, Wolfgang (Hg.) (1983a): Soziologie der Lebensalter. Alter und Lebenslauf. München: Sozialforschungsinstitut.

Voges, Wolfgang (Hg.) (1987): Methoden der Biographie- und Lebenslaufforschung. Opladen: Westdeutscher Verlag.

Vöhringer, Bernd (2004): Computerunterstützte Führung in Kommunalverwaltung und -politik: Steuerung mit New Public Management und Informationstechnologie. Wiesbaden: Deutscher Universitätsverlag.

Vomberg, Edeltraud; Wallrafen-Dreisow, Helmut (2002): Qualitätsmanagement mit dem EFQM-Modell für Excellence als partizipativer Ansatz – auch in der Pflege? In: Igl u.a.: Qualität in der Pflege. Stuttgart: Schattauer.

Voss, Rödiger/Stoschek, Julia (2005): Studie: Unterschiede zwischen ISO 9001: 2000 und EFQM-Modell. Text im www verfügbar unter http:// euro. hanser. de/

qm/overview_basic.asp?task=4&basic_id=232234752-30&bt=00100.00020& xid =1850@Sa9e261IcF1J2K7QSRP0MK4

Wächter, Hartmut; Vedder, Günther (Hg.) (2001): Qualitätsmanagement in Organisationen: DIN ISO 9000 und TQM auf dem Prüfstand. Wiesbaden: Betriebswirtschaftlicher Verlag Gabler.

Wackernagel, Mathis et al. (2002): Strategic sustainable development – selection, design and synergies of applied tools. In: Journal of Cleaner Production, 10 (3), S. 197-214.

Wackernagel, Mathis/Rees, William E. (1997): Unser ökologischer Fußabdruck. Basel: Birkhäuser.

Wagner, Michael (1997): Scheidung in Ost- und Westdeutschland. Zum Verhältnis der Ehestabilität und Sozialstruktur seit den 30er-Jahren. Frankfurt a.M.: Campus-Verlag.

Walter-Busch, Emil (1996): Organisationstheorien von Weber bis Weick. Amsterdam: G+B Verlag Fakultas.

Webb, E.J./Campbell, D.T u.a. (1975): Nicht-reaktive Messverfahren. Weinheim: Beltz.

Weber, Jürgen (1991): Controlling in öffentlichen Organisationen (Non-Profit-Organizations). In: Risak, Johann/Deyhle, Albrecht (Hg.): Controlling – State of the Art und Entwicklungstendenzen. Wiesbaden: Gabler.

Weber, Jürgen (1995): Grundbegriffe des Controlling. Stuttgart: Schäffer-Poeschel.

Weber, Jürgen/Schäffer, Utz (2000): Balanced Scorecard und Controlling. Implementierung – Nutzen für Manager und Controller – Erfahrungen in deutschen Unternehmen. Wiesbaden: Gabler (2., aktual. Auflage).

Weber, Jürgen (2002): Einführung in das Controlling. Stuttgart: Schäffer-Poeschel (9., kompl. überarb. Auflage).

Weber, Max (1976): Wirtschaft und Gesellschaft. Grundriss der verstehenden Soziologie. Tübingen: Mohr.

Weick, Karl E. (1977): Re-Punctuating the Problems. In: Goodman, Paul S./Pennings, Johannes S. (Hg.): New Perspectives on Organizational Effectiveness. San Francisco: Jossey-Bass.

Weinert, Franz E. (Hg.) (2001): Leistungsmessung in Schulen. Weinheim: Beltz.

Weiss, R.S.; Rein, M. (1969): The Evaluation of Broad-Aim Programs: A Cautionary Case and a Morale. In: Annals of the American Academy of Political and Social Science, S. 133-142.

Weiss, Carol H. (1974): Evaluierungsforschung. Opladen: Westdeutscher Verlag.

Weiß, Peter (2000): Praktische Qualitätsarbeit in Krankenhäusern: ISO 9001:2000; Total Quality Management (TQM). Wien: Springer Verlag.

Welge, Martin K./Fessmann, Klaus-D. (1980): Effizienz, organisatorische. In: Grochla, Erwin (Hg.): Handwörterbuch der Organisation. Stuttgart: Poeschel.

Werkmann, Alexander/Braun, Andreas (2001): Die Theorie des Total-Quality-Managements als ganzheitliches Instrument progressiver Unternehmensführung und deren Übertragung auf eine Zahnarztpraxis. Nürtingen: Hochschulschrift.

Wex, Thomas (2004): Der Nonprofit-Sektor der Organisationsgesellschaft. Wiesbaden: Deutscher Universitäts-Verlag.

White, Louise G. (1986): An Approach to Evaluating the Impact of AID Projects. Washington: US.AID.

Wholey, Joseph S. (1979): Evaluation: Promise and Performance. Washington, D.C.: Urban Institute.

Widmer, Thomas (2001): Qualitätssicherung in der Evaluation – Instrumente und Verfahren. In: LeGES – Gesetzgebung und Evaluation 12. Bern, S. 9-41.

Widmer, Thomas (2002): Staatsreformen und Evaluation: Konzeptionelle Grundlagen und Praxis bei Schweizer Kantonen. In: Zeitschrift für Evaluation 1 (1), S. 101-114.

Widmer, Thomas/Schenkel, Walter/Hirschi, Christian (2000): Akzeptanz einer nachhaltigen Verkehrspolitik im politischen Prozess: Deutschland, Niederlande und Schweiz im Vergleich Bern: BBL, EDMZ.

Wilmes, Dirk/Radtke, Philipp (1998): Das Modell für Business Excellence durch TQM. In: Kamiske, Gerd F. (Hg.): Der Weg zur Spitze. München u.a.: Hanser, S. 13-25.

Windhoff-Héritier, Adrienne (1983): Policyanalyse. Eine Einführung. Frankfurt a.M.: Campus.

Witte, Andreas (1993): Integrierte Qualitätssteigerung im Total Quality Management. Diss. Münster u.a.: Lit Verlag.

Wittmann, Werner (1985): Evaluationsforschung. Aufgaben, Probleme und Anwendungen. Berlin u.a.: Springer.

Wittwer, Günther (2003): Keine Angst vor Controlling! Einführung in ein einfaches Steuerungsinstrument für die erfolgreiche Unternehmensführung. Kissing: Weka Media.

Woehrle, Armin (2003): Grundlagen des Managements in der Sozialwirtschaft. Baden-Baden: Nomos.

Wollmann, Hellmut (1994): Evaluierungsansätze und -institutionen in Kommunalpolitik und -verwaltung. Stationen der Planungs- und Steuerungsdiskussion. In: Schulze-Böing, Matthias/Johrendt, Norbert (Hg.): Wirkungen kommunaler Beschäftigungsprogramme. Methoden, Instrumente und Ergebnisse der Evaluation kommunaler Arbeitsmarktpolitik. Basel/Boston/Berlin: Birkhäuser.

Wollmann, Hellmut (1998): Kommunale Verwaltungsmodernisierung in Ostdeutschland. Zwischen Worten und Taten. Diskussionspapier. Humboldt-Universität zu Berlin.

Wollmann, Hellmut (1998): Modernisierung der kommunalen Politik- und Verwaltungswelt – Zwischen Demokratie und Managementschub. In: Grunow, Dieter/Wollmann, Hellmut (Hg.): Lokale Verwaltungsreform in Aktion: Fortschritte und Fallstricke. Basel u.a.: Birkhäuser, S. 400-439.

Wollmann, Hellmut (1999): Politik- und Verwaltungsmodernisierung in den Kommunen: Zwischen Managementlehre und Demokratiegebot. Die Verwaltung, Schwerpunktheft 3.

Wollmann, Hellmut (2000): Staat und Verwaltung in den 90er Jahren: Kontinuität oder Veränderungswelle? In: Czada, Roland; Wollmann, Hellmut (Hg.): Von der Bonner zur Berliner Republik. 10 Jahre Deutsche Einheit, Leviathan-Sonderheft 19/1999. Opladen: Westdeutscher Verlag.

Wollmann, Hellmut (2002): Verwaltungspolitik und Evaluierung. Ansätze, Phasen und Beispiele im Ausland und in Deutschland. In: Zeitschrift für Evaluation 1 (1), S. 75-100.

Wollmann, Hellmut (Hg.) (2003): Evaluation in Public Sector: Reform Concepts and Practice in International Perspective. Cheltenham: Edward Elgar Publishing Limited.

Woodward, Joan (1965): Industrial Organization. Theory and Practice. New York: Oxford University Press.

Wottawa, Heinrich/Thierau, Heike (1998): Lehrbuch Evaluation. Bern: Huber (2. Auflage).

Wottawa, Heinrich/Thierau, Heike (2003): Lehrbuch Evaluation. Bern: Huber (3., überarb. Auflage).

Wüst, Marcella (2001): Der Balanced-Scorecard-Ansatz: Darstellung der grundlegenden Konzeption und ihrer Erweiterung um Risikoaspekte (Diplomarbeit). Aschaffenburg: Fachhochschule.

Wunder, Helmut (1995): ISO 9000 – Entwicklung des Qualitätsmanagements und Vorteile ganzheitlichen Qualitätsmanagements. In: Feuchthofen, Jörg E./Severing, Eckart (Hg.): Qualitätsmanagement und Qualitätssicherung in der Weiterbildung. Neuwied u.a.: Luchterhand.

Wunder, Thomas (2004): Transnationale Strategien: anwendungsorientierte Realisierung mit Balanced Scorecard. Wiesbaden: Deutscher Universitäts-Verlag.

Wunderer, Rolf (1998): Beurteilung des Modells der Europäischen Gesellschaft für Qualitätsmanagement (EFQM) und dessen Weiterentwicklung zu einem umfassenden Business Excellence-Modell. In: Boutellier, Roman/Masing, Walter (Hg.): Qualitätsmanagement an der Schwelle zum 21. Jahrhundert. München u.a.: Hanser, S. 53-68.

Wunderer, Rolf/Gerig, Valentin/Hauser, Rainer (1997): Qualitätsmanagement durch und im Personalmanagement – Konzeptionelle Grundlagen und Folgerungen für die Personalwirtschaft. In: Wunderer, Rolf/Gerig, Valentin/Hauser, Rainer (Hg.): Qualitätsorientiertes Personalmanagement: Das europäische Qualitätsmodell als unternehmerische Herausforderung. München u.a.: Hanser, S. 1-104.

Yates, Brian T. (1996): Analyzing Costs, Procedures, Processes and Outcomes in Human Services. Thousand Oaks: Sage.

Yuchtman, Ephraim/Seashore, Stanley E. (1976): A System Resource Approach to Organizational Effectiveness. In: American Sociological Review 32, S. 891-903.

Zammuto, R. F. (1984): A Comparison of Multiple Constituency Models of Organizational Effectiveness. In: Academy of Management Review 5, S. 606ff.

Zapf, Wolfgang (Hg.) (1977): Probleme der Modernisierungspolitik. Meisenheim: Anton Hain.

Zapf, Wolfgang (1989): Über soziale Innovationen. In: Soziale Welt 40 (1/2), S. 170-183.

Zapf, Wolfgang (Hg.) (1997): Wohlfahrtsentwicklung im vereinten Deutschland: Sozialstruktur, sozialer Wandel und Lebensqualität. Berlin: Ed. Sigma.

Zbaracki, Mark J. (1998): The rhetoric and reality of Total Quality Management. In: Administrative Science Quarterly, 43. S. 602-636.

Zech, Rainer (1996): Mittelmäßigkeit als Machtressource. Über die Lernunfähigkeit politischer Organisationen. In: Zeitschrift für Politische Psychologie 4, S. 255-271.

Zimmer, Annette/Priller, Eckhart (1997): Die Zukunft des Dritten Sektors in Deutschland. In: Anheier, Helmut u.a. (Hg.): Der Dritte Sektor in Deutschland. Organisationen zwischen Staat und Markt im gesellschaftlichen Wandel. Berlin: Ed. Sigma, S. 249-283.

Zink, Klaus (2001): Neuere Entwicklungen im Qualitätsmanagement – Relevanz in Werkstätten für Behinderte. In: Schubert, Hans-Joachim/Zink, Klaus: Qualitätsmanagement im Gesundheits- und Sozialwesen. Neuwied: Luchterhand.

Zink, Klaus J. (1995): TQM als integriertes Managementkonzept: Das europäische Qualitätsmodell und seine Umsetzung. München u.a.: Hanser.

Zink, Klaus J. (Hg.) (1995): Erfolgreiche Konzepte zur Gruppenarbeit – aus Erfahrung lernen. Neuwied: Luchterhand.

Zink, Klaus J. (1994): Total Quality als europäische Herausforderung. In: Zink, Klaus J. (Hg.): Business excellence durch TQM: Erfahrungen europäischer Unternehmen. München u.a.: Hanser. S. 1-29.

Zink, Klaus J. (1992): Qualitätszirkel und Lernstatt. In: Frese, E. (Hg.): Handwörterbuch der Organisation. Stuttgart: Poeschel Verlag (3., völlig neu gestaltete Ausgabe), S. 2129-2140.

Zollondz, Hans-Dieter (2002): Grundlagen Qualitätsmanagement: Einführung in Geschichte, Begriffe, Systeme und Konzepte. München, u.a.: Oldenbourg.

7   Anhang

7.1   Verzeichnis der Tabellen und Abbildungen

7.2 Evaluationsleitfaden für die Entwicklungszusammenarbeit

Leitfaden zur Evaluation von Programmen und Projekten der Entwicklungszusammenarbeit

	Überblick
1.	**Programm und Umwelt**
	Programmbeschreibung
1.0	Programmdaten
1.1	Programmkonzeption
1.2	Innovationskonzeption
1.3	Ressourcen (Input)
	Umwelt/Kontextbedingungen
1.4	Ländercharakterisierung
1.5	Praxis-/Politikfeld (gesellschaftliche Subsysteme)
1.6	Zielgruppen (Adressaten, Klienten)
2.	**Programmverlauf**
2.1	Vorbereitung/Planung
	Durchführung
2.2	Programmsteuerung
2.3	Vorbereitung Förderende
2.4	Nachbetreuung
3.	**Interne Wirkungsfelder (Trägerorganisation)**
3.1	Zielakzeptanz
3.2	Personal
3.3	Organisationsstruktur
3.4	Finanzielle Ressourcen
3.5	Technologie: Technische Infrastruktur
3.6	Technologie: Organisationsprogramm/-konzeption
3.7	Interne Programmwirkungen (Bilanz)
4.	**Externe Wirkungsfelder (Adressaten, Politik-/Praxisfelder)**
4.1	Zielakzeptanz bei den Zielgruppen
4.2	Zielgruppenerreichung (Diffusionswirkungen innerhalb der Zielgruppe)
4.3	Nutzen für die Zielgruppen
4.4	Zielgruppenübergreifende Wirkungen (Diffusionswirkungen außerhalb der Zielgruppe)
4.5	Wirkungen im Politik-/Praxisfeld (in gesellschaftlichen Subsystemen)
4.6	Politikfeldübergreifende Wirkungen
4.7	Externe Programmwirkungen (Bilanz)
5.	**Programmqualität**
5.1	Planungs- und Durchführungsqualität
5.2	Interne wirkungsbezogene Qualität
5.3	Externe wirkungsbezogene Qualität
5.4	Nachhaltigkeit auf der Programmebene
	Nachhaltigkeit auf der Makroebene
5.5	Effizienz
5.6	Gesellschaftliche Relevanz
5.7	Ökologische Verträglichkeit

1

1. Programm und Umwelt

Programmbeschreibung

1.0 Programmdaten

1. Programmtitel:
2. Partnerland:
3. Programmart (z.B. Strukturförderung)
4. Interventionssektor/-system (z.B. Bildungssystem):
5. Trägerstruktur (Charakterisierung der genannten Organisationen):
   - Formaler (übergeordneter) Projektträger (politischer Träger):
   - Unmittelbarer Projektträger (Durchführungspartner)

1.1 Programmkonzeption

1. Darstellung der angestrebten Ziele und beabsichtigten Wirkungen:
2. Mit welchen Interventionsmaßnahmen sollen die Programmziele umgesetzt werden?
3. Auf welchen analytischen Ebenen (Individuen, Organisationen, Systeme) und welchen Dimensionen (Verhalten, Strukturen, Prozesse) sollen Wirkungen herbeigeführt werden?
4. Wie sieht die Programmtheorie aus? Welche Zusammenhänge zwischen Interventionen und Wirkungen werden angenommen?
5. Welche Wirkungshypothesen können auf der Basis der hier konzipierten drei theoretischen Ansätze (Lebensverlaufsmodell, Organisations- und Innovations-/Diffusionstheorie) formuliert werden? Welche Wirkungen sind danach zu erwarten? Sind die wichtigsten Ursache-Wirkungszusammenhänge in der Programmtheorie berücksichtigt worden?
6. Berücksichtigt die Programmkonzeption den Stand der internationalen Diskussion/Forschung?

Logik der Programmkonzeption	1	2	3	4	5	6	7	8	9	10
	sehr gering									sehr hoch

1.2 Innovationskonzeption

1. Beschreibung der eingeführten Innovationen. Um welche Arten von Innovationen handelt es sich (Produkt- bzw. Dienstleistungsinnovation, Verfahrens-, Organisationsstrukturelle-, Personalinnovation)?

2. Ist die Innovation eher auf den traditionellen Sektor oder eher auf den modernen Sektor gerichtet?

3. Wie sind die spezifischen Eigenschaften der Innovation (aus Sicht der potenziellen Anwender) zu beurteilen?

    - relative Vorteilhaftigkeit gegenüber bisherigen Problemlösungen

    - Vereinbarkeit mit bestehenden Lösungen

    - Komplexitätsgrad (Ausmaß, in dem sich die Anwendung der eingeführten Innovation als relativ schwierig zu verstehen und als schwer zu handhaben darstellt)

    - Erprobbarkeit, Beobachtbarkeit, Ausreifungsgrad?

4. Wie sind die Diffusionschancen unter Berücksichtigung der spezifischen Eigenschaften der Innovation, der Leistungsfähigkeit der Trägerorganisation (vgl. Leitfadenkapitel 3) und der externen Bedingungen zu beurteilen (z.B. Werte, Normen, Traditionen, Gesetze, räumliche Strukturen, ökologische Umwelt, etc) (vgl. Leitfadenkapitel 1.4 und 1.5)?

5. Ist die Trägerorganisation dazu geeignet, die Innovationen einzuführen und zu verbreiten (vgl. Leitfadenkapitel 3.6)?

6. Wie vorteilhaft sind die externen Bedingungen (Gesetze, Werte, Normen etc.) im Hinblick auf die Einführung und Verbreitung der Diffusion zu werten (vgl. Leitfadenkapitel 1.5)?

Angepasstheit der Innovation an die Situation des Partnerlandes

1	2	3	4	5	6	7	8	9	10

sehr gering   sehr hoch

1.3 Ressourcen (Input)

1. Finanzielle Ressourcen

    - deutscher Beitrag:

    - Partnerbeiträge:

    - Beiträge Dritter:

2. Personelle Ressourcen

    - Anzahl und Aufenthaltsdauer der deutschen (ausländischen) Langzeitexperten:

    - Kurzzeitexperteneinsätze::

    - Personal des Partnerlandes:

    - Wert der bereitgestellten technischen Ressourcen:

© Reinhard Stockmann 2005

3

3. Technische Ressourcen:
   - Beschreibung der im Rahmen der Förderung gelieferten Ausstattung:
   - Beschreibung des transferierten technologischen Know Hows:
   - Beschreibung der erstellten Expertisen (Gutachten, Studien etc.):
   - Wert der bereitgestellten technischen Ressourcen:
4. Zeitressourcen
   - Beginn/Ende der deutschen Förderung:
   - Beginn/Ende der Partnerförderung:
   - Laufzeit des Förderprogramms:

Verfügbarkeit von Ressourcen	1	2	3	4	5	6	7	8	9	10
	sehr gering									sehr hoch

Umwelt-/Kontextbedingungen

1.4 Ländercharakterisierung

Beschreibung für die Programmdurchführung relevanter (!) Kontextbedingungen, z.B.

- des politischen/gesellschaftlichen Systems des Partnerlandes (z.B.: Regierungssystem und politische Entwicklung, Parteiensystem, Rolle von Verbänden, Gewerkschaften, gesellschaftliche Gruppen, Verwaltung, Rechtsordnung, Soziale Sicherungssysteme wie Krankenversicherung, Alters-/Rentenversicherung, Arbeitslosenversicherung):

- des Wirtschaftssystems (z.B.: Wirtschaftsverfassung, Wirtschaftsentwicklung, Außenhandelsentwicklung, Arbeitsmarkt, Beschäftigungsentwicklung nach Sektoren, Kreditwesen, Verschuldung):

- der Sozialstruktur (z.B.: soziale Differenzierung, soziale Ungleichheit, soziale Schichtung, soziale Mobilität):

- des kulturellen Systems (z.B.: ethnische und sprachliche Homogenität, vorherrschende Religionen, Rolle der Familien):

- der Bevölkerungsstruktur (z.B.: Altersaufbau, Bevölkerungsentwicklung):

- der Siedlungsstrukturen (z.B.: Stadt-Land-Gegensatz, regionale Wirtschaftszentren, Ballungsräume, räumliche Konzentration/Verstädterung, räumliche Mobilität):

- andere relevante gesellschaftliche Subsysteme (Kontextbedingungen):

  (Quellen: z. B. Weltentwicklungsberichte, Länderberichte des Statistischen Bundesamtes, Länder aktuell Blätter des Munzinger-Archivs, Länderkurzberichte des BMZ, Länderaufzeichnungen des Auswärtigen Amtes, nationale statistische Daten und Darstellungen etc..)

Länderbezogene Kontextbedingungen für Programmdurchführung	1	2	3	4	5	6	7	8	9	10
	sehr ungünstig								sehr günstig	

1.5 Praxis-/Politikfeld (gesellschaftliche Subsysteme)

1. Darstellung der für die Programmdurchführung relevanten (!) Hauptmerkmale des Politikfeldes,

   - insb. der Akteure (z.B. Staat, Nicht-Regierungs-Organisation, Privatwirtschaft) im Hinblick auf deren Aufgabenbereiche, Funktionen, Bedeutung, Interessens- und Machtstrukturen, Konkurrenz und deren Zusammenarbeit,

   - der normativen, rechtlichen, traditionellen etc. Rahmenbedingungen des Politikfeldes

   - andere, hier nicht explizit aufgeführter Politikfeldbedingungen, die für die Programmdurchführung relevant sind:

2. Darstellung der Sektorpolitik, -programme und -konzepte des Partnerlandes (ggf. unter Berücksichtigung internationaler Leitlinien). Wie ordnet sich das Programm/Projekt in diese Sektorpolitik ein?

3. Darstellung komplementärer (auch früherer) von deutschen Gebern geförderter Projekte und Programme:

4. Darstellung anderer bilateraler und multilateraler Projekte/Programme im Politikfeld. Darstellung der Abgrenzung bzw. Überschneidung mit entsprechenden Fördermaßnahmen anderer Geber bzw. Initiativen des Entwicklungslandes selbst:

Politikfeldbezogene Kontextbedingungen für Programmdurchführung	1	2	3	4	5	6	7	8	9	10
	sehr ungünstig								sehr günstig	

1.6 Zielgruppen (Adressaten/Klienten)

1. Zielgruppendefinition

   - An welche Zielgruppen richtet sich die eingeführte Innovation?

   - Wie wurden die Zielgruppen identifiziert, definiert und abgegrenzt?

   - Welche Gruppen werden dadurch nicht berücksichtigt oder ausgeschlossen (zu Nicht-Zielgruppen gemacht)?

   - Welches waren die Gründe für die Bevorzugung der Zielgruppen gegenüber anderen Gruppen?

2. Zielgruppenbeschreibung:

   - z.B. nach sozio-ökonomischer Struktur, Alter, Geschlecht, Beschäftigungs-/Einkommensstruktur, soziale Schichtung, Familienstand, Bildung, Alphabetisierung etc. (je nach Relevanz):

   - nach Werten, Normen, Einstellungen, Traditionen der Zielgruppen:

   - Welche unterschiedlichen Interessen- und Konfliktpotenziale gibt es bei den

---

5

Zielgruppen (z.B. zwischen Frauen und Männern, Alten und Jungen, Armen und Reichen etc.) und wie wurden diese berücksichtigt?

- Wie wurden Arme und besonders Bedürftige in den Zielgruppen berücksichtigt und in das Projekt/Programm eingebunden? Inwieweit wird deren spezifischen Interessen Rechnung getragen?

3. Relevanz des Programms/Projekts für die Zielgruppen:

- Welchen Nutzen sollen die Zielgruppen aus dem Projekt/Programm ziehen?

- Auf welchem Wege, wie profitieren die Zielgruppen von den Leistungen (Zugangschancen)?

- Welche Erwartungen haben die Zielgruppen an das Programm, die eingeführten Innovationen? Werden diese erfüllt?

- Welche Eigenleistungen können die Zielgruppen erbringen, welche werden erbracht? Über welche Ressourcen verfügen sie?

- Wie würde sich das Leben der Zielgruppen verändern, wenn es das Programm nicht gäbe?

Zielgruppenrelevanz des Programms

1	2	3	4	5	6	7	8	9	10

sehr gering   sehr hoch

2. Programmverlauf

2.1 Planung/Programmvorbereitung

Bewertung der Vorbereitung vor Programmbeginn:

1. Liegt ein Antrag seitens der Partner vor? Von wem erstellt (Initiative)? Qualität des Partnerantrags (informativ und aussagekräftig, Konzeption erkennbar, an entwicklungspolitischen Leitlinien orientiert, auf Nachhaltigkeit ausgerichtet)?

2. Welche Planungsschritte wurden durchgeführt (Pre-Feasibility-Studie, Feasibility-Studie, Projektprüfung)? Von wem durchgeführt?

3. Wurden insgesamt in der Vorbereitungsphase durchgeführt:

- Problemanalyse/Situationsanalyse?

- Zielanalyse?

- Zielgruppenanalyse/Beteiligtenanalyse?

- Trägeranalyse und Analyse der Partnerstruktur?

- Bedarfsanalyse?

- Einzel-/gesamtwirtschaftliche Analyse?

4. Wurden dabei im Hinblick auf die Durchführung des Programms alle relevanten Aspekte (insb. im Hinblick auf die Nachhaltigkeit) berücksichtigt?

5. Wurden entwicklungspolitische Alternativen erwogen? Wenn ja, welche? Wie wurden

sie bewertet?

6. Wurden alle wichtigen Personen, soziale Gruppen und Institutionen, die im Rahmen der Durchführung Entscheidungen treffen, eine aktive Rolle spielen oder durch das Projekt betroffen sind, identifiziert? Wer war aktiv am Planungsprozess beteiligt?

Qualität der Programmplanung/Vorbereitung

1	2	3	4	5	6	7	8	9	10

sehr gering   sehr hoch

Durchführung

2.2 Programmsteuerung

1. Findet in den einzelnen Durchführungsphasen eine Anpassung der Programmplanung an die Träger-/Kontextbedingungen statt? Wenn ja, warum? Wie ist die Anpassung zu bewerten?

2. Ist ein funktionsfähiges Monitoring- und Evaluationssystem vorhanden (regelmäßig, offen, ausführlich, problembezogen)?

3. Qualität der Berichterstattung und der (intern wie extern) durchgeführten Evaluationen?

4. Ist ein funktionsfähiges Qualitätsmanagement-System vorhanden, das auf Monitoring- und Evaluationsdaten basierende, rationale Entscheidungen trifft, die Umsetzung kontrolliert und insgesamt zur Qualitätssicherung beiträgt?

5. Wie wird der deutsche Beitrag durch die deutsche Durchführungsorganisation (vor Ort und durch die Zentrale) gesteuert (problembezogen, effektiv, partizipativ)?

6. Wie wird das Programm von der Partnerseite gesteuert?

7. Wie ist die Zusammenarbeit zwischen BMZ, Durchführungsorganisation und Partnerinstitutionen zu beurteilen?

8. Werden alle wichtigen Personen, soziale Gruppen und Institutionen in die Durchführung mit einbezogen?

Qualität der Programmsteuerung

1	2	3	4	5	6	7	8	9	10

sehr gering   sehr hoch

2.3 Vorbereitung Förderende

1. Wie wird das Förderende des Programms vorbereitet?

2. Wird ein realistisches Zielsystem für die Nachförderphase entwickelt? Gemeinsam mit dem Partner?

3. Werden der Beratungs- und Finanzeinsatz sukzessive verringert?

4. Werden die Funktionen der Berater/innen (bei Personalprojekten) sukzessive von den Partnern übernommen?

5. Welche Teilbereiche werden wann in die alleinige Verantwortung der Partner übergeben?

6. Werden die Partner an der Entscheidung, die Förderung zu beenden, beteiligt?

Qualität der Vorbereitung des Förderendes	1	2	3	4	5	6	7	8	9	10
	sehr gering									sehr hoch

2.4 Nachbetreuung

1. Findet eine Nachbetreuung des Programms statt? Wenn ja, welche Maßnahmen werden hierzu mit welche Zielen und mit welchem Erfolg durchgeführt?

2. Findet eine systematische Nachbeobachtung des Programms statt? Durch wen? Wird eine Ex-post Evaluation durchgeführt?

3. Welche Erkenntnisse werden daraus gewonnen? Wozu werden diese genutzt?

4. Werden die Ergebnisse in das Wissensmanagementsystem der Durchführungs-organisation eingespeist und anderen zur Verfügung gestellt?

Qualität der Nachbetreuung	1	2	3	4	5	6	7	8	9	10
	sehr gering									sehr hoch

3. Interne Wirkungsfelder (Trägerorganisation)

3.1 Zielakzeptanz

3.1.1 Zielakzeptanz bei der übergeordneten Trägerorganisation (politischer Träger)

1. Ausmaß der Kenntnisse über das Programm (dessen Ziele, Aktivitäten, intendierte Wirkungen etc.) beim Leitungspersonal:

2. Bewertung des Programms durch das Leitungspersonal:

3. Stellenwert der Programmziele im Gesamtkontext der Organisationsziele:

4. Unterstützung für das Programm (z.B. durch ausreichende Ressourcenbereitstellung, aktives Eintreten für Ziele, Teilnahme an Workshops etc.):

5. Werden die vereinbarten Leistungen erfüllt?

Zielakzeptanz beim politischen Träger	1	2	3	4	5	6	7	8	9	10
	sehr gering								sehr hoch	

3.1.2 Zielakzeptanz bei der unmittelbaren Trägerorganisation (Durchführungspartner)

1. Ausmaß der Kenntnisse über das Programm (dessen Ziele, Aktivitäten, intendierte Wirkungen etc.) beim Leitungspersonal:

2. Bewertung des Programms durch das Leitungspersonal:

3. Stellenwert der Programmziele im Gesamtkontext der Organisationsziele:

4. Unterstützung für das Programm (z.B. durch ausreichende Ressourcenbereitstellung, aktives Eintreten für Ziele, Teilnahme an Workshops etc.):

5. Werden die vereinbarten Leistungen erfüllt?

6. Bereitschaft anderer Abteilungen, mit den programmdurchführenden Abteilungen zusammenzuarbeiten, Informationen auszutauschen, deren Arbeit zu unterstützen:

7. Entwicklung eigener Vorschläge und innovativer Ideen (im Hinblick auf das Programm):

Zielakzeptanz beim Träger der Durchführung	1	2	3	4	5	6	7	8	9	10
	sehr gering								sehr hoch	

3.2 Personal

1. Anzahl und Qualifikationsprofil der vor Ort eingesetzten (externen) Experten /Consultants (Soll/Ist).

   (Qualifikation insbesondere im Hinblick auf: fachliche Qualifikation, strategisch-konzeptionelle Kompetenz, Beratungs- und Managementfähigkeiten, Kommunikationsfähigkeiten, Teamfähigkeit, interkulturelle Kompetenz, Sprach-kompetenz, Evaluation und Qualitätssicherung:)

2. Fluktuation, Dauer von Vakanzen bei den externen Langzeitexperten:

3. Anzahl und Qualifikationsprofil des einheimischen Personals / CPs / Consultants (Soll/Ist).

   (Qualifikation insbesondere im Hinblick auf: fachliche Qualifikation, strategisch-konzeptionelle Kompetenz, Beratungs- und Managementfähigkeiten, Kommunikationsfähigkeiten, Teamfähigkeit, interkulturelle Kompetenz, Sprach-kompetenz, Evaluation und Qualitätssicherung):

4. Rekrutierungs- und Fluktuationsprobleme sowie Dauer von Vakanzen beim Trägerpersonal (unter Berücksichtigung der allgemeinen Arbeitsmarktlage und der Attraktivität des Trägers als Arbeitgeber):

5. Aus- und Weiterbildung (vor Ort/in Deutschland) des Personals des Trägers (z.B. Leitungspersonal, Verwaltungskräfte, technisches Personal etc.). Welcher Art? Grad der Institutionalisierung?

9

Qualifikationsniveau des Trägerpersonals

(inkl. externer Personalkomponente)*

1	2	3	4	5	6	7	8	9	10

sehr gering   sehr hoch

* kann ggf. auch getrennt ausgewiesen werden

3.3 Organisationsstruktur

1. Wie ist die Organisationsstruktur des Trägers aufgebaut (Organigramme, Stellenpläne, Aufgabenbeschreibungen)? Wo in der Trägerstruktur ist das Programm angesiedelt, von wo wird es gesteuert?

2. Wie effizient funktionieren die einzelnen organisatorischen Teilsysteme (z.B. Verwaltung, Beschaffung, Wartung und Instandhaltung etc.)? Ist der Grad der Arbeitsteilung/Spezialisierung für die langfristige Aufgabenerfüllung des Trägers effizient gestaltet?

3. Wie funktionieren Arbeitsplanung und Koordination? Sind sie der Aufgabenstellung angemessen?

4. Wie ist die Entscheidungsstruktur innerhalb des Trägers geregelt, zentral oder dezentral (Entscheidungswege, Dauer)?

5. Sind die Zuständigkeiten und Verantwortlichkeiten klar geregelt (Stellenpläne, Aufgabenbeschreibungen)?

6. Wie funktionieren Informationsfluss und Zusammenarbeit im Projektteam und beim Projektträger sowie zwischen diesen und dem übergeordneten (politischen) Projektträger und der Zielgruppe (formell und informell)?

7. Ist das Programm in der Trägerstruktur ‚richtig' (zielführend) angesiedelt, von wo wird es gesteuert, reichen die Steuerungskompetenzen aus?

8. Wie hoch ist die Entscheidunsautonomie des Trägers? Reichen die Kompetenzen des Trägers zur Aufgabenerfüllung aus? Von welchen wichtigen Entscheidungsträgern ist er abhängig? Welche Entscheidungswege (Dauer?) sind zurückzulegen?

9. Mit wem pflegt der Träger intensive Kommunikation (z.B. Ministerien, Kammern, Verbände, andere Geber etc.)? In welche Netzwerke ist er eingebunden?

10. Wie funktioniert das Qualitätsmanagementsystem des Trägers und inwieweit ist das Programm-M&E eingebunden?

Leistungsfähigkeit der Organisationsstruktur des Trägers

1	2	3	4	5	6	7	8	9	10

sehr gering   sehr hoch

10

3.4 Finanzielle Ressourcen

1. Wie hoch ist das Budget der Trägerorganisation und wie entwickelt es sich (Einnahmen/Ausgaben)?
2. Gibt es mittel- und langfristige Finanzierungspläne?
3. Wie finanziert der Träger seine Kosten? Wer ist an der Finanzierung beteiligt (Bedeutung von Selbstfinanzierungsmechanismen)?
4. Reichen die finanziellen Ressourcen des Trägers aus, um alle Kosten (u.a. für Löhne und Gehälter, Instandhaltung und Wartung, Neu- und Ersatzinvestitionen) zu decken? Werden Maßnahmen aus Kostengründen eingestellt? Werden die Gehaltsauszahlungen regelmäßig vorgenommen oder treten regelmäßig finanzielle Engpässe im Haushaltsjahr auf?

Finanzielle Leistungsfähigkeit des Trägers

1	2	3	4	5	6	7	8	9	10

sehr gering   sehr hoch

3.5 Technologie: Technische Infrastruktur

1. Beschreibung der technischen Ausstattung des Trägers:
2. Entspricht die Ausstattung (inkl. der im Rahmen der Förderung gelieferten Ausstattung, vgl. 1.3) den Anforderungen der Programm- und Innovationskonzeption (vgl. 1.1 und 1.2) (unter Berücksichtigung der Zielsetzung/Zielgruppen, vgl. 1.6)?
3. Wie ist das technische Ausstattungsniveau in Relation zum einheimischen Standard sowie zu international (naturräumlich und sozioökonomisch) vergleichbaren Regionen zu beurteilen?
4. Wie ist der Zustand der technischen Ausstattung zu beurteilen?
5. Wie hoch ist der Nutzungsgrad der Ausstattung zu beurteilen?
6. Sind die eingeführten Techniken den ökologischen Bedingungen angepasst (Belastungen und Risiken für die Umwelt)?

Technisches Niveau und Zustand der Ausstattung des Trägers

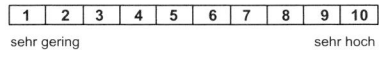

1	2	3	4	5	6	7	8	9	10

sehr gering   sehr hoch

       11

3.6 Technologie: Organisationsprogramm/-konzeption

1. Wie lautet die Konzeption der Trägerorganisation (das Organisationsprogramm)?
2. An wen richten sich die Organisationsziele, wer ist die Zielgruppe des Leistungsangebots der Trägerorganisation?
3. Wie werden die Organisationsziele (das Organisaticnsprogramm) umgesetzt?
4. Inwieweit ist die Trägerorganisation in der Lage, ihre Organisationskonzeption auf sich verändernde Bedingungen anzupassen?
5. Über welche Fähigkeiten verfügt die Trägerorganisation Innovationen selbst zu entwickeln und umzusetzen?
6. Werden die im Rahmen der Förderung eingeführten Innovationen vom Träger weiterentwickelt (vgl. Leitfadenkapitel 1.2)?

Innovationspotenzial der Trägerorganisation

1	2	3	4	5	6	7	8	9	10

sehr gering   sehr hoch

3.7 Interne Programmwirkungen

1. Welche von den unter 3.1 bis 3.6 aufgeführten Veränderungen (=Bruttowirkungen) sind auf die Programminterventionen zurückzuführen (=Programm- oder Nettowirkungen)? Was davon ist positiv, was negativ zu werten?
2. Welche Programmwirkungen waren intendiert (=Programmziele), welche nicht?
3. Welche der angestrebten (geplanten/intendierten) Ziele wurden erreicht (=Effektivität oder Zielerreichung gemäß Soll-Ist-Vergleich)?

Interne Wirkungsbilanz

1	2	3	4	5	6	7	8	9	10

sehr gering   sehr hoch

4. Externe Wirkungsfelder
(Adressaten, Politik-/Praxisfelder)

4.1 Zielakzeptanz bei den Zielgruppen

1. Wie werden das Programm, seine Ziele und Maßnahmen sowie die geplanten Wirkungen durch die (ggf. verschiedenen) Zielgruppen bewertet?
2. Inwieweit beteiligen sich die Zielgruppen an der Gestaltung und Umsetzung des Programms durch finanzielle und personelle Eigenbeiträge (z.B. Teilnahme und Mitarbeit in Meetings, Workshops etc.)?
3. Inwieweit entwickeln die Zielgruppen eigene Vorschläge und innovative Ideen im Hinblick auf die (Weiter-)Entwicklung des Programms?

Zielakzeptanz bei den Zielgruppen

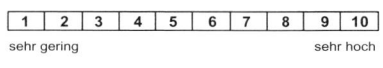

1	2	3	4	5	6	7	8	9	10

sehr gering   sehr hoch

4.2 Zielgruppenerreichung

1. Werden die ausgewählten Zielgruppen erreicht (differenziert nach sozioökonomischer Struktur, Alter, Geschlecht, Beschäftigungs-/Einkommensstruktur, soziale Schichtung, Familienstand etc.)?
2. Werden Teile der Zielgruppen nicht erreicht oder nehmen die Leistungen nicht wahr? Welche Gründe gibt es dafür?
3. Wie hoch ist der Anteil der Zielgruppen, die erreicht werden?
4. Wie hoch ist der Anteil der Zielgruppen, die die eingeführten Innovationen übernehmen?
5. Wie und in welchem Umfang werden die Zielgruppen informiert? Welche Maßnahmen zur Erreichung der Zielgruppen werden durchgeführt?

Diffusionsgrad innerhalb der Zielgruppen

1	2	3	4	5	6	7	8	9	10

sehr gering   sehr hoch

4.3 Nutzen für die Zielgruppen

1. Welchen Nutzen hat das Programm für die Zielgruppen?
2. Welche Nachteile ergeben sich aus dem Programm für die Zielgruppen?

3. In welchem Umfang nutzen die Zielgruppen die Programmleistungen (differenziert nach sozioökonomischer Struktur, Alter, Geschlecht, Beschäftigungs-/Einkommensstruktur, soziale Schichtung, Familiens and etc.)?

4. Werden die Erwartungen und Erfordernisse der Zielgruppen erfüllt?

5. Wie zufrieden sind die Zielgruppen mit dem Leistungsangebot?

6. Inwieweit haben sich die Lebensbedingungen sowie andere programmrelevante Lebensbereiche (z.B. Partizipations- und Solidaritätsverhalten, Organisationsfähigkeit, Selbsthilfefähigkeit etc.) der Zielgruppen verändert?

7. Hat das Programm dazu beigetragen, die Armut bei den Zielgruppen zu verringern?

Nutzen für die Zielgruppen	1	2	3	4	5	6	7	8	9	10
	sehr gering									sehr hoch

4.4 Zielgruppenübergreifende Wirkungen

1. Welchen anderen Gruppen kommt das Programm neben den Zielgruppen noch zugute? Auf welche Weise?

2. Inwieweit werden andere soziale Gruppen benachteiligt? Welche, warum?

3. Welche anderen Gruppen haben die vom Programm ausgehenden Innovationen übernommen? Warum?

4. Wie haben die Nicht-Zielgruppen davon erfahren?

5. Werden die Innovationen von den Nicht-Zielgruppen weiterentwickelt?

6. Werden weitere (über die Zielgruppen hinausgehende) Nutzerkreise erschlossen (durch welche Maßnahmen)?

Zielgruppenübergreifende Diffusionswirkungen	1	2	3	4	5	6	7	8	9	10
	sehr gering									sehr hoch

4.5 Wirkungen im Politikfeld (im gesellschaftlichen Subsystem)

1. Welche Diffusionswirkungen sind innerhalb des Politikfeldes festzustellen (getrennt nach: Produktinnovation, Verfahrensinnovation, organisationsstrukturelle Innovation, Personalinnovation)?

2. Verbreitung der Innovationen über die Trägerorganisation hinaus auf andere Organisationen: Wurden die Innovationen von anderen Organisationen übernommen und evtl. weiterentwickelt? Welche?

3. Konnten systembildende Wirkungen erzielt werden (z.B. durch Änderung von Rechtsverordnungen und Gesetzen, Schaffung neuer Institutionen, Systemanpassungen, Gründung neuer Organisationen?

4. Welche weiteren Wirkungen sind im Politikfeld festzustellen?

Diffusionswirkungen innerhalb des Politikfeldes	1	2	3	4	5	6	7	8	9	10
	sehr gering									sehr hoch

4.6 Politikfeldübergreifende Wirkungen

1. Welche Diffusionswirkungen sind in relevanten Politikfeldern entstanden, die mit dem Politikfeld in Zusammenhang stehen, in dem das Programm implementiert wurde?

2. Welche Wirkungen sind in anderen programmrelevanten gesellschaftlichen Subsystemen entstanden, z.B. im

    -   Werte- und Normensystem,

    -   sozialen System (z.B. Änderung von Lebensgewohnheiten, Rolle der Frauen, soziale Ungleichheit, Migration etc.),

    -   makro-ökonomischen System (z.B. Importsubstitution, Export, Außenhandelsbilanz),

    -   politischen System (z.B. Stärkung der politischen Partizipation, Demokratieförderung),

    -   ökologischen System (Boden, Wasser, Klima, Lärm, Luft)?

Diffusionswirkungen in benachbarten Politikfeldern*	1	2	3	4	5	6	7	8	9	10
	sehr gering									sehr hoch

* Bei mehreren Politikfeldern benennen und einzeln aufführen.

4.7 Externe Programmwirkungen

1. Welche von den unter 4.1 bis 4.6 aufgeführten Veränderungen (=Bruttowirkungen) sind auf die Programminterventionen zurückzuführen (=Programm- oder Nettowirkungen)? Was davon ist positiv, was negativ zu werten?

2. Welche Programmwirkungen waren intendiert (=Programmziele), welche nicht?

3. Welche der angestrebten (geplanten/intendierten) Ziele wurden erreicht (=Effektivität der Zielerreichung gemäß Soll-Ist-Vergleich)?

Externe Wirkungsbilanz	1	2	3	4	5	6	7	8	9	10
	sehr gering									sehr hoch

5. Programmqualität

5.1 Planungs- und Durchführungsqualität

Für die Bewertung sind insbesondere folgende Punkte des Evaluationsleitfadens zu berücksichtigen:

2.1 *Vorbereitung/Planung*

2.2 *Programmsteuerung*

2.3 *Vorbereitung Förderende*

2.4 *Nachbetreuung*

1. Wie ist die Qualität der Programmplanung und -durchführung insgesamt zu beurteilen?

2. Welche Auswirkungen hat die Programmqualität auf die erzielten internen und externen intendierten wie nicht-intendierten Wirkungen?

Planungs- und Durchführungsqualität

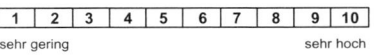

1	2	3	4	5	6	7	8	9	10

sehr gering   sehr hoch

5.2 Interne wirkungsbezogene Qualität

Für die Bewertung sind insbesondere folgende Punkte des Evaluationsleitfadens zu berücksichtigen:

1.1 *Programmkonzeption*

1.2 *Innovationskonzeption*

1.3 *Ressourcen*

3.1.1 *Zielakzeptanz bei der übergeordneten Trägerorganisation (politischer Träger)*

3.1.2 *Zielakzeptanz bei der unmittelbaren Trägerorganisation (Durchführungspartner)*

3.2 *Personal*

3.3 *Organisationsstruktur*

3.4 *Finanzielle Ressourcen*

3.5 *Technologie: Technische Infrastruktur*

3.6 *Technologie: Organisationsprogramm/-konzeption*

3.7 *Interne Programmwirkungen*

1. Wie ist die organisatorische Leistungsfähigkeit der Trägerorganisation insgesamt zu bewerten?

---

2. Welche intendierten und nicht-intendierten Wirkungen haben die Programm-interventionen auf die Leistungsfähigkeit der Trägerorganisation, konnte sie verbessert werden?

3. Welche intendierten und nicht-intendierten Auswirkungen hat die Leistungsfähigkeit der Trägerorganisation auf die externen Wirkungsfelder?

Interne wirkungbezogene Qualität	1	2	3	4	5	6	7	8	9	10
	sehr gering									sehr hoch

5.3 Externe wirkungsbezogene Qualität

Für die Bewertung sind insbesondere folgende Punkte des Evaluationsleitfadens zu berücksichtigen:

1.4   Ländercharakterisierung

1.5   Praxis-/Politikfeld

1.6   Zielgruppen (Adressaten, Klienten)

4.1   Zielakzeptanz bei den Zielgruppen

4.2   Zielgruppenerreichung (Diffusionswirkungen innerhalb der Zielgruppe)

4.3   Nutzen für die Zielgruppen

4.4   Zielgruppenübergreifende Wirkungen (Diffusionswirkungen außerhalb der Zielgruppe)

4.5   Wirkungen im Politikfeld

4.6   Politikfeldübergreifende Wirkungen

4.7   Externe Programmwirkungen

1. Alles in allem, wie verhalten sich intendierte und nicht-intendierte Wirkungen im Hinblick auf

   - die Zielgruppenerreichung

   - die Diffusionswirkungen bei den Zielgruppen

   - den Nutzen für die Zielgruppen

   - zielgruppenübergreifende Diffusionswirkungen

   - Diffusionswirkungen innerhalb des Politikfeldes, in dem die Programm-interventionen stattfinden

   - darüber hinaus in benachbarten Politikfeldern und gesellschaftlichen Subsystemen

2. Inwieweit sind sie auf Programminterventionen zurückzuführen? Auf welche?

Externe wirkungbezogene Qualität	1	2	3	4	5	6	7	8	9	10
	sehr gering									sehr hoch

5.4 Nachhaltigkeit auf Programmebene

Die Nachhaltigkeit eines Programms kann erst nach Beerdigung der Förderung bewertet werden. Für die Bewertung sind insb. die Themenfelder (3) und (4) des Evaluationsleitfadens zu berücksichtigen.

Für die Erstellung des Nachhaltigkeitsprofils sind folgende Fragen zu beantworten:

1. Führt die Zielgruppe/die Trägerorganisation die Innovationen/Neuerungen im eigenen Interesse und zum eigenen Nutzen fort?

2. Haben andere Gruppen/Organisationen die Innovationen in ihrem eigenen Interesse und zu ihrem eigenen Nutzen dauerhaft übernommen?

3. Führen die Innovationen über Diffusionsprozesse zu einer Leistungssteigerung des gesamten Systems (z.B. Gesundheits-, Bildungs-, Wirtschaftssystem)?

4. Verfügt die Zielgruppe /die Trägerorganisation über ein Innovationspotenzial, um auf veränderte Umweltbedingungen flexibel und angemessen zu reagieren?

5. Inwieweit haben die Qualität des Planungs- und Durchführungsprozesses sowie die Leistungsfähigkeit der Trägerorganisation zur Nachhaltigkeit beigetragen?

Nachhaltigkeitsprofil

Dimension	I	II	III	IV
erfüllt:				

Nachhaltigkeit auf der Makroebene

5.5 Effizienz

Für die Bewertung sind insbesondere folgende Punkte des Evaluationsleitfadens zu berücksichtigen:

1.3 Ressourcen (Input)

3.7 Interne Programmwirkungen

4.2 Zielgruppenerreichung (Diffusionswirkungen innerhalb der Zielgruppe)

4.3 Nutzen für die Zielgruppen

4.4 Zielgruppenübergreifende Wirkungen (Diffusionswirkungen außerhalb der Ziel- gruppen)

4.5 Wirkungen im Politikfeld

4.6 Politikfeldübergreifende Wirkungen

4.7 Externe Programmwirkungen

1. Wie verhalten sich Input und Output zueinander?

2. Wie verhalten sich Input und Outcome zueinander?

3. Wie verhalten sich Input und interne und externe Wirkungen zueinander?

Effizienz

1	2	3	4	5	6	7	8	9	10

sehr gering   sehr hoch

5.6 Gesellschaftspolitische Relevanz

Für die Bewertung sind insbesondere folgende Punkte des Evaluationsleitfadens zu berücksichtigen:

1.0   *Programmdaten*

1.1   *Programmkonzeption*

1.2   *Innovationskonzeption*

1.4   *Ländercharakterisierung*

1.5   *Praxis-/Politikfeld*

1.6   *Zielgruppen*

3.7   *Interne Programmwirkungen*

4.1   *Zielakzeptanz bei den Zielgruppen*

4.2   *Zielgruppenerreichung (Diffusionswirkungen innerhalb der Zielgruppe)*

4.3   *Nutzen für die Zielgruppen*

4.4   *Zielgruppenübergreifende Wirkungen (Diffusionswirkungen außerhalb der Zielgruppen)*

4.5   *Wirkungen im Politikfeld*

4.6   *Politikfeldübergreifende Wirkungen*

4.7   *Externe Programmwirkungen*

1. Inwieweit ist das durchgeführte Programm und inwieweit sind die von ihm ausgehenden intendierten wie nicht-intendierten Wirkungen relevant für
    - die gesellschaftspolitischen Ziele der Regierung des Partnerlandes?
    - die Ziele und Konzepte der politischen Programmträger?
    - die Ziele und Konzepte der Durchführungsorganisation?
    - die Erwartungen, Bedürfnisse und Erfordernisse der Zielgruppen?

2. Inwieweit ist das durchgeführte Programm und inwieweit sind die von ihm ausgehenden intendierten wie nicht-intendierten Wirkungen von entwicklungspolitischer und gesamtgesellschaftlicher Relevanz (z.B. für die soziale Gerechtigkeit, Chancengleichheit, Armutsreduzierung etc.)?

Gesellschaftliche Relevanz

1	2	3	4	5	6	7	8	9	10

sehr gering   sehr hoch

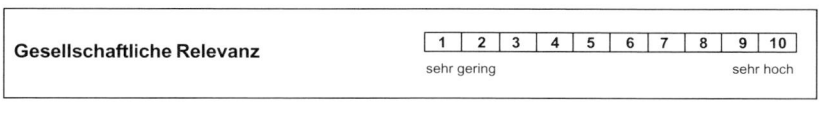

© Reinhard Stockmann 2005   19

5.7 Ökologische Verträglichkeit

Für die Bewertung sind insbesondere folgende Punkte des Evaluationsleitfadens zu berücksichtigen:

1.1   Programmkonzeption

1.2   Innovationskonzeption

1.4   Ländercharakterisierung

1.5   Praxis-/Politikfeld

3.5   Technologie: Technische Infrastruktur

3.6   Technologie: Organisationsprogramm/-konzeption

4.6   Politikfeldübergreifende Wirkungen

1. Inwieweit zeichnet sich das Programm durch einen ressourcenschonenden Umgang bei der Erstellung von Produkten und Dienstleistungen aus?

2. Inwieweit werden Umweltschäden vermeidende, ökologisch innovative Lösungen verwendet?

3. Inwieweit sind ökologisch negative Wirkungen entstanden?

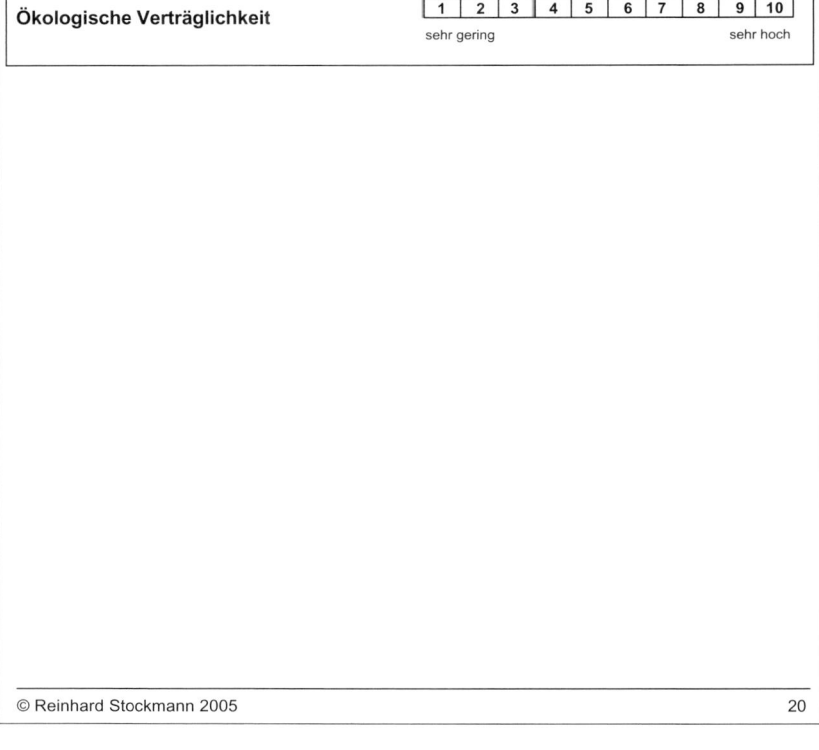

Ökologische Verträglichkeit

1	2	3	4	5	6	7	8	9	10

sehr gering   sehr hoch

UNIVERSITÄT DES SAARLANDES

Lehrstuhl für Soziologie FR. 6.3
Prof. Dr. Reinhard Stockmann

Zi. E19, Geb. 35	Tel. 0681 / 302-3372 + **3320**
Im Stadtwald	Fax 0681 / 302-3899
Postfach 151150	Email: r.stockmann@rz.uni-sb.de
D- 66041 Saarbrücken	

M & E – System

for projects of the

MKI-Initiative

Final Version

27.08.1999

- Some of the indicators can be used in several respects, not only when it is explicitly mentioned
- Figures will always rely on "per year", otherwise it is mentioned

1.	**Goal Acceptance**	*Source*
1.1	**Implementing Agency (RUDS or others)**	
1.1.1	Egyptian Project budget for training material per trainee	*Documents*
1.1.2	Budget of RUDS or other implementing agency per trainee	*RUDS Files*
1.1.3	Percentage attendance of leaders at workshops and meetings	*min.o.meet.*
1.1.4	Ratio of the actually available RUDS staff to the needed staff (according to the plan)	*RUDS Director*
1.1.5	Ratio of the actually available school staff to the needed staff (according to the plan)	*School Director*
1.1.6	Number of companies visited by RUDS staff (or other implementing agency)	*RUDS Files*
1.2	**Teaching personnel**	*Teacher Survey*
1.2.1	Number of teachers involved in the Dual System	*School Files*
1.2.2	Ratio of teachers in the project to all teachers in the TSS	*RUDS Files*
1.2.3	Number of teachers attending upgrading courses for the Dual System (also to 2.1)	*RUDS Files*
1.3	**Training Personnel (in the companies)**	*Company Survey*
1.3.1	Number of in-company-trainers involved in the Dual System	*RUDS Files*
1.3.2	Ratio of all in-company-trainers to the total number of trainees	*RUDS Files*
1.3.3	Number of in-company-trainers attending upgrading courses for the Dual System	*RUDS Files*

M & E-System Kairo - finalversion2

© Prof. Dr. Reinhard Stockmann; Universität des Saarlandes

1.4	**Target Group: Companies**	*Company Survey*
1.4.1	Number of companies participating in the dual system in the project area	*RUDS Files*
1.4.2	Number of companies that would like to join the Dual System	*RUDS Files*
1.4.3	Number of training places offered by the companies	*RUDS Files*
1.4.4	Number of trainees in the companies	*RUDS Files*
1.4.5	Ratio of trainees in the companies to total number of workers	*RUDS Files*
1.4.6	Number of graduates employed by companies	*RUDS Files*
1.4.7	Percentage of companies paying RUDS fees	*RUDS Files*
1.4.8	Percentage of companies paying training fees	*RUDS Files*
1.4.9	Percentage of companies paying pocket money	*RUDS Files*
1.4.10	Ratio of all participating companies accepting visits	*RUDS Files*
1.4.11	Salary of graduates vs. non graduates of the Dual System	*Company Survey/ Graduate Survey*

1.5	**Target group: Trainees**	*School Files*
1.5.1	Number of applicants	
1.5.2	Number of graduates	
1.5.3	Drop out rate	

2. Qualification of personnel

2.1	**Qualification of teaching personnel (in schools)**	*School Files/ RUDS Files*
2.1.1	Graduation level	
2.1.2	Ratio of number of courses visited to the total number of teachers (always main area of the course)	
	- theoretical	
	- practical	
	- pedagogical	
	- language	
	- computer	
	- school management	
2.1.3	Working experience in years	*Teacher Survey*
	- Total	
	- In the current job	
	- In the Company (maintenance/production line/training/others)	
	- In job beside the school	
2.1.4	Following the curriculum	
2.1.5	Use of training aids	

M & E- System Kairo - finalversion3

© Prof. Dr. Reinhard Stockmann; Universität des Saarlandes

2.2	**Qualification of training personnel in companies**	*Trainer Survey*
2.2.1	Graduation level	
2.2.2	Number of courses visited (always main area cf the course)	

- theoretical
- practical
- pedagogical
- language
- computer
- management

2.2.3	Working experience in years

- Total (maintenance/production line/training/other)
- In the current job
- In job beside the company

2.2.4	Following the curriculum

2.3	**Quality of teaching and training**	*Trainees/Trainers/ Teachers/Companies/ Graduates Surveys*
2.3.1	Satisfaction with:	

- training in the companies
- teaching in schools
- technical equipment in school
- technical equipment in company
- qualification of teacher in school
- qualification of trainer in company
- cooperation between school and company

3. Effectiveness of organizational structures

3.1	**Fulfillment of training schedule**	
3.1.1	Ratio of taught lessons to planned lessons	*School Files*
3.1.2	Same as 2.1.4	
3.1.3	Same as 2.2.4	

3.2	**Personnel**	*School Files*
3.2.1	Fluctuation of personell in schools	
3.2.2	Ratio of available number of teachers to planned number of teachers	
3.2.3	Ratio of available number of administrators to planned number of administrators	

M&E-System Kairo - finalversion4

3.3	**Cleaning, Maintenance and Attendance**	*School Files*
3.3.1	Existence of a cleaning plan	
3.3.2	Frequency of cleaning according to the plan	
3.3.3	Existence of a maintenance plan	
3.3.4	Frequency of maintenance according to the plan	
3.3.5	Existence of staff responsible for maintenance	
3.3.6	Days of absence of students (ratio)	
3.3.7	Days of absence of teachers (ratio)	

3.4	**Communication**	*RUDS Files*
3.4.1	Frequency of meetings in the implementing agency	
3.4.2	Attendance to these meetings in the implementing agency	
3.4.3	Frequency of meetings between projects	
3.4.4	Attendance to these meetings between projects	
3.4.5	Quality of cooperation:	*Company Survey*
	- between projects	
	- between schools and companies	
	- between RUDS and companies	
	- between schools and RUDS	

4.   Financial Effectiveness of implementing agency   *RUDS/ Ministry of Education*

4.1	Amount of annual budget for training (if it is the RUDS, then the total budget)	
4.2	Cost per trainee	
	- In the regular TSS (not participating in the Dual System)	
	- In the Dual System	
	- In the RUDS	
4.3	Ratio of costs of Dual System trainee (incl. RUDS costs) to costs per regular TSS-trainee	
4.4	Amount of money earned by own activities per year (fees, production, services etc.)	*School director*

M & E-System Kairo - finalversion5

5. Quality of technical facilities

5.1   **Implementing Agency (schools)**   *Teachers Survey*
5.1.1   Complimentary equipment to enterprises according to curriculum contents
5.1.2   Condition of equipment (efficiency of operation)
5.1.3   Availability of substitutes for equipment
5.1.4   Availability of training aids
5.1.5   Quality of training aids
5.1.6   Use of training aids
5.1.7   Degree of utilization of classrooms
5.1.8   Degree of utilization of workshops
5.1.9   Degree of utilization of labs
5.1.10   Days without electrical power   *School Files*

5.2   **Companies**   *Trainers / Trainees Survey*
5.2.1   Existence of equipment according to curriculum contents
5.2.2   Trainees trained with this equipment (also to 2 3)

6. Quality of Training Model

6.1   **Conformity to education level**   *School Files/Ministry*
6.1.1   Grades of applicants (after basic school)
6.1.2   Grades of applicants (after basic school) of regular TSS and Dual TSS in the governerates
6.1.3   Number of new applicants
6.1.4   Percentage of students passing aptitude test
6.1.5   Grades in the aptitude tests (average)
6.1.6   Percentage of students passing course tests (during training)
- practical tests
- theoretical tests
6.1.7   Grades in these tests (average)
6.1.8   Percentage of students passing final tests
- practical tests
- theoretical tests
6.1.9   Grades in these final tests
6.1.10   Percentage of repeaters
6.1.11   Percentage of leaving students without graduating (drop-out rate)
6.1.12   Percentage of women (from total of all trainees)
6.1.13   Graduates of MKI in the TOP 10

M & E-System Kairo - finalversion6

© Prof. Dr. Reinhard Stockmann; Universität des Saarlandes

6.2	**Conformity to employment system**	*Company/Graduates Survey*
6.2.1	Curricula oriented toward the qualifications required by companies	*Company Survey*
6.2.2	Time period between graduation and finding work (also to 8 and 2.3)	*Company/Graduates Survey*
6.2.3	Percentage of those successfully graduating finding a position of work appropriate to their training	*Company/Graduates Survey*
6.2.4	Percentage of graduates employed in adequate jobs after five years passing the diploma	*Graduate Survey*
6.2.5	Job situation for Dual System graduates on the labor market (also to 8)	*Company/Graduates Survey*
6.2.6	Percentage of Dual System graduates working in international companies or joint ventures (also to 8)	*Company/Graduates Survey*
6.2.7	Size of companies offering jobs for graduates (size classes)	*Company/Graduates Survey*
6.2.8	Size of companies offering training places for trainees (size classes)	*Company/Graduates Survey*
6.2.9	Prospects of promotion for Dual System graduates in comparison to others	*Company Survey*
6.2.10	Salaries of graduates to comparable average	*Company/Graduates Survey*
6.2.11	Assessment of the qualification of graduates of the Dual System in comparison to graduates not being trained in the Dual System	*Company Survey*
6.2.12	Percentage of tasks, the Dual System graduates have to do although not being trained or educated for (in comparison to other graduates)	*Company/Graduates Survey*

7. Diffusion effects in vocational training system *RUDS Files*

7.1	**Training Model**	
7.1.1	Number of schools participating in the Dual System (also to 8)	
7.1.2	Number of trainees in the Dual System	
7.1.3	Number of graduates in the dual system	
7.1.4	Number of new vocations in the Dual System (also to 8)	
7.1.5	Number of new trades in the Dual System (also to 8)	
7.1.6	Ratio of dual graduates to the total number of graduates in TSS	
7.1.7	Number of Dual System contracts between RUDS and companies per year (also to 8)	
7.1.8	Number of institutions running the system (RUDS, NGO's...) (also to 8)	
7.1.9	Number of governerates participating in Dual System (also to 8)	*PPIU*

7.2	**Methods**	
7.2.1	Number of teachers and instructors from other schools trained by MKI	*RUDS Files*
7.2.2	Availability of teaching aids needed for the Dual System in new schools	*School Director*

M & E-System Kairo - finalversion7

7.3	**Qualification**	*RUDS Files/PPIU*

7.3   **Qualification**   *RUDS Files/PPIU*

7.3.1   Number of courses per year according to the Dual System organized for teachers and in-company-trainers:
- Courses with / in technical subjects
- Introductory courses in the Dual System
- Courses with / in pedagogical subjects
- School management
- others

7.3.2   Number of participants to these courses
- Teachers
- In-company-trainers

8.   **Diffusion effects in the employment system**   *Company Survey/ RUDS Files*

8.1	Number of companies participating in Dual System	*RUDS Files*
8.2	Reasons for participating in the Dual System	*Company Survey*
8.3	Number of supplied training places by the companies (also to 7.1)	*RUDS Files/Company Survey*
8.4	Percentage of Dual System graduates working in their Vocation	*Graduates Survey/ Company Survey*
8.5	Percentage of Dual System graduates working in other companies not participating in the Dual System	*Graduates Survey/ Company Survey*
8.6	Number of graduates establishing own companies	*Graduates Survey*
8.7	Number of graduates becoming trainers	*Graduates Survey/ Company Survey*
8.8	Number of companies that refused to hire the trainees after graduation	*Graduates Survey/ Company Survey*
8.9	Reasons for refusing to hire the trainees after graduation	*Company Survey*
8.10	Number of companies quitting dual system	*RUDS Files*
8.11	Reasons for quitting the Dual System	*Company Survey*

> Annotation: The different surveys (Company Survey, Graduate Survey, Teacher Survey, Trainer Survey, Trainee Survey) will include a lot of additional questions which can be transformed to indicators and added to this list in the following steps

M & E-System Kairo - finalversion8

© Prof. Dr. Reinhard Stockmann; Universität des Saarlandes